全国BIM技能等级考试

二级（建筑）考点专项突破及真题解析

主　编◎王　东　祖庆芝
梁俊勇　余　沛
副主编◎朱圳基　康哲民
邹熙媛　卢　歆
主　审◎廖映华

内 容 简 介

本书围绕全国BIM技能等级考试二级（建筑）考点专项突破和第七期～第二十三期经典真题解析展开，对中国图学学会组织的全国BIM技能等级考试二级（建筑）考试真题进行分析，将全书分为绪论和五大专项考点，五大专项考点即专项考点1 认识Revit 2018、专项考点2 创建参数化建筑构件集、专项考点3 体量族和异形幕墙的创建、专项考点4 异形楼梯及栏杆扶手的创建、专项考点5 建筑模型创建，并针对每个专项进行建模思路详细讲解。

本书以全国BIM技能等级考试二级（建筑）考试真题作为案例，精选第七期～第二十三期全国BIM技能等级考试二级（建筑）试题分专项进行详细解析。本书以全国BIM技能等级考试二级（建筑）考试大纲为标准，引领教材建设。本书属于线上资源（视频、模型源文件、建筑模型虚拟漫游动画）和线下教材密切配合的立体化教材。

本书致力于帮助参加全国BIM技能等级考试二级（建筑）的读者；通过本书的学习，读者可以快速掌握专项考点以及解题思路和建模步骤，有助于考取全国BIM技能等级考试二级（建筑）证书。

本书可作为高校学生学习BIM的理论教材及实践教材，具有理论性和实践操作性，可作为全国BIM技能等级考试二级（建筑）的培训教程，也可作为“1+X”职业技能等级证书和建筑信息模型（BIM）技术员培训教程系列教材之一。

图书在版编目（CIP）数据

全国BIM技能等级考试二级（建筑）考点专项突破及真题解析 / 王东等主编. -- 北京：北京大学出版社，2025. 4. -- ISBN 978-7-301-35132-1

Ⅰ. TU201.4-44

中国国家版本馆CIP数据核字第20243AJ928号

书　　名　全国BIM技能等级考试二级（建筑）考点专项突破及真题解析
QUANGUO BIM JINENG DENGJI KAOSHI ERJI（JIANZHU）KAODIAN ZHUANXIANG TUPO JI ZHENTI JIEXI
著作责任者　王　东　等主编
策划编辑　赵思儒
责任编辑　王莉贤　刘健军
数字编辑　蒙俞材
标准书号　ISBN 978-7-301-35132-1
出版发行　北京大学出版社
地　　址　北京市海淀区成府路205号　100871
网　　址　http://www.pup.cn　新浪微博：@北京大学出版社
电子邮箱　编辑部 pup6@pup.cn　总编室 zpup@pup.cn
电　　话　邮购部 010-62752015　发行部 010-62750672　编辑部 010-62750667
印 刷 者　河北博文科技印务有限公司
经 销 者　新华书店
889毫米×1194毫米　16开本　20.5印张　692千字
2025年4月第1版　2025年4月第1次印刷
定　　价　129.00元

前言

PREFACE

本书针对中国图学学会组织的全国 BIM 技能等级考试二级（建筑）的各个专项考点编写，精选第七期～第二十三期全国 BIM 技能等级考试二级（建筑）中的经典试题进行详细解析，帮助读者在掌握各个专项考点的基础上进行相应真题实战演练，进而通过全国 BIM 技能等级考试二级（建筑）。

本书首先对中国图学学会组织的全国 BIM 技能等级考试二级（建筑）做了简单的介绍，接着带领读者认识 Revit 软件；专项考点 1 ～专项考点 5，围绕中国图学学会组织的全国 BIM 技能等级考试二级（建筑）大纲和试题要求，详细解析全国 BIM 技能等级考试二级（建筑）第七期～第二十三期试题。

本书专项考点 5 建筑模型创建，精选第十七期第三题和第四题作为项目案例，根据考试大纲规定的考点和题目的具体要求，完整地解析了建模流程和操作命令的综合使用，为读者梳理了知识点，以期帮助读者建立完整的 BIM 综合建模知识框架体系。

■本书在简单讲述中国图学学会组织的全国 BIM 技能等级考试二级（建筑）各个专项考点基础上，精选第七期～第二十三期全国 BIM 技能等级考试二级（建筑）试题中的前两道题目中的经典试题分专项进行详细解析；鉴于每期的第三道大题和第四道大题均为综合建筑模型创建，且考点基本相同，同时考虑到篇幅限制，故精选第十七期第三题和第四题作为项目案例进行详细解析，其余各期第三题和第四题，读者用手机扫描书中二维码获取同步配套教学视频进行学习。

本书知识点全面，语言通俗易懂。专项考点讲解、真题解析和真题实战演练均配备同步教学操作视频，读者通过扫描二维码，可以观看配套教学视频，跟随视频操作，轻松地掌握专项考点和建模思路。

本书特色如下。

（1）本书录制了 300 多个高清同步配套教学视频，有助于提高读者的学习效率。

为了便于读者高效率地掌握建模思路和步骤，本书最大的亮点就是针对每个题目、每个步骤进行了详细讲解。

（2）本书免费提供书上案例及全国 BIM 技能等级考试二级（建筑）试题的项目文件、族文件等，通过扫描书中对应二维码即可获得。

（3）本书在对每个试题进行讲解的过程中，把建模步骤进行了分解，通过在图片上注解的方式让读者知道每一个步骤应该如何操作；同时针对建模过程中某些不容易用文字表述的内容用图片的形式来展现，更加通俗易懂、简洁明了。

本书为四川轻化工大学产教融合教材资助项目的成果，适合作为本科院校、高职院校、企业培训 BIM 专业人才的学习用书。本书由王东（四川轻化工大学）、祖庆芝（漳州职业技术学院）、梁俊勇（四川轻化工大学）、余沛（信阳学院）担任主编，由朱圳基（漳州职业技术学院）、康哲民（漳州职业技术学院）、邹熙媛（四川远建建筑工程设计研究院有限公司）和卢歆（四川远建建筑工程设计研究院有限公司）担任副主编，四川轻化工大学土木工程学院院长廖映华教授对本书进行了审阅。全书由四川轻化工大学王东进行修改并定稿，由漳州职业技术学院祖庆芝负责本书全部配套教学视频的录制工作。

本书在编写过程中得到了四川轻化工大学及漳州职业技术学院领导的大力支持和帮助，在此向他们表示深深的感谢！

本书在编写过程中参考了大量文献，在此谨向这些文献的作者表示衷心的感谢。虽然编者在编写过程中以科学、严谨的态度，力求叙述准确、完善，但由于编者水平有限，书中难免有不足之处，恳请广大读者批评指正。

编者

2025.3

【资源索引】

【内容提要和前言】

【BIM 技能等级考试大纲】

【试题下载】

【经典试题解析和考试试题实战演练】

目　录

0 INTRODUCTION

绪　论

建筑信息模型（Building Information Modeling，BIM）是以三维数字技术为基础，集成了建筑设计、建造、运维全过程各种相关信息，并能对这些信息进行详尽呈现的工程数据模型。BIM是一种应用于建筑设计、建造、运维的数字化方法，正在推动着设计、建造、运维等多方面的变革，将在CAD技术基础上广泛推广应用。BIM作为一种新的技能，有着越来越大的社会需求，正在成为我国就业中的新亮点。

一、BIM介绍

1. 背景

【BIM介绍】

随着计算机的普及和通信与网络技术突飞猛进的发展，传统的工程建造业也在寻求摆脱落后生产模式的解决方案，因此以BIM为代表的新兴信息技术应运而生。这种全新的建筑全生命周期方案有效解决了建设行业的诸多不足，大刀阔斧地改变了当前工程建设的模式，推动了整个建设行业从传统的粗放、低效的建造模式向以全面数字化、信息化为特征的新型建造模式转变。

2. 什么是BIM？

BIM，是一种将数字信息技术应用于设计、建造、运维的数字化方法，也是运用计算机技术共享信息资源，为工程项目全生命周期中的决策提供可靠依据的过程。它是一种基于三维模型的智能流程，能让建筑设计、施工、运维等各方专业人员深入了解项目，并高效地规划、设计、构建和管理建筑及基础设施。

在项目设计阶段使用BIM技术，可以在计算机上模拟创建动态三维信息模型，持续构建的数字化模型支持项目整个阶段的设计与校核，可以减少规划与设计阶段带来的误差。当模型构建完成后，模型中的构件便承载着丰富的信息，如精确的几何构件尺寸、结构边界条件信息、面积信息等，这些信息将带来多方面的用途，如指导施工、材料预制加工、模拟建筑真实的建造运营等。各方建设主体通过使用BIM技术，进一步完善建筑设计、施工、运维等全过程管理，达到提高建设效率、降低项目风险、改善管理绩效的目的。

3. BIM技术的特点

BIM以建筑工程项目的各项相关信息数据为基础，建立三维的建筑模型，通过数字信息仿真模拟建筑物所具有的真实信息，如图0.1所示。它具有模型信息化、可视化、协调性、模拟性、优化性、可出图性、一体化性、参数化性等特点。建设单位、设计单位、施工单位、监理单位等项目参与方，在同一平台上，共享同一建筑信息模型，有利于项目可视化、精细化建造。

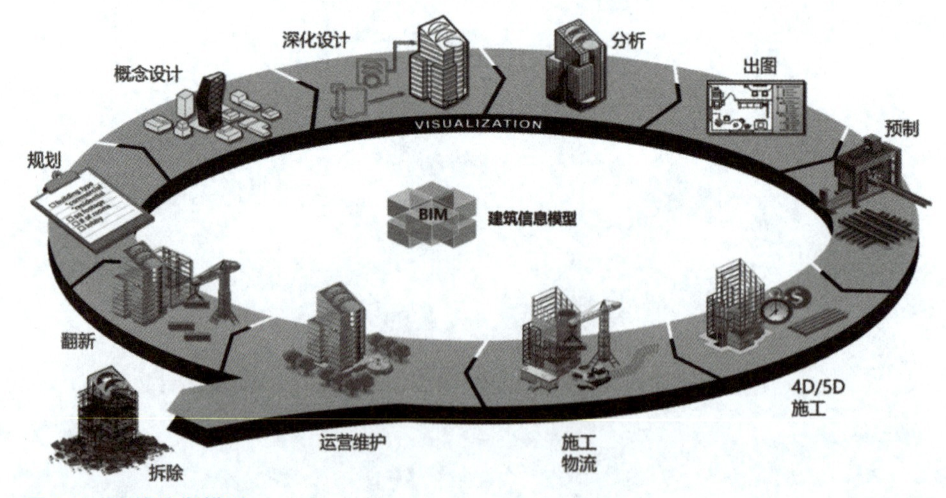

图0.1 建筑信息模型

1）模型信息化（图0.2）

BIM包含的信息，有对工程对象进行3D几何信息和拓扑关系的描述，还有完整的工程信息描述，如对象名称、结构类型、建筑材料、工程性能等设计信息；施工工序、进度、成本、质量及人力、机械、材料资源等施工信息；工程安全性能、材料耐久性能等维护信息；对象之间的工程逻辑关系；等等。建筑信息模型中的对象是可识别且相互关联的，系统能够对模型的信息进行统计和分析，并生成相应的图形和文档。如果模型中的某个对象发生变化，与之关联的所有对象都会随之更新，以保持模型的完整性。在建筑生命周期的不同阶段，模型信息是一致的，同一信息无须重复输入，而且信息模型能够自动演化，模型对象在不同阶段可以简单地修改和扩展而无须重新创建，避免了信息不一致的错误。

2）可视化（图 0.3）

可视化即“所见即所得”的形式。BIM 提供了可视化的思路，让以往图纸上二维的线条式的构件变成一种三维的立体实物图形展示在人们的面前。BIM 的可视化是一种能够使构件之间形成互动性的可视效果，可以用来展示效果图及生成报表。更具应用价值的是，在项目设计、建造、运维过程中，各过程的沟通、讨论、决策都能在可视化的状态下进行。

图 0.2　模型信息化

图 0.3　可视化

3）协调性

在建筑设计时，由于各专业设计师之间的沟通不到位，施工中往往会出现各种专业之间的碰撞问题，例如暖通等专业中的管道在进行布置时，其施工图是绘制在各自的施工图纸上的，真正施工过程中，可能会遇到梁等构件妨碍管线的布置，即施工中常遇到的碰撞问题。BIM 的协调性（图 0.4）可以帮助处理这种问题，也就是说建筑信息模型可在建筑物建造前将各专业模型汇集在一起，进行碰撞检查，并生成碰撞检测报告及协调数据。

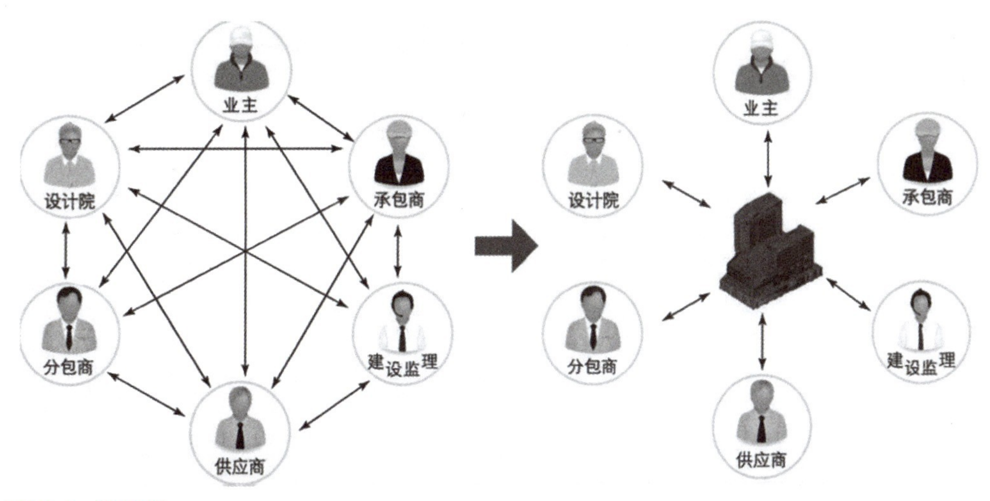

图 0.4　协调性

4）模拟性（图 0.5）

BIM 不仅可以模拟建筑模型，还可以模拟难以在真实世界中进行的操作。在设计阶段，可以对设计数据进行模拟分析，如日照分析、节能分析、热能传导模拟；在施工阶段，可以进行 4D（3D 模型中加入项目发展时间）施工模拟，根据施工足迹设计来模拟实际施工，从而确定合理的施工方案；在后期运营阶段，可以对物业进行维护管理，如当在建筑使用期间发生管道或管件损坏的情况时，可以通过模型查找问题的原因并进行维修。

图 0.5　模拟性

5）优化性（图 0.6）

整个项目从设计到运维的过程实际上是不断优化的过程，传统项目受信息、复杂程度、时间三方面的影响，往往无法做出合理的优化。

BIM 模型提供了建筑物实际存在的信息，这些信息使复杂的项目进一步优化成为可能，如通过把项目设计和投资汇报分析相结合，计算出设计变化对投资回报的影响，使得业主明确哪种项目设计方案更有利于自身的需要。

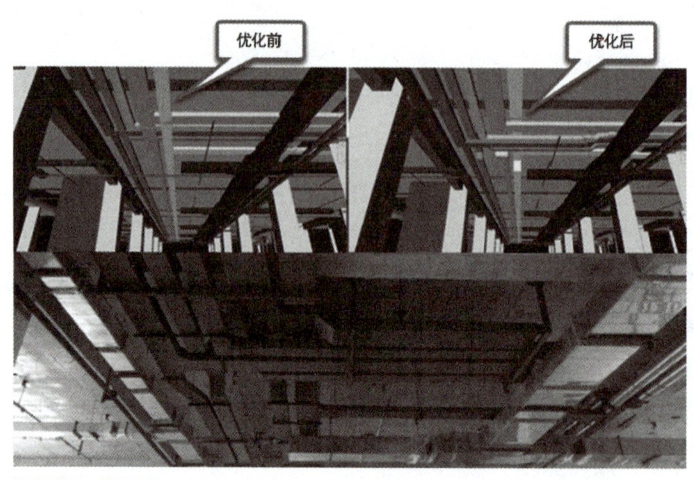

图 0.6　优化性

6）可出图性

BIM 可自动生成建筑各专业二维设计图纸，这些图纸中的构件与模型实体始终保持关联，当模型发生变化，图纸也随之变化，可保证图纸的正确性。

BIM 通过对建筑物进行可视化展示、协调、模拟、优化，可以生成综合管线图（经过碰撞检查和设计修改，消除了相应错误以后）、综合结构留洞图（预埋套管图）、碰撞检查报告和建议改进方案。

7）一体化性

BIM 技术可进行设计、施工、运维等工程项目全生命周期的一体化管理。BIM 的技术核心是一个由计算机三维模型形成的数据库，它不仅包含建筑的设计信息，而且包含从设计到建成使用，甚至到使用周期终结的全过程信息。

8）参数化性

参数化是指对象与对象之间的关系，当其中一个对象的参数发生改变时，与之关联的对象亦会发生相应的改变，也就是说可以通过数值、公式或逻辑语言来改变对象属性，实现对象的可控变化。通过参数化建模，可以大大提高模型的生成和修改速度，在产品设计阶段能通过参数调整实现多方案的对比，后期方案更改阶段亦能方便快捷地实现方案更改，如简单的门窗尺寸变化、材质更改等。

小知识

21 世纪是信息时代，这个时代的信息技术给我们的生活带来了翻天覆地的变化。信息技术的发展给建筑行业带来了革命性的发展：由手工绘图到 CAD 二维图纸，再到当前的 BIM（建筑信息模型）。建筑工程的各参与方都在追求高效、便捷的工作方式，在此背景下，参数化的理念随之诞生并越来越深入人心，应用范围也越来越广阔。

4. 支撑 BIM 的平台及软件

1）Autodesk 平台

Revit 是 Autodesk 公司一套系列软件的名称，是当前建筑设计市场 BIM 的领导者。它完全独立于 AutoCAD 的平台，拥有完全不同的代码和文件结构，集建筑、结构、机电于一体，包含大多数建筑设计及管理的功能。如图 0.7 所示，Revit 可以建立三维建筑模型。

图 0.7　三维建筑模型

2）Bentley

Bentley 是土木工程和基础设施市场的主要参与者，它为建筑、机电、公共建设和施工提供了许多相关的产品。Bentley 架构最底层是工程数据中心，用于存储并管理由不同专业的工具软件创建的信息模型及工程图纸；工程数据中心之上是工程内容（对象、模型、图纸）创建平台。Bentley 是以 MicroStation 为基础图形环境，集二维图纸创建与三维信息模型创建于一身，并且能够兼容多种数据格式的图形平台。图 0.8 所示为使用 Bentley 创建的三维机电模型。

图 0.8　三维机电模型

3）ArchiCAD

设计方面，使用 ArchiCAD 可以在最恰当的视图中轻松创建建筑形体，轻松修改复杂的元素，同时将创造性的自由设计与其强大的建筑信息模型高效地结合起来；文档管理方面，利用 ArchiCAD 可以创建 3D 建筑信息模型，同时所有的图纸文档和图像将会自动创建；协同工作方面，Graphisoft 的 BIM Server 通过 Delta 服务器技术使得团队成员可以在 BIM 模型上进行实时的协同工作。

4）Catia 平台

Catia 作为 PLM 协同解决方案的一个重要组成部分，是一款用于航天航空、汽车等行业大型系统的参数建模平台。其中 Digital Project（DP）是基于这个平台的建筑的定制软件，在处理复杂参数集成、异形曲面造型方面的能力异常优秀，图 0.9 所示为该软件处理的异形曲面造型。

5）Tekla 平台

Tekla 是钢结构详图设计软件，它通过先创建三维模型后自动生成钢结构详图和各种报表来实现方便视图的功能。由于图纸与报表均以模型为准，而在三维模型中操作者很容易发现构件之间连接有无错误，所以它保证了钢结构详图深化设计中构件之间的正确性。图 0.10 所示为使用 Tekla 创建的三维钢结构模型。

图 0.9　异形曲面造型

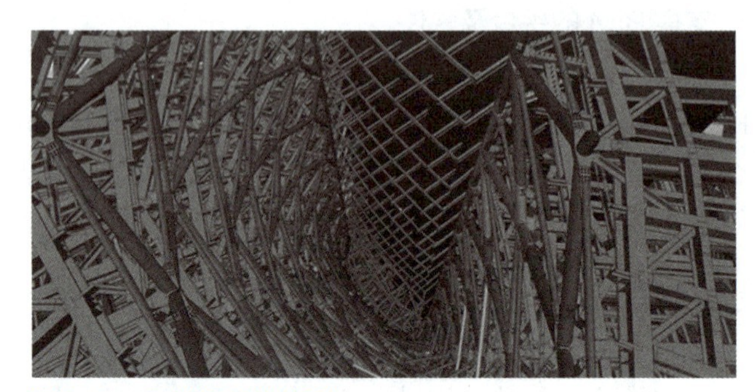

图 0.10　三维钢结构模型

二、全国 BIM 技能等级考试二级（建筑）介绍

随着国内大型建筑项目越来越多地采用 BIM 技术，BIM 技术人员成为建筑企业急需的专业技术人才。在 BIM 引领建筑业信息化这一时代背景下，中国图学学会本着更好地服务社会的宗旨，积极推动和普及 BIM 技术应用，适时开展了 BIM 技能等级培训与考评工作。

全国 BIM 技能等级考试分为三级。BIM 技能等级考试一级（BIM 建模师）不区分专业，要求能掌握 BIM 软件操作和基本 BIM 建模方法；二级（BIM 高级建模师）根据设计对象的不同，分为建筑、结构、设备三个专业，要求能创建达到各专业设计要求的专业 BIM 模型；三级（BIM 应用设计师）根据应用专业的不同，分为建筑设计专业、结构设计专业、设备设计专业及建筑施工专业、工程造价管理专业，要求能进行 BIM 技术的综合应用。

【考试介绍】

全国 BIM 技能等级考试二级（建筑）（BIM 高级建模师），要求能创建达到建筑专业设计要求的建筑 BIM 模型。

1. 中国图学学会全国 BIM 技能等级考试二级（建筑）

中国图学学会全国 BIM 技能等级考试二级（建筑），是企业认可度高、含金量高、具备一定难度的水平评价。

● 具备以下条件之一者可申报本级别［BIM 技能等级考试二级（建筑）］：①已取得本技能一级考核证书，且达到本技能二级所推荐的培训时间；②连续从事 BIM 建模和应用相关工作 2 年以上者。

● 报名时间：每年 3 月、9 月。

● 考试时间：一年 2 次，一般为 6 月、12 月的第二个周日举行。

● 考试时长：180 分钟（3 小时）；上午 9：00—12：00。

● 考试形式与注意事项：①上机操作；②无纸化考试，全部试题为加密电子版，开考时才可打开试卷；③不可携带纸笔，无须携带计算器，计算可在软件中进行；④迟到 15 分钟以上不得入场，开考 30 分钟内不得离场；⑤需携带准考证和身份证参加考试；⑥作弊者按 0 分处理；⑦考生答卷需保存到指定的考生文件夹中。

● 合格分数：全国 BIM 技能等级考试二级（建筑）采用 100 分制、60 分及格的方式；证书会根据个人的分数标注有合格、优良、优秀等。

● 成绩查询：考后 3 个月。

● 证书发放：考后 6 个月。

● 发证单位：中国图学学会。

● 证书效力：BIM 证书唯一编号可在中国图学学会官网查询。

● 官网：http：//www.cgn.net.cn/。

2. 适用人群

全国 BIM 技能等级考试二级（建筑）[以下简称二级（建筑）考试] 适用人群，如图 0.11 所示。

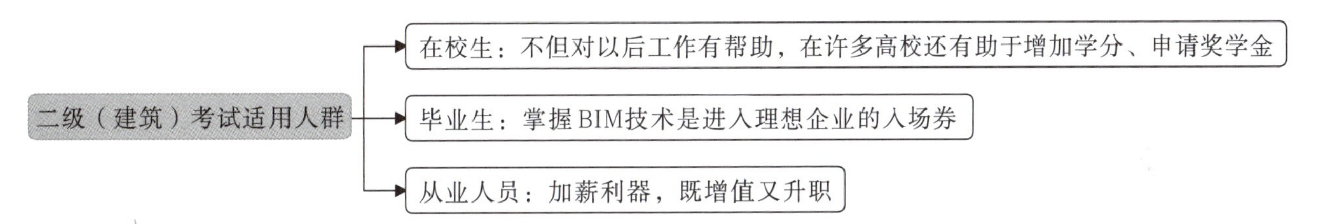

图 0.11　适用人群

3. 取得 BIM 技能等级考试二级（建筑）证书（以下简称 BIM 等级证书）的优势

取得 BIM 等级证书的优势如图 0.12 所示。

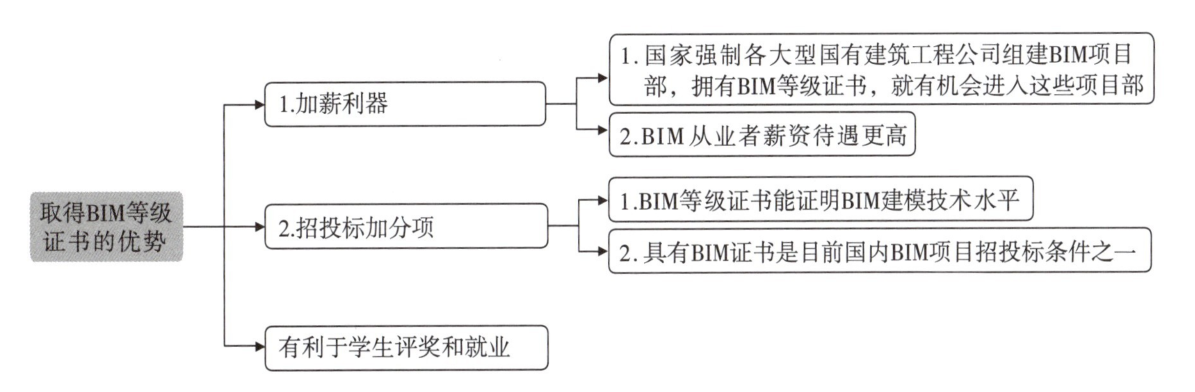

图 0.12　取得 BIM 等级证书的优势

4. 考试内容

根据全国 BIM 技能等级考评工作指导委员会制定的《BIM 技能等级考评大纲》，二级（建筑）考试（BIM 高级建模师）内容如表 0.1 所示。

【考试内容】

表 0.1　二级（建筑）考试（BIM 高级建模师）内容

<table>
<tr><th colspan="2">考评内容</th><th>技能要求</th><th>相关知识</th></tr>
<tr><td colspan="2">■工程绘图和 BIM 建模环境设置
（10%）</td><td>▲系统设置、新建 BIM 文件及 BIM 建模环境设置</td><td>（1）制图国家标准的基本规定（图纸幅面、格式、比例、图线、字体、尺寸标注式样等）；
（2）BIM 建模软件的基本概念和基本操作（建模环境设置、项目设置、坐标系定义、标高及轴网绘制、命令与数据的输入等）；
（3）基准样板的选择；
（4）样板文件的创建（参数、构件集、文档、视图渲染场景、导入 / 导出以及打印设置等）</td></tr>
<tr><td colspan="2">■创建建筑构件集
（15%）</td><td>▲建筑构件集的制作流程和技能</td><td>（1）参照设置（参照平面、定义原点）；
（2）形状生成（拉伸、融合、旋转、放样、放样融合、空心形状）；
（3）建筑构件集的创建；
（4）门、窗构件集的制作技能</td></tr>
<tr><td rowspan="2">■建筑方案设计的 BIM 建模和表现
（30%）</td><td>●建筑方案设计的 BIM 建模</td><td>▲（1）建筑方案造型的参数化建模；
▲（2）BIM 属性定义及编辑</td><td>（1）建筑方案造型参数化建模，包括墙体、门窗、屋顶等建筑构件，以及构建建筑方案整体造型；
（2）方案设计、空间布置；
（3）利用 BIM 属性定义与编辑，进行建筑方案的经济技术指标分析</td></tr>
<tr><td>●建筑方案设计的表现</td><td>▲（1）光源应用方法；
▲（2）模型材质及纹理设置；
▲（3）建筑场景设置；
▲（4）建筑场景渲染；
▲（5）建筑场景漫游</td><td>（1）灯光设置及编辑。
（2）模型材质及纹理设置。
（3）建筑场景设置：
●场景类别、灯光、背景、日光、阴影、剖面框、背面剔除及视图剔除等；
●室内外植物、交通工具、人物、家具等。
（4）建筑场景渲染属性设置及渲染操作。
（5）建筑场景漫游创建、编辑及录制。
（6）图像处理与输出</td></tr>
<tr><td colspan="2">■建筑施工图绘制
（30%）</td><td>▲（1）基于 BIM 的建筑施工图绘制；
▲（2）BIM 实体及图档智能关联与自动修改方法；
▲（3）BIM 属性定义及编辑</td><td>（1）建筑标准层设计，包括墙体、柱、门窗、屋顶、幕墙、地板、天花板、楼梯及坡道等建筑构件。
（2）建筑整体模型构建。
（3）平、立、剖面视图及详图处理。
（4）BIM 实体及图档智能关联与自动修改：
●BIM 实体之间智能关联，当某个构件发生变化时，与之相关的构件能够自动修正；
●BIM 与图档之间的智能关联，根据 BIM 可自动生成各种图形和文档，当模型发生变化时，与之关联的图形和文档可自动更新。
（5）利用 BIM 属性定义与编辑，生成建筑施工图的技术指标明细表</td></tr>
<tr><td colspan="2">■创建图纸
（10%）</td><td>▲（1）创建 BIM 属性表；
▲（2）创建设计图纸</td><td>（1）创建 BIM 属性表及编辑，从模型中提取相关属性信息，以表格的形式进行显示，包括门窗、构件及材料统计表等。
（2）创建设计图纸及操作：
●定义图纸边界、图框、标题栏、会签栏；
●直接向图纸中添加属性表</td></tr>
<tr><td colspan="2">■模型文件管理
（5%）</td><td>模型文件管理与数据转换技能</td><td>（1）模型文件管理及操作；
（2）模型文件导入 / 导出；
（3）模型文件格式设置及格式转换</td></tr>
</table>

【考试试题题型和专项考点】

5. 考试试题题型和专项考点

为了帮助读者对试题考查深度和题量有所了解，编者深度解析第七期～第二十三期全国 BIM 技能等级考试二级（建筑）试题，将考试题型和专项考点进行了总结，如表 0.2 和表 0.3 所示。

表 0.2 二级（建筑）考试试题题型

期数	第一题	第二题	第三题	第四题	第五题
第七期	建立门构件集模型（创建参数化建筑构件集）（10 分）	创建沙发构件集模型（创建参数化建筑构件集）（10 分）	创建体量建筑模型（15 分）	根据给定平面图，建立室内设计模型（15 分）	根据给出的平面图、立面图，建立别墅模型（50 分）
第八期	创建构件集、添加共享参数和创建明细表（15 分）	创建异形整体现浇楼梯模型和栏杆模型（15 分）	根据给定的图纸，创建室内设计模型（25 分）	根据给定的图纸，创建行政楼模型（45 分）	从第八期开始，试题题目变成了四道。此外，第十六期首先出现关联题目，并且这个出题思路将会延续下去，在一定程度上增加了考试的难度，这是出题人的一个创新，读者需格外注意变化
第九期	创建异形楼梯模型（15 分）	创建灯笼构件集模型（创建参数化建筑构件集）（20 分）	根据给定的图纸，创建室内设计模型（25 分）	根据给定的图纸，创建别墅模型（40 分）	
第十期	绘制异形艺术旋转楼梯模型（10 分）	建立水塔构件集模型（创建参数化建筑构件集）（25 分）	建立斗拱构件集模型（23 分）	根据给定的图纸，创建别墅模型（42 分）	
第十一期	创建异形楼梯与栏杆扶手（10 分）	创建高低床构件集模型（创建参数化建筑构件集）（20 分）	创建室内建筑设计模型（25 分）	根据给定的图纸，创建别墅模型（45 分）	
第十二期	通过体量方式绘制异形幕墙结构（10 分）	创建办公桌组合柜构件集模型（创建参数化建筑构件集）（20 分）	创建室内建筑设计模型（25 分）	根据给定的图纸，创建酒店模型（45 分）	
第十三期	绘制异形艺术旋转楼梯和栏杆扶手模型（10 分）	创建滑梯组合构件集模型（创建参数化建筑构件集）（20 分）	创建室内建筑设计模型（25 分）	根据给定的图纸，创建别墅模型（45 分）	
第十四期	绘制顶棚构件集模型（10 分）	创建办公桌构件集模型（创建参数化建筑构件集）（20 分）	创建室内建筑设计模型（25 分）	根据给定的图纸，创建别墅模型（45 分）	
第十五期	通过体量方式绘制异形幕墙结构（10 分）	创建书架构件集模型（创建参数化建筑构件集）（20 分）	创建室内建筑设计模型（25 分）	根据给定的图纸，创建别墅模型（45 分）	
第十六期	通过体量方式绘制异形幕墙结构（10 分）	创建阳台构件集模型（创建参数化建筑构件集）（20 分）	创建室内建筑模型（将第一题的幕墙放置在正确位置）（25 分）	根据给定的图纸，创建别墅模型（将第二题的阳台放置在三层相应位置）（45 分）	
第十七期	建立异形整体浇筑楼梯与扶手模型（10 分）	创建“昂”构件集模型（创建参数化建筑构件集）（18 分）	创建室内建筑模型（24 分）	根据给定的图纸，创建别墅模型（48 分）	

续表

期数	第一题	第二题	第三题	第四题	第五题
第十八期	建立异形艺术楼梯模型（创建参数化建筑构件集）（10分）	创建转角窗构件集模型（创建参数化建筑构件集）（14分）	创建室内建筑模型（将第一题艺术楼梯放置于文创售卖区对应位置）（28分）	根据给定的图纸，创建别墅模型（将第二题的转角窗按门窗表中注明的尺寸输入对应的参数并放置在各层相应位置）（48分）	
第十九期	通过体量方式绘制异形幕墙结构（12分）	创建多功能桌椅构件集模型（创建参数化建筑构件集）（14分）	根据给定的图纸，创建住宅模型（50分）	在第三题标准层模型基础上创建建筑室内模型（24分）	
第二十期	根据给定尺寸，建立楼梯模型（12分）	创建弧形飘窗构件集模型（创建参数化建筑构件集）（16分）	根据给定的平面图及尺寸，创建建筑室内模型（25分）	请根据给定的图纸，创建别墅模型，其中没有标明尺寸及材质的可以自行设定（47分）	
第二十一期	创建景观中庭模型（含5段台阶和3个花池）（12分）	创建天窗模型（12分）	创建栏杆扶手单元段模型（14分）	请根据给定的图纸，创建茶室模型，图中没有标明尺寸及材质的考生自行合理设定（62分）	
第二十二期	创建坡道雨篷模型（12分）	创建车库坡道模型（14分）	创建大门构件集模型（16分）	请根据给定的图纸，创建别墅模型，其中没有标明尺寸及材质的可以自行设定（58分）	
第二十三期	根据给定的平面图及尺寸，创建室内模型（24分）	根据给定的平面图及尺寸，创建吊顶模型（14分）	创建采光天窗模型（14分）	创建“圆房子”住宅模型（48分）	

备注：第七期～第二十三期全国BIM技能等级考试二级（建筑）试题题型相对固定，不外乎是参数化构件集模型的创建、异形幕墙的创建、异形楼梯和栏杆扶手的创建、室内建筑设计模型的创建、综合建筑项目模型的创建，请读者注意题型分类，按照专项考点，各个击破。

表0.3　二级（建筑）考试专项考点

项数	专项考点名称	二级（建筑）考试专项知识点
■专项考点1	●认识Revit	（1）软件的启动，软件应用程序界面，软件工作界面，文件格式； （2）基准样板的选择，视图控制与图元显示，单位的设置； （3）图元选择方式和图元编辑工具，项目信息的设置； （4）快捷键的设置，参照平面的应用； （5）尺寸标注和临时尺寸标注的应用； （6）新建和保存项目或者族文件
■专项考点2	●创建建筑构件集	（1）族的定义、分类，族样板的选择，族类别和族参数； （2）参照平面和参照线，设置工作平面； （3）三维模型的创建工具，模型形状与参照平面的对齐锁定； （4）参数化建族，通过参照平面驱动物体变化，角度参数化； （5）径向（半径）参数化，阵列参数化，材质参数化，可见性参数化； （6）嵌套族，拉伸和空心拉伸、融合、旋转、放样、放样融合工具； （7）剪切几何图形和连接几何图形

续表

项数	专项考点名称	二级（建筑）考试专项知识点
■专项考点 3	●（1）创建概念体量族； ●（2）异形幕墙	（1）概念体量的基本概念，初识三维空间； （2）在面上绘制和在工作平面上绘制，工作平面、模型线、参照线； （3）新建内建体量，创建体量族，Revit 创建概念体量模型的方法； （4）实心与空心的剪切，从内建族实例创建面墙； （5）从内建族实例创建面屋顶，创建体量楼层和面楼板； （6）创建幕墙系统，设置幕墙网格、竖梃和幕墙嵌板
■专项考点 4	●（1）创建异形楼梯； ●（2）栏杆扶手	（1）读懂异形楼梯图纸，了解踏步数、梯面数、踏步深度、踢面高度、楼梯材质、休息平台厚度等参数； （2）通过模型线绘制辅助线，对楼梯创建进行定位； （3）复制创建新的楼梯类型，绘制踢面线、边界线以及楼梯路径； （4）栏杆类型的选择，绘制栏杆扶手路径，设置栏杆和顶部扶手参数
■专项考点 5	●（1）创建室内建筑设计模型； ●（2）创建别墅（或者酒店）模型	（1）创建标高和编辑标高，创建轴网和编辑轴网，创建内外墙体； （2）普通幕墙的绘制，布置门窗，地面、楼面和屋顶的创建； （3）创建屋顶造型、装饰线脚、室外台阶、室外坡道、室外雨篷、散水和女儿墙等； （4）洞口的创建，室内家具的布置，卫生间的设计及卫生洁具的布置，材质的设置和填色； （5）普通室内外楼梯和栏杆扶手的创建； （6）根据总平面图创建场地，布置建筑单体及室外景观（园区道路、景观水池、停车位、树木和草地等）； （7）房间的创建，明细表的创建，创建平面视图、立面视图和剖面视图； （8）设置光照和阴影，创建相机视图，渲染； （9）创建漫游、漫游设置以及视频导出设置，创建图纸和布置视图； （10）打印和导出 DWG 文件

三、备考策略

【备考策略】

俗话说“熟能生巧”，实操类技能提升没有捷径，只能靠练习。如果想要提高二级（建筑）考试通过的概率，就要有选择性地多做题，特别是往期试题。利用二级（建筑）考试试题进行 BIM 学习，是一种快捷的、针对性很强的学习方法。只要把往期二级（建筑）考试试题研究透彻，顺利通过考试是没有任何问题的。通过做往期试题，既能了解往期考题的命题规律，又能在练习中提升自己的建模速度及建模思维。

二级（建筑）考试以建筑构件、异形幕墙、异形楼梯的创建，以及参数化建族和综合建筑模型创建为主，重点练习参数化建族、建筑构件创建、异形幕墙创建、异形楼梯创建和综合建模的速度。

编者根据自己这些年的培训经验，借助往期试题，把备考和应试策略分享给大家。

1. 备考前提

有专业基础，具备快速识图和建模能力。

2. 考试要点

（1）题型分析：每期试题一共 4 道题，其中 3 道小题，1 道综合建模题。

（2）时间分析：考试时间为 180 分钟，综合把握时间，留足做第四题的时间，建议为综合建模题最少预留 60 分钟。

（3）作答分析：先快速做完熟悉的题目，后钻研有难度的题目；先做会做的，不浪费时间在不会的题目上。

3. 备考方法

（1）夯实基础，理解原理，举一反三。

（2）勤练习，熟悉考试形式和环境。

（3）挑重点题型和高频考点着重练习。

（4）学习方法：看本书配套教学视频 + 看书 + 演练往期试题。

4. 考试技巧

（1）阅卷按点给分，即使部分题不会做也不要全部放弃。

（2）注意审题，例如材质要求、创建方式、是否需要创建尺寸标注（未作说明不需要创建）等。

（3）考试题目的图纸上若有些尺寸没有标注，则未标明的尺寸不作要求，自定义即可，不会作为判分依据。

（4）若有考生在考试过程中遇到计算机故障，则重启计算机，查看临时文件中是否有过程文件的模型可以继续往下绘制（不要刻意修改默认保存的备份数）；若计算机故障无法解决，之前的文件无法提取，应及时要求监考老师更换计算机并汇报情况。

5. 答题注意事项

（1）临时文件的处理：做完后要把临时文件删除掉，删除之后一定记得把回收站清空，避免被别人复制变为雷同卷。

（2）族是内建族还是新建族的判定：题目无明确说明的，二者皆可；题目明确保存格式的，以题目为准；出现构件集字眼的，用新建族来做。

（3）有不认识的字，直接问监考老师，不要不好意思，时间更重要。

（4）明细表：不需要格式完全与题目相同，只要该有的都有了，名称一样即可。

（5）文件放置位置一定要正确。

（6）考试过程中要及时保存文件（每次考试都会有考生遇到计算机死机）。

（7）考试采用电子版试卷，平时练习就要习惯通过快捷键“Alt+Tab”切屏。

6. 高频专项考点

（1）创建参数化建筑构件集。

（2）异形楼梯、异形幕墙的创建。

（3）用内建族的方式创建台阶、散水、女儿墙等建筑构件。

（4）家具的布置和卫生洁具的布置。

（5）标高、轴网、墙体、楼板、屋顶及其他建筑构件的创建。

（6）明细表和图纸的创建。

（7）根据总平面图创建场地，布置建筑单体及室外景观（园区道路、景观水池、停车位、树木和草地等）。

（8）设置光照和阴影，创建相机视图，渲染，创建漫游、漫游设置以及视频导出设置。

（9）打印和导出 DWG 文件。

1

CHAPTER

认　识 Revit 2018

【相关文件下载】

以建筑工程为代表的新型建造领域都是围绕 BIM 展开的，这就要求读者对 BIM 有更深层次的认知。全国 BIM 技能等级考试一级、二级、三级都是考核考生应用 Revit 的技术能力，掌握 Revit 技能是取得 BIM 技能证书、成为 BIM 人才的必备技能。

本专项将从 Revit 2018 的工作界面、基本术语、文件格式和快捷键、视图种类、基本操作和编辑工具等方面，介绍使用 Revit 建模的基本知识，为深入学习后续专项奠定基础。

第一节　Revit 2018 的工作界面

一、主程序的启动

Revit 2018 是标准的 Windows 应用程序，像其他 Windows 软件一样，可以通过双击快捷方式启动 Revit 2018 主程序。

启动 Revit 2018 主程序后，进入到 Revit 2018 应用界面，其应用界面如图 1.1 所示。应用界面中，主要包含项目和族两大区域，分别用于打开或创建项目以及打开或创建族。

【主程序的启动】

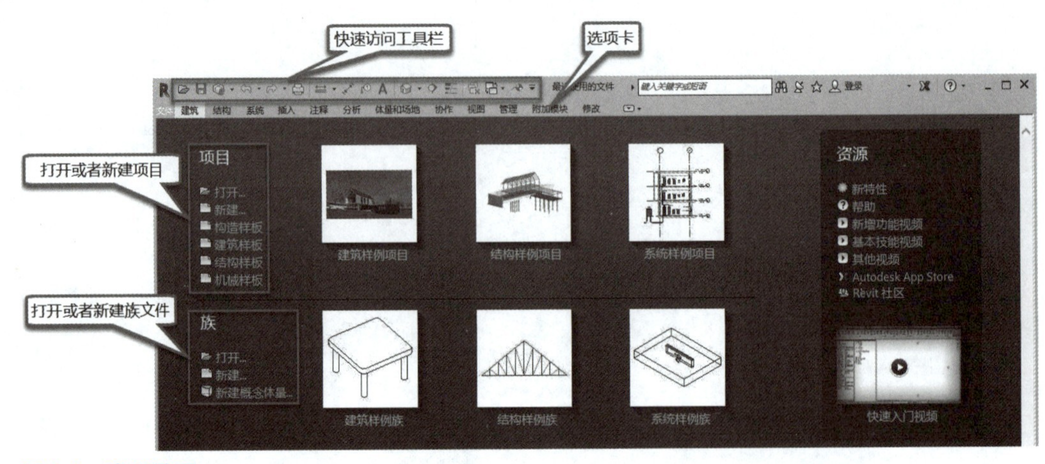

图 1.1　应用界面

小知识 ▶▶▶

从 2013 版本开始，Autodesk 公司将原来的 Revit Architecture、Revit MEP 和 Revit Structure 三个独立的专业设计软件合为 Revit 这一个行业设计软件，方便了全专业协同设计。该软件目前已整合了建筑、结构、机电这三个专业的功能，因此，在项目区域中，提供了建筑、结构、机械、构造的项目快捷方式。单击不同类型的项目快捷方式，将采用各项目默认的项目样板进入新项目创建环境。

在应用界面中单击“新建”→“项目”按钮，将弹出“新建项目”对话框，如图 1.2 所示。在该对话框中可以指定新建项目要采用的样板文件，除可以选择已有的样板文件之外，还可以单击“浏览”按钮指定其他样板文件来创建项目。在该对话框下方，选择“新建”→“项目”，则通过该样板文件新建一个项目，若是选择“新建”→“项目样板”，则通过该样板文件创建一个新的样板文件。

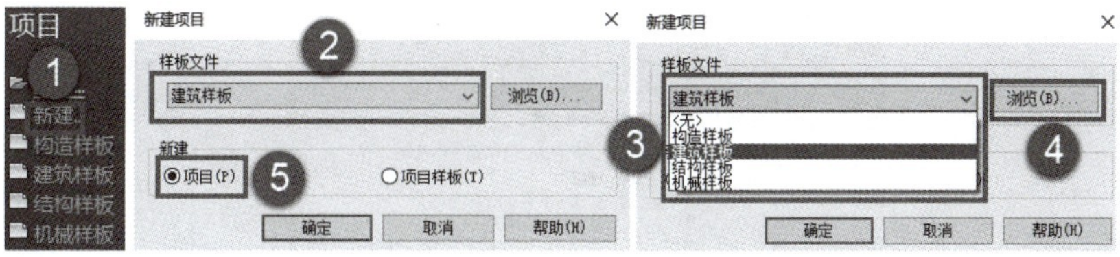

图 1.2 “新建项目”对话框

小知识 ▶▶▶

项目样板的格式为“.rte”，是 Revit 2018 工作的基础。在项目样板中预设了新建项目的所有默认设置，包括长度单位、轴网标高样式、楼板类型等。项目样板仅仅为项目提供默认预设工作环境，在项目创建过程中，Revit 2018 允许用户在项目中自定义和修改这些默认设置。默认的样板文件对应各专业的建模。“构造样板”对应于通用的项目；“建筑样板”对应于建筑专业；“结构样板”对应于结构专业；“机械样板”对应于机电全专业（水、电、暖）。

二、工作界面介绍

在应用界面单击“项目”→“建筑样板”按钮，直接进入创建建筑专业模型的 Revit 2018 工作界面，如图 1.3 所示。

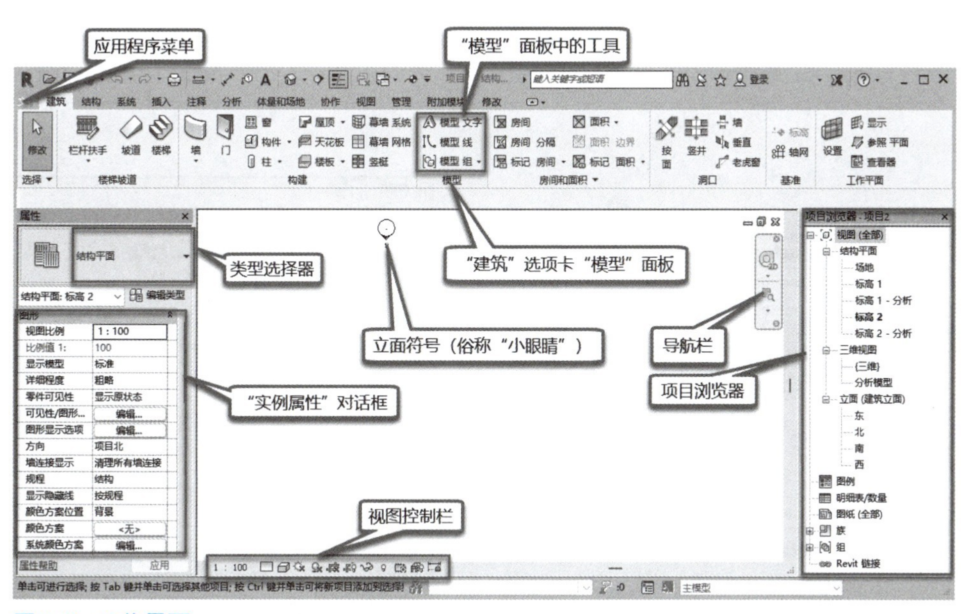

图 1.3 工作界面

1. 应用程序菜单

单击左上角“ 文件 ”选项卡按钮，可以打开应用程序菜单列表，如图 1.4 所示。

小知识 ▶▶▶

应用程序菜单列表包括新建、打开、保存、退出 Revit 等。在应用程序菜单列表中，可以单击各菜单右侧的箭头查看每个菜单项的展开选择项，然后再单击列表中各选项执行相应的操作。

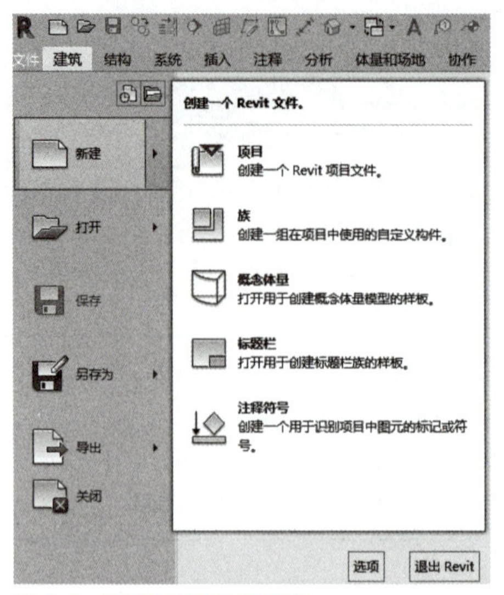

图 1.4　应用程序菜单列表

【应用程序菜单】

小知识 ▶▶▶

单击应用程序菜单列表右下角的“选项”按钮，可以打开“选项”对话框。在该对话框中，单击“用户界面”和“快捷键”右侧的“自定义”按钮 自定义(C)... ，可以打开“快捷键”对话框，如图 1.5 所示。单击“视图”选项卡“窗口”面板“用户界面”下拉列表“快捷键”按钮，也可以打开“快捷键”对话框。通过该对话框，用户可根据自己的工作需要自定义出现在功能区域的选项卡命令，并自定义快捷键。

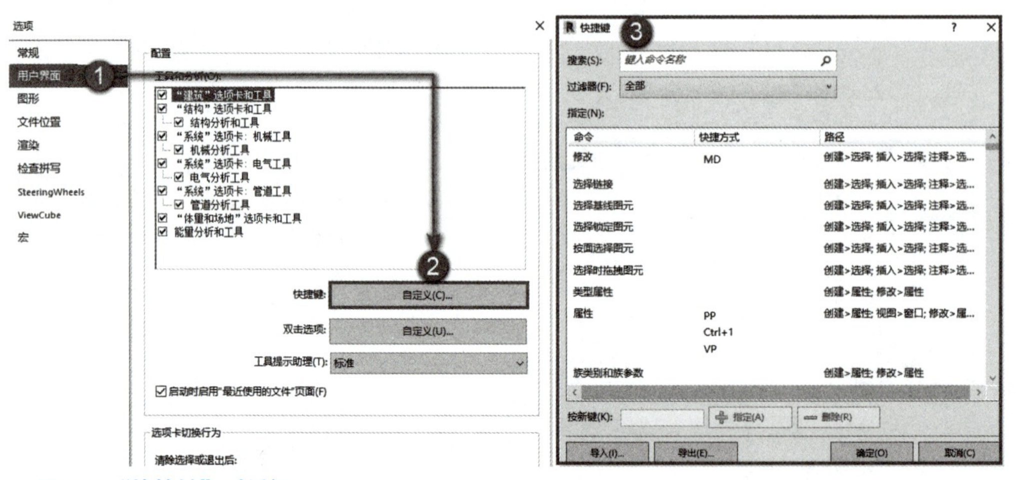

图 1.5　“快捷键”对话框

【功能区】

2. 功能区

（1）功能区提供了在创建项目或族时所需要的全部工具。功能区主要由选项卡、面板和工具组成。选项卡位于功能区最上方。

小知识 ▶▶▶

单击功能区上方，选项卡右侧的按钮，或双击任何一个选项卡，将依次进行如下操作：最小化为面板按钮（显示每个面板的第一个按钮）；最小化为面板标题（显示面板的名称）；最小化为选项卡（显示选项卡标签）。

（2）功能区有三种类型的绘图模式：第一种是只需要单击就可调用工具，第二种是单击下拉箭头来显示附加的相关工具，第三种是带有分隔线的按钮模式；如果看到按钮上有一条线把按钮分割为两个区域，那么分割线上部显示的是最常用的工具。

小知识 ▶▶▶

如果看到按钮上有一条线将按钮分割为两个区域，单击上部按钮可以访问最常用的工具，单击下部按钮可显示相关工具的列表。

小知识 ▶▶▶

Revit 2018 根据各工具的性质和用途，分别将其组织在不同的面板中。如果存在与工具相关的设置选项，则会在面板名称栏中显示斜向箭头（设置按钮）。单击该箭头，可以打开对应的设置对话框，在对话框中，可对工具进行详细的通用设定。

小知识 ▶▶▶

当光标停留在功能区的某个工具上时，默认情况下，Revit 2018 会显示工具提示，对该工具进行简要说明；若光标在该功能区上停留的时间较长些，会显示附加信息。

3. 快速访问工具栏

（1）快速访问工具栏显示文件保存、撤销、粗细线切换等选项，默认放置了一些常用的命令和按钮，可以自定义快速访问工具栏，取消勾选以显示命令或隐藏命令。

（2）可以根据需要自定义快速访问工具栏中的工具内容，根据自己的需要重新排列顺序。例如，在功能区内浏览要添加的工具，在该工具上右击，然后选择“添加到快速访问工具栏”选项。在快速访问工具栏浏览要删除的工具，在该工具上右击，然后选择“从快速访问工具栏删除”选项。

【快速访问工具栏、上下文选项卡和选项栏】

（3）单击快速访问工具栏最右侧的▼按钮，展开下拉列表（又叫“自定义快速访问工具栏”下拉菜单），选择“在功能区下方显示”。单击“自定义快速访问工具栏”下拉菜单，在列表中选择“自定义快速访问工具栏”选项，将弹出“自定义快速访问工具栏”对话框。使用“自定义快速访问工具栏”对话框，可以重新排列快速访问工具栏中的工具，并根据需要添加分隔线。勾选“自定义快速访问工具栏”对话框中的“在功能区下方显示快速访问工具栏”复选框，也可以修改快速访问工具栏的位置。

4. 上下文选项卡

当使用命令或选定图元时，功能区的“修改”选项卡处会转变为上下文选项卡，此时该选项卡中的工具仅与所对应的命令或图元相关联。例如单击“建筑”选项卡“构建”面板“墙：建筑”按钮，会显示与“修改 | 放置 墙”相关的面板以及对应的工具。操作结束后，上下文选项卡即会关闭。

5. 选项栏

（1）大多数情况下，选项栏与上下文选项卡同时出现、退出，选项栏中将显示与该命令或图元相关的选项，可以进行相应参数的设置和编辑。

（2）选项栏默认位于功能区下方，用于设置当前正在执行的操作的细节。在选项栏里设置参数后，这些参数会变成默认参数，供下一次直接使用。

（3）选项栏的内容类似于 AutoCAD 的命令提示行，其内容因当前所执行的工具或所选图元的不同而不同。单击“建筑”选项卡“构建”面板“墙：建筑”按钮时，选项栏如图 1.6 所示。

修改 | 放置 墙　高度：　未连接　8000.0　定位线：墙中心线　☑链　偏移：0.0

图 1.6　选项栏

（4）可以根据需要将选项栏移动到 Revit 2018 窗口的底部（状态栏上方）。在选项栏上右击，然后选择“固定在底部”选项即可。

【项目浏览器】

6. 项目浏览器

（1）项目浏览器用于显示当前项目中的所有视图、明细表、图纸、族、组、Revit 2018 链接以及其他部分的逻辑层次。单击这些层次前的“十”可以展开分支，“一”可以折叠分支。

（2）通过项目浏览器可以切换不同的视图界面，打开明细表、图纸，查看该项目包含的所有族构件信息等。项目浏览器是建模过程中最经常使用的工具，要提高建模的速度，必须熟悉其基本布局和使用。

（3）如果不小心关闭了项目浏览器，可以勾选“视图”选项卡“工具”面板“用户界面”下拉列表中“项目浏览器”复选框，即可重新显示项目浏览器。

（4）在 Revit 2018 中，可以在项目浏览器面板任意栏目名称上右击，在弹出的菜单中选择“搜索”选项，打开“在项目浏览器中搜索”对话框。可以使用该对话框在项目浏览器中对视图、族及族类型名称进行查找定位。

（5）选中某视图右击，打开相关下拉菜单，可以对该视图进行“复制”“删除”“重命名”和“查找相关视图”等相关操作。

（6）在项目浏览器面板的标题栏上，按住鼠标左键不放并移动光标至屏幕适当位置后松开鼠标，可拖动该面板至新位置。当项目浏览器面板靠近屏幕边界时，会自动吸附于边界位置。用户可以根据自己的操作习惯定义适合自己的项目浏览器位置。

（7）单击项目浏览器右上角的“关闭”按钮，可以关闭项目浏览器面板，以获得更多的屏幕操作空间。

小知识 ▶▶▶

在利用项目浏览器切换视图的过程中，Revit 2018 将在新视图窗口中打开相应的视图。若切换的视图次数过多，系统会因视图窗口过多而消耗较多的计算机内存资源。此时，可以根据实际情况及时关闭不需要的视图窗口，或者利用系统提供的“关闭隐藏窗口”工具一次性关闭除当前窗口外的其他所有活动视图窗口。切换至“视图”选项卡，在“窗口”面板中单击“关闭隐藏窗口”按钮，即可关闭除当前窗口外的其他所有视图窗口。

【“属性”对话框】

7.“属性”对话框

（1）软件默认将“属性”对话框显示在用户界面左侧。通过“属性”对话框，可以查看和修改用来定义图元属性的参数。

（2）当选择图元对象时，“属性”对话框将显示当前所选择对象的属性；如果未选择任何图元，则“属性”对话框将显示活动视图的属性。

（3）“属性”对话框是查看和修改图元参数的主要渠道，是获取模型中建筑信息的主要来源，也是模型修改的主要工具。

（4）在任何情况下，按键盘快捷键“Ctrl+1”，均可打开或关闭“属性”对话框。

（5）用户可以单击“类型选择器”右侧的下拉箭头，从列表中选择已有的合适的构件类型直接替换现有类型，而不需要反复修改图元参数。

（6）“属性”对话框下面的各种参数列表显示了当前选择图元的限制条件类、图形类、尺寸标注类、标识数据类、阶段类等实例参数及其值。用户可以方便地通过修改参数值来改变当前选择图元的外观尺寸等。

（7）单击“类型选择器”右下侧“编辑类型”按钮，系统将打开“类型属性”对话框。用户可以复制、重命名对象类型，并可以通过编辑其中的类型参数值来改变与当前选择图元同类型的所有图元的外观尺寸等。

（8）可以将该“属性”对话框固定到 Revit 2018 窗口的任一侧，也可以将其拖曳到绘图区域的任意位置成为浮动面板。

小知识 ▶▶▶

选择任意图元，单击“修改”选项卡“属性”面板“属性”按钮可打开或关闭“属性”对话框；或在绘图区域中右击，在弹出的快捷菜单中选择“属性”选项也可打开或关闭“属性”对话框。

8. 绘图区域

【绘图区域】

（1）绘图区域显示当前项目的楼层平面视图以及图纸和明细表视图等。

（2）在 Revit 2018 中每切换至新视图时，都将在绘图区域创建新的视图窗口，且保留所有已打开的其他视图。

（3）默认情况下，绘图区域的背景颜色为白色。在“选项”对话框“图形”选项中，可以设置视图中的绘图区域背景为黑色。

（4）使用“视图”选项卡“窗口”面板中的“平铺”“层叠”工具，可将所有已打开视图的排列方式设置为平铺、层叠等。

9. 视图控制栏

【视图控制栏】

（1）视图控制栏位于窗口底部，状态栏右上方。

（2）通过视图控制栏，可以对视图中的图元进行显示控制。由于在 Revit 2018 中各视图均采用独立的窗口显示，因此，在任何视图中进行视图控制栏的设置，均不会影响其他视图。

（3）视图比例用于控制模型尺寸与当前视图显示之间的关系。单击视图控制栏“视图比例”按钮，在比例列表中选择比例值即可修改当前视图的比例。无论视图比例如何调整，均不会修改模型的实际尺寸，仅会影响当前视图中添加的文字、尺寸标注等注释信息的相对大小。Revit 2018 允许为项目中的每个视图指定不同比例，也可以创建自定义视图比例。

（4）Revit 2018 提供了三种视图详细程度：粗略、中等、精细。Revit 2018 中的图元可以在族中定义在不同视图详细程度模式下要显示的模型。Revit 2018 通过视图详细程度控制同一图元在不同状态下的显示，以满足出图的要求。例如，在平面布置图中，平面视图中的窗可以显示为四条线；但在窗安装大样中，平面视图中的窗将显示为真实的窗截面。

（5）视觉样式用于控制模型在视图中的显示方式。Revit 2018 提供了 6 种视觉样式：线框、隐藏线、着色、一致的颜色、真实、光线追踪。显示效果逐渐增强，但所需要的系统资源也越来越大。一般平面布置图或剖面图可设置为线框或隐藏线模式，这样系统消耗资源较小，项目运行较快。

小知识 ▶▶▶

线框模式是显示效果最差但速度最快的一种显示模式。隐藏线模式下，图元将做遮挡计算，但并不显示图元的材质颜色。着色模式和一致的颜色模式都将显示对象材质定义中“着色颜色”中定义的色彩：着色模式将根据光线设置，显示图元明暗关系；一致的颜色模式下图元将不显示明暗关系。真实模式和材质定义中“外观”选项参数有关，用于显示图元渲染时的材质纹理。光线追踪模式将对视图中的模型进行实时渲染，效果最佳，但会消耗大量的计算机资源。

（6）在视图中，可以通过打开阴影 / 关闭阴影开关在视图中显示模型的光照阴影，增强模型的表现力。在打开日光 / 关闭日光 / 日光设置中，还可以对日光进行详细设置。

（7）视图裁剪区域定义了视图中用于显示项目的范围，由两个工具组成：打开裁剪视图 / 关闭裁剪视图和显示裁剪区域 / 隐藏裁剪区域，如图 1.7 所示。可以单击“显示裁剪区域 / 隐藏裁剪区域”按钮在视图中显示裁剪区域，再通过“打开裁剪视图 / 关闭裁剪视图”按钮将视图裁剪功能启用，通过拖曳裁剪边界，对视图进行裁剪。裁剪后，裁剪框外的图元不显示。

小知识 ▶▶▶

左侧“属性”对话框“范围”项下勾选“裁剪视图”复选框，可启动模型周围的裁剪边界；勾选或取消勾选“裁剪区域可见”可以显示或隐藏裁剪区域；如果勾选“裁剪区域可见”，则勾选或取消勾选“注释裁剪”可以控制文字注释、尺寸标注等图元是否被裁剪。

（8）当创建的模型较为复杂时，为防止意外选择相应的构件导致误操作，可以利用 Revit 2018 提供的临时隐藏 / 隔离工具进行图元的显示控制。选中图元后，单击视图控制栏的“临时隐藏 / 隔离”按钮，打开上拉列表，如图 1.8 所示。

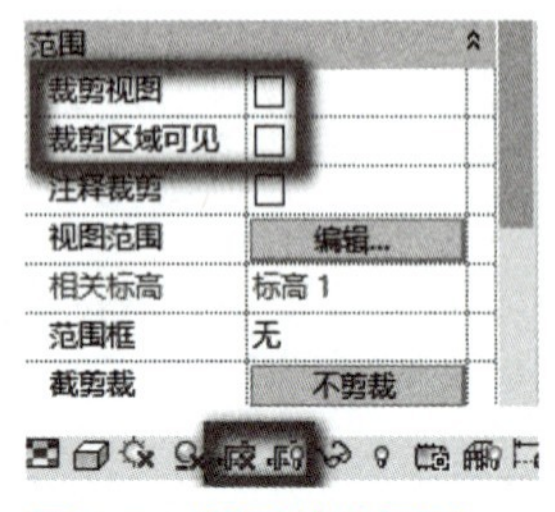

图 1.7　视图裁剪区域

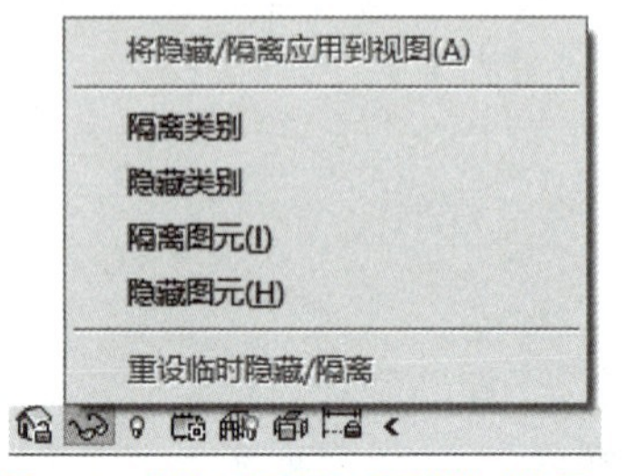

图 1.8　“临时隐藏 / 隔离”按钮

- 隔离类别：在当前视图中只显示与该图元类别相同的所有图元，隐藏所有不同类别的其他图元。
- 隐藏类别：在当前视图中隐藏与该图元类别相同的所有图元。
- 隔离图元：在当前视图中只显示该图元，其他图元均不显示。
- 隐藏图元：在当前视图中隐藏所选图元。

（9）视图中临时隐藏或隔离图元后，视图周边将显示蓝色边框。此时，再次单击“临时隐藏 / 隔离”按钮，可以选择上拉列表“重设临时隐藏 / 隔离”选项恢复被隐藏的图元。选择“将隐藏 / 隔离应用到视图”选项，视图周边蓝色边框消失，将永久隐藏不可见图元，即无论什么时候，图元都将不再显示。

（10）要查看项目中隐藏的图元，可以单击视图控制栏中“显示隐藏的图元”按钮，Revit 2018 会将显示彩色边框，所有被隐藏的图元均会显示为亮红色。单击选择被隐藏的图元，单击“显示隐藏的图元”面板“取消隐藏图元”按钮，可以恢复图元在视图中的显示。注意恢复图元显示后，务必单击“显示隐藏的图元”面板“切换显示隐藏图元模式”按钮或再次单击视图控制栏中“显示隐藏的图元”按钮返回正常显示模式。

小知识 ▶▶▶

当项目中图元较多，构件布置较为复杂时，为了界面的整洁，方便继续建模，可以隐藏某些内容的显示。除上述临时隐藏 / 隔离工具之外，还有下列两种方法。

- 可见性 / 图形：单击“视图”选项卡“图形”面板“可见性 / 图形”按钮，打开“可见性 / 图形替换”对话框，对话框按照“模型类别”“注释类别”“分析模型类别”“导入的类别”“过滤器”的分类来控制图元的显示。
- 永久隐藏：选中图元后，右击，在弹出的菜单中选择“在视图中隐藏”→“图元 / 类别”选项；或者单击“视图”面板“在视图中隐藏”下拉列表“隐藏图元 / 隐藏类别”按钮，可把选中的图元或者同一类别的图元进行永久隐藏。

（11）常用的图元隐藏控制方法见表 1.1。

表 1.1　常见的图元隐藏控制方法

隐藏种类	操作步骤	屏幕状态以及特征	恢复方法	互相转换
临时隐藏	→隔离 / 隐藏图元 / 类别	有蓝框，不与视图的可见性 / 图形替换同步	→重设临时隐藏 / 隔离	→将隐藏 / 隔离应用到视图
永久隐藏	右击→在视图中隐藏→图元 / 类别	无蓝框，与视图的可见性 / 图形替换同步	→右击→取消在视图中隐藏→图元 / 类别	

10. View Cube

【View Cube】

（1）View Cube 是一个三维导航工具，可指示模型的当前方向，位于绘图区域右上角，供用户快捷地调节视图；通过单击 View Cube 的面、顶点或边，模型可以在各立面、等轴测视图间进行切换。

（2）按住鼠标左键并拖曳 View Cube 下方的圆环指南针，还可以将三维视图的方向修改为任意方向，其作用与按住“Shift+ 鼠标中键”并拖曳的效果类似。

（3）用户可以利用 View Cube（视图立方体）旋转或重新定向视图。

（4）View Cube 只有在三维视图中显示。用户将光标放在 View Cube 上，按住左键拖动鼠标，可以转动视角。

（5）用户也可以在三维视图中通过按住“Shift+ 鼠标中键”来使用 View Cube，不必每次将光标移动到 View Cube 上拖动。

（6）主视图是随模型一同存储的特殊视图，可以方便地返回已知视图或熟悉的视图。可以将模型的任何视图定义为主视图：在 View Cube 上右击，然后单击“将当前视图设定为主视图”即可。

11. 状态栏

状态栏位于用户界面的左下方，使用当前命令时，状态栏左侧会显示一些相关的技巧或者提示。例如，启动一个命令（如“复制”），状态栏会显示有关当前命令的后续操作的提示；当在视图中选择某一构件时，状态栏左侧显示相关命令的提示，右侧放置了方便用户选择图元的工具。

12. 信息中心

【状态栏和信息中心】

Revit 2018 提供了完善的帮助文档系统，以方便用户在使用过程中遇到困难时查阅。可以随时单击帮助与信息中心栏中的“Help”按钮或按键盘“F1”键，打开帮助文档进行查阅。目前，Revit 2018 帮助文档以在线的方式查看，因此必须连接网络才能正常查看帮助文档。

13. 控制图元选择按钮

【控制图元选择按钮】

（1）在功能区的“选择”面板，单击“选择”按钮，展开下拉列表，在下拉列表中可以看到控制图元选择的基本命令。

（2）可以通过单击“选择链接”“选择基线图元”“选择锁定图元”“按面选择图元”以及“选择时拖曳图元”按钮，控制这些按钮处于开启状态或者关闭状态。控制图元选择按钮图标（图 1.9）位于绘图区域的右下角。

图 1.9　控制图元选择按钮图标

小知识 ▶▶▶

图 1.9 中各控制图元选择按钮含义如下。

选择链接：当希望能够选择链接的文件和链接中的各个图元时，启用“选择链接”。链接的文件可包括 Revit 2018 模型、CAD 文件等，可直接选择整个链接的文件及其所有图元，配合 Tab 键可选择链接文件中的单个图元。如果关闭了此按钮，在视图中将无法选择链接的模型图元。

选择基线图元：若选择基线中包含的图元时，启用“选择基线图元”。如果选择基线图元会影响选择视图中的图元，请关闭此按钮。选择基线图元关闭时，仍可捕捉并对齐基线中的图元。

选择锁定图元：当选择被锁定且无法移动的图元时，启用“选择锁定图元”。

按面选择图元：当希望能够通过单击内部面而不是边来选择图元时，请启用“按面选择图元”。例如，启用此按钮后，可通过单击墙或楼板的表面来将其选中。启用后，此选项适用于所有模型视图和详图视图。但是，它不适用于视觉样式为“线框”的视图。关闭此按钮之后，必须单击图元的边才能将其选中。

选择时拖曳图元：启用“选择时拖曳图元”，无须先选择图元即可拖曳。若要避免选择图元时意外将其移动，请关闭此按钮。此选项适用于所有模型类别和注释类别中的图元（启用该按钮，用户无须选择图元即可拖曳，但是在一般项目模型绘制时，往往关闭该按钮，以避免选择图元时误将其移动）。

过滤器：当在视图中选择图元时，过滤器会显示选中图元的个数。

特别注意：以上这些选项适用于所有打开的视图，它们不是特定于某一视图的。在当前任务中可以随时启用和关闭这些按钮（如果需要），每个用户对于这些选项的设置都会被保存，且从一个任务切换到下一个任务时，设置保持不变。

14. 导航栏

（1）Revit 2018 提供了导航栏工具条。勾选“视图”选项卡“用户界面”下拉列表“导航栏”复选框，可以显示导航栏。默认情况下，导航栏位于视图右侧 View Cube 下方。任意视图都可通过导航栏对视图进行控制。

【导航栏】

（2）导航栏主要提供两类工具：视图平移查看工具和视图缩放工具。单击导航栏中上方第一个圆盘图标（视图平移查看工具），将进入全导航控制盘（导航盘）控制模式，导航盘将跟随光标的移动而移动。导航盘中提供缩放、平移、动态观察（视图旋转）等命令，移动光标至导航盘中命令位置，按住左键不动即可执行相应的操作。

（3）导航栏中提供的另外一个工具为视图缩放工具，用于修改窗口中的可视区域。单击缩放工具下拉箭头，可以查看 Revit 2018 提供的缩放选项。勾选下拉列表中的缩放模式，就能实现缩放。在实际操作中，最常使用的视图缩放工具为“区域放大”，使用该缩放命令时，Revit 2018 允许用户绘制任意的范围窗口区域，将该区域范围内的图元放大至充满窗口显示。

小知识 ▶▶▶

任何时候使用“缩放全部以匹配”选项，都可以缩放显示当前视图中全部图元。在 Revit 2018 中，双击鼠标中键，也会执行该操作。

小知识 ▶▶▶

可以通过鼠标、View Cube 和导航栏对 Revit 2018 视图进行平移、缩放等操作。在平面、立面或三维视图中，通过滚动鼠标可以对视图进行缩放；按住鼠标中键并拖动，可以实现视图的平移。在默认三维视图中，按住键盘“Shift”键并按住鼠标中键拖动鼠标，可以实现对三维视图的旋转（视图旋转仅对三维视图有效）。

小知识 ▶▶▶

“视图”可通过“项目浏览器”进行快速切换；同一个界面可用快捷键“WT”（平铺工具）平铺显示多个视图；在平面中想查看三维视图，在快速访问工具栏中单击“三维视图”按钮即可。若想查看局部三维，需打开三维视图，然后勾选“属性”对话框→“范围”→“剖面框”复选框。

【族编辑器界面】

三、族编辑器界面

单击 Revit 2018 应用界面“族”→“新建”按钮，在弹出的“新族－选择样板文件”对话框中双击合适的族样板后，便进入族编辑器界面，如图 1.10 所示，默认进入“参照标高”楼层平面视图，通过三维模型工具来创建相应的族文件。

小知识 ▶▶▶

族编辑器界面会随着族类别或族样板的不同有所区别，主要是“创建”面板中的工具及“项目浏览器”中的视图等会有所不同。族编辑器是 Revit 2018 中的一种图形编辑模式，能够创建并修改可载入到项目中的族。

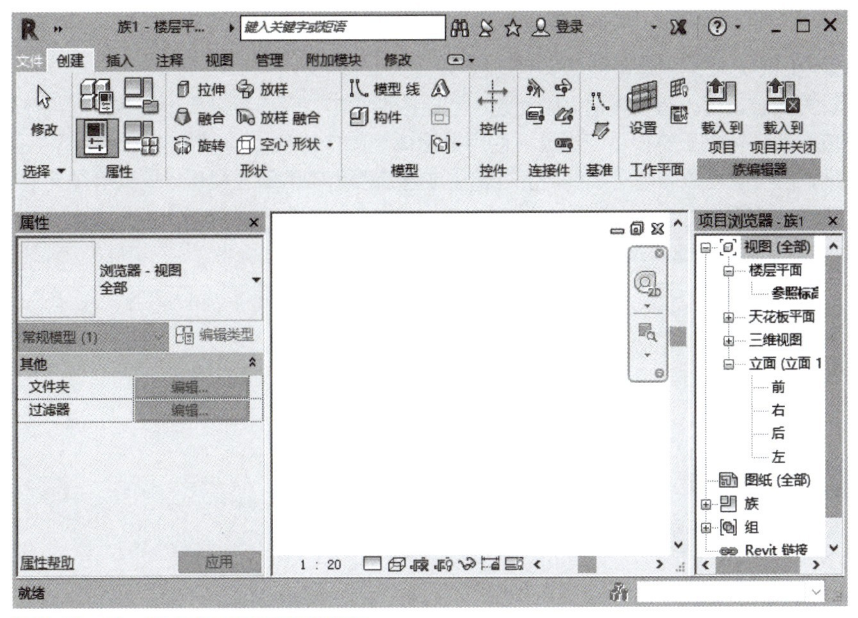

图 1.10　Revit 2018 族编辑器界面

四、概念体量界面

单击 Revit 2018 应用界面“族”→“新建概念体量模型”按钮，在弹出的“新概念体量 - 选择样板文件”对话框中双击“公制体量”后，便进入概念体量界面，如图 1.11 所示。该界面是 Revit 2018 用于创建体量族的特殊环境，其特征是默认进入三维视图，在三维视图操作；其形体创建的工具也与常规模型有所不同。

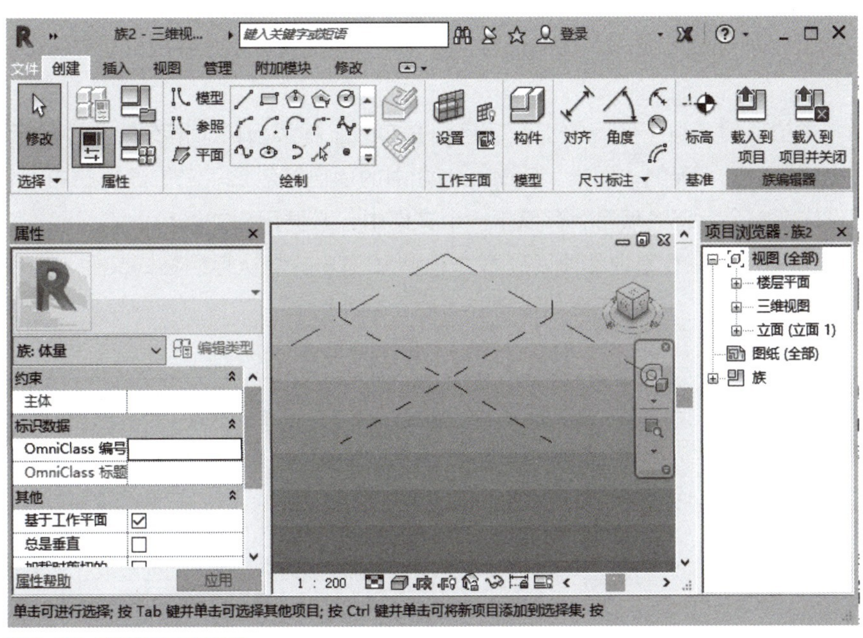

图 1.11　概念体量界面

【概念体量界面】

特别提示

●通过概念体量可以很方便地创建各种复杂的概念形体。

●概念体量设计完成后，可以直接将建筑图元添加到这些形状中，完成复杂模型创建。应用体量的这一特点，可以方便、快捷地完成网架结构的三维模型的设计。使用概念体量制作的模型可以快速统计建筑楼层面积、占地面积、外表面积等设计数据，也可以在概念体量模型表面创建生成建筑模型中的墙、楼板、屋顶等图元对象，完成从概念设计阶段到方案、施工图设计的转换。

●Revit 2018 提供了两种创建体量模型的方式，即内建体量和体量族。

第二节 基本术语、文件格式和快捷键

一、基本术语

要掌握 Revit 2018 的操作，必须先理解软件中的几个重要的术语，包括参数化、项目、图元、族、族样板、类别、类型、实例、类型参数与实例参数等。只有理解这些术语的概念与含义，才能灵活创建模型。

1. 参数化

【参数化和项目】

参数化是 Revit 2018 的基本特性。参数化是指 Revit 2018 中各模型图元之间的相对关系，例如，相对距离、共线等几何特征。Revit 2018 会自动记录这些构件间的特征和相对关系，从而实现模型间自动协调和变更管理。例如，设定窗底部边缘距离指定标高为 900mm，当修改指定标高位置时，Revit 2018 会自动修改窗的位置，以确保变更后窗底部边缘距离指定标高仍为 900mm。

2. 项目

（1）Revit 2018 中的项目类似于实际的工程项目。在实际工程项目中，所有的文件包括图纸、三维视图、明细表、造价估算等都是紧密相连的。同样，Revit 2018 中的项目既包含了二维建模的内容，也包含了参数化的文件信息，从而形成了一个完整的项目，存储于一个文件中，方便用户的调用。

（2）在 Revit 2018 中，可以简单地将项目理解为 Revit 2018 的默认存档格式文件。项目以“.rvt”的数据格式保存。

特别提示

●“.rvt”格式的项目文件无法在低于 Revit 2018 的版本中打开，但可以被高于 Revit 2018 的版本打开。例如，使用 Revit 2016 创建的项目文件，无法在 Revit 2015 或更低的版本中打开，但可以使用 Revit 2018 打开或编辑。使用高版本的软件打开数据后，当数据保存时，Revit 2018 将升级项目数据格式为新版本数据格式。升级后的数据也将无法用低版本软件打开。

●初学者非常容易混淆项目文件和样板文件，经常出现要创建项目文件却错误地创建成了样板文件的问题。发生这种情况时，只需要重新创建一个项目，把所创建的样板文件作为新项目的样板文件来创建项目，然后按照正确格式保存项目文件即可解决这个问题。

3. 图元

图元是构成一个模型的基本单位。Revit 2018 包含三种图元，如图 1.12 所示。

（1）模型图元：表示建筑的实际三维几何图形。它们显示在模型的相关视图中。例如，墙、窗、门和屋顶是模型图元。而模型图元又分为主体图元和构件图元。

主体图元：墙、楼板、屋顶等，代表实际建筑物中的主体构件，可以用来放置别的图元，如在楼板上放置构件，在墙上开洞。主体图元的参数是软件系统预先设置好的，用户不能添加参数，只能在原有参数的基础上加以修改，创建出新的主体类型。如楼板，可以在类型属性中设置构造层、厚度、材质等参数。

【图元】

构件图元：门、窗、梁和基础等，和主体图元一样，都是模型图元，是建模最基本最重要的图元。不同的是，构件图元的参数设置较为灵活多变，用户可以根据自己的需求，设置各种参数类型，以满足参数化设计的需求。

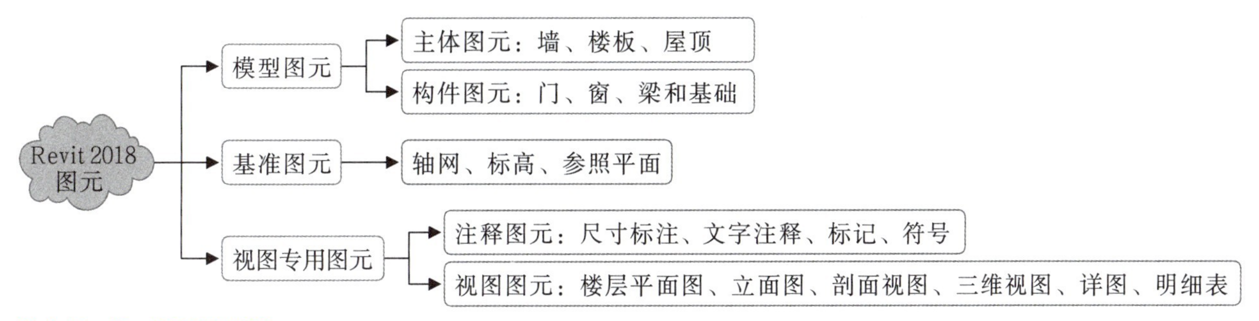

图 1.12　Revit 2018 图元

（2）基准图元：轴网、标高、参照平面等，为模型图元的放置和定位提供了框架，可帮助定义项目的定位信息。

轴网：有限平面，可以在立面视图中拖拽其范围，使其与标高相交或不相交。轴网可以是直线，也可以是弧线。

标高：无限水平平面，用作屋顶、楼板和天花板等以层为主体的图元的参照，大多用于定义建筑内的垂直高度或楼层。要放置标高，必须处于剖面或立面视图中。

参照平面：精确定位、绘制轮廓线条等的重要辅助工具。参照平面在轴网和标高的基础上加以辅助定位，方便建模。参照平面对于族的创建非常重要，有二维参照平面及三维参照平面，其中三维参照平面显示在概念设计环境中。在项目中，参照平面能出现在各楼层平面和立面视图（或者剖面视图）中，但在三维视图中不显示。

小贴士 ▶▶▶

● 参照平面在族的创建过程中最常用，是辅助绘图的重要工具。在进行参数标注时必须将实体与参照平面进行对齐且锁定。

（3）视图专用图元：只显示在放置这些图元的视图中，对模型图元进行描述或归档。如尺寸标注、标记和详图等都是视图专用图元，其分为以下两种类型。

注释图元（包括尺寸标注、文字注释、标记、符号等）是为了满足不同的图纸设计需求，对模型进行详细的描述和解释。注释图元可由用户自行设计，同时，它与注释对象之间是相互关联的，当注释对象的尺寸、材质等参数被修改时，注释图元会相应地自动改变，从而提高了出图的效率。

视图图元（包括楼层平面图、立面图、剖面视图、三维视图、详图、明细表等）是基于模型生成的视图表达，视图图元之间既是相互独立，又是相互关联的。每个视图图元都可以设置其显示构件的可见性、详细程度和比例，以及该视图图元所能显示的视图范围。

4. 族与族样板

【族与族样板】

（1）族是组成 Revit 2018 三维模型的基础。可以说，没有族就没有模型的产生。模型中的每一个构件都是族。

（2）Revit 2018 的任何单一图元都是由某一个特定族产生的。例如，一扇门、一面墙、一个尺寸标注、一个图框都是由某一个特定族产生的。由一个族产生的各图元均具有相似的属性或参数。例如，对于一个平开门族，由该族产生的图元都将具有高度、宽度等参数，但具体每个门的高度、宽度的值可以不同，这由该族的类型或实例参数决定。

（3）族文件格式为“.rfa”。

（4）族样板是创建族的初始文件，当需要族时可找到对应的族样板，里面已设置好对应的参数；族样板一般在安装软件时自动下载到安装目录下，其格式为“.rft”。

（5）Revit 2018 包含以下三种族。

可载入族：单独保存为“.rfa”格式，且可以随时载入到项目中的族。Revit 2018 提供了族样板文件，允许用户自定义任意形式的族。在 Revit 2018 中，门、窗、卫浴装置等均为可载入族。

系统族：已经在项目中预定义并只能在项目中创建和修改的族类型（如墙、楼板、天花板等）。它们不能作为外部文件载入或创建，但可以在项目和样板之间复制和粘贴，或者传递。

内建族：在项目中直接创建的族。内建族仅能在本项目中使用，既不保存为单独的“.rfa”格式的族文件，也不能通过“项目传递”功能传递给其他项目。

【类别、类型和实例】

5. 类别、类型和实例

（1）在 Revit 2018 中，所有图元都是按照一定的层级关系来进行储存和管理的，图元的层级关系为类别、族、类型、实例。每个图元都有自己所属的类别，如楼板、屋顶、墙体就是三个不同的类别。每个类别中包含不同的族对象，根据不同的材质和形状，每个类别可分为若干个族，如窗类别中包含固定窗、天窗、推拉窗族等。

（2）除内建族外，根据不同的参数值，每一个族包含一个或多个不同的类型，用于定义不同的对象特性。如某个窗族“双扇平开 - 带贴面 .rfa”包含“900 × 1200 mm”“1200 × 1200mm”“1800 × 900mm”（宽 × 高）三个不同类型，如图 1.13 所示。

（3）放置在项目中的每一个该类型的构件，就称为该类型的一个实例。例如，对于墙来说，可以通过创建不同的族类型，定义不同的墙厚和墙构造。而每个放置在项目中的实际墙图元，则称为该类型的一个实例。

总之，在 Revit 2018 中，族的层级为：类别 > 族 > 类型 > 实例，如图 1.14 所示。

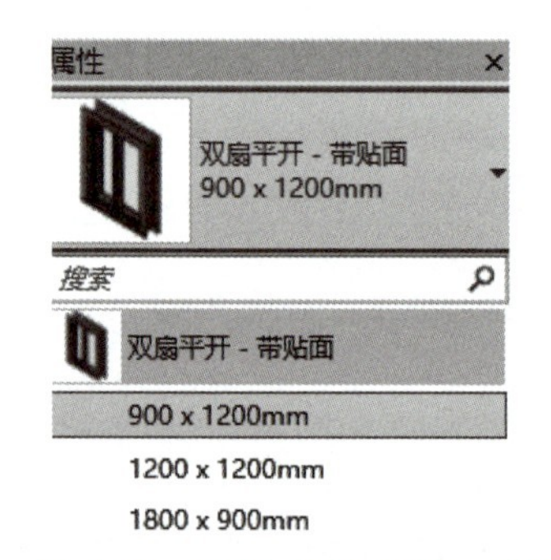

图 1.13　窗族“双扇平开 – 带贴面 .rfa”

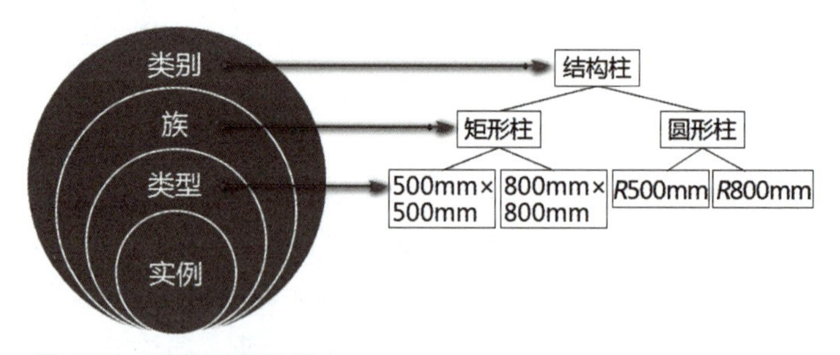

图 1.14　族的层级关系

特别提示

● 类别是对图元的分类，包括建筑类别（如门、窗、阳台、屋顶等）和结构构件类别（如柱、梁、楼板等）；族是包含对象的样式、属性及参数等特征的集合；类型是在族的基础上，对具体特征（如尺寸、材质等）的进一步定义，如双扇平开门有 1200mm 宽、1500mm 宽等。

● 建族时，可根据实际需求决定创建一个或多个类型，若后续出现其他类型需求（如不同尺寸），可通过调整尺寸等方式得到相应类型的构件。

● 更改族，会改变族所包含的对象的样式、属性、参数等特征，项目中所有基于该族的同一类构件都会随之变化；更改类型，是对类型所定义的特征（如尺寸、材质等）进行修改，同一类型的相关特征都会随之改变。

●学习 Revit 2018 一定记住一句关键的话——Revit 2018 就是一个一个族堆起来的！Revit 2018 的核心操作就是建族。

●实例是放置在项目中的每一个实际的图元。每一个实例都属于一个族，且在该族中属于特定类型。例如在项目中的轴网交点位置放置了 10 根 600mm×750mm 的矩形柱，那么每一根柱子都是“矩形柱”族中“600mm×750mm”类型的一个实例。

6. 类型参数与实例参数

小贴士

●Revit 2018 通过类型参数和实例参数控制图元的类型或实例参数特征。同一类型的所有实例均具备相同的类型参数，而同一类型的不同实例，可以具备完全不同的实例参数。

（1）实例参数是每个放置在项目中实际图元的参数。以柱子为例，选中一个图元，其“属性”对话框，如图 1.15 所示。“属性”对话框就是这个柱子的实例属性，如果我们更改其中的参数，只是这个柱子变化，其他的柱子不会变化。比如把“顶部偏移”改为“1200.0”，如图 1.16 所示，另一个柱子不会跟着改变。实例参数只会改变当前图元。

【类型参数与实例参数】

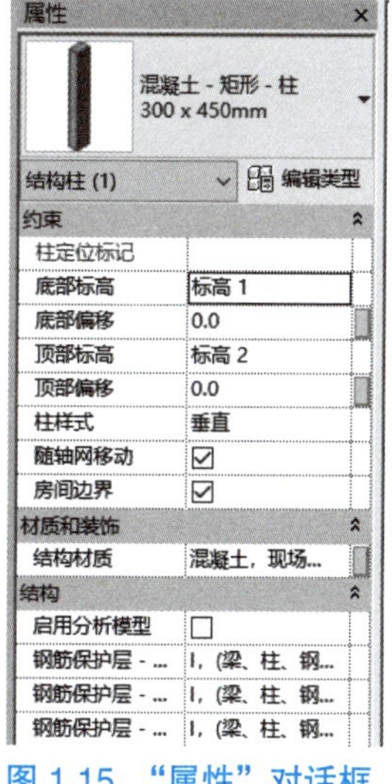

图 1.15 “属性”对话框

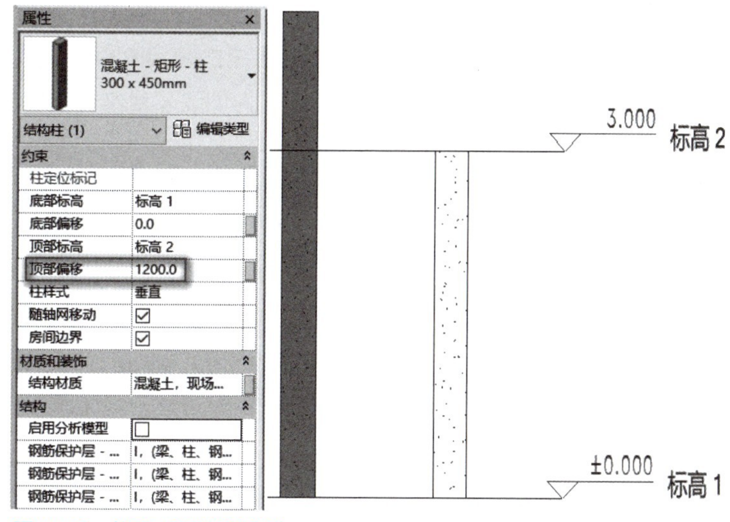

图 1.16 修改“顶部偏移”

小贴士

●实例参数是某一个族实例自己的独有参数。对实例参数进行修改时，只会影响该族在项目中的表现形式，而不会影响其他同类族。

（2）类型参数是调整这一类构件的参数。例如，单击“类型选择器”下拉列表右下侧“编辑类型”按钮，在弹出“类型属性”对话框中可修改类型参数，如图 1.17 所示。例如更改“类型属性”对话框“尺寸标注”项下截面参数“b”和“h”分别为“600.0”和“600.0”，如图 1.18 所示，则该类型柱子都跟着调整。

小贴士

●类型参数是同一种类型的族所具有的共有参数。对类型参数进行修改时，项目中所有属于该类型的族都会发生变化。

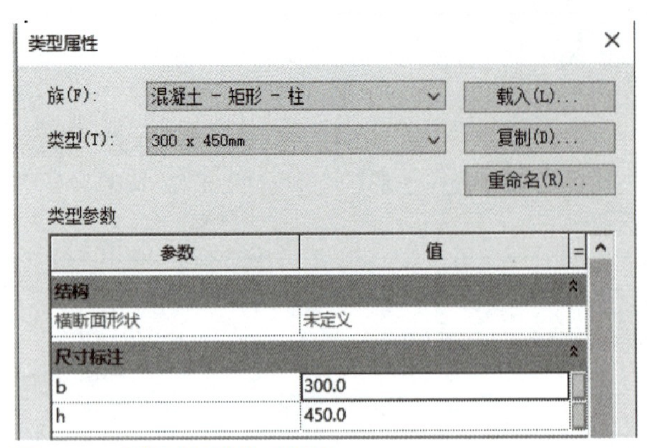

图 1.17 “类型参数”对话框

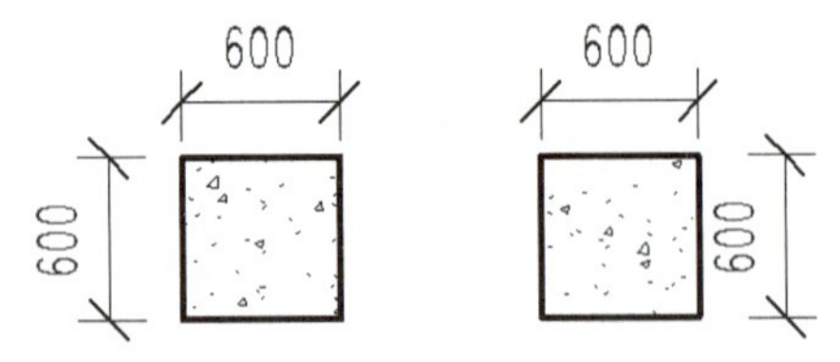

图 1.18 更改类型参数

二、文件格式

【文件格式】

（1）“.rte”格式：Revit 2018 的项目样板文件格式。该格式文件包含项目单位、标注样式、文字样式、线型、线宽、线样式、导入 / 导出设置等内容。为规范设计和避免重复设置，用户可依据 Revit 2018 自带的项目样板文件，基于自身需求、内部标准，先行设置并保存项目样板文件，便于用户新建项目文件时选用。

（2）“.rvt”格式：Revit 2018 生成的项目文件格式。该格式文件包含项目所有的建筑模型、注释、视图、图纸等内容。通常基于项目样板文件创建项目文件，编辑完成后保存为“.rvt”文件，作为设计所用的项目文件。

（3）“.rft”格式：创建 Revit 2018 可载入族的样板文件格式。创建不同类别的族要选择不同的族样板文件。比如建一个门的族要使用“公制门”族样板文件，这个“公制门”的族样板文件是基于墙的，因为门构件必须安装在墙中。

（4）“.rfa”格式：Revit 2018 可载入族的文件格式。用户可以根据项目需要创建自己的常用族文件，以便随时在项目中调用。Revit 2018 在默认情况下提供了族库，里面有常用的族文件。当然，用户也可以根据需要自己建族，同样也可以调用网络中共享的各种族文件。

三、快捷键

在使用编辑图元命令的时候，往往需要进行多次操作，那就需要用鼠标多次单击不同命令进行操作，这是很麻烦的。通过键盘输入快捷键直接访问指定工具可以提高建模效率。例如要执行“对齐尺寸标注”命令，可以直接按键盘“DI”键激活此命令。

【快捷键】

Revit 2018 默认所有快捷键由两个字母组成，敲完两个字母后不用打回车，如果字母不足两个，则由空格补齐。在 Revit 2018 运行界面中，光标移动到某个指令图标上停留，会出现相关提示信息，其中文指令名称之后括号内的两个英文字母，即为该指令的快捷键。

（1）Revit 2018 使用频率较高的几类快捷键见表 1.2。

表 1.2　Revit 2018 使用频率较高的几类快捷键

建模与绘图工具		编辑修改工具		捕捉替代		视图控制	
命令	快捷键	命令	快捷键	命令	快捷键	命令	快捷键
墙	WA	图元属性	PP 或 Ctrl+1	捕捉远距离对象	SR	区域放大	ZR
门	DR	删除	DE	象限点	SQ	缩放配置	ZF
窗	WN	移动	MV	垂足	SP	上一次缩放	ZP
放置构件	CM	复制	CO	最近点	SN	动态视图	F8 或 Shift+W
房间	RM	旋转	RO	中点	SM	线框显示模式	WF
房间标记	RT	定义旋转中心	R3 或空格键	交点	SI	隐藏线显示模式	HL
轴线	GR	阵列	AR	端点	SE	带边框着色显示模式	SD
文字	TX	镜像 - 拾取轴	MM	中心	SC	细线显示模式	TL
对齐尺寸标注	DI	创建组	GP	铺捉到云点	PC	视图图元属性	VP
标高	LL	锁定位置	PN	点	SX	可见性图形	VV/VG
高程点标注	EL	解锁位置	UP	工作平面网格	SW	临时隐藏图元	HH
参照平面	RP	匹配对象类型	MA	切点	ST	临时隔离图元	HI
按类别标记	TG	线处理	LW	关闭替换	SS	临时隐藏类别	HC
模型线	LI	填色	PT	形状闭合	SZ	临时隔离类别	IC
详图线	DL	拆分区域	SF	关闭捕捉	SO	重设临时隐藏	HR
—	—	对齐	AL	—	—	隐藏图元	EH
—	—	拆分图元	SL	—	—	隐藏类别	VH
—	—	修剪 / 延伸	TR	—	—	取消隐藏图元	EU
—	—	偏移	OF	—	—	取消隐藏类别	VU
—	—	在整个项目中选择全部实例	SA	—	—	切换显示隐藏图元模式	RH

（2）除系统保留的快捷键外，Revit 2018 允许用户根据自己的习惯修改其中大部分工具的键盘快捷键。下面以给“参照平面”工具自定义快捷键“29”为例，来说明如何在 Revit 2018 中自定义快捷键。

① 单击“视图”选项卡“窗口”面板“用户界面”下拉列表“快捷键”按钮，或者直接输入快捷键命令“KS”，或者单击应用程序菜单下拉列表右下角的“选项”按钮，可以打开“选项”对话框，单击“用户界面”→“快捷键”右侧的“自定义”按钮 自定义(C)... ，可以打开“快捷键”对话框，如图 1.19 所示。

② 在“搜索”文本框中，输入要定义快捷键命令的名称“参照平面”，下方会列出名称中所有包含“参照平面”的命令，如图 1.20 所示。

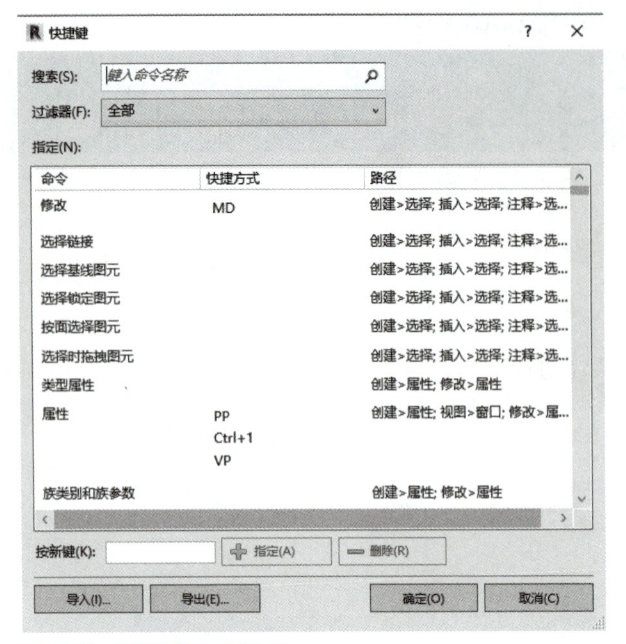

图 1.19 “快捷键”对话框

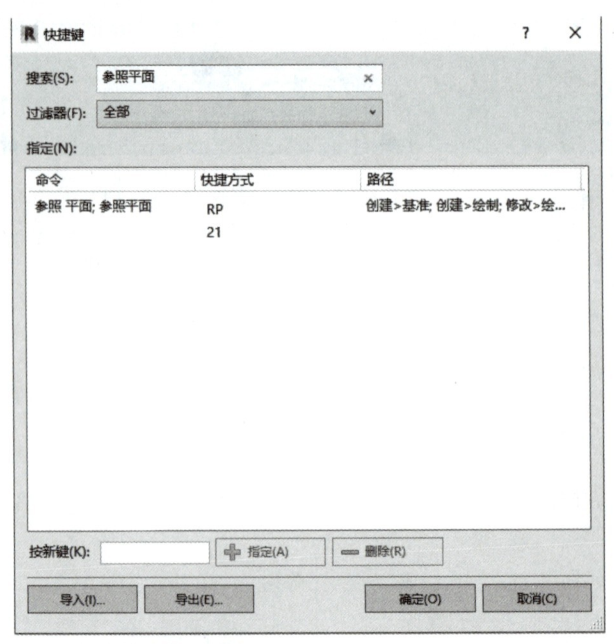

图 1.20 “搜索”文本框

③ 在“指定”列表中，选择所需命令“参照平面”，同时，在“按新键”文本框中输入快捷键字符“29”，然后单击“指定”按钮。新定义的快捷键将显示在选定命令的“快捷方式”列，如图 1.21 所示。

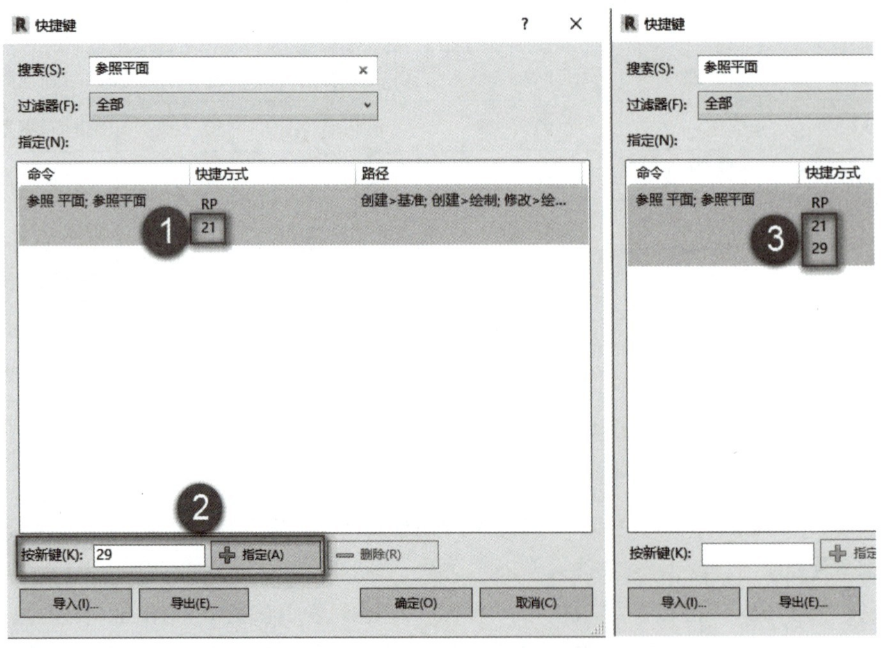

图 1.21 自定义快捷键“29”

第三节　Revit 2018 视图种类、基本操作和编辑工具

一、图元选择

在 Revit 2018 中，选择图元是对图元进行编辑和修改的基础，也是建模工作中最常用的操作。在 Revit 2018 中可以使用 5 种方式进行图元的选择，即点选、框选、按过滤器选择、选择全部实例、按 Tab 键选图元。

【图元选择】

1. 点选

（1）移动光标至任意图元上，Revit 2018 将高亮显示该图元并在状态栏中显示有关该图元的信息，单击将选择被高亮显示的图元。

小贴士

● 在选择时如果多个图元彼此重叠，可以移动光标至图元位置，按键盘 Tab 键，Revit 2018 将循环高亮显示各图元，当要选择的图元高亮显示后，单击将选择该图元。

（2）选择多个图元时，按住键盘 Ctrl 键，单击要选择的图元。取消选择时，按住键盘 Shift 键，单击已选择的图元，可以将该图元从选择集中删除。

2. 框选

按住鼠标左键，从右下角向左上角拖曳光标，则虚线矩形范围内的图元和被矩形边界碰及的图元被选中。或者按住鼠标左键，从左上角向右下角拖曳光标，则仅有实线矩形范围内的图元被选中。在框选过程中，按住键盘 Ctrl 键，可以继续用框选或其他方式选择图元。按住键盘 Shift 键，可以用框选或其他方式将已选择的图元从选择集中删除。

3. 按过滤器选择

选中不同图元后，进入“修改 | 选择多个”上下文选项卡，单击“选择”面板“过滤器”按钮，可在“过滤器”对话框中勾选或者取消勾选图元类别，可过滤已选择的图元，只选择所勾选的类别。

4. 选择全部实例

点选某个图元，然后右击，从右键下拉列表中单击“选择全部实例”→“在视图中可见（或在整个项目中）”按钮，软件会自动选中当前视图或整个项目中所有相同类型的图元实例，这是编辑同类图元最快速的选择方法。

5. 按 Tab 键选图元

用键盘 Tab 键可快速选择相连的一组图元，移动光标到其中一个图元附近，当图元高亮显示时，按 Tab 键，相连的这组图元会高亮显示，再单击，就选中了相连的一组图元。

二、项目视图种类

Revit 2018 视图有很多种形式，每种视图类型都有特殊用途，视图不同于 CAD 绘制的图纸，它是 Revit 2018 项目中 BIM 模型根据不同的规则显示的投影。

【项目视图种类】

常用的视图有平面视图、立面视图、剖面视图、详图索引视图、三维视图、图例视图、明细表视图等。同一项目可以有任意多个视图，例如，对于 F1 标高，可以根据需要创建任意数量的

楼层平面视图，用于表现不同的功能要求，如 F1 梁布置视图、F1 柱布置视图、F1 房间功能视图、F1 建筑平面图等。所有视图均根据模型剖切投影生成。

Revit 2018 在“视图”选项卡“创建”面板中提供了创建各种视图的工具，如图 1.22 所示，也可以在项目浏览器中根据需要创建不同的视图类型。

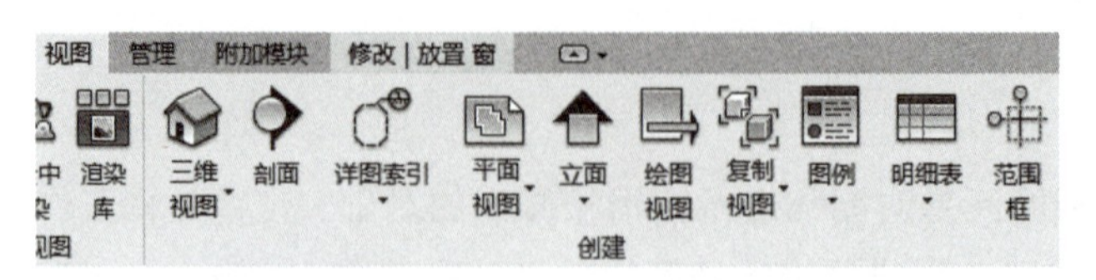

图 1.22　创建视图的工具

楼层平面视图及天花板平面视图是沿项目水平方向，按指定的标高偏移位置剖切项目生成的视图。大多数项目至少包含一个楼层平面视图。在创建项目标高时，软件默认可以自动创建对应的楼层平面视图。

小贴士 ▶▶▶

● 在立面视图中，已创建楼层平面视图的标高标头显示为蓝色，无平面关联的标高标头是黑色。除使用项目浏览器进入楼层平面视图外，可在立面视图中双击蓝色标高标头进入对应的楼层平面视图；使用“视图”选项卡“创建”面板“平面视图”工具可以手动创建楼层平面视图。

在“属性”对话框中单击“视图范围”后的“编辑”按钮，将打开“视图范围”对话框，如图 1.23 所示。在该对话框中，可以定义视图的剖切位置等。

特别提示 ▶▶▶

“视图范围”对话框中，各主要功能介绍如下。

● 主要范围

每个平面视图都具有“主要范围”视图属性，该属性也称为可见范围。“主要范围”是用于控制视图中模型对象可见性和外观的一组水平平面（“顶部”“剖切面”和“底部”）。“顶部”和“底部”用于指定视图范围顶部和底部位置，剖切面是确定剖切高度的平面，这 3 个平面用于定义视图范围的“主要范围”。

● 视图深度

“视图深度”是视图范围外的附加平面，可以设置视图深度的标高，以显示位于底裁剪平面之下的图元，默认情况下该标高与底部重合。“主要范围”的“底部”不能超过“视图深度”设置的范围。

视图范围分层图如图 1.24 所示。各范围图解：顶部①、剖切面②、底部③、视图深度偏移④、主要范围⑤和视图深度⑥、视图范围⑦。

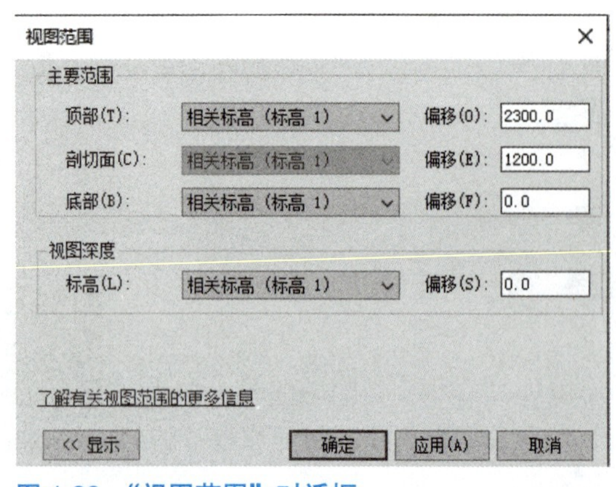

图 1.23　“视图范围”对话框

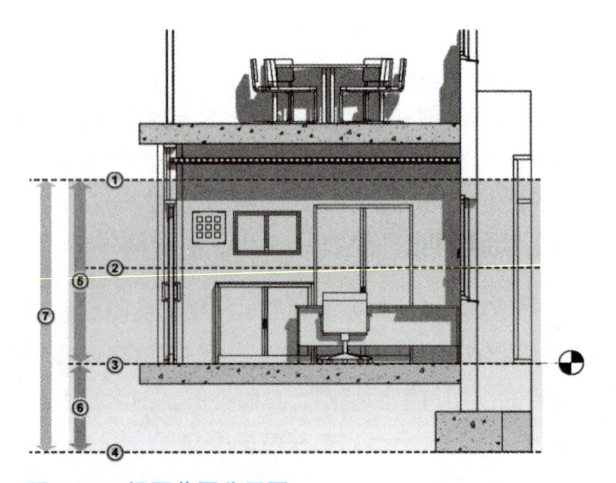

图 1.24　视图范围分层图

立面视图是项目模型在立面方向上的投影视图。在 Revit 2018 中，默认每个项目包含东、西、南、北 4 个立面视图，并在楼层平面视图中显示立面视图符号（俗称“小眼睛”）。双击楼层平面视图中立面标记中黑色小三角，会直接进入立面视图。Revit 2018 允许用户在楼层平面视图或天花板平面视图中创建任意立面视图。

剖面视图允许用户在平面、立面或详图视图中的指定位置绘制剖面符号线，在该位置对模型进行剖切，并根据剖面视图的剖切和投影方向生成模型投影。剖面视图具有明确的剖切范围，单击剖面标头可显示剖切深度范围，剖切深度范围可以通过鼠标自由拖曳。

使用三维视图，可以直观查看模型的状态。Revit 2018 中三维视图分两种：正交三维视图和透视图。在正交三维视图中，不管观察距离的远近，所有构件的大小均相同，可以单击快速访问栏“默认三维视图”图标直接进入默认三维视图，可以配合 Shift 键和鼠标中键灵活调整视图角度。透视图一般使用“视图”选项卡“创建”面板“三维视图”下拉列表“相机”工具创建。在透视图中，越远的构件显示得越小，越近的构件显示得越大，这种视图更符合人眼的观察视角。

三、图元的编辑工具

选择图元之后，可以对图元进行修改和编辑，对选择好的图元可以进行移动、复制、阵列、对齐等编辑操作。通过“修改”选项卡或相对应的上下文选项卡，可以方便地使用这些工具。编辑工具的相关介绍见表 1.3。

【图元的编辑工具】

表 1.3　编辑工具的相关介绍

命令（对应图标）	操作方法
移动	在单击“移动”按钮之前，先选中所要移动的对象，然后单击“移动”按钮，选择移动的起点，再选择移动的终点或者直接输入移动距离的数值，完成移动操作
复制	单击需要复制的对象，再单击“复制”按钮，先选择复制的移动起点，再选择移动的终点，也可以直接输入复制移动的距离。选中选项栏“多个”复选框，可以完成多个复制
阵列	选择图元，再单击“阵列”按钮，在选项栏项目数文本框中输入需要阵列的个数值，如果“移动到”后边的“第二个”单选按钮被选中，则将光标移动到第二个图元的位置单击，即可以完成阵列。如果选中的是“最后一个”单选按钮，则移动到最后一个图元位置单击完成阵列
对齐	单击“对齐”按钮前，先选择需要被对齐的线，再选择要对齐的实体上的一条边，后选的实体上的一条边就会移动到先选的对齐的线上，完成对齐操作
旋转	选择需要旋转的图元，单击“旋转”按钮，选择旋转的起始线，输入角度或者再选择旋转的结束线，完成旋转操作
偏移	单击“偏移”按钮，会出现与该命令对应的选项栏；在偏移值框内填写需要偏移的距离值，选中选项栏的“复制”复选框可以保留原来的构件；在原构件附近移动光标，确认偏移的方向；再次单击即可以完成偏移操作
镜像	该命令有两个对应的图标，其中，适用于有镜像轴的情况，而适用于需要绘制镜像轴的情况。先选择需要镜像的图元，再单击“镜像”按钮，选择镜像轴就可以复制出对称镜像。也可以在操作时取消选中选项栏中的“复制”选项，则原来的图元就不会再保留了
修剪 / 延伸	第一个图标功能为修剪 / 延伸到角部；第二个图标功能为沿着一个图元的边界修剪 / 延伸另一个图元；第三个图标功能为沿着一个图元的边界修剪 / 延伸多个图元。操作时先选择边界参照，再选择需要修剪 / 延伸的图元
解锁 / 锁定	先单击“解锁 / 锁定”按钮，再单击选中图元，若图元当前处于锁定状态，则执行解锁操作；若图元当前处于解锁状态，则执行锁定操作

续表

命令（对应图标）	操作方法
删除	先选中图元，再单击“删除”按钮，即可删除图元
拆分	先单击“拆分”按钮，再选择要拆分的图元，即可拆分图元
缩放	其具体操作见后文介绍

1. 移动

移动是将一个或多个图元从一个位置移动到另一个位置。移动的时候，可以选择按图元上某点或某线来移动，也可以在空白处随意移动。该操作是图元编辑命令中使用最多的操作之一。

用户可以通过以下几种方式对图元进行相应的移动操作。

（1）单击拖曳：激活“控制图元选择”的选项中的“选择时拖曳图元”按钮，然后在平面视图上单击选择相应的图元，并按住鼠标左键不放，此时拖动光标即可移动该图元。

（2）箭头方向键：单击选择某图元后，用户可以通过单击键盘的方向箭头来移动该图元。

（3）移动工具：单击选择某图元后，单击“移动”按钮，然后在平面视图中选择一点作为移动的起点，并输入相应的距离参数，或指定移动终点，即可完成该图元的移动操作

特别提示

- 在拖曳图元的同时按住 Shift 键，则只能在水平或垂直方向移动该图元。
- 激活“移动”工具后，系统将打开“移动”选项栏。如启用“约束”复选框，则只能在水平或垂直方向进行移动。

2. 复制

使用复制命令可复制一个或多个选定图元，并生成副本。点选图元使用复制命令时，选项栏如图 1.25 所示。可以通过勾选“多个”复选框实现连续复制图元。“约束”的含义是只能正交复制。结束复制命令可以右击，在弹出的快捷菜单中单击“取消”，或者连续按键盘上的 Esc 键两次结束复制命令。

修改 | 墙　☑约束　☐分开　☑多个

图 1.25　激活复制命令时的选项栏

3. 阵列

阵列命令可用于创建一个或多个相同图元的线性阵列或半径阵列。在族中使用阵列命令，可以方便地控制阵列图元的数量和间距，如百叶窗的百叶数量和间距。激活阵列命令后，选项栏如图 1.26 所示。

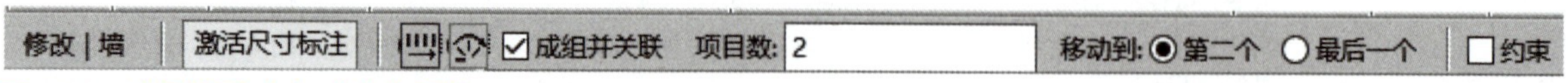

修改 | 墙　激活尺寸标注　☑成组并关联　项目数: 2　移动到: ◉第二个　○最后一个　☐约束

图 1.26　激活阵列命令时的选项栏

小贴士

- 如勾选选项栏“成组并关联”选项，阵列后的图元将自动成组，需要编辑该组才能调整图元的相应属性；“项目数”是包含被阵列对象在内的图元个数；勾选“约束”选项，可保证正交。

4. 对齐

对齐命令是将一个或多个图元与选定位置对齐。使用对齐工具时，要求先单击选择对齐的目标位置，再单击选择要移动的对象图元，选择的对象将自动对齐至目标位置。对齐工具可以以任意的图元或参照平面为目

标；要将多个对象对齐至目标位置时，勾选选项栏中的“多重对齐”复选框即可。对齐工具的默认快捷键为AL。选择对象时，可以使用 Tab 键精确定位。

5. 旋转

使用旋转命令可使图元绕指定轴旋转。默认旋转中心位于图元中心。移动光标至旋转中心标记位置，按住鼠标左键不放将其拖曳至新的位置，松开鼠标左键，可设置旋转中心的位置。然后单击确定起点旋转角边，再确定终点旋转角边，就能确定图元旋转后的位置。在执行旋转命令时，可以勾选选项栏中的“复制”选项，以在旋转时创建所选图元的副本，而在原来位置上保留原始对象。

6. 偏移

使用偏移命令可以对所选择的模型线、详图线、墙或梁等图元进行复制，或在与其长度垂直的方向移动指定的距离。可以在选项栏中指定用“图形方式”或用“数值方式”来偏移图元（图 1.27）。不勾选选项栏“复制”复选框，生成偏移后的图元时将删除原图元。

○图形方式 ◉数值方式 偏移: 1000.0 ☑复制

图 1.27 在选项栏设置偏移

小贴士 ▶▶▶

● 如偏移时需生成新的构件，勾选“复制”复选框；选择“数值方式”直接在“偏移”后输入数值，仍需注意“复制”复选框的设置。

7. 镜像

镜像命令使用一条线作为镜像轴，对所选模型图元执行镜像（反转其位置）。确定镜像轴时，既可以拾取已有图元作为镜像轴，也可以绘制临时轴。“镜像 – 拾取轴”在拾取已有对称轴线后，可以得到与“原像”轴对称的“镜像”；而“镜像 – 绘制轴”则需要自己绘制对称轴。通过是否勾选选项栏“复制”复选框，可以确定镜像操作时是否需要复制原对象。

8. 修剪 / 延伸

修剪 / 延伸共有三个工具，从左至右分别为修剪 / 延伸为角、单个图元修剪 / 延伸和多个图元修剪 / 延伸。使用修剪 / 延伸工具时需要先选择修剪或延伸的目标位置，再选择要修剪或延伸的对象。使用多个图元修剪 / 延伸工具时，可以在选择目标后，多次选择要修改的图元，这些图元都将延伸至所选择的目标位置。可以将这些工具用于墙、线、梁或支撑等图元的编辑。在修剪或延伸编辑时，单击拾取的图元位置将被保留。

9. （解锁 / 锁定）

对于特定图元如果为了防止因误操作而受到改动，可按“锁定”按钮进行锁定，这样的话即使在被选中的情况下使用“移动”等命令，对其也不会产生影响。同理，也可按“解锁”按钮将其解锁。

10. 删除

删除命令可将选定图元从绘图中删除，和用 Delete 命令直接删除效果一样。

11. 拆分

拆分命令有两种工具：拆分图元和用间隙拆分。使用拆分图元工具，可将图元分割成两个单独部分，能删除两个点之间的线段；而用间隙拆分工具，可在两面墙之间创建指定的间隙。

12. 缩放

以墙体缩放为例，选择墙体，单击“缩放”命令，选项栏如图 1.28 所示。选择“图形方式”时，单击整道墙体的起点、终点，以此来作为缩放的参照距离，再单击墙体新的起点、终点，确认缩放后的大小距离。选择“数值方式”时，直接输入缩放比例数值，回车确认即可。

修改 | 墙 ◉图形方式 ○数值方式 比例: 2

图 1.28 激活缩放命令时的选项栏

四、尺寸标注和临时尺寸标注

【尺寸标注和临时尺寸标注】

1. 尺寸标注

1）尺寸标注的种类与功能

与 CAD 一样，尺寸标注包括对齐标注、线性标注、角度、径向、直径等。其功能包括记录尺寸功能；参数化功能；通过设置标签，实现从常量到变量功能；锁定与驱动功能，配合基准图元（如参照平面）进行锁定与驱动。

在放置永久性尺寸标注时，可以锁定这些尺寸标注。锁定尺寸标注时，就创建了限制条件。

相等限制条件：选择一个多段尺寸标注时，相等限制条件会在尺寸标注线附近显示一个“EQ”符号。如果选择尺寸标注线的一个参照（如墙），则会出现“EQ”符号，在参照的中间会出现一条蓝色虚线，如图 1.29 所示。“EQ”符号表示应用于图元尺寸标注参照的相等限制条件。当此限制条件处于活动状态时，参照（以图形表示的墙）之间会保持相等的距离。如果选择其中一面墙并移动它，则所有墙都将随之移动一段固定的距离。

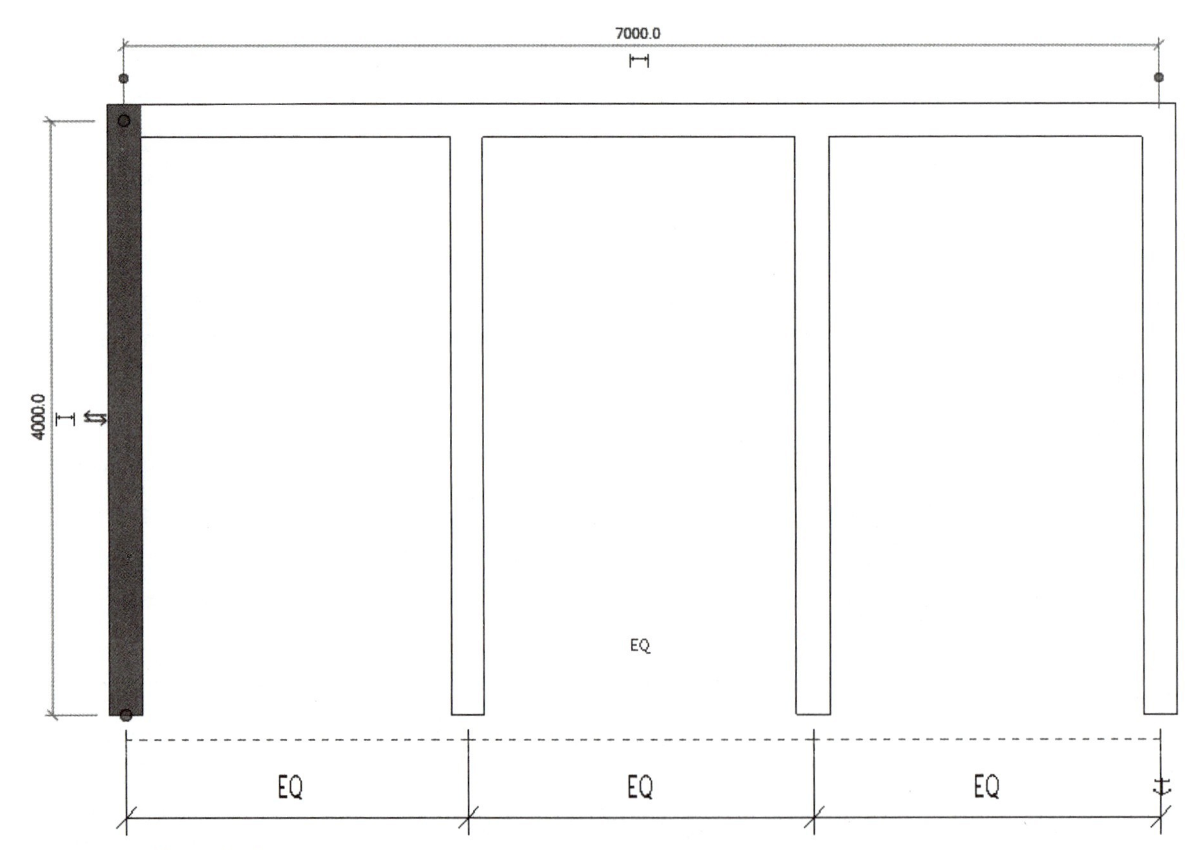

图 1.29 相等限制条件

2）尺寸标注样式

尺寸标注样式设置的内容包括：族类型命名，尺寸线、尺寸界限、起止符号的线宽与颜色，文字的宽度系数、大小、偏移、字体、背景、单位格式等，如图 1.30 所示。

3）尺寸标注的操作要点

可以通过拖动中间小圆点改变尺寸标注界限，配合 Tab 键设置构件细节的尺寸标注，连续标注的尺寸可以在选中尺寸标注后随时添加或删除局部的尺寸标注。单击尺寸标注值可以对其进行编辑，如以文字替换，加前缀或后缀，如图 1.31 所示。

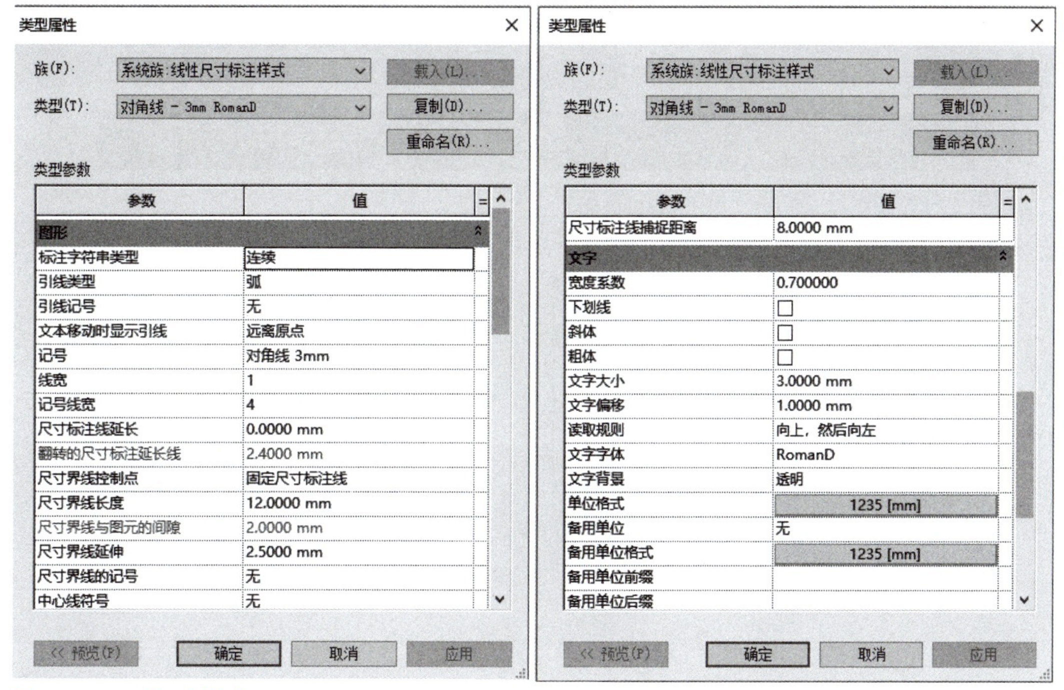

图 1.30 尺寸标注样式

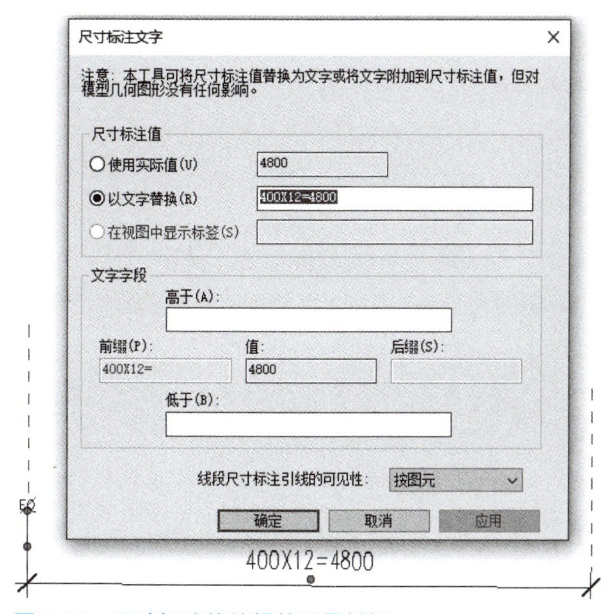

图 1.31 尺寸标注值编辑的设置样例

2.临时尺寸标注

临时尺寸标注是相对最近的垂直构件进行创建的，并按照设置值进行递增。选择项目中的图元，图元周围就会出现蓝色的临时尺寸标注，修改尺寸标注上的数值，就可以修改图元位置。可以通过移动尺寸标注界线来修改临时尺寸标注，以参照所需的图元，如图1.32所示。单击在临时尺寸标注附近出现的尺寸标注符号“ ⊢⊣ ”，即可将临时尺寸标注修改为永久性尺寸标注。

临时尺寸标注属性的设置路径为：“管理”选项卡→“设置”面板→“其他设置”下拉列表“临时尺寸标注”→“临时尺寸标注属性”对话框，如图1.33所示。临时尺寸标注外观的设置路径为：应用程序菜单→“选项”按钮→“选项”对话框→“图形”选项→“临时尺寸标注文字外观”，如图1.34所示。

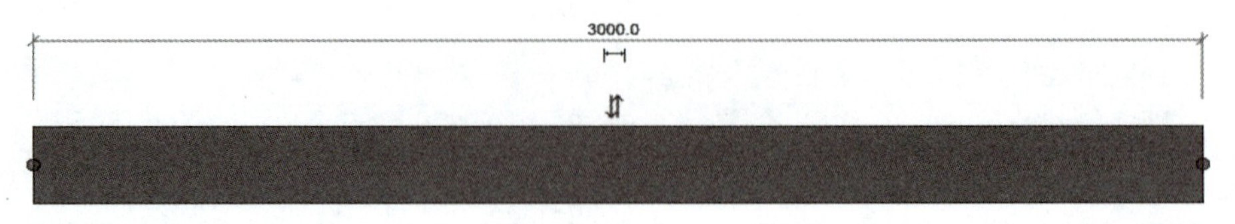

图 1.32　临时尺寸标注

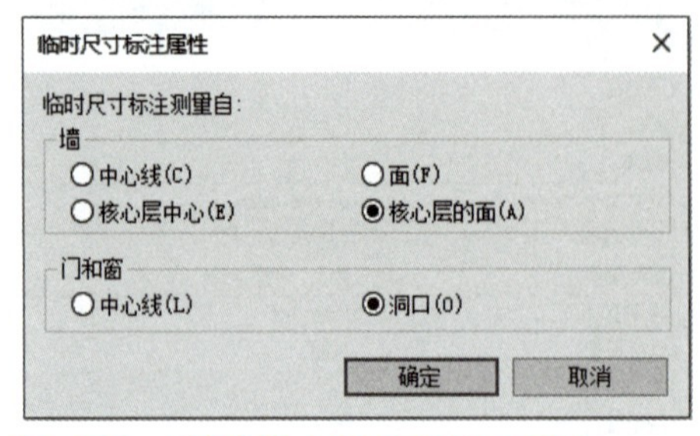

图 1.33　“临时尺寸标注属性”对话框

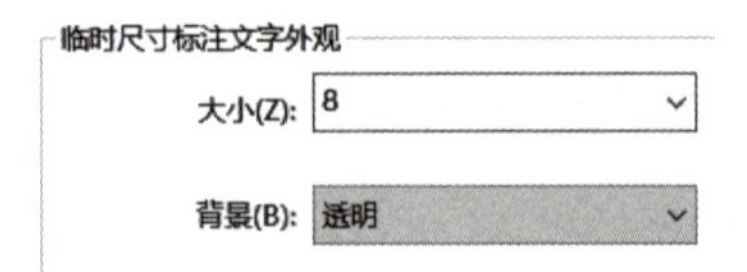

图 1.34　设置临时尺寸标注文字外观

2

CHAPTER

创建参数化建筑构件集

【相关文件下载】

创建参数化建筑构件集，实质上就是创建参数化建筑构件族。

族是 Revit 中的重要组成部分，Revit 中的所有图元都需要基于族创建。

族是根据参数（属性）集的共用、使用上的相同和图形表示的相似来对图元进行分组。一个族中不同图元的部分或全部属性可能有不同的值，但属性的设置是相同的。在进行族设计时，可以赋予不同类型的参数，便于在设计时使用。

软件自带丰富的族库，同时也提供了新建族的功能，用户可根据实际需要自定义参数化图元。

在全国 BIM 技能等级考试二级（建筑）中，专项考点——参数化建筑构件集是必考内容，考试不仅要求会建立一般的族模型，同时还要求进行参数化驱动。根据第七期～第二十三期的试题来看，至少考一个参数化建筑构件集题目，占 20 分左右，因此掌握参数化建筑构件集（族）的创建是很重要的。

专项考点数据统计

【专项考点总体介绍】

全国 BIM 技能等级考试二级（建筑）中，纯粹的族创建考查，大致有两种题型：一是创建普通的族（试题中要求创建构件集，实质上就是创建族）；二是参数化建族。专项考点——参数化建筑构件集数据统计见表 2.1。

表 2.1　专项考点——参数化建筑构件集数据统计

期数	题目	题目数量	难易程度	分值	备注
第七期	第一题：建立门构件集模型	2	困难	10 分	创建参数化建筑构件集
	第二题：创建沙发构件集模型		困难	10 分	参照线的应用
第八期	第一题：创建构件集	1	困难	15 分	创建参数化建筑构件集，添加共享参数和创建明细表
第九期	第二题：创建灯笼构件集模型	1	困难	20 分	创建参数化建筑构件集
第十期	第二题：建立水塔构件集模型	2	困难	25 分	创建参数化建筑构件集
	第三题：建立斗拱构件集模型		中等	23 分	普通族创建
第十一期	第二题：创建高低床构件集模型	1	中等	20 分	创建参数化建筑构件集
第十二期	第二题：创建办公桌组合柜构件集模型	1	中等	20 分	创建参数化建筑构件集
第十三期	第二题：创建滑梯组合构件集模型	1	困难	20 分	创建参数化建筑构件集
第十四期	第一题：绘制顶棚构件集模型	2	困难	10 分	普通族创建
	第二题：创建办公桌构件集模型		中等	20 分	创建参数化建筑构件集
第十五期	第二题：创建书架构件集模型	1	中等	20 分	创建参数化建筑构件集
第十六期	第二题：创建阳台构件集模型	1	困难	20 分	创建参数化建筑构件集
第十七期	第二题：创建“昂”构件集模型	1	困难	18 分	创建参数化建筑构件集
第十八期	第一题：建立异形艺术楼梯模型	2	中等	10 分	创建参数化建筑构件集
	第二题：创建转角窗构件集模型		中等	14 分	创建参数化建筑构件集
第十九期	第二题：创建多功能桌椅构件集模型	1	困难	14 分	创建参数化建筑构件集
第二十期	第二题：创建弧形飘窗构件集模型	1	困难	16 分	创建参数化建筑构件集
第二十一期	第一题：根据给定的图纸创建景观中庭模型（含 5 段台阶和 3 个花池）	3	中等	12 分	创建普通建筑构件集
	第二题：根据给定的图纸创建天窗模型		中等	12 分	创建普通建筑构件集
	第三题：根据给定的图纸创建栏杆扶手单元段模型		困难	14 分	创建参数化建筑构件集
第二十二期	第二题：创建车库坡道模型	1	困难	14 分	创建普通建筑构件集
	第三题：创建木门构件集模型		困难	16 分	创建参数化建筑构件集
第二十三期	第三题：创建采光天窗模型	1	困难	14 分	创建参数化建筑构件集

说明 ▶▶▶

第七期～第二十三期全国 BIM 技能等级考试二级（建筑）试题中，专项考点——参数化建筑构件集的题目共有 23 道，每期必考 1 ～ 2 道，出题概率为 100%，故掌握参数化建筑构件集的创建对于通过等级考试十分关键。

通过本专项的学习，掌握使用拉伸、融合、旋转、放样、放样融合等工具创建建筑构件集的方法，同时通过添加族参数进行族的参数化驱动。

第一节 族的创建

一、族的分类

族是具有相同类型属性的集合，是构成 Revit 项目的基本元素，用于组成建筑模型构件。例如墙、柱、门窗，以及注释、标题栏等的创建都是通过族实现的。同时，族是参数信息的载体，每个族图元能够定义多种类型，每种类型可以具有不同的尺寸、形状、材质或其他参数变量。

【族的分类】

族有三种类型，分别是可载入族、系统族、内建族。

可载入族：单独保存为“.rfa”格式的独立族文件，且可以随时载入到项目中的族。

系统族：已经在项目中预定义并只能在项目中创建和修改的族类型（如墙、楼板、天花板等）。它们不能作为外部文件载入或创建，但可以在项目和样板之间复制和粘贴，或者传递。

内建族：在项目中直接创建的族。内建族仅能在本项目中使用，既不能保存为单独的“.rfa”格式，也不能通过“项目传递”功能将其传递给其他项目。

二、族创建的流程

下面简单介绍应用“族编辑器”创建构件族的流程。

1. 选择族样板

构件族的创建均基于样板文件。样板文件中定义了族的一些基本设置。单击“文件”→“新建”→“族”按钮，在打开的“新族 - 选择样板文件”对话框中选择族样板，如图 2.1 所示。

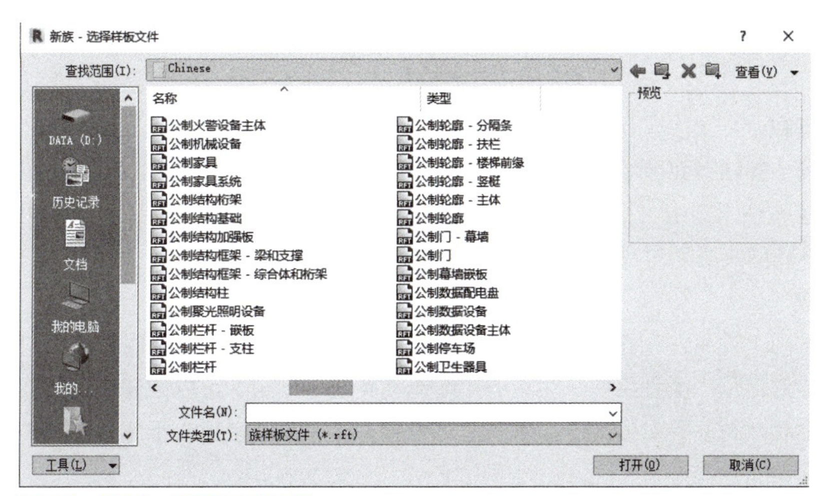

图 2.1　新族 – 选择样板文件

【族样板文件、族类别、族类型和族参数】

选择族样板后，单击“打开”按钮关闭“新族－选择样板文件”对话框，以“公制常规模型”为例，进入族编辑器界面，如图 2.2 所示。

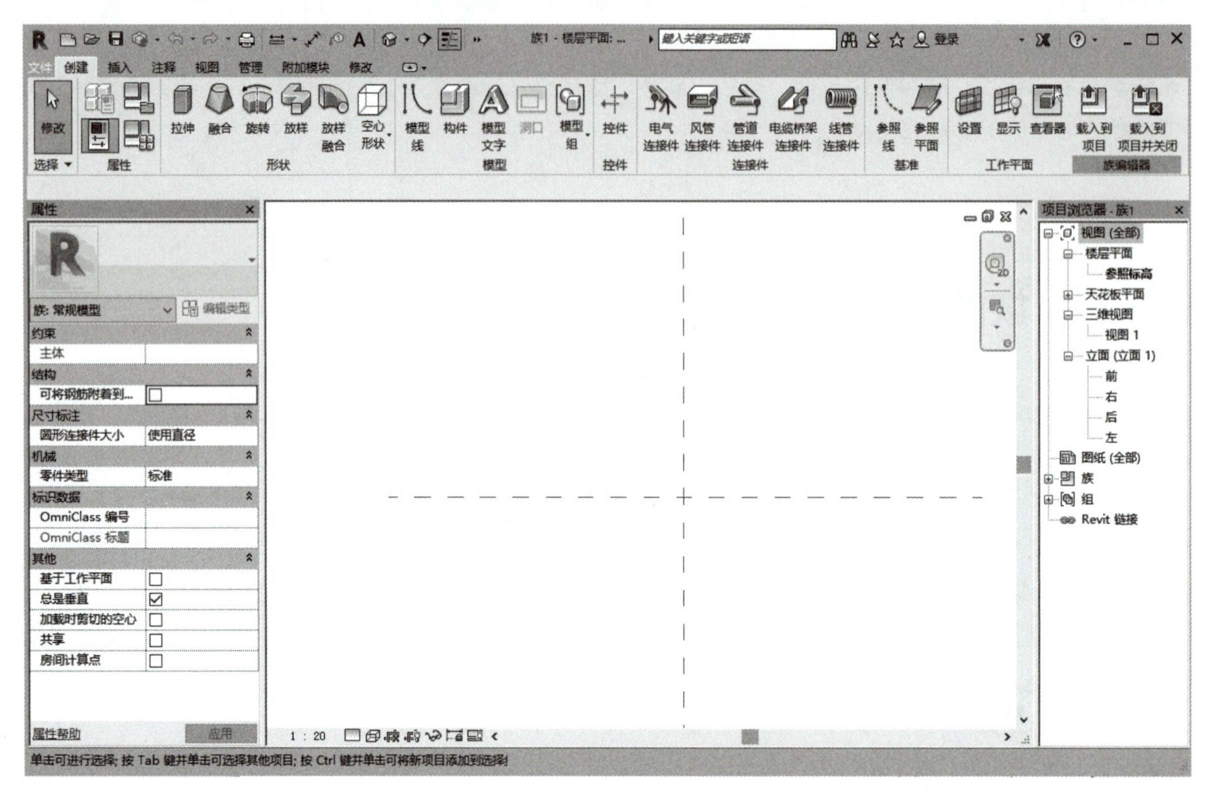

图 2.2 族编辑器界面

特别提示 ▶▶▶

通常在族样板文件中已经画有三个参照平面，它们分别为 *X*、*Y* 和 *Z* 平面，其交点是（0，0，0）。这三个参照平面被固定锁住，并且不能被删除。通常情况下不要去解锁和移动这三个参照平面，否则可能导致所创建的族原点不在（0，0，0），无法在项目文件中正确使用。

在“参照标高”楼层平面视图绘图区域中间可以看到两条绿色的虚线，移动光标靠近水平的那条以后，可以看到它会加粗并蓝色高亮显示，光标附近还有提示信息，可见它并不是一条线，而是一个参照平面，因为与当前视图是互相垂直的关系，所以投影后看上去是一条线；单击选中它，在一端会显示这个参照平面的名称，同时有一个锁定符号，表示这个平面已经是锁定在当前位置的状态，取消锁定后就可以移动了。

族插入点就是坐标原点，在族编辑器界面（“参照标高”楼层平面视图）中中心（前／后）和中心（左／右）参照平面的交点就是族的插入点，通常情况不要去移动和解锁中心（前／后）和中心（左／右）参照平面。

2. 设置族类别和族参数

单击“创建”选项卡“属性”面板“族类别和族参数”按钮，打开“族类别和族参数”对话框。每个族样板文件系统会默认一个族类别，例如，打开“公制常规模型”样板文件，族类别默认为“常规模型”，用户也可根据需要进行更改。不同的族类别对应不同的族参数设置。

3. 设置族类型和参数

（1）单击“创建”选项卡“属性”面板“族类型”按钮，打开“族类型”对话框。

（2）单击“族类型”对话框“类型名称”栏右侧“新建族类型”按钮，可以创建不同的族类型，每个族类型可以有不同的尺寸、形状、材质等参数，但都属于同一个族。用户可以使用“重命名”和“删除”工具，对已建的族类型进行重命名和删除操作。

（3）单击“族类型”对话框“新建参数”按钮，打开“参数属性”对话框，用户可以在此添加不同的参数。

特别提示

●“参数类型”一栏中，用户可以选择相应的类型。

① 族参数：载入项目文件后不能出现在明细表或标记中。

② 共享参数：从族或项目中提取出来的信息，并存于文本文件中，可方便项目或族引用，也方便明细表的操作。共享参数载入项目文件后可以出现在明细表或标记中。

●“参数数据”一栏中，用户可以设置名称、规程、参数类型、参数分组方式，以及将参数设为“类型参数”或“实例参数”。

① 名称区分大小写，可以任意输入，但在同一族内不能相同。

② Revit 中，常用的规程有“公共”和“结构”两种。“公共”可用于所有族参数的定义；“结构”用于结构族中结构分析相关参数的定义。

③“类型参数”与“实例参数”。当同一个族的多个相同的类型被载入到项目中时，若“类型参数”的值被修改，则所有该类型的图元都会相应变化；“实例参数”被修改后只有当前被修改的图元会发生变化，其余该类型的图元不发生改变。

④ 参数生成后，参数类型中的“规程”和“参数类型”不能再修改，其他可修改或删除。与参数对应的参数值和相应的公式可根据要求进行设置，设置完后可按照用户的习惯统一进行排序管理，通过“上移”“下移”“升序”“降序”按钮操作即可。

4. 参照平面和参照线

【参照平面和参照线】

（1）创建族三维模型之前的一个重要操作是绘制参照平面和参照线。

（2）用户可以通过改变参照平面的位置来驱动锁定在参照平面上实体的尺寸和形状。

（3）参照线主要用于实现角度参变及创建构件的空间放样路径，是辅助绘图的重要工具和定义参数的重要参照。

（4）单击“创建”选项卡“基准”面板“参照平面”或者“参照线”按钮，如图 2.3 所示，在绘图区域绘制参照平面或者参照线。

图 2.3 “参照平面”或者“参照线”按钮

（5）参照线和参照平面相比，除了多两个端点，还多了两个工作平面，如图 2.4 所示。

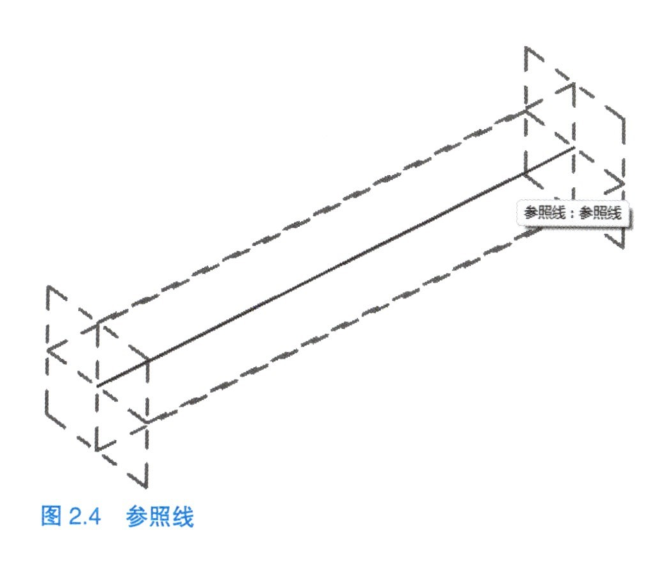

图 2.4 参照线

（6）切换到三维视图，将光标移到参照线上，可以看到水平和垂直的两个工作平面。

（7）建立模型时，可以选择参照线的平面作为工作平面，这样创建的实体位置可以随参照线的位置而改变。

（8）如果实体只需要进行角度参变，应先绘制参照线，把角度参数标注在参照线上，然后设置参照线的一个平面作为工作平面，再创建所需要的实体，这样可以避免一些潜在的过约束。

5. 设置工作平面

（1）Revit 中的每个视图都与工作平面相关联，所有的实体都在某一个工作平面上。Revit 用户可以设置当前的工作平面，方便建立模型。

（2）单击“创建”选项卡“工作平面”面板“设置”按钮，打开“工作平面”对话框，如图 2.5 所示，可以设置工作平面。

【设置工作平面】

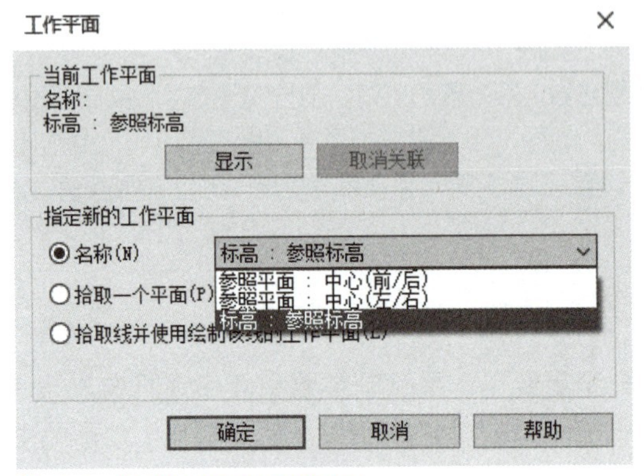

图 2.5 “工作平面”对话框

特别提示

“工作平面”对话框中，“指定新的工作平面”介绍如下。

- 单击“名称”按钮，在后边的下拉菜单中选择已有的参照平面。
- 单击“拾取一个平面”按钮，在绘图区拾取一个参照平面或一个实体表面，可以拾取参照线的水平和垂直的平面。
- 单击“拾取线并使用绘制该线的工作平面”按钮，拾取任意一条线并将这条线的所在平面设为当前工作平面。

（3）单击“创建”选项卡“工作平面”面板“显示”按钮，可显示或隐藏工作平面。

小贴士

- 工作平面默认是隐藏的。

【模型族的创建工具】

6. 模型族的创建工具

（1）创建模型族的工具主要有两种：基于二维截面轮廓进行扫掠得到的模型，称为实心模型；基于已建立模型的剪切而得到的模型，称为空心形状。

（2）创建实心模型的工具：拉伸、融合、旋转、放样、放样融合。

小贴士

在三维族编辑器界面中，“形状”面板工具的特点是，先选择形状的生成方式，再进行绘制。

（3）创建空心形状的工具，如图 2.6 所示，包含空心拉伸、空心融合、空心旋转、空心放样、空心放样融合。

（4）选中实体模型，“属性”对话框中的“实心 / 空心”选项可将实体模型在实心与空心之间转换，如图 2.7 所示。

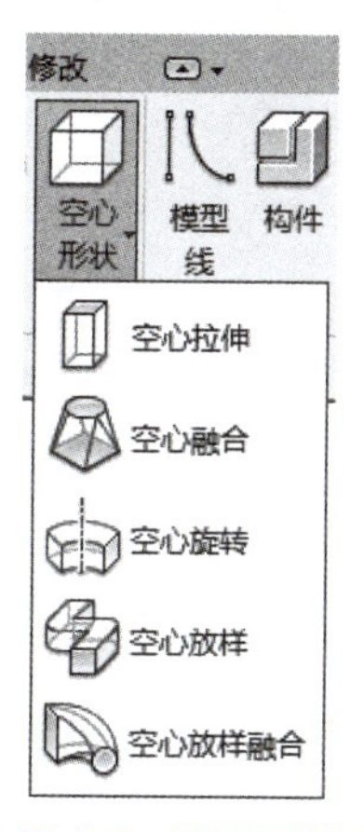

图 2.6　空心形状工具

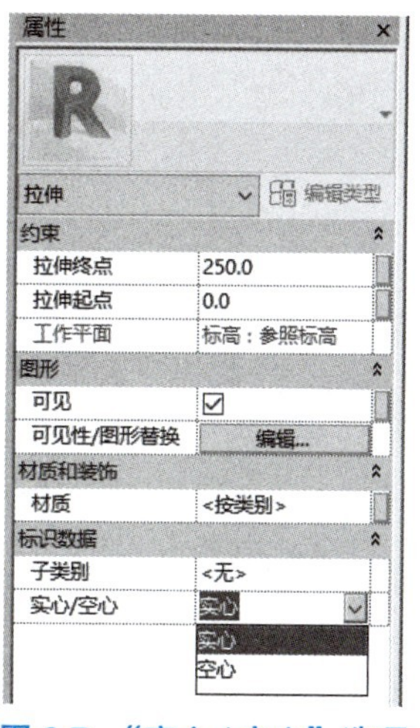

图 2.7　"实心 / 空心"选项

7. 模型形状与参照平面的对齐锁定

小贴士 ▶▶▶

任何创建的模型都要对齐并锁定在参照平面上，这样才可通过为参照平面上尺寸标注赋予参数来驱动模型形状和尺寸的改变。

下面通过一个简单的例子，来说明模型形状与参照平面的对齐锁定。

【模型形状与参照平面的对齐锁定】

STEP 01 单击"文件"→"新建"→"族"按钮，在打开的"新族－选择样板文件"对话框中选择"公制常规模型"族样板，单击"打开"按钮关闭"新族－选择样板文件"对话框，进入族编辑器界面。

STEP 02 单击"创建"选项卡"属性"面板"族类型"按钮，在打开的"族类型"对话框中单击"新建参数"按钮，如图 2.8 中①所示，打开"参数属性"对话框；在打开的"参数属性"对话框"参数数据"一栏"名称"下输入"长度"，如图 2.8 中②所示，单击"确定"按钮关闭"参数属性"对话框，回到"族类型"对话框。同理，添加族参数"宽度"。添加的族参数，结果如图 2.9 所示。

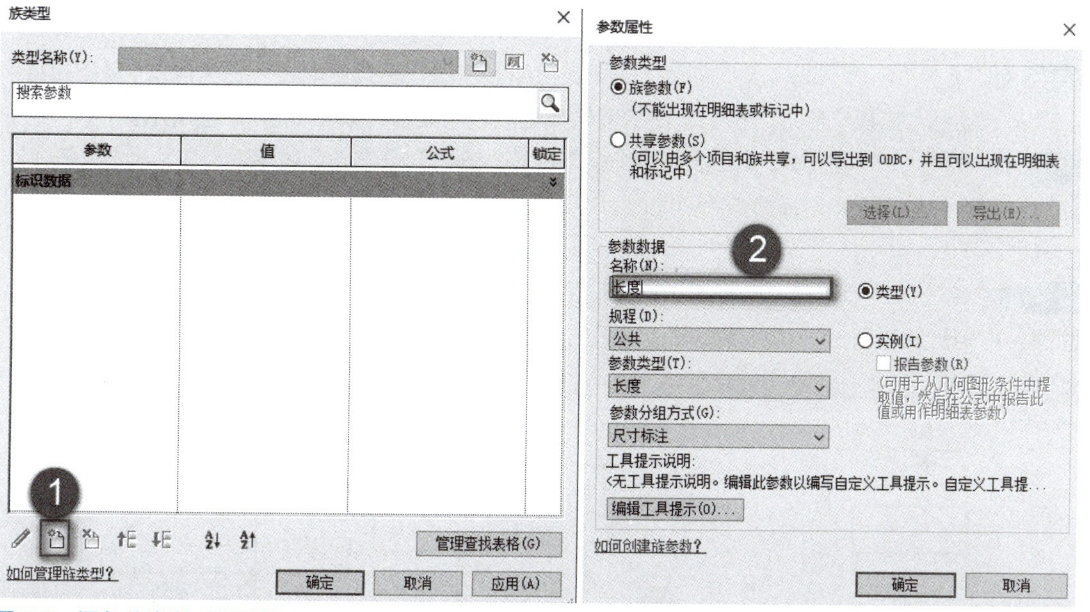

图 2.8　添加族参数"长度"

STEP 03 单击“创建”选项卡“基准”面板“参照平面”按钮，系统切换到“修改|放置参照平面”上下文选项卡；单击“绘制”面板“线”按钮，在绘图区域绘制图2.10所示的参照平面1和2，并且单击“注释”选项卡“尺寸标注”面板“对齐”按钮，为参照平面1和2添加尺寸标注。

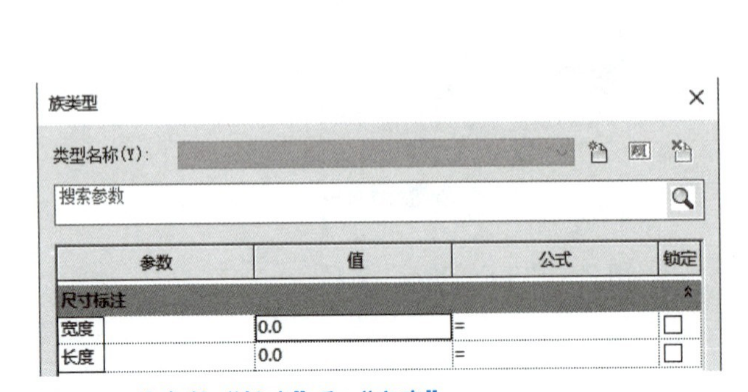

图2.9 族参数“长度”和“宽度”

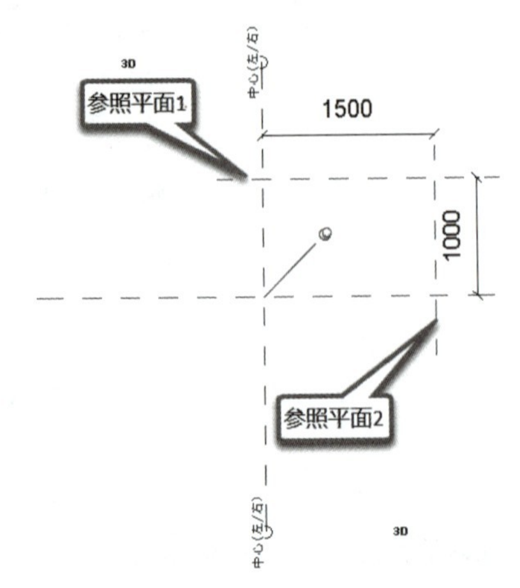

图2.10 绘制参照平面且添加尺寸标注

STEP 04 选中数值为“1500”的尺寸标注，在“修改|尺寸标注”上下文选项卡“标签尺寸标注”面板“标签”下拉列表中选择“长度=0”，则该标注便与参数“长度”相关联。将两个尺寸标注关联“长度”“宽度”两个参数，结果如图2.11所示。

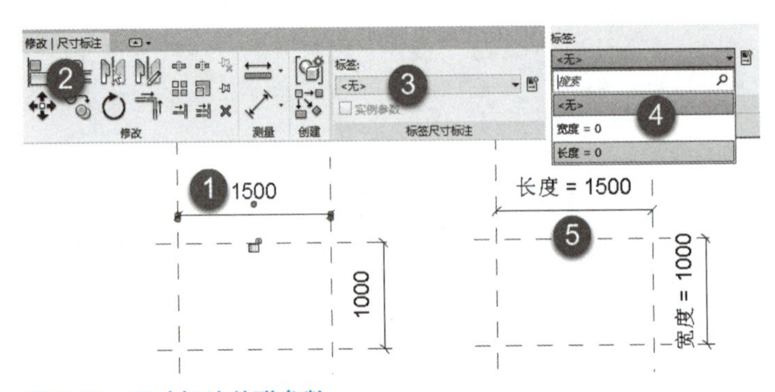

图2.11 尺寸标注关联参数

STEP 05 单击“创建”选项卡“形状”面板“拉伸”按钮，系统自动切换到“修改|创建拉伸”上下文选项卡；单击“绘制”面板“矩形”按钮，在绘图区域绘制一个矩形，如图2.12中①所示。

STEP 06 单击“修改”选项卡“修改”面板“对齐”按钮，单击“参照平面：中心（左/右）”，再单击矩形上的边，则矩形的边便和选择的参照平面对齐，同时在绘图区域出现一个打开的锁形图标，如图2.12中②所示。

STEP 07 单击此锁形图标，变为锁上的锁形图标，那么该边便被固定在参照平面上了，如图2.12中③所示。同理，将矩形四边固定在参照平面上，如图2.12中④所示。

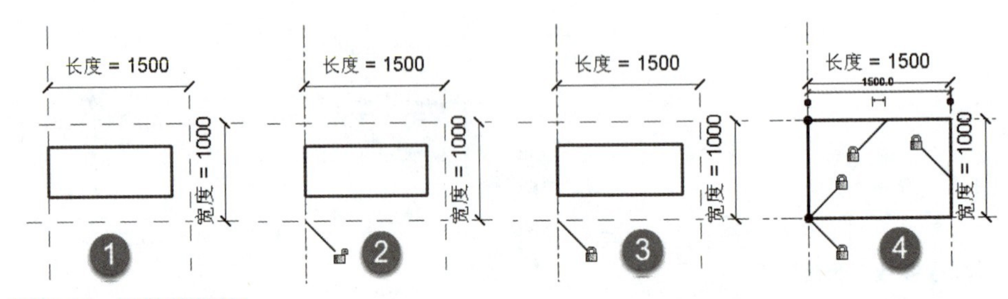

图2.12 拉伸草图线

小贴士

锁住与锁定的区别：锁定为图元与图元（参照图元）之间的锁定，而锁住为图元与图纸视图空间的锁住；锁定可以实现参数化驱动功能，而锁住仅为防止图元构件被意外移动。

STEP 08 单击“模式”面板“完成编辑模式”按钮“√”，便完成了拉伸模型的创建。

STEP 09 此时，单击“创建”选项卡“属性”面板“族类型”按钮，在打开的“族类型”对话框中修改参数，如图 2.13 所示，会发现图形的相应尺寸也发生了变化。

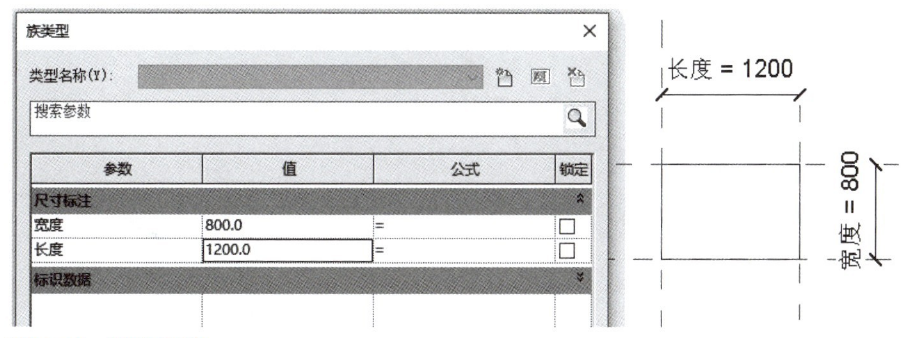

图 2.13 修改参数

8. 参数化建族

参数化建族的主要内容为通过参照平面驱动模型变化、角度参数化、径向（半径）参数化、阵列参数化、材质参数化和可见性参数化等。

【参数化建族】

1）通过参照平面驱动模型变化

小贴士

添加族参数的方式：可以直接对模型的尺寸标注添加参数，进而驱动模型改变；也可以设置参照平面，将模型锁定在参照平面上，对参照平面的尺寸标注添加参数，从而间接驱动模型改变。

切换到“参照标高”楼层平面视图，绘制参照平面并且给参照平面设置族参数，用“拉伸”工具创建拉伸模型，水平及垂直移动一下模型边界，使模型边界与参照平面都锁定，如图 2.14 所示，则族参数驱动参照平面，改变拉伸模型形状。

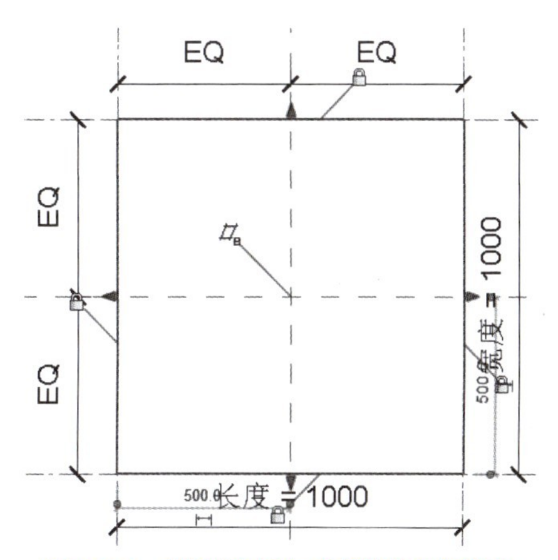

图 2.14 模型边界与参照平面都锁定

小贴士

对两端参照平面与中间参照平面进行连续标注，选中“连续尺寸标注”，出现“EQ”后对其单击；对两端参照平面单独标注，设置族参数，族参数驱动参照平面，模型两端同步变化。

2）角度参数化

切换到“参照标高”楼层平面视图，绘制参照线（参照线是有端点的，所以可以旋转；参照平面则无限延伸，没有端点）；选中参照线端点，在水平和竖直两个方向同时锁定，如图 2.15 所示；单击“注释”选项卡“角度”按钮，再单击两个边，进行角度注释；对角度注释设置参数，如图 2.16 所示；在参照线边界，做贴合参照线的拉伸模型，移动模型边界，锁定到参照线上，如图 2.17 所示；然后改变角度，会出现“不满足约束”警告对话框，如图 2.18 所示。

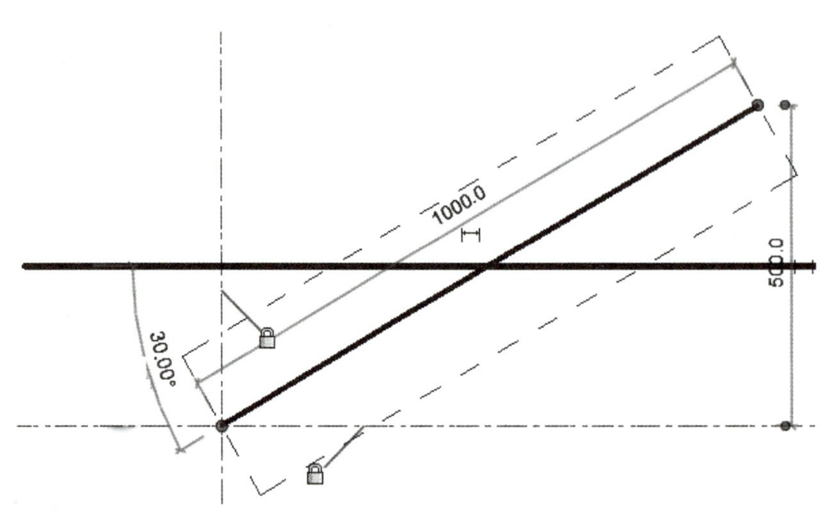

图 2.15　锁定水平和竖直两个方向

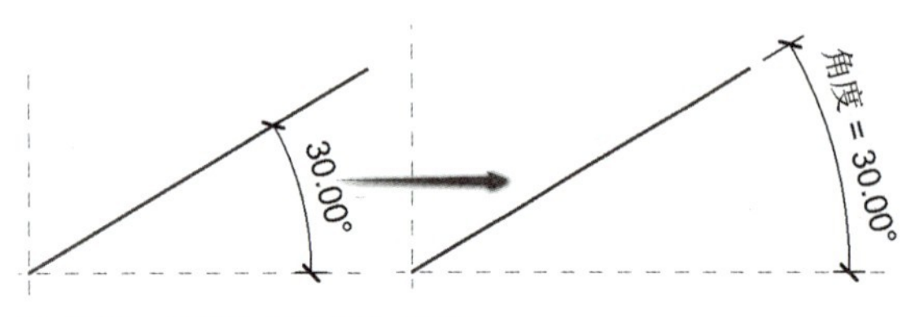

图 2.16　添加“角度”参数

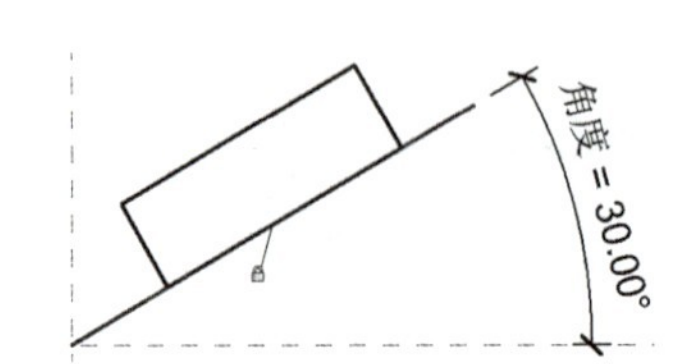

图 2.17　贴合参照线的拉伸模型

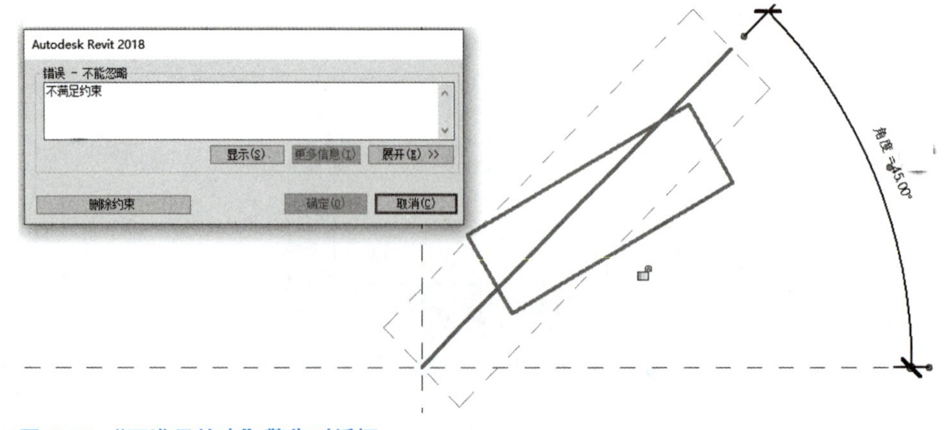

图 2.18　“不满足约束”警告对话框

这就需要另外一种添加族参数方式，即在拉伸草图线上进行添加。

单击“取消”按钮关闭“不满足约束”警告对话框；双击拉伸模型，系统自动切换到“修改 | 编辑拉伸”上下文选项卡，在拉伸模型的草图模式，单击“修改 | 编辑拉伸”上下文选项卡“修改”面板“对齐”按钮，先单击参照线，再单击草图边，锁定；放置对齐尺寸标注，添加参数 *A*、*B* 和 *C*，如图 2.19 所示；单击“完成编辑模式”按钮，完成拉伸模型的编辑；然后更改角度，模型就会随参照线在平面内移动。

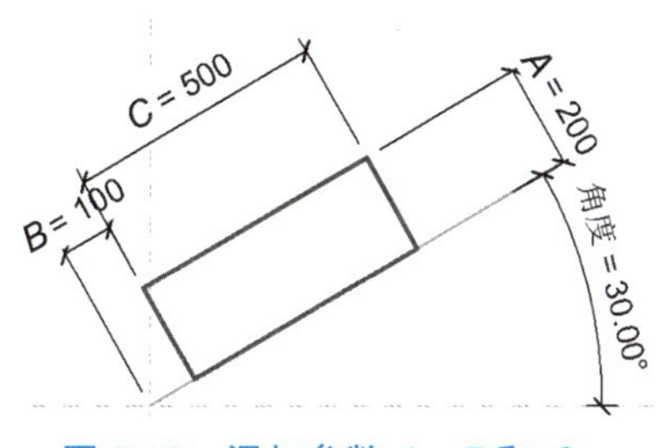

图 2.19　添加参数 *A*、*B* 和 *C*

小贴士

添加三个方向的尺寸标注，添加参数 *A*、*B* 和 *C*，然后更改角度，拉伸模型就会随参照线在平面内移动，且可以通过参数 *A*、*B* 和 *C* 改变拉伸模型的大小，这就是典型的参数化建模。

3）径向（半径）参数化

半径注释的参数化和角度注释参数化一样，是需要在草图内设置参数的。

STEP 01 切换到“参照标高”楼层平面视图，单击“创建”选项卡“形状”面板“拉伸”按钮，系统自动切换到“修改 | 创建拉伸”上下文选项卡，使用“圆形”绘制方式绘制圆形草图线；在草图模式下，添加半径注释，选中半径注释，设置参数“半径”，如图 2.20 中①所示。

STEP 02 单击“完成编辑模式”按钮，完成拉伸模型的创建；改变参数数值，半径自动更改；双击进入拉伸模型的草图模式，选中圆形草图线，勾选左侧“属性”对话框“图形”项“中心标记可见”复选框，如图 2.20 中②、③所示。

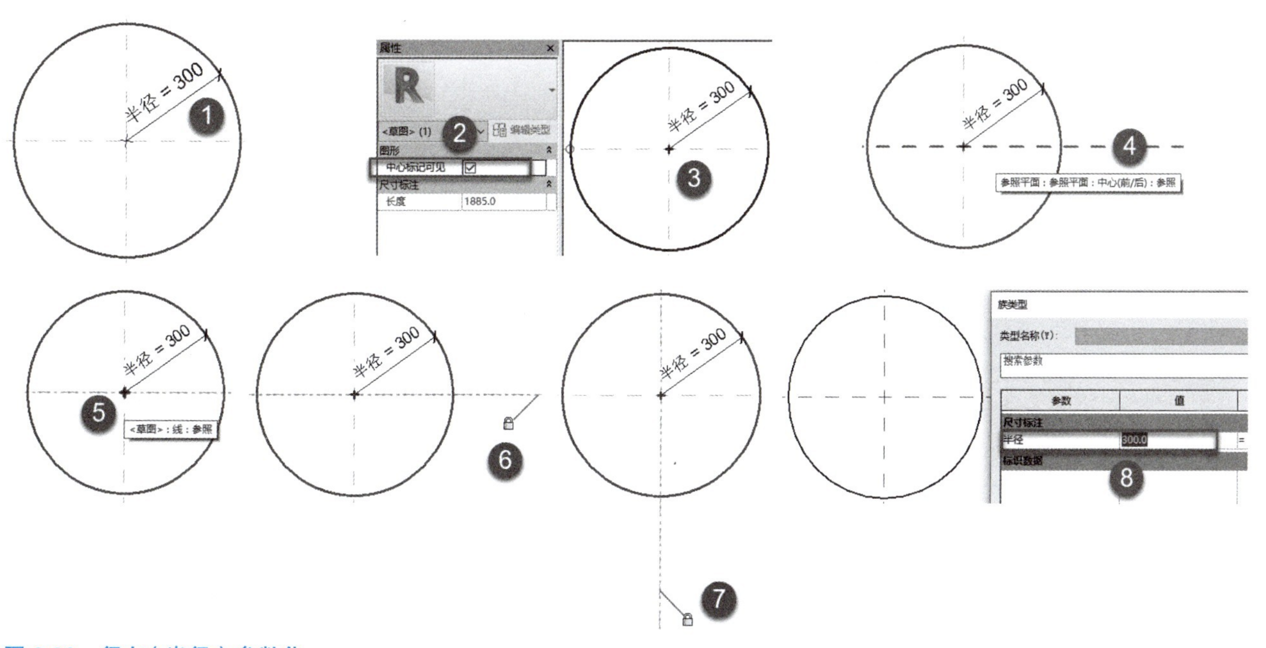

图 2.20　径向（半径）参数化

STEP 03 单击“修改 | 编辑拉伸”上下文选项卡“修改”面板“对齐”按钮，先单击中心（前 / 后）参照平面，再单击圆形草图线的中心点，则圆形草图线的中心点移动到中心（前 / 后）参照平面，锁定，如图 2.20 中④、⑤、⑥所示；同理，先单击中心（左 / 右）参照平面，再单击圆形草图线的中心点，则圆形草图线的中心点移动到中心（左 / 右）参照平面，锁定，如图 2.20 中⑦所示。

STEP 04 单击“完成编辑模式”按钮，完成拉伸模型的创建；这时，就可以在确定位置的前提下，以参数“半径”驱动模型，如图 2.20 中⑧所示。

4）阵列参数化

STEP 01 切换到“参照标高”楼层平面视图，单击“创建”选项卡“形状”面板“拉伸”按钮，系统自动切换到“修改 | 创建拉伸”上下文选项卡，绘制草图线，单击“完成编辑模式”按钮，完成拉伸模型的创建。

STEP 02 选中创建的拉伸模型，单击“修改”面板“阵列”按钮；设置选项栏阵列方式为“线性”，勾选“成组并关联”复选框，选项栏其他参数设置如图 2.21 所示。

图 2.21 “阵列”工具选项栏参数设置

STEP 03 然后选中一点，再单击第二点，自动出现三个相同模型；选中其中一个模型，出现成组数量，成组数量可以更改；选中成组数量，出现“标签”标题栏，如图 2.22 所示。

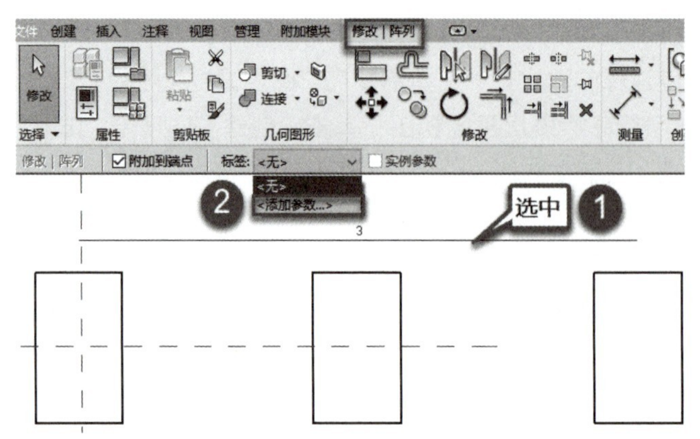

图 2.22 激活“标签”标题栏

STEP 04 对其添加参数，将“名称”设置为“阵列个数”，如图 2.23 中①、②、③所示。单击“属性”面板“族类型”按钮，在弹出的“族类型”对话框中，设置“阵列个数”为“5”，如图 2.23 中④、⑤所示，发现拉伸模型数量自动改变。

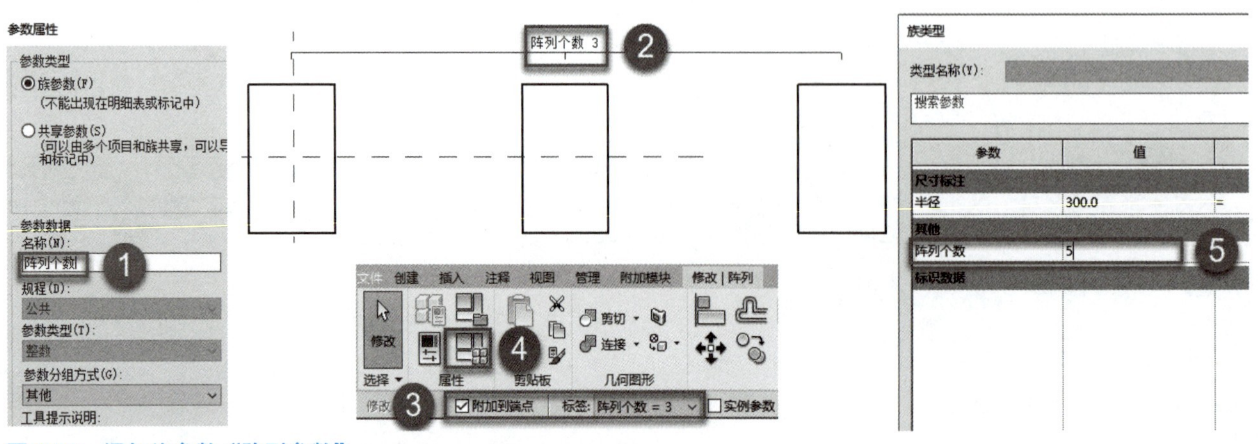

图 2.23 添加族参数“阵列参数”

5）材质参数化

STEP 01 切换到“参照标高”楼层平面视图，单击“创建”选项卡“形状”面板“拉伸”按钮，系统自动切换到“修改 | 创建拉伸”上下文选项卡，绘制草图线，单击“完成编辑模式”按钮，完成拉伸模型的创建。

STEP 02 选中创建的拉伸模型，单击左侧“属性”面板“材质和装饰”项“材质”右边小方块关联族参数，如图 2.24 所示。

STEP 03 在弹出的“关联族参数”对话框中单击“新建参数”按钮，如图 2.25 所示；然后在弹出的“参数属性”对话框中设置参数名称为“材质参数”，如图 2.26 所示；接着单击“确定”按钮关闭“参数属性”对话框，发现“关联族参数”对话框中出现了“材质参数”，如图 2.27 所示；单击“确定”按钮关闭“关联族参数”对话框，则“材质参数”创建完成了，可在“族类型”对话框中查看，如图 2.28 所示。

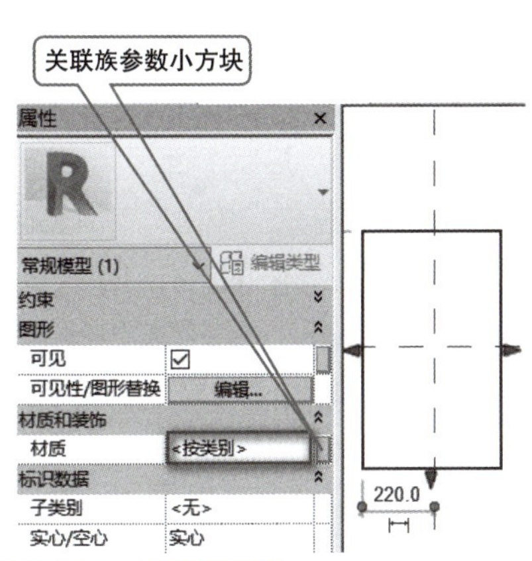

图 2.24　关联族参数

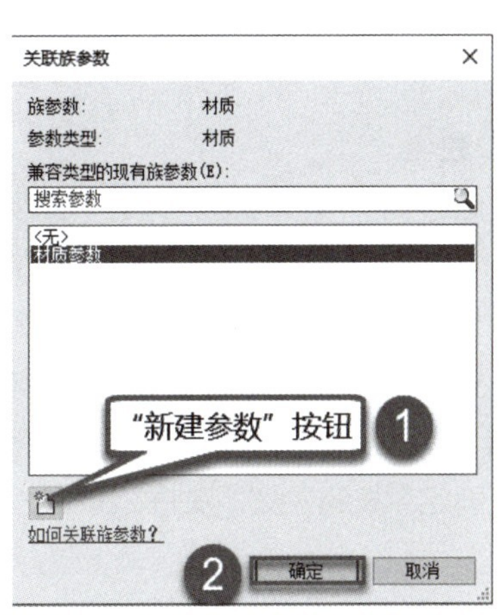

图 2.25　“关联族参数”对话框

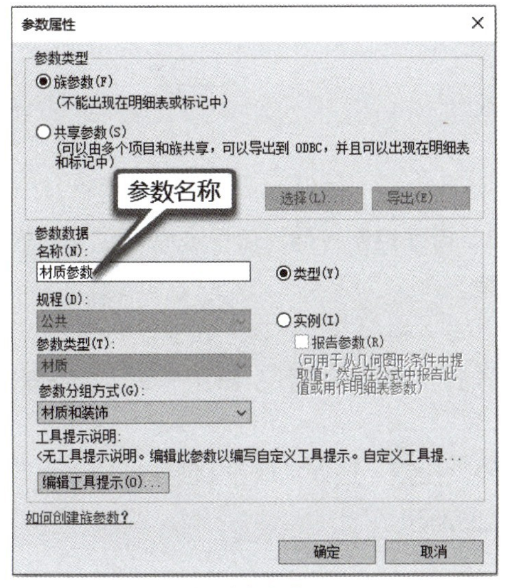

图 2.26　添加“材质参数”

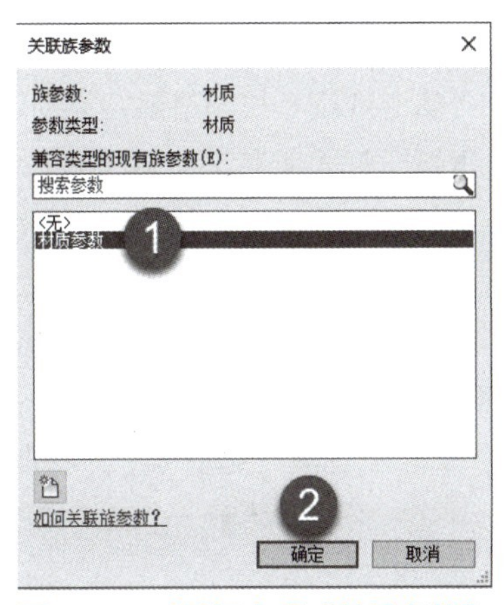

图 2.27　对话框出现“材质参数”

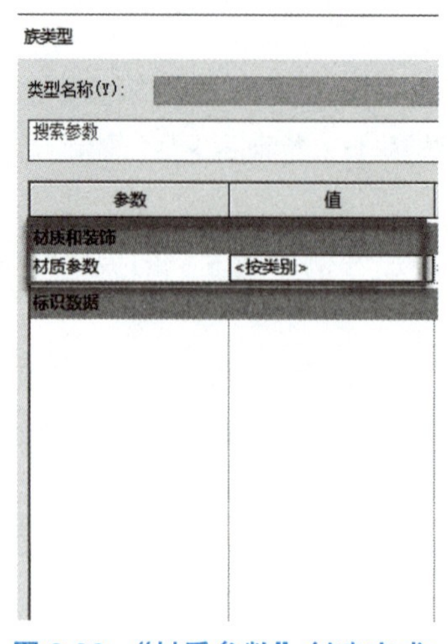

图 2.28 “材质参数”创建完成

6）可见性参数化

STEP 01 切换到“参照标高”楼层平面视图，单击“创建”选项卡“形状”面板“拉伸”按钮，系统自动切换到“修改 | 创建拉伸”上下文选项卡，绘制草图线，单击“完成编辑模式”按钮，完成拉伸模型的创建。

STEP 02 选中创建的拉伸模型，单击左侧“属性”面板“图形”项“可见”右边小方块关联族参数。

STEP 03 在弹出的“关联族参数”对话框中单击“新建参数”按钮；然后在弹出的“参数属性”对话框中设置“可见”；接着单击“确定”按钮关闭“参数属性”对话框，发现“关联族参数”对话框中出现了“可见”，单击“确定”按钮关闭“关联族参数”对话框，则“可见”参数创建完成了。

第二节 三维族的创建

一、拉伸和空心拉伸

【拉伸和空心拉伸】

实心或空心拉伸是最容易创建的形状。拉伸模型创建方法：绘制一个二维封闭截面（轮廓），沿垂直于截面所在工作平面的方向进行拉伸，精确控制拉伸深度（或者通过“属性”对话框设置拉伸起点和拉伸终点），而后可得到拉伸模型。

STEP 01 打开软件，在应用界面中单击“族”下“新建”按钮，打开“新族 – 选择样板文件”对话框，选择“公制常规模型”族样板，单击“打开”按钮，进入族编辑器界面，系统默认进入“参照标高”楼层平面视图。

STEP 02 单击“创建”选项卡“形状”面板“拉伸”按钮，进入“修改 | 创建拉伸”上下文选项卡，选择“绘制”面板中的“线”，绘制一个二维轮廓，如图 2.29 所示。

小贴士

在绘制线段的过程中，移动光标的同时会显示临时尺寸标注，用户通过观察尺寸标注的变化，控制所绘线段的长度。或者直接输入距离参数，同样可以精确地绘制线段。轮廓线必须闭合，否则不能执行“拉伸建模”操作。

STEP 03 在选项栏设置“深度”为“2500.0”，或者在“属性”对话框“约束”项下设置“拉伸起点”

为“0.0”，“拉伸终点”为“2500.0”，单击“模式”面板“完成编辑模式”按钮“√”，完成拉伸模型的创建。

STEP 04 在项目浏览器中切换到三维视图，显示三维模型。

STEP 05 创建拉伸模型后，若发现拉伸厚度不符合要求，可以在“属性”对话框“约束”项下重新设置拉伸起点和拉伸终点，也可以在三维视图中拖曳造型操纵柄来调整其拉伸深度，如图 2.30 所示。

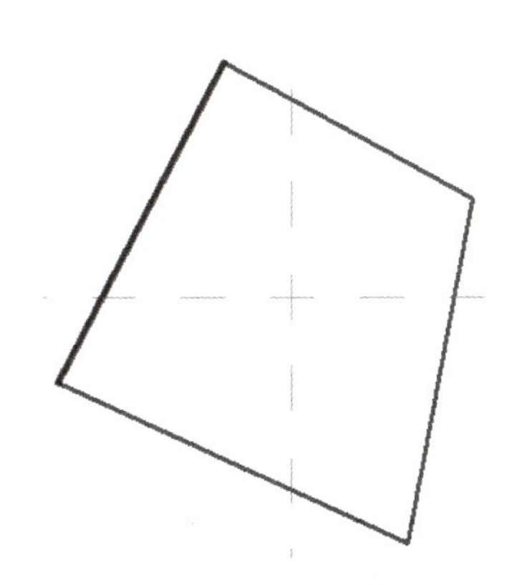

图 2.29 绘制二维轮廓

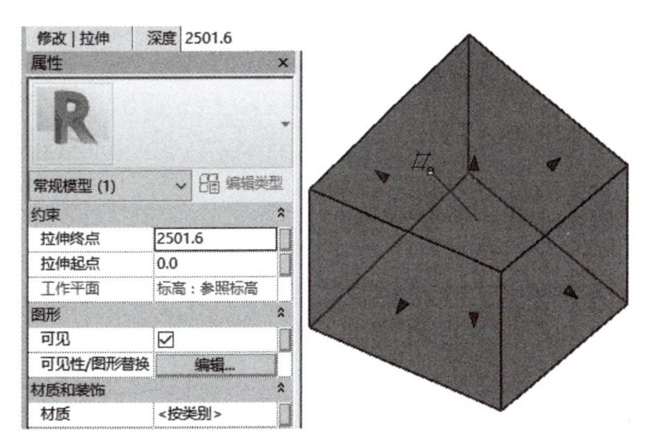

图 2.30 拖曳造型操纵柄

STEP 06 创建空心拉伸形状有以下两种方法。

● 方法一：

① 与创建实心拉伸模型思路相似，进入族编辑器界面，系统默认进入“参照标高”楼层平面视图；

② 单击“创建”选项卡“形状”面板“空心形状”下拉列表“空心拉伸”按钮，选择合适的绘制方式绘制二维轮廓；

③ 在选项栏设置深度值，单击“模式”面板“完成编辑模式”按钮“√”，完成空心拉伸形状的创建。

● 方法二：

先创建实心拉伸模型，选中实心拉伸模型，在“属性”对话框中，将“标识数据”项下“实心 / 空心”下拉列表选项设置为“空心”，如图 2.31 所示。

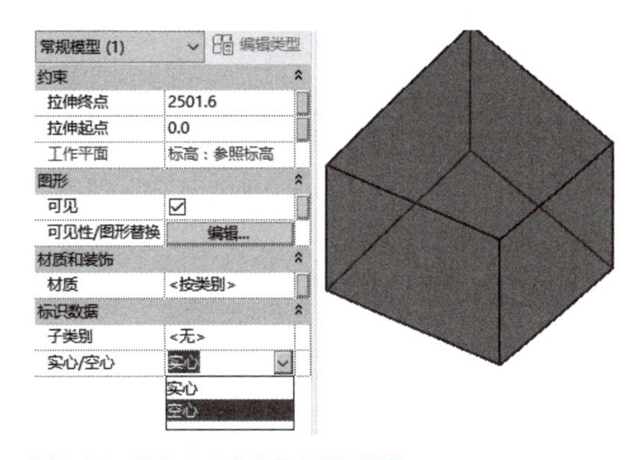

图 2.31 “实心 / 空心”下拉列表

二、融合

“融合工具”适用于将两个平行平面上的形状（实际上也是端面）进行融合建模。融合跟拉伸所不同的是，拉伸的端面是相同的，而且不会扭转；融合的端面可以是不同的，因此要创建融合就要绘制两个封闭截面图形。

STEP 01 打开软件，单击“族”下“新建”按钮，打开“新族 – 选择样板文件”对话框，选择“公制常规模型”族样板，单击“打开”按钮，进入族编辑器界面，系统默认进入“参照标高”楼层平面视图。

【融合】

STEP 02 单击“创建”选项卡“形状”面板“融合”按钮，进入“修改 | 创建融合”上下文选项卡，选择“绘制”面板中的“矩形”，绘制一个 2000mm × 2000mm 的矩形，如图 2.32 所示。

STEP 03 单击“修改 | 创建融合底部边界”上下文选项卡“模式”面板“编辑顶部”按钮，系统切换到“修改 | 创建融合顶部边界”上下文选项卡，选择“绘制”面板中的“圆”，绘制一个半径为 500mm 的圆，如图 2.33 所示。

STEP 04 在选项栏设置“深度”为“2500.0”(或者在“属性”对话框“约束”项下设置“第一端点：0.0”“第二端点：2500.0”)，如图 2.34 所示，单击“模式”面板“完成编辑模式”按钮“√”，完成融合模型的创建，如图 2.35 所示。

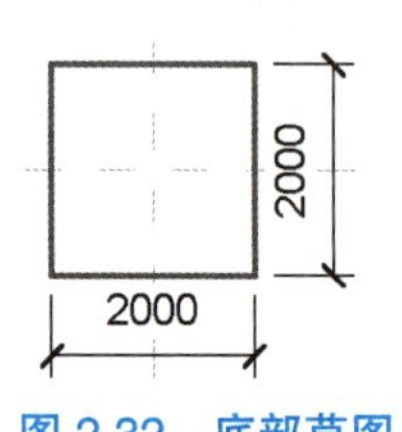

图 2.32 底部草图

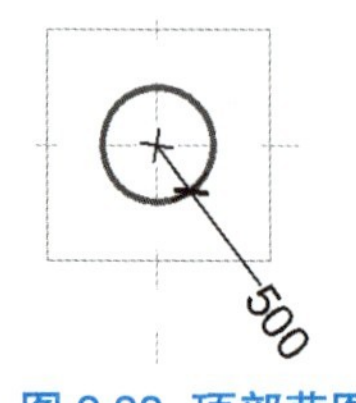

图 2.33 顶部草图

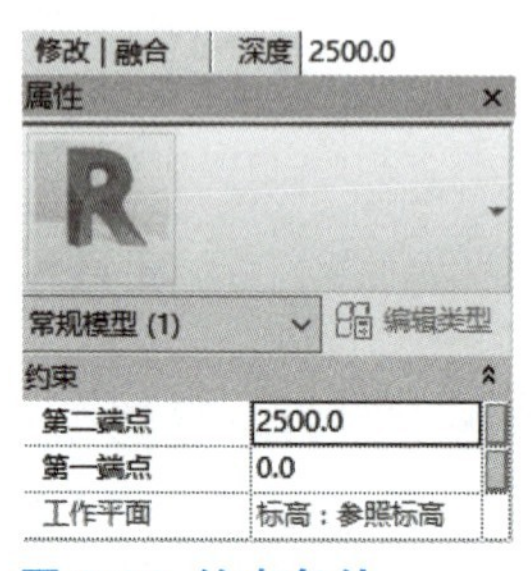

图 2.34 约束条件

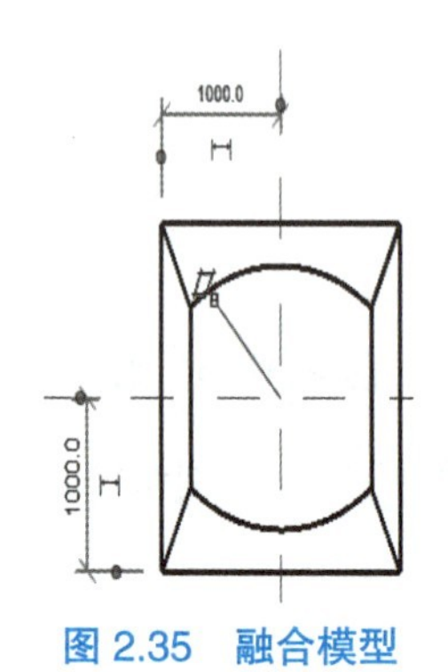

图 2.35 融合模型

小贴士

在“属性”对话框“约束”项下“第二端点”的值表示模型顶部轮廓线的位置，也就是顶部位置相对工作平面的偏移量，“第一端点”的值表示模型底部轮廓线的位置，也就是底部位置相对工作平面的偏移量。设置参数后，单击“应用”按钮，观察视图中融合模型的变化效果。在“修改融合”选项栏中修改“深度”选项参数，也可以更改融合模型的高度。

STEP 05 在项目浏览器中切换到三维视图，显示三维模型。

STEP 06 创建融合模型后，可以在三维视图中拖曳造型操纵柄来改变形体的高度。

STEP 07 从图 2.36 可以看出，矩形的 4 个角点两两与圆上 2 点融合，没有得到扭曲的效果，需要重新编辑一下圆形截面（默认圆上有 2 个端点）。接下来需要再添加 2 个新点与矩形一一对应。

STEP 08 切换到“参照标高”楼层平面视图，选择融合模型，单击“模式”面板“编辑顶部”按钮，进入“修改 | 编辑融合顶部边界”上下文选项卡，单击“修改”面板“拆分图元”按钮，在圆上放置 4 个拆分点，即可将圆拆分成 4 部分，如图 2.37 所示。

STEP 09 单击“模式”面板“完成编辑模式”按钮“√”，完成融合模型的修改，如图 2.38 所示。

STEP 10 在项目浏览器中切换到三维视图，显示三维融合模型，如图 2.39 所示。

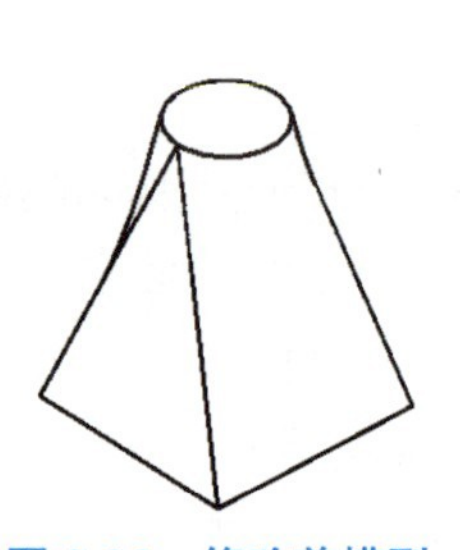
图 2.36 修改前模型

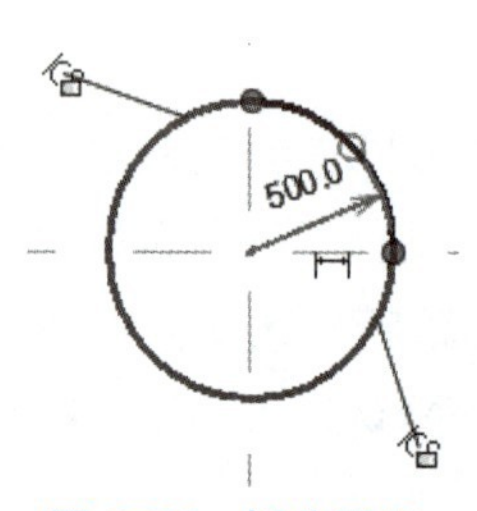

图 2.37 拆分图元

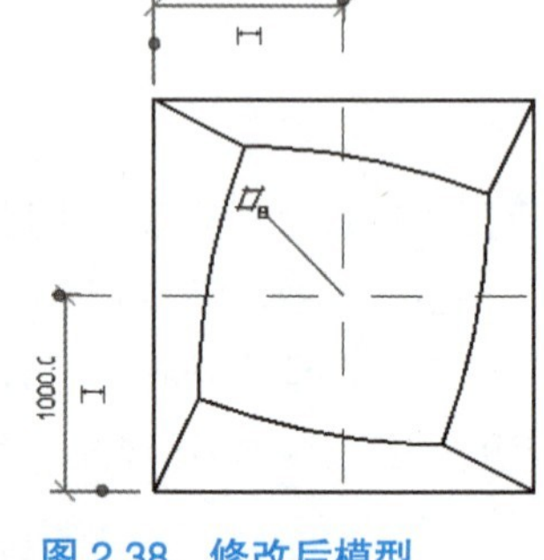

图 2.38 修改后模型

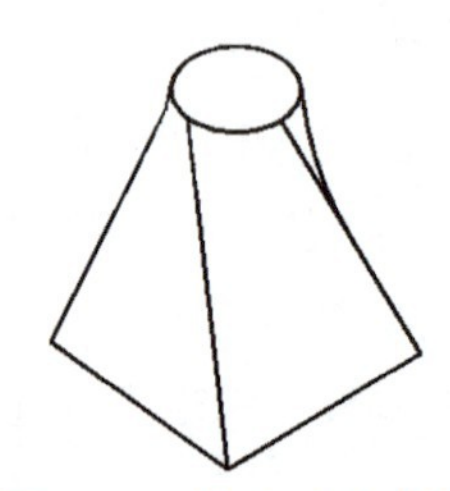
图 2.39 修改后融合模型

三、旋转

旋转工具可以用来创建由一根旋转轴旋转封闭二维轮廓而得到的三维模型。二维轮廓必须是封闭的，而且必须绘制旋转轴。通过设置二维轮廓旋转的起始角度和旋转角度来创建模型。旋转轴若与二维轮廓相交则产生一个实心三维模型；旋转轴若与二维轮廓有一定距离，则产生一个圆环三维模型。

【旋转】

STEP 01 打开软件，单击“族”下“新建”按钮，打开“新族－选择样板文件”对话框，选择“公制常规模型”族样板，单击“打开”按钮，进入族编辑器界面，系统默认进入“参照标高”楼层平面视图。

STEP 02 单击“创建”选项卡“基准”面板“参照平面”按钮，绘制新的参照平面，如图 2.40 中①所示；单击“创建”选项卡“形状”面板“旋转”按钮，自动切换至“修改 | 创建旋转”上下文选项卡；激活“边界线”按钮，单击“绘制”面板“圆”按钮，绘制图 2.40 中②所示圆。

STEP 03 激活“轴线”按钮，单击“绘制”面板“线”按钮，绘制图 2.40 中③所示旋转轴；单击“模式”面板“完成编辑模式”按钮“√”，完成旋转模型的创建，结果如图 2.40 中④、⑤所示。

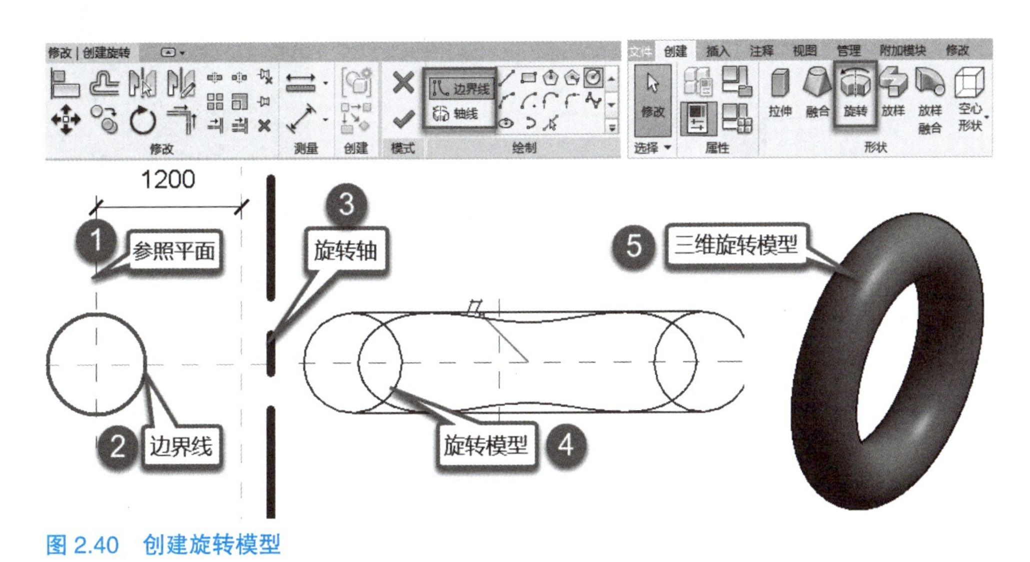

图 2.40 创建旋转模型

小贴士

选择三维模型，在“属性”对话框中修改“结束角度”和“起始角度”的参数，可以影响旋转建模的效果。例如，在“结束角度”选项中修改参数为 180.00°，单击“应用”按钮，三维模型发生相应的变化。

STEP 04 打开软件→在应用界面中单击“族”下“新建”按钮，打开“新族－选择样板文件”对话框，选择“公制常规模型”族样板，单击“打开”按钮，进入族编辑器界面，系统默认进入“参照标高”楼层平面视图。

STEP 05 切换到前立面视图，单击“创建”选项卡“形状”面板“旋转”按钮，自动切换至“修改 | 创建旋转”上下文选项卡；激活“边界线”按钮；单击“绘制”面板“矩形”按钮，绘制图 2.41 中①所示矩形；激活“轴线”按钮，单击“绘制”面板“线”按钮，绘制图 2.41 中②所示旋转轴；单击“模式”面板“完成编辑模式”按钮“√”，完成旋转模型的创建，结果如图 2.41 中③所示。

STEP 06 重复上述 STEP 04、STEP 05，让旋转轴与二维轮廓之间有一定距离，如图 2.42 中①、②所示，单击“模式”面板“完成编辑模式”按钮“√”，完成旋转模型的创建，结果如图 2.42 中③所示。

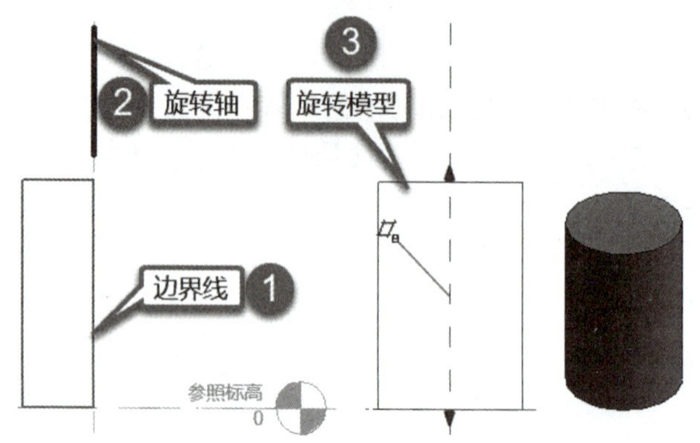

图 2.41　绘制边界线和旋转轴，生成三维旋转模型
（二维轮廓与旋转轴之间没有一定的距离）

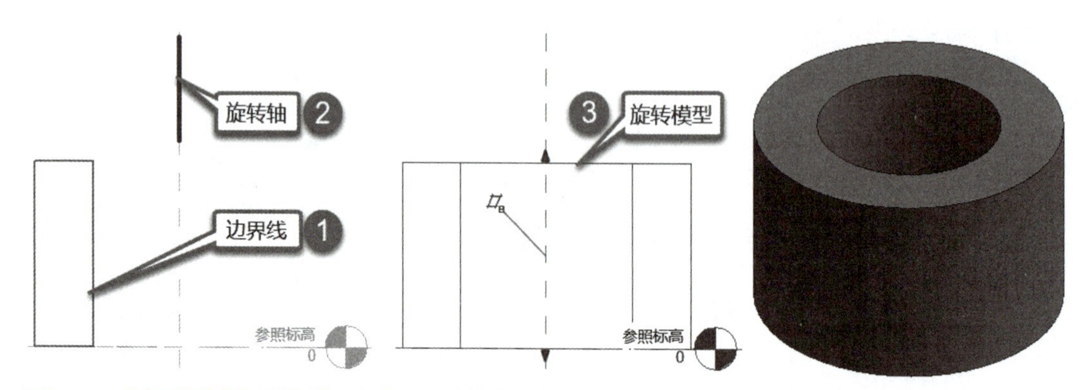

图 2.42　绘制边界线和旋转轴，生成三维旋转模型（二维轮廓与旋转轴之间有一定的距离）

四、放样

【放样】

放样工具用于创建沿路径拉伸一个二维轮廓的族。要创建放样三维模型，就需要绘制路径和轮廓。路径可以是开放的也可以是封闭的，但是轮廓必须是封闭的。需要注意的是轮廓必须在与路径垂直的平面上才行。

STEP 01 打开软件，在应用界面中单击“族”下“新建”按钮，打开“新族 – 选择样板文件”对话框，选择“公制常规模型”族样板，单击“打开”按钮，进入族编辑器界面，系统默认进入“参照标高”楼层平面视图。

STEP 02 单击“创建”选项卡“形状”面板“放样”按钮，自动切换至“修改 | 放样”上下文选项卡。

STEP 03 单击“放样”面板“绘制路径”按钮，自动切换至“修改 | 放样 > 绘制路径”上下文选项卡，单击“绘制”面板“样条曲线”按钮绘制路径，软件自动在垂直于路径的一个点上生成一个工作平面，如图 2.43 所示。

STEP 04 单击“模式”面板“完成编辑模式”按钮“√”，完成放样路径的绘制。

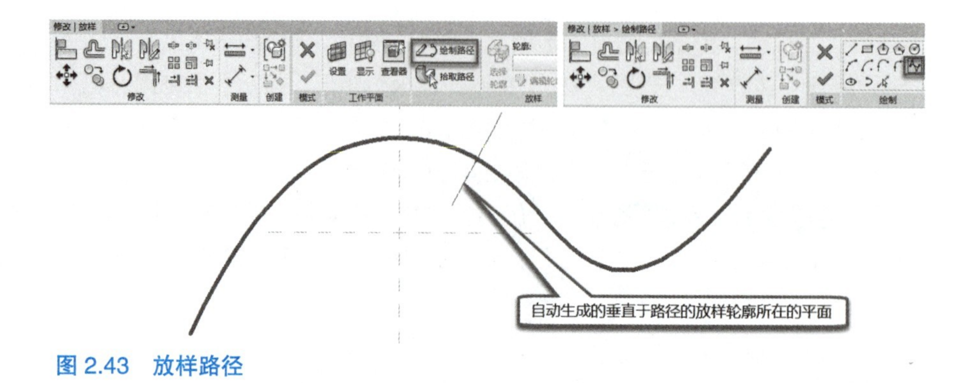

图 2.43　放样路径

STEP 05 单击“编辑轮廓”按钮，在弹出的“转到视图”对话框中选择“立面：前”，单击“打开视图”按钮，关闭“转到视图”对话框且自动打开前立面视图。

STEP 06 利用绘制工具绘制封闭轮廓草图线，如图 2.44 所示（这里选择前立面视图是用来观察绘制截面的情况，也可以不选择前立面视图，关闭此对话框，直接在项目浏览器中选择三维视图来绘制轮廓，如图 2.45 所示）。

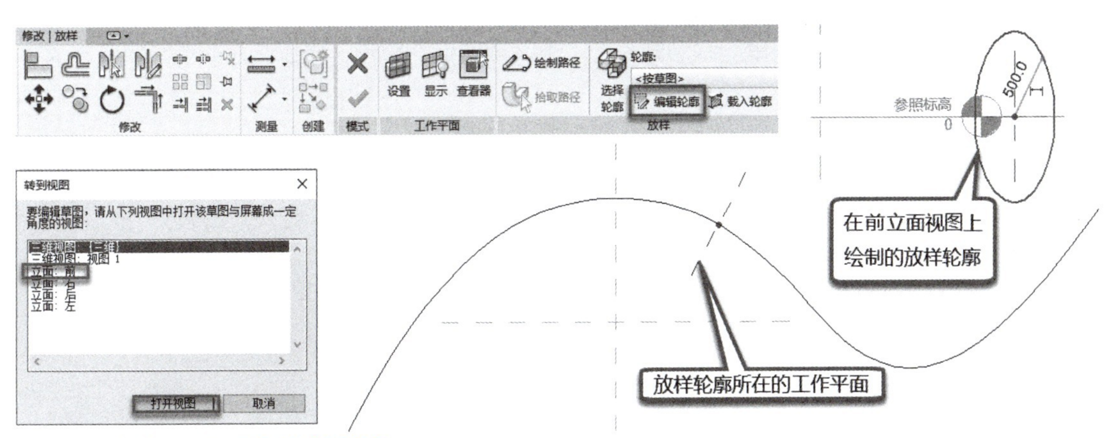

图 2.44　在前立面视图绘制放样轮廓

STEP 07 单击“修改 | 放样 > 编辑轮廓”上下文选项卡“模式”面板“完成编辑模式”按钮“√”，完成放样轮廓的绘制。

STEP 08 单击“修改 | 放样”上下文选项卡“模式”面板“完成编辑模式”按钮“√”，完成放样模型的创建，结果如图 2.46 所示。

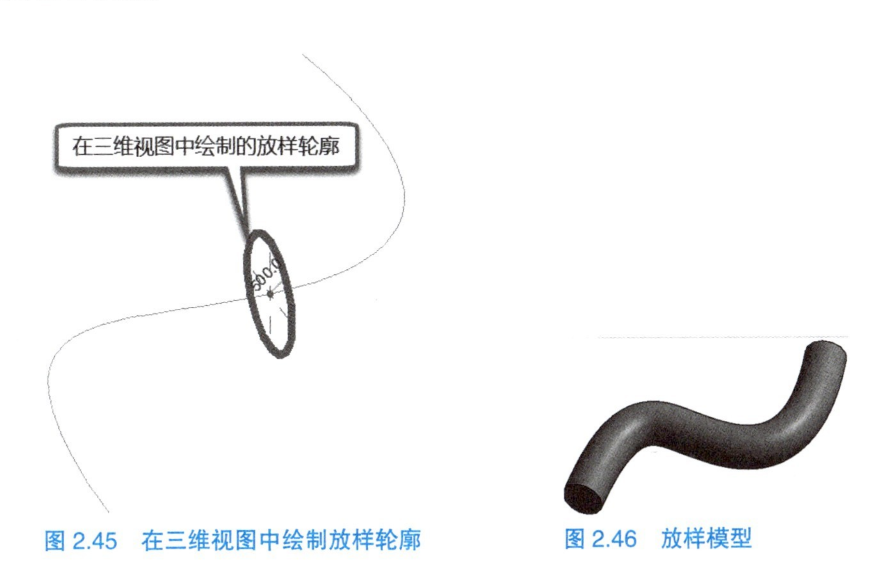

图 2.45　在三维视图中绘制放样轮廓　　图 2.46　放样模型

五、放样融合

使用“放样融合”工具，可以创建具有两个不同轮廓截面的融合模型，也可以创建沿指定路径进行放样的放样模型。该工具实际上兼备了放样和融合命令的特性。放样融合的造型由绘制或拾取的二维路径以及绘制或载入的两个轮廓确定。

【放样融合】

STEP 01 打开软件，在应用界面中单击“族”下“新建”按钮，打开“新族 - 选择样板文件”对话框，选择“公制常规模型”族样板，单击“打开”按钮，进入族编辑器界面，系统默认进入“参照标高”楼层平面视图。

STEP 02 单击“创建”选项卡“形状”面板“放样融合”按钮，软件自动切换至“修改 | 放样融合”上下文选项卡。

STEP 03 单击“放样融合”面板中的“绘制路径”按钮，软件自动切换至“修改 | 放样融合 > 绘制路径”上下文选项卡，单击“绘制”面板“样条曲线”按钮绘制路径，软件自动在垂直于路径的起点和终点上各生成一个工作平面，如图 2.47 所示。

STEP 04 单击“修改 | 放样融合 > 绘制路径”上下文选项卡“模式”面板“完成编辑模式”按钮“√”，退出路径编辑模式。

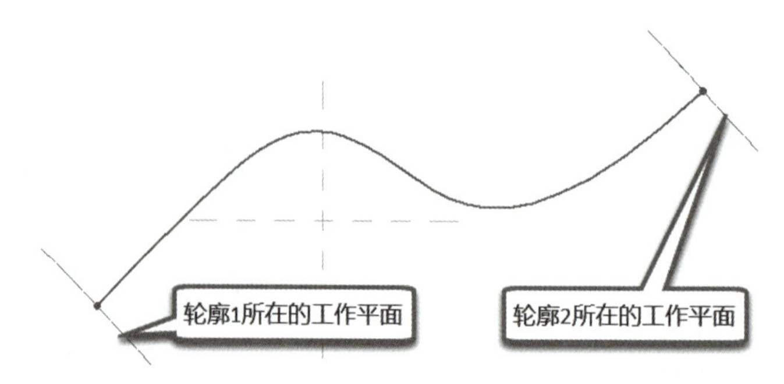

图 2.47　绘制放样融合路径

STEP 05 激活“修改 | 放样融合”上下文选项卡“放样融合”面板“选择轮廓 1”按钮，单击“编辑轮廓”按钮，在弹出的“转到视图”对话框中选择“三维视图：视图 1”，在三维视图中绘制截面轮廓，如图 2.48 所示，单击“修改 | 放样融合 > 编辑轮廓”上下文选项卡“模式”面板“完成编辑模式”按钮“√”，完成轮廓 1 的绘制。

STEP 06 激活“修改 | 放样融合”上下文选项卡“放样融合”面板“选择轮廓 2”按钮，单击“编辑轮廓”按钮，在弹出的“转到视图”对话框中选择“三维视图：视图 1”，在三维视图中绘制截面轮廓，利用拆分工具将绘制的轮廓 2（圆）拆分成 4 部分，如图 2.49 所示。

STEP 07 单击“修改 | 放样融合 > 编辑轮廓”上下文选项卡“模式”面板“完成编辑模式”按钮“√”，完成轮廓 2 的绘制。

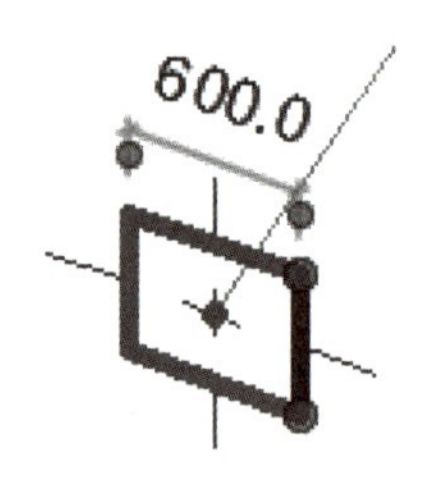

图 2.48　轮廓 1 的绘制

图 2.49　轮廓 2 的绘制

STEP 08 单击“修改 | 放样融合”上下文选项卡“模式”面板“完成编辑模式”按钮“√”，完成放样融合模型的创建，如图 2.50 所示。

图 2.50　放样融合模型

第三节　剪切几何图形和连接几何图形

一、剪切几何图形

剪切几何图形的操作过程如下。

【剪切几何图形和连接几何图形】

STEP 01 通过拉伸工具分别创建实心形体和空心形体。

STEP 02 在族编辑器界面中单击“修改”选项卡“几何图形”面板“剪切”按钮，在弹出的下拉列表中选择“剪切几何图形”选项。

STEP 03 观察左下角状态栏上关于操作步骤的提示，系统提示“首先拾取：选择要被剪切的实心几何图形或用于剪切的空心几何图形”。将光标置于空心圆柱体上，如图 2.51 所示，高亮显示模型边界线。单击，拾取圆柱体。

STEP 04 此时，状态栏更新提示文字，提示用户“其次拾取：选择要被所选空心几何图形剪切的实心几何图形”。将光标置于长方体上，高亮显示模型边界线，如图 2.52 所示。单击拾取长方体，剪切几何图形的效果如图 2.53 所示。

图 2.51　选中空心形体

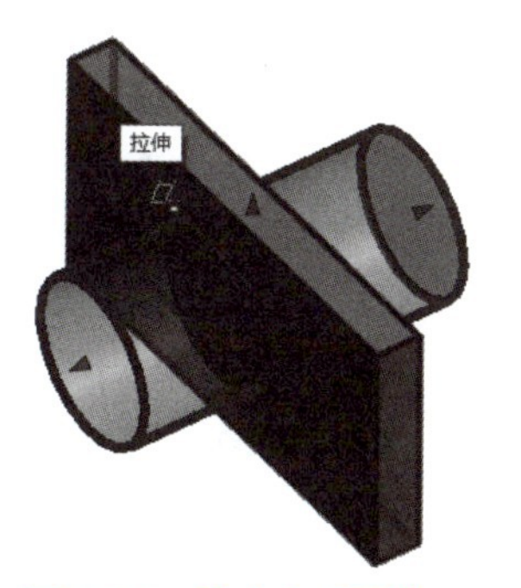

图 2.52　选中实心形体

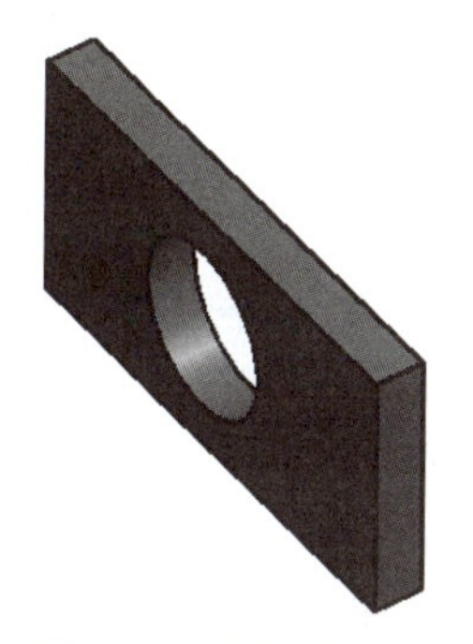
图 2.53　剪切效果

小贴士 ▶▶▶

再来描述一下剪切过程。启用“剪切几何图形”选项后，首先选取要用于剪切的空心几何图形，即圆柱体。圆柱体在操作结束后是要被删除的。其次选取被剪切的实心几何图形，即长方体。长方体被圆柱体剪切，结果是圆柱体被删除，在长方体上留下剪切痕迹，即一个圆形洞口。

二、取消剪切几何图形

在“剪切”下拉列表中选择“取消剪切几何图形”选项，可以恢复已执行“剪切几何图形”操作的模型的原始状态。

STEP 01 启用“取消剪切几何图形”选项后，状态栏提示“首先拾取：选择要停止被剪切的实心几何图形或要停止剪切的空心几何图形”。将光标置于长方体上，高亮显示模型边界线，如图 2.54 所示。

STEP 02 拾取长方体后，状态栏提示“其次拾取：选择剪切所选实心几何图形后要保留的空心几何图形”。将光标置于圆形洞口上，高亮显示圆柱体的轮廓线，如图 2.55 所示。单击，已被删除的圆柱体恢复显示，圆形洞口被圆柱体填满，如图 2.56 所示。

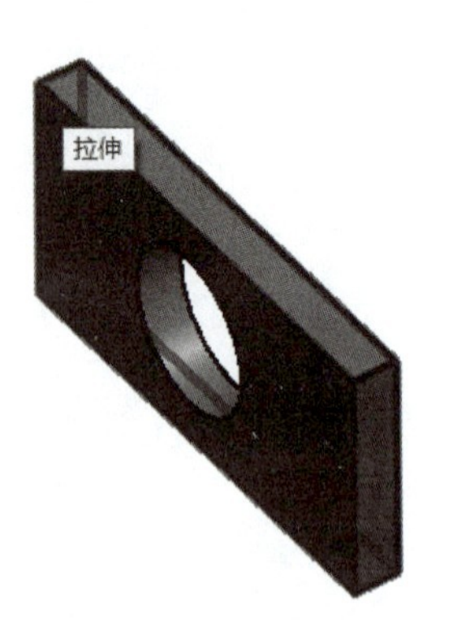

图 2.54　选择长方体

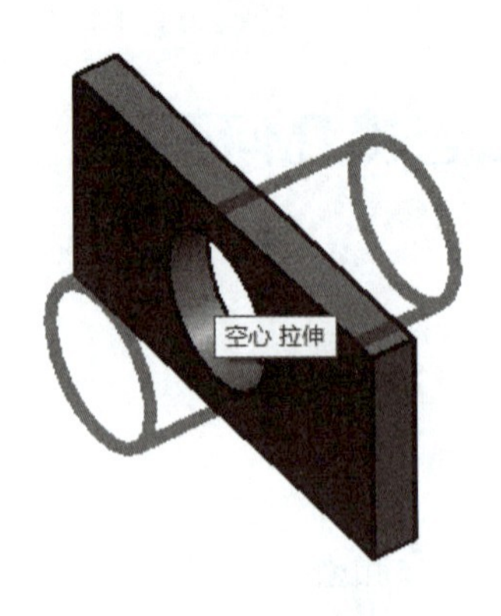

图 2.55　预览圆柱体

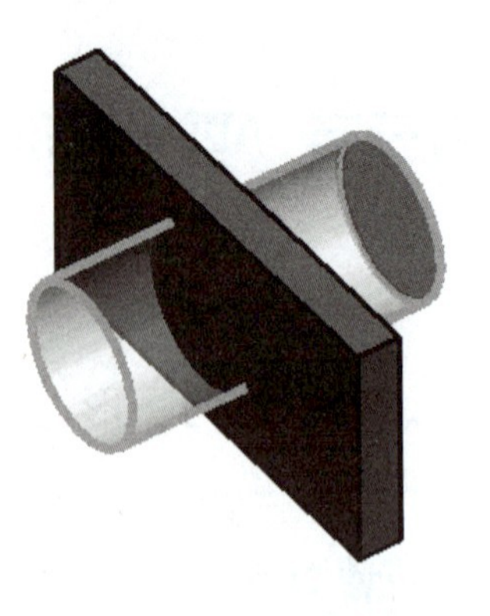

图 2.56　取消剪切的效果

小贴士 ▶▶▶

再来描述一下取消剪切过程。启用“取消剪切几何图形”选项后，先选择要终止剪切的几何图形，这里选择长方体，即所选择的模型是要终止对其产生剪切效果的。长方体被剪切后留下一个圆形洞口，终止剪切后可以删除圆形洞口。接着选择终止剪切后要保留的几何图形。圆形洞口由剪切圆柱体得到，将光标置于圆形洞口上，可以预览圆柱体，单击后恢复显示圆柱体。

三、连接几何图形

小贴士 ▶▶▶

启用“连接几何图形”选项，可以在共享公共面的两个或者更多主体图元之间创建连接。执行操作后，连接图元之间的可见边缘被删除，并可以共享相同的图形属性，如线宽和填充样式。

STEP 01 在“几何图形”面板上单击“连接”按钮，在弹出的下拉列表中选择“连接几何图形”选项，如图 2.57 所示。

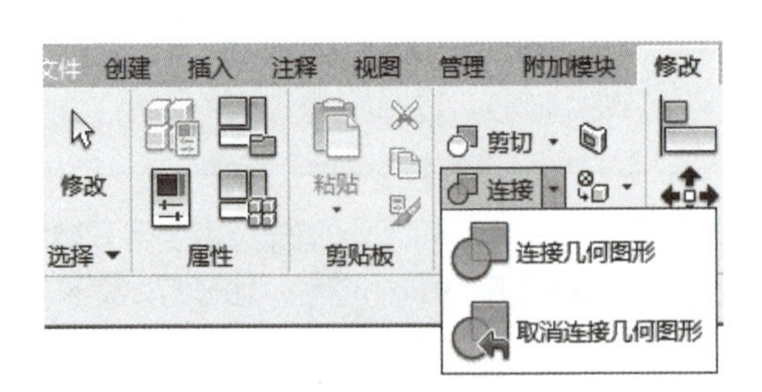

图 2.57　连接几何图形

STEP 02 状态栏提示“首先拾取：选择要连接的实心几何图形”。将光标置于棱柱上，高亮显示模型边界线，如图 2.58 所示，单击选中模型。

STEP 03 此时，状态栏提示“其次拾取：选择要连接到所选实体上的实心几何图形”。将光标置于椭圆柱体上，高亮显示模型边界线，如图 2.59 所示。单击拾取模型，即可执行连接操作。

STEP 04 操作完毕后，棱柱体与椭圆柱体成为一个整体，如图 2.60 所示。

小贴士 ▶▶▶

首先指定连接主体模型，选择棱柱体，表示棱柱体即将与一个待定的模型连接；接着选择另一个实心模型，该模型要连接到主体模型上，选择椭圆柱体，表示椭圆柱体要与棱柱体连接。

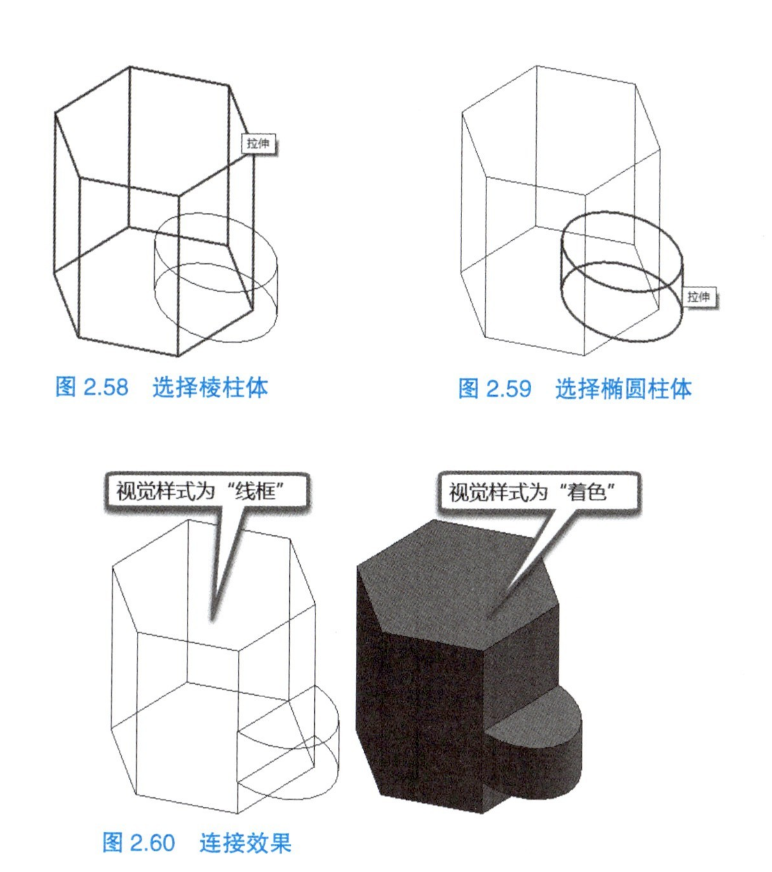

图 2.58　选择棱柱体

图 2.59　选择椭圆柱体

图 2.60　连接效果

四、取消连接几何图形

小贴士 ▶▶▶

执行“连接几何图形”的操作后，得到一个“并集”的效果。在“连接”按钮的下拉列表中选择“取消连接几何图形”选项，如图 2.57 所示，可以取消“并集”效果。

启用“取消连接几何图形”选项后，状态栏提示“单一拾取：选择要与任何对象取消连接的实心几何图形”，选择椭圆柱体，结果是取消椭圆柱体与棱柱体的连接。在平面视图中观察操作效果，棱柱体与椭圆柱体连接的边缘恢复显示，如图 2.61 所示。

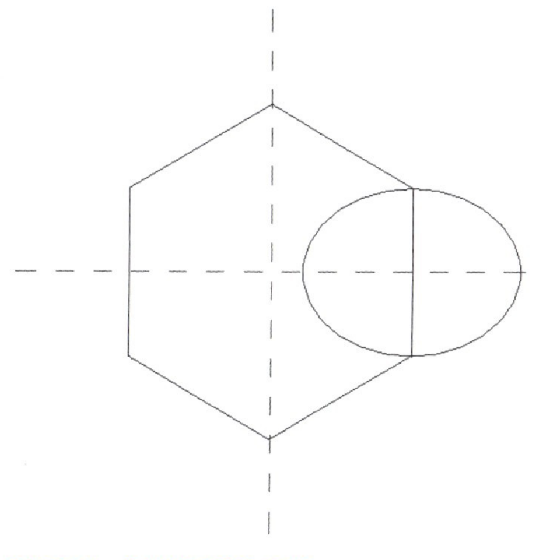

图 2.61　取消连接的效果

第四节　经典试题解析和考试试题实战演练

一、经典试题解析

【二级（建筑）第七期第一题】

1.【二级（建筑）第七期第一题】

根据图 2.62 所示的正视图、门把详图和平面图的尺寸与投影关系，建立门构件集模型。将门宽度和门扇打开角度设置为构件集参数。通过变更参数的方法，按平面图 1、平面图 2 两种方案建模，结果以“门 .xxx”文件名保存在考生文件夹中。（10 分）

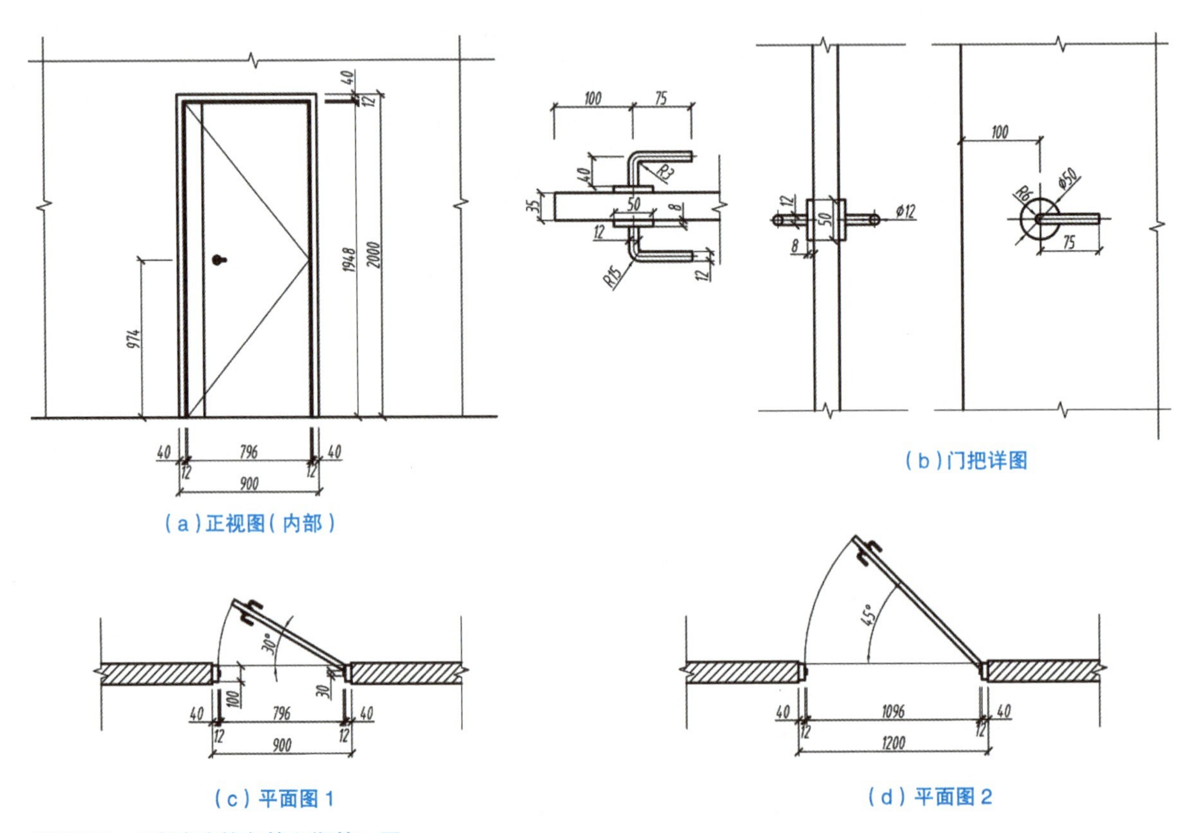

图 2.62　二级（建筑）第七期第一题

STEP 01 打开软件 Revit；单击“文件”→“新建”→“族”按钮，如图 2.63 所示；在打开的“新族 - 选择样板文件”对话框中选中“公制门”族样板文件，如图 2.64 所示；接着单击“打开”按钮退出“新族 - 选择样板文件”对话框，系统自动切换到族编辑器建模界面的“参照标高”楼层平面视图；删除墙体外部和内部两侧框架和竖梃，如图 2.65 所示。

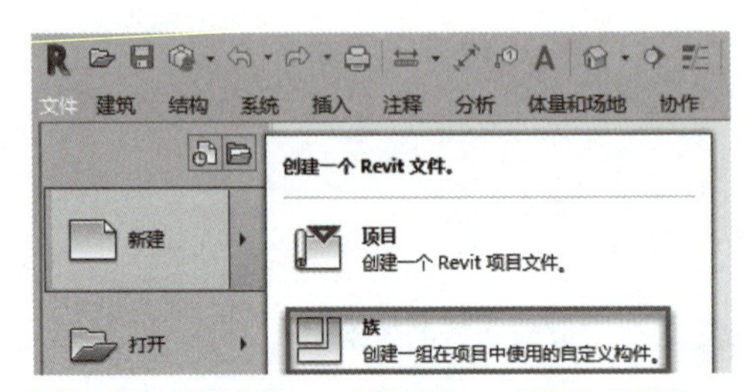

图 2.63　“文件”→“新建”→“族”按钮

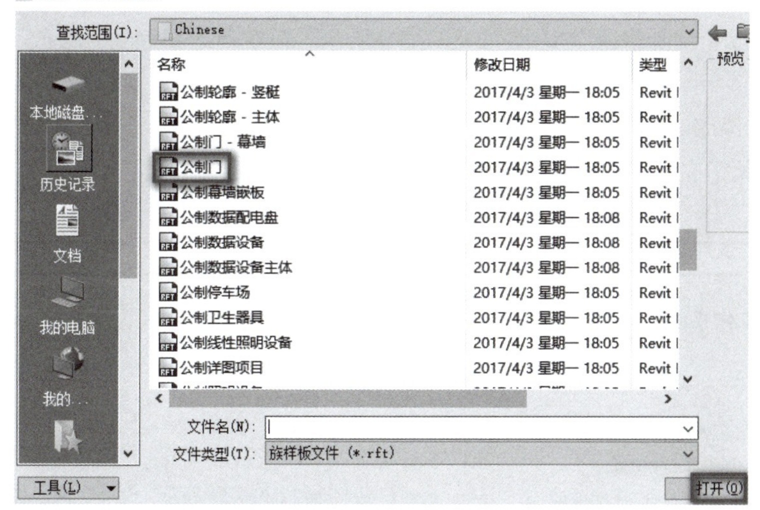

图 2.64 “公制门”族样板文件

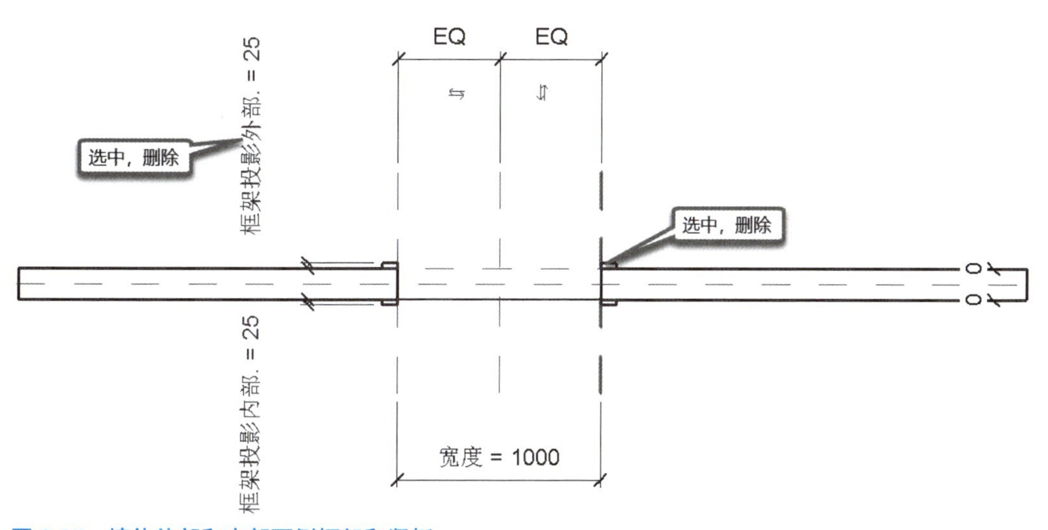

图 2.65 墙体外部和内部两侧框架和竖挺

STEP 02 单击“创建”选项卡“工作平面”面板“设置”按钮，如图 2.66 所示；在弹出的“工作平面”对话框中单击“指定新的工作平面”项下“拾取一个平面”按钮，如图 2.67 所示；单击“确定”按钮退出“工作平面”对话框，拾取“参照平面：参照平面：参照”作为工作平面，如图 2.68 所示；在弹出的“转到视图”对话框中选择“立面：内部”，如图 2.69 所示；单击“打开视图”按钮，关闭“转到视图”对话框，系统自动切换到“内部”立面视图。

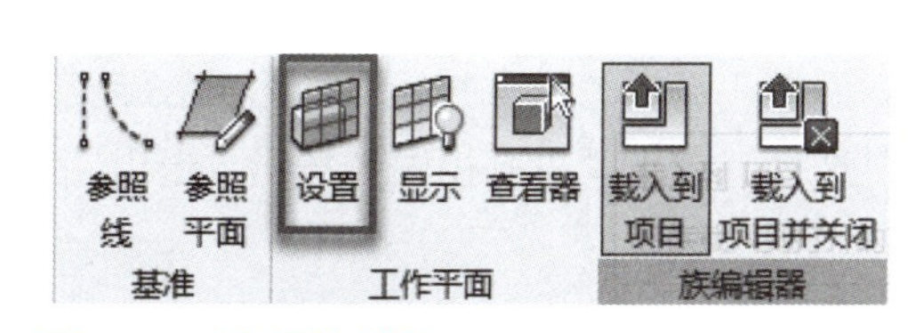

图 2.66 “设置”按钮

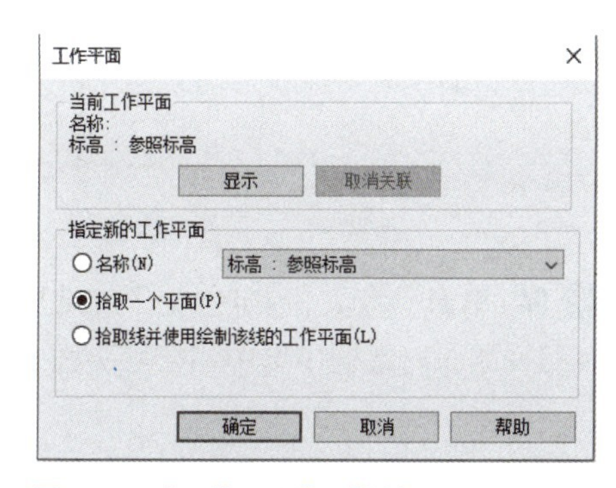

图 2.67 “工作平面”对话框

STEP 03 单击“创建”选项卡“形状”面板“放样”按钮，系统自动切换到“修改 | 放样”上下文选项卡，单击“放样”面板“绘制路径”按钮，如图 2.70 所示，系统自动切换到“修改 | 放样 > 绘制路径”上下文选项卡，如图 2.71 所示，在“绘制”面板选择“线”绘制放样路径，且将放样路径与参照平面锁定，如图 2.72 所示；单击“修改 | 放样 > 绘制路径”上下文选项卡“模式”面板“完成编辑模式”按钮“√”，完成放样路径的绘制，重新切换到“修改 | 放样”上下文选项卡。

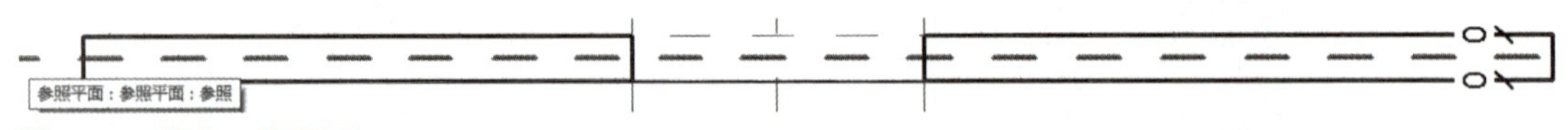

图 2.68 指定工作平面

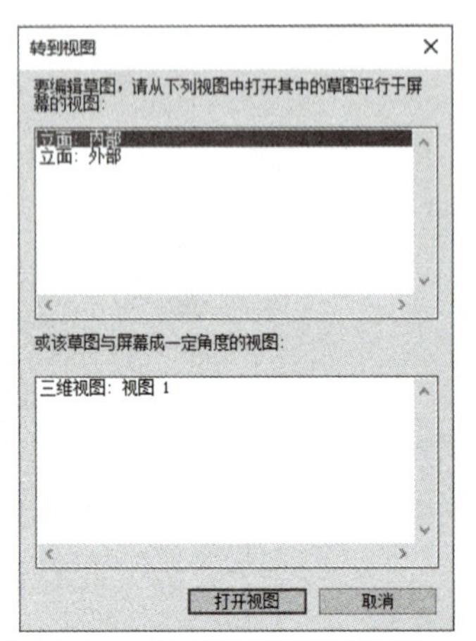

图 2.69 “转到视图”对话框

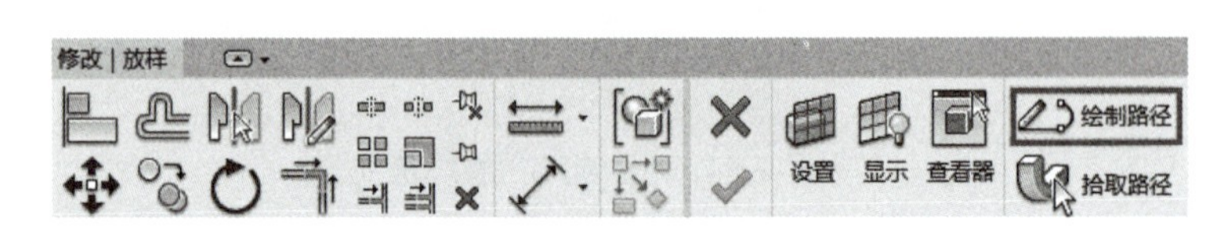

图 2.70 “修改 | 放样”上下文选项卡

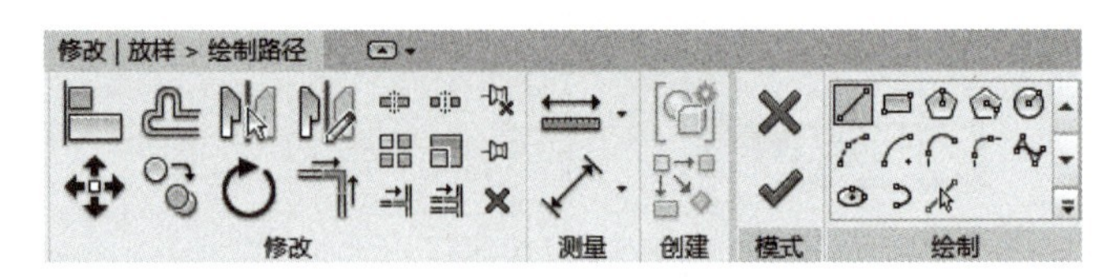

图 2.71 “修改 | 放样 > 绘制路径”上下文选项卡

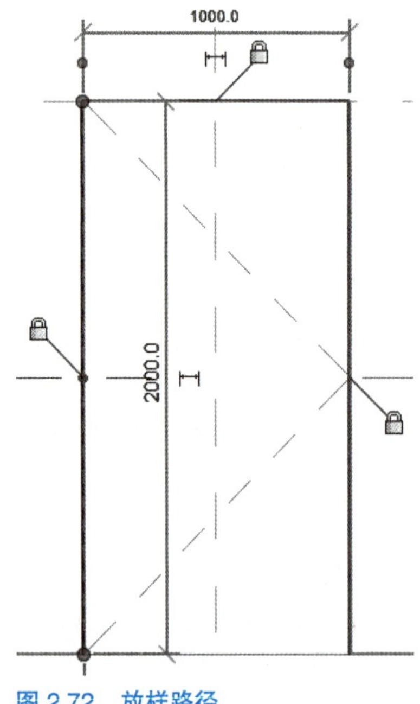

图 2.72 放样路径

STEP 04 单击“修改 | 放样”上下文选项卡“放样”面板“编辑轮廓”按钮，如图 2.73 所示，在系统弹出的“转到视图”对话框中选中“楼层平面：参照标高”选项，单击“打开视图”按钮，退出“转到视图”

对话框后系统自动切换到“修改 | 放样 > 编辑轮廓”上下文选项卡，如图 2.74 所示，同时系统自动切换到“楼层平面：参照标高”视图。

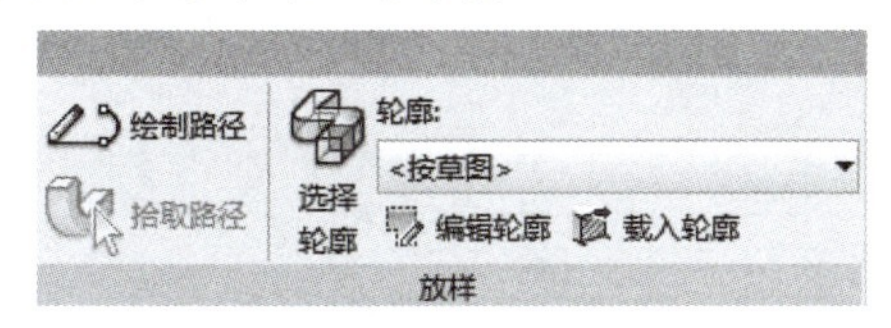

图 2.73 “编辑轮廓”按钮

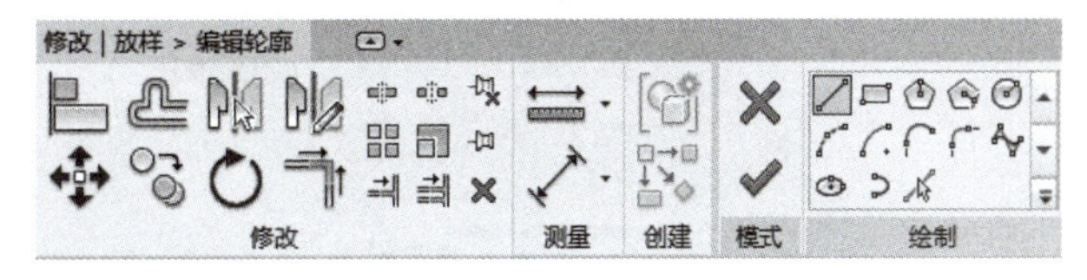

图 2.74 “修改 | 放样 > 编辑轮廓”上下文选项卡

STEP 05 选择“修改 | 放样 > 编辑轮廓”上下文选项卡“线”绘制放样轮廓，进行尺寸标注且锁定，如图 2.75 所示；单击“模式”面板“完成编辑模式”按钮“√”，完成放样轮廓的绘制，重新切换到“修改 | 放样”上下文选项卡；再次单击“修改 | 放样”上下文选项卡“模式”面板“完成编辑模式”按钮“√”，完成放样形体（门框）的创建。

STEP 06 选中刚刚创建的放样形体，即门框，单击左侧“属性”对话框“图形”项下“可见性 / 图形替换”右侧的“编辑”按钮，如图 2.76 所示，在弹出的“族图元可见性设置”对话框中不勾选“平面 / 天花板平面视图”和“当在平面 / 天花板平面视图中被剖切时（如果类别允许）”复选框，如图 2.77 所示，单击“确定”按钮关闭“族图元可见性设置”对话框。

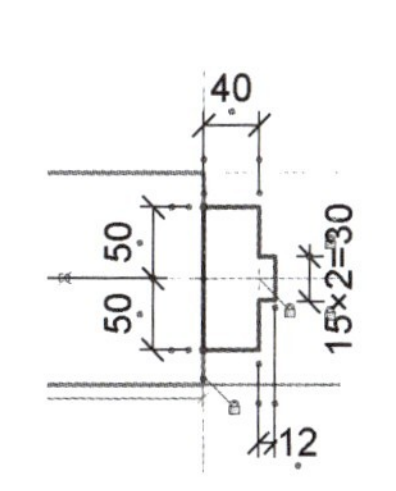

图 2.75 放样轮廓

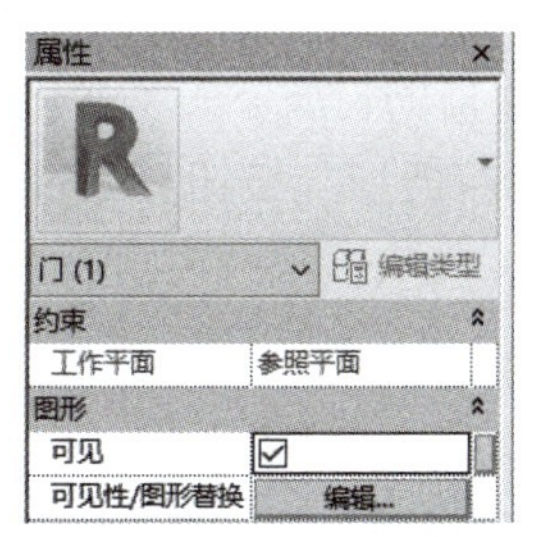

图 2.76 “可见性 / 图形替换”选项

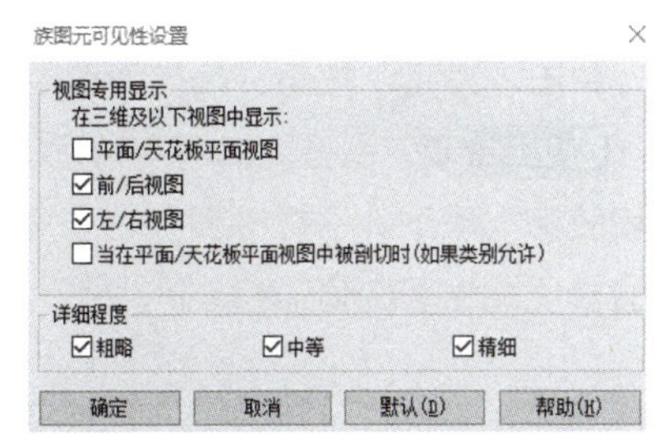

图 2.77 “族图元可见性设置”对话框

STEP 07 选中刚刚创建的放样形体，即门框，单击左侧“属性”面板“材质和装饰”项下“材质”右边小方块关联族参数，如图 2.78 所示，在弹出的“关联族参数”对话框中单击“新建参数”按钮，如图 2.79 所示；然后在弹出的“参数属性”对话框中设置“参数数据”项下“名称”为“门框材质”，如图 2.80 所示；接着单击“确定”按钮关闭“参数属性”对话框，发现“关联族参数”对话框中出现了“门框材质”关联族参数，单击“确定”按钮关闭“关联族参数”对话框，如图 2.81 所示，则“门框材质”关联族参数创建完成了。

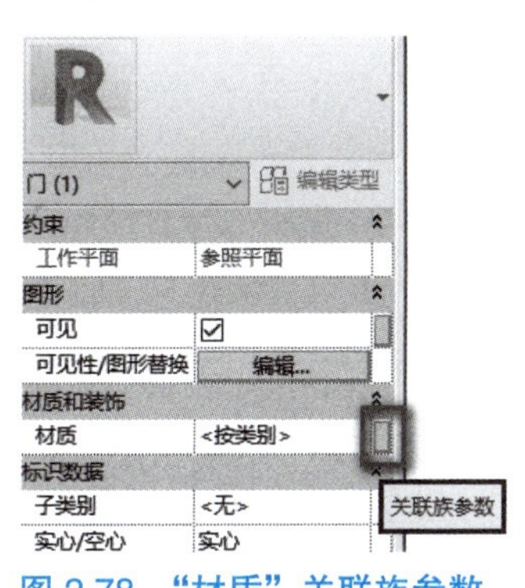

图 2.78 “材质”关联族参数

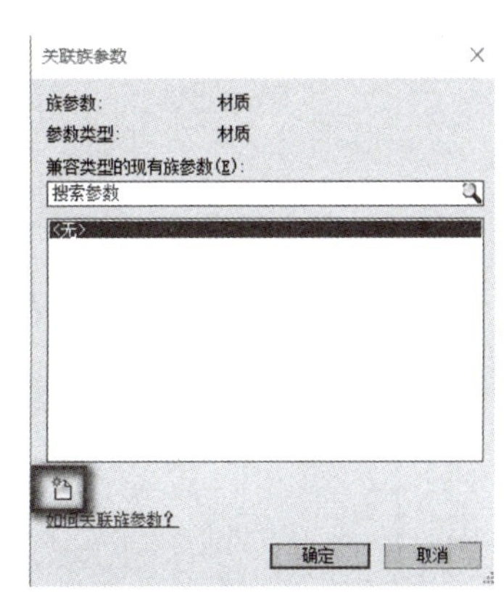

图 2.79 “新建参数”按钮

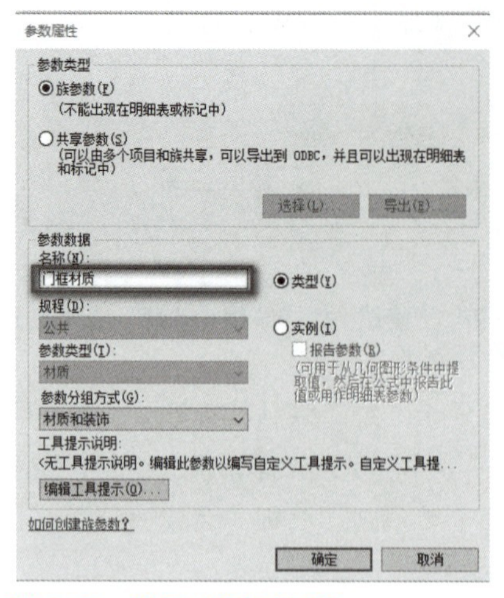

图 2.80　添加"门框材质"

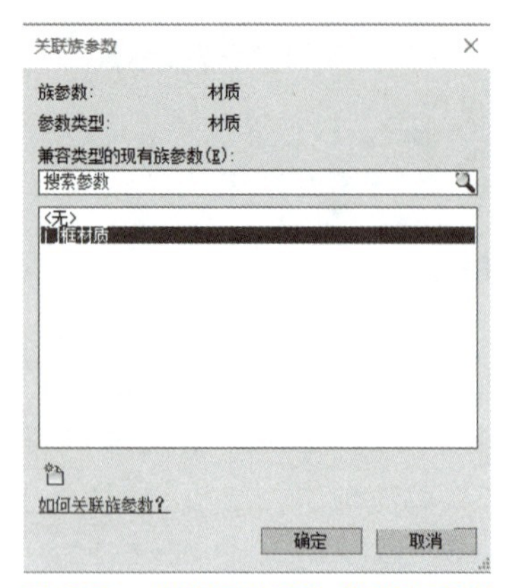

图 2.81　"门框材质"关联族参数

STEP 08 切换到三维视图；选中墙体，单击左侧"类型选择器"下拉列表右下侧"编辑类型"按钮，在弹出的"类型属性"对话框中单击"结构"栏中的右侧"编辑"按钮，弹出"编辑部件"对话框，选择"结构 [1]"层，单击右侧"材质"列值"< 按类别 >"后面的小省略号图标，打开"材质浏览器"对话框，搜索并选择"砖，砖坯"，如图 2.82 所示；单击"确定"按钮退出"材质浏览器"对话框回到"编辑部件"对话框，单击"确定"按钮关闭"类型属性"对话框，则墙体的材质发生了变化。

STEP 09 单击"创建"选项卡"属性"面板"族类型"按钮，在打开的"族类型"对话框中设置"材质和装饰"项下"门框材质"为"樱桃木"，如图 2.83 所示；单击"确定"按钮关闭"族类型"对话框，则门框的材质发生了变化。

	功能	材质	厚度	包络	结构材质
1	核心边界	包络上层	0.0		
2	结构 [1]	砖，砖坯	150.0		☑
3	核心边界	包络下层	0.0		

图 2.82　"结构 [1]"层材质

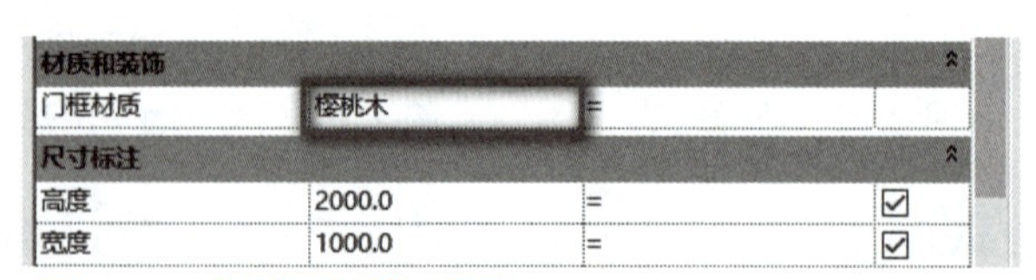

材质和装饰			
门框材质	樱桃木	=	
尺寸标注			
高度	2000.0	=	☑
宽度	1000.0	=	☑

图 2.83　"门框材质"设置

STEP 10 切换到"参照标高"楼层平面视图；单击"创建"选项卡"基准"面板"参照平面"按钮，系统切换到"修改 | 放置 参照平面"上下文选项卡，选择"线"绘制参照平面 1 和 2 且锁定，如图 2.84 所示。

STEP 11 单击"创建"选项卡"基准"面板"参照线"按钮，系统切换到"修改 | 放置 参照线"上下文选项卡，选择"线"绘制参照线且与参照平面 1 和 2 分别锁定（选中参照线端点，在水平和竖直两个方向同时锁定），为参照线添加尺寸标注，如图 2.85 所示。

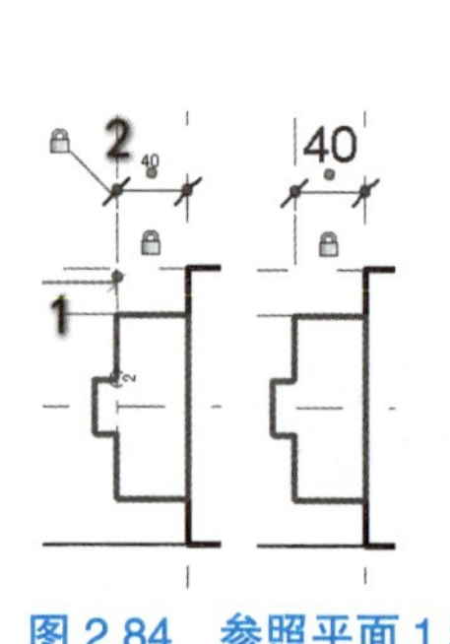

图 2.84　参照平面 1 和 2

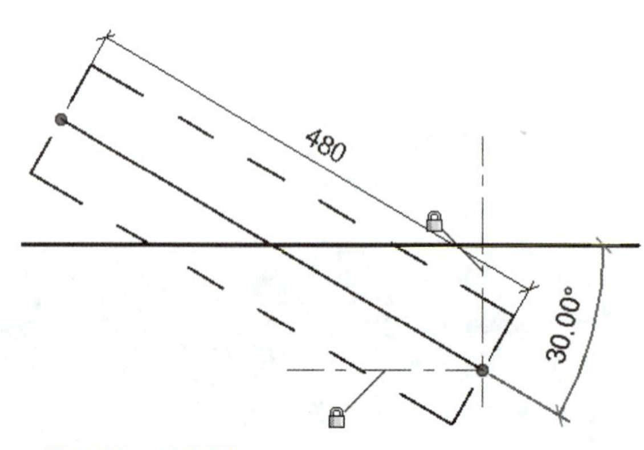

图 2.85　参照线

对话框后系统自动切换到“修改 | 放样 > 编辑轮廓”上下文选项卡，如图 2.74 所示，同时系统自动切换到“楼层平面：参照标高”视图。

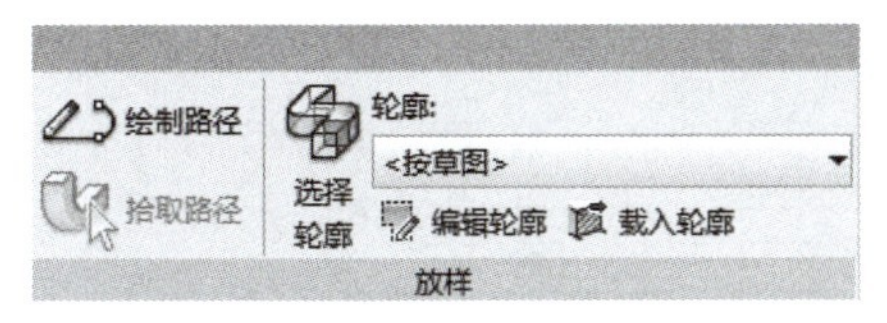

图 2.73 “编辑轮廓”按钮

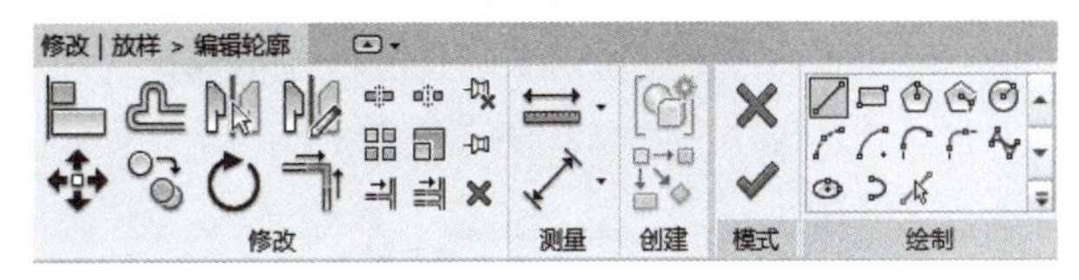

图 2.74 “修改 | 放样 > 编辑轮廓”上下文选项卡

STEP 05 选择“修改 | 放样 > 编辑轮廓”上下文选项卡“线”绘制放样轮廓，进行尺寸标注且锁定，如图 2.75 所示；单击“模式”面板“完成编辑模式”按钮“√”，完成放样轮廓的绘制，重新切换到“修改 | 放样”上下文选项卡；再次单击“修改 | 放样”上下文选项卡“模式”面板“完成编辑模式”按钮“√”，完成放样形体（门框）的创建。

STEP 06 选中刚刚创建的放样形体，即门框，单击左侧“属性”对话框“图形”项下“可见性 / 图形替换”右侧的“编辑”按钮，如图 2.76 所示，在弹出的“族图元可见性设置”对话框中不勾选“平面 / 天花板平面视图”和“当在平面 / 天花板平面视图中被剖切时（如果类别允许）”复选框，如图 2.77 所示，单击“确定”按钮关闭“族图元可见性设置”对话框。

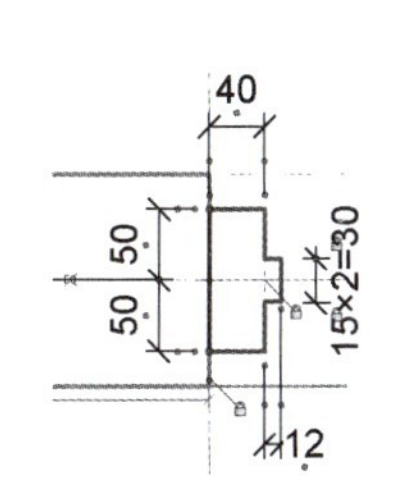

图 2.75 放样轮廓

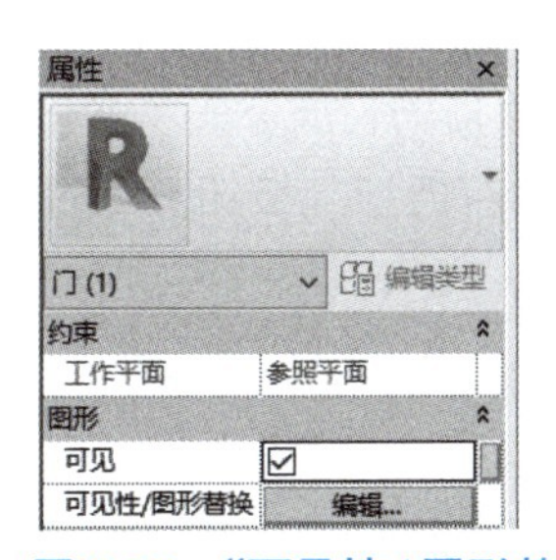

图 2.76 “可见性 / 图形替换”选项

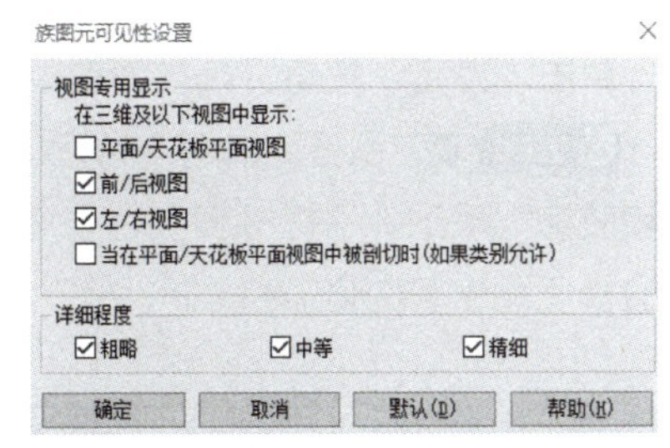

图 2.77 “族图元可见性设置”对话框

STEP 07 选中刚刚创建的放样形体，即门框，单击左侧“属性”面板“材质和装饰”项下“材质”右边小方块关联族参数，如图 2.78 所示，在弹出的“关联族参数”对话框中单击“新建参数”按钮，如图 2.79 所示；然后在弹出的“参数属性”对话框中设置“参数数据”项下“名称”为“门框材质”，如图 2.80 所示；接着单击“确定”按钮关闭“参数属性”对话框，发现“关联族参数”对话框中出现了“门框材质”关联族参数，单击“确定”按钮关闭“关联族参数”对话框，如图 2.81 所示，则“门框材质”关联族参数创建完成了。

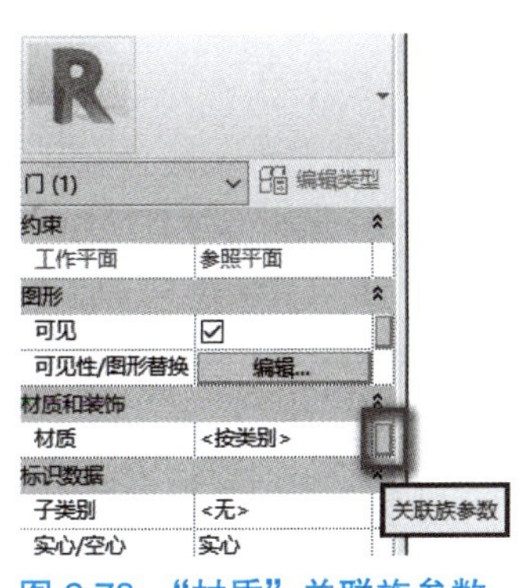

图 2.78 “材质”关联族参数

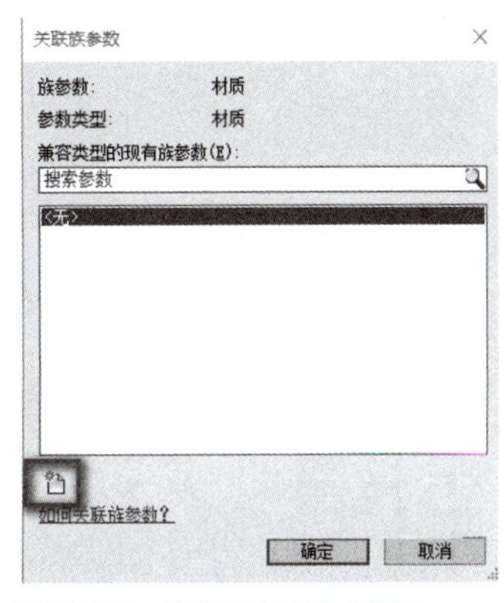

图 2.79 “新建参数”按钮

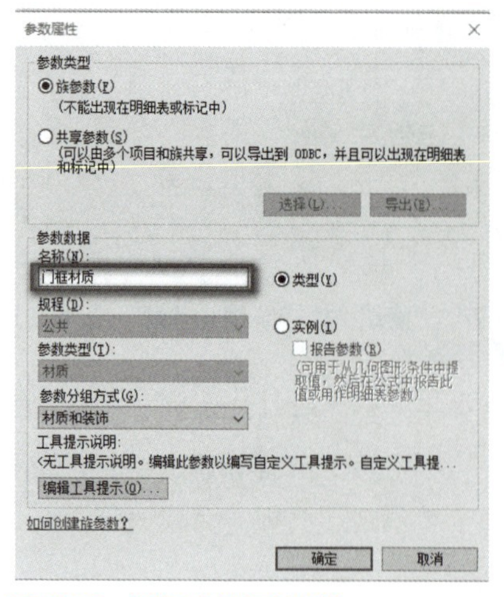

图 2.80　添加“门框材质”

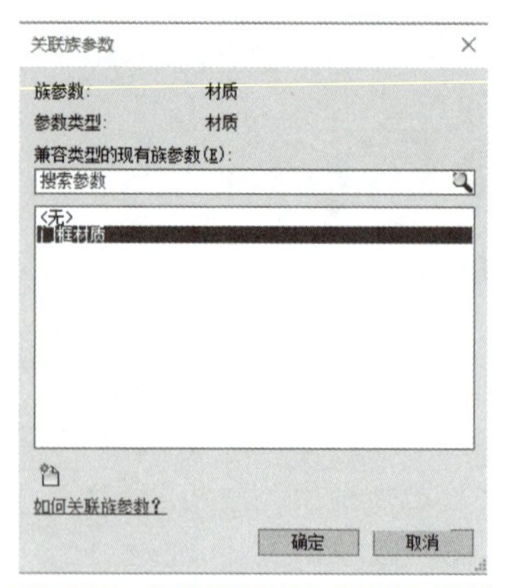

图 2.81　“门框材质”关联族参数

STEP 08 切换到三维视图；选中墙体，单击左侧“类型选择器”下拉列表右下侧“编辑类型”按钮，在弹出的“类型属性”对话框中单击“结构”栏中的右侧“编辑”按钮，弹出“编辑部件”对话框，选择“结构[1]”层，单击右侧“材质”列值“<按类别>”后面的小省略号图标，打开“材质浏览器”对话框，搜索并选择“砖，砖坯”，如图 2.82 所示；单击“确定”按钮退出“材质浏览器”对话框回到“编辑部件”对话框，单击“确定”按钮关闭“类型属性”对话框，则墙体的材质发生了变化。

STEP 09 单击“创建”选项卡“属性”面板“族类型”按钮，在打开的“族类型”对话框中设置“材质和装饰”项下“门框材质”为“樱桃木”，如图 2.83 所示；单击“确定”按钮关闭“族类型”对话框，则门框的材质发生了变化。

	功能	材质	厚度	包络	结构材质
1	核心边界	包络上层	0.0		
2	结构 [1]	砖，砖坯	150.0		☑
3	核心边界	包络下层	0.0		

图 2.82　“结构 [1]”层材质

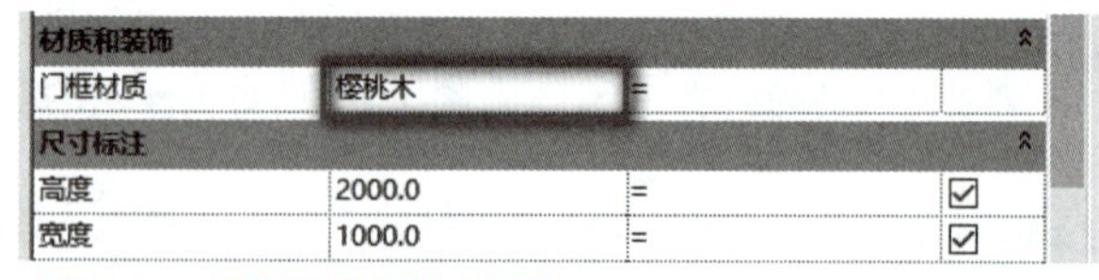

材质和装饰			
门框材质	樱桃木	=	
尺寸标注			
高度	2000.0	=	☑
宽度	1000.0	=	☑

图 2.83　“门框材质”设置

STEP 10 切换到“参照标高”楼层平面视图；单击“创建”选项卡“基准”面板“参照平面”按钮，系统切换到“修改 | 放置 参照平面”上下文选项卡，选择“线”绘制参照平面 1 和 2 且锁定，如图 2.84 所示。

STEP 11 单击“创建”选项卡“基准”面板“参照线”按钮，系统切换到“修改 | 放置 参照线”上下文选项卡，选择“线”绘制参照线且与参照平面 1 和 2 分别锁定（选中参照线端点，在水平和竖直两个方向同时锁定），为参照线添加尺寸标注，如图 2.85 所示。

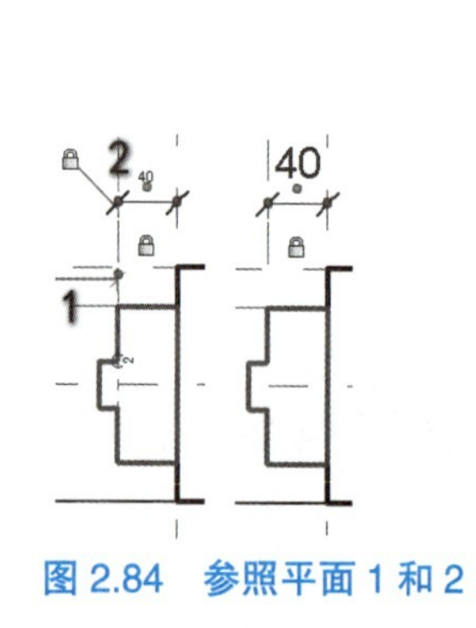

图 2.84　参照平面 1 和 2

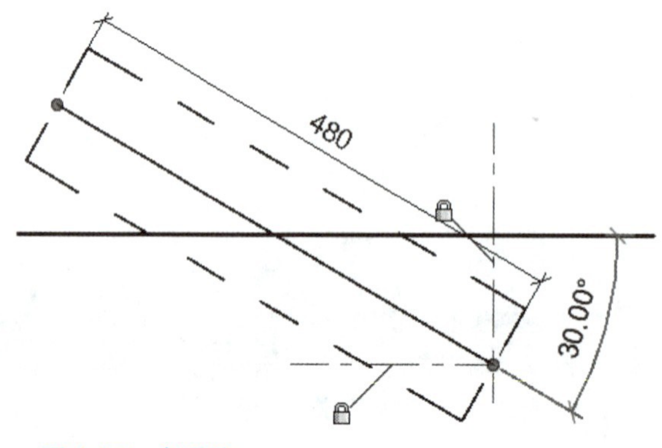

图 2.85　参照线

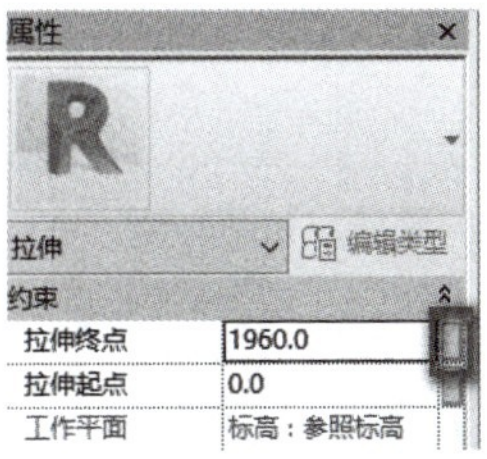

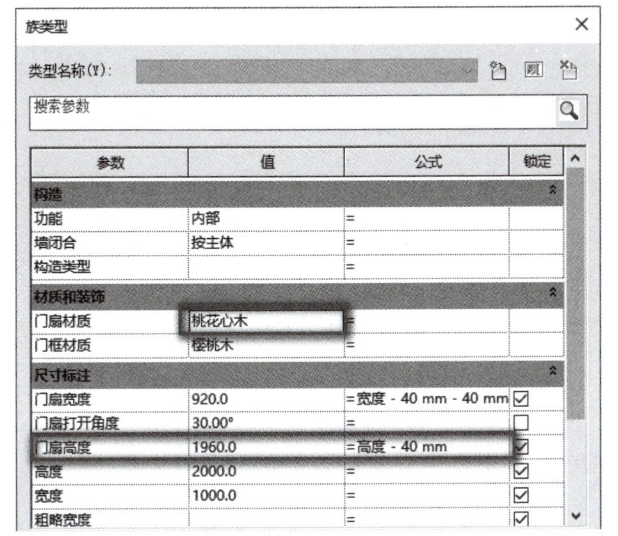

图 2.91 “拉伸终点”关联族参数

图 2.92 族参数设置

图 2.93 门框和门扇

STEP 25 切换到前立面视图；单击“创建”选项卡“形状”面板“放样”按钮，系统切换到“修改 | 放样”上下文选项卡；单击“放样”面板“绘制路径”按钮，系统切换到“修改 | 放样 > 绘制路径”上下文选项卡，绘制放样路径，如图 2.94 所示，单击“模式”面板“完成编辑模式”按钮“√”，完成放样路径的绘制，重新切换到“修改 | 放样”上下文选项卡。

STEP 26 单击“修改 | 放样”上下文选项卡“放样”面板“编辑轮廓”按钮，在系统弹出的“转到视图”对话框中选中“楼层平面：参照标高”选项，单击“打开视图”按钮，退出“转到视图”对话框后系统自动切换到“修改 | 放样 > 编辑轮廓”上下文选项卡，同时系统自动切换到了“楼层平面：参照标高”视图。

STEP 27 选择“修改 | 放样 > 编辑轮廓”上下文选项卡“圆形”按钮，绘制半径为 6mm 的圆形放样轮廓，如图 2.95 所示；单击“模式”面板“完成编辑模式”按钮“√”，完成放样轮廓的绘制，重新切换到“修改 | 放样”上下文选项卡；再次单击“修改 | 放样”上下文选项卡“模式”面板“完成编辑模式”按钮“√”，完成门把手配件 B 的创建。选中门把手配件 B，单击左侧“属性”面板“材质和装饰”项下“材质”右边小方块关联族参数，添加“门把手材质”关联族参数。

STEP 28 同理，创建门把手配件 C 和门把手配件 D，结果如图 2.96 所示。

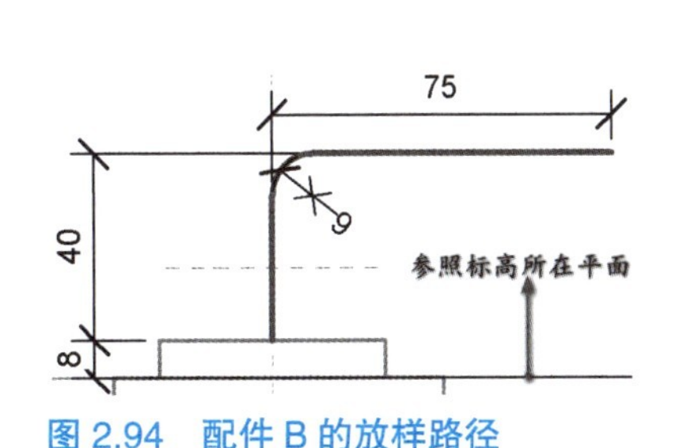

图 2.94 配件 B 的放样路径

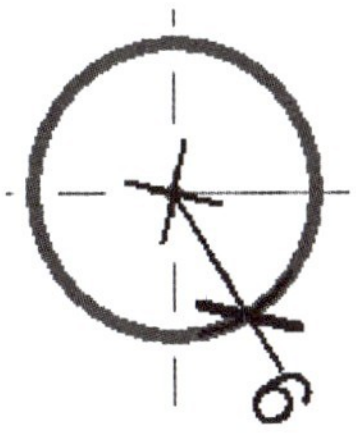

图 2.95 配件 B 的放样轮廓

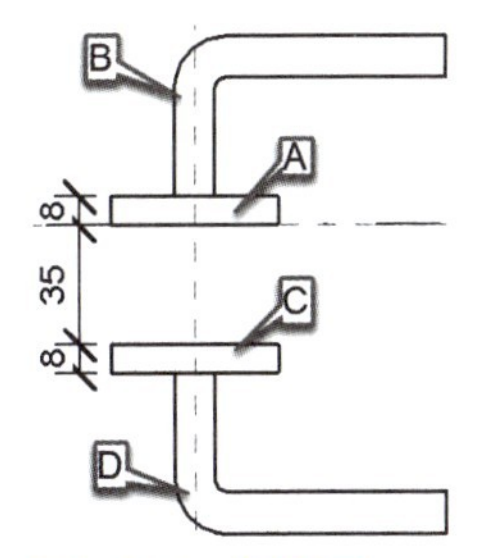

图 2.96 门把手

STEP 29 切换到三维视图；单击快速访问工具栏“保存”按钮，在弹出的“另存为”对话框中将建立的模型以“门把手 .rfa”为文件名保存至考生文件夹中。

STEP 30 单击“修改”选项卡“族编辑器”面板“载入到项目”按钮，如图 2.97 所示，把刚刚创建的“门把手 .rfa”模型文件载入到“门 .rfa”模型中且系统自动打开“门 .rfa”模型文件。

STEP 31 切换到三维视图；单击“创建”选项卡“模型”面板“构件”按钮，如图 2.98 所示，系统自动切换到“修改 | 放置构件”上下文选项卡。

STEP 32 激活“放置”面板“放置在面上”按钮，如图 2.99 所示；确认左侧“类型选择器”下拉列表中构件的类型为“门把手 .rfa”；将光标置于门扇的外表面上，预显放置的“门把手 .rfa”，单击，则在门扇的外表面上放置了门把手，如图 2.100 所示。

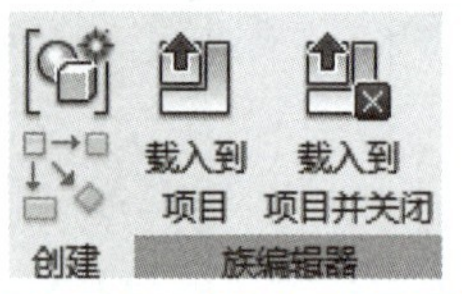

图 2.97 “载入到项目”按钮

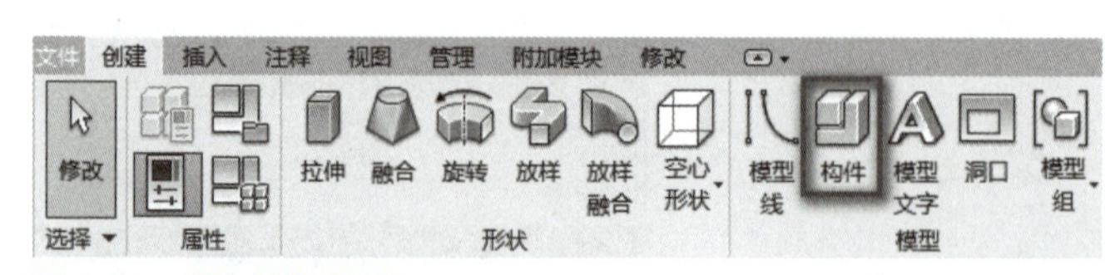

图 2.98 “构件”按钮

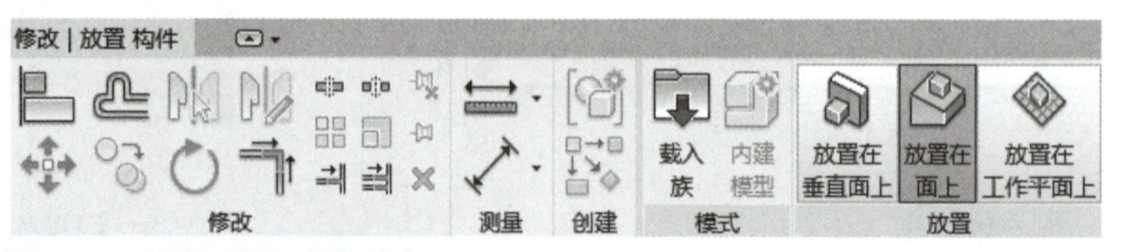

图 2.99 “放置在面上”按钮

图 2.100 放置门把手

STEP 33 切换到“参照标高”楼层平面视图；添加对齐尺寸标注且进行锁定（数值为 100mm）；单击“修改”选项卡“修改”面板“对齐”按钮，分别对齐门扇内外表面与门把手表面且锁定，如图 2.101 所示。选中门把手，设置左侧“属性”对话框“约束”项下“立面”为“974.0”，如图 2.102 所示。

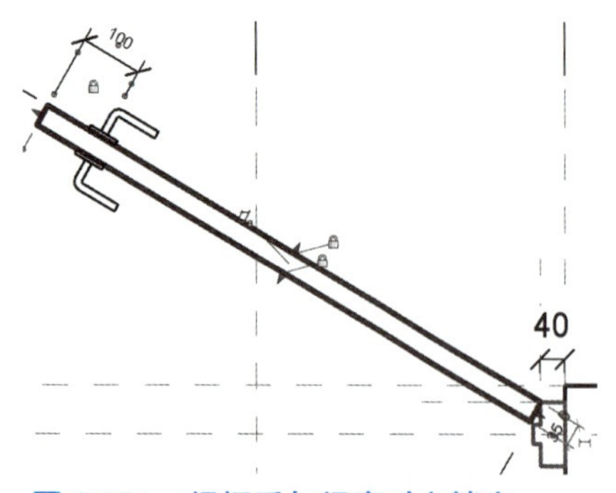

图 2.101 门把手与门扇对齐锁定

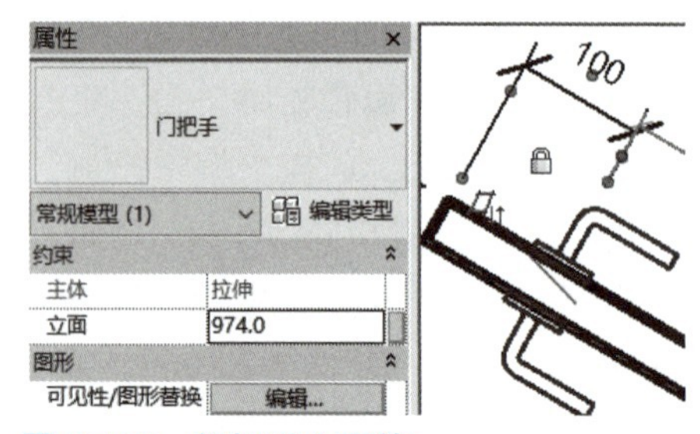

图 2.102 门把手立面值

STEP 34 单击“创建”选项卡“属性”面板“族类型”按钮，在系统弹出的“族类型”对话框中单击“新建参数”按钮，在弹出的“参数属性”对话框中“名称”栏下分别输入“门 1”和“门 2”，单击“确定”按钮关闭“参数属性”对话框。

STEP 35 设置“门 1”的“门扇打开角度”值为“30.00°”、“宽度”值为“900.0”；设置“门 2”的“门扇打开角度”值为“45.00°”、“宽度”值为“1200.0”，如图 2.103 所示，单击“确定”按钮，关闭“族类型”对话框。

STEP 36 选中门把手，单击左侧“类型选择器”右下侧“编辑类型”按钮，在弹出的“类型属性”对话框中单击“材质和装饰”项下“材质”右边小方块关联族参数，添加“门把手材质”关联族参数。

STEP 37 切换到三维视图，查看创建的门三维模型显示效果。

STEP 38 单击快速访问工具栏“保存”按钮，保存模型文件。

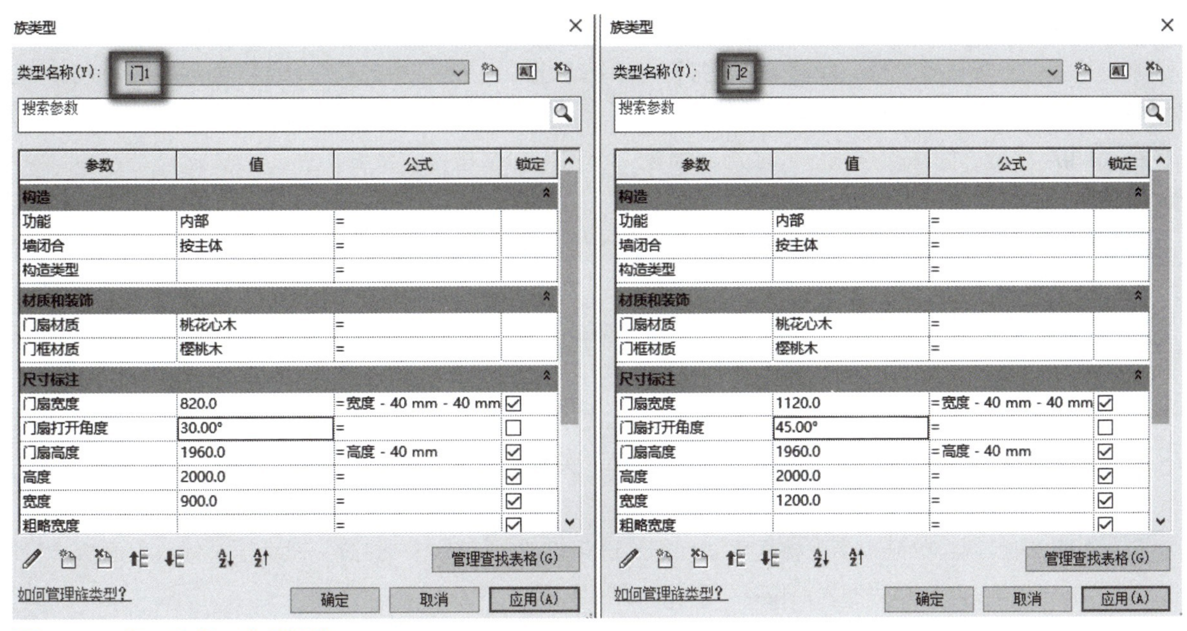

图 2.103　门 1 和门 2 族参数值

至此，本题建模结束。

2.【二级（建筑）第七期第二题】

按照图 2.104 给出的沙发投影视图，创建沙发构件集模型。通过构件集参数，将沙发坐垫和底座分别设置不同的材质。通过调整参数，形成两套方案。其中，一套方案为：坐垫材质为皮，底座材质为钢。另一套方案为：坐垫材质为布，底座材质为不锈钢。结果以“沙发 .xxx”为文件名保存在考生文件夹中。（10 分）

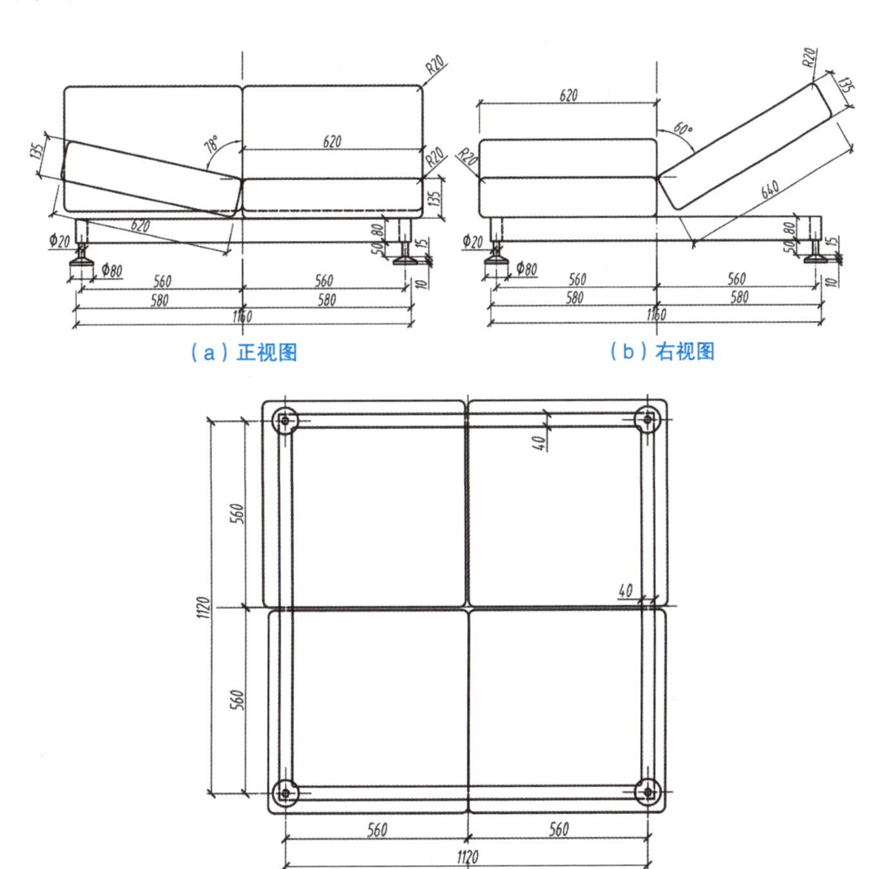

（a）正视图　（b）右视图

（c）底部视图

图 2.104　二级（建筑）第七期第二题

【二级（建筑）第七期第二题】

STEP 01 打开软件 Revit；单击“族”→“新建”按钮，在打开的“新族 – 选择样板文件”对话框中选中“公制常规模型”族样板文件，接着单击“打开”按钮退出“新族 – 选择样板文件”对话框，系统自动切换到族编辑器建模界面的“参照标高”楼层平面视图。

STEP 02 单击“创建”选项卡“基准”面板“参照平面”按钮，系统切换到“修改 | 放置 参照平面”上下文选项卡；选择“线”绘制参照平面。

STEP 03 切换到前立面视图，单击“创建”选项卡“形状”面板“旋转”按钮，系统切换到“修改 | 创建旋转”上下文选项卡。

STEP 04 单击“绘制”面板“边界线”按钮，选择“线”绘制边界线，单击“绘制”面板“轴线”按钮，选择“线”绘制方式绘制轴线，绘制的边界线和轴线，如图 2.105 所示；设置左侧“属性”对话框“约束”项下工作平面的“起始角度”和“结束角度”，如图 2.106 所示；单击左侧“属性”面板“材质和装饰”项下“材质”右边小方块关联族参数，添加“底座材质”关联族参数。单击“模式”面板“完成编辑模式”按钮“√”，完成底座 A 的创建。

STEP 05 切换到“参照标高”楼层平面视图；选择底座 A，单击“修改”选项卡“修改”面板“复制”按钮，放置对应四个底座，删除插入点位置，底座 A 结果如图 2.107 所示。

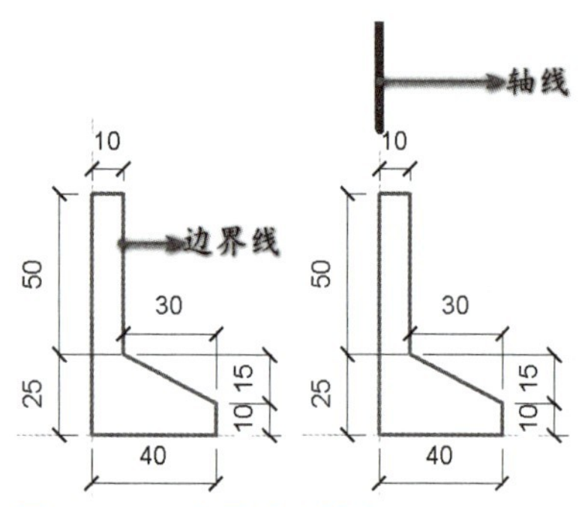

图 2.105 边界线和轴线

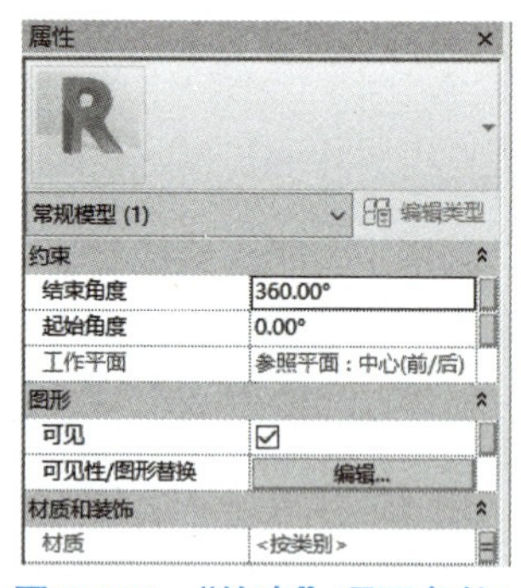

图 2.106 “约束”项下参数

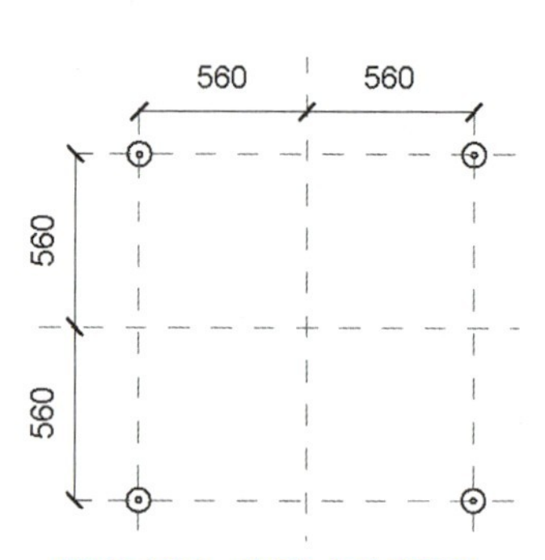

图 2.107 底座 A 布置图

STEP 06 单击“创建”选项卡“形状”面板“拉伸”按钮，系统自动切换到“修改 | 创建拉伸”上下文选项卡；单击“绘制”面板“矩形”按钮，绘制底座 B 的拉伸草图线，如图 2.108 所示；设置左侧“属性”对话框中“约束”项下“拉伸终点”为“155.0”和“拉伸起点”为“75.0”，设置“工作平面”为“标高：参照标高”；单击左侧“属性”面板“材质和装饰”项下“材质”右边小方块关联族参数，添加“底座材质”关联族参数。单击“模式”面板“完成编辑模式”按钮“√”，完成底座 B 的创建。

STEP 07 单击“创建”选项卡“形状”面板“放样”按钮，系统切换到“修改 | 放样”上下文选项卡；单击“放样”面板“绘制路径”按钮，系统切换到“修改 | 放样 > 绘制路径”上下文选项卡，绘制放样路径，如图 2.109 所示；单击“模式”面板“完成编辑模式”按钮“√”，完成放样路径的绘制。

STEP 08 单击“修改|放样”上下文选项卡“放样”面板“编辑轮廓”按钮，在系统弹出的“转到视图”对话框中单击“立面：前”按钮，退出“转到视图”对话框后系统自动切换到“修改 | 放样 > 编辑轮廓”上下文选项卡且打开了“立面：前”视图；绘制放样轮廓，如图 2.110 所示。

STEP 09 单击“模式”面板“完成编辑模式”按钮“√”，完成放样轮廓的绘制。

STEP 10 单击左侧“属性”面板“材质和装饰”项下“材质”右边小方块关联族参数，添加“坐垫材质”关联族参数。

STEP 11 再次单击“修改 | 放样”上下文选项卡“模式”面板“完成编辑模式”按钮“√”，完成坐垫 A 的创建。

STEP 12 切换到“参照标高”楼层平面视图。

STEP 13 单击“创建”选项卡“形状”面板“拉伸”按钮，系统自动切换到“修改 | 创建拉伸”上下文选项卡。

STEP 14 单击“绘制”面板“拾取线”按钮，绘制坐垫 B 的拉伸草图线。

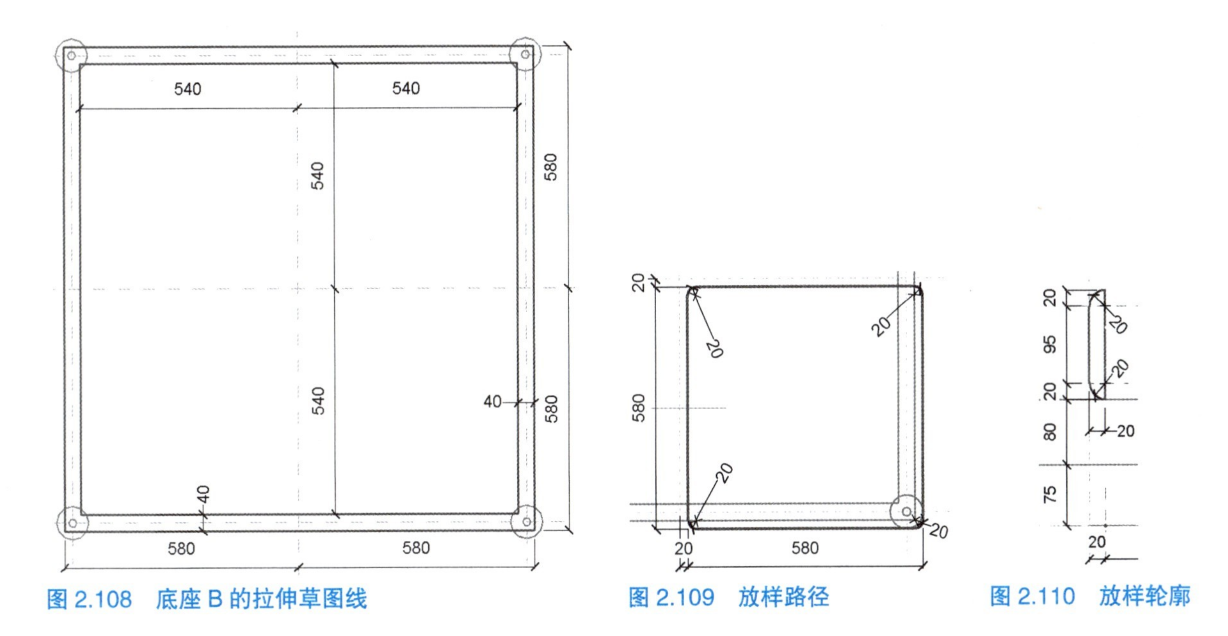

图 2.108　底座 B 的拉伸草图线　　图 2.109　放样路径　　图 2.110　放样轮廓

STEP 15 设置左侧“属性”对话框中“约束”项下“拉伸终点”为“290.0”和“拉伸起点”为“155.0”，设置“工作平面”为“标高：参照标高”；单击左侧“属性”面板“材质和装饰”项下“材质”右边小方块关联族参数，添加“坐垫材质”关联族参数。单击“模式”面板“完成编辑模式”按钮“√”，完成坐垫 B 的创建。

STEP 16 单击“修改”选项卡“几何图形”面板“连接”下拉列表“连接几何图形”按钮，首先选中坐垫 A，接着选中坐垫 B，则坐垫 A 和坐垫 B 连接成为一个整体了。

STEP 17 切换到前立面视图；单击“创建”选项卡“基准”面板“参照平面”按钮，系统切换到“修改 | 放置 参照平面”上下文选项卡，选择“线”绘制参照平面 1、2 且锁定，如图 2.111 所示；单击“创建”选项卡“基准”面板“参照线”按钮，系统切换到“修改 | 放置 参照线”上下文选项卡，选择“线”绘制参照线 A，且参照线 A 与参照平面 1 和 2 分别锁定（选中参照线 A 端点，在水平和竖直两个方向，同时锁定）。为参照线添加角度标注。

STEP 18 单击“创建”选项卡“属性”面板“族类型”按钮，在打开的“族类型”对话框中单击“新建参数”按钮，打开“参数属性”对话框；在打开的“参数属性”对话框“参数数据”一栏“名称”下输入“沙发旋转角度 A”（参数类型为“角度”），单击“确定”按钮关闭“参数属性”对话框，回到“族类型”对话框；同理添加族参数“沙发旋转角度 B”（参数类型为“角度”），再次单击“确定”按钮关闭“族类型”对话框。

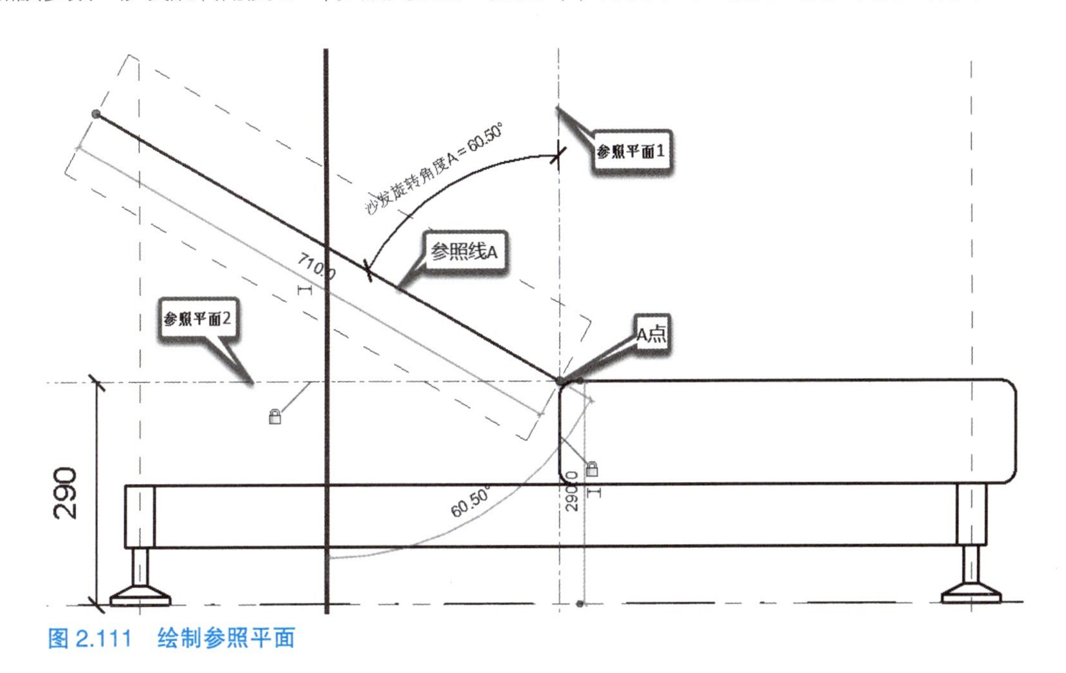

图 2.111　绘制参照平面

STEP 19 选中角度标注，在“修改|尺寸标注”上下文选项卡“标签尺寸标注”面板“标签”下拉列表中选择“沙发旋转角度A=0.00°”，则该标注便与参数“沙发旋转角度A”相关联，结果如图2.111所示。

STEP 20 单击快速访问工具栏“保存”按钮，在弹出的“另存为”对话框中将建立的模型以“沙发.rfa”为文件名保存至考生文件夹中。

STEP 21 单击“文件”→“新建”→“族”按钮，在弹出的“新族－选择样板文件”对话框中选中“基于面的公制常规模型”族样板文件，接着单击“打开”按钮，系统自动切换到族编辑器建模界面的“参照标高”楼层平面视图。

STEP 22 单击“创建”选项卡“形状”面板“拉伸”按钮，系统切换到“修改|创建拉伸”上下文选项卡，绘制拉伸嵌套族（A-A）草图线，如图2.112所示；设置左侧“属性”对话框“约束”项下“拉伸终点”为“-135.0”，“拉伸起点”为“0.0”，设置“工作平面”为“标高：参照标高”；单击“模式”面板“完成编辑模式”按钮“√”，完成拉伸嵌套族（A-A）的创建；选中拉伸嵌套族（A-A），单击左侧“属性”面板“材质和装饰”项下“材质”右边小方块关联族参数，添加“坐垫材质”关联族参数。

STEP 23 单击“创建”选项卡“形状”面板“放样”按钮，系统切换到“修改|放样”上下文选项卡；单击“放样”面板“绘制路径”按钮，系统切换到“修改|放样>绘制路径”上下文选项卡，绘制嵌套族（A-B）放样路径，如图2.113所示，单击“模式”面板“完成编辑模式”按钮“√”，完成放样路径的绘制，重新切换到“修改|放样”上下文选项卡。

STEP 24 单击“修改|放样”上下文选项卡“放样”面板“编辑轮廓”按钮，在系统弹出的“转到视图”对话框中单击“立面：前”按钮，退出“转到视图”对话框后系统自动切换到“修改|放样>编辑轮廓”上下文选项卡且打开了“立面：前”视图；绘制嵌套族（A-B）放样轮廓，如图2.114所示，单击“模式”面板“完成编辑模式”按钮“√”，完成放样轮廓的绘制，重新切换到“修改|放样”上下文选项卡。

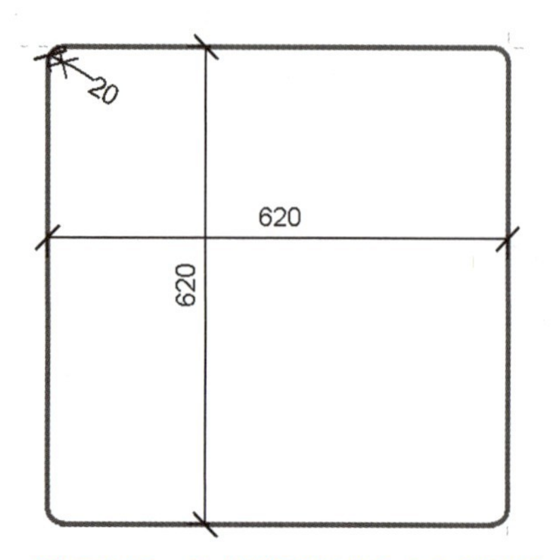

图2.112　拉伸嵌套族（A-A）草图线

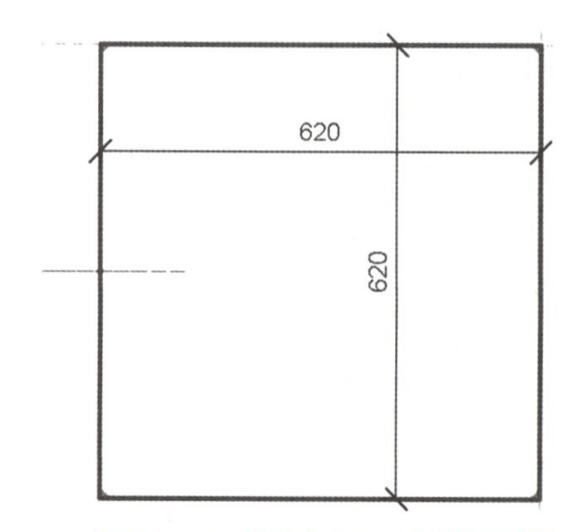

图2.113　嵌套族（A-B）放样路径

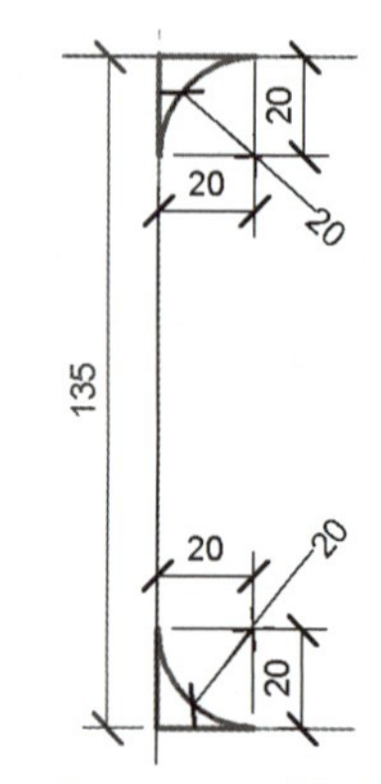

图2.114　放样轮廓

STEP 25 选中左侧“属性”对话框“标识数据”项下“实心/空心”为“空心”；再次单击“修改|放样”上下文选项卡“模式”面板“完成编辑模式”按钮“√”，完成空心嵌套族（A-B）的创建，此时空心嵌套族（A-B）自动对拉伸嵌套族（A-A）进行了剪切，故嵌套族A创建完毕。

STEP 26 单击快速访问工具栏“保存”按钮，在弹出的“另存为”对话框中将建立的模型以“嵌套族A.rfa”为文件名保存至考生文件夹中。

STEP 27 单击“修改”选项卡“族编辑器”面板“载入到项目”按钮，把刚刚创建的“嵌套族A.rfa”模型文件载入到“沙发.rfa”模型中且系统自动打开“沙发.rfa”模型文件。

STEP 28 切换到三维视图。

STEP 29 单击“创建”选项卡“工作平面”面板“显示”按钮，显示工作平面。

STEP 30 单击“创建”选项卡“工作平面”面板“设置”按钮，打开“工作平面”对话框，单击“指定新的工作平面”项下“拾取一个平面”按钮，拾取参照线的水平面为工作平面，如图 2.115 所示。

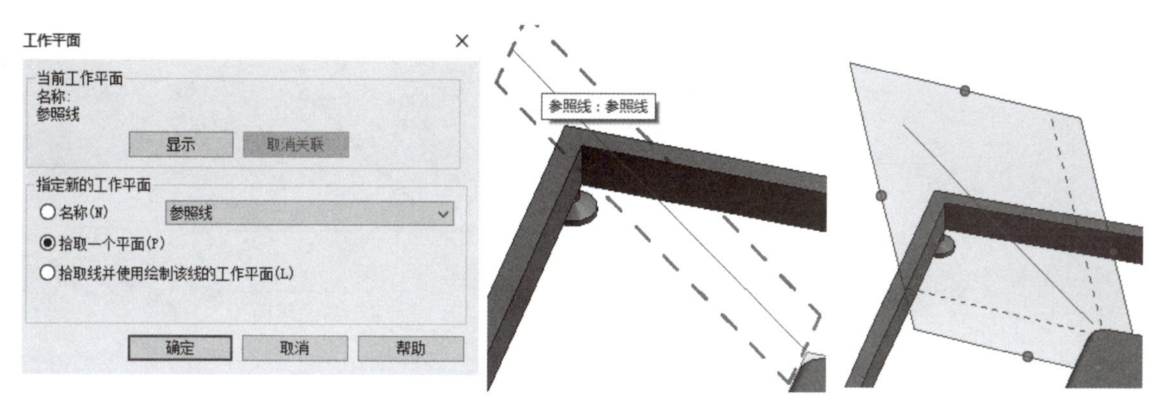

图 2.115　设置工作平面

STEP 31 切换到“参照标高”楼层平面视图。通过单击 View Cube 的“上”，切换到俯视图。单击“创建”选项卡“属性”面板“族类型”按钮，在系统弹出的“族类型”对话框中设置“沙发旋转角度 A”值为“90.00°”，单击“确定”按钮关闭“族类型”对话框。

STEP 32 单击“创建”选项卡“模型”面板“构件”按钮，系统自动切换到“修改 | 放置构件”上下文选项卡。

STEP 33 激活“放置”面板“放置在工作平面上”按钮，确认左侧“类型选择器”下拉列表中构件的类型为“嵌套族 A”；将光标置于插入点上［中心（左 / 右）参照平面和中心（前 / 后）参照平面交点］，预显放置的嵌套族 A，单击，则嵌套族 A 布置完成，如图 2.116 所示。选中嵌套族 A，单击左侧“类型选择器”右下侧“编辑类型”按钮，在弹出的“类型属性”对话框中单击“材质和装饰”项下“材质”右边小方块关联族参数，添加“坐垫材质”关联族参数。单击“创建”选项卡“属性”面板“族类型”按钮，在系统弹出的“族类型”对话框中设置“沙发旋转角度 A”值为“78.00°”，单击“确定”按钮关闭“族类型”对话框。

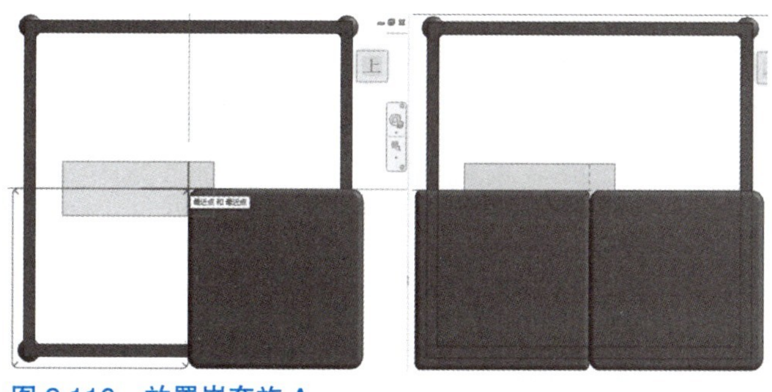

图 2.116　放置嵌套族 A

STEP 34 切换到右立面视图；单击“创建”选项卡“基准”面板“参照线”按钮，系统切换到“修改 | 放置 参照线”上下文选项卡，选择“线”绘制参照线 B 且与参照平面 1 和 3 分别锁定（选中参照线 B 端点，在水平和竖直两个方向，同时锁定）；为参照线添加角度标注，如图 2.117 所示。

STEP 35 选中角度标注，在“修改 | 尺寸标注”上下文选项卡“标签尺寸标注”面板“标签”下拉列表中选择“沙发旋转角度 B=0.00°”，则该标注便与参数“沙发旋转角度 B”相关联，结果如图 2.117 所示。

STEP 36 单击快速访问工具栏“保存”按钮，保存模型文件。

STEP 37 单击“文件”→“新建”→“族”按钮，在弹出的“新族－选择样板文件”对话框中选中“基于面的公制常规模型”族样板文件，接着单击“打开”按钮，系统自动切换到族编辑器建模界面的“参照标高”楼层平面视图。

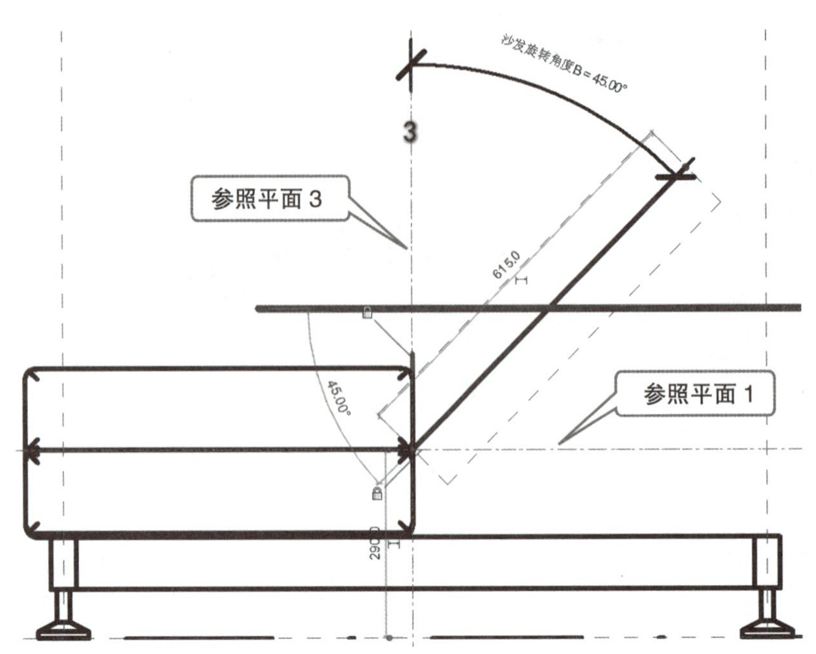

图 2.117 参数“沙发旋转角度 B”

STEP 38 单击“创建”选项卡“形状”面板“拉伸”按钮，系统切换到“修改 | 创建拉伸”上下文选项卡，绘制拉伸嵌套族（B−A）草图线，如图 2.118 所示；设置左侧“属性”对话框“约束”项下“拉伸终点”为“−135.0”，“拉伸起点”为“0.0”，设置“工作平面”为“标高：参照标高”；单击“模式”面板“完成编辑模式”按钮“√”，完成拉伸嵌套族（B−A）的创建；选中拉伸嵌套族（B−A），单击左侧“属性”面板“材质和装饰”项下“材质”右边小方块关联族参数，添加“坐垫材质”关联族参数。

STEP 39 单击“创建”选项卡“形状”面板“放样”按钮，系统切换到“修改 | 放样”上下文选项卡；单击“放样”面板“绘制路径”按钮，系统切换到“修改 | 放样 > 绘制路径”上下文选项卡，绘制嵌套族（B−B）放样路径，如图 2.119 所示，单击“模式”面板“完成编辑模式”按钮“√”，完成放样路径的绘制，重新切换到“修改 | 放样”上下文选项卡。

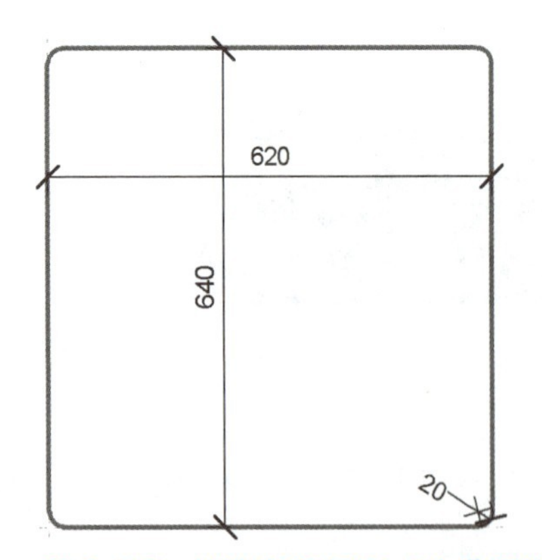

图 2.118 拉伸嵌套族（B−A）草图线

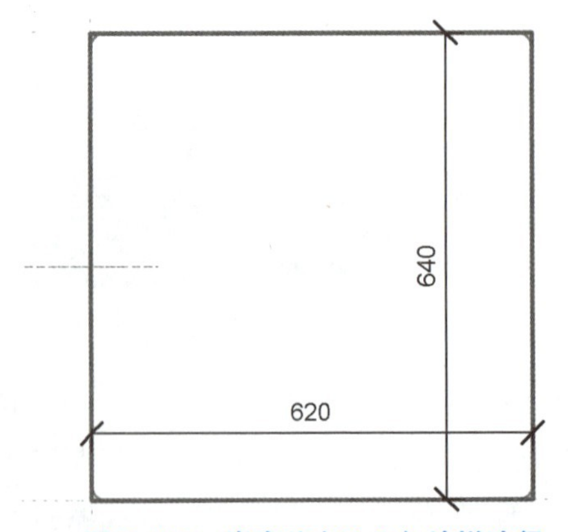

图 2.119 嵌套族（B−B）放样路径

STEP 40 单击“修改 | 放样”上下文选项卡“放样”面板“编辑轮廓”按钮，在系统弹出的“转到视图”对话框中单击“立面：前”按钮，退出“转到视图”对话框后系统自动切换到“修改 | 放样 > 编辑轮廓”上下文选项卡且打开了“立面：前”视图；绘制嵌套族（B−B）放样轮廓，单击“模式”面板“完成编辑模式”按钮“√”，完成放样轮廓的绘制，重新切换到“修改 | 放样”上下文选项卡。

STEP 41 设置左侧“属性”对话框“标识数据”项下“实心 / 空心”为“空心”；再次单击“修改 | 放

样”上下文选项卡“模式”面板“完成编辑模式”按钮“√”，完成空心嵌套族（B-B）的创建，此时空心嵌套族（B-B）自动对拉伸嵌套族（B-A）进行了剪切，故嵌套族B创建完毕。

STEP 42 单击快速访问工具栏“保存”按钮，在弹出的“另存为”对话框中将建立的模型以“嵌套族B.rfa”为文件名保存至考生文件夹中。

STEP 43 单击“修改”选项卡“族编辑器”面板“载入到项目”按钮，把刚刚创建的“嵌套族B.rfa”模型文件载入到“沙发.rfa”模型中且系统自动打开“沙发.rfa”模型文件。

STEP 44 切换到三维视图。

STEP 45 单击“创建”选项卡“工作平面”面板“显示”按钮，显示工作平面。

STEP 46 单击“创建”选项卡“工作平面”面板“设置”按钮，打开“工作平面”对话框，单击“指定新的工作平面”项下“拾取一个平面”按钮，拾取参照线的水平面为工作平面。

STEP 47 切换到“参照标高”楼层平面视图。通过单击 View Cube 的“上”，切换到俯视图。单击“创建”选项卡“属性”面板“族类型”按钮，在系统弹出的“族类型”对话框中设置“沙发旋转角度 B”值为“90.00°”，单击“确定”按钮关闭“族类型”对话框。

STEP 48 单击“创建”选项卡“模型”面板“构件”按钮，系统自动切换到“修改 | 放置构件”上下文选项卡。

STEP 49 激活“放置”面板“放置在工作平面上”按钮，确认左侧“类型选择器”下拉列表中构件的类型为“嵌套族 B”；将光标置于插入点上［中心（左 / 右）参照平面和中心（前 / 后）参照平面交点］，预显放置的嵌套族 B，单击，则嵌套族 B 布置完成，如图 2.120 所示。

STEP 50 旋转三维视图，变换角度，观察放置的嵌套族 B，如图 2.121 所示；单击“翻转工作平面”按钮翻转工作平面。

STEP 51 切换到“参照标高”楼层平面视图，通过移动工具移动刚刚放置的嵌套族 B，使之符合题目位置要求；同理，放置另外一个位置的嵌套族 B，结果如图 2.122 所示。

图 2.120　放置嵌套族 B

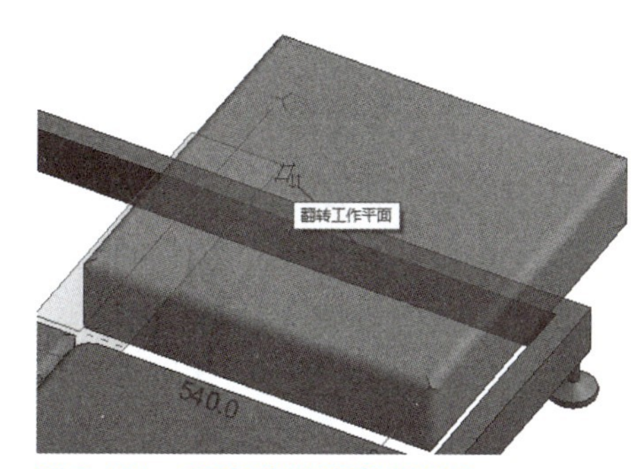

图 2.121　观察放置的嵌套族 B

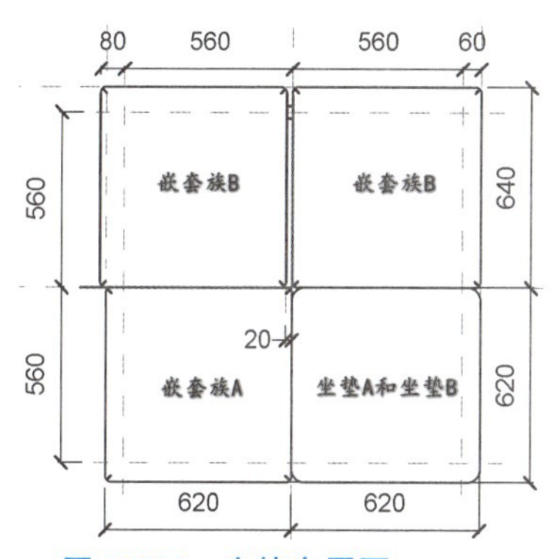

图 2.122　坐垫布置图

STEP 52 选中嵌套族 B，单击左侧“类型选择器”右下侧“编辑类型”按钮，在弹出的“类型属性”对话框中单击“材质和装饰”项下“材质”右边小方块关联族参数，添加“坐垫材质”关联族参数。

STEP 53 单击“创建”选项卡“属性”面板“族类型”按钮，在系统弹出的“族类型”对话框中设置“沙发旋转角度 B”值为“60.00°”，单击“确定”按钮关闭“族类型”对话框。

STEP 54 切换到三维视图，单击“创建”选项卡“工作平面”面板“显示”按钮，关闭工作平面的显示。

STEP 55 在左侧“属性”对话框中把“视图属性”切换为“三维视图：{三维}”，单击“属性”对话框“图形”项下“可见性 / 图形替换”右侧的“编辑”按钮，如图 2.123 所示，在弹出的“三维视图：{三维}的可见性 / 图形替换”对话框中不勾选“注释类别”项下“参照线”复选框，如图 2.124 所示，单击“确定”按钮关闭“三维视图：{三维}的可见性 / 图形替换”对话框，则参照线不在三维视图中显示。

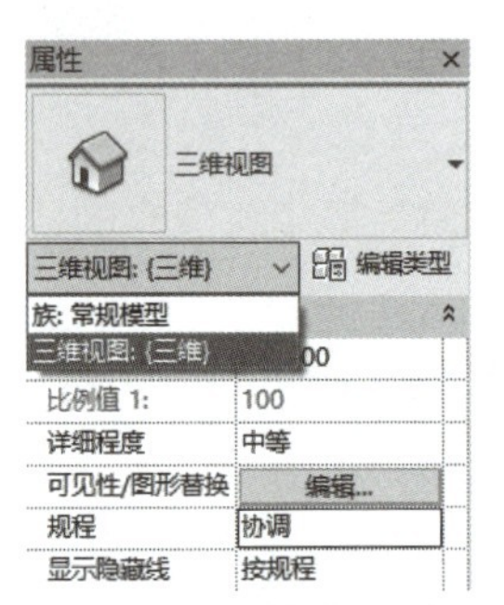

图 2.123 “可见性 / 图形替换”右侧的“编辑”按钮

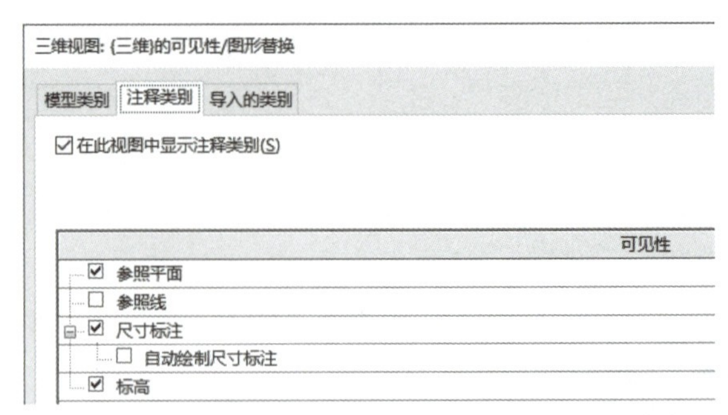

图 2.124 “三维视图：{ 三维 } 的可见性 / 图形替换”对话框

STEP 56 单击“创建”选项卡“属性”面板“族类型”按钮，在系统弹出的“族类型”对话框中单击“新建参数”按钮，在弹出的“参数属性”对话框中“名称”栏下分别输入“方案 1”和“方案 2”，单击“确定”按钮关闭“参数属性”对话框。

STEP 57 设置“方案 1”的“坐垫材质”为“皮”、“底座材质”为“钢”；设置“方案 2”的“坐垫材质”为“布”、“底座材质”为“不锈钢”，如图 2.125 所示，首先单击“应用”按钮，接着单击“确定”按钮关闭“族类型”对话框。

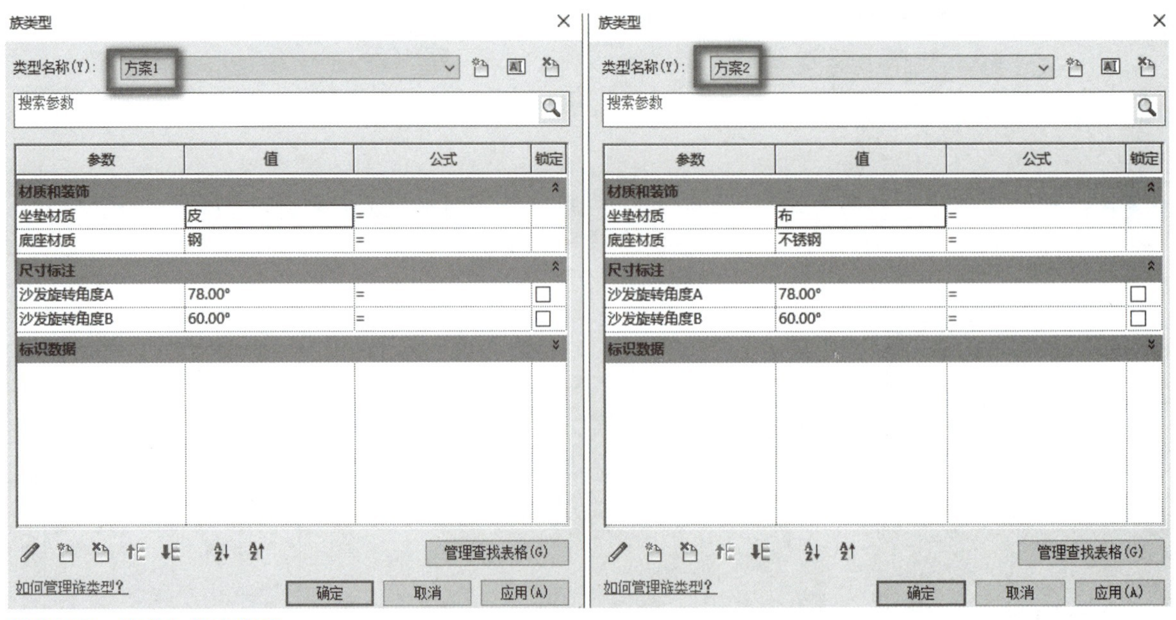

图 2.125 方案 1 和方案 2

STEP 58 创建两种方案的沙发三维模型显示效果，如图 2.126 所示。单击快速访问工具栏“保存”按钮，保存模型文件。

图 2.126 沙发三维模型显示效果

至此，本题建模结束。

3.【二级（建筑）第九期第二题】

请根据图 2.127 创建灯笼构件集模型，将灯笼上下两部分高度设置为参数，可通过参数的修改实现模型的修改。灯笼六个侧面均有玻璃，厚度 6mm。木框尺寸参考图纸，未标明的尺寸可自行设定，赋予材质“木框”为黄檀木，穗头位置用模型线绘制。请将模型以“灯笼 .xxx”为文件名保存到考生文件夹中。(20 分)

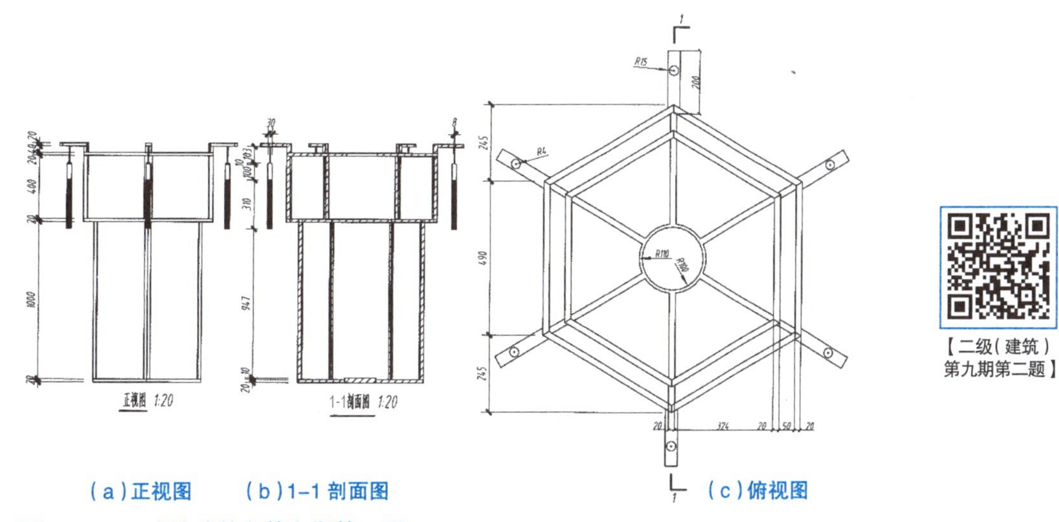

（a）正视图　（b）1–1 剖面图　（c）俯视图

图 2.127　二级（建筑）第九期第二题

【二级（建筑）
第九期第二题】

STEP 01 打开软件 Revit；单击“族”→“新建”按钮，在打开的“新族 – 选择样板文件”对话框中选中“公制常规模型”族样板文件，接着单击“打开”按钮退出“新族 – 选择样板文件”对话框，系统自动切换到族编辑器建模界面的“参照标高”楼层平面视图。

STEP 02 单击“创建”选项卡“形状”面板“拉伸”按钮，系统自动切换到“修改 | 创建拉伸”上下文选项卡；单击“绘制”面板“外接多边形”按钮，绘制拉伸形体 1 的草图线，如图 2.128 所示。设置左侧“属性”对话框中“约束”项下“拉伸起点”为“0.0”，“拉伸终点”为“20.0”，设置“工作平面”为“标高：参照标高”；单击左侧“属性”对话框“材质和装饰”项下“材质”右边小方块关联族参数，添加“框架材质”关联族参数；单击“模式”面板“完成编辑模式”按钮“√”，完成拉伸形体 1 的创建。

STEP 03 单击“创建”选项卡“形状”面板“拉伸”按钮，单击“绘制”面板“圆形”按钮，绘制拉伸形体 2 的草图线，如图 2.129 所示。设置左侧“属性”对话框中“约束”项下“拉伸起点”为“0.0”，“拉伸终点”为“30.0”，设置“工作平面”为“标高：参照标高”；单击左侧“属性”对话框“材质和装饰”项下“材质”右边小方块关联族参数，添加“框架材质”关联族参数；单击“模式”面板“完成编辑模式”按钮“√”，完成拉伸形体 2 的创建。

STEP 04 切换到前立面视图；绘制参照平面 1 ～ 7；对参照平面添加对齐尺寸标注且锁定（数值为“1000”和“400”的对齐尺寸标注除外）；单击“创建”选项卡“属性”面板“族类型”按钮，在打开的“族类型”对话框中单击“新建参数”按钮，打开“参数属性”对话框；在打开的“参数属性”对话框“参数数据”一栏“名称”下输入“下部高度”（参数类型为“长度”），单击“确定”按钮关闭“参数属性”对话框，回到“族类型”对话框；同理添加族参数“上部高度”（参数类型为“长度”）。再次单击“确定”按钮关闭“族类型”对话框。选中数值为“1000”的对齐尺寸标注，在“修改 | 尺寸标注”上下文选项卡“标签尺寸标注”面板“标签”下拉列表中选择“下部高度 =0.00”，则该标注便与参数“下部高度”相关联；同理，将数值为“400”的对齐尺寸与参数“上部高度”相关联，结果如图 2.130 所示。

STEP 05 切换到“参照标高”楼层平面视图；单击“创建”选项卡“形状”面板“拉伸”按钮，单击“绘制”面板“线”按钮，绘制拉伸形体 3 的草图线，如图 2.131 所示。设置左侧“属性”对话框中“约束”

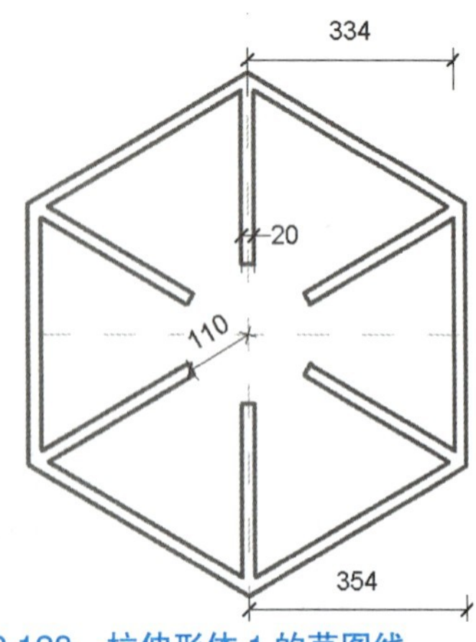

图 2.128　拉伸形体 1 的草图线

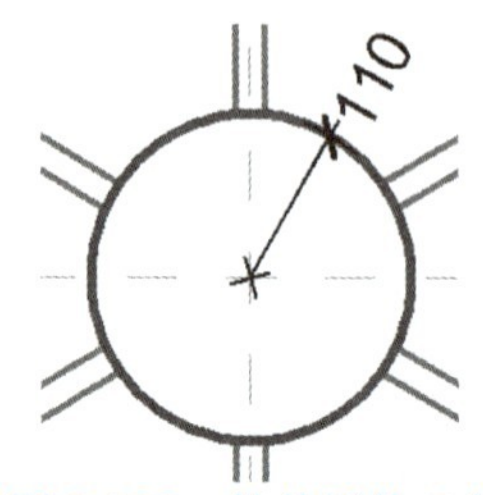

图 2.129　拉伸形体 2 的草图线

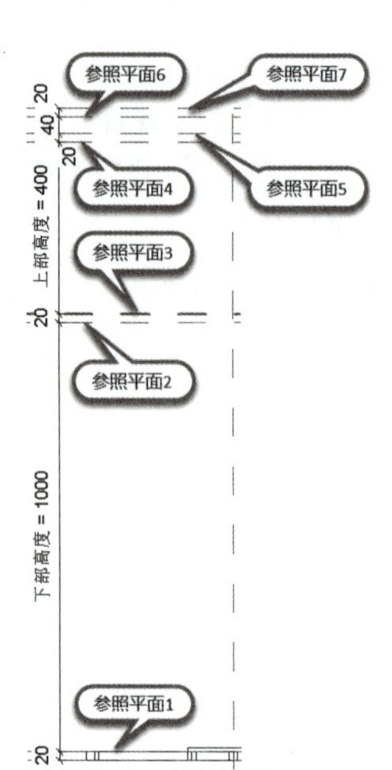

图 2.130　参照平面 1 ～ 7

项下“拉伸起点”为“20.0”，设置“工作平面”为“标高：参照标高”；单击左侧“属性”对话框“材质和装饰”项下“材质”右边小方块关联族参数，添加“框架材质”关联族参数；单击左侧“属性”对话框“约束”项下“拉伸终点”右边小方块关联族参数；在弹出的“关联族参数”对话框中单击“新建参数”按钮；然后在弹出的“参数属性”对话框中设置“参数数据”项下“名称”为“拉伸形体 3 拉伸终点”(参数类型为“长度”)，接着单击“确定”按钮关闭“参数属性”对话框，发现“关联族参数”对话框中出现了“拉伸形体 3 拉伸终点”关联族参数，单击“确定”按钮关闭“关联族参数”对话框，则“拉伸形体 3 拉伸终点”关联族参数创建完成了。

STEP 06 单击“创建”选项卡“属性”面板“族类型”按钮，在打开的“族类型”对话框中设置“尺寸标注”项下“拉伸形体 3 拉伸终点”公式为“= 下部高度 +20mm”，单击“确定”按钮关闭“族类型”对话框。单击“模式”面板“完成编辑模式”按钮“√”，完成拉伸形体 3 的创建。

STEP 07 单击“创建”选项卡“形状”面板“拉伸”按钮，单击“绘制”面板“线”按钮，绘制拉伸形体 4 的草图线，如图 2.132 所示。设置左侧“属性”对话框中“约束”项下“拉伸起点”为“0.0”，“拉伸终点”为“20.0”，设置“工作平面”为“标高：参照标高”；单击左侧“属性”对话框“材质和装饰”项下“材质”右边小方块关联族参数，添加“框架材质”关联族参数；单击“模式”面板“完成编辑模式”按钮“√”，完成拉伸形体 4 的创建。

STEP 08 切换到前立面视图；选中拉伸形体 4，单击“修改 | 放样”上下文选项卡“工作平面”面板“编辑工作平面”按钮，在弹出的“工作平面”对话框中单击“指定新的工作平面”项下“拾取一个平面”按钮，选择参照平面 2，单击“确定”按钮，关闭“工作平面”对话框，则拉伸形体 4 的工作平面就在参照平面 2 上了。

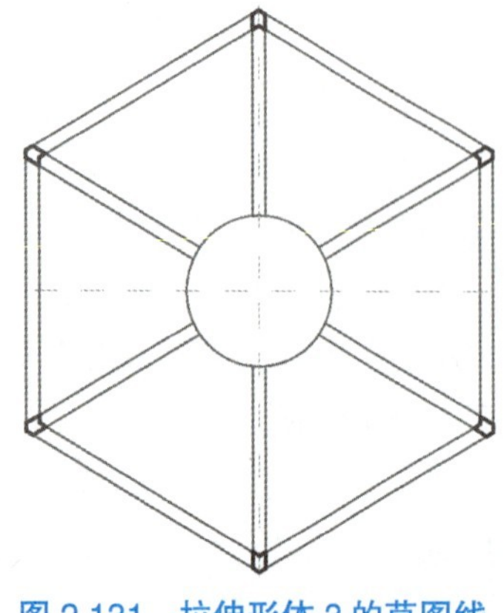

图 2.131　拉伸形体 3 的草图线

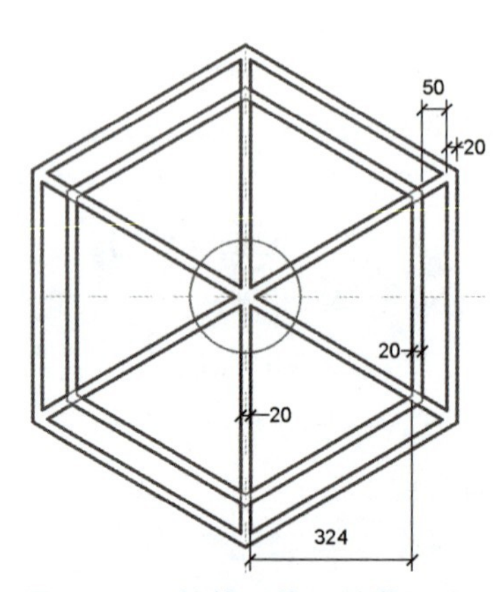

图 2.132　拉伸形体 4 的草图线

STEP 09 切换到“参照标高”楼层平面视图；单击“创建”选项卡“形状”面板“拉伸”按钮，单击“绘制”面板“线”按钮，绘制拉伸形体 5 的草图线，如图 2.133 所示。设置左侧“属性”对话框中“约束”项下“拉伸起点”为“0.0”，“拉伸终点”为“20.0”，设置“工作平面”为“标高：参照标高”；单击左侧“属性”对话框“材质和装饰”项下“材质”右边小方块关联族参数，添加“框架材质”关联族参数；单击“模式”面板“完成编辑模式”按钮“√”，完成拉伸形体 5 的创建。

STEP 10 切换到前立面视图；选中拉伸形体 5，单击“修改 | 放样”上下文选项卡“工作平面”面板“编辑工作平面”按钮，在弹出的“工作平面”对话框中单击“指定新的工作平面”项下“拾取一个平面”按钮，选择参照平面 4，单击“确定”按钮，关闭“工作平面”对话框，则拉伸形体 5 的工作平面就在参照平面 4 上了。

STEP 11 切换到“参照标高”楼层平面视图；单击“创建”选项卡“形状”面板“拉伸”按钮，单击“绘制”面板“线”按钮，绘制拉伸形体 6 的草图线，如图 2.134 所示。设置左侧“属性”对话框中“约束”项下“拉伸起点”为“0.0”，设置“工作平面”为“标高：参照标高”；单击左侧“属性”对话框“材质和装饰”项下“材质”右边小方块关联族参数，添加“框架材质”关联族参数。

STEP 12 单击左侧“属性”对话框“约束”项下“拉伸终点”右边小方块关联族参数；在弹出的“关联族参数”对话框中单击“新建参数”按钮；然后在弹出的“参数属性”对话框中设置“参数数据”项下“名称”为“拉伸形体 6 拉伸终点”（参数类型为“长度”），接着单击“确定”按钮关闭“参数属性”对话框，发现“关联族参数”对话框中出现了“拉伸形体 6 拉伸终点”，单击“确定”按钮关闭“关联族参数”对话框，则“拉伸形体 6 拉伸终点”关联族参数创建完成了。

STEP 13 单击“创建”选项卡“属性”面板“族类型”按钮，在打开的“族类型”对话框中设置“尺寸标注”项下“拉伸形体 6 拉伸终点”公式为“= 上部高度 +20mm+40mm+20mm”，单击“确定”按钮关闭“族类型”对话框。单击“模式”面板“完成编辑模式”按钮“√”，完成拉伸形体 6 的创建。

STEP 14 切换到前立面视图；选中拉伸形体 6，单击“修改 | 放样”上下文选项卡“工作平面”面板“编辑工作平面”按钮，在弹出的“工作平面”对话框中单击“指定新的工作平面”项下“拾取一个平面”按钮，选择参照平面 3，单击“确定”按钮，关闭“工作平面”对话框，则拉伸形体 6 的工作平面就在参照平面 3 上了。

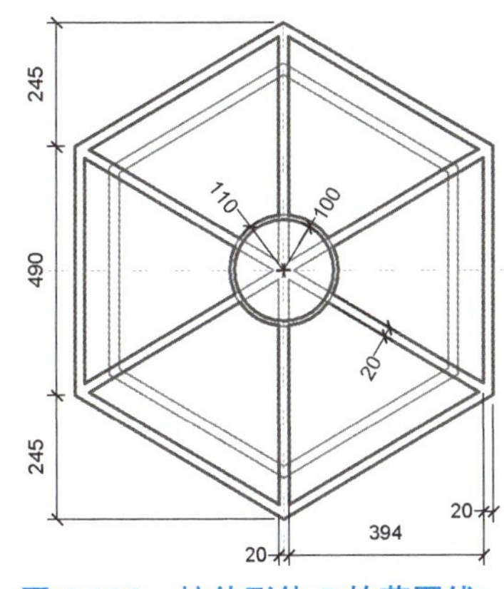

图 2.133 拉伸形体 5 的草图线

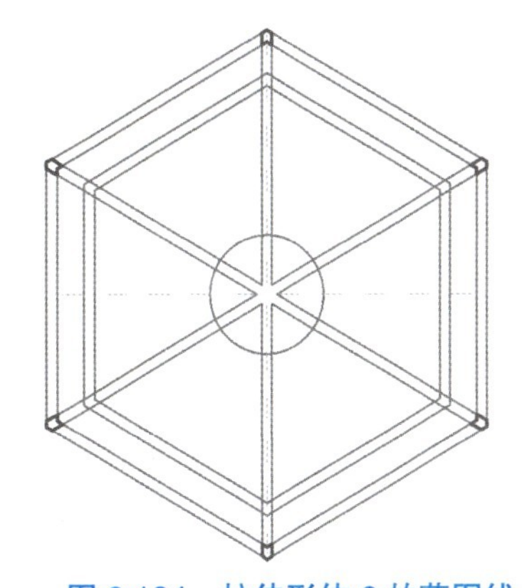
图 2.134 拉伸形体 6 的草图线

STEP 15 切换到“参照标高”楼层平面视图；单击“创建”选项卡“形状”面板“拉伸”按钮，单击“绘制”面板“线”按钮，绘制拉伸形体 7 的草图线，如图 2.135 所示。设置左侧“属性”对话框中“约束”项下“拉伸起点”为“0.0”，“拉伸终点”为“−20.0”，设置“工作平面”为“标高：参照标高”；单击左侧“属性”面板“材质和装饰”项下“材质”右边小方块关联族参数，添加“框架材质”关联族参数。单击“模式”面板“完成编辑模式”按钮“√”，完成拉伸形体 7 的创建。

STEP 16 切换到前立面视图；选中拉伸形体 7，单击“修改 | 放样”上下文选项卡“工作平面”面板“编辑

工作平面”按钮，在弹出的“工作平面”对话框中单击“指定新的工作平面”项下“拾取一个平面”按钮，选择参照平面 7，单击“确定”按钮，关闭“工作平面”对话框，则拉伸形体 7 的工作平面就在参照平面 7 上了。

STEP 17 切换到三维视图，单击“修改”选项卡“几何图形”面板“连接”下拉列表“连接几何图形”按钮，勾选选项栏“多重连接”复选框，首先选中拉伸形体 1，接着借助 Ctrl 键同时选中拉伸形体 2 ～ 7，则拉伸形体 1 ～ 7 就连接成了一个整体。

STEP 18 切换到“参照标高”楼层平面视图；单击“创建”选项卡“形状”面板“拉伸”按钮，单击“绘制”面板“线”按钮，绘制拉伸形体 8 的草图线，如图 2.136 所示。设置左侧“属性”对话框中“约束”项下“拉伸起点”为“20.0”，设置“工作平面”为“标高：参照标高”；单击左侧“属性”对话框“材质和装饰”项下“材质”右边小方块关联族参数，添加“侧面材质”关联族参数。

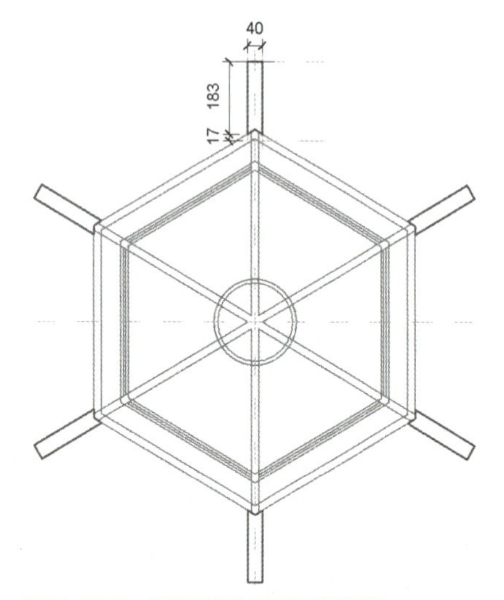

图 2.135　拉伸形体 7 的草图线

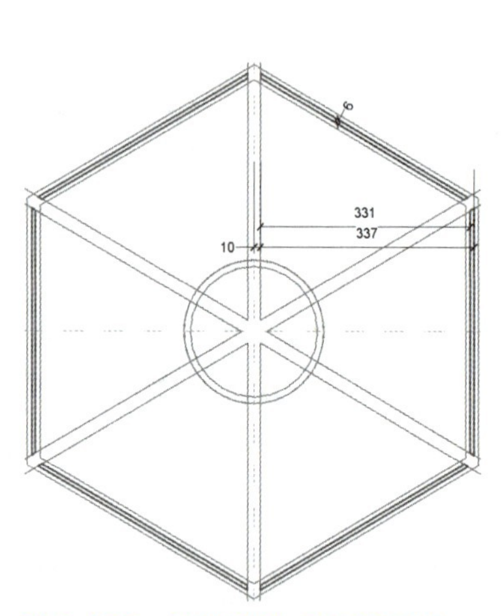

图 2.136　拉伸形体 8 的草图线

STEP 19 单击左侧“属性”对话框“约束”项下“拉伸终点”右边小方块关联族参数；在弹出的“关联族参数”对话框中选中“拉伸形体 3 拉伸终点”关联族参数，单击“确定”按钮关闭“关联族参数”对话框。单击“模式”面板“完成编辑模式”按钮“√”，完成拉伸形体 8 的创建。

STEP 20 单击“创建”选项卡“形状”面板“拉伸”按钮，单击“绘制”面板“线”按钮，绘制拉伸形体 9 的草图线，如图 2.137 所示。设置左侧“属性”对话框中“约束”项下“拉伸起点”为“20.0”，设置“工作平面”为“标高：参照标高”；单击左侧“属性”对话框“材质和装饰”项下“材质”右边小方块关联族参数，添加“侧面材质”关联族参数。

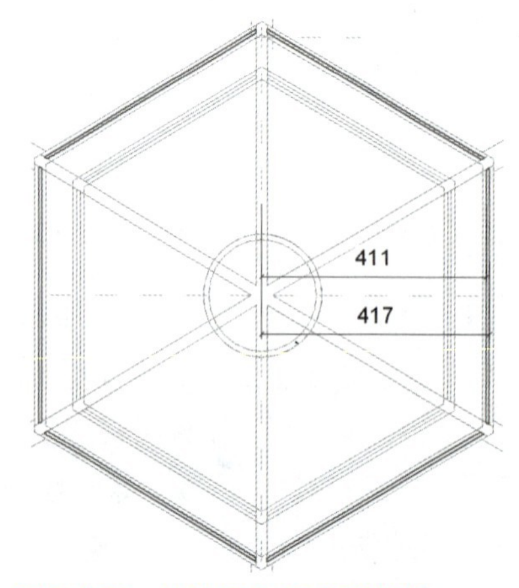

图 2.137　拉伸形体 9 的草图线

STEP 21 单击左侧“属性”对话框“约束”项下“拉伸终点”右边小方块关联族参数；在弹出的“关联族参数”对话框中单击“新建参数”按钮；然后在弹出的“参数属性”对话框中设置“参数数据”项下“名称”为“拉伸形体 9 拉伸终点”（参数类型为“长度”），接着单击“确定”按钮关闭“参数属性”对话框，发现“关联族参数”对话框中出现了“拉伸形体 9 拉伸终点”关联族参数，单击“确定”按钮关闭“关联族参数”对话框，则“拉伸形体 9 拉伸终点”关联族参数创建完成了。

STEP 22 单击“创建”选项卡“属性”面板“族类型”按钮，在打开的“族类型”对话框中设置“尺寸标注”项下“拉伸形体 9 拉伸终点”公式为“= 上部高度 +20mm”，单击“确定”按钮关闭“族类型”对话框。单击“模式”面板“完成编辑模式”按钮“√”，完成拉伸形体 9 的创建。

STEP 23 切换到前立面视图；选中拉伸形体 9，单击“修改 | 放样”上下文选项卡“工作平面”面板“编辑工作平面”按钮，在弹出的“工作平面”对话框中单击“指定新的工作平面”项下“拾取一个平面”按钮，选择参照平面 2，单击“确定”按钮，关闭“工作平面”对话框，则拉伸形体 9 的工作平面就在参照平面 2 上了。

STEP 24 单击“创建”选项卡“属性”面板“族类型”按钮，在打开的“族类型”对话框中设置“材质和装饰”项下“侧面材质”为“玻璃”，“框架材质”为“黄檀木”。

STEP 25 切换到“参照标高”楼层平面视图；单击左侧“属性”对话框中“属性过滤器”下拉列表“楼层平面：参照标高”选项；单击“属性”对话框“范围”项下“视图范围”右侧“编辑”按钮，打开“视图范围”对话框，设置“主要范围”项下“顶部”为“无限制”，“剖切面”偏移值为“10000.0”，单击“确定”按钮关闭“视图范围”对话框。

STEP 26 单击快速访问工具栏“保存”按钮，在弹出的“另存为”对话框中将建立的模型以“灯笼.rfa”为文件名保存至考生文件夹中。

STEP 27 单击“文件”→“新建”→“族”按钮，在弹出的“新族 - 选择样板文件”对话框中选中“基于面的公制常规模型”族样板文件，接着单击“打开”按钮，系统自动切换到族编辑器建模界面的“参照标高”楼层平面视图。

STEP 28 切换到前立面视图；单击“创建”选项卡“形状”面板“旋转”按钮，系统自动切换至“修改 | 创建旋转”上下文选项卡；激活“边界线”按钮，单击“绘制”面板“线”按钮，绘制图 2.138 所示边界线草图。

STEP 29 激活“轴线”按钮，单击“绘制”面板“线”按钮，绘制图 2.139 所示旋转轴。

STEP 30 设置左侧“属性”对话框“约束”项下“结束角度”为“360.00°”，“起始角度”为“0.00°”，设置“工作平面”为“参照平面：中心（前 / 后）”；单击左侧“属性”对话框“材质和装饰”项下“材质”右边小方块关联族参数，添加“穗头材质”关联族参数。

STEP 31 单击“模式”面板“完成编辑模式”按钮“√”，完成旋转模型的创建。

STEP 32 单击“创建”选项卡“模型”面板“模型线”按钮，系统切换到“修改 | 放置 线”上下文选项卡，选择“线”按钮绘制模型线，如图 2.140 所示。

STEP 33 切换到“参照标高”楼层平面视图；单击快速访问工具栏“保存”按钮，在弹出的“另存为”对话框中将建立的模型以“穗头.rfa”为文件名保存至考生文件夹中。

STEP 34 单击“修改”选项卡“族编辑器”面板“载入到项目”按钮，把刚刚创建的“穗头.rfa”模型文件载入到“灯笼.rfa”模型中且系统自动打开“灯笼.rfa”模型文件。

STEP 35 单击“创建”选项卡“模型”面板“构件”按钮，系统自动切换到“修改 | 放置构件”上下文选项卡。

STEP 36 激活“放置”面板“放置在面上”按钮，确认左侧“类型选择器”下拉列表中构件的类型为“穗头.rfa”；将光标置于拉伸模型 7 的上表面上，预显放置的穗头，如图 2.141 所示，单击，则在拉伸模型 7 的上表面上放置了穗头。

STEP 37 单击“翻转工作平面”按钮翻转工作平面，如图 2.142 所示。

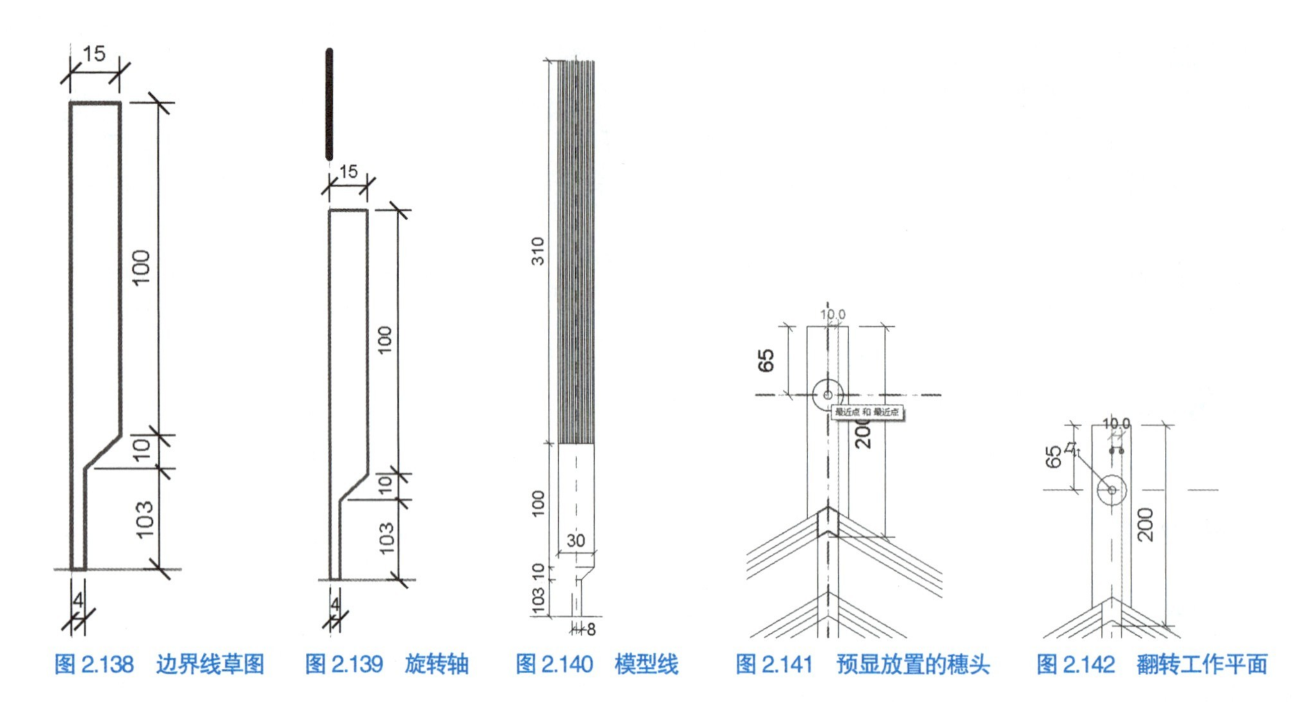

图 2.138　边界线草图　图 2.139　旋转轴　图 2.140　模型线　图 2.141　预显放置的穗头　图 2.142　翻转工作平面

STEP 38 切换到三维视图，旋转三维视图，变换角度，观察放置的穗头，其工作平面在拉伸模型 7 的上表面，如图 2.143 所示。

STEP 39 单击“修改 | 常规模型”上下文选项卡“工作平面”面板“编辑工作平面”按钮，在弹出的“工作平面”对话框中单击“指定新的工作平面”项下“拾取一个平面”按钮，选择拉伸模型 7 的下表面，如图 2.144 所示；单击“确定”按钮，关闭“工作平面”对话框，则放置穗头的工作平面就在拉伸模型 7 的下表面了。

STEP 40 同理，布置所有的穗头，穗头布置图如图 2.145 所示。

STEP 41 选中布置的穗头，单击左侧“类型选择器”右下侧“编辑类型”按钮，在弹出的“类型属性”对话框中单击“材质和装饰”项下“材质”右边小方块关联族参数，添加“穗头材质”关联族参数。

STEP 42 单击“创建”选项卡“属性”面板“族类型”按钮，在系统弹出的“族类型”对话框中将“材质和装饰”项下“穗头材质”设为“黄檀木”，单击“确定”按钮关闭“族类型”对话框。

STEP 43 切换到三维视图，查看创建的灯笼三维模型显示效果，如图 2.146 所示。

STEP 44 单击快速访问工具栏“保存”按钮，保存模型文件。

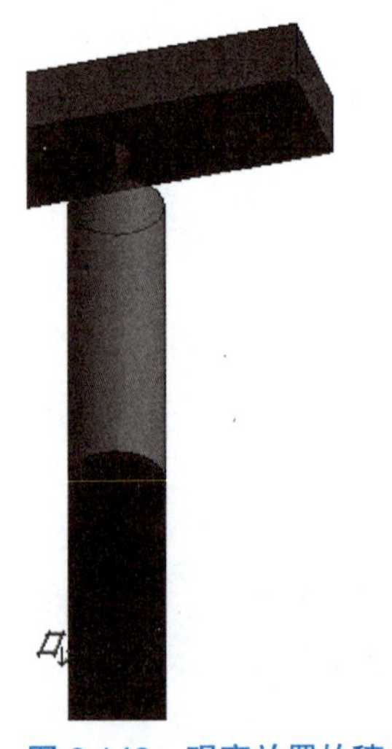

图 2.143　观察放置的穗头

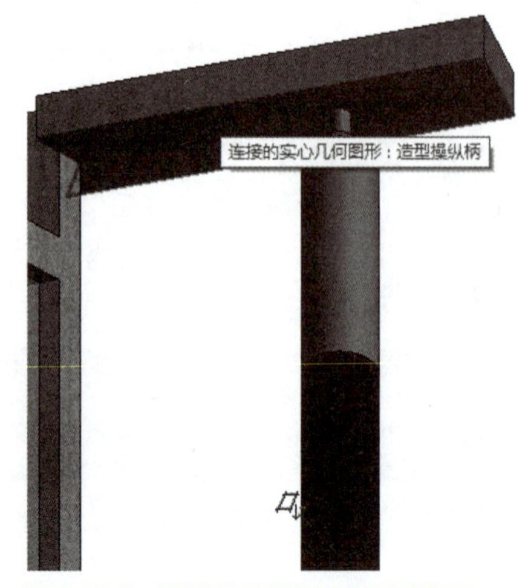

图 2.144　选择拉伸模型 7 的下表面

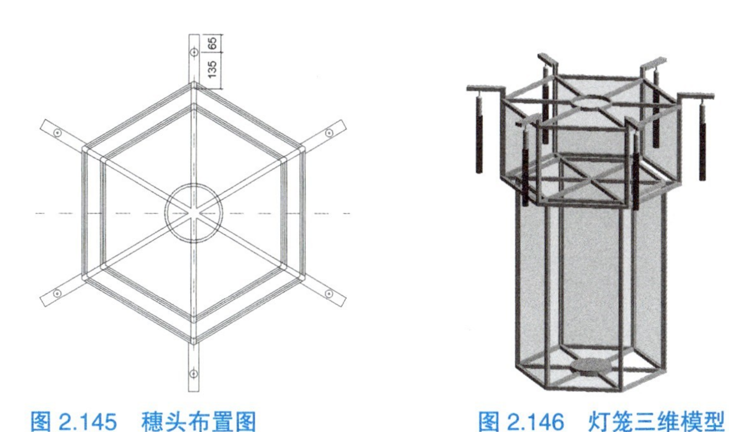

图 2.145　穗头布置图　　　图 2.146　灯笼三维模型

至此，本题建模结束。

4.【二级（建筑）第十期第三题】

根据图 2.147 给定的投影尺寸建立斗拱模型，并以“斗拱 .xxx”为文件名保存到考生文件夹中。（23 分）

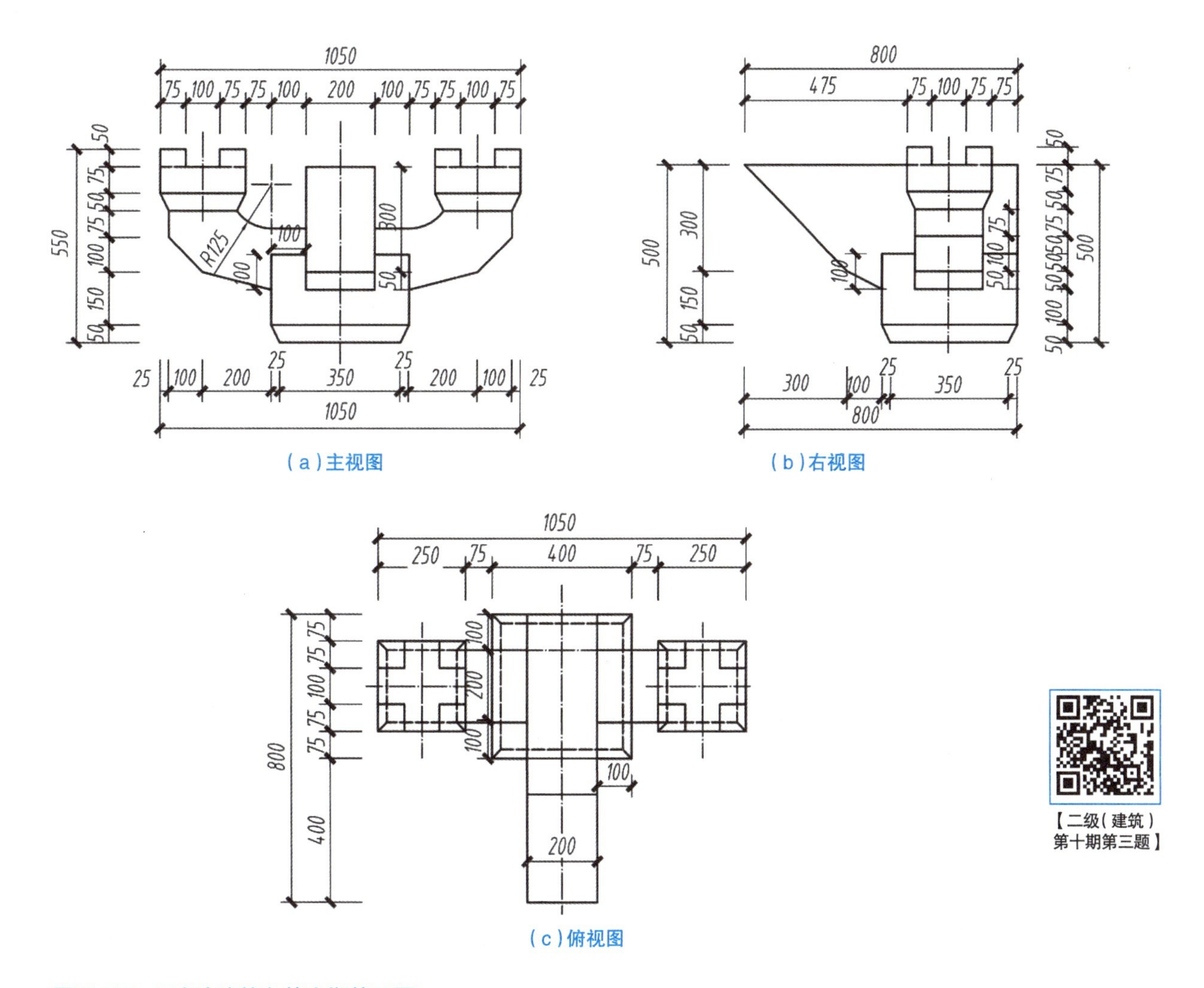

（a）主视图　　（b）右视图

（c）俯视图

图 2.147　二级（建筑）第十期第三题

STEP 01 打开软件 Revit；单击“族”→“新建”按钮，在打开的“新族－选择样板文件”对话框中选中“公制常规模型”族样板文件，接着单击“打开”按钮退出“新族－选择样板文件”对话框，系统自动切换到族编辑器建模界面的“参照标高”楼层平面视图。

STEP 02 单击快速访问工具栏“保存”按钮，在弹出的“另存为”对话框中以“斗拱.rfa”为文件名保存到考生文件夹中，如图 2.148 所示。

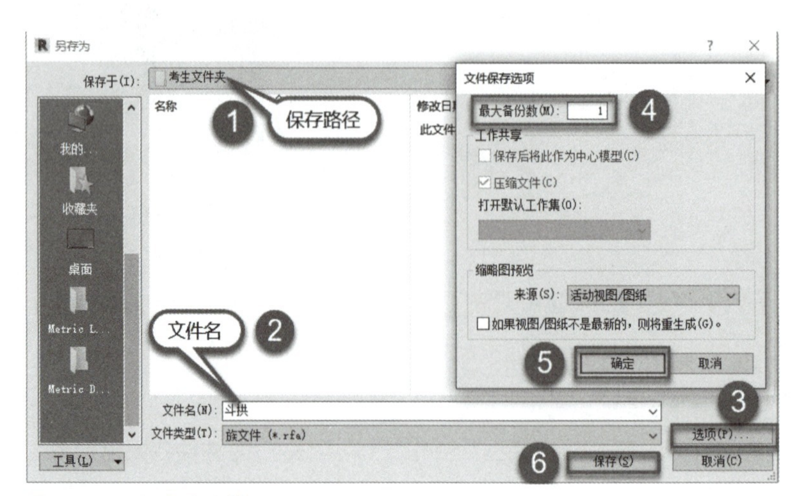

图 2.148 保存族文件

STEP 03 单击“创建”选项卡“形状”面板“融合”按钮，系统切换到“修改 | 创建融合底部边界”上下文选项卡；设置左侧“属性”对话框中“约束”项下“第二端点”为“50.0”，“第一端点”为“0.0”，设置“工作平面”为“标高：参照标高”；单击左侧“属性”对话框“材质和装饰”项下“材质”右边小方块关联族参数，添加“斗拱材质”关联族参数。

STEP 04 选择“矩形”绘制方式，绘制“350×350”的矩形融合底部边界线，如图 2.149 中①所示；单击“修改 | 创建融合底部边界”上下文选项卡“模式”面板“编辑顶部”按钮，系统切换到“修改 | 创建融合顶部边界”上下文选项卡；选择“矩形”绘制方式，绘制“400×400”的矩形融合顶部边界线，如图 2.149 中②所示；单击“模式”面板“完成编辑模式”按钮“√”，完成融合形体 1 的创建。

STEP 05 单击“创建”选项卡“形状”面板“拉伸”按钮；单击“绘制”面板“矩形”按钮，绘制拉伸形体 2 的草图线，如图 2.149 中②所示；设置左侧“属性”对话框中“约束”项下“拉伸起点”为“50.0”，“拉伸终点”为“250.0”，设置“工作平面”为“标高：参照标高”；单击左侧“属性”对话框“材质和装饰”项下“材质”右边小方块关联族参数，添加“斗拱材质”关联族参数；单击“模式”面板“完成编辑模式”按钮“√”，完成拉伸形体 2 的创建。

STEP 06 单击“创建”选项卡“形状”面板“空心形状”下拉列表“空心拉伸”按钮，系统切换到“修改 | 创建空心拉伸”上下文选项卡；单击“绘制”面板“线”按钮，绘制空心拉伸形体 3 的草图线，如图 2.150 所示；设置左侧“属性”对话框中“约束”项下“拉伸起点”为“150.0”，“拉伸终点”为“250.0”，设置“工作平面”为“标高：参照标高”；单击“模式”面板“完成编辑模式”按钮“√”，完成空心拉伸形体 3 的创建。

STEP 07 切换到前立面视图；单击“创建”选项卡“形状”面板“拉伸”按钮，单击“绘制”面板“线”按钮，绘制拉伸形体 4 的草图线，如图 2.151 所示；设置左侧“属性”对话框中“约束”项下“拉伸起点”为“-100.0”，“拉伸终点”为“100.0”，设置“工作平面”为“参照平面：中心（前 / 后）”；单击左侧“属性”面板“材质和装饰”项下“材质”右边小方块关联族参数，添加“斗拱材质”关联族参数；单击“模式”面板“完成编辑模式”按钮“√”，完成拉伸形体 4 的创建。

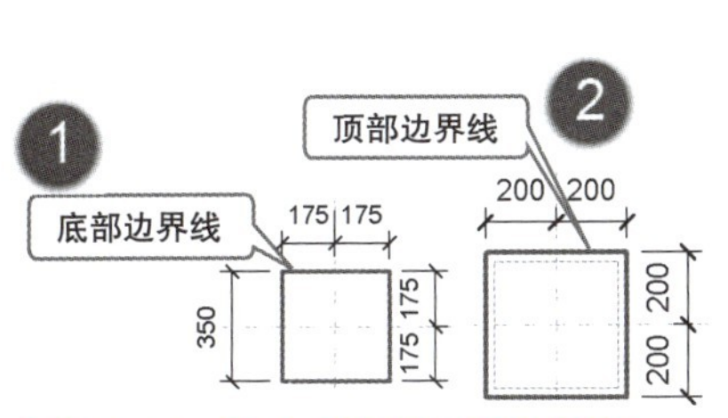

图 2.149　融合底部 / 顶部边界线

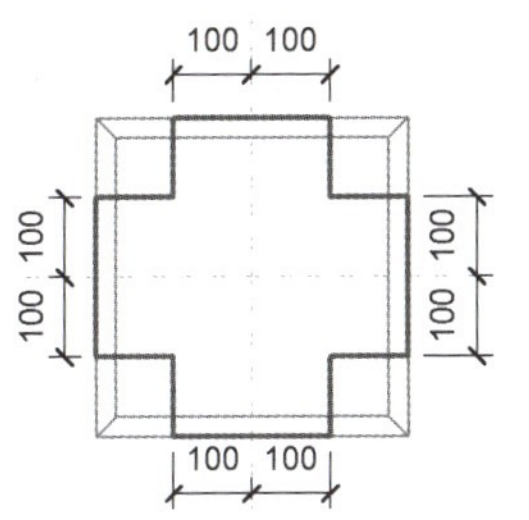

图 2.150　空心拉伸形体 3 的草图线

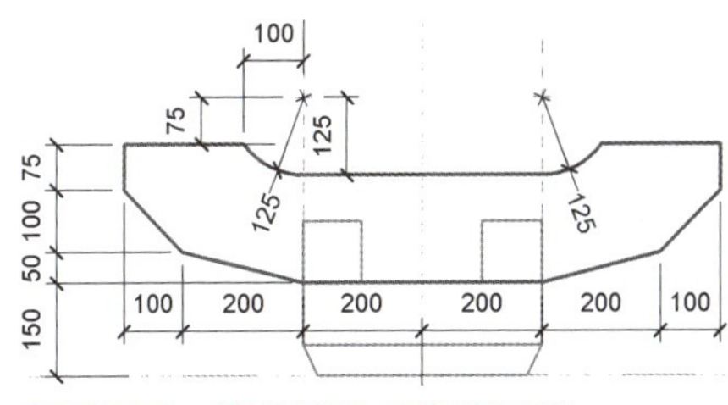

图 2.151　拉伸形体 4 的草图线

STEP 08 切换到“参照标高”楼层平面视图；单击“创建”选项卡“形状”面板“放样”按钮，系统切换到“修改 | 放样”上下文选项卡；单击“放样”面板“绘制路径”按钮，系统切换到“修改 | 放样 > 绘制路径”上下文选项卡，确认左侧“属性”对话框“约束”项下“工作平面”为“标高：参照标高”，绘制放样路径，如图 2.152 所示；单击左侧“属性”对话框“材质和装饰”项下“材质”右边小方块关联族参数，添加“斗拱材质”关联族参数。单击“模式”面板“完成编辑模式”按钮“√”，完成放样路径的绘制。

STEP 09 单击“修改|放样”上下文选项卡“放样”面板“编辑轮廓”按钮，在系统弹出的“转到视图”对话框中单击“立面：前”按钮，退出“转到视图”对话框后系统自动切换到“修改 | 放样 > 编辑轮廓”上下文选项卡且打开了“立面：前”视图；绘制放样轮廓，如图 2.153 所示。

STEP 10 单击“模式”面板“完成编辑模式”按钮“√”，完成放样轮廓的绘制。

STEP 11 再次单击“修改 | 放样”上下文选项卡“模式”面板“完成编辑模式”按钮“√”，完成放样形体 5 的创建。同理，创建放样形体 6。

STEP 12 切换到“参照标高”楼层平面视图；单击“创建”选项卡“形状”面板“空心形状”下拉列表“空心拉伸”按钮，系统切换到“修改 | 创建空心拉伸”上下文选项卡；单击“绘制”面板“线”按钮，绘制空心拉伸形体 7 的草图线，如图 2.154 所示；设置左侧“属性”对话框中“约束”项下“拉伸起点”为“500.0”，“拉伸终点”为“550.0”，设置“工作平面”为“标高：参照标高”；单击“模式”面板“完成编辑模式”按钮“√”，完成空心拉伸形体 7 的创建。

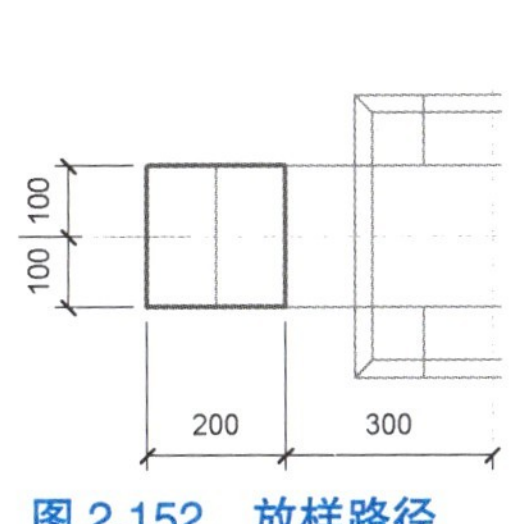

图 2.152　放样路径

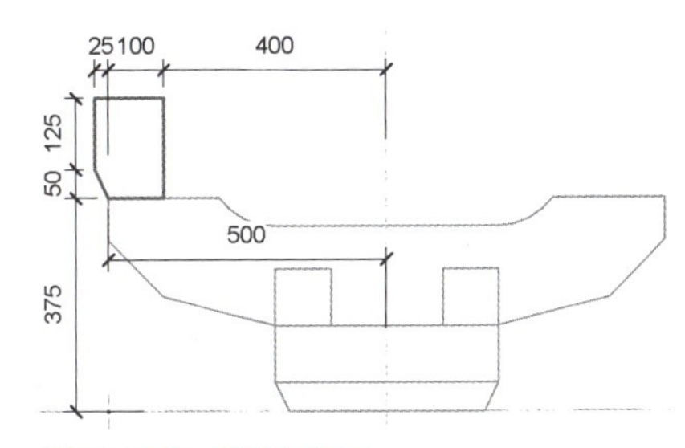

图 2.153　放样轮廓

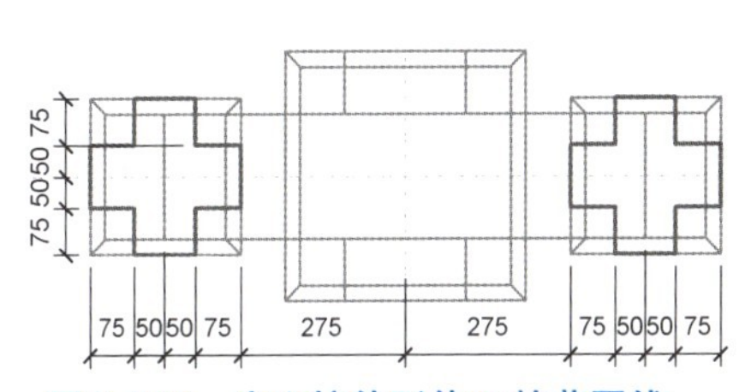

图 2.154　空心拉伸形体 7 的草图线

STEP 13 切换到右立面视图；单击“创建”选项卡“形状”面板“拉伸”按钮，单击“绘制”面板“线”按钮，绘制拉伸形体 8 的草图线，如图 2.155 所示；设置左侧“属性”对话框中“约束”项下“拉伸起点”为“−100.0”，“拉伸终点”为“100.0”，设置“工作平面”为“参照平面：中心（左 / 右）”；单击左侧“属性”面板“材质和装饰”项下“材质”右边小方块关联族参数，添加“斗拱材质”关联族参数。单击“模式”面板“完成编辑模式”按钮“√”，完成拉伸形体 8 的创建。

STEP 14 切换到三维视图，单击“修改”选项卡“几何图形”面板“连接”下拉列表“连接几何图形”按钮，勾选选项栏“多重连接”复选框，首先选中融合形体 1，接着借助 Ctrl 键同时选中拉伸形体 2、拉伸形体 4、放样形体 5、放样形体 6 和拉伸形体 8，则融合形体 1、拉伸形体 2、拉伸形体 4、放样形体 5、放样形体 6 和拉伸形体 8 就连接成为了一个整体。

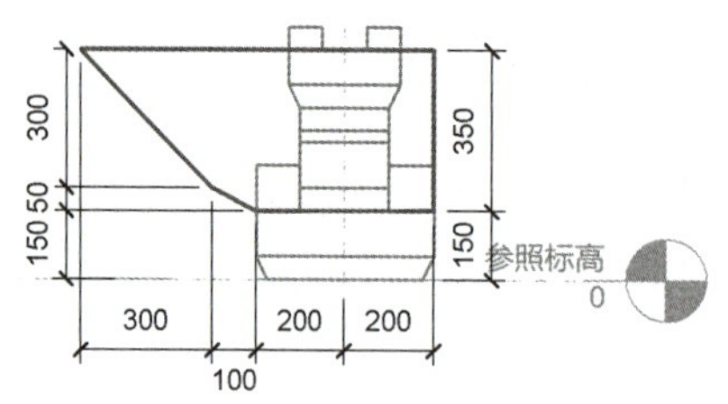

图 2.155　拉伸形体 8 的草图线

STEP 15 单击“创建”选项卡“属性”面板“族类型”按钮，在系统弹出的“族类型”对话框中设置“材质和装饰”项下“斗拱材质”为“樱桃木”，单击“确定”按钮关闭“族类型”对话框。

STEP 16 单击快速访问工具栏“保存”按钮，保存模型文件。

至此，本题建模结束。

5.【二级（建筑）第十期第二题】

根据图 2.156 给出的数据建立水塔模型，将水塔顶部水柜的半径设置为参数，可通过参数修改实现模型修改。题目中，主视图内所有倒圆角半径均为 300mm，且其中倾斜柱的左右主要轮廓线相互平行，未标明的尺寸可自行设定，整体材质为钢。请将模型以“水塔 .xxx”为文件名保存到考生文件夹中。(25 分)

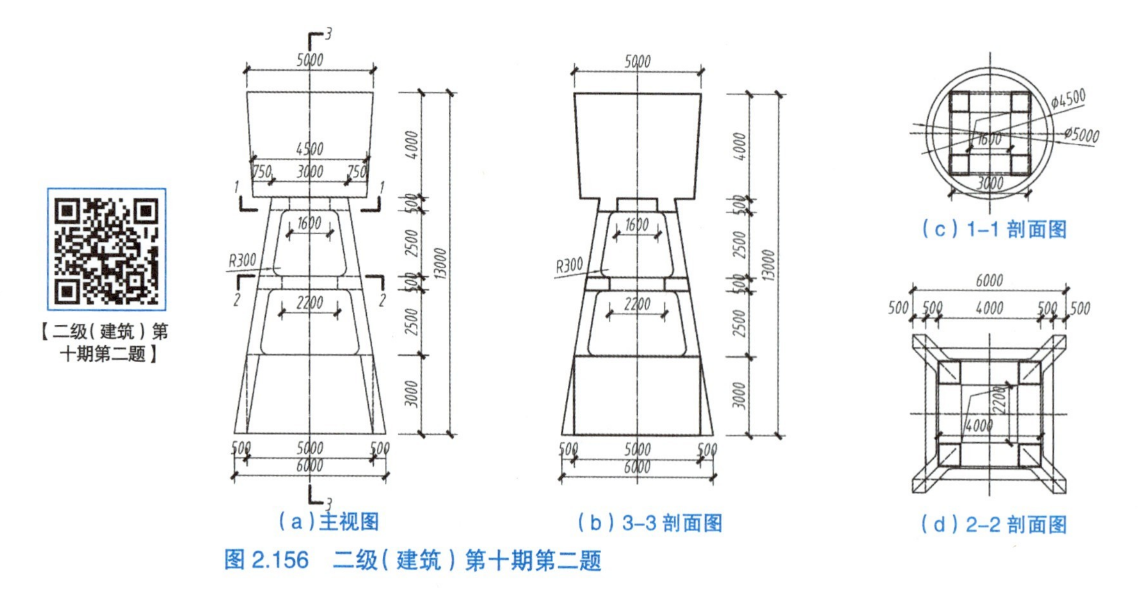

(a) 主视图　(b) 3–3 剖面图　(c) 1–1 剖面图　(d) 2–2 剖面图

图 2.156　二级（建筑）第十期第二题

STEP 01 打开软件 Revit；单击“族”→“新建”按钮，在打开的“新族 - 选择样板文件”对话框中选择“公制常规模型”族样板文件，接着单击“打开”按钮退出“新族 - 选择样板文件”对话框，系统自动切换到族编辑器建模界面的“参照标高”楼层平面视图。

STEP 02 单击快速访问工具栏“保存”按钮，在弹出的“另存为”对话框中以“水塔 .rfa”为文件名保存到考生文件夹中。

STEP 03 切换到“参照标高”楼层平面视图。

STEP 04 单击“创建”选项卡“形状”面板“融合”按钮，系统切换到“修改 | 创建融合底部边界”上下文选项卡；设置左侧“属性”对话框中“约束”项下“第二端点”为“9000.0”，“第一端点”为“0.0”，设置“工作平面”为“标高：参照标高”；单击左侧“属性”对话框“材质和装饰”项下“材质”右边小方块关联族参数，添加“水塔材质”关联族参数。

STEP 05 选择“矩形”按钮，绘制“6000×6000”的矩形融合底部边界线，如图 2.157 中①所示；单击“修改 | 创建融合底部边界”上下文选项卡“模式”面板“编辑顶部”按钮，系统切换到“修改 | 创建融合顶部边界”上下文选项卡；选择“矩形”按钮，绘制“3000×3000”的矩形融合顶部边界线，如图 2.157 中

②所示；单击“模式”面板“完成编辑模式”按钮“√”，完成融合形体 1 的创建。

STEP 06 切换到前立面视图；单击“创建”选项卡“形状”面板“空心形状”下拉列表“空心拉伸”按钮，系统切换到“修改 | 创建空心拉伸”上下文选项卡；单击“绘制”面板“线”按钮，绘制空心拉伸形体 1 的草图线，如图 2.158 所示；设置左侧“属性”对话框中“约束”项下“拉伸起点”为“2500.0”，“拉伸终点”为“3000.0”，设置“工作平面”为“参照平面：中心（前 / 后）”；单击“模式”面板“完成编辑模式”按钮“√”，完成空心拉伸形体 1 的创建。

STEP 07 切换到“参照标高”楼层平面视图；选中空心拉伸形体 1，单击“修改 | 空心拉伸”上下文选项卡“修改”面板“阵列”按钮，激活选项栏“径向阵列”选项，设置“项目数”为“4”，勾选“移动到”右侧的“最后一个”复选框；“旋转中心”设置为“参照平面：中心（前 / 后）”与“参照平面：中心（左 / 右）”交点位置；设置选项栏中“角度”为“360.0°”，单击，则另外的三个空心拉伸形体 2 ～ 4 就创建完成了。

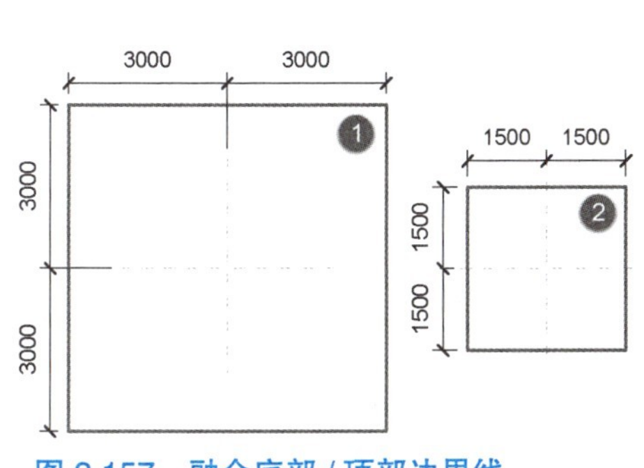

图 2.157　融合底部 / 顶部边界线

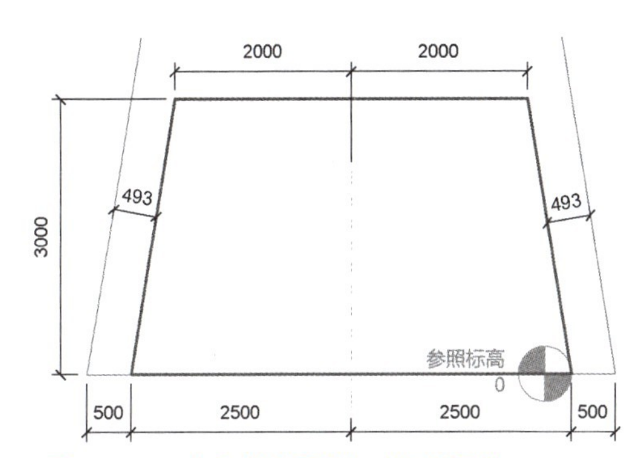

图 2.158　空心拉伸形体 1 的草图线

STEP 08 切换到前立面视图；单击“创建”选项卡“形状”面板“空心形状”下拉列表“空心拉伸”按钮，系统切换到“修改 | 创建空心拉伸”上下文选项卡；单击“绘制”面板“线”按钮，绘制空心拉伸形体 5 的草图线，如图 2.159 所示；设置左侧“属性”对话框中“约束”项下“拉伸起点”为“−3000.0”，“拉伸终点”为“3000.0”，设置“工作平面”为“参照平面：中心（前 / 后）”；单击“模式”面板“完成编辑模式”按钮“√”，完成空心拉伸形体 5 的创建。

STEP 09 切换到“参照标高”楼层平面视图；选中空心拉伸形体 1，单击“修改 | 空心拉伸”上下文选项卡“修改”面板“旋转”按钮，勾选选项栏“复制”复选框；“旋转中心”设置为“参照平面：中心（前 / 后）”与“参照平面：中心（左 / 右）”交点位置；以水平方向为起始边旋转 90°，则空心拉伸形体 6 就创建完成了。

STEP 10 单击“创建”选项卡“形状”面板“空心形状”下拉列表“空心拉伸”按钮，系统切换到“修改 | 创建空心拉伸”上下文选项卡；单击“绘制”面板“线”按钮，绘制空心拉伸形体 7 的草图线，如图 2.160 中①所示；设置左侧“属性”对话框中“约束”项下“拉伸起点”为“5500.0”，“拉伸终点”为“6000.0”，设置“工作平面”为“标高：参照标高”；单击“模式”面板“完成编辑模式”按钮“√”，完成空心拉伸形体 7 的创建。

STEP 11 单击“创建”选项卡“形状”面板“空心形状”下拉列表“空心拉伸”按钮，系统切换到“修改 | 创建空心拉伸”上下文选项卡；单击“绘制”面板“线”按钮，绘制空心拉伸形体 8 的草图线，如图 2.160 中②所示；设置左侧“属性”对话框中“约束”项下“拉伸起点”为“8500.0”，“拉伸终点”为“9000.0”，设置“工作平面”为“标高：参照标高”；单击“模式”面板“完成编辑模式”按钮“√”，完成空心拉伸形体 8 的创建。

STEP 12 单击左侧“属性”对话框中“属性过滤器”下拉列表“楼层平面：参照标高”选项；单击“属性”对话框“范围”项下“视图范围”右侧“编辑”按钮，打开“视图范围”对话框，设置“主要范围”项下“顶部”为“无限制”，“剖切面”偏移值为“20000.0”，单击“确定”按钮关闭“视图范围”对话框。

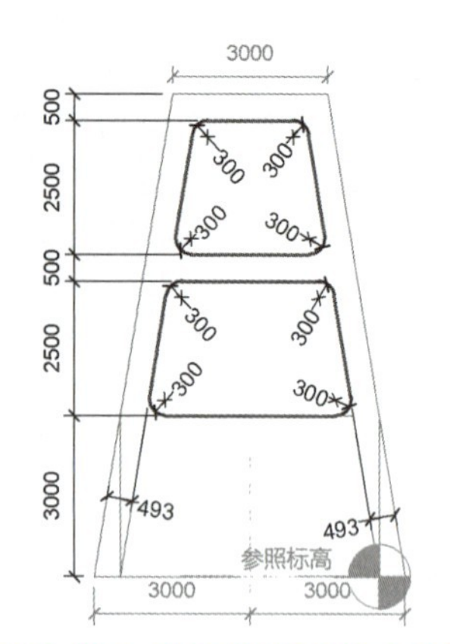

图 2.159　空心拉伸形体 5 的草图线

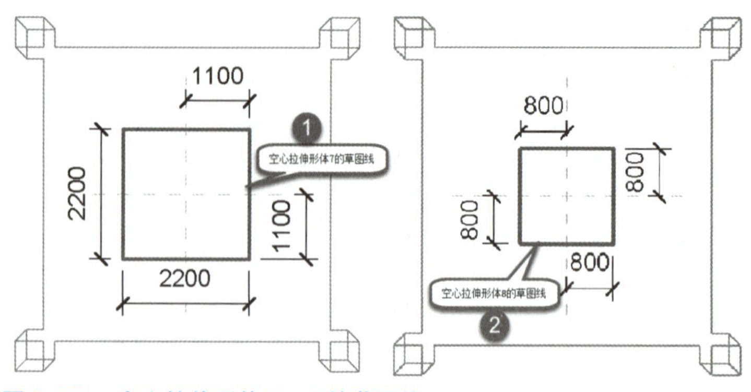

图 2.160　空心拉伸形体 7、8 的草图线

STEP 13 单击“创建”选项卡“属性”面板“族类型”按钮，在打开的“族类型”对话框中单击“新建参数”按钮，打开“参数属性”对话框；在打开的“参数属性”对话框“参数数据”一栏“名称”下输入“半径 A”(参数类型为“长度”)，单击“确定”按钮关闭“参数属性”对话框，回到“族类型”对话框，单击“确定”按钮关闭“族类型”对话框；同理，创建“半径 B”族参数。

STEP 14 单击“创建”选项卡“形状”面板“融合”按钮，系统自动切换到“修改|创建融合底部边界”上下文选项卡；单击“绘制”面板“圆形”按钮，绘制融合底部边界，圆形边界半径为 2250mm，对圆形边界半径进行标注，选中“2250”尺寸标注，激活“修改|尺寸标注”上下文选项卡，在“修改|尺寸标注”上下文选项卡“标签尺寸标注”面板“标签”下拉列表中选择“半径 A=0.00”，则该标注便与参数“半径 A”相关联，如图 2.161 中①所示。

STEP 15 单击“模式”面板“编辑顶部”按钮，单击绘制”面板“圆形”按钮，绘制融合顶部边界，圆形边界半径为 2500mm，对圆形边界半径进行标注，选中“2500”尺寸标注，激活“修改|尺寸标注”上下文选项卡，在“修改|尺寸标注”上下文选项卡“标签尺寸标注”面板“标签”下拉列表中选择“半径 B=0.00”，则该标注便与参数“半径 B”相关联，如图 2.161 中②所示。

STEP 16 设置左侧“属性”对话框中“约束”项下“第一端点”为“9000.0”，“第二端点”为“13000.0”，设置“工作平面”为“标高：参照标高”；单击左侧“属性”对话框“材质和装饰”项下“材质”右边小方块关联族参数，添加“水塔材质”关联族参数；单击“模式”面板“完成编辑模式”按钮“√”，完成融合形体 9 的创建。

STEP 17 单击“创建”选项卡“属性”面板“族类型”按钮，在系统弹出的“族类型”对话框中将“材质和装饰”项下“水塔材质”设置为“钢”，单击“确定”按钮关闭“族类型”对话框。

STEP 18 切换到三维视图，单击“修改”选项卡“几何图形”面板“连接”下拉列表“连接几何图形”按钮，首先选中融合形体 1，接着选中融合形体 9，则融合形体 1 和融合形体 9 就连接成为了一个整体，如图 2.162 所示。

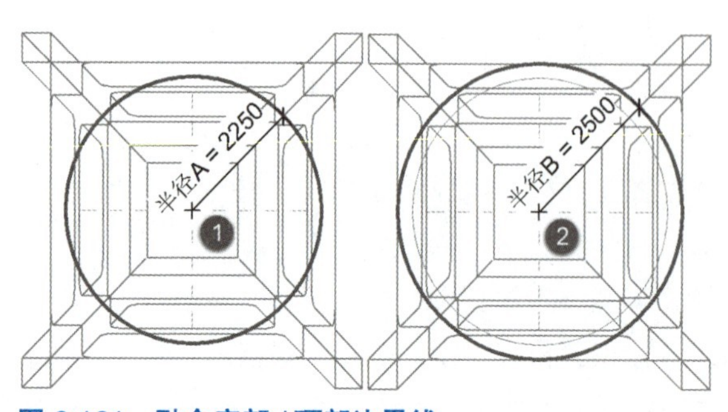

图 2.161　融合底部 / 顶部边界线

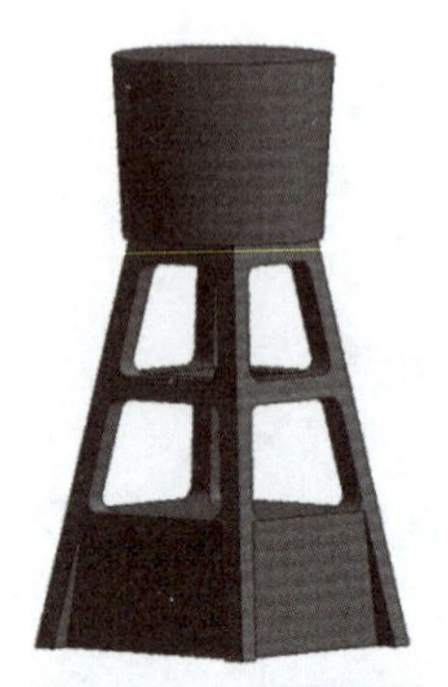
图 2.162　水塔模型

STEP 19 单击快速访问工具栏“保存”按钮，保存模型文件。

至此，本题建模结束。

6.【二级（建筑）第十二期第二题】

根据图 2.163，创建办公桌组合柜构件集模型。将抽屉长度（参数 1）、桌子高度（参数 2）、抽屉高度（参数 3）设置为参数，可通过参数修改实现模型修改（需保证参数 3 始终为参数 2 的 1/3），其余尺寸请参照图 2.163，未标明的尺寸可自行设定。整体材质为白蜡木。请将模型以“办公桌组合柜 .xxx”为文件名保存到考生文件夹中。（20 分）

【二级（建筑）第十二期第二题】

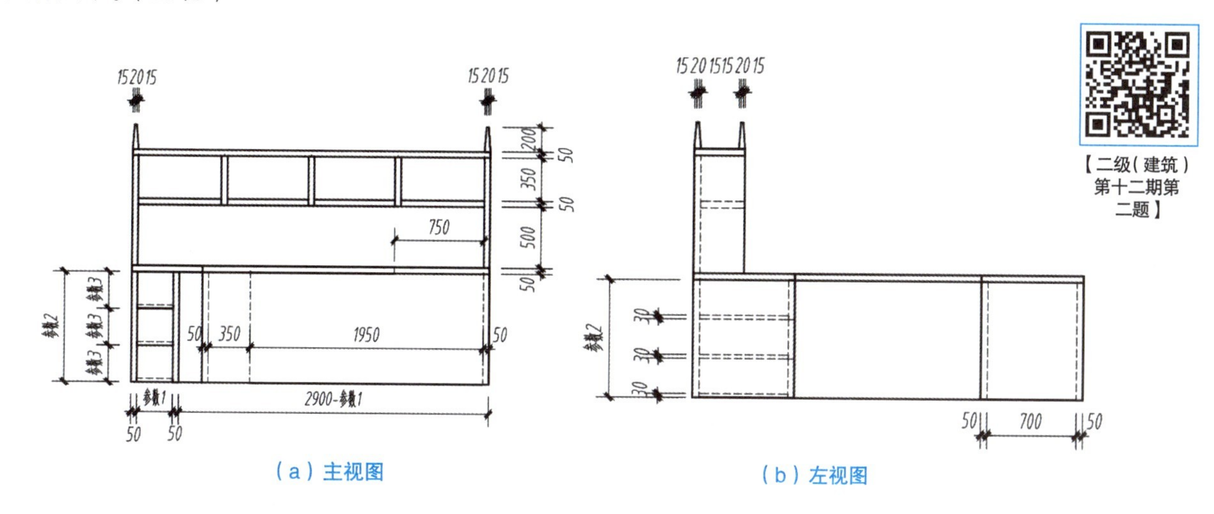

（a）主视图　　（b）左视图

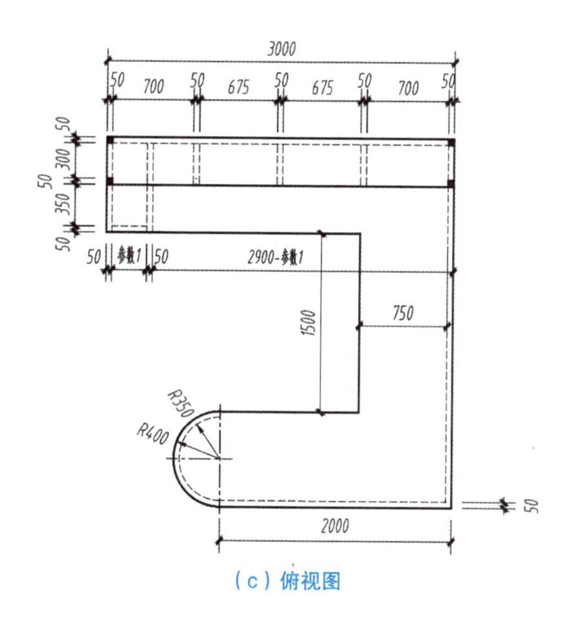

（c）俯视图

图 2.163　二级（建筑）第十二期第二题

STEP 01 打开软件 Revit；单击“族”→“新建”按钮，在打开的“新族 – 选择样板文件”对话框中选择“公制常规模型”族样板文件，接着单击“打开”按钮退出“新族 – 选择样板文件”对话框，系统自动切换到族编辑器建模界面的“参照标高”楼层平面视图。

STEP 02 单击快速访问工具栏“保存”按钮，在弹出的“另存为”对话框中以“办公桌组合柜 .rfa”为文件名保存到考生文件夹中。

STEP 03 单击“创建”选项卡“属性”面板“族类型”按钮，在打开的“族类型”对话框中单击“新建参数”按钮，打开“参数属性”对话框；在打开的“参数属性”对话框“参数数据”一栏“名称”下输入

“参数 1”(参数类型为“长度”)，单击“确定”按钮关闭“参数属性”对话框，回到“族类型”对话框。同理，添加“参数 2”和“参数 3”。

STEP 04 单击“创建”选项卡“形状”面板“拉伸”按钮，系统自动切换到“修改 | 创建拉伸”上下文选项卡；绘制拉伸形体 1 的草图线，如图 2.164 所示；设置左侧“属性”对话框中“约束”项下“拉伸起点”为“0.0”，设置“工作平面”为“标高：参照标高”；单击左侧“属性”对话框“材质和装饰”项下“材质”右边小方块关联族参数，添加“组合柜材质”(参数类型为“材质”)关联族参数；单击左侧“属性”对话框“约束”项下“拉伸终点”右边小方块关联族参数，在弹出的“关联族参数”对话框中单击“新建参数”按钮，然后在弹出的“参数属性”对话框中设置“参数数据”项下“名称”为“拉伸形体 1 拉伸终点”(参数类型为“长度”)，接着单击“确定”按钮关闭“参数属性”对话框，发现“关联族参数”对话框中出现了“拉伸形体 1 拉伸终点”关联族参数，单击“确定”按钮关闭“关联族参数”对话框，则“拉伸形体 1 拉伸终点”关联族参数创建完成了。

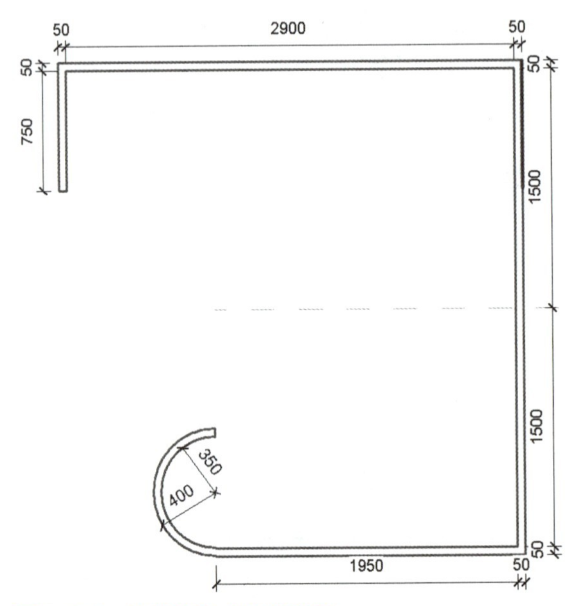

图 2.164 拉伸形体 1 的草图线

STEP 05 单击“创建”选项卡“属性”面板“族类型”按钮，在打开的“族类型”对话框中设置“尺寸标注”项下“拉伸形体 1 拉伸终点”公式为“= 参数 2”，单击“确定”按钮关闭“族类型”对话框；单击“模式”面板“完成编辑模式”按钮“√”，完成拉伸形体 1 的创建。

STEP 06 单击“创建”选项卡“形状”面板“拉伸”按钮，系统自动切换到“修改 | 创建拉伸”上下文选项卡；绘制拉伸形体 2 的草图线，如图 2.165 所示；设置左侧“属性”对话框中“约束”项下“工作平面”为“标高：参照标高”；单击左侧“属性”对话框“材质和装饰”项下“材质”右边小方块关联族参数，添加“组合柜材质”(参数类型为“材质”)关联族参数；单击左侧“属性”对话框“约束”项下“拉伸起点”右边小方块关联族参数；在弹出的“关联族参数”对话框中选择“兼容类型的现有族参数”列表中的“参数 2”，单击“确定”按钮关闭“关联族参数”对话框。

STEP 07 单击左侧“属性”对话框“约束”项下“拉伸终点”右边小方块关联族参数；在弹出的“关联族参数”对话框中单击“新建参数”按钮；接着在弹出的“参数属性”对话框中设置“参数数据”项下“名称”为“拉伸形体 2 拉伸终点”(参数类型为“长度”)，接着单击“确定”按钮关闭“参数属性”对话框，发现“关联族参数”对话框中出现了“拉伸形体 2 拉伸终点”关联族参数，单击“确定”按钮关闭“关联族参数”对话框，则“拉伸形体 2 拉伸终点”关联族参数创建完成了。

STEP 08 单击“创建”选项卡“属性”面板“族类型”按钮，在打开的“族类型”对话框中设置“尺寸标注”项下“拉伸形体2拉伸终点”公式为“=参数2+50mm”，单击“确定”按钮关闭“族类型”对话框；单击“模式”面板“完成编辑模式”按钮“√”，完成拉伸形体2的创建。

STEP 09 单击左侧“属性”对话框中“属性过滤器”下拉列表“楼层平面：参照标高”选项；单击“属性”对话框“范围”项下“视图范围”右侧“编辑”按钮，打开“视图范围”对话框，设置“主要范围”项下“顶部”为“无限制”，“剖切面”偏移值为“10000.0”，单击“确定”按钮关闭“视图范围”对话框。

STEP 10 单击“创建”选项卡“形状”面板“拉伸”按钮，系统自动切换到“修改|创建拉伸”上下文选项卡；绘制拉伸形体3的草图线，如图2.166所示；设置左侧“属性”对话框中“约束”项下“拉伸起点”为“0.0”，设置“工作平面”为“标高：参照标高”；单击左侧“属性”对话框“材质和装饰”项下“材质”右边小方块关联族参数，添加“组合柜材质”(参数类型为“材质”)关联族参数；单击左侧“属性”对话框“约束”项下“拉伸终点”右边小方块关联族参数；在弹出的“关联族参数”对话框中选择“兼容类型的现有族参数”列表中的“参数2”，单击“确定”按钮关闭“关联族参数”对话框。

STEP 11 对草图线添加对齐尺寸标注，锁定数值为“50”的对齐尺寸标注；选中数值为“500”的对齐尺寸标注，在“修改|尺寸标注”上下文选项卡“标签尺寸标注”面板“标签”下拉列表中选择“参数1=0”，则该标注便与参数“参数1”相关联，如图2.166所示。

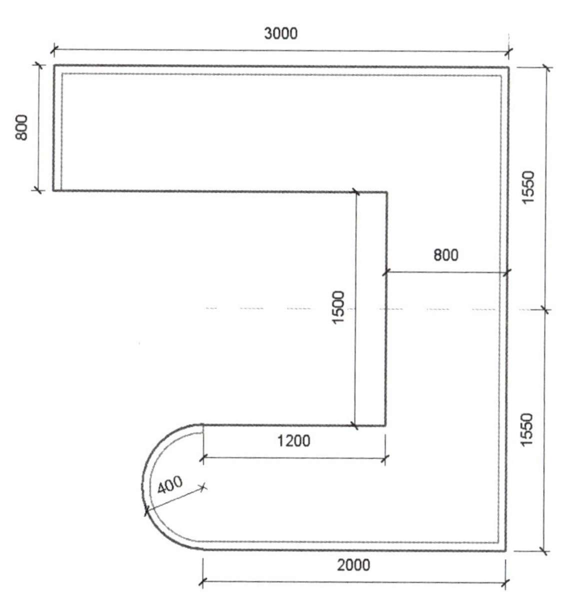

图2.165　拉伸形体2的草图线

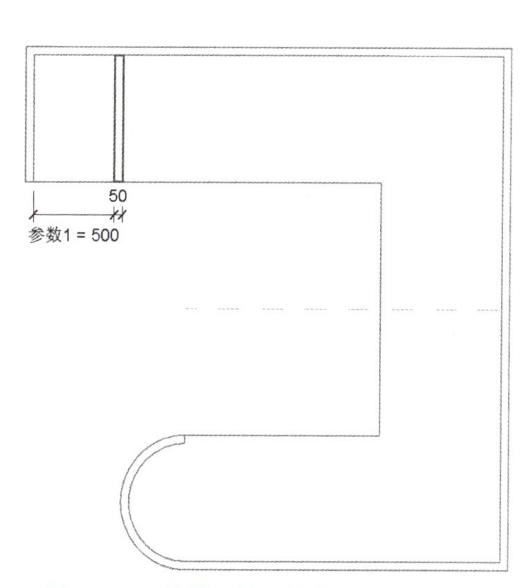

图2.166　拉伸形体3的草图线

STEP 12 单击“模式”面板“完成编辑模式”按钮“√”，完成拉伸形体3的创建。

STEP 13 切换到前立面视图；单击“创建”选项卡“形状”面板“拉伸”按钮，系统自动切换到“修改|创建拉伸”上下文选项卡；绘制拉伸形体4的草图线，草图线与左右已有拉伸形体边界对齐且锁定，如图2.167所示；设置左侧“属性”对话框中“约束”项下“拉伸起点”为“−800.0”，“拉伸终点”为“−1500.0”，设置“工作平面”为“参照平面：中心(前/后)”；单击左侧“属性”对话框“材质和装饰”项下“材质”右边小方块关联族参数，添加“组合柜材质”(参数类型为“材质”)关联族参数。

STEP 14 对草图线添加对齐尺寸标注，锁定数值为“30”的对齐尺寸标注；选中数值为“500”的对齐尺寸标注，在“修改|尺寸标注”上下文选项卡“标签尺寸标注”面板“标签”下拉列表中选择“参数3=0”，则该标注便与参数“参数3”相关联，如图2.167所示。

STEP 15 单击“创建”选项卡“属性”面板“族类型”按钮，在打开的“族类型”对话框中设置“尺寸标注”项下“参数 3”公式为“$=\frac{1}{3}\times$ 参数”，单击“确定”按钮关闭“族类型”对话框；单击“模式”面板“完成编辑模式”按钮“√”，完成拉伸形体 4 的创建。

STEP 16 单击“创建”选项卡“形状”面板“拉伸”按钮，系统自动切换到“修改 | 创建拉伸”上下文选项卡；绘制拉伸形体 5 的草图线，草图线与左右已有拉伸形体边界对齐且锁定，如图 2.168 所示；设置左侧“属性”对话框中“约束”项下“拉伸起点”为“−750.0”，“拉伸终点”为“−800.0”，设置“工作平面”为“参照平面：中心（前 / 后）”；单击左侧“属性”对话框“材质和装饰”项下“材质”右边小方块关联族参数，添加“组合柜材质”（参数类型为“材质”）关联族参数。

STEP 17 对草图线添加对齐尺寸标注，如图 2.168 所示，单击“模式”面板“完成编辑模式”按钮“√”，完成拉伸形体 5 的创建。

STEP 18 单击“创建”选项卡“形状”面板“拉伸”按钮，系统自动切换到“修改 | 创建拉伸”上下文选项卡；绘制拉伸形体 6 的草图线，草图线与左右已有拉伸形体边界对齐且锁定，如图 2.169 所示；设置左侧“属性”对话框中“约束”项下“拉伸起点”为“−750.0”，“拉伸终点”为“−800.0”，设置“工作平面”为“参照平面：中心（前 / 后）”；单击左侧“属性”对话框“材质和装饰”项下“材质”右边小方块关联族参数，添加“组合柜材质”（参数类型为“材质”）关联族参数。

STEP 19 对草图线添加对齐尺寸标注，如图 2.169 所示，单击“模式”面板“完成编辑模式”按钮“√”，完成拉伸形体 6 的创建。

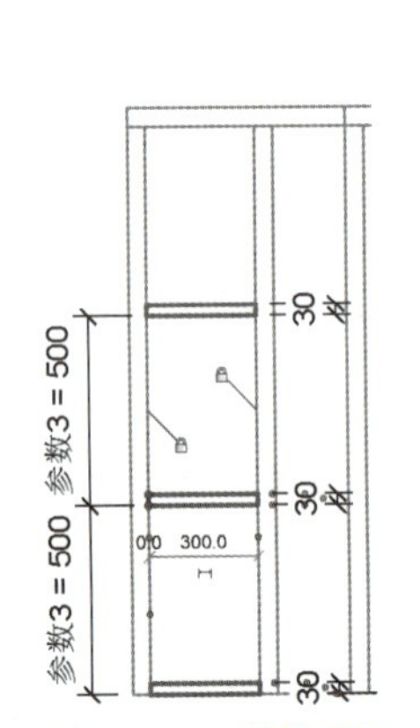

图 2.167　拉伸形体 4 的草图线

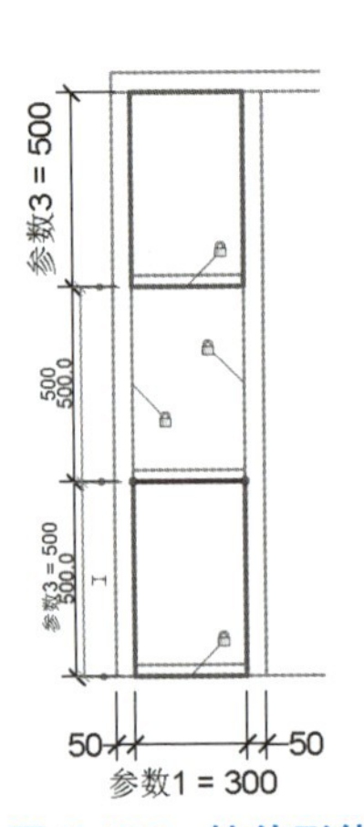

图 2.168　拉伸形体 5 的草图线

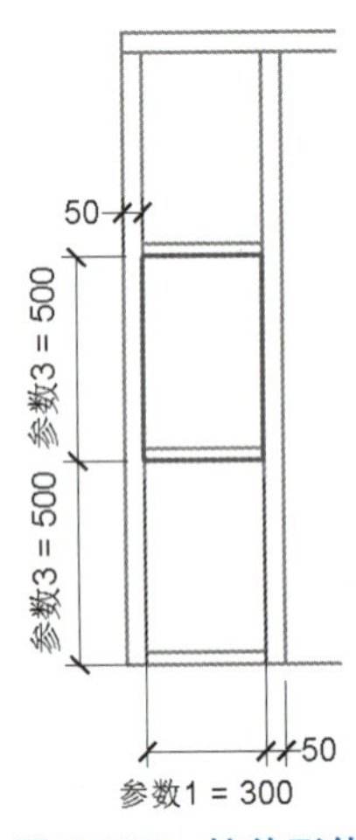

图 2.169　拉伸形体 6 的草图线

STEP 20 单击“创建”选项卡“形状”面板“拉伸”按钮，系统自动切换到“修改 | 创建拉伸”上下文选项卡；绘制拉伸形体 7 的草图线，草图线与已有拉伸形体边界对齐且锁定，如图 2.170 所示；设置左侧“属性”对话框中“约束”项下“拉伸起点”为“−1150.0”，“拉伸终点”为“−1550.0”，设置“工作平面”为“参照平面：中心（前 / 后）”；单击左侧“属性”对话框“材质和装饰”项下“材质”右边小方块关联族参数，添加“组合柜材质”（参数类型为“材质”）关联族参数。

STEP 21 对草图线添加对齐尺寸标注且将标注锁定，如图 2.170 所示，单击“模式”面板“完成编辑模式”按钮“√”，完成拉伸形体 7 的创建。

STEP 22 单击“创建”选项卡“形状”面板“拉伸”按钮，系统自动切换到“修改 | 创建拉伸”上下文选项卡；绘制拉伸形体 8 的草图线，草图线与已有拉伸形体边界对齐且锁定，如图 2.171 所示；设置左侧“属性”对话框中“约束”项下“拉伸起点”为“−1500.0”，“拉伸终点”为“−1550.0”，设置“工作平面”为“参照平面：中心（前 / 后）”；单击左侧“属性”对话框“材质和装饰”项下“材质”右边小方块关联族参数，添加“组合柜材质”（参数类型为“材质”）关联族参数。

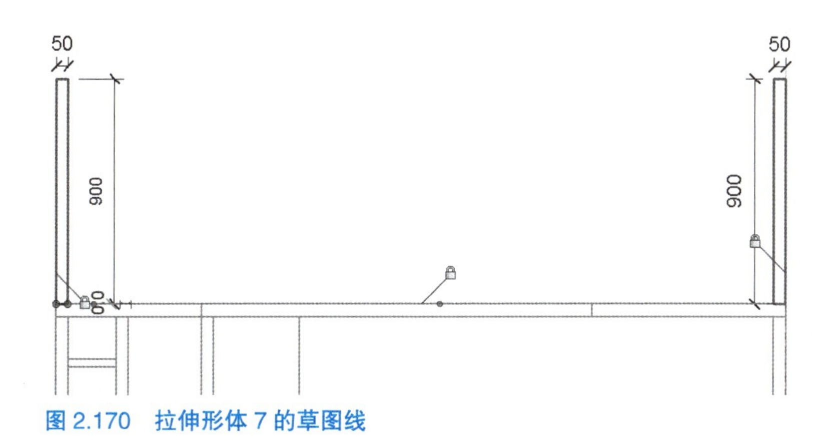

图 2.170　拉伸形体 7 的草图线

STEP 23 对草图线添加对齐尺寸标注且将标注锁定，如图 2.171 所示，单击“模式”面板“完成编辑模式”按钮“√”，完成拉伸形体 8 的创建。

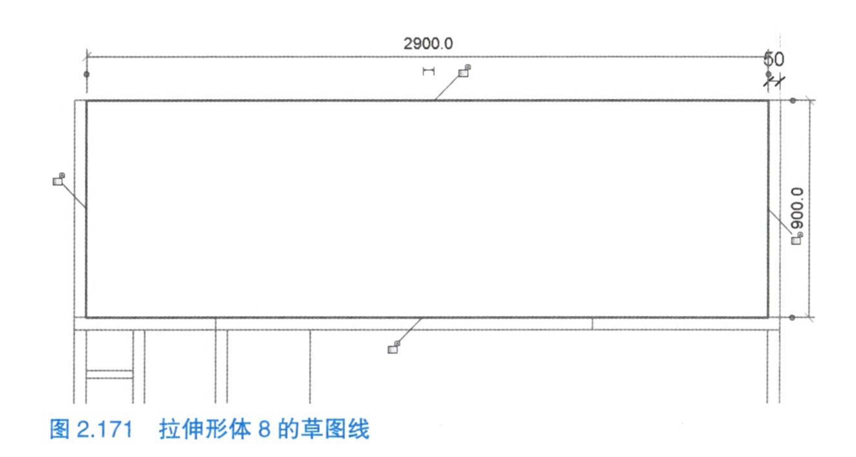

图 2.171　拉伸形体 8 的草图线

STEP 24 单击“创建”选项卡“形状”面板“拉伸”按钮，系统自动切换到“修改 | 创建拉伸”上下文选项卡；绘制拉伸形体 9 的草图线，与已有拉伸形体边界对齐且锁定，如图 2.172 所示；设置左侧“属性”对话框中“约束”项下“拉伸起点”为“-1150.0”，“拉伸终点”为“-1550.0”，设置“工作平面”为“参照平面：中心（前 / 后）”；单击左侧“属性”对话框“材质和装饰”项下“材质”右边小方块关联族参数，添加“组合柜材质”（参数类型为“材质”）关联族参数。

STEP 25 对草图线添加对齐尺寸标注且将标注锁定，如图 2.172 所示，单击“模式”面板“完成编辑模式”按钮“√”，完成拉伸形体 9 的创建。

STEP 26 单击“创建”选项卡“形状”面板“拉伸”按钮，系统自动切换到“修改 | 创建拉伸”上下文选项卡；绘制拉伸形体 10 的草图线，与已有拉伸形体边界对齐且锁定，如图 2.173 所示；设置左侧“属性”对话框中“约束”项下“拉伸起点”为“-1150.0”，“拉伸终点”为“-1500.0”，设置“工作平面”为“参照平面：中心（前 / 后）”；单击左侧“属性”对话框“材质和装饰”项下“材质”右边小方块关联族参数，添加“组合柜材质”（参数类型为“材质”）关联族参数。

STEP 27 对草图线添加对齐尺寸标注且将标注锁定，如图 2.173 所示，单击“模式”面板“完成编辑模式”按钮“√”，完成拉伸形体 10 的创建。

STEP 28 单击“创建”选项卡“形状”面板“拉伸”按钮，系统自动切换到“修改 | 创建拉伸”上下文选项卡；绘制拉伸形体 11 的草图线，与已有拉伸形体边界对齐且锁定，如图 2.174 所示；设置左侧“属性”对话框中“约束”项下“拉伸起点”为“-1150.0”，“拉伸终点”为“-1500.0”，设置“工作平面”为“参照平面：中心（前 / 后）”；单击左侧“属性”对话框“材质和装饰”项下“材质”右边小方块关联族参数，添加“组合柜材质”（参数类型为“材质”）关联族参数。

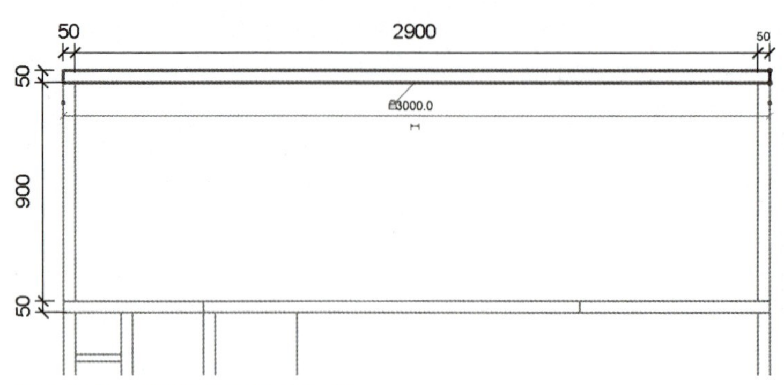

图 2.172 拉伸形体 9 的草图线

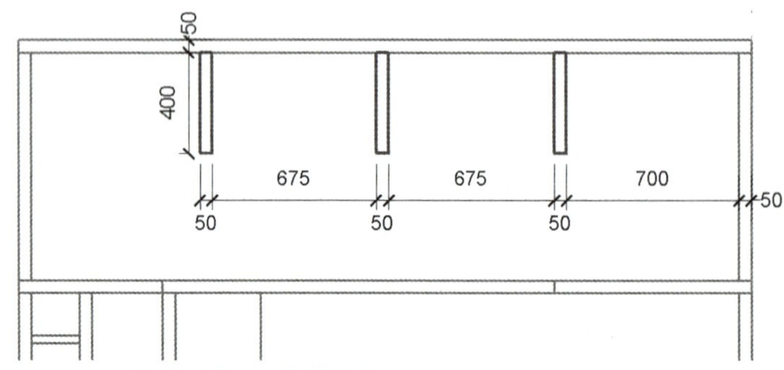

图 2.173 拉伸形体 10 的草图线

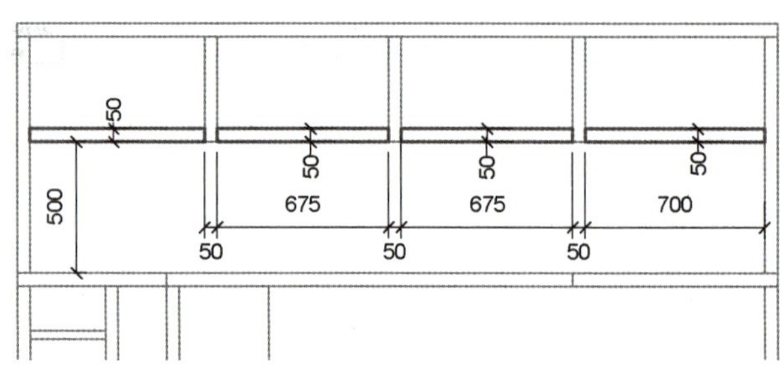

图 2.174 拉伸形体 11 的草图线

STEP 29 对草图线添加对齐尺寸标注且将标注锁定，如图 2.174 所示，单击“模式”面板“完成编辑模式”按钮“√”，完成拉伸形体 11 的创建。

STEP 30 切换到“参照标高”楼层平面视图。

STEP 31 单击“创建”选项卡“形状”面板“融合”按钮，系统切换到“修改 | 创建融合底部边界”上下文选项卡；设置左侧“属性”对话框中“约束”项下“第二端点”为“200.0”，“第一端点”为“0.0”，设置“工作平面”为“标高：参照标高”；单击左侧“属性”对话框“材质和装饰”项下“材质”右边小方块关联族参数，添加“组合柜材质”关联族参数。

STEP 32 选择“矩形”绘制方式，绘制 50mm × 50mm 的矩形融合底部边界线；单击“修改 | 创建融合底部边界”上下文选项卡“模式”面板“编辑顶部”按钮，系统切换到“修改 | 创建融合顶部边界”上下文选项卡；选择“矩形”绘制方式，绘制 20mm × 20mm 的矩形融合顶部边界线；单击“模式”面板“完成编辑模式”按钮“√”，完成融合形体 12 的创建。

STEP 33 切换到前立面视图，选中融合形体 12，单击“修改 | 常规模型”上下文选项卡“工作平面”面板“编辑工作平面”按钮，在弹出的“工作平面”对话框中单击“指定新的工作平面”项下“拾取一个平面”按钮，选择拉伸形体 9 的上表面，则融合形体 12 的工作平面就在拉伸形体 9 的上表面上了。同理创建融合形体 13 ～ 15。

STEP 34 单击“创建”选项卡“属性”面板“族类型”按钮，在系统弹出的“族类型”对话框中，将“材质和装饰”项下“组合柜材质”设为“白蜡木”，单击“确定”按钮关闭“族类型”对话框。

STEP 35 切换到三维视图；单击“修改”选项卡“几何图形”面板“连接”下拉列表“连接几何图形”按钮，勾选选项栏“多重连接”复选框，首先选中拉伸形体 1，接着借助 Ctrl 键同时选中拉伸形体 2 ～ 11 和融合形体 12 ～ 15，则创建的拉伸形体 1 ～ 11 和融合形体 12 ～ 15 就连接成为了一个整体。

STEP 36 查看创建的办公桌组合柜三维模型显示效果，如图 2.175 所示。

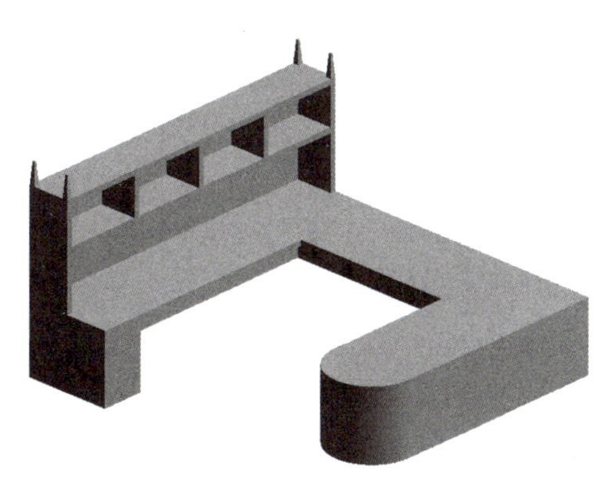

图 2.175　办公桌组合柜三维模型

STEP 37 单击快速访问工具栏“保存”按钮，保存模型文件。

至此，本题建模结束。

7.【二级（建筑）第十三期第二题】

根据给定的图 2.176，创建滑梯组合构件集模型。将梯面宽度和滑道内宽度设置为参数，并通过参数修改实现模型修改，未标明的尺寸可自行设定。整体材质为塑料。请将模型以“滑梯组合构件 + 考生姓名 .xxx”为文件名保存到考生文件夹中。(20 分)

【二级(建筑)第十三期第二题】

STEP 01 打开软件 Revit；单击“族”→“新建”按钮，在打开的“新族 - 选择样板文件”对话框中选中“公制常规模型”族样板文件，接着单击“打开”按钮退出“新族 - 选择样板文件”对话框，系统自动切换到族编辑器建模界面的“参照标高”楼层平面视图。

STEP 02 单击左侧“属性”对话框中“属性过滤器”下拉列表“楼层平面：参照标高”选项；单击“属性”对话框“范围”项下“视图范围”右侧“编辑”按钮，打开“视图范围”对话框，设置“主要范围”项下“顶部”为“无限制”，“剖切面”偏移值为“10000.0”，单击“确定”按钮关闭“视图范围”对话框。

STEP 03 单击“创建”选项卡“属性”面板“族类型”按钮，在打开的“族类型”对话框中单击“新建参数”按钮，打开“参数属性”对话框；在打开的“参数属性”对话框“参数数据”一栏“名称”下输入“参数 1”(参数类型为“长度”)，单击“确定”按钮关闭“参数属性”对话框，回到“族类型”对话框。同理，添加族参数“参数 2”(参数类型为“长度”)。

STEP 04 如图 2.177 所示，绘制参照平面 1 ～ 3。为参照平面添加尺寸标注；对数值为“80”的对齐尺寸标注进行锁定；选中数值为“540”的对齐尺寸标注，在“修改 | 尺寸标注”上下文选项卡“标签尺寸标注”面板“标签”下拉列表中选择“参数 2=0.00”，则该标注便与参数“参数 2”相关联，如图 2.178 所示。

STEP 05 切换到前立面视图；单击“创建”选项卡“形状”面板“拉伸”按钮，系统自动切换到“修改 | 创建拉伸”上下文选项卡；绘制拉伸形体 1 的草图线，如图 2.177 所示。

STEP 06 设置左侧“属性”对话框中“约束”项下“拉伸起点”为“0.0”，设置“工作平面”为“参照平面：中心(前 / 后)”；单击左侧“属性”对话框“材质和装饰”项下“材质”右边小方块关联族参数，添加“滑梯组合构件材质”关联族参数。

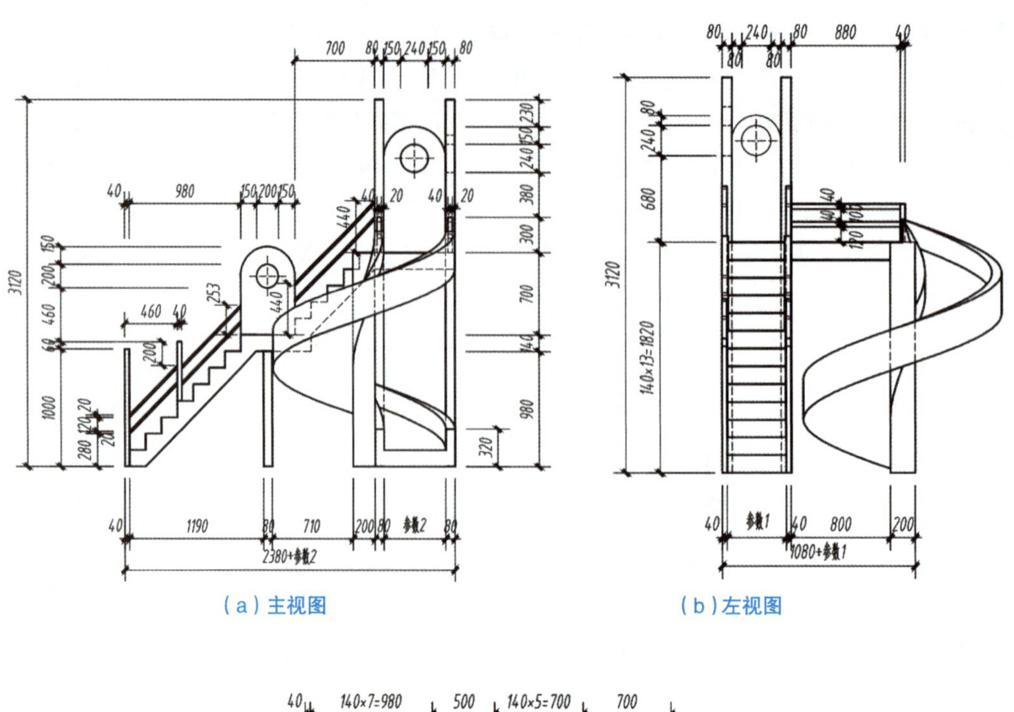

（a）主视图　　（b）左视图

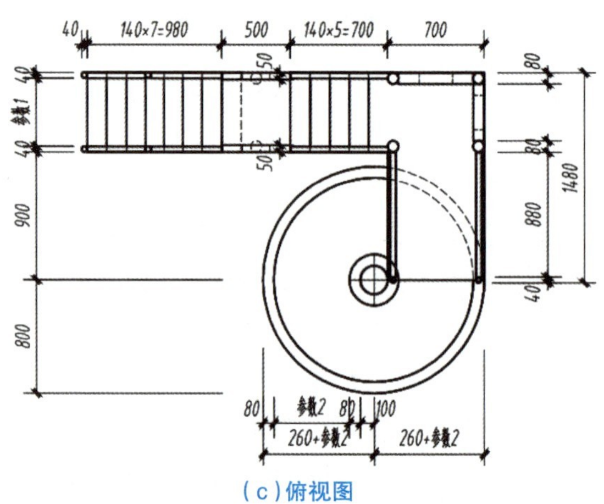

（c）俯视图

图 2.176　二级（建筑）第十三期第二题

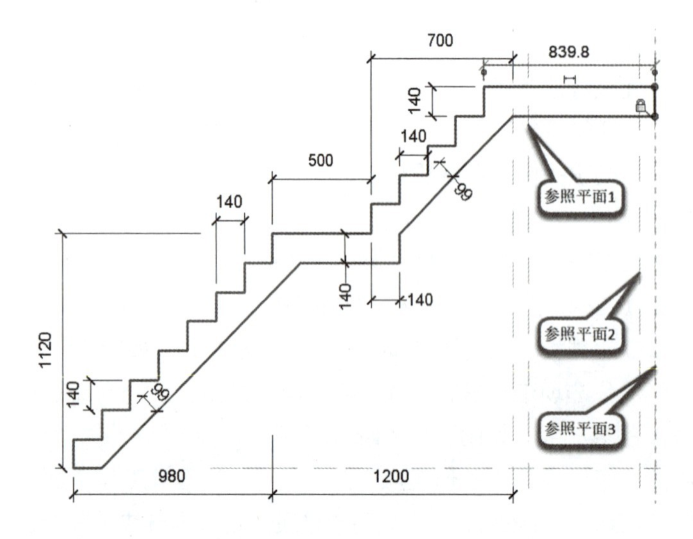

图 2.177　拉伸形体 1 的草图线

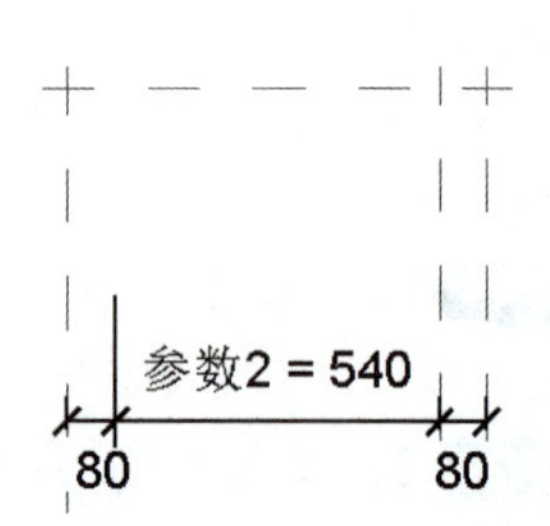

图 2.178　添加尺寸标注

STEP 07 单击左侧“属性”对话框“约束”项下“拉伸终点”右边小方块关联族参数；在弹出的“关联族参数”对话框中单击“新建参数”按钮；然后在弹出的“参数属性”对话框中设置“参数数据”项下“名称”为“拉伸形体1拉伸终点”，接着单击“确定”按钮关闭“参数属性”对话框，发现“关联族参数”对话框中出现了“拉伸形体1拉伸终点”关联族参数，单击“确定”按钮关闭“关联族参数”对话框，则“拉伸形体1拉伸终点”关联族参数创建完成了。

STEP 08 单击“创建”选项卡“属性”面板“族类型”按钮，在打开的“族类型”对话框中设置“尺寸标注”项下“拉伸形体1拉伸终点”公式为“=-（参数1+80mm）”，单击“确定”按钮关闭“族类型”对话框；单击“模式”面板“完成编辑模式”按钮“√”，完成拉伸形体1的创建。

STEP 09 切换到“参照标高”楼层平面视图；单击“创建”选项卡“形状”面板“拉伸”按钮，系统自动切换到“修改|创建拉伸”上下文选项卡；单击“绘制”面板“圆形”按钮，绘制拉伸形体2的草图；使圆形草图线处于选中状态，勾选左侧“属性”对话框“图形”项下“中心标记可见”复选框，添加对齐尺寸标注且将标注进行锁定，如图2.179中①所示；设置左侧“属性”对话框中“约束”项下“拉伸起点”为“0.0”，“拉伸终点”为“1000.0”；设置“工作平面”为“标高：参照标高”；单击左侧“属性”对话框“材质和装饰”项下“材质”右边小方块关联族参数，添加“滑梯组合构件材质”关联族参数；单击“模式”面板“完成编辑模式”按钮“√”，完成拉伸形体2的创建。

STEP 10 单击“创建”选项卡“形状”面板“拉伸”按钮，系统自动切换到“修改|创建拉伸”上下文选项卡；单击“绘制”面板“圆形”按钮，绘制拉伸形体3的草图，使圆形草图线处于选中状态，勾选左侧“属性”对话框“图形”项下“中心标记可见”复选框，添加对齐尺寸标注且将标注锁定，如图2.179中②所示；设置左侧“属性”对话框中“约束”项下“拉伸起点”为“560.0”，“拉伸终点”为“1060.0”，设置“工作平面”为“标高：参照标高”；单击左侧“属性”对话框“材质和装饰”项下“材质”右边小方块关联族参数，添加“滑梯组合构件材质”关联族参数；单击“模式”面板“完成编辑模式”按钮“√”，完成拉伸形体3的创建。

STEP 11 单击“创建”选项卡“形状”面板“拉伸”按钮，系统自动切换到“修改|创建拉伸”上下文选项卡；单击“绘制”面板“圆形”按钮，绘制拉伸形体4的草图，使圆形草图线处于选中状态，勾选左侧“属性”对话框“图形”项下“中心标记可见”复选框，添加对齐尺寸标注且将标注进行锁定，如图2.180中①所示；设置左侧“属性”对话框中“约束”项下“拉伸起点”为“0.0”，“拉伸终点”为“980.0”，设置“工作平面”为“标高：参照标高”；单击左侧“属性”对话框“材质和装饰”项下“材质”右边小方块关联族参数，添加“滑梯组合构件材质”关联族参数；单击“模式”面板“完成编辑模式”按钮“√”，完成拉伸形体4的创建；进行尺寸标注且对参数1进行关联，如图2.180中②所示。

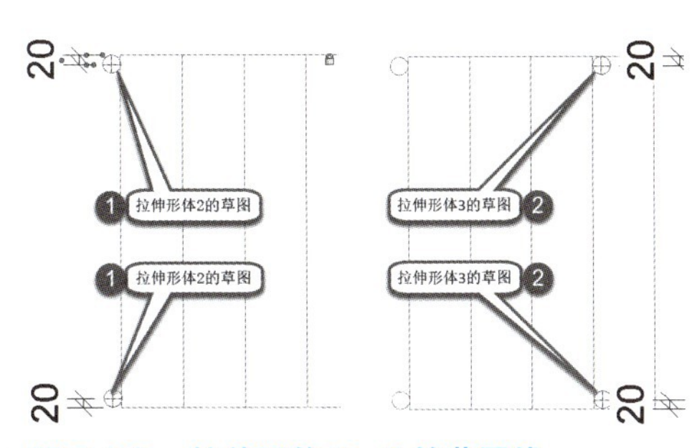

图2.179 拉伸形体2、3的草图线

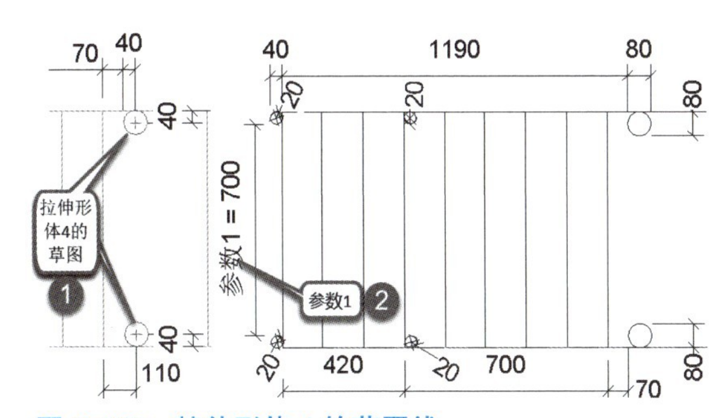

图2.180 拉伸形体4的草图线

STEP 12 单击“创建”选项卡“形状”面板“拉伸”按钮，系统自动切换到“修改|创建拉伸”上下文选项卡；单击“绘制”面板“圆形”按钮，绘制拉伸形体5的草图，使圆形草图线处于选中状态，勾选左侧“属性”对话框“图形”项下“中心标记可见”复选框，添加对齐尺寸标注且将标注进行锁定，如图2.181所示；设置左侧“属性”对话框中“约束”项下“拉伸起点”为“0.0”，“拉伸终点”为“3120.0”，设置“工作平面”为“标高：参照标高”；单击左侧“属性”对话框“材质和装饰”项下“材质”右边小方块关联族参数，添

加“滑梯组合构件材质”关联族参数；单击“模式”面板“完成编辑模式”按钮“√”，完成拉伸形体 5 的创建。

STEP 13 切换到前立面视图；单击“创建”选项卡“形状”面板“拉伸”按钮，系统自动切换到“修改 | 创建拉伸”上下文选项卡；绘制拉伸形体 6 的草图线，使圆形草图线处于选中状态，勾选左侧“属性”对话框“图形”项下“中心标记可见”复选框，添加对齐尺寸标注且将标注均分，如图 2.182 所示；设置左侧“属性”对话框中“约束”项下“拉伸起点”为“0.0”，“拉伸终点”为“−80.0”，设置“工作平面”为“参照平面：中心（前 / 后）”；单击左侧“属性”对话框“材质和装饰”项下“材质”右边小方块关联族参数，添加“滑梯组合构件材质”关联族参数；单击“模式”面板“完成编辑模式”按钮“√”，完成拉伸形体 6 的创建。

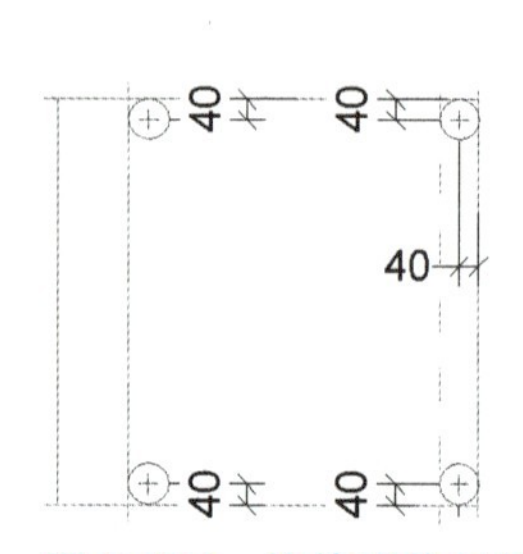

图 2.181　拉伸形体 5 的草图线

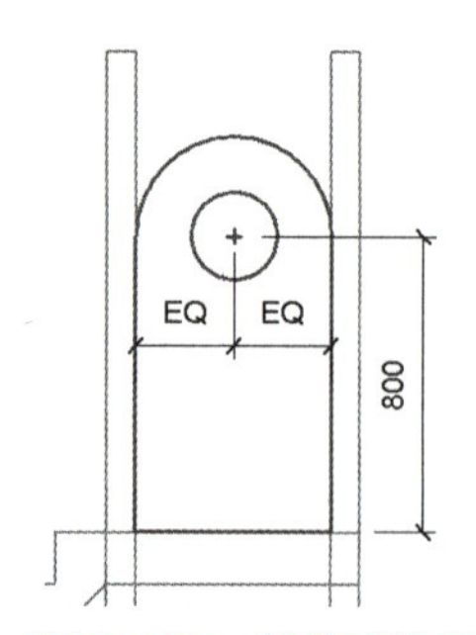

图 2.182　拉伸形体 6 的草图线

STEP 14 切换到“参照标高”楼层平面视图；待拉伸形体 6 处于选中状态，单击“修改 | 拉伸”上下文选项卡“工作平面”面板“编辑工作平面”按钮，在弹出的“工作平面”对话框中单击“指定新的工作平面”项下“拾取一个平面”按钮，选择拉伸形体 1 的上边界 A，如图 2.183 所示；单击“确定”按钮，关闭“工作平面”对话框，则拉伸形体 6 的位置调整好了。

STEP 15 切换到前立面视图；单击“创建”选项卡“形状”面板“拉伸”按钮，系统自动切换到“修改 | 创建拉伸”上下文选项卡；绘制拉伸形体 7 的草图线，使圆形草图线处于选中状态，勾选左侧“属性”对话框“图形”项下“中心标记可见”复选框，添加对齐尺寸标注且将标注锁定，如图 2.184 所示；设置左侧“属性”对话框中“约束”项下“拉伸起点”为“0.0”，“拉伸终点”为“−50.0”，设置“工作平面”为“参照平面：中心（前 / 后）”；单击左侧“属性”对话框“材质和装饰”项下“材质”右边小方块关联族参数，添加“滑梯组合构件材质”关联族参数。单击“模式”面板“完成编辑模式”按钮“√”，完成拉伸形体 7 的创建。

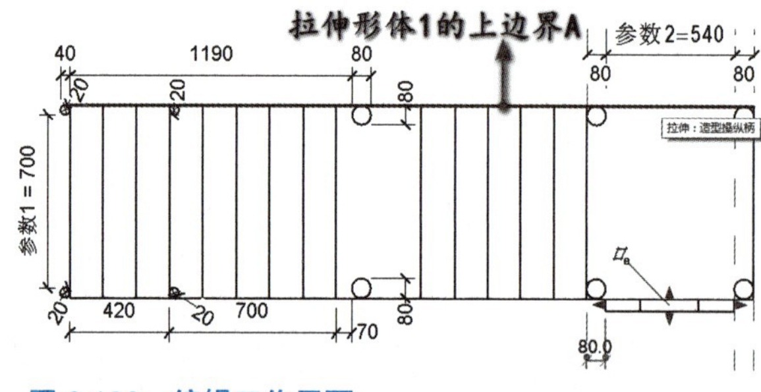

图 2.183　编辑工作平面

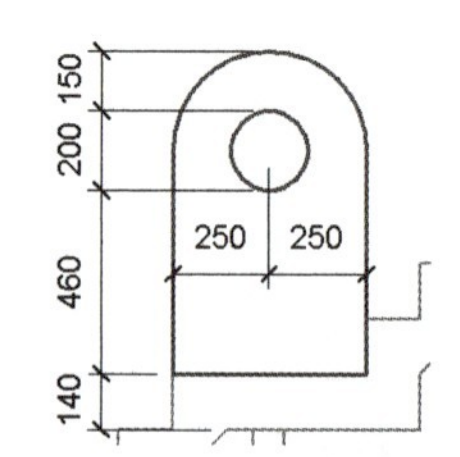

图 2.184　拉伸形体 7 的草图线

STEP 16 切换到“参照标高”楼层平面视图；待拉伸形体 7 处于选中状态，单击“修改 | 拉伸”上下文选项卡“剪贴板”面板“复制到剪贴板”按钮，接着单击“粘贴”下拉列表“与同一位置对齐”按钮，则拉伸形体 8 就创建完成了；单击“修改 | 拉伸”上下文选项卡“工作平面”面板“编辑工作平面”按钮，在弹出的“工作平面”对话框中单击“指定新的工作平面”项下“拾取一个平面”按钮，选择拉伸形体 1 的上边界 A，如图 2.183 所示；单击“确定”按钮，关闭“工作平面”对话框，则拉伸形体 8 的位置调整好了。

STEP 17 单击“创建”选项卡“工作平面”面板“设置”按钮，在弹出的“工作平面”对话框中单击“指定新的工作平面”项下“拾取一个平面”按钮，系统自动关闭“工作平面”对话框，拾取参照平面 2 作为新的工作平面，如图 2.185 所示，在弹出的“转到视图”对话框中选中“立面：左”选项，单击“打开视图”按钮，系统自动关闭“转到视图”对话框且自动切换到了左立面视图。

STEP 18 单击“创建”选项卡“形状”面板“拉伸”按钮，系统自动切换到“修改 | 创建拉伸”上下文选项卡；绘制拉伸形体 9 的草图线，进行尺寸标注，选中数值为“80”的尺寸标注，锁定；使圆形草图线处于选中状态，勾选左侧“属性”对话框“图形”项下“中心标记可见”复选框，添加对齐尺寸标注且将标注均分，如图 2.186 所示；设置左侧“属性”对话框中“约束”项下“拉伸起点”为“0.0”，“拉伸终点”为“-80.0”，设置“工作平面”为“标高：参照平面”；单击左侧“属性”对话框“材质和装饰”项下“材质”右边小方块关联族参数，添加“滑梯组合构件材质”关联族参数；单击“模式”面板“完成编辑模式”按钮“√”，完成拉伸形体 9 的创建。

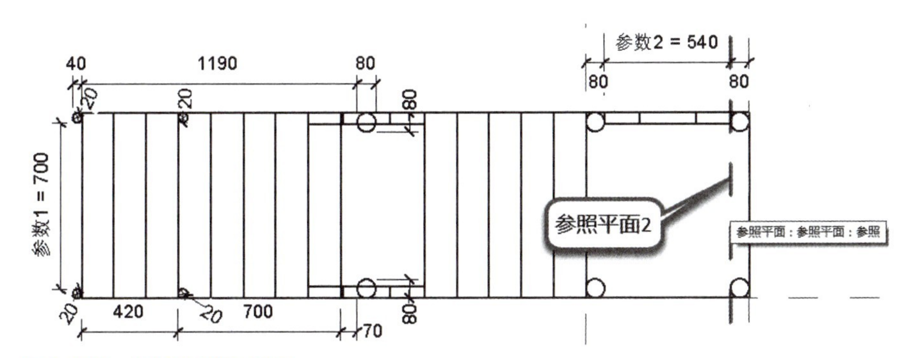

图 2.185　拾取参照平面 2

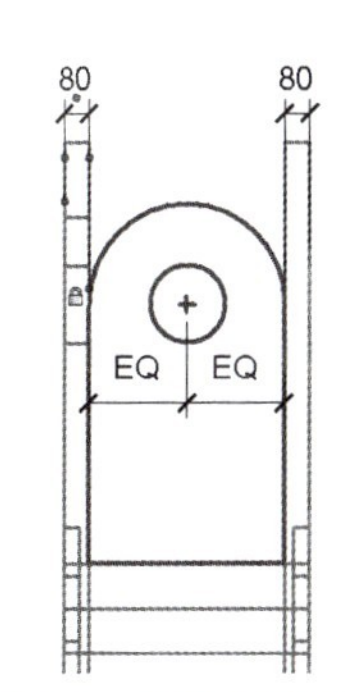

图 2.186　拉伸形体 9 的草图线

STEP 19 切换到前立面视图；单击“创建”选项卡“形状”面板“拉伸”按钮，系统自动切换到“修改 | 创建拉伸”上下文选项卡；绘制拉伸形体 10 的草图线且与相邻模型边界线对齐锁定，如图 2.187 所示；设置左侧“属性”对话框中“约束”项下“拉伸起点”为“0.0”，“拉伸终点”为“900.0”，设置“工作平面”为“参照平面：中心（前 / 后）”；单击左侧“属性”对话框“材质和装饰”项下“材质”右边小方块关联族参数，添加“滑梯组合构件材质”关联族参数；单击“模式”面板“完成编辑模式”按钮“√”，完成拉伸形体 10 的创建。

STEP 20 切换到“参照标高”楼层平面视图；单击“创建”选项卡“形状”面板“拉伸”按钮，系统自动切换到“修改 | 创建拉伸”上下文选项卡；绘制拉伸形体 11 的草图线，使圆形草图线处于选中状态，勾选左侧“属性”对话框“图形”项下“中心标记可见”复选框，添加对齐尺寸标注且将标注锁定，如图 2.188 所示；设置左侧“属性”对话框中“约束”项下“拉伸起点”为“1820.0”，“拉伸终点”为“2120.0”，设置“工作平面”为“标高：参照标高”；单击左侧“属性”对话框“材质和装饰”项下“材质”右边小方块关联族参数，添加“滑梯组合构件材质”关联族参数。单击“模式”面板“完成编辑模式”按钮“√”，完成拉伸形体 11 的创建。

STEP 21 切换到前立面视图；单击“创建”选项卡“形状”面板“拉伸”按钮，系统自动切换到“修改 | 创建拉伸”上下文选项卡；绘制拉伸形体 12 的草图线，如图 2.189 所示；设置左侧“属性”对话框中“约束”

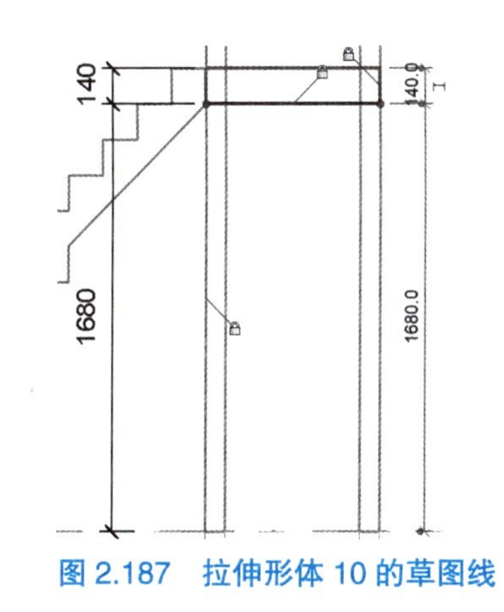

图 2.187　拉伸形体 10 的草图线

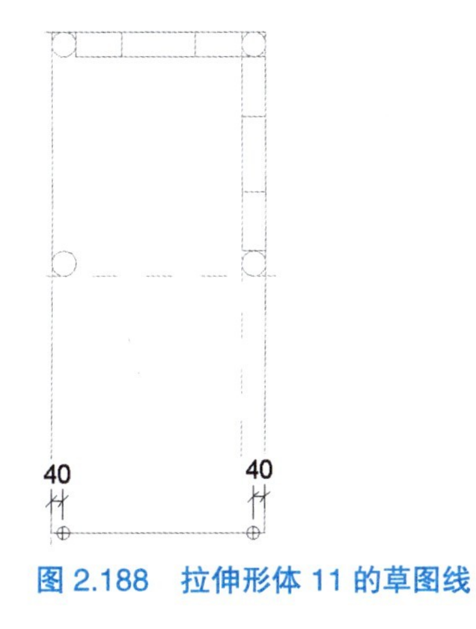

图 2.188　拉伸形体 11 的草图线

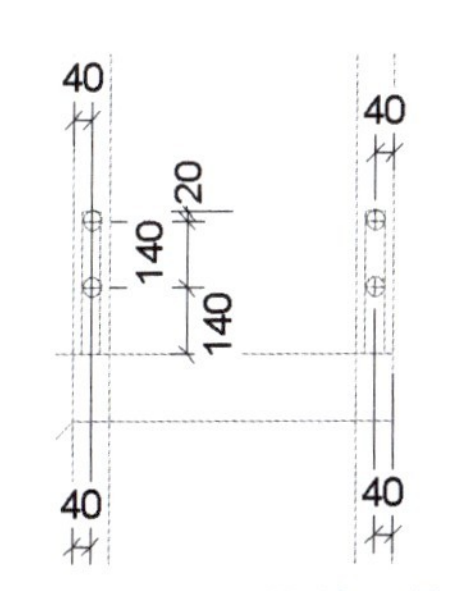

图 2.189　拉伸形体 12 的草图线

项下“拉伸起点”为“0.0”，“拉伸终点”为“900.0”，设置“工作平面”为“参照平面：中心（前 / 后）”；单击左侧“属性”对话框“材质和装饰”项下“材质”右边小方块关联族参数，添加“滑梯组合构件材质”关联族参数；单击“模式”面板“完成编辑模式”按钮“√”，完成拉伸形体 12 的创建。

STEP 22 切换到“参照标高”楼层平面视图；单击“创建”选项卡“形状”面板“拉伸”按钮，系统自动切换到“修改 | 创建拉伸”上下文选项卡；绘制拉伸形体 13 的草图线，使圆形草图线处于选中状态，勾选左侧“属性”对话框“图形”项下“中心标记可见”复选框，添加对齐尺寸标注，如图 2.190 所示；设置左侧“属性”对话框中“约束”项下“拉伸起点”为“0.0”，“拉伸终点”为“1820.0”，设置“工作平面”为“标高：参照标高”；单击左侧“属性”对话框“材质和装饰”项下“材质”右边小方块关联族参数，添加“滑梯组合构件材质”关联族参数。单击“模式”面板“完成编辑模式”按钮“√”，完成拉伸形体 13 的创建。

STEP 23 切换到前立面视图；单击“创建”选项卡“形状”面板“放样”按钮，系统切换到“修改 | 放样”上下文选项卡；单击“放样”面板“绘制路径”按钮，系统切换到“修改 | 放样 > 绘制路径”上下文选项卡，设置左侧“属性”对话框“约束”项下“工作平面”为“参照平面：中心（前 / 后）”，选择“线”按钮绘制放样路径，如图 2.191 中①所示；单击左侧“属性”对话框“材质和装饰”项下“材质”右边小方块关联族参数，添加“滑梯组合构件材质”关联族参数；单击“模式”面板“完成编辑模式”按钮“√”，完成放样路径的绘制。

STEP 24 单击“修改 | 放样”上下文选项卡“放样”面板“编辑轮廓”按钮，在系统弹出的“转到视图”对话框中单击“立面：左”按钮，退出“转到视图”对话框后系统自动切换到“修改 | 放样 > 编辑轮廓”上下文选项卡且打开了左立面视图；选择“圆形”按钮绘制放样轮廓，如图 2.191 中②所示；单击“模式”面板“完成编辑模式”按钮“√”，完成放样轮廓的绘制；再次单击“修改 | 放样”上下文选项卡“模式”面板“完成编辑模式”按钮“√”，完成放样形体 14 创建。同理，创建放样形体 15 ～ 17。

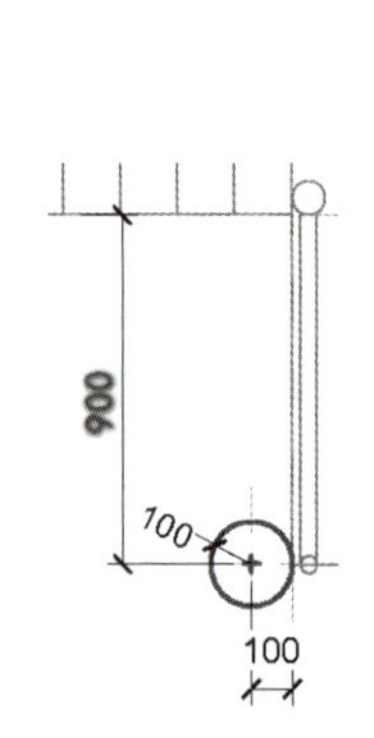

图 2.190 拉伸形体 13 的草图线

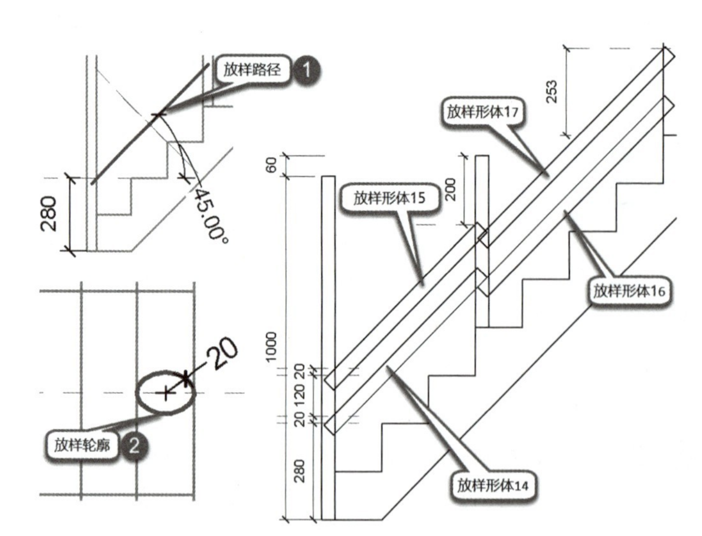

图 2.191 放样形体 14 ～ 17

STEP 25 切换到“参照标高”楼层平面视图；单击“创建”选项卡“工作平面”面板“设置”按钮，在弹出的“工作平面”对话框中单击“指定新的工作平面”项下“拾取一个平面”按钮，系统自动关闭“工作平面”对话框，拾取图 2.183 所示的拉伸形体 1 的上边界 A 作为新的工作平面，在弹出的“转到视图”对话框中选中“立面：前”选项，单击“打开视图”按钮，系统自动关闭“转到视图”对话框且自动切换到了前立面视图。

STEP 26 单击“创建”选项卡“形状”面板“放样”按钮，系统切换到“修改 | 放样”上下文选项卡；单击“放样”面板“绘制路径”按钮，系统切换到“修改 | 放样 > 绘制路径”上下文选项卡，设置左侧“属性”对话框“约束”项下“工作平面：拉伸”，选择“线”按钮绘制放样路径，如图 2.191 中①所示；单击左侧“属性”面板“材质和装饰”项下“材质”右边小方块关联族参数，添加“滑梯组合构件材质”关联族参数；单击“模式”面板“完成编辑模式”按钮“√”，完成放样路径的绘制。

STEP 27 单击“修改|放样”上下文选项卡“放样”面板“编辑轮廓”按钮，在系统弹出的“转到视图”对话框中单击“立面：左”按钮，退出“转到视图”对话框后系统自动切换到“修改|放样 > 编辑轮廓”上下文选项卡且打开了左立面视图；选择“圆形”按钮绘制放样轮廓；单击“模式”面板“完成编辑模式”按钮“√”，完成放样轮廓的绘制，如图 2.191 中②所示；再次单击“修改|放样”上下文选项卡“模式”面板“完成编辑模式”按钮“√”，完成放样形体 18 创建。同理，创建放样形体 19 ～ 21，如图 2.192 所示。

STEP 28 切换到“参照标高”楼层平面视图；单击“创建”选项卡“形状”面板“放样融合”按钮，系统自动切换到“修改|放样融合”上下文选项卡；单击“放样融合”面板“绘制路径”按钮，系统自动切换到“修改|放样融合 > 绘制路径”上下文选项卡；单击“绘制”面板“圆心 - 端点弧”按钮，绘制路径（半圆弧右端点竖直方向与参照平面 3 对齐且锁定），软件自动在垂直于路径的起点和终点上各生成一个工作平面，如图 2.193 所示，单击“模式”面板“完成编辑模式”按钮“√”，退出路径编辑模式。

STEP 29 单击“修改|放样融合”上下文选项卡“放样融合”面板“绘制轮廓 1”按钮，单击“编辑轮廓”按钮，在系统弹出的“转到视图”对话框中单击“立面：前”按钮，单击“打开视图”按钮退出“转到视图”对话框后系统自动切换到“修改|放样融合 > 编辑轮廓”上下文选项卡且打开了前立面视图；单击左侧“属性”面板“材质和装饰”项下“材质”右边小方块关联族参数，添加“滑梯组合构件材质”关联族参数。

STEP 30 单击“线”按钮绘制放样融合轮廓 1，添加对齐尺寸标注并将标注锁定，如图 2.194 中①所示。

STEP 31 单击“绘制轮廓 2”按钮，单击“线”按钮绘制放样融合轮廓 2，添加对齐尺寸标注并将标注锁定，如图 2.194 中②所示；单击“模式”面板“完成编辑模式”按钮“√”，完成轮廓 1 和 2 的绘制，再次单击“模式”面板“完成编辑模式”按钮“√”，完成放样融合形体 22 的创建。

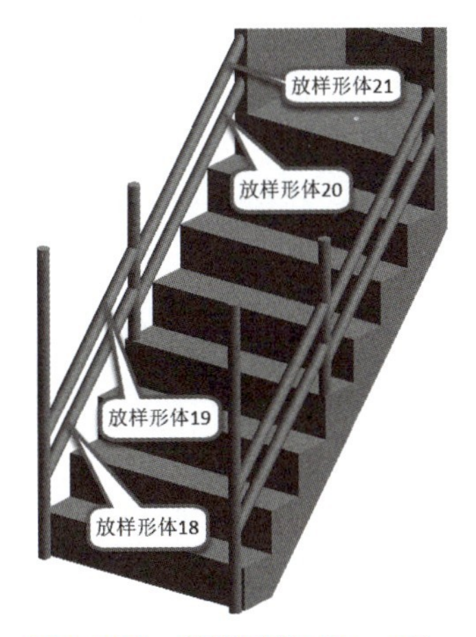

图 2.192　放样形体 18 ～ 21

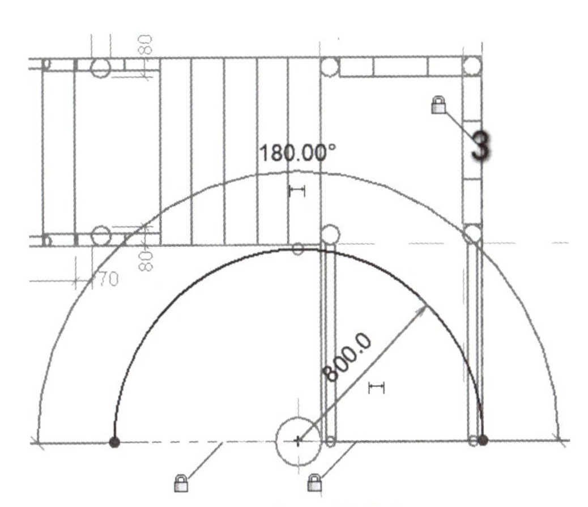

图 2.193　放样融合形体 22 的路径

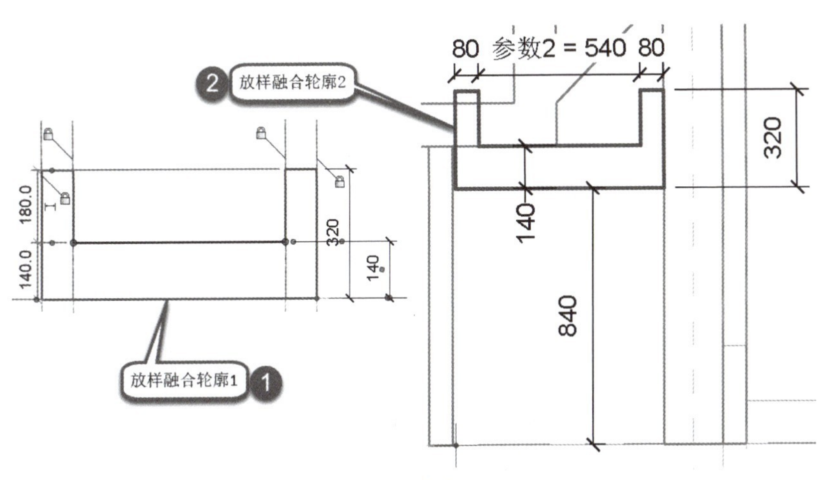

图 2.194　放样融合形体 22 的放样融合轮廓

STEP 32 切换到“参照标高”楼层平面视图；选中放样融合形体 22，单击“修改”面板“旋转”按钮，勾选选项栏“复制”复选框，旋转中心位于拉伸形体 13 草图线的圆心，逆时针旋转 180°，则初步创建了放样融合形体 23。

STEP 33 双击放样融合形体23，单击“修改|放样融合”上下文选项卡“放样融合”面板“选择轮廓1”按钮，单击“编辑轮廓”按钮，重新绘制轮廓 1，如图 2.194 中②所示；单击“修改 | 放样融合”上下文选项卡“放样融合”面板“选择轮廓2”按钮，单击“编辑轮廓”按钮，重新绘制轮廓2，如图2.194 中①所示（注意放样融合形体 22 的轮廓 2 与轮廓 1 在垂直高度上相差 1680mm）。

STEP 34 切换到三维视图；单击“创建”选项卡“属性”面板“族类型”按钮，在系统弹出的“族类型”对话框中，将“材质和装饰”项下“滑梯组合构件材质”设置为“塑料”，单击“确定”按钮关闭“族类型”对话框。

STEP 35 单击“修改”选项卡“几何图形”面板“连接”下拉列表“连接几何图形”按钮，勾选选项栏“多重连接”复选框，首先选中拉伸形体 1，接着借助 Ctrl 键同时选中其余各自独立的形体，则创建的所有形体就连接成为了一个整体。

STEP 36 在三维视图状态下，变换角度观察创建的滑梯组合构件三维模型显示效果，如图 2.195 所示。

STEP 37 单击快速访问工具栏“保存”按钮，在弹出的“另存为”对话框中以“滑梯组合构件 + 考生姓名 .rfa”为文件名保存到考生文件夹中。

至此，本题建模结束。

图 2.195　滑梯组合构件三维模型

8.【二级（建筑）第十四期第二题】

【二级（建筑）第十四期第二题】

根据图 2.196 创建办公桌构件集模型。将挡板长度（参数 1）、桌子高度（参数 2）、挡板高度（参数 3）设置为参数，可通过参数实现模型修改，其余尺寸请参照图 2.196。桌面间细缝宽 3mm，挡板厚 5mm，桌面中央为三个走线通孔，桌腿上下端半径分别为 25mm 和 10mm，桌腿旋转对称放置且平面位置如图 2.196 所示。抽屉拉手和桌腿垫脚样式及未标明尺寸可自行设定。桌面和抽屉材质为白蜡木，挡板材质为玻璃，桌腿材质为不锈钢。请将模型以“办公桌 .xxx”为文件名保存到考生文件夹中。（20 分）

STEP 01 打开软件 Revit；单击“族”→“新建”按钮，在打开的“新族 – 选择样板文件”对话框中选择“公制常规模型”族样板文件，接着单击“打开”按钮退出“新族 – 选择样板文件”对话框，系统自动切换到族编辑器建模界面的“参照标高”楼层平面视图。

STEP 02 单击快速访问工具栏“保存”按钮，在弹出的“另存为”对话框中以“办公桌 .rfa”为文件名保存到考生文件夹中；接着单击“文件”→“另存为”→“族”，在弹出的“另存为”对话框中以“嵌套族桌面 .rfa”为文件名保存到考生文件夹中。单击左侧“属性”对话框中“属性过滤器”下拉列表“楼层平面：参照标高”选项；单击“属性”对话框“范围”项下“视图范围”右侧“编辑”按钮，打开“视图范围”对话框，设置“主要范围”

项下“顶部”为“无限制”,“剖切面”偏移值为“10000”,单击“确定”按钮关闭“视图范围”对话框。

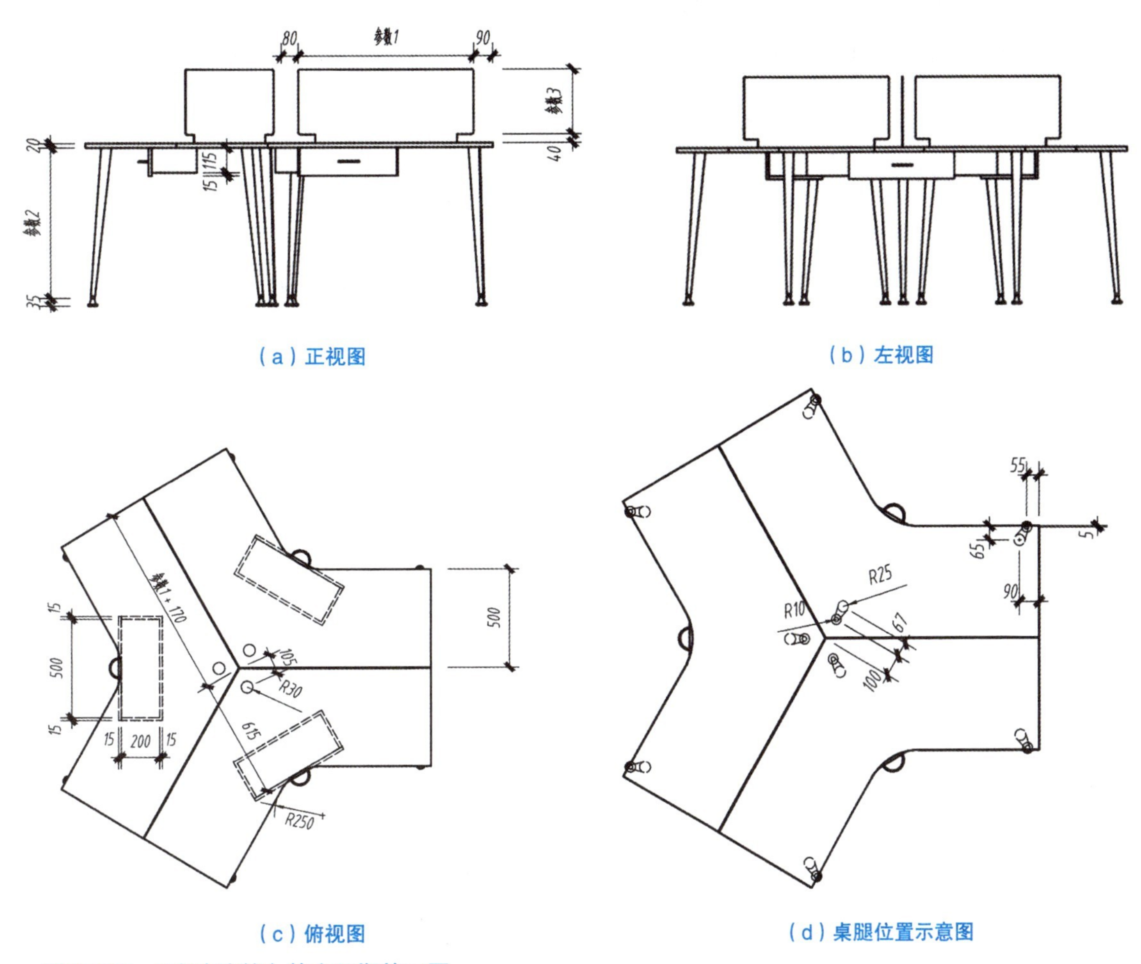

图 2.196　二级（建筑）第十四期第二题

STEP 03 单击“创建”选项卡“属性”面板“族类型”按钮,在打开的“族类型”对话框中单击“新建参数”按钮,打开了“参数属性”对话框;在打开的“参数属性”对话框“参数数据”一栏“名称”下输入“桌子长度”(参数类型为“长度”),单击“确定”按钮关闭“参数属性”对话框,回到“族类型”对话框;同理添加族参数“角度 120°”(参数类型为“角度”)、族参数“半径 250”(参数类型为“长度”)、族参数“桌子底部”(参数类型为“长度”)、族参数“桌子顶部”(参数类型为“长度”)、族参数“参数 1”(参数类型为“长度”)、族参数“参数 2”(参数类型为“长度”)、族参数“参数 3”(参数类型为“长度”)、族参数“抽屉侧板底部”、族参数“抽屉底板顶部”、族参数“把手底部”、族参数“把手顶部”和族参数“抽屉封板底部”。设置“桌子底部”公式为“= 参数 2+35mm”、“桌子顶部”公式为“= 参数 2+55mm”,单击“确定”按钮关闭“族类型”对话框。

STEP 04 切换到“参照标高”楼层平面视图;单击“创建”选项卡“形状”面板“拉伸”按钮,系统自动切换到“修改 | 创建拉伸”上下文选项卡;绘制桌面的草图线,添加对齐尺寸标注、角度标注;选中数值为“500”的对齐尺寸标注,锁定;选中数值为“120.00°”的角度标注,锁定;选中半径为“250”的圆弧,锁定;选中数值为“1000”的尺寸标注,在“修改 | 尺寸标注”上下文选项卡“标签尺寸标注”面板“标签”下拉列表中选择“桌子长度 =0”,则该标注便与参数“桌子长度”相关联;对半径为“250”的圆弧进行径向标注且与族参数“半径 250”相关联,如图 2.197 所示。

STEP 05 设置左侧“属性”对话框中“约束”项下“工作平面”为“标高:参照标高”;单击左侧“属性”对话框“材质和装饰”项下“材质”右边小方块关联族参数,添加“白蜡木”(参数类型为“材质”)关联族参数。

STEP 06 单击左侧“属性”对话框“约束”项下“拉伸起点”右边小方块关联族参数，在弹出的“关联族参数”对话框中选择“兼容类型的现有族参数”列表中的“桌子底部”，单击“确定”按钮关闭“关联族参数”对话框；单击左侧“属性”对话框“约束”项下“拉伸终点”右边小方块关联族参数，在弹出的“关联族参数”对话框中选择“兼容类型的现有族参数”列表中的“桌子顶部”，单击“确定”按钮关闭“关联族参数”对话框。单击“模式”面板“完成编辑模式”按钮“√”，完成嵌套族桌面的创建。单击快速访问工具栏“保存”按钮，保存“嵌套族桌面 .rfa”族模型文件。

STEP 07 单击“创建”选项卡“形状”面板“融合”按钮，系统切换到“修改 | 创建融合底部边界”上下文选项卡；设置左侧“属性”对话框中“约束”项下“第二端点”为“35.0”，“第一端点”为“0.0”，设置“工作平面”为“标高：参照标高”；单击左侧“属性”对话框“材质和装饰”项下“材质”右边小方块关联族参数，添加“不锈钢”关联族参数。

STEP 08 单击“圆形”按钮，绘制半径为“25”的圆形融合底部边界线，进行尺寸标注且将标注锁定，如图 2.198 中①所示；单击“修改 | 创建融合底部边界”上下文选项卡“模式”面板“编辑顶部”按钮，系统切换到“修改 | 创建融合顶部边界”上下文选项卡；单击“圆形”按钮，绘制半径为“10”的圆形融合顶部边界线，进行尺寸标注且锁定，如图 2.198 中②所示；单击“模式”面板“完成编辑模式”按钮“√”，完成桌腿 A 的创建。

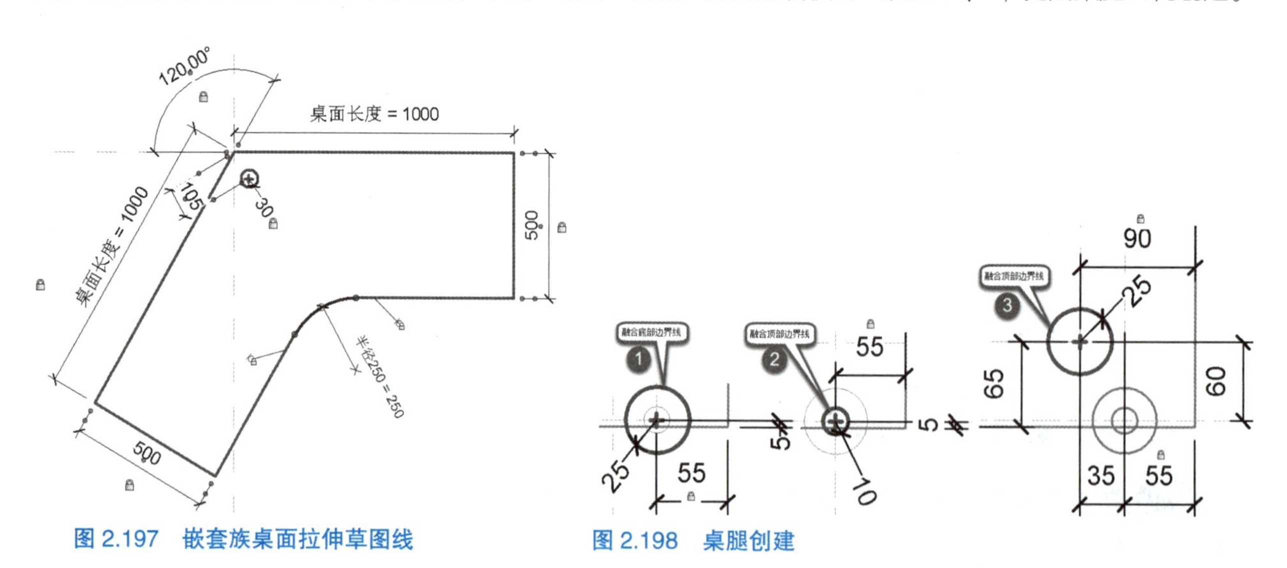

图 2.197　嵌套族桌面拉伸草图线

图 2.198　桌腿创建

STEP 09 同理，单击“创建”选项卡“形状”面板“融合”按钮，系统切换到“修改 | 创建融合底部边界”上下文选项卡；设置左侧“属性”对话框中“约束”项下“第一端点”为“35.0”，“第二端点”为“0.0”，设置“工作平面”为“标高：参照标高”。

STEP 10 单击左侧“属性”对话框“材质和装饰”项下“材质”右边小方块关联族参数，在弹出的“关联族参数”对话框中选择“兼容类型的现有族参数”列表中的“不锈钢”选项，单击“确定”按钮关闭“关联族参数”对话框。

STEP 11 单击左侧“属性”对话框“约束”项下“第二端点”右边小方块关联族参数，在弹出的“关联族参数”对话框中选择“兼容类型的现有族参数”列表中的“桌子底部”，单击“确定”按钮关闭“关联族参数”对话框。

STEP 12 单击“圆形”按钮，绘制半径为“10”的圆形融合底部边界线，进行尺寸标注且将标注锁定，如图 2.198 中②所示；单击“修改 | 创建融合底部边界”上下文选项卡“模式”面板“编辑顶部”按钮，系统切换到“修改 | 创建融合顶部边界”上下文选项卡；单击“圆形”按钮，绘制半径为“25”的圆形融合顶部边界线，进行尺寸标注且将标注锁定，如图 2.198 中③所示；单击“模式”面板“完成编辑模式”按钮“√”，完成桌腿 B 的创建。同理，创建其余桌腿，桌腿布置图如图 2.199 所示。

STEP 13 切换到前立面视图；单击“创建”选项卡“形状”面板“拉伸”按钮，系统自动切换到“修改

| 创建拉伸”上下文选项卡；绘制挡板的草图线，添加对齐尺寸标注，其中两个尺寸标注分别与族参数“参数 1”和族参数“参数 3”相关联，其余的尺寸标注锁定，最低处水平草图线与桌面对齐且锁定，如图 2.200 所示。

STEP 14 设置左侧“属性”对话框中“约束”项下“拉伸起点”为“0.0”，“拉伸终点”为“-5.0”，设置“工作平面”为“参照平面：中心（前 / 后）”。

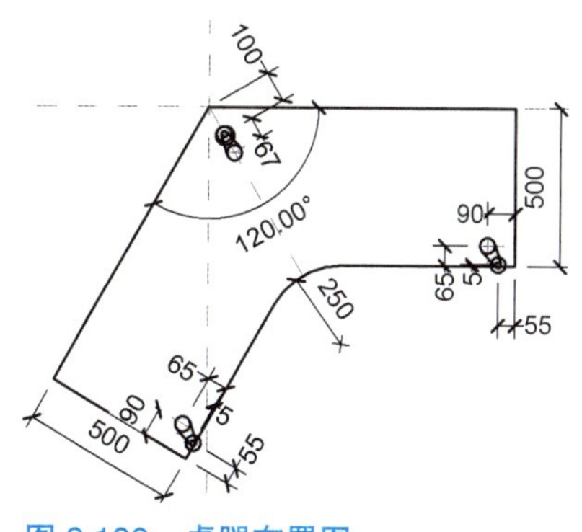

图 2.199 桌腿布置图

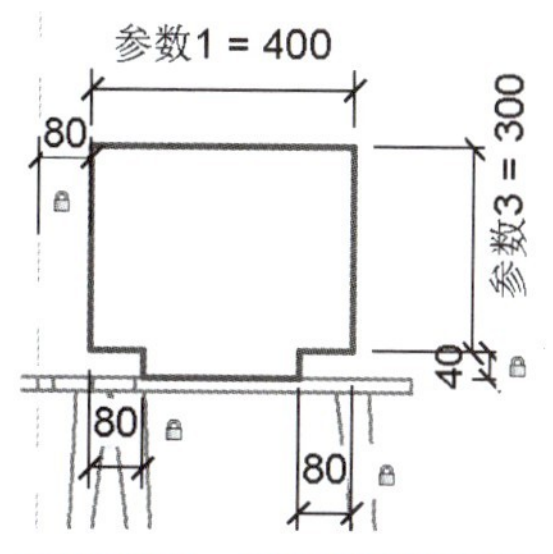

图 2.200 挡板拉伸草图线

STEP 15 单击左侧“属性”对话框“材质和装饰”项下“材质”右边小方块关联族参数，添加“玻璃”（参数类型为“材质”）关联族参数。

STEP 16 单击“创建”选项卡“属性”面板“族类型”按钮，在打开的“族类型”对话框中设置“尺寸标注”项下“桌子长度”公式为“= 参数 1+80+90”，单击“确定”按钮关闭“族类型”对话框。单击“模式”面板“完成编辑模式”按钮“√”，完成挡板 A 的创建。同理，创建挡板 B。

STEP 17 切换到“参照标高”楼层平面视图；单击“创建”选项卡“形状”面板“拉伸”按钮，系统自动切换到“修改 | 创建拉伸”上下文选项卡；绘制抽屉侧板的草图线，添加对齐尺寸标注，如图 2.201 中①所示。

STEP 18 设置左侧“属性”对话框中“约束”项下“工作平面”为“标高：参照标高”；单击左侧“属性”面板“材质和装饰”项下“材质”右边小方块关联族参数，与族参数“白蜡木”相关联。

STEP 19 单击左侧“属性”对话框“约束”项下“拉伸终点”右边小方块关联族参数，在弹出的“关联族参数”对话框中选择“兼容类型的现有族参数”列表中的“桌子底部”，单击“确定”按钮关闭“关联族参数”对话框。

STEP 20 单击左侧“属性”对话框“约束”项下“拉伸起点”右边小方块关联族参数，在弹出的“关联族参数”对话框中选择“兼容类型的现有族参数”列表中的“抽屉侧板底部”，单击“确定”按钮关闭“关联族参数”对话框。单击“创建”选项卡“属性”面板“族类型”按钮，在打开的“族类型”对话框中设置“尺寸标注”项下“抽屉侧板底部”公式为“= 桌子底部 -115mm”，单击“确定”按钮关闭“族类型”对话框。单击“模式”面板“完成编辑模式”按钮“√”，完成抽屉侧板的创建。

STEP 21 单击“创建”选项卡“形状”面板“拉伸”按钮，系统自动切换到“修改 | 创建拉伸”上下文选项卡；绘制抽屉底板的草图线，添加对齐尺寸标注，如图 2.201 中②所示。

STEP 22 设置左侧“属性”对话框中“约束”项下“工作平面”为“标高：参照标高”；单击左侧“属性”面板“材质和装饰”项下“材质”右边小方块关联族参数，与族参数“白蜡木”相关联。

STEP 23 单击左侧“属性”对话框“约束”项下“拉伸起点”右边小方块关联族参数，在弹出的“关联族参数”对话框中选择“兼容类型的现有族参数”列表中的“抽屉侧板底部”，单击“确定”按钮关闭“关联族参数”对话框。

STEP 24 单击左侧“属性”对话框“约束”项下“拉伸终点”右边小方块关联族参数，在弹出的“关联族参数”对话框中选择“兼容类型的现有族参数”列表中的“抽屉底板顶部”，单击“确定”按钮关闭“关联族参数”对话框。

STEP 25 单击“创建”选项卡“属性”面板“族类型”按钮，在打开的“族类型”对话框中设置“尺寸标注”项下“抽屉底板顶部”公式为“= 抽屉侧板底部 +15mm”，单击“确定”按钮关闭“族类型”对话框框。单击“模式”面板“完成编辑模式”按钮“√”，完成抽屉底板的创建。

STEP 26 单击“创建”选项卡“形状”面板“拉伸”按钮，系统自动切换到“修改 | 创建拉伸”上下文选项卡；绘制抽屉封板的草图线，添加对齐尺寸标注，如图 2.201 中③所示。

STEP 27 设置左侧“属性”对话框中“约束”项下“工作平面”为“标高：参照标高”；单击左侧“属性”面板“材质和装饰”项下“材质”右边小方块关联族参数，与族参数“白蜡木”相关联。

STEP 28 单击左侧“属性”对话框“约束”项下“拉伸起点”右边小方块关联族参数，在弹出的“关联族参数”对话框中选择“兼容类型的现有族参数”列表中的“抽屉封板底部”，单击“确定”按钮关闭“关联族参数”对话框。

STEP 29 单击左侧“属性”对话框“约束”项下“拉伸终点”右边小方块关联族参数，在弹出的“关联族参数”对话框中选择“兼容类型的现有族参数”列表中的“桌子底部”，单击“确定”按钮关闭“关联族参数”对话框。

STEP 30 单击“创建”选项卡“属性”面板“族类型”按钮，在打开的“族类型”对话框中设置“尺寸标注”项下“抽屉封板底部”公式为“= 桌子底部 -130mm”，单击“确定”按钮关闭“族类型”对话框。单击“模式”面板“完成编辑模式”按钮“√”，完成抽屉封板的创建。

STEP 31 单击“创建”选项卡“形状”面板“拉伸”按钮，系统自动切换到“修改 | 创建拉伸”上下文选项卡；绘制把手的草图线，如图 2.202 所示。

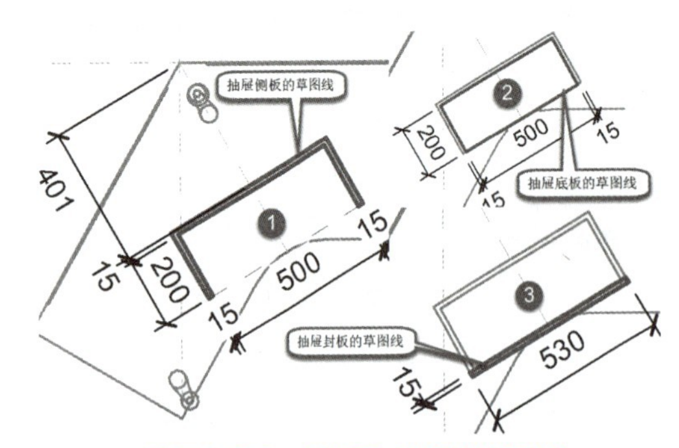

图 2.201　抽屉侧板、底板和封板的草图线

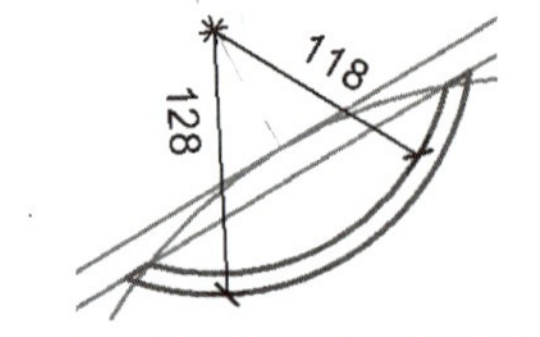

图 2.202　把手拉伸草图线

STEP 32 设置左侧“属性”对话框“约束”项下“工作平面”为“标高：参照标高”；单击左侧“属性”面板“材质和装饰”项下“材质”右边小方块关联族参数，与族参数“不锈钢”相关联。

STEP 33 单击左侧“属性”对话框“约束”项下“拉伸终点”右边小方块关联族参数，在弹出的“关联族参数”对话框中选择“兼容类型的现有族参数”列表中的“把手顶部”，单击“确定”按钮关闭“关联族参数”对话框。

STEP 34 单击左侧“属性”对话框“约束”项下“拉伸起点”右边小方块关联族参数，在弹出的“关联族参数”对话框中选择“兼容类型的现有族参数”列表中的“把手底部”，单击“确定”按钮关闭“关联族参数”对话框。

STEP 35 单击“创建”选项卡“属性”面板“族类型”按钮，在打开的“族类型”对话框中设置“尺寸标注”项下“把手底部”公式为“= 桌子底部 -60”、设置“把手顶部”公式为“= 桌子底部 -50”，单击“确定”按钮关闭“族类型”对话框。单击“模式”面板“完成编辑模式”按钮“√”，完成把手的创建。

STEP 36 单击“创建”选项卡“属性”面板“族类型”按钮，在系统弹出的“族类型”对话框中设置“材质和装饰”项下“白蜡木”为“白蜡木”，“玻璃”为“玻璃”，“不锈钢”为“不锈钢”，单击“确定”按钮关闭“族类型”对话框。

STEP 37 单击快速访问工具栏“保存”按钮，保存族模型文件。

STEP 38 单击“修改”选项卡“族编辑器”面板“载入到项目”按钮，把刚刚创建的“嵌套族桌面.rfa”

模型文件载入到“办公桌.rfa”模型中且系统自动打开“办公桌.rfa”模型文件。

STEP 39 单击“创建”选项卡“模型”面板“构件”按钮，系统自动切换到“修改|放置构件”上下文选项卡。

STEP 40 确认左侧“类型选择器”下拉列表中构件的类型为“嵌套族桌面.rfa”；将光标置于中心（左/右）参照平面和中心（前/后）参照平面交点上，单击，则“嵌套族桌面.rfa”放置好了。

STEP 41 根据题目中“桌面间细缝宽3mm”的要求，调整刚刚放置的“嵌套族桌面.rfa”；接着通过“镜像－绘制轴”工具布置另外两个“嵌套族桌面.rfa”。

STEP 42 切换到三维视图，查看创建的办公桌三维模型显示效果，如图2.203所示。

STEP 43 单击快速访问工具栏“保存”按钮，保存“办公桌.rfa”族模型文件。

至此，本题建模结束。

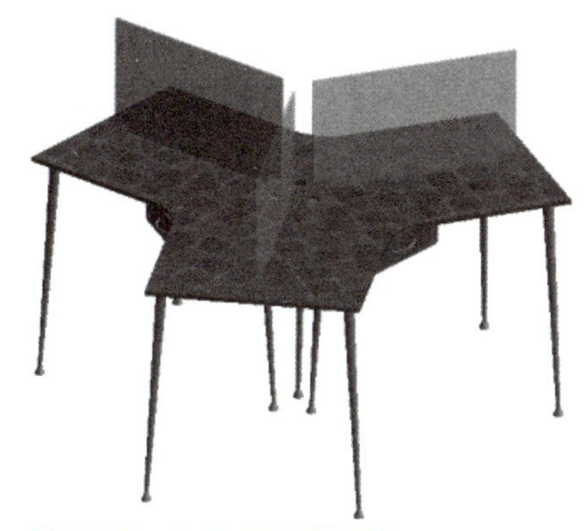

图2.203　办公桌三维模型

9.【二级（建筑）第十五期第二题】

根据图2.204创建书架构件集模型。将底柜高度（参数1）、隔板宽度（参数2）设置为参数，要求可通过参数实现模型修改，其余尺寸请参照下图。书架构造左右对称。左视图中，上部弧线起始端与水平线相切，中部弧线起始端与垂直线相切。主、左、后视图中书柜底脚处弧线皆与水平线相切，且半径皆为100mm。底柜拉手及未标明尺寸可自行设定。所有竖向板材质为松木，横向板以及底柜把手材质为铝，底柜窗口为玻璃，玻璃厚度小于柜门厚度。请将模型以“书架.xxx”为文件名保存到考生文件夹中。（20分）

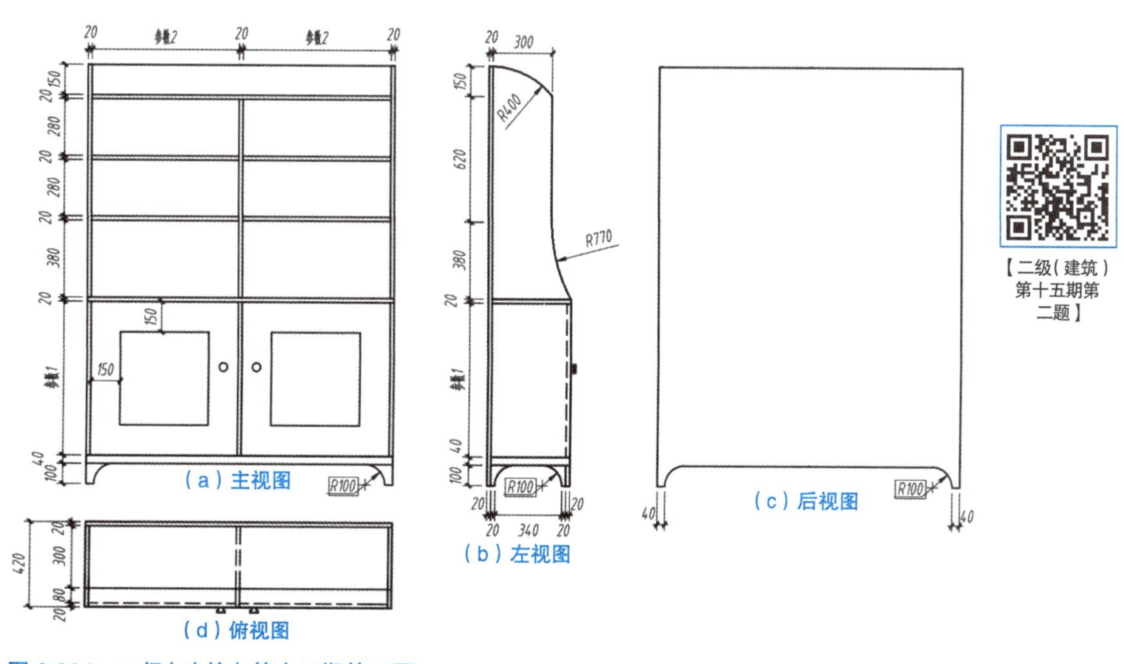

图2.204　二级（建筑）第十五期第二题

STEP 01 打开软件 Revit；单击“族”→“新建”按钮，在打开的“新族 – 选择样板文件”对话框中选择“公制常规模型”族样板文件，接着单击“打开”按钮退出“新族 – 选择样板文件”对话框，系统自动切换到族编辑器建模界面的“参照标高”楼层平面视图。

STEP 02 绘制参照平面 1～4；放置对齐尺寸标注且将标注锁定；选中数值为“1000”的对齐尺寸标注，系统切换到“修改 | 尺寸标注”上下文选项卡，单击“标签尺寸标注”面板中的“创建参数”按钮，在弹出的“参数属性”对话框中设置“名称”为“参数 2”，如图 2.205 所示。

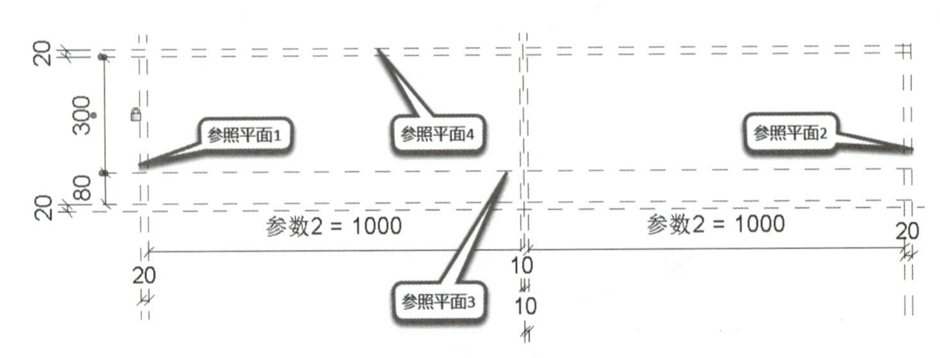

图 2.205　绘制参照平面、进行尺寸标注和添加“参数 2”

STEP 03 切换到前立面视图；绘制参照平面 5～15；添加对齐尺寸标注且将标注锁定；添加“参数 1”，如图 2.206 所示。

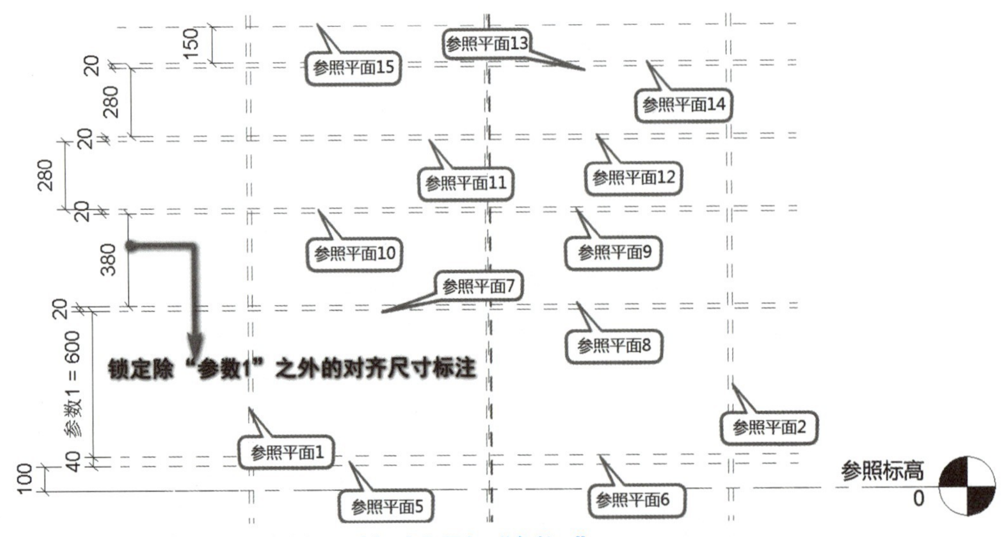

图 2.206　绘制参照平面、进行尺寸标注和添加“参数 1”

STEP 04 切换到“参照标高”楼层平面视图；单击“创建”选项卡“形状”面板“拉伸”按钮，系统自动切换到“修改 | 创建拉伸”上下文选项卡；单击“绘制”面板“矩形”按钮，绘制拉伸形体 1 的草图线且与参照平面锁定，如图 2.207 所示；设置左侧“属性”对话框中“材质和装饰”项下“材质”为“松木”；单击“模式”面板“完成编辑模式”按钮“√”，完成拉伸形体 1 的创建。

STEP 05 切换到前立面视图；拖动上下“拉伸：造型操纵柄”，将拉伸形体 1 分别与参照平面 15 以及参照标高线对齐且锁定，如图 2.208 所示。

STEP 06 单击“创建”选项卡“形状”面板“拉伸”按钮，系统自动切换到“修改 | 创建拉伸”上下文选项卡；单击“绘制”面板“矩形”按钮，绘制拉伸形体 2 的草图线且与参照平面锁定，如图 2.209 所示；设置左侧“属性”对话框中“材质和装饰”项下“材质”为“铝”；单击“模式”面板“完成编辑模式”按钮“√”，完成拉伸形体 2 的创建。

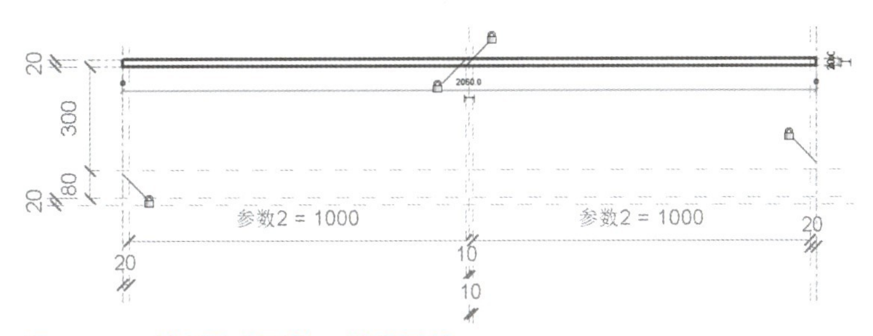

图 2.207　绘制拉伸形体 1 的草图线

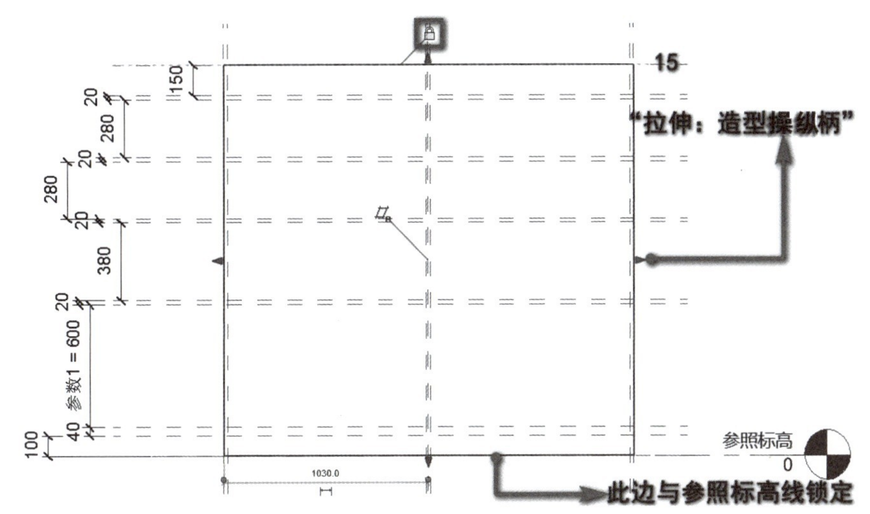

图 2.208　拖动上下"拉伸：造型操纵柄"

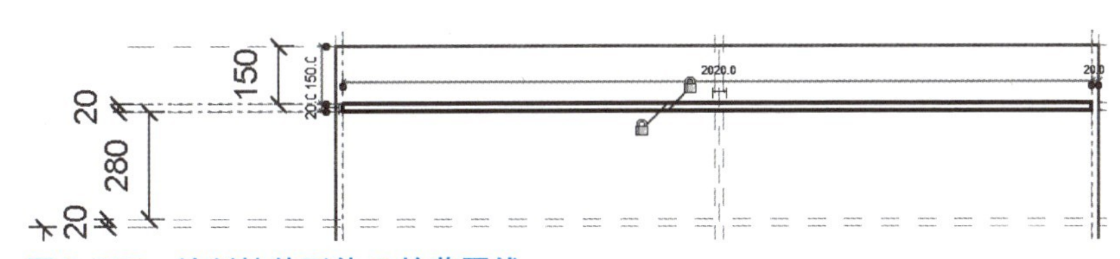

图 2.209　绘制拉伸形体 2 的草图线

STEP 07 切换到"参照标高"楼层平面视图；拉伸形体 2 创建完成之后，发现"参照标高"楼层平面视图中并没有显示拉伸形体 2；单击左侧"属性过滤器"下拉列表中的"楼层平面：参照标高"选项；单击左侧"属性"对话框中的"范围"项下"视图范围"→"编辑"按钮，在弹出的"视图范围"对话框中设置"主要范围"→"顶部"为"无限制"、"主要范围"→"剖切面"→"偏移"为"5000.0"，则拉伸形体 2 在"参照标高"楼层平面视图中显示出来了；拖动上下"拉伸：造型操纵柄"，拉伸形体 2 分别与参照平面对齐且锁定，如图 2.210 所示。

STEP 08 切换到前立面视图；单击"创建"选项卡"形状"面板"拉伸"按钮，系统自动切换到"修改 | 创建拉伸"上下文选项卡；单击"绘制"面板"矩形"按钮，绘制拉伸形体 3 的草图线且草图线与参照平面对齐锁定，如图 2.211 所示；设置左侧"属性"对话框中"材质和装饰"项下"材质"为"铝"；单击"模式"面板"完成编辑模式"按钮"√"，完成拉伸形体 3 的创建。

STEP 09 切换到"参照标高"楼层平面视图；拖动上下"拉伸：造型操纵柄"，使拉伸形体 3 的边界分别与参照平面对齐且锁定，如图 2.212 所示。

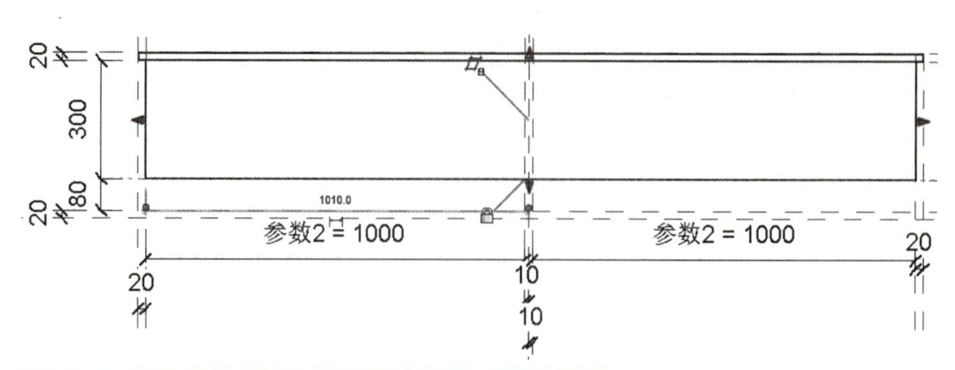

图 2.210　设置“参照标高”楼层平面视图的“视图范围”

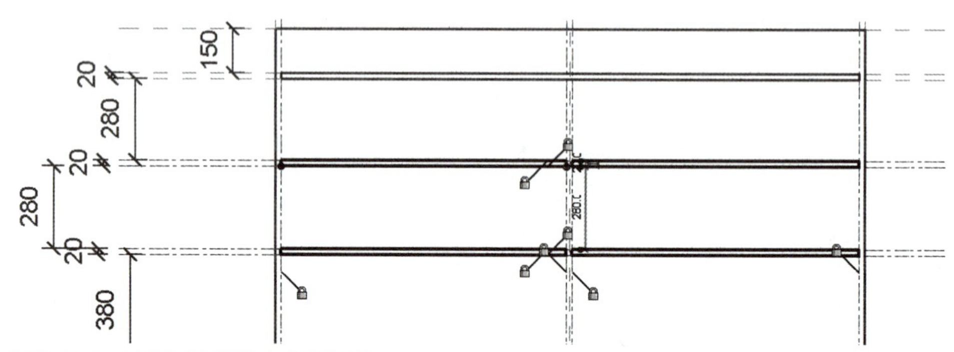

图 2.211　绘制拉伸形体 3 的草图线

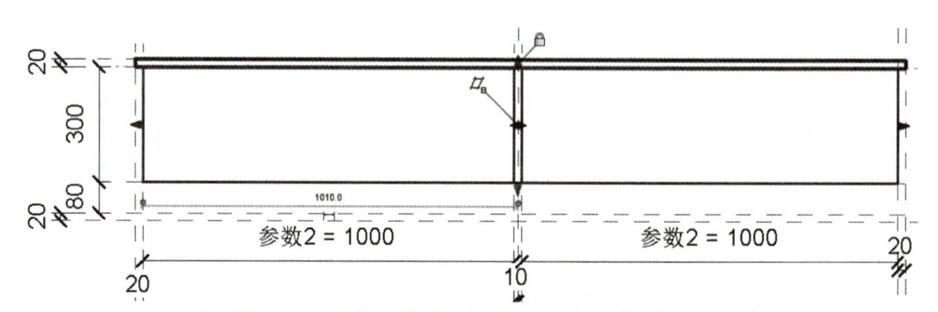

图 2.212　拖动上下“拉伸：造型操纵柄”，使拉伸形体 3 的边界分别与参照平面对齐且锁定

STEP 10 切换到前立面视图；单击“创建”选项卡“形状”面板“拉伸”按钮，系统自动切换到“修改 | 创建拉伸”上下文选项卡；单击“绘制”面板“矩形”按钮，绘制拉伸形体 4 的草图线且草图线与参照平面对齐锁定，如图 2.213 所示；设置左侧“属性”对话框中“材质和装饰”项下“材质”为“铝”；单击“模式”面板“完成编辑模式”按钮“√”，完成拉伸形体 4 的创建。

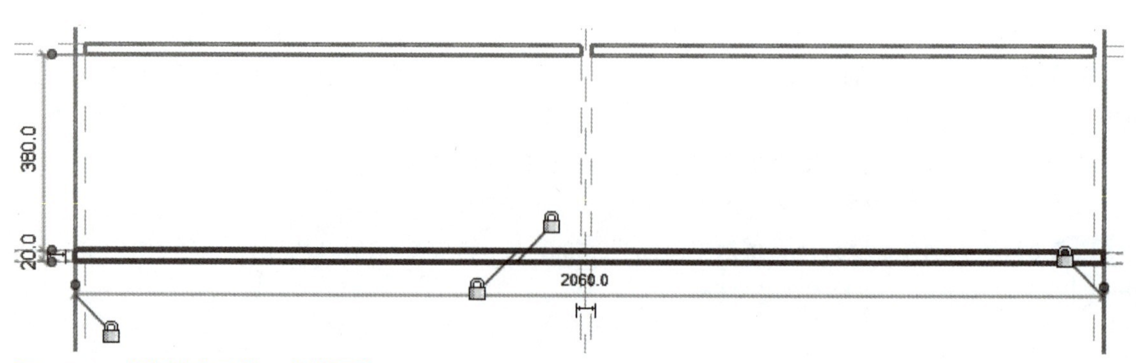

图 2.213　绘制拉伸形体 4 的草图线

STEP 11 切换到“参照标高”楼层平面视图；拖动上下“拉伸：造型操纵柄”，使拉伸形体 4 的边界分别与参照平面对齐且锁定，如图 2.214 所示。

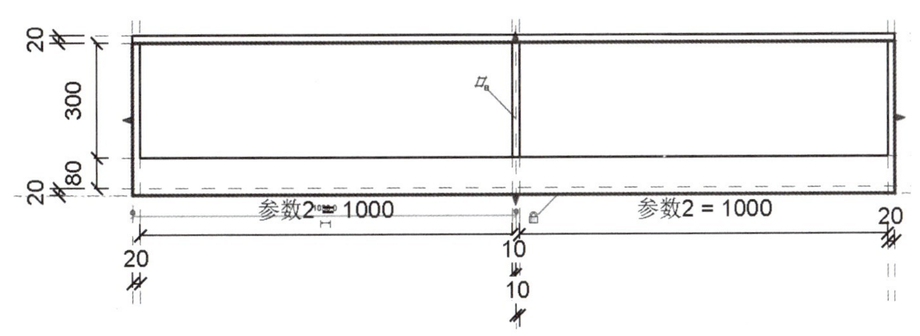

图 2.214　拖动上下“拉伸：造型操纵柄”，使拉伸形体 4 的边界分别与参照平面对齐且锁定

STEP 12 切换到前立面视图；单击“创建”选项卡“形状”面板“拉伸”按钮，系统自动切换到“修改 | 创建拉伸”上下文选项卡；单击“绘制”面板“矩形”按钮，绘制拉伸形体 5 的草图线且草图线与参照平面对齐锁定，如图 2.215 所示；设置左侧“属性”对话框中“材质和装饰”项下“材质”为“铝”；单击“模式”面板“完成编辑模式”按钮“√”，完成拉伸形体 5 的创建；切换到“参照标高”楼层平面视图；拖动上下“拉伸：造型操纵柄”，使其边界分别与参照平面对齐且锁定，如图 2.214 所示。

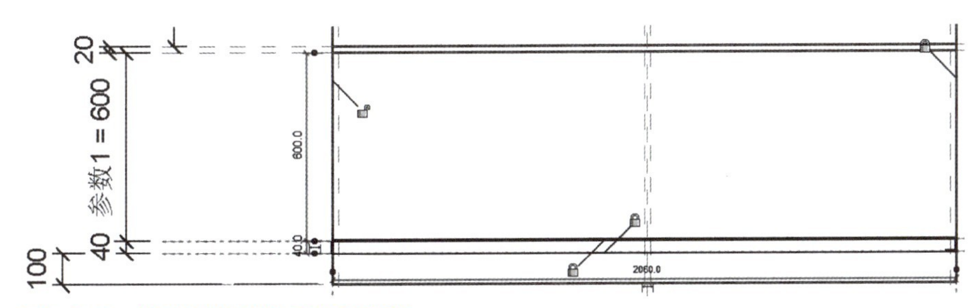

图 2.215　绘制拉伸形体 5 的草图线

STEP 13 切换到“参照标高”楼层平面视图；单击“创建”选项卡“形状”面板“拉伸”按钮，系统自动切换到“修改 | 创建拉伸”上下文选项卡；单击“工作平面”面板“设置”按钮，在弹出的“工作平面”对话框中单击“指定新的工作平面”→“拾取一个平面”按钮，拾取“参照标高”楼层平面视图中的参照平面 1 作为工作平面；激活弹出的“转到视图”对话框中的“立面：左”选项，接着单击“打开视图”按钮退出“转到视图”对话框，系统自动切换到左立面视图，绘制拉伸形体 6 的草图线且草图线与参照平面对齐锁定，如图 2.216 所示；设置左侧“属性”对话框中“约束”项下“拉伸起点”为“0.0”，“拉伸终点”为“−20.0”；设置左侧“属性”对话框中“材质和装饰”项下“材质”为“松木”；单击“模式”面板“完成编辑模式”按钮“√”，完成拉伸形体 6 的创建。

STEP 14 切换到“参照标高”楼层平面视图；拖动左右“拉伸：造型操纵柄”，使形体边界分别与参照平面对齐且锁定，如图 2.217 所示。同理创建拉伸形体 7 和 8。切换到三维视图，查看创建的拉伸形体效果，如图 2.218 所示。

STEP 15 切换到前立面视图；单击“创建”选项卡“形状”面板“拉伸”按钮，系统自动切换到“修改 | 创建拉伸”上下文选项卡；单击“绘制”面板“矩形”按钮，绘制拉伸形体 9 的草图线且草图线与参照平面对齐锁定；设置左侧“属性”对话框中“约束”项下“拉伸起点”为“0.0”，“拉伸终点”为“−400.0”，设置“工作平面”为“参照平面：中心（前 / 后）”；设置左侧“属性”对话框中“材质和装饰”项下“材质”为“松木”；单击“模式”面板“完成编辑模式”按钮“√”，完成拉伸形体 9 的创建，如图 2.219 所示。

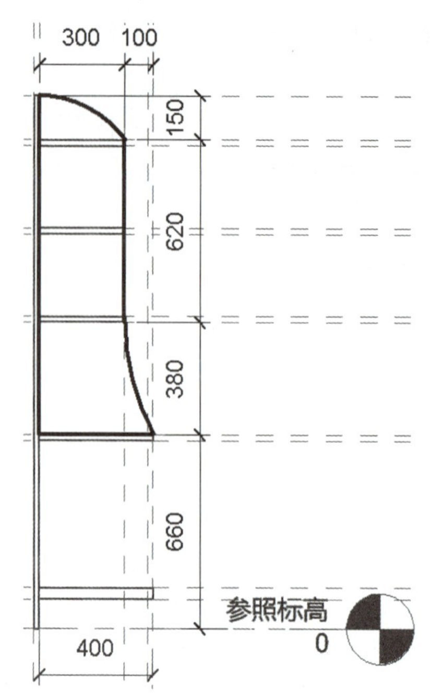

图 2.216　绘制拉伸形体 6 的草图线

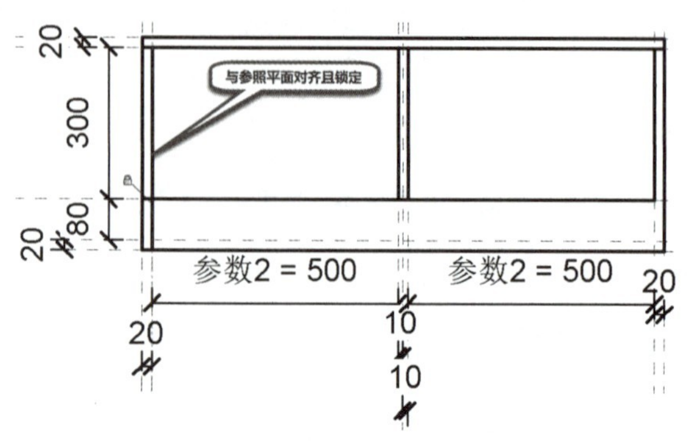

图 2.217　拖动左右“拉伸：造型操纵柄”，使拉伸形体 6 的边界分别与参照平面对齐且锁定

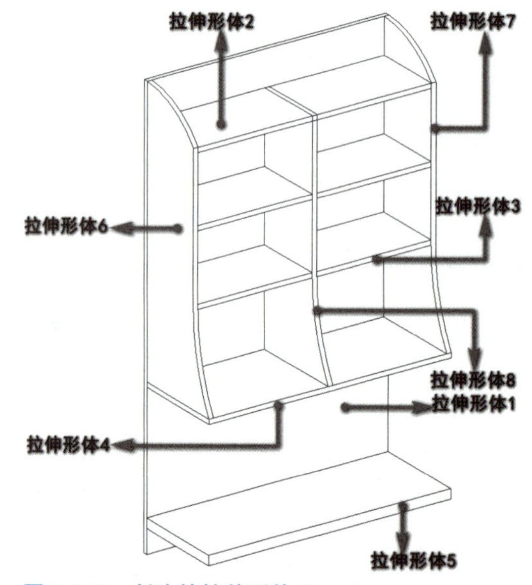

图 2.218　创建的拉伸形体 1 ～ 8

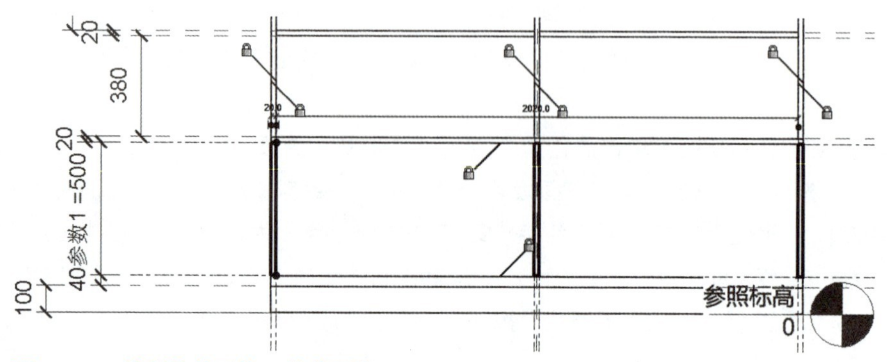

图 2.219　绘制拉伸形体 9 的草图线

STEP 16 切换到前立面视图；单击“创建”选项卡“形状”面板“拉伸”按钮，系统自动切换到“修改 | 创建拉伸”上下文选项卡；单击“绘制”面板“矩形”按钮，绘制拉伸形体 10 的草图线且草图线与参照平面对齐锁定，如图 2.220 所示；设置左侧“属性”对话框中“约束”项下“拉伸起点”为“0.0”，“拉伸终点”为“−20.0”，设置“工作平面”为“参照平面：中心（前 / 后）”；设置左侧“属性”对话框中“材质和装饰”项下“材质”为“松木”；单击“模式”面板“完成编辑模式”按钮“√”，完成拉伸形体 10 的创建。

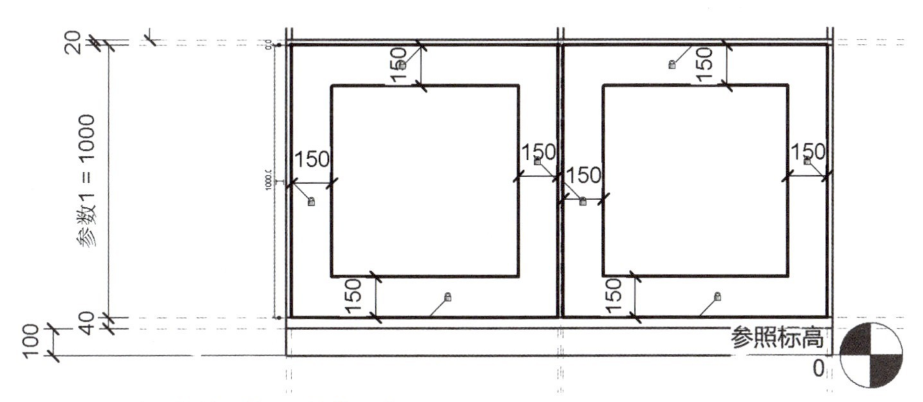

图 2.220　绘制拉伸形体 10 的草图线

STEP 17 切换到前立面视图；单击“创建”选项卡“形状”面板“拉伸”按钮，系统自动切换到“修改 | 创建拉伸”上下文选项卡；单击“绘制”面板“矩形”按钮，绘制拉伸形体 11 的草图线且草图线与参照平面对齐锁定，如图 2.221 所示；设置左侧“属性”对话框中“约束”项下“拉伸起点”为“−6.0”，“拉伸终点”为“−14.0”，设置“工作平面”为“参照平面：中心（前 / 后）”；设置左侧“属性”对话框中“材质和装饰”项下“材质”为“玻璃”；单击“模式”面板“完成编辑模式”按钮“√”，完成拉伸形体 11 的创建。

STEP 18 单击“创建”选项卡“形状”面板“拉伸”按钮，系统自动切换到“修改 | 创建拉伸”上下文选项卡；绘制拉伸形体 12 的草图线且草图线与参照平面对齐锁定，如图 2.222 所示；设置左侧“属性”对话框中“约束”项下“拉伸起点”为“0.0”，“拉伸终点”为“−420.0”，设置“工作平面”为“参照平面：中心（前 / 后）”；设置左侧“属性”对话框中“材质和装饰”项下“材质”为“松木”；单击“模式”面板“完成编辑模式”按钮“√”，完成拉伸形体 12 的创建。

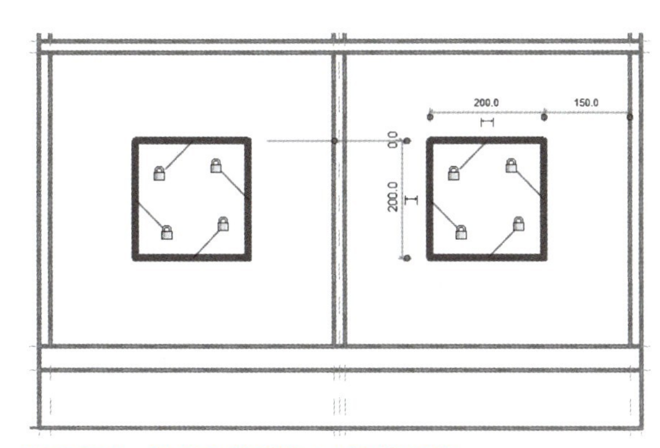

图 2.221　绘制拉伸形体 11 的草图线

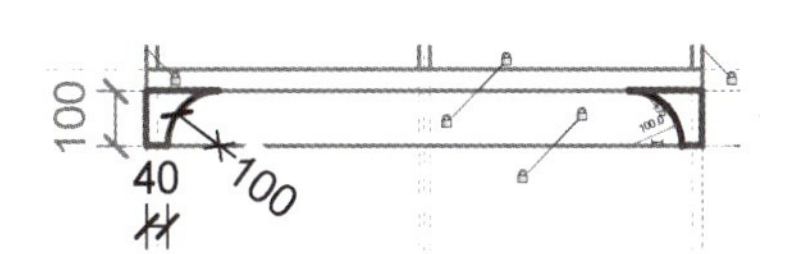

图 2.222　绘制拉伸形体 12 的草图线

STEP 19 单击“创建”选项卡“形状”面板“空心”下拉列表“空心拉伸”按钮，系统自动切换到“修改 | 创建空心拉伸”上下文选项卡；绘制空心拉伸形体 13 的草图线且草图线与参照平面对齐锁定，如图 2.223 所示；设置左侧“属性”对话框中“约束”项下“拉伸起点”为“−400.0”，“拉伸终点”为“−420.0”，设置“工作平面”为“参照平面：中心（前 / 后）”；单击“模式”面板“完成编辑模式”按钮“√”，完成空心拉伸形体 13 的创建。

STEP 20 切换到“参照标高”楼层平面视图；单击“创建”选项卡“形状”面板“空心”下拉列表“空心拉伸”按钮，系统自动切换到“修改 | 创建空心拉伸”上下文选项卡；单击“工作平面”面板“设置”按钮，在弹出的“工作平面”对话框中单击“指定新的工作平面”→“拾取一个平面”按钮，拾取“参照标高”楼层平面视图中的参照平面 1 作为工作平面；激活弹出的“转到视图”对话框中的“立面：左”选项，接着单击“打开视图”按钮退出“转到视图”对话框，系统自动切换到左立面视图，绘制空心拉伸形体 14 的草图线且草图线与参照平面对齐锁定，如图 2.224 所示，单击“模式”面板“完成编辑模式”按钮“√”，完成空心拉伸形体 14 的创建。

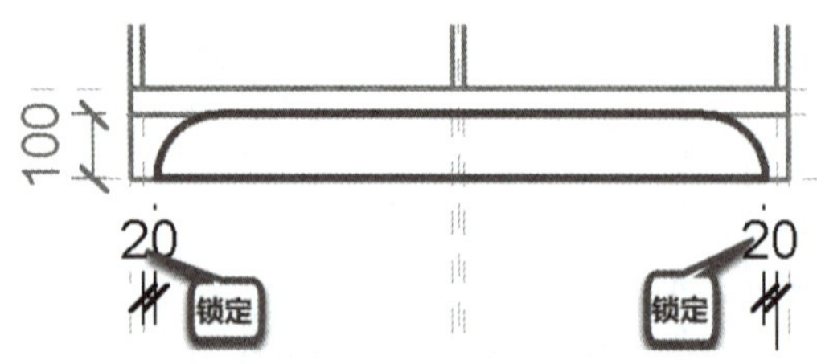

图 2.223　绘制空心拉伸形体 13 的草图线

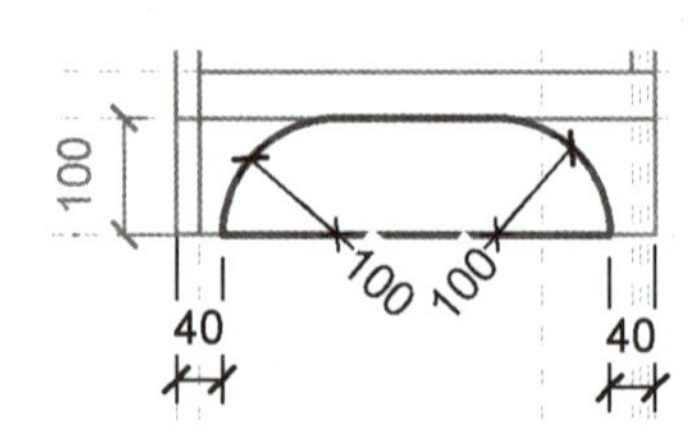

图 2.224　绘制空心拉伸形体 14 的草图线

STEP 21 切换到三维视图，拖动空心拉伸形体 14 的“拉伸：造型操纵柄”至形体之外，如图 2.225 所示。

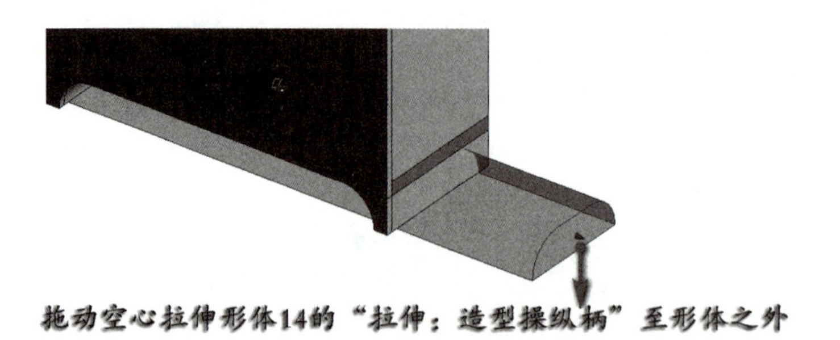

图 2.225　拖动空心拉伸形体 14

STEP 22 单击“几何图形”面板“剪切几何图形”按钮；首先选中空心拉伸形体 14，接着选中拉伸形体 12，则空心拉伸形体 14 对拉伸形体 12 进行了剪切，如图 2.226 所示。

STEP 23 切换到三维视图，单击快速访问工具栏“保存”按钮，在弹出的“另存为”对话框中将建立的模型以“书架 .rfa”为文件名保存至考生文件夹中。

STEP 24 单击“文件”→“新建”→“族”按钮，在弹出的“新族 - 选择样板文件”对话框中选中“基于面的公制常规模型”族样板文件，接着单击“打开”按钮退出“新族 - 选择样板文件”对话框，如图 2.227 所示，系统自动切换到族编辑器建模界面的“参照标高”楼层平面视图。

STEP 25 单击“创建”选项卡“形状”面板“融合”按钮，系统切换到“修改 | 创建融合底部边界”上下文选项卡，以两个参照平面交点为圆心，以 10mm 为半径绘制一个圆；单击“模式”面板“编辑顶部”按钮，系统切换到“修改 | 创建融合顶部边界”上下文选项卡，以两个参照平面交点为圆心，以 8mm 为半径绘制一个圆，设置左侧“属性”对话框中“约束”项下“第一端点”为“0.0”，“第二端点”为“10.0”，设置“工作平面”为“标高：参照标高”；设置左侧“属性”对话框中“材质和装饰”项下“材质”为“铝”；单击“模式”面板“完成编辑模式”按钮“√”，完成融合形体 15 的创建，如图 2.228 所示。

STEP 26 单击“创建”选项卡“形状”面板“拉伸”按钮，系统自动切换到“修改 | 创建拉伸”上下文选项卡；以两个参照平面交点为圆心，以 15mm 为半径绘制一个圆，即作为拉伸形体 16 的草图线；设置左侧“属性”对话框中“约束”项下“拉伸起点”为“10.0”，“拉伸终点”为“20.0”，设置“工作平面”为“标高：参照标高”；设置左侧“属性”对话框中“材质和装饰”项下“材质”为“铝”；单击“模式”面板“完成编辑模式”按钮“√”，完成拉伸形体 16 的创建。

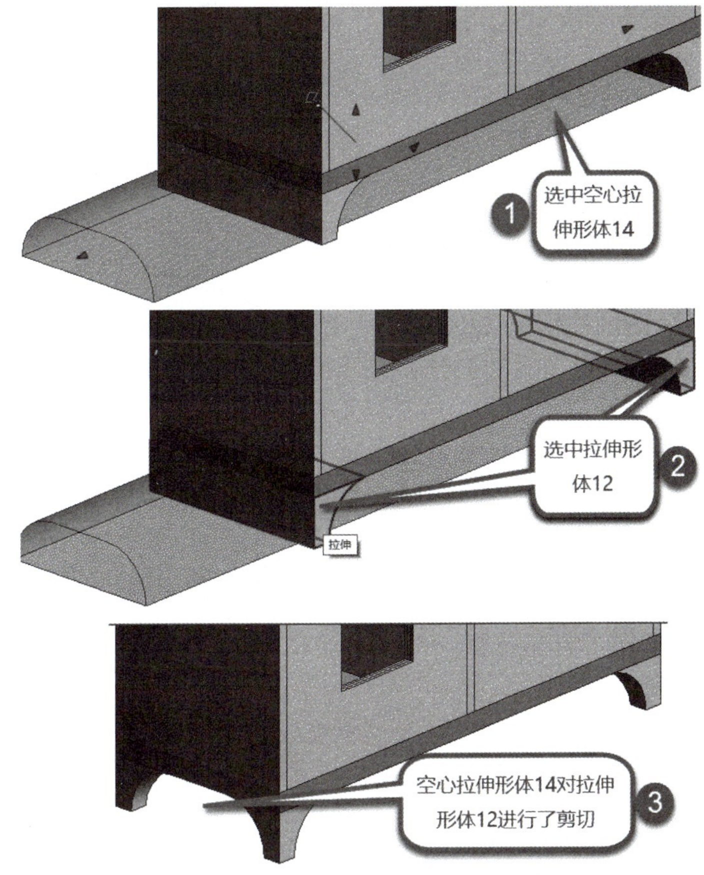

图 2.226　空心拉伸形体 14 对拉伸形体 12 进行剪切

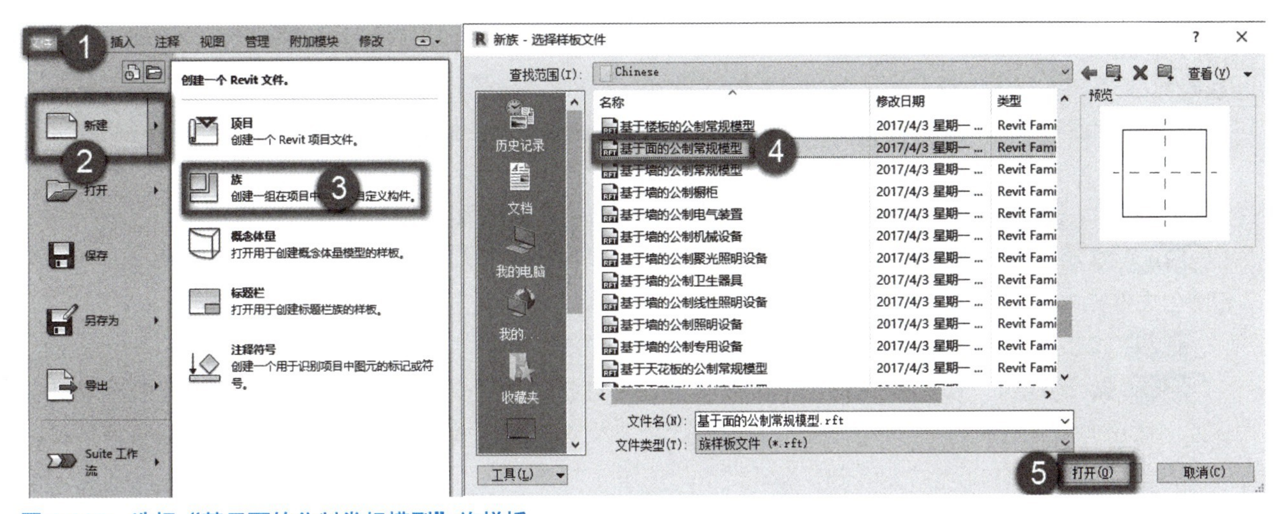

图 2.227　选择“基于面的公制常规模型”族样板

STEP 27 切换到三维视图，单击快速访问工具栏“保存”按钮，在弹出的“另存为”对话框中将建立的模型以“底柜把手.rfa”为文件名保存至考生文件夹中。

STEP 28 单击“族编辑器”面板“载入到项目”按钮，把刚刚创建的“底柜把手.rfa”族模型文件载入到“书架.rfa”模型中，且系统自动打开了“书架.rfa”族模型文件。

STEP 29 切换到三维视图；单击项目浏览器“族”→“常规模型”→“底柜把手”，可以看到刚刚载入的“底柜把手.rfa”模型族。

STEP 30 单击“创建”选项卡“模型”面板“构件”按钮，系统自动切换到“修改|放置构件”上下文选项卡；激活“放置”面板“放置在面上”按钮，确认左侧“类型选择器”下拉列表中构件的类型为“底柜把手.rfa”。

STEP 31 将光标置于拉伸形体10的外表面上时预显放置的“底柜把手.rfa”，单击，则在拉伸形体10的外表面上放置了底柜把手。

STEP 32 切换到前立面视图；绘制参照平面AA、BB、CC、DD、EE；添加对齐尺寸标注且将尺寸标注锁定，如图2.229中①所示；参照平面EE位于参照平面CC和DD中间，如图2.229中②所示；通过复制工具创建另外一个底柜把手；通过对齐工具将底柜把手与参照平面AA、BB和EE对齐且锁定。

STEP 33 切换到三维视图，查看创建的书架三维显示效果；单击快速访问工具栏“保存”按钮，保存模型文件。

至此，本题建模结束。

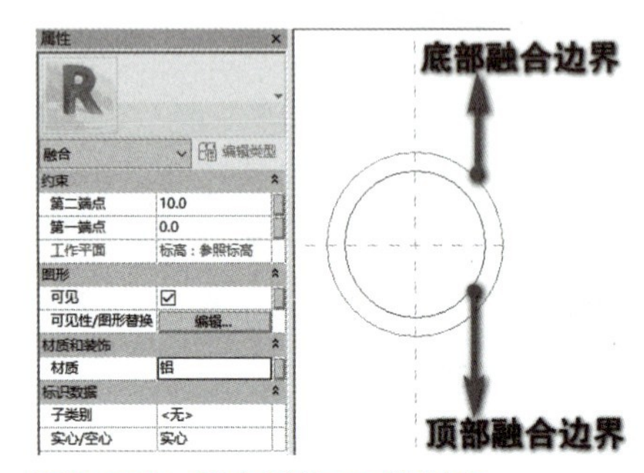

图2.228 融合形体15的创建

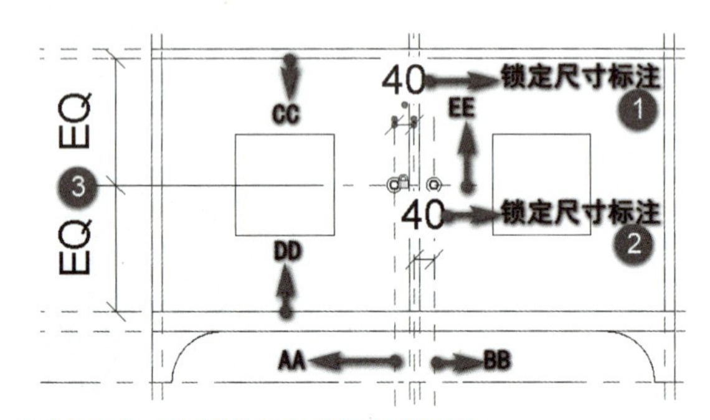

图2.229 对底柜把手进行精确定位

10.【二级（建筑）第十四期第一题】

【二级（建筑）第十四期第一题】

请根据给定的图2.230绘制顶棚模型，顶棚厚度均300mm，顶棚各跨度如图2.230所示。圆弧形顶棚与平面顶棚相切。顶棚上部分屋顶要求有老虎窗和屋顶开口，屋顶分布位置不做要求，老虎窗位置处屋顶坡度分别为30°、30°、80°。柱子分布位置不做要求，柱子顶部附着于顶棚底部并偏移50mm。平面图中的虚线只为标注顶棚尺寸和角度，不必画出。未作标注和说明的尺寸自行定义。请将模型文件以“顶棚.xxx”为文件名保存到考生文件夹中。（10分）

STEP 01 打开软件Revit；单击“项目”→“建筑样板”，新建一个项目文件。

STEP 02 单击快速访问工具栏“保存”按钮，在弹出的“另存为”对话框中以“顶棚.rvt”为文件名保存到考生文件夹中。

STEP 03 切换到南立面视图；修改标高2数值为“1.550”。

STEP 04 切换到“标高2”楼层平面视图；单击“建筑”选项卡“构建”面板“屋顶”下拉列表“迹线屋顶”按钮，系统切换到“修改|创建屋顶迹线”上下文选项卡；确认左侧“类型选择器”中屋顶的类型为“基本屋顶 常规-125mm”；单击“编辑类型”按钮，在弹出的“类型属性”对话框中，复制创建一个新的屋顶类型“顶棚300”，单击“类型属性”对话框“构造”项下“结构”右侧“编辑”按钮，打开“编辑部件”对话框；在打开的“编辑部件”对话框中设置“结构[1]”层的“厚度”为“300mm”，“材质”为“混凝土-C30”。

STEP 05 设置左侧“属性”对话框“约束”项下“底部标高”为“标高2”，“自标高的底部偏移”为“-300mm”；不勾选选项栏“定义坡度”复选框；绘制平屋顶边界线，如图2.231所示；单击“模式”面板“完成编辑模式”按钮“√”，完成平屋顶的创建（老虎窗位置已经开洞）。

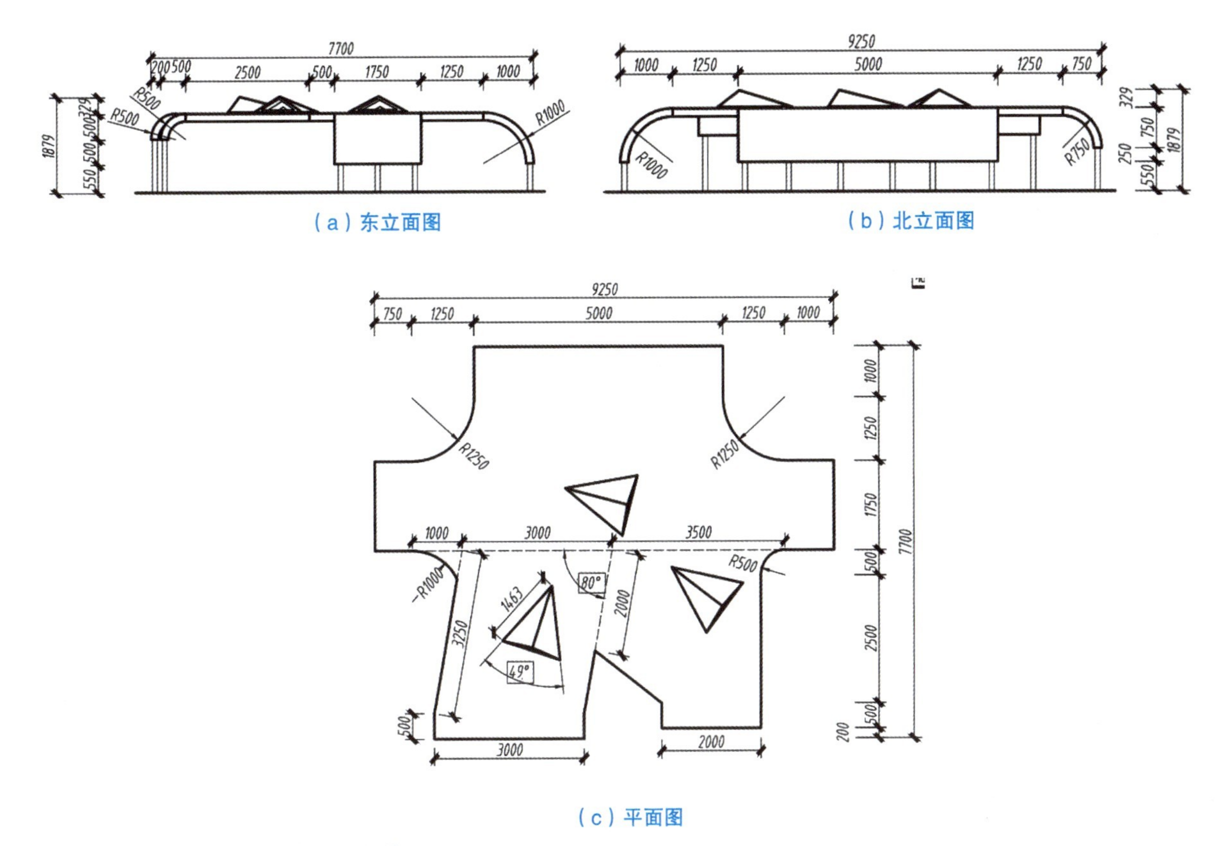

（c）平面图

图 2.230　二级（建筑）第十四期第一题

STEP 06 单击左侧“属性”对话框“范围”项下“视图范围”右侧“编辑”按钮，打开“视图范围”对话框，设置“主要范围”项下“顶部”为“无限制”，“剖切面”偏移值为“10000.0”，单击“确定”按钮关闭“视图范围”对话框。

STEP 07 单击“建筑”选项卡“构建”面板“屋顶”下拉列表“拉伸屋顶”按钮，在系统自动弹出的“工作平面”对话框中单击“指定新的工作平面”项下“拾取一个平面”按钮，拾取平屋顶上边界，如图 2.231 所示；接着在系统自动弹出的“转到视图”对话框中选中“立面：北”选项，单击“打开视图”按钮后自动关闭“转到视图”对话框，接着直接单击系统弹出的“屋顶参照标高和偏移”对话框中的“确定”按钮，关闭“屋顶参照标高和偏移”对话框后系统自动切换到“修改 | 创建拉伸屋顶轮廓”上下文选项卡，且自动切换到了北立面视图。

STEP 08 确认左侧“类型选择器”中屋顶的类型为“基本屋顶 顶棚 300”；设置左侧“属性”对话框中“约束”选项下“拉伸起点”为“-1250.0”，“拉伸终点”为“-3000.0”；单击“绘制”面板“圆心 - 端点弧”按钮，绘制半径为 1000mm 的圆弧拉伸草图线，如图 2.232 所示；单击“模式”面板“完成编辑模式”按钮“√”，完成拉伸屋顶 1 的创建。同理，完成其他拉伸屋顶的创建，如图 2.233 所示。

STEP 09 单击“建筑”选项卡“构建”面板“屋顶”下拉列表“迹线屋顶”按钮，系统切换到“修改 | 创建屋顶迹线”上下文选项卡；确认左侧“类型选择器”中屋顶的类型为“基本屋顶 顶棚 300”；单击“编辑类型”按钮，在弹出的“类型属性”对话框中，复制创建一个新的屋顶类型“老虎窗 50”，单击“类型属性”对话框“构造”项下“结构”右侧“编辑”按钮，打开“编辑部件”对话框；在打开的“编辑部件”对话框中设置“结构 [1]”层的“厚度”为“50mm”，“材质”为“混凝土 -C30”。

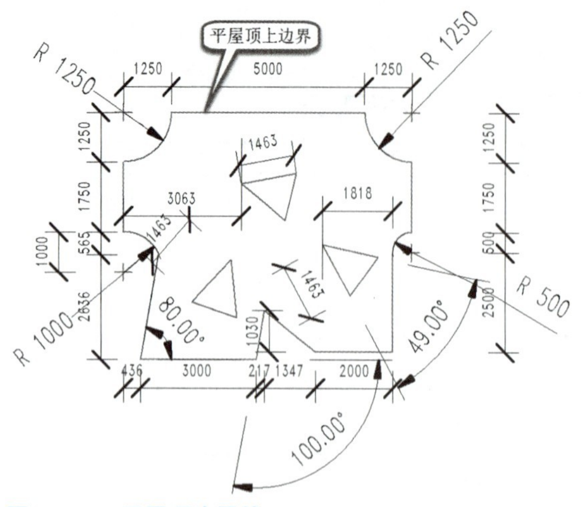

图 2.231　平屋顶边界线

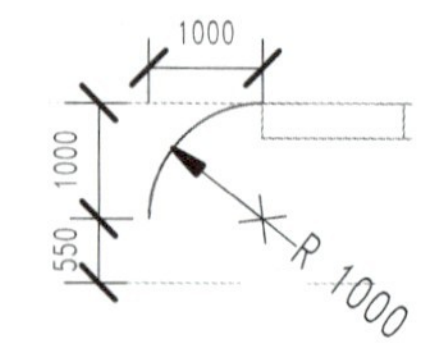

图 2.232　屋顶拉伸草图线

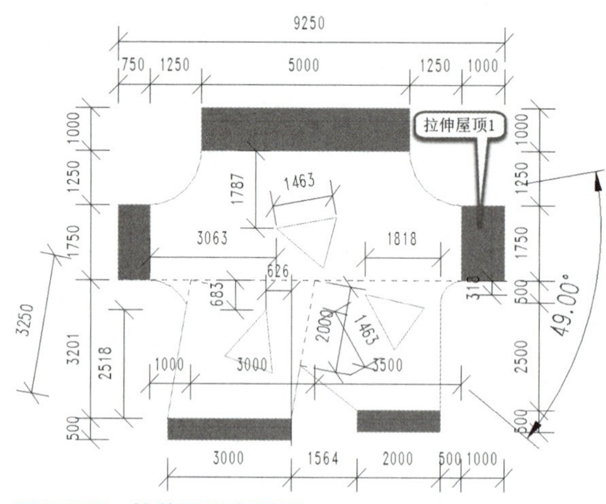

图 2.233　拉伸屋顶布置图

STEP 10 确认屋顶的类型为“老虎窗 50”；勾选选项栏“定义坡度”复选框；设置左侧“属性”对话框“约束”项下“底部标高”为“标高 2”，“自标高的底部偏移”为“−35.8mm”；绘制老虎窗边界线；选中迹线，分别设置坡度，如图 2.234 所示。

STEP 11 切换到三维视图；选中老虎窗，单击“建筑”选项卡“洞口”面板“按面”按钮，选中“坡度”为“80°”老虎窗的面，系统自动切换到“修改 | 创建洞口边界”上下文选项卡，单击“绘制”面板“拾取线”按钮，设置选项栏“偏移”为“50”，绘制洞口边界线，如图 2.235 所示，单击“模式”面板“完成编辑模式”按钮“√”，完成老虎窗洞口的创建。同理，创建其他两个老虎窗洞口。

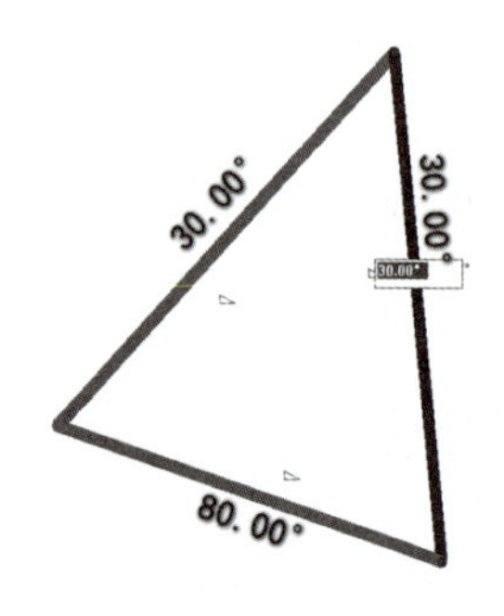

图 2.234　老虎窗屋顶迹线

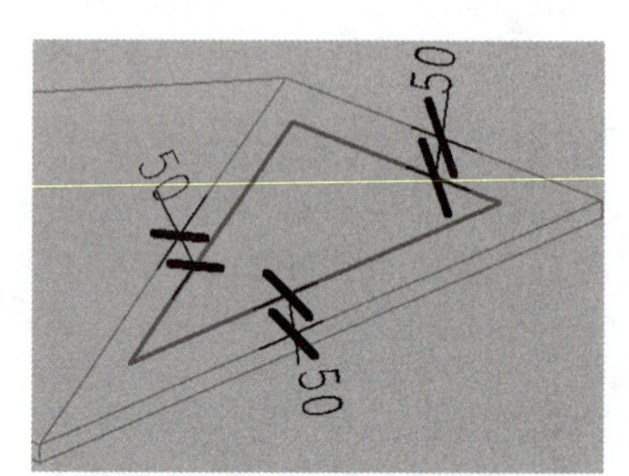

图 2.235　老虎窗洞口边界线

STEP 12 切换到“标高 2”楼层平面视图；单击“建筑”选项卡“构建”面板“柱”下拉列表“柱：建筑”按钮，系统自动切换到“修改 | 放置 柱”上下文选项卡；确认左侧“类型选择器”中柱的类型为“矩形柱 475×610mm”；单击“编辑类型”按钮，在弹出的“类型属性”对话框中，复制创建一个新的柱类型“矩形柱 200×200mm”；设置“类型属性”对话框“尺寸标注”项下“深度”为“200”，“宽度”为“200”；设置“材质”为“砖”。

STEP 13 确认左侧“类型选择器”中柱的类型为“矩形柱 200×200mm”，布置建筑柱（选中所有建筑柱，设置左侧“属性”对话框“约束”项下“底部标高”为“标高 1”，“底部偏移”为“0.0”，“顶部标高”为“标高 2”，“顶部偏移”为“4000.0”），如图 2.236 所示。

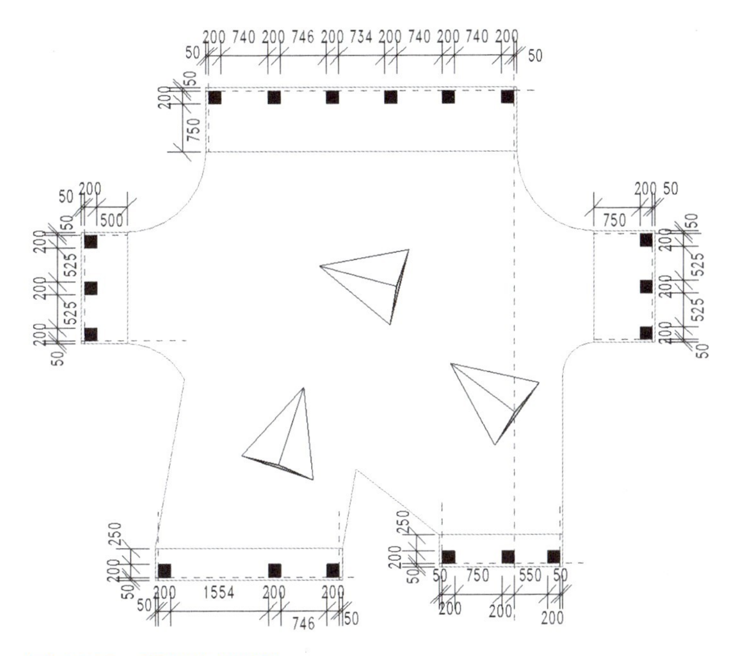

图 2.236　建筑柱布置图

STEP 14 切换到三维视图；选中全部布置的建筑柱，则选中的建筑柱会变成蓝色显示，系统自动切换到“修改|柱”上下文选项卡；单击“修改柱”面板“附着顶部/底部”按钮，设置选项栏“附着柱”为“顶”，“附着样式”为“剪切柱”，“附着对正”为“最大相交”，“从附着物偏移”为“50.0”；选中拉伸屋顶；此时选中所有的建筑柱，发现左侧“属性”对话框“构造”项下“从顶部附着点偏移”为“50.0”，则建筑柱顶部附着于顶棚底部且偏移了 50mm。

STEP 15 切换到三维视图；查看创建的顶棚三维模型显示效果，如图 2.237 所示。

STEP 16 单击快速访问工具栏“保存”按钮，保存模型文件。

至此，本题建模结束。

图 2.237　顶棚三维模型

11.【二级（建筑）第十六期第二题】

请根据给定的图 2.238 创建阳台构件集模型。将阳台宽度（参数 1）、阳台深度（参数 2）设置为参数，要求可以通过参数实现模型修改。阳台位于 3 层，左右对称，楼板标高 7.2m，板厚 150mm，材质为钢筋混凝土，其余构件材质均为石材；宝瓶中心线间距 270mm，宝瓶个数根据宽度和深度参数确定。宝瓶立面详图中未给定半径的弧线均为半圆或四分之一圆，与周边相切或垂直相交，给定半径的弧线圆心位置详见定位。请将模型以“阳台 .xxx”为文件名保存到考生文件夹中。（20 分）

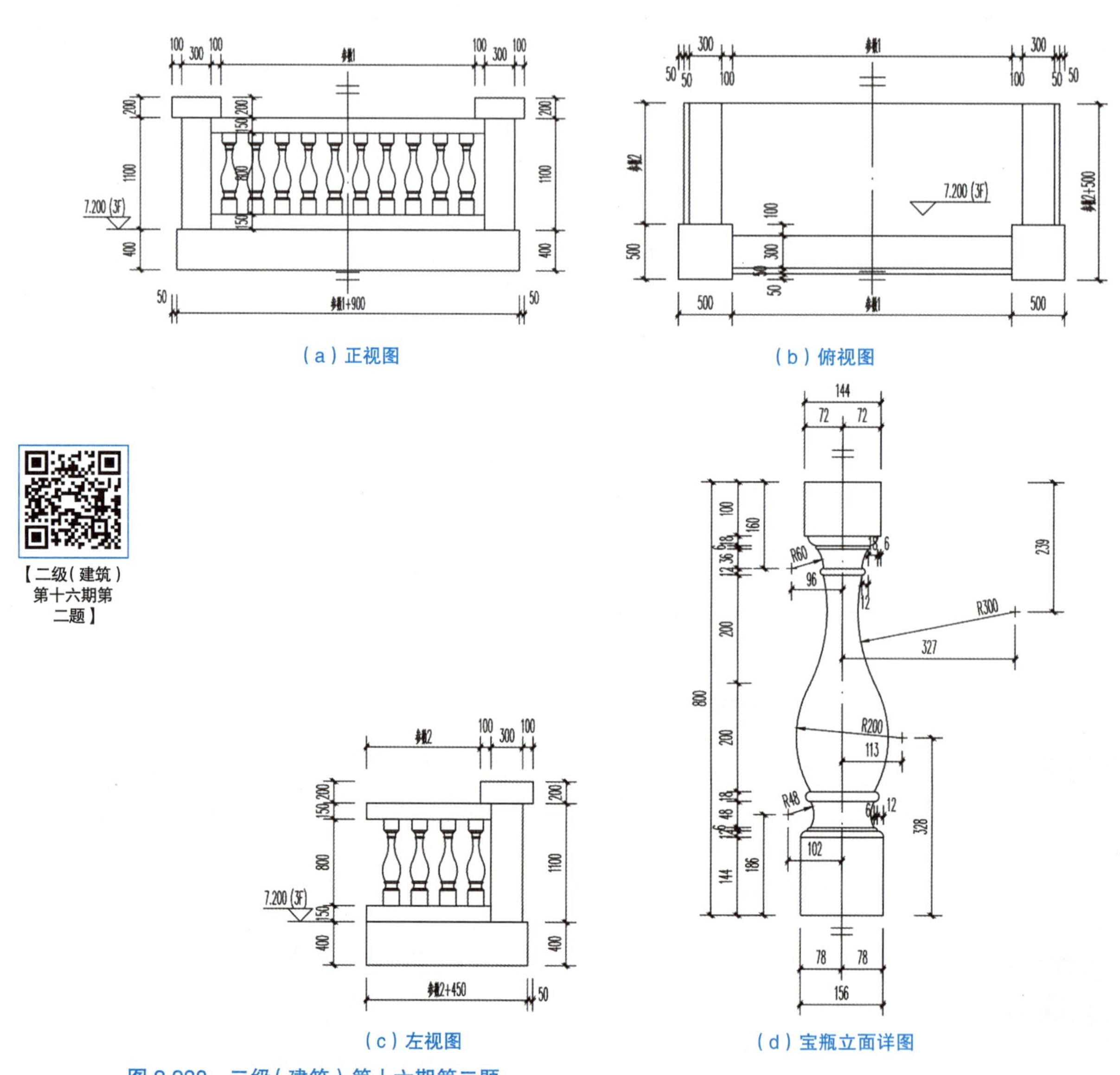

（a）正视图

（b）俯视图

（c）左视图

（d）宝瓶立面详图

图 2.238 二级（建筑）第十六期第二题

STEP 01 打开软件 Revit；单击“族”→“新建”按钮，在打开的“新族 – 选择样板文件”对话框中选择“公制常规模型”族样板文件，接着单击“打开”按钮退出“新族 – 选择样板文件”对话框，系统自动切换到族编辑器建模界面的“参照标高”楼层平面视图。

STEP 02 单击快速访问工具栏“保存”按钮，在弹出的“另存为”对话框中以“阳台 .rfa”为文件名将文件保存到考生文件夹中。单击左侧“属性”对话框中“属性过滤器”下拉列表“楼层平面：参照标高”选项；单击“属性”对话框“范围”项下“视图范围”右侧“编辑”按钮，打开“视图范围”对话框，设置“主要范围”项下“顶部”为“无限制”，“剖切面”偏移值为“10000.0”，单击“确定”按钮关闭“视图范围”对话框。

STEP 03 绘制参照平面 1 ～ 6；添加对齐尺寸标注；选中数值为“2000”的对齐尺寸标注，系统切换

到“修改 | 尺寸标注”上下文选项卡，单击“标签尺寸标注”面板中的“创建参数”按钮，在弹出的“参数属性”对话框中设置“名称”为“参数 1”；同理，为另一数值为“1000”的对齐尺寸标注添加“参数 2”；锁定数值为“500”的尺寸标注，如图 2.239 所示。

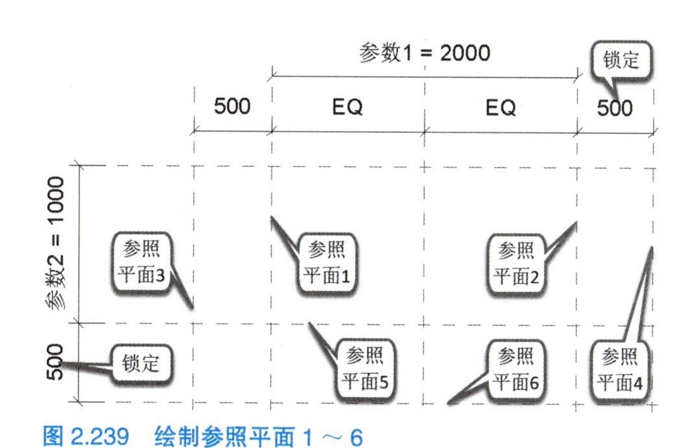

图 2.239　绘制参照平面 1 ～ 6

STEP 04 单击“创建”选项卡“形状”面板“拉伸”按钮，系统自动切换到“修改 | 创建拉伸”上下文选项卡；单击“绘制”面板“矩形”按钮，绘制拉伸形体 1 的草图线且与参照平面锁定（图 2.240）；设置左侧“属性”对话框中“材质和装饰”项下“材质”为“石材”；设置左侧“属性”对话框中“约束”项下“拉伸起点”为“1100.0”，“拉伸终点”为“1300.0”，设置“工作平面”为“标高：参照标高”；单击“模式”面板“完成编辑模式”按钮“√”，完成拉伸形体 1 的创建。

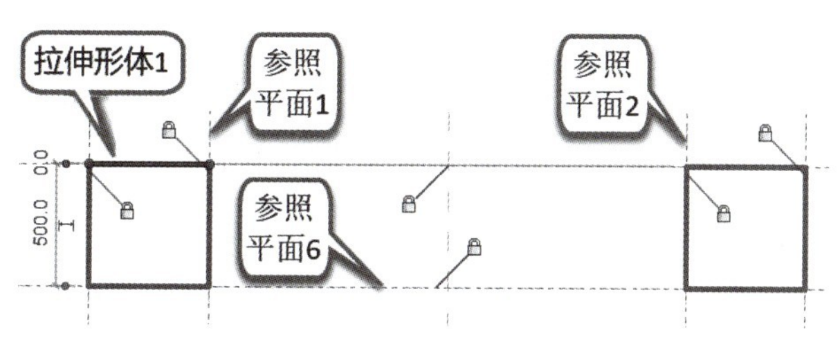

图 2.240　拉伸形体 1 的草图线

STEP 05 单击“创建”选项卡“形状”面板“拉伸”按钮，系统自动切换到“修改 | 创建拉伸”上下文选项卡；单击“绘制”面板“矩形”按钮，绘制拉伸形体 2 的草图线，添加对齐尺寸标注且将标注锁定，如图 2.241 所示；设置左侧“属性”对话框中“材质和装饰”项下“材质”为“石材”；设置左侧“属性”对话框中“约束”项下“拉伸起点”为“0.0”，“拉伸终点”为“1100.0”，设置“工作平面”为“标高：参照标高”；单击“模式”面板“完成编辑模式”按钮“√”，完成拉伸形体 2 的创建。

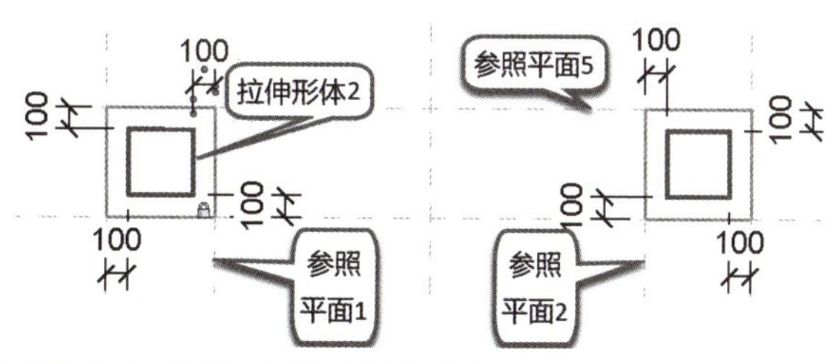

图 2.241　拉伸形体 2 的草图线

STEP 06 单击“创建”选项卡“形状”面板“放样”按钮，系统切换到“修改 | 放样”上下文选项卡；单击“放样”面板“绘制路径”按钮，系统切换到“修改 | 放样 > 绘制路径”上下文选项卡，确认左侧“属性”对话框“约束”项下“工作平面”为“标高：参照标高”，绘制放样路径且放样路径与参照平面对齐锁定，如

图 2.242 所示；设置左侧“属性”对话框中“材质和装饰”项下“材质”为“石材”；单击“模式”面板“完成编辑模式”按钮“√”，完成放样路径的绘制。

STEP 07 单击“修改|放样”上下文选项卡“放样”面板“编辑轮廓”按钮，在系统弹出的“转到视图”对话框中单击“立面：前”按钮，退出“转到视图”对话框后系统自动切换到“修改 | 放样 > 编辑轮廓”上下文选项卡且打开了“立面：前”视图；绘制放样轮廓，如图 2.243 所示；单击“模式”面板“完成编辑模式”按钮“√”，完成放样轮廓的绘制；再次单击“修改 | 放样”上下文选项卡“模式”面板“完成编辑模式”按钮“√”，完成放样形体 3 的创建。

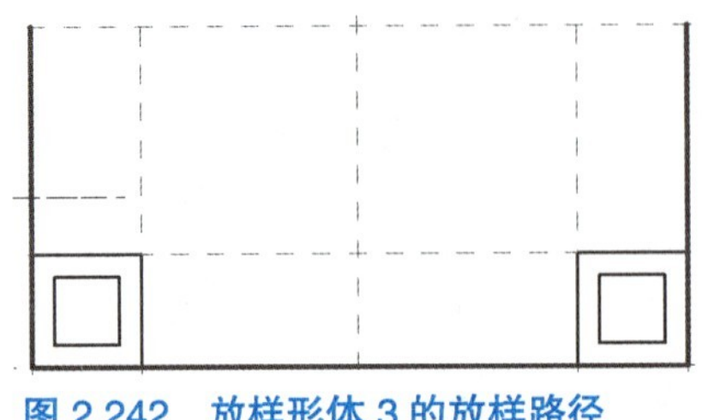
图 2.242　放样形体 3 的放样路径

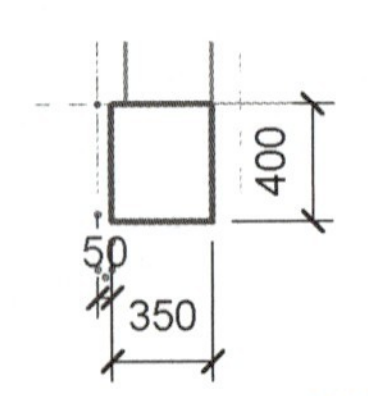

图 2.243　放样形体 3 的放样轮廓

STEP 08 单击“创建”选项卡“形状”面板“拉伸”按钮，系统自动切换到“修改 | 创建拉伸”上下文选项卡；单击“绘制”面板“矩形”按钮，绘制拉伸形体 4 的草图线，添加对齐尺寸标注且将标注锁定，如图 2.244 所示；设置左侧“属性”对话框中“材质和装饰”项下“材质”为“钢筋混凝土”；设置左侧“属性”对话框中“约束”项下“拉伸起点”为“−150.0”，“拉伸终点”为“0.0”，设置“工作平面”为“标高：参照平面”；单击“模式”面板“完成编辑模式”按钮“√”，完成拉伸形体 4 的创建。

STEP 09 单击“创建”选项卡“形状”面板“放样”按钮，系统切换到“修改 | 放样”上下文选项卡；单击“放样”面板“绘制路径”按钮，系统切换到“修改 | 放样 > 绘制路径”上下文选项卡，确认左侧“属性”对话框“约束”项下“工作平面”为“标高：参照标高”，绘制放样路径且放样路径与参照平面对齐锁定，如图 2.244 所示；设置左侧“属性”对话框中“材质和装饰”项下“材质”为“石材”；单击“模式”面板“完成编辑模式”按钮“√”，完成放样路径的绘制。

STEP 10 单击“修改 | 放样”上下文选项卡“放样”面板“编辑轮廓”按钮，在系统弹出的“转到视图”对话框中单击“立面：前”按钮，退出“转到视图”对话框后系统自动切换到“修改 | 放样 > 编辑轮廓”上下文选项卡且打开了前立面视图；绘制放样轮廓，如图 2.245 所示；单击“模式”面板“完成编辑模式”按钮“√”，完成放样轮廓的绘制；再次单击“修改 | 放样”上下文选项卡“模式”面板“完成编辑模式”按钮“√”，完成放样形体 5 的创建。同理，创建放样形体 6。

STEP 11 切换到三维视图，单击“修改”选项卡“几何图形”面板“连接”下拉列表“连接几何图形”按钮，勾选选项栏“多重连接”复选框，首先选中拉伸形体 1，接着借助 Ctrl 键同时选中拉伸形体 2、放样形体 3、放样形体 5 和放样形体 6，则拉伸形体 1、拉伸形体 2、放样形体 3、放样形体 5 和放样形体 6 就连接成为了一个整体。

STEP 12 切换到“参照标高”楼层平面视图；绘制参照平面 7 ～ 12（图 2.247），添加对齐尺寸标注且将标注锁定；单击快速访问工具栏“保存”按钮，保存创建的族模型文件。

STEP 13 单击“文件”→“新建”→“族”按钮，在弹出的“新族 − 选择样板文件”对话框中选择“基于面的公制常规模型”族样板文件，接着单击“打开”按钮，系统自动切换到族编辑器建模界面的“参照标高”楼层平面视图。

STEP 14 切换到前立面视图；单击“创建”选项卡“形状”面板“旋转”按钮，自动切换至“修改 | 创建旋转”上下文选项卡；激活“边界线”按钮，绘制图 2.246 中①所示边界线。激活“轴线”按钮，单击“绘制”面板“线”按钮，绘制图 2.246 中②所示旋转轴；设置左侧“属性”对话框中“材质和装饰”项下“材质”为“石材”；确认左侧“属性”对话框“约束”项下“起始角度”为“0.00°”，“结束角度”为

“360.00°”，设置“工作平面”为“参照平面：中心（左/右）”；单击“模式”面板“完成编辑模式”按钮“√”，完成旋转模型，即宝瓶的创建。

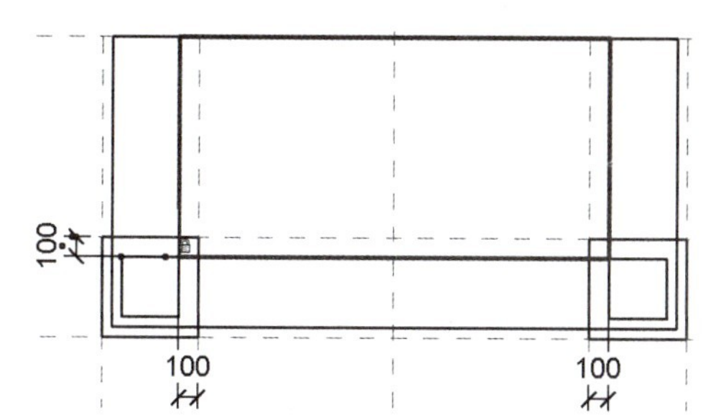

图 2.244　拉伸形体 4 的草图线和放样形体 5 的放样路径

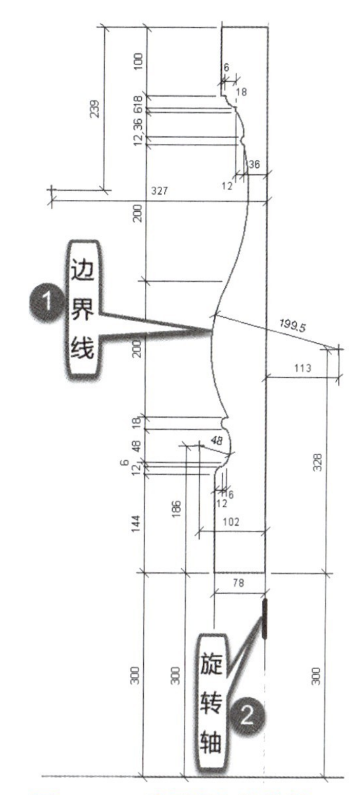

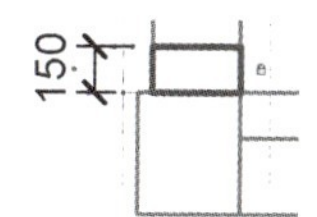

图 2.245　放样形体 5 的放样轮廓

图 2.246　边界线和旋转轴

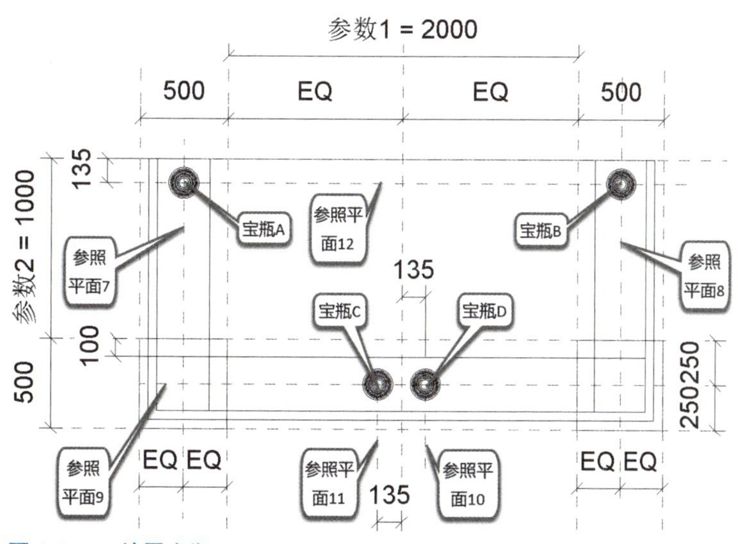

图 2.247　放置宝瓶 A～D

STEP 15 切换到“参照标高”楼层平面视图；单击快速访问工具栏“保存”按钮，在弹出的“另存为”对话框中将建立的模型以“宝瓶 .rfa”为文件名保存至考生文件夹中。

STEP 16 单击“修改”选项卡“族编辑器”面板“载入到项目”按钮，把刚刚创建的“宝瓶 .rfa”模型文件载入到“阳台 .rfa”模型中且系统自动打开“阳台 .rfa”模型文件。

STEP 17 单击“创建”选项卡“模型”面板“构件”按钮，系统自动切换到“修改|放置构件”上下文选项卡。

STEP 18 激活“放置”面板“放置在面上”按钮，确认左侧“类型选择器”下拉列表中构件的类型为“宝瓶 .rfa”；将光标置于放样形体 5 的上表面上预显放置的“宝瓶 .rfa”，单击，则在放样形体 5 的上表面上放置了宝瓶，放置的宝瓶 A～D，如图 2.247 所示。

STEP 19 选中宝瓶 C，激活“修改 | 常规模型”上下文选项卡，单击“修改”面板“阵列”按钮，设置选项栏阵列方式为“线性”，勾选“成组并关联”复选框，勾选“约束”复选框；“移动到”选择“第二个”；项目数设置为“2”；单击参照平面 11 上任意一点作为阵列基点。水平往左移动光标，当临时数值为“270”时单击，则自动出现一个新的宝瓶 E；选中宝瓶 E，使之与参照平面 9 对齐且锁定，同时出现成组数量，可以更改；选中成组数量下水平横线，出现标签标题栏，对其添加参数，“名称”设置为“阵列个数参数 3”；单击“属性”面板“族类型”按钮，设置“阵列个数参数 3”公式为“=（参数 1-70）/540+1”。

STEP 20 同理，选中宝瓶 D，激活“修改 | 常规模型”上下文选项卡，单击“修改”面板“阵列”按钮，设置选项栏阵列方式为“线性”，勾选“成组并关联”复选框，勾选“约束”复选框；“移动到”选择“第二个”；项目数设置为“2”；单击参照平面 10 上任意一点作为阵列基点。水平往右移动鼠标，当临时数值为“270”时单击，则自动出现一个新的宝瓶 F；选中宝瓶 F，使之与参照平面 9 对齐且锁定，同时出现成组数量，该值可以更改；选中成组数量下水平横线，出现标签标题栏，对其添加参数，“名称”设置为“阵列个数参数 3”；单击“属性”对话框“族类型”按钮，设置“阵列个数参数 3”公式为“=（参数 1-70）/540+1”。

STEP 21 选中宝瓶 A，激活“修改 | 常规模型”上下文选项卡，单击“修改”面板“阵列”按钮，设置选项栏阵列方式为“线性”，勾选“成组并关联”复选框，勾选“约束”复选框；“移动到”选择“第二个”；项目数设置为“2”；单击参照平面 12 上任意一点作为阵列基点。垂直向下移动光标，当临时数值为“270”时单击，则自动出现一个新的宝瓶 G；选中宝瓶 G，使之与参照平面 7 对齐且锁定，同时出现成组数量，该值可以更改；选中成组数量下水平横线，出现标签标题栏，对其添加参数，“名称”设置为“阵列个数参数 4”；单击“属性”面板“族类型”按钮，设置“阵列个数参数 4”公式为“=（参数 2-35）/270+1”。

STEP 22 选中宝瓶 B，激活“修改 | 常规模型”上下文选项卡，单击“修改”面板“阵列”按钮，设置选项栏阵列方式为“线性”，勾选“成组并关联”复选框，勾选“约束”复选框；“移动到”选择“第二个”；项目数设置为“2”；单击参照平面 12 上任意一点作为阵列基点。垂直向下移动光标，当临时数值为“270”时单击，则自动出现一个新的宝瓶 H；选中宝瓶 H，使之与参照平面 8 对齐且锁定，同时出现成组数量，可以更改；选中成组数量下水平横线，出现标签标题栏，对其添加参数，“名称”设置为“阵列个数参数 4”；单击“属性”面板“族类型”按钮，设置“阵列个数参数 4”公式为“=（参数 2-35）/270+1”。

STEP 23 切换到三维视图；查看创建的阳台三维模型显示效果，如图 2.248 所示。

STEP 24 单击快速访问工具栏“保存”按钮，保存族模型文件。

至此，本题建模结束。

图 2.248 阳台三维模型

【二级（建筑）第十七期第二题】

12.【二级（建筑）第十七期第二题】

图 2.249 所示为清代建筑斗拱的构件之一“昂”，请根据图中数据，创建构件集模型，材质为木质。图中以斗口为标注单位，把 1 斗口设为参数，要求可通过参数改变实现模型修改（提示：本题无固定尺寸数据，为便于阅卷，建议考生统一将 1 斗口设为 100mm 建模）。模型完成后请计算或测量

X1 及 X2 的尺寸（单位为斗口），将模型以“昂（X1=？，X2=？）.xxx”为文件名保存到考生文件夹中。（18 分）

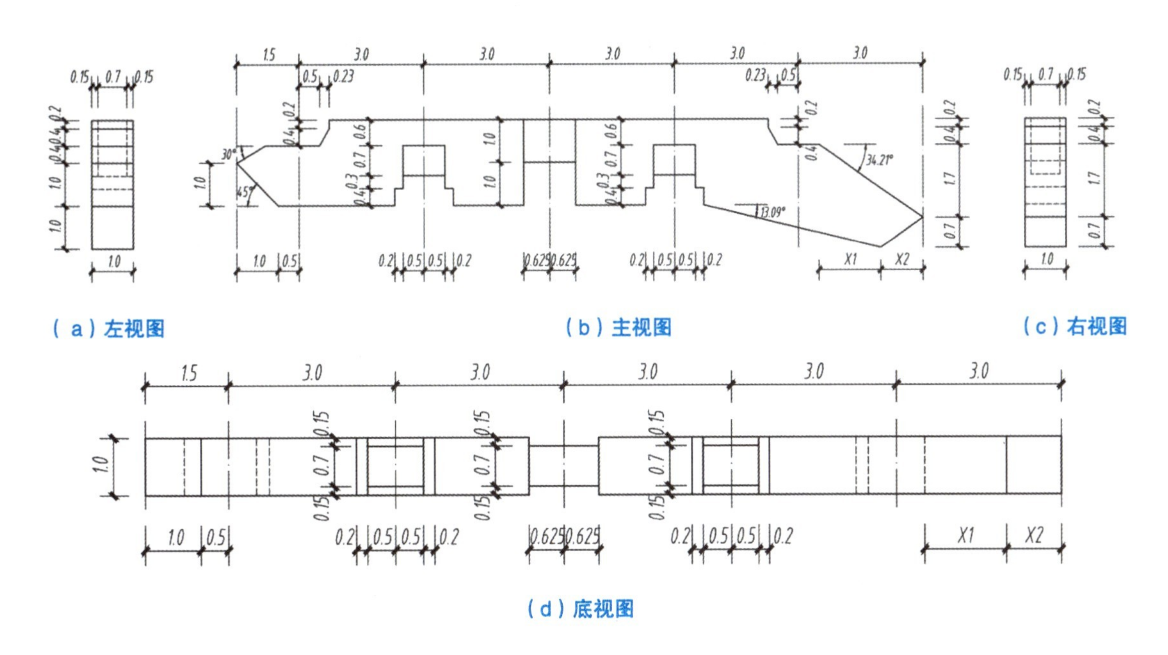

（a）左视图　（b）主视图　（c）右视图

（d）底视图

图 2.249　二级（建筑）第十七期第二题

STEP 01 打开软件 Revit；单击“族”→“新建”按钮，在打开的“新族 - 选择样板文件”对话框中选中“公制植物”族样板文件，接着单击“打开”按钮退出“新族 - 选择样板文件”对话框，系统自动切换到族编辑器建模界面的“参照标高”楼层平面视图。

STEP 02 切换到前立面视图；单击“创建”选项卡“形状”面板“拉伸”按钮，系统自动切换到“修改 | 创建拉伸”上下文选项卡；单击“绘制”面板“线”按钮，绘制拉伸形体 1 的草图线，添加对齐尺寸标注和角度标注，如图 2.250 所示；设置左侧“属性”对话框中“材质和装饰”项下“材质”为“木质”；设置左侧“属性”对话框中“约束”项下“拉伸起点”为“-50.0”，“拉伸终点”为“50.0”；单击“模式”面板“完成编辑模式”按钮“√”，完成拉伸形体 1 的创建。

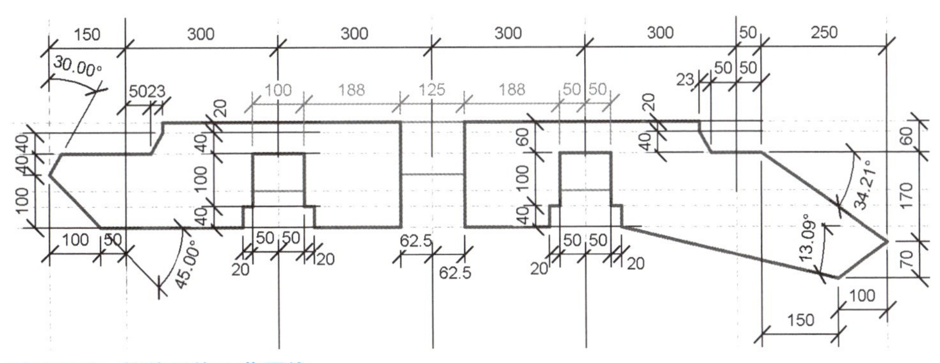

图 2.250　拉伸形体 1 草图线

STEP 03 单击“创建”选项卡“形状”面板“拉伸”按钮，单击“绘制”面板“线”按钮，绘制拉伸形体 2 的草图线，如图 2.251 所示；设置左侧“属性”对话框中“材质和装饰”项下“材质”为“木质”；设置左侧“属性”对话框中“约束”项下“拉伸起点”为“-35.0”，“拉伸终点”为“35.0”；单击“模式”面板“完成编辑模式”按钮“√”，完成拉伸形体 2 的创建。

STEP 04 单击快速访问工具栏“保存”按钮，在弹出的“另存为”对话框中将建立的模型以“嵌套族 - 昂 1.rfa”为文件名保存至本题考生文件夹中。

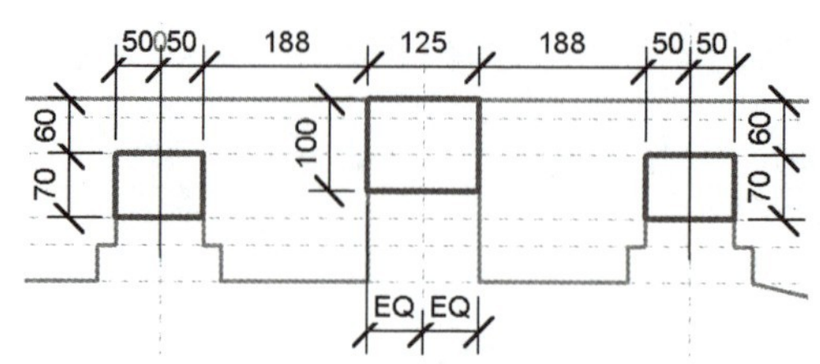

图 2.251　拉伸形体 2 草图线

STEP 05 单击“文件”→“新建”→“族”按钮，在打开的“新族 – 选择样板文件”对话框中选中“公制植物”族样板文件，接着单击“打开”按钮退出“新族 – 选择样板文件”对话框，系统自动切换到族编辑器建模界面的“参照标高”楼层平面视图。

STEP 06 单击快速访问工具栏“保存”按钮，在弹出的“另存为”对话框中将建立的模型以“嵌套族 – 昂 2.rfa”为文件名保存至本题考生文件夹中。

STEP 07 重新切换到“嵌套族 – 昂 1.rfa”的前立面视图；单击“修改”选项卡“族编辑器”面板“载入到项目”按钮，则“嵌套族 – 昂 1.rfa”载入到了“嵌套族 – 昂 2.rfa”中且打开了“嵌套族 – 昂 2.rfa”的“参照标高”楼层平面视图［插入点位于中心（左 / 右）参照平面与中心（前 / 后）参照平面交点］。

STEP 08 选中载入的模型，单击左侧“属性”对话框“编辑类型”按钮，在弹出的“类型属性”对话框中单击“尺寸标注”项下“高度”右侧的“关联族参数”按钮，在系统自动弹出的“关联族参数”对话框中选中“高度”选项，单击“确定”按钮退出“关联族参数”对话框，重新回到“类型属性”对话框，则发现“高度”一栏灰显。

STEP 09 单击“属性”面板“族类型”按钮，在弹出的“族类型”对话框中单击“新建参数”按钮，在弹出的“参数属性”对话框中输入参数“1 斗口”，单击“确定”按钮关闭“参数属性”对话框，重新回到“族类型”对话框；设置“1 斗口”值为“100”；设置“高度”公式为“=3×（1 斗口）”，单击“应用”按钮和“确定”按钮，关闭“族类型”对话框。

STEP 10 单击快速访问工具栏“保存”按钮，保存“嵌套族 – 昂 2.rfa”模型文件。

STEP 11 单击“文件”→“新建”→“族”按钮，在打开的“新族 – 选择样板文件”对话框中选中“公制常规模型”族样板文件，接着单击“打开”按钮退出“新族 – 选择样板文件”对话框，系统自动切换到族编辑器建模界面的“参照标高”楼层平面视图。

STEP 12 切换到“嵌套族 – 昂 2.rfa”的前立面视图；单击“修改”选项卡“族编辑器”面板“载入到项目”按钮，则“嵌套族 – 昂 2.rfa”载入到了“族 2.rfa”中且打开了“族 2.rfa”的“参照标高”楼层平面视图［插入点位于中心（左 / 右）参照平面与中心（前 / 后）参照平面交点］。

STEP 13 选中载入的模型，单击左侧“类型选择器”下拉列表右下侧“编辑类型”按钮，在弹出的“类型属性”对话框中单击“尺寸标注”项下“高度”右侧的“关联族参数”按钮，在系统自动弹出的“关联族参数”对话框中单击“新建参数”按钮，在弹出的“参数属性”对话框中输入参数“高度”，单击“确定”按钮关闭“参数属性”对话框，重新回到“关联族参数”对话框，则“高度”参数创建完成，单击“确定”按钮关闭“关联族参数”对话框，重新回到“类型属性”对话框，此时发现“高度”一栏灰显；同理创建“1 斗口”参数。

STEP 14 单击“属性”面板“族类型”按钮，在弹出的“族类型”对话框中设置“高度”公式为“=3×（1 斗口）”，单击“应用”按钮及“确定”按钮，关闭“族类型”对话框。

STEP 15 切换到前立面视图；单击“注释”选项卡“尺寸标注”面板“对齐尺寸标注”按钮，添加对齐尺寸标注，如图 2.252 所示。

STEP 16 单击快速访问工具栏“保存”按钮，在弹出的“另存为”对话框中将建立的模型以“昂（X1=1.5 斗口，X2=1 斗口）.rfa”为文件名保存至本题考生文件夹中。

至此，本题建模结束。

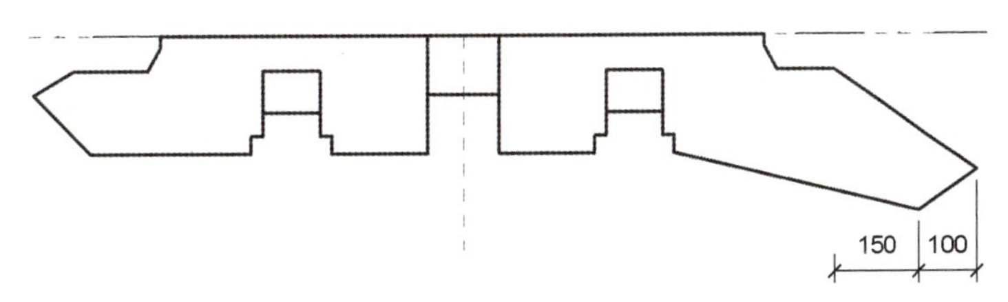

图 2.252　对齐尺寸标注

13.【二级（建筑）第十八期第一题】

根据图 2.253 给定尺寸建立艺术楼梯模型，楼梯踏步控制线宽度 1000mm，踏板深度 300mm，踏步高度 150mm，无扶手。本艺术楼梯为双跑悬浮钢结构木饰面楼梯，钢结构厚度 30mm，踢面面层厚度 15mm，材质为木质。灵活运用软件功能，对踏步进行连接及倒圆角处理，半径 200mm。周边墙体等不需要建模。请将模型以“楼梯 .xxx”为文件名保存到考生文件夹中。（10 分）

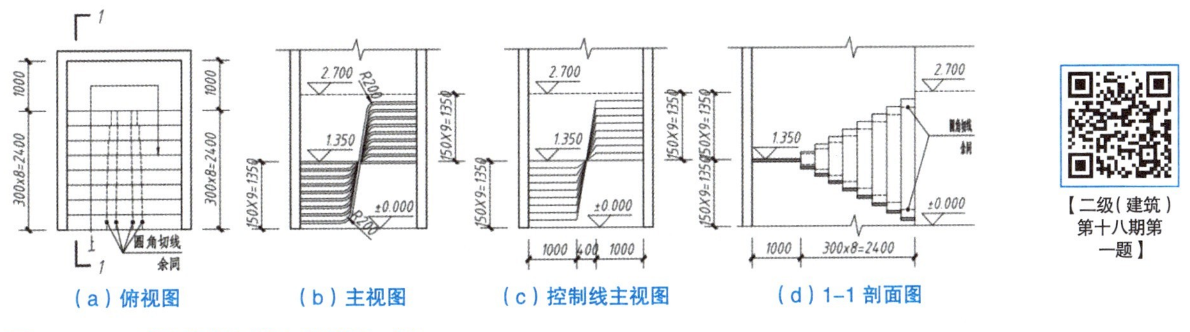

（a）俯视图　（b）主视图　（c）控制线主视图　（d）1–1 剖面图

图 2.253　二级（建筑）第十八期第一题

STEP 01 打开软件 Revit；单击“族”→“新建”按钮，在打开的“新族 – 选择样板文件”对话框中选择“公制常规模型”族样板文件，接着单击“打开”按钮退出“新族 – 选择样板文件”对话框，系统自动切换到族编辑器建模界面的“参照标高”楼层平面视图。

STEP 02 单击快速访问工具栏“保存”按钮，在弹出的“另存为”对话框中以“嵌套族 – 楼梯 .rfa”为文件名保存到考生文件夹中。单击左侧“属性”对话框中“属性过滤器”下拉列表“楼层平面：参照标高”选项；单击“属性”对话框“范围”项下“视图范围”右侧“编辑”按钮，打开“视图范围”对话框，设置“主要范围”项下“顶部”为“无限制”，“剖切面”偏移值为“10000.0”，单击“确定”按钮关闭“视图范围”对话框。

STEP 03 切换到前立面视图；单击“创建”选项卡“基准”面板“参照平面”按钮，系统自动切换到“修改 | 放置 参照平面”上下文选项卡；单击“绘制”面板“线”按钮，绘制参照平面 1 ～ 7，添加对齐尺寸标注；选中数值为“1200”的对齐尺寸标注，系统切换到“修改 | 尺寸标注”上下文选项卡，单击“标签尺寸标注”面板中的“创建参数”按钮，在弹出的“参数属性”对话框中设置“名称”为“H”（单击“实例”按钮）；锁定其余所有尺寸标注，如图 2.254 所示。

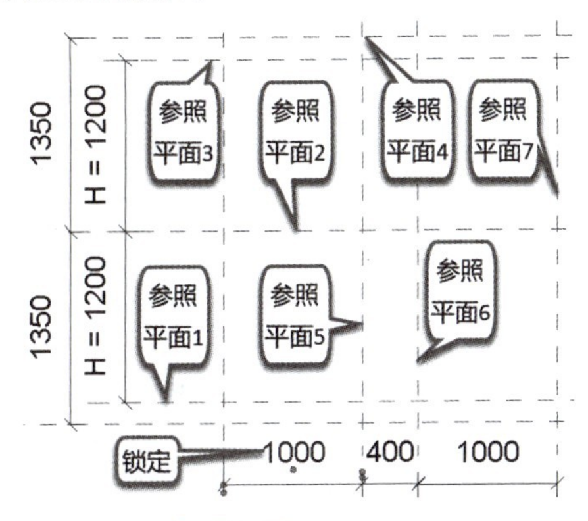

图 2.254　参照平面 1 ～ 7

STEP 04 单击“创建”选项卡“基准”面板“参照线”按钮，系统自动切换到“修改 | 放置 参照线”上下文选项卡；首先单击“线”按钮绘制参照线A，参照线端点的水平和垂直方向分别与相交的参照平面对齐和锁定；接着绘制参照线B、C，并使其分别与参照平面1和参照平面3锁定，如图2.255所示。

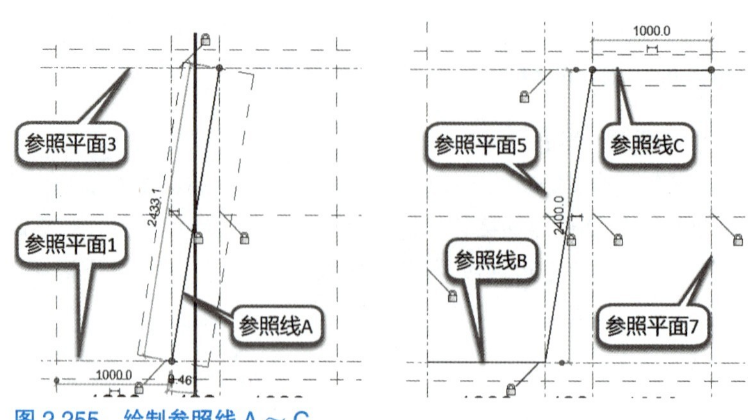

图 2.255　绘制参照线 A ～ C

STEP 05 单击“创建”选项卡“形状”面板“放样”按钮，系统切换到“修改 | 放样”上下文选项卡；单击“放样”面板“绘制路径”按钮，系统切换到“修改 | 放样 > 绘制路径”上下文选项卡，确认左侧“属性”对话框“约束”项下“工作平面”为“参照平面：中心（前 / 后）”，绘制放样路径且放样路径与参照线对齐锁定；添加圆弧半径标注；选中圆弧半径标注，系统切换到“修改 | 尺寸标注”上下文选项卡，单击“标签尺寸标注”面板中的“创建参数”按钮，在弹出的“参数属性”对话框中设置“名称”为“R”；分别选中圆弧，锁定“切换连接切线”按钮，如图2.256所示。设置左侧“属性”对话框中“材质和装饰”项下“材质”为“木质”；单击“模式”面板“完成编辑模式”按钮“√”，完成放样路径的绘制。

STEP 06 单击“修改 | 放样”上下文选项卡“放样”面板“编辑轮廓”按钮，在系统弹出的“转到视图”对话框中单击“立面：左”按钮，退出“转到视图”对话框后系统自动切换到“修改 | 放样 > 编辑轮廓”上下文选项卡且打开了左立面视图；绘制放样轮廓且使其与参照平面对齐锁定，添加尺寸标注且将标注锁定，如图2.257所示；单击“模式”面板“完成编辑模式”按钮“√”，完成放样轮廓的绘制；再次单击“修改 | 放样”上下文选项卡“模式”面板“完成编辑模式”按钮“√”，完成放样形体1的创建。

STEP 07 单击“创建”选项卡“形状”面板“放样”按钮，系统切换到“修改 | 放样”上下文选项卡；单击“放样”面板“绘制路径”按钮，系统切换到“修改 | 放样 > 绘制路径”上下文选项卡，确认左侧“属性”对话框“约束”项下“工作平面”为“参照平面：中心（前 / 后）”，绘制放样路径，如图2.256所示；设置左侧“属性”对话框中“材质和装饰”项下“材质”为“钢结构”；单击“模式”面板“完成编辑模式”按钮“√”，完成放样路径的绘制。

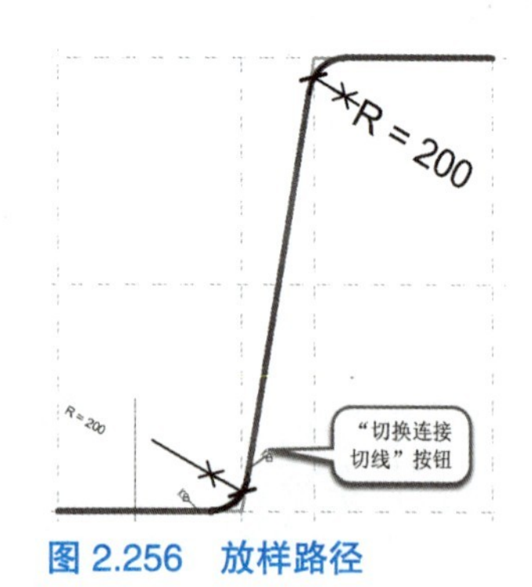

图 2.256　放样路径

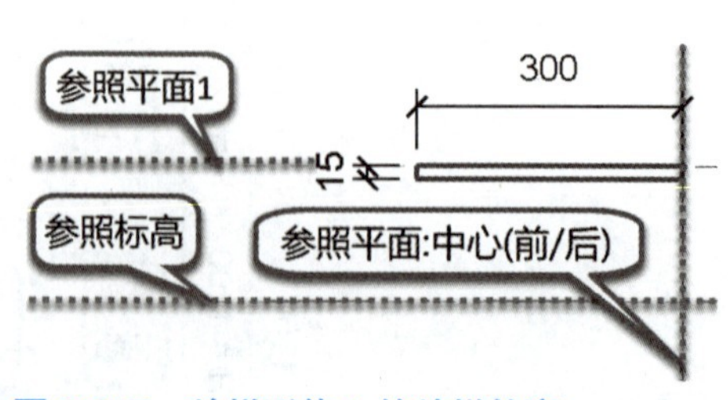

图 2.257　放样形体 1 的放样轮廓

STEP 08 单击“修改|放样”上下文选项卡“放样”面板“编辑轮廓”按钮，在系统弹出的“转到视图”

对话框中单击“立面：左”按钮，退出“转到视图”对话框后系统自动切换到“修改 | 放样 > 编辑轮廓”上下文选项卡且打开了左立面视图；绘制放样轮廓且使其与参照平面对齐锁定，添加尺寸标注且将标注锁定，如图 2.258 所示；单击“模式”面板“完成编辑模式”按钮“√”，完成放样轮廓的绘制；再次单击“修改 | 放样”上下文选项卡“模式”面板“完成编辑模式”按钮“√”，完成放样形体 2 的创建。

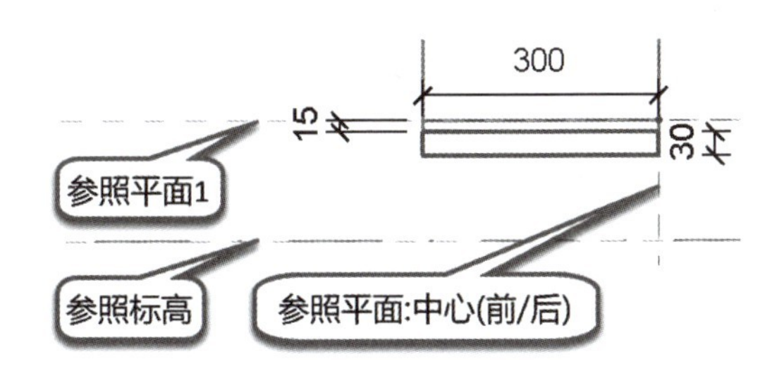

图 2.258　放样形体 2 的放样轮廓

STEP 09 切换到三维视图；选中所有的参照线，删除；切换到“参照标高”楼层平面视图；单击快速访问工具栏“保存”按钮，保存创建的族模型文件。

STEP 10 单击“文件”→“新建”→“族”按钮，在弹出的“新族 – 选择样板文件”对话框中选择“公制常规模型”族样板文件，接着单击“打开”按钮，系统自动切换到族编辑器建模界面的“参照标高”楼层平面视图。

STEP 11 单击快速访问工具栏“保存”按钮，在弹出的“另存为”对话框中将建立的模型以“楼梯.rfa”为文件名保存至本题考生文件夹中。单击左侧“属性”对话框中“属性过滤器”下拉列表“楼层平面：参照标高”选项；单击“属性”对话框“范围”项下“视图范围”右侧“编辑”按钮，打开“视图范围”对话框，设置“主要范围”项下“顶部”为“无限制”，“剖切面”偏移值为“10000.0”，单击“确定”按钮关闭“视图范围”对话框。

STEP 12 重新切换到“嵌套族 – 楼梯 .rfa”的前立面视图；单击“修改”选项卡“族编辑器”面板“载入到项目”按钮，则“嵌套族 – 楼梯 .rfa”载入到了“楼梯 .rfa”中且打开了“楼梯 .rfa”的“参照标高”楼层平面视图［插入点位于中心（左 / 右）参照平面与中心（前 / 后）参照平面交点］。

STEP 13 选中载入的模型，设置左侧“属性”对话框“尺寸标注”项下“H”为“1200”，则踢面 1 创建完成了；同理创建踢面 2（左侧“属性”对话框“尺寸标注”项下“H”为“1050”）、踢面 3（左侧“属性”对话框“尺寸标注”项下“H”为“900”）、踢面 4（左侧“属性”对话框“尺寸标注”项下“H”为“750”）、踢面 5（左侧“属性”对话框“尺寸标注”项下“H”为“600”）、踢面 6（左侧“属性”对话框“尺寸标注”项下“H”为“450”）、踢面 7（左侧“属性”对话框“尺寸标注”项下“H”为“300”）和踢面 8（左侧“属性”对话框“尺寸标注”项下“H”为“150”），如图 2.259 所示。

STEP 14 单击“创建”选项卡“形状”面板“拉伸”按钮，系统自动切换到“修改 | 创建拉伸”上下文选项卡；单击“绘制”面板“线”按钮，绘制平台 1 的草图线，如图 2.260 所示；设置左侧“属性”对话框中“材质和装饰”项下“材质”为“木质”；设置左侧“属性”对话框中“约束”选项下“拉伸起点”为“1335.0”，“拉伸终点”为“1350.0”；单击“模式”面板“完成编辑模式”按钮“√”，完成平台 1 的创建。

STEP 15 同理，单击“创建”选项卡“形状”面板“拉伸”按钮，系统自动切换到“修改 | 创建拉伸”上下文选项卡；单击“绘制”面板“线”按钮，绘制平台 2 的草图线，如图 2.260 所示；设置左侧“属性”对话框中“材质和装饰”项下“材质”为“钢结构”；设置左侧“属性”对话框中“约束”选项下“拉伸起点”为“1305.0”，“拉伸终点”为“1335.0”；单击“模式”面板“完成编辑模式”按钮“√”，完成平台 2 的创建。

STEP 16 切换到三维视图；查看创建的楼梯三维模型显示效果，如图 2.261 所示。

STEP 17 单击快速访问工具栏“保存”按钮，保存族模型文件。

至此，本题建模结束。

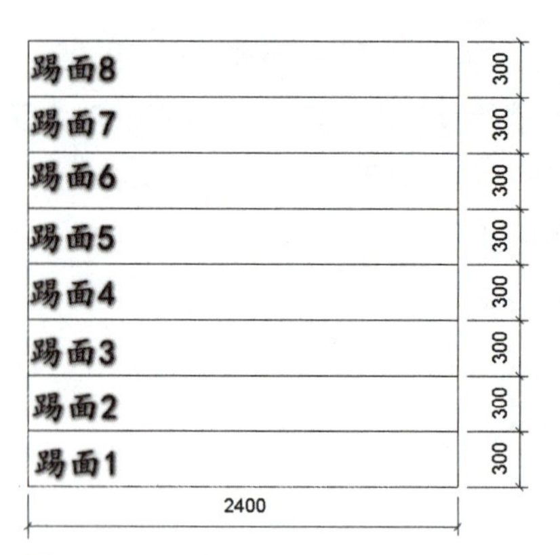

图 2.259　踢面 1～8

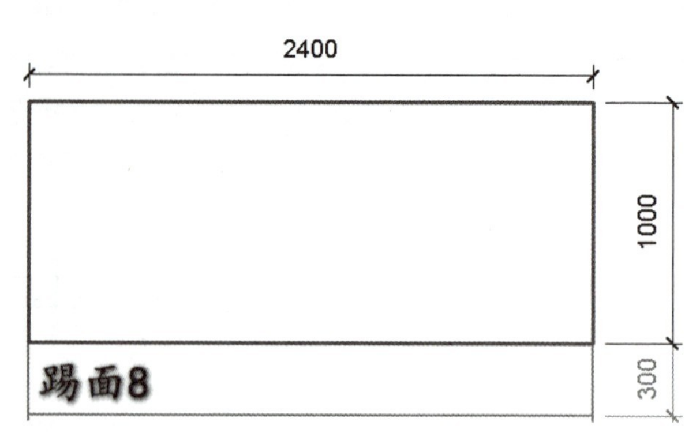

图 2.260　拉伸草图线

图 2.261　楼梯三维模型

14.【二级（建筑）第十八期第二题】

根据图 2.262 创建转角窗构件集模型。将主窗宽度 *L*1（墙洞口宽度）、侧窗宽度 *L*2（墙洞口宽度）、开启扇宽度 *L*3、窗高 *H*（墙洞口高度）设置为参数，要求可以通过参数实现模型修改。窗框宽度 80mm，深度 80mm，开启扇窗框宽度 60mm，深度 60mm，材质均为铝合金；双层中空玻璃尺寸为 6mm+12mm+6mm。请将模型以"转角窗 .xxx"为文件名保存到考生文件夹中。(14 分)

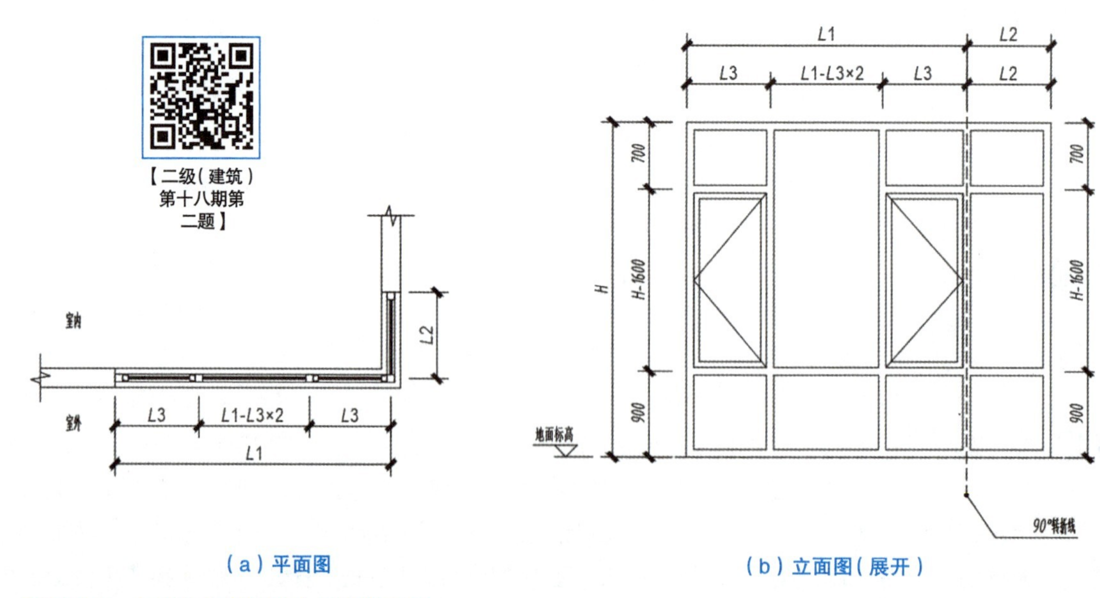

(a) 平面图　　(b) 立面图(展开)

图 2.262　二级(建筑)第十八期第二题

STEP 01　打开软件 Revit；单击"族"→"新建"按钮，在打开的"新族－选择样板文件"对话框中选择“基于墙的公制常规模型”族样板文件，接着单击“打开”按钮退出“新族 – 选择样板文件”对话框，系统自动切换到族编辑器建模界面的“参照标高”楼层平面视图。

STEP 02 单击快速访问工具栏“保存”按钮，在弹出的“另存为”对话框中以“转角窗 .rfa”为文件名保存到考生文件夹中。

STEP 03 单击左侧“属性”对话框中“属性过滤器”下拉列表“楼层平面：参照标高”选项；单击“属性”对话框“范围”项下“视图范围”右侧“编辑”按钮，打开“视图范围”对话框，设置“主要范围”项下“顶部”为“无限制”，“剖切面”偏移值为“10000.0”，单击“确定”按钮关闭“视图范围”对话框。

STEP 04 绘制参照平面 1 ～ 4；添加对齐尺寸标注；选中数值为“3000”的对齐尺寸标注，系统切换到“修改 | 尺寸标注”上下文选项卡，单击“标签尺寸标注”面板中的“创建参数”按钮，在弹出的“参数属性”对话框中设置“名称”为“L1”；同理，添加参数“L2”（与数值为“2000”的对齐尺寸标注关联）和“L3”（与数值为“1000”的对齐尺寸标注关联），如图 2.263 所示；锁定未添加参数的对齐尺寸标注。

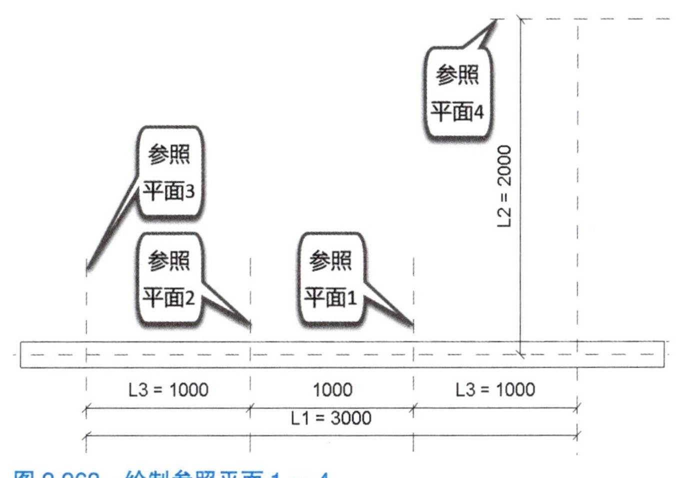

图 2.263 绘制参照平面 1 ～ 4

STEP 05 切换到后立面视图；绘制参照平面 5 ～ 7；添加对齐尺寸标注，选中数值为“900”和“700”的对齐尺寸标注进行锁定；选中数值为“2500”的对齐尺寸标注，系统切换到“修改 | 尺寸标注”上下文选项卡，单击“标签尺寸标注”面板中的“创建参数”按钮，在弹出的“参数属性”对话框中设置“名称”为“H”，如图 2.264 所示。

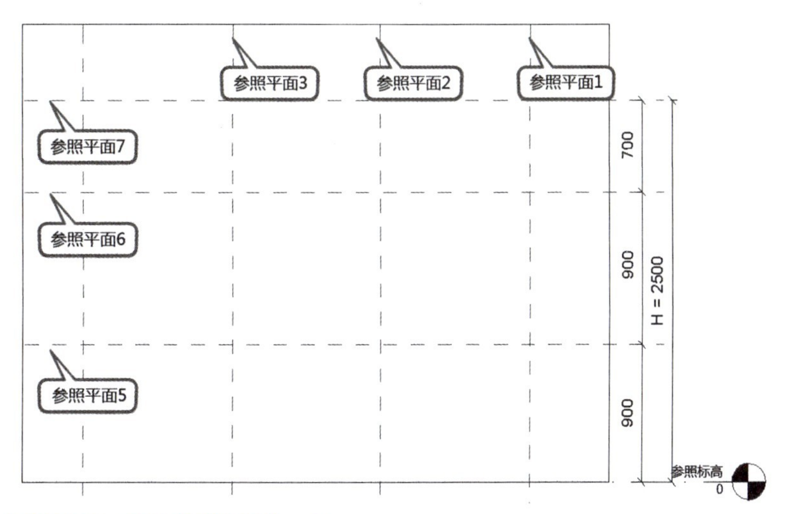

图 2.264 绘制参照平面 5 ～ 7

STEP 06 切换到“参照标高”楼层平面视图；单击“创建”选项卡“形状”面板“放样”按钮，系统切换到“修改 | 放样”上下文选项卡；单击“放样”面板“绘制路径”按钮，系统切换到“修改 | 放样 > 绘制路径”上下文选项卡，确认左侧“属性”对话框“约束”项下“工作平面”为“标高：参照标高”，绘制放样路径且使其与参照平面对齐和锁定，如图 2.265 所示；设置左侧“属性”对话框“标识数据”项下“实心 / 空心”为“空心”；单击“模式”面板“完成编辑模式”按钮“√”，完成放样路径的绘制。

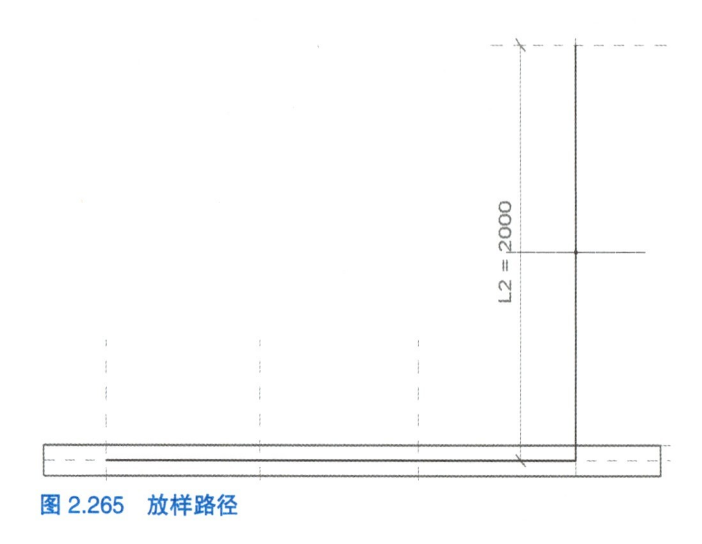

图 2.265 放样路径

STEP 07 单击“修改|放样”上下文选项卡“放样”面板“编辑轮廓”按钮，在系统弹出的“转到视图”对话框中单击“立面：后”按钮，退出“转到视图”对话框后系统自动切换到“修改 | 放样 > 编辑轮廓”上下文选项卡且打开了后立面视图；绘制放样轮廓且使其与参照平面对齐和锁定，如图 2.266 所示。

STEP 08 单击“模式”面板“完成编辑模式”按钮“√”，完成放样轮廓的绘制。

STEP 09 再次单击“修改 | 放样”上下文选项卡“模式”面板“完成编辑模式”按钮“√”，完成空心放样形体 1 的创建。

STEP 10 切换到“参照标高”楼层平面视图；选中空心放样形体 1 的边界，使其与共线的墙体边界对齐且锁定，如图 2.267 所示。

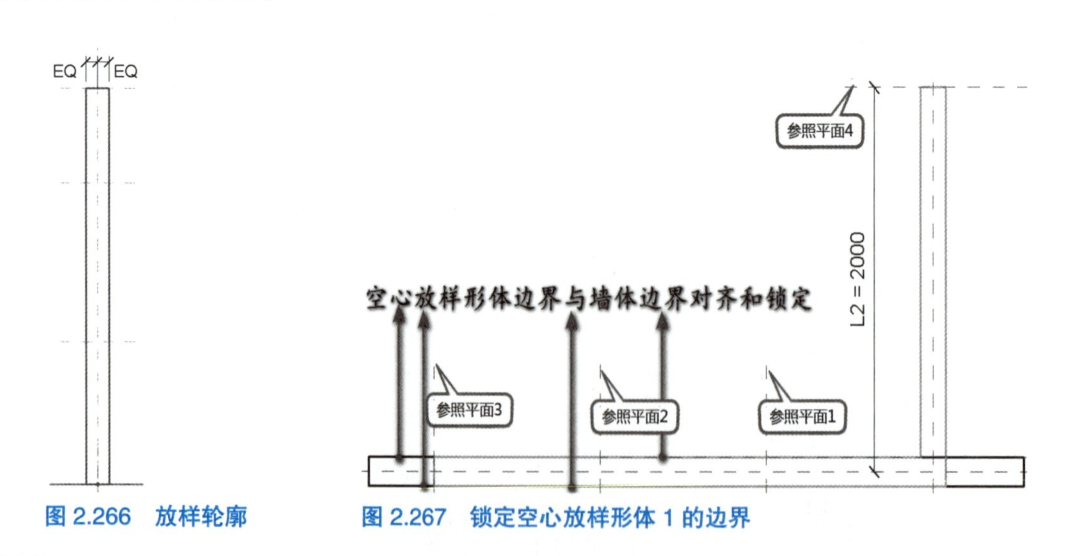

图 2.266 放样轮廓　　图 2.267 锁定空心放样形体 1 的边界

STEP 11 切换到后立面视图；单击“创建”选项卡“形状”面板“拉伸”按钮；单击“绘制”面板“线”按钮，绘制拉伸形体 2 的草图线，添加尺寸标注且将标注锁定，将标注与共线的参照平面或草图线对齐且锁定，如图 2.268 所示；设置左侧“属性”对话框中“约束”选项下“拉伸起点”为“−40.0”，“拉伸终点”为“40.0”，设置“工作平面”为“参照平面：墙”；设置左侧“属性”对话框中“材质和装饰”项下“材质”为“铝合金”；单击“模式”面板“完成编辑模式”按钮“√”，完成拉伸形体 2 的创建。

STEP 12 切换到右立面视图；单击“创建”选项卡“形状”面板“拉伸”按钮；单击“绘制”面板“线”按钮，绘制拉伸形体 3 的草图线，添加尺寸标注且将标注锁定，将标注与共线的参照平面或草图线对齐且锁定，如图 2.269 所示；设置左侧“属性”对话框中“约束”项下“拉伸起点”为“–40.0”，“拉伸终点”为“40.0”，设置“工作平面”为“参照平面：中心（左 / 右）”；设置左侧“属性”对话框中“材质和装饰”项下“材质”为“铝合金”；单击“模式”面板“完成编辑模式”按钮“√”，完成拉伸形体 3 的创建。

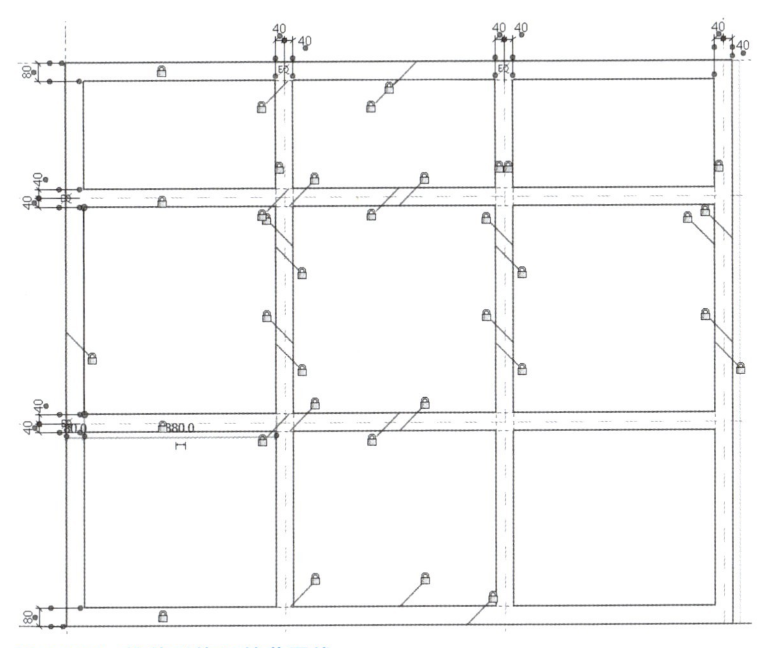

图 2.268　拉伸形体 2 的草图线

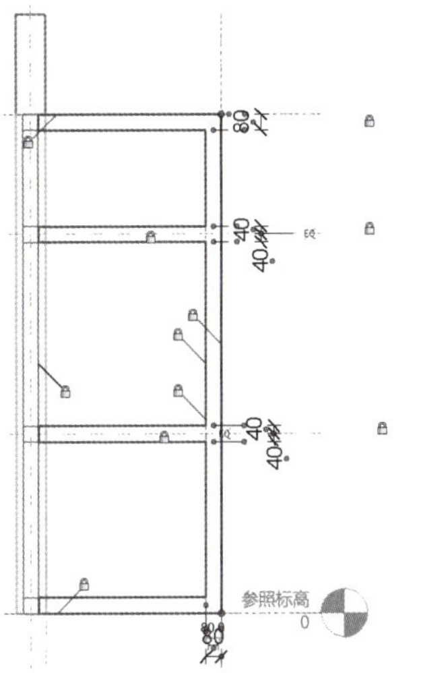

图 2.269　拉伸形体 3 的草图线

STEP 13 切换到后立面视图；单击“创建”选项卡“形状”面板“拉伸”按钮；单击“绘制”面板“线”按钮，绘制拉伸形体 4 的草图线，添加尺寸标注且将标注锁定，同时将标注与共线的参照平面对齐且锁定，如图 2.270 所示；设置左侧“属性”对话框中“约束”项下“拉伸起点”为“–30.0”，“拉伸终点”为“30.0”，设置“工作平面”为“参照平面：墙”；设置左侧“属性”对话框中“材质和装饰”项下“材质”为“铝合金”；单击“模式”面板“完成编辑模式”按钮“√”，完成拉伸形体 4 的创建。

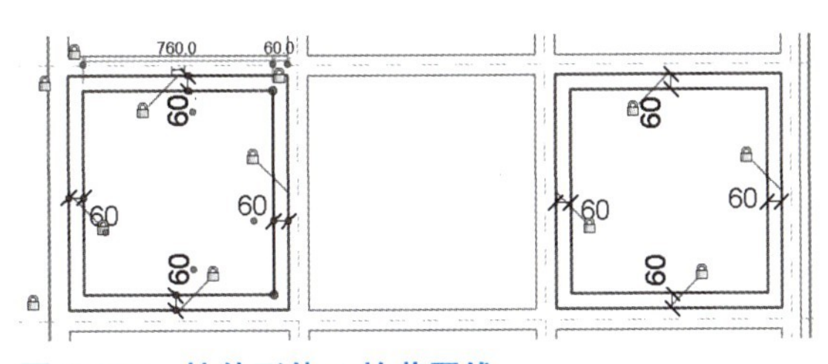

图 2.270　拉伸形体 4 的草图线

STEP 14 单击“创建”选项卡“形状”面板“拉伸”按钮；单击“绘制”面板“线”按钮，绘制拉伸形体 5 的草图线，草图线与共线的参照平面对齐且锁定，如图 2.271 所示；设置左侧“属性”对话框中“约束”项下“拉伸起点”为“–6.0”，“拉伸终点”为“–12.0”，设置“工作平面”为“参照平面：墙”；设置左侧“属性”对话框中“材质和装饰”项下“材质”为“玻璃”；单击“模式”面板“完成编辑模式”按钮“√”，完成拉伸形体 5 的创建；同理，绘制拉伸形体 6 的草图线，草图线与共线的参照平面对齐且锁定，如图 2.271 所示；设置左侧“属性”对话框中“约束”项下“拉伸起点”为“6.0”，“拉伸终点”为“12.0”，设置“工作平面”为

“参照平面：墙”；设置左侧“属性”对话框中“材质和装饰”项下“材质”为“玻璃”；单击“模式”面板“完成编辑模式”按钮“√”，完成拉伸形体 6 的创建。

STEP 15 切换到右立面视图；单击“创建”选项卡“形状”面板“拉伸”按钮；单击“绘制”面板“线”按钮，绘制拉伸形体 7 的草图线，草图线与共线的参照平面对齐且锁定，如图 2.272 所示；设置左侧“属性”对话框中“约束”项下“拉伸起点”为“−6.0”，“拉伸终点”为“−12.0”，设置“工作平面”为“参照平面：中心（左 / 右）”；设置左侧“属性”对话框中“材质和装饰”项下“材质”为“玻璃”；单击“模式”面板“完成编辑模式”按钮“√”，完成拉伸形体 7 的创建；同理，绘制拉伸形体 8 的草图线，草图线与共线的参照平面对齐且锁定，如图 2.272 所示；设置左侧“属性”对话框中“约束”项下“拉伸起点”为“6.0”，“拉伸终点”为“12.0”，设置“工作平面”为“参照平面：中心（左 / 右）”；设置左侧“属性”对话框中“材质和装饰”项下“材质”为“玻璃”；单击“模式”面板“完成编辑模式”按钮“√”，完成拉伸形体 8 的创建。

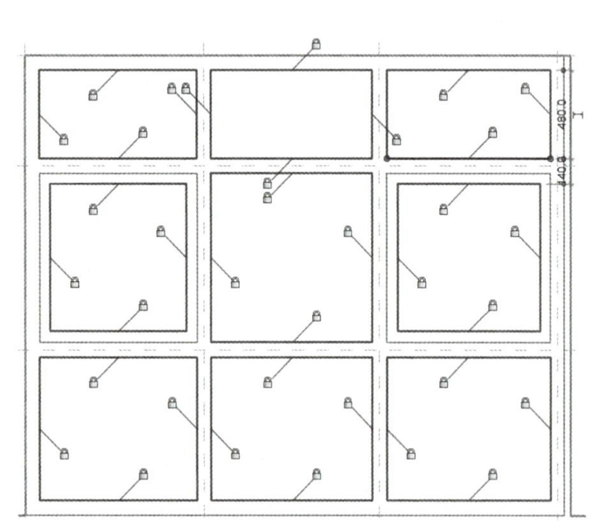

图 2.271　拉伸形体 5、6 的草图线

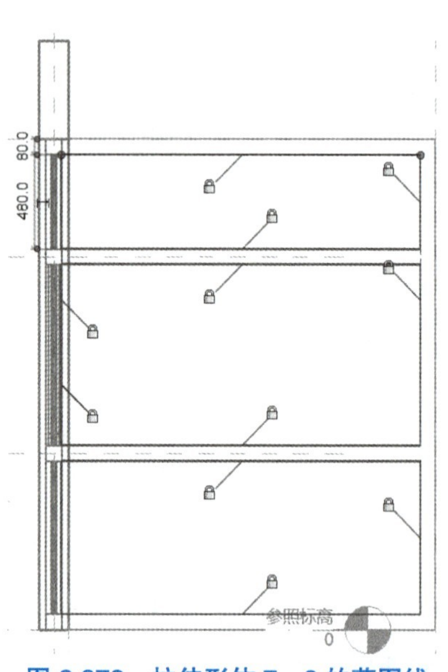

图 2.272　拉伸形体 7、8 的草图线

STEP 16 切换到三维视图；单击“修改”选项卡“几何图形”面板“剪切”下拉列表“剪切几何图形”按钮，首先选中空心放样形体 1，接着选中墙体，则空心放样形体对墙体进行了开洞。

STEP 17 切换到“参照标高”楼层平面视图；单击“创建”选项卡“控件”面板“控件”按钮，系统自动切换到“修改 | 放置 控制点”上下文选项卡；分别单击“控制点类型”面板“双向垂直”和“双向水平”按钮，放置控件，如图 2.273 所示。

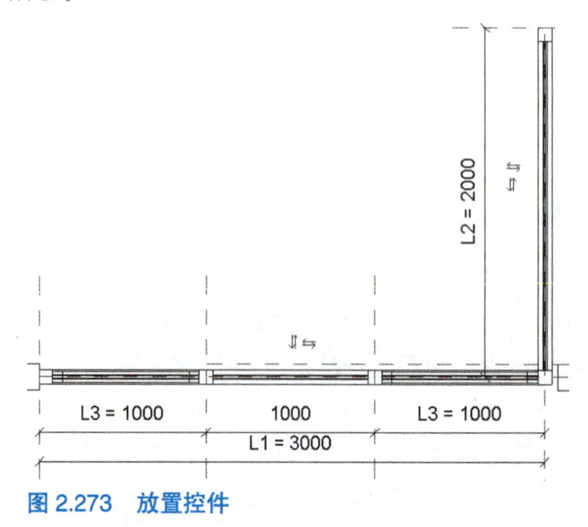

图 2.273　放置控件

STEP 18 切换到后立面视图；绘制参照平面 8；添加尺寸标注且将标注均分；单击“注释”选项卡“详图”面板“符号线”按钮，设置“子类别”为“常规模型 [投影]”，绘制符号线且符号线端点与相交的已有形体边界线或者参照平面对齐且锁定，如图 2.274 所示。

STEP 19 切换到三维视图；查看创建的转角窗三维模型显示效果，如图 2.275 所示。

STEP 20 单击“属性”面板“族类别和族参数”按钮，在弹出的“族类别和族参数”对话框中设置“族类别”为“窗”，单击“确定”按钮关闭“族类别和族参数”对话框。

STEP 21 单击快速访问工具栏“保存”按钮，保存族模型文件。

至此，本题建模结束。

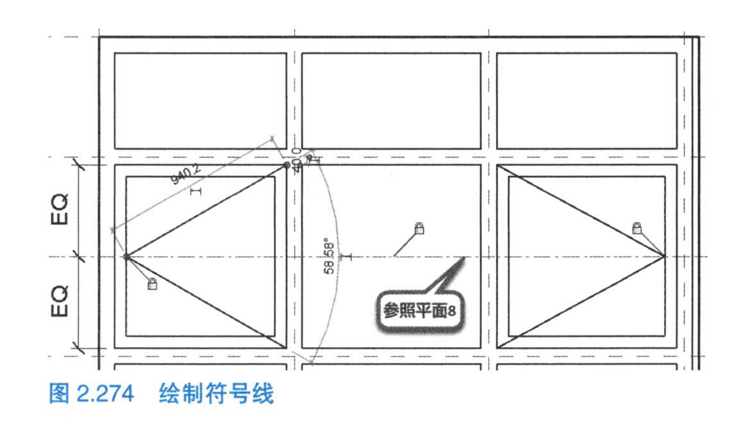

图 2.274 绘制符号线

图 2.275 转角窗三维模型

15.【二级（建筑）第十九期第二题】

根据图 2.276 创建多功能桌椅构件集模型，材质为木材。将桌面短边宽度 *L*（椅背宽度同为 *L*）、桌腿高度 *A* 和 *B*（椅腿高度为桌腿高度 *A* + *B*−300mm）设为参数，要求可通过参数改变实现模型修改。桌面厚度 50mm，桌腿截面为圆形，最小半径 10mm，最大半径 20mm；椅背、椅面、椅腿、扶手板厚均为 50mm。将模型以“多功能桌 .xxx”为文件名保存到考生文件夹中。（14 分）

【二级（建筑）第十九期第二题】

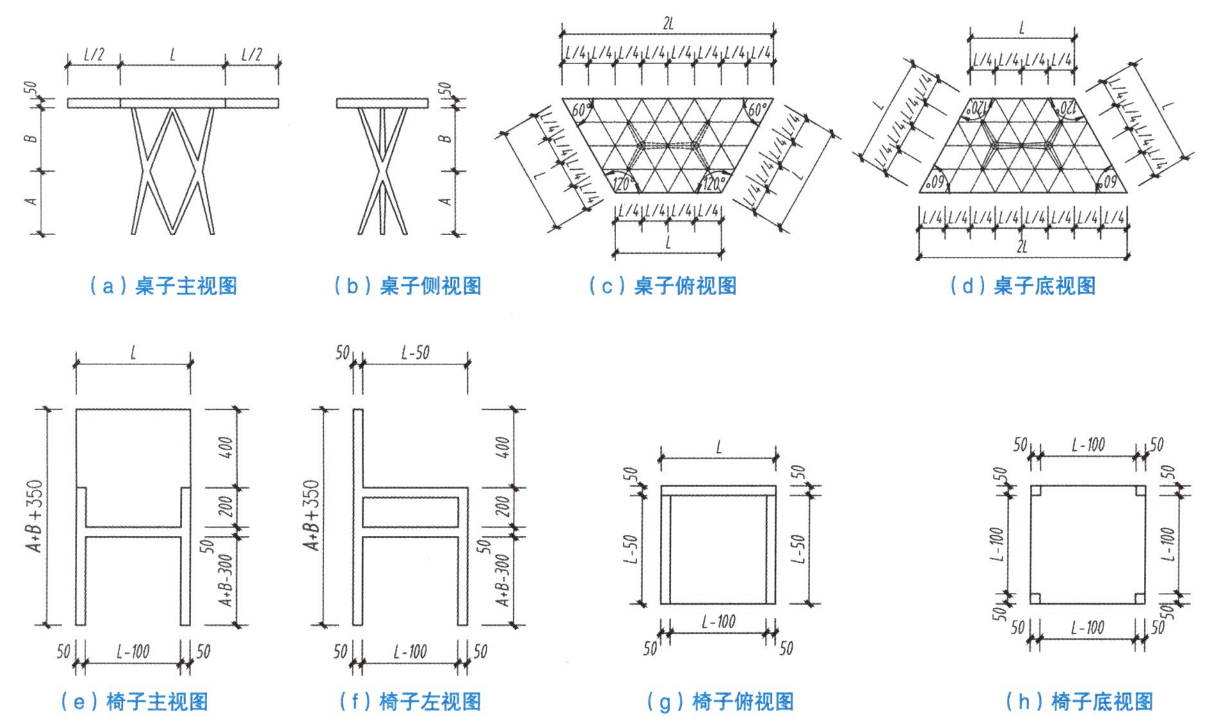

图 2.276 二级（建筑）第十九期第二题

STEP 01 打开软件 Revit；单击“族”→“新建”按钮，在打开的“新族－选择样板文件”对话框中选择“公制常规模型”族样板文件，接着单击“打开”按钮退出“新族－选择样板文件”对话框，系统自动切换到族编辑器建模界面的“参照标高”楼层平面视图。

STEP 02 单击快速访问工具栏“保存”按钮，在弹出的“另存为”对话框中以“多功能桌 .rfa”为文件名，将模型保存到考生文件夹中。

STEP 03 单击左侧“属性”对话框中“属性过滤器”下拉列表“楼层平面：参照标高”选项；单击“属性”对话框“范围”项下“视图范围”右侧“编辑”按钮，打开“视图范围”对话框，设置“主要范围”项下“顶部”为“无限制”，“剖切面”偏移值为“10000.0”，单击“确定”按钮关闭“视图范围”对话框。

STEP 04 单击“创建”选项卡“形状”面板“拉伸”按钮；单击“绘制”面板“线”按钮，绘制桌面的拉伸草图线，添加对齐尺寸标注和角度标注；选中角度标注进行锁定；选中尺寸数值为“1000”的对齐尺寸标注，系统切换到“修改 | 尺寸标注”上下文选项卡，单击“标签尺寸标注”面板中的“创建参数”按钮，在弹出的“参数属性”对话框中设置“名称”为“L”，如图 2.277 所示；设置左侧“属性”对话框中“约束”项下“拉伸起点”为“0.0”，“拉伸终点”为“50.0”，设置“工作平面”为“标高：参照标高”；设置左侧“属性”对话框中“材质和装饰”项下“材质”为“木材”；单击“模式”面板“完成编辑模式”按钮“√”，完成桌面创建。

STEP 05 切换到前立面视图；单击“创建”选项卡“基准”面板“参照平面”按钮，系统自动切换到“修改 | 放置 参照平面”上下文选项卡；单击“绘制”面板“线”按钮，绘制参照平面 1、2，添加对齐尺寸标注；选中数值为“500”的对齐尺寸标注，系统切换到“修改 | 尺寸标注”上下文选项卡，单击“标签尺寸标注”面板中的“创建参数”按钮，在弹出的“参数属性”对话框中设置“名称”为“A”；同理，添加参数“B”。

STEP 06 选中桌面，单击“修改 | 拉伸”上下文选项卡“工作平面”面板“编辑工作平面”按钮，在弹出的“工作平面”对话框中单击“指定新的工作平面”项下“拾取一个平面”按钮，拾取参照平面 2，如图 2.278 所示，单击“确定”按钮，关闭“工作平面”对话框，则桌面的工作平面就在参照平面 2 上了。

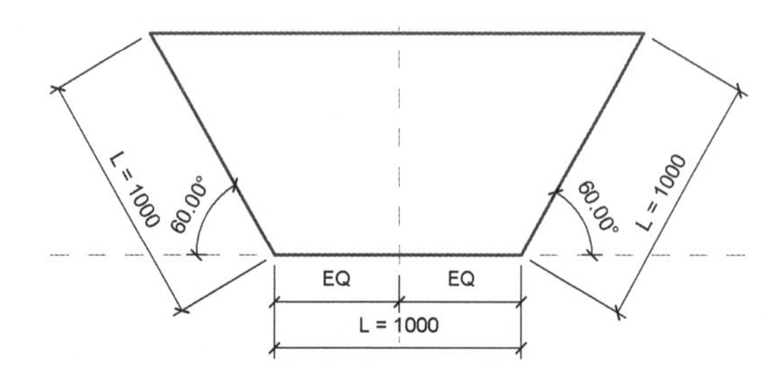

图 2.277　桌面的拉伸草图线

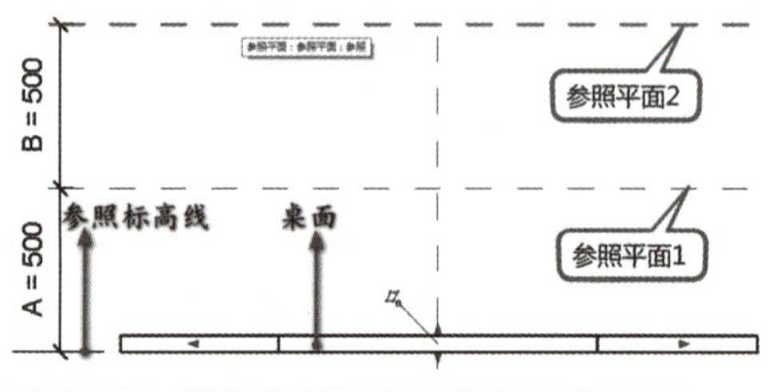

图 2.278　拾取参照平面 2 作为工作平面

STEP 07 单击快速访问工具栏“保存”按钮保存族模型文件。

STEP 08 单击“文件”→“新建”→“族”按钮，在弹出的“新族－选择样板文件”对话框中选择“公制常规模型”族样板文件，接着单击“打开”按钮，系统自动切换到族编辑器建模界面的“参照标高”楼层平面视图。

STEP 09 单击快速访问工具栏“保存”按钮，在弹出的“另存为”对话框中将建立的模型以“桌腿 1.rfa”为文件名保存至本题考生文件夹中。

STEP 10 单击左侧“属性”对话框中“属性过滤器”下拉列表“楼层平面：参照标高”选项；单击“属性”对话框“范围”项下“视图范围”右侧“编辑”按钮，打开“视图范围”对话框，设置“主要范围”项下“顶部”为“无限制”，“剖切面”偏移值为“10000.0”，单击“确定”按钮关闭“视图范围”对话框。

STEP 11 单击“创建”选项卡“基准”面板“参照线”按钮，系统切换到“修改 | 放置 参照线”上下文选项卡，选择“线”按钮绘制参照线 a 参照线且与中心（前 / 后）参照平面以及中心（左 / 右）参照平面对齐且锁定；同理，绘制参照线 b 和参照线 c；添加角度标注且将标注锁定；添加对齐尺寸标注；选中数值为“250”的对齐尺寸标注，系统切换到“修改 | 尺寸标注”上下文选项卡，单击“标签尺寸标注”面板中的“创建参数”按钮，在弹出的“参数属性”对话框中设置“名称”为“C”。

STEP 12 单击“创建”选项卡“工作平面”面板“显示”按钮；单击“创建”选项卡“工作平面”面板“设置”按钮，在弹出的“工作平面”对话框中单击“指定新的工作平面”项下“拾取一个平面”按钮，单击“确定”按钮关闭“工作平面”对话框，选择参照线a上一个平面D，如图2.279所示，则设置的工作平面显示出来了。

STEP 13 单击“创建”选项卡“形状”面板“融合”按钮，系统切换到“修改|创建融合底部边界”上下文选项卡；设置左侧“属性”对话框中“约束”项下“第一端点”为“0.0”，设置“工作平面”为“参照线”；单击左侧“属性”对话框“材质和装饰”项下“材质”右边小方块关联族参数，添加“桌腿材质”关联族参数；单击左侧“属性”对话框中“约束”项下“第二端点”右边小方块关联族参数，添加“融合第二端点”关联族参数。

STEP 14 绘制半径为20mm的圆形融合底部边界线，如图2.280中①所示；单击“修改|创建融合底部边界”上下文选项卡“模式”面板“编辑顶部”按钮，系统切换到“修改|创建融合顶部边界”上下文选项卡；绘制半径为10mm的圆形融合顶部边界线，如图2.280中②所示；单击“模式”面板“完成编辑模式”按钮“√”，完成融合形体1的创建；同理，创建融合形体2、3，如图2.281所示。

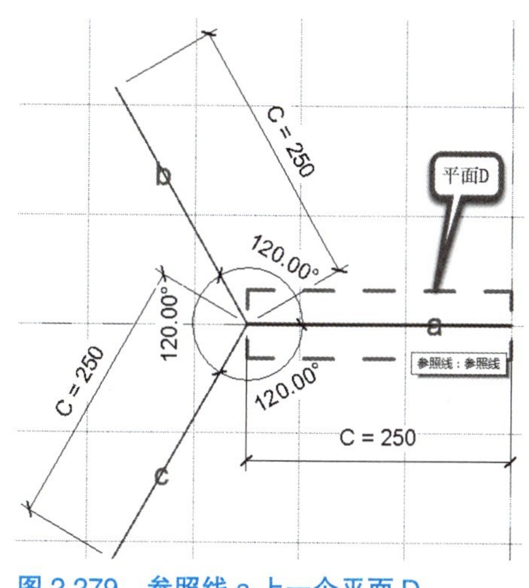

图2.279 参照线a上一个平面D

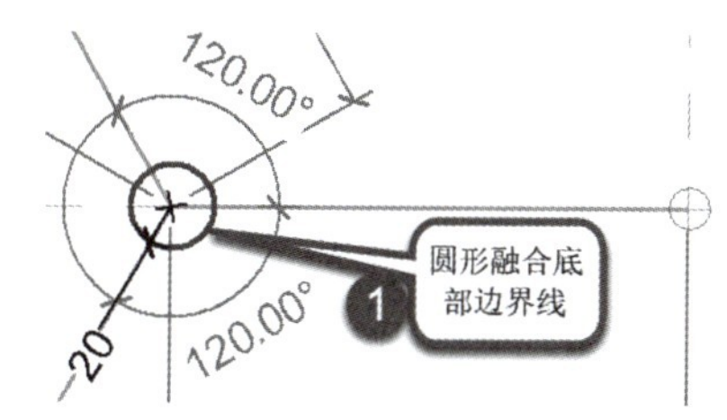

图2.280 融合底部和顶部边界线

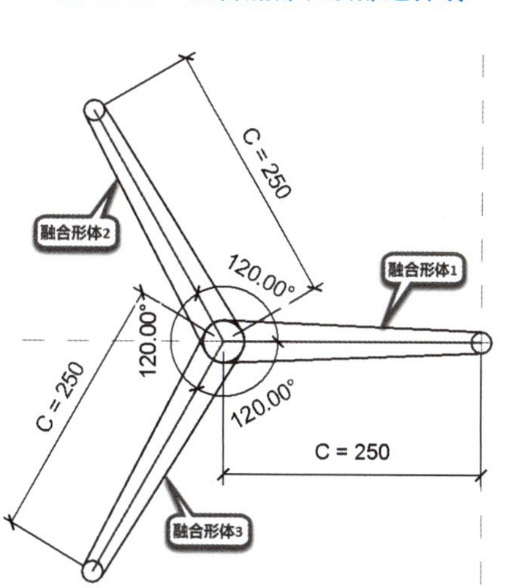

图2.281 融合形体1～3

STEP 15 单击快速访问工具栏“保存”按钮保存族模型文件。单击“修改”选项卡“族编辑器”模板“载入到项目”按钮，则“桌腿1.rfa”载入到了“多功能桌.rfa”中。

STEP 16 单击“文件”→“新建”→“族”按钮，在弹出的“新族－选择样板文件”对话框中选择“公制常规模型”族样板文件，接着单击“打开”按钮，系统自动切换到族编辑器建模界面的“参照标高”楼层平面视图。同理，根据STEP 08～STEP 15，创建族模型“桌腿2.rfa”且载入到“多功能桌.rfa”中，不再赘述。

STEP 17 绘制参照平面3，添加对齐尺寸标注且将标注均分；单击“创建”选项卡“模型”面板“构件”按钮，确认左侧“类型选择器”中类型为“桌腿 1.rfa”；将“桌腿 1.rfa”模型放置于参照平面 3 与“参照平面：中心（左 / 右）”交点上，且插入点在水平和垂直方向分别与参照平面 3 和中心（左 / 右）参照平面对齐和锁定；同理，将“桌腿 2.rfa”模型放置于参照平面 3 与中心（左 / 右）参照平面交点上，且插入点在水平和垂直方向分别与参照平面 3 和中心（左 / 右）参照平面对齐和锁定。

STEP 18 选中“桌腿 1.rfa”模型，单击“编辑类型”按钮，在弹出的“类型属性”对话框中，单击“材质和装饰”项下“桌腿材质”右侧小方块关联族参数，添加关联族参数“材质”；单击“尺寸标注”项下“融合第二端点”右侧小方块关联族参数，添加关联族参数“融合第二端点”；单击“尺寸标注”项下“C”右侧小方块关联族参数，添加关联族参数“C”。

STEP 19 选中“桌腿 2.rfa”模型，单击“编辑类型”按钮，在弹出的“类型属性”对话框中，单击“材质和装饰”项下“桌腿材质”右侧小方块关联族参数，添加关联族参数“材质”；单击“尺寸标注”项下“融合第二端点”右侧小方块关联族参数，添加关联族参数“融合第二端点（-A）”；单击“尺寸标注”项下“C”右侧小方块关联族参数，添加关联族参数“C”。

STEP 20 切换到前立面视图；同时选中放置的“桌腿 1.rfa”模型和“桌腿 2.rfa”模型，单击左侧“属性”对话框“约束”项下“偏移”右侧小方块关联族参数，添加关联族参数“A”。

STEP 21 单击“创建”选项卡“属性”面板“族类型”按钮，在打开的“族类型”对话框中设置“材质和装饰”项下“材质”为“木材”；设置“尺寸标注”项下“C”公式为“=0.25×L”，“融合第二端点”公式为“=B”，“融合第二端点（-A）”公式为“=-A”。

STEP 22 同时选中放置的“桌腿 1.rfa”模型和“桌腿 2.rfa”模型，单击“修改”选项卡“修改”面板“镜像 - 拾取轴”按钮，拾取“参照平面：中心（左 / 右）”作为镜像轴，则右侧两个桌腿模型创建完成了；切换到“参照标高”楼层平面视图；将刚刚创建的两个桌腿模型的插入点在水平和垂直方向分别与参照平面 3 和中心（左 / 右）参照平面对齐和锁定。

STEP 23 单击快速访问工具栏“保存”按钮保存族模型文件。

STEP 24 单击“文件”→“新建”→“族”按钮，在弹出的“新族 - 选择样板文件”对话框中选择“公制常规模型”族样板文件，接着单击“打开”按钮，系统自动切换到族编辑器建模界面的“参照标高”楼层平面视图。单击快速访问工具栏“保存”按钮，在弹出的“另存为”对话框中以“椅子 .rfa”为文件名保存到考生文件夹中。

STEP 25 单击左侧“属性”对话框中“属性过滤器”下拉列表“楼层平面：参照标高”选项；单击“属性”对话框“范围”项下“视图范围”右侧“编辑”按钮，打开“视图范围”对话框，设置“主要范围”项下“顶部”为“无限制”，“剖切面”偏移值为“10000.0”，单击“确定”按钮关闭“视图范围”对话框。

STEP 26 单击“创建”选项卡“形状”面板“拉伸”按钮；单击“绘制”面板“线”按钮，绘制椅子腿的拉伸草图线，进行尺寸标注；选中数值为“600”的对齐尺寸标注，添加关联族参数“L”，如图 2.282 所示。

STEP 27 设置左侧“属性”对话框中“约束”项下“拉伸起点”为“0.0”，设置“工作平面”为“标高：参照标高”；单击左侧“属性”对话框“材质和装饰”项下“材质”右边小方块关联族参数，添加“材质”关联族参数；单击左侧“属性”对话框“约束”项下“拉伸终点”右边小方块关联族参数，添加“椅子腿顶部”关联族参数；单击“模式”面板“完成编辑模式”按钮“√”，完成椅子腿的创建。

STEP 28 单击“创建”选项卡“形状”面板“拉伸”按钮；单击“绘制”面板“线”按钮，绘制椅子背的拉伸草图线，且草图线与共线的椅子腿边界对齐和锁定，如图 2.283 所示。

STEP 29 设置左侧“属性”对话框中“约束”项下“拉伸起点”为“-250.0”，“拉伸终点”为“400.0”，设置“工作平面”为“标高：参照标高”；单击左侧“属性”对话框“材质和装饰”项下“材质”右边小方块关联族参数，添加“材质”关联族参数；单击“模式”面板“完成编辑模式”按钮“√”，完成椅子背的创建。

STEP 30 单击“创建”选项卡“形状”面板“拉伸”按钮；单击“绘制”面板“线”按钮，绘制椅子垫的拉伸草图线，且草图线与共线的椅子腿边界对齐和锁定，如图 2.284 所示。

STEP 31 设置左侧“属性”对话框中“约束”项下“拉伸起点”为“-250.0”，“拉伸终点”为“-200.0”，设置“工作平面”为“标高：参照标高”；单击左侧“属性”对话框“材质和装饰”项下“材质”右边小方块关联族参数，添加“材质”关联族参数；单击“模式”面板“完成编辑模式”按钮“√”，完成椅子垫的创建。

STEP 32 单击“创建”选项卡“形状”面板“拉伸”按钮；单击“绘制”面板“线”按钮，绘制扶手的拉伸草图线，且草图线与共线的椅子腿边界对齐和锁定，如图 2.285 所示。

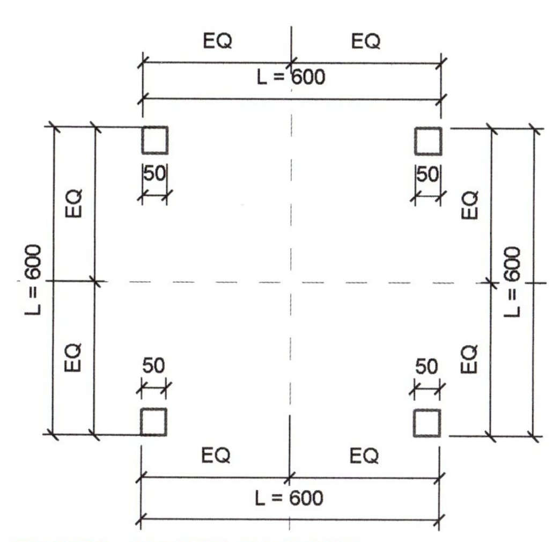

图 2.282　椅子腿的拉伸草图线

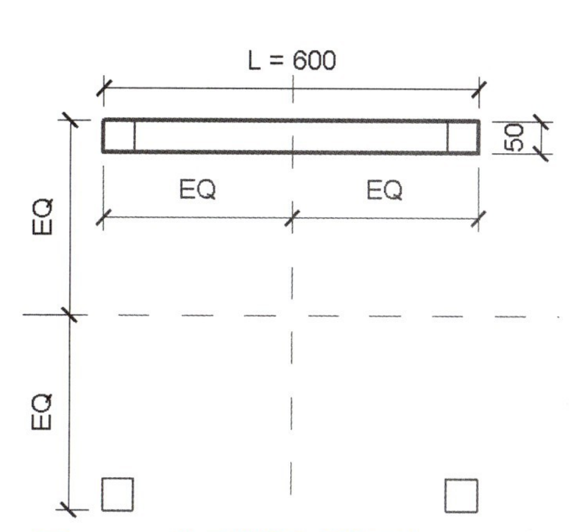

图 2.283　椅子背的拉伸草图线

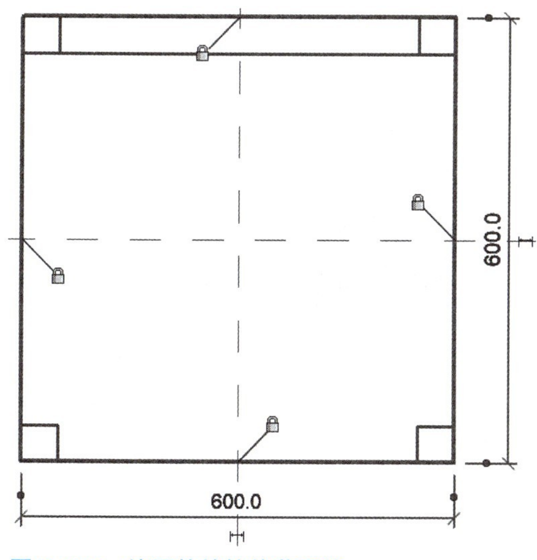

图 2.284　椅子垫的拉伸草图线

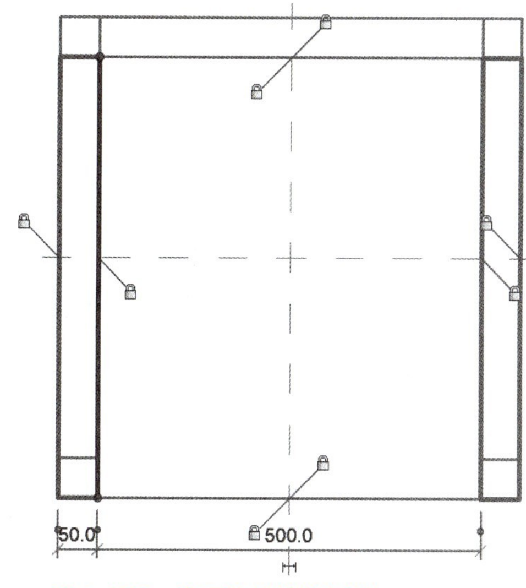

图 2.285　扶手的拉伸草图线

STEP 33 设置左侧“属性”对话框中“约束”项下“拉伸起点”为“0.0”，“拉伸终点”为“-50.0”，设置“工作平面”为“标高：参照标高”；单击左侧“属性”对话框“材质和装饰”项下“材质”右边小方块关联族参数，添加“材质”关联族参数；单击“模式”面板“完成编辑模式”按钮“√”，完成扶手的创建。

STEP 34 切换到三维视图；同时选中椅子背、椅子垫和扶手，单击“修改 | 拉伸”上下文选项卡“工作平面”面板“编辑工作平面”按钮，在弹出的“工作平面”对话框中单击“指定新的工作平面”项下“拾取一个平面”按钮，拾取椅子腿顶部所在的平面，单击“确定”按钮，关闭“工作平面”对话框，则椅子背、椅子垫和扶手的工作平面就在椅子腿顶部所在的平面上了，如图 2.286 所示。

STEP 35 单击“修改”选项卡“几何图形”面板“连接”下拉列表“连接几何图形”按钮，勾选选项栏“多重连接”复选框，首先选中椅子腿，接着借助 Ctrl 键同时选中其余各独立创建的形体，则创建的所有形体就连接成了一个整体。

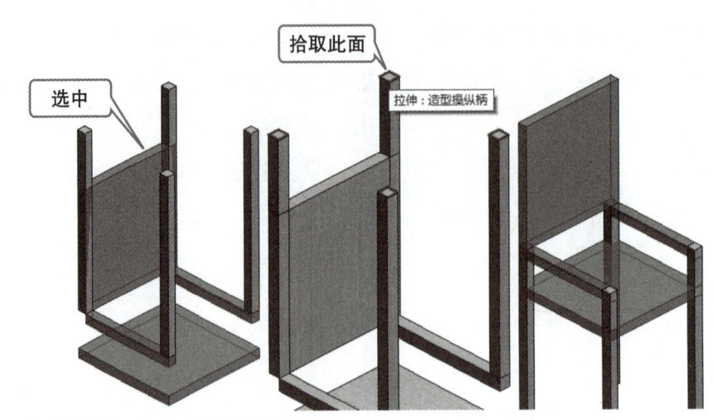

图 2.286　编辑工作平面

STEP 36 单击快速访问工具栏“保存”按钮保存族模型文件。单击“修改”选项卡“族编辑器”面板“载入到项目”按钮，则“椅子.rfa”载入到了“多功能桌.rfa”中。

STEP 37 选中“椅子”模型，单击“编辑类型”按钮，在弹出的“类型属性”对话框中，单击“材质和装饰”项下“材质”右侧小方块关联族参数，添加关联族参数“材质”；单击“尺寸标注”项下“椅子腿顶部”右侧小方块关联族参数，添加关联族参数“椅子腿顶部”；单击“尺寸标注”项下“L”右侧的关联族参数按钮，关联族参数“L”。

STEP 38 单击“创建”选项卡“属性”面板“族类型”按钮，在打开的“族类型”对话框中设置“尺寸标注”项下“椅子腿顶部”公式为“=A+B-300”。

STEP 39 切换到三维视图；查看创建的多功能桌三维模型显示效果，如图 2.287 所示。

STEP 40 单击快速访问工具栏“保存”按钮，保存“多功能桌.rfa”族模型文件。

至此，本题建模结束。

图 2.287　多功能桌三维模型

二、真题实战演练

为了节省篇幅，请读者通过手机扫码，获取下面对应的视频文件进行学习。

1.【二级（建筑）第八期第一题】
2.【二级（建筑）第十一期第二题】
3.【二级（建筑）第二十期第二题】
4.【二级（建筑）第二十一期第一题】
5.【二级（建筑）第二十一期第二题】
6.【二级（建筑）第二十一期第三题】

【二级（建筑）第八期第一题】

【二级（建筑）第十一期第二题】

【二级（建筑）第二十期第二题】

【二级（建筑）第二十一期第一题】

【二级（建筑）第二十一期第二题】

【二级（建筑）第二十一期第三题】

专项考点二小结

本专题讲述了族的基本知识，以及参数化建族的基本步骤和方法。

参数化建族的内容主要有：（1）选择合适的族样板；（2）绘制参照平面且添加尺寸标注（注意均分的应用），对某些尺寸标注进行族参数关联，对某些固定尺寸进行锁定；（3）应用拉伸、放样、融合、旋转和放样融合等创建三维模型；（4）实心模型和空心模型的转化；（5）材质的设置；（6）参照线的应用，工作平面的设置和编辑；（7）连接几何图形、剪切几何图形的灵活运用。

编者考虑到全国 BIM 技能等级考试每期必考参数化建族的题目，同时每期题目各有特点，图纸复杂，再加上分值很高，若是不能很好地完成参数化建族的题目，则会大大影响考试成绩。故本书对第七～第十九期参数化建族的题目进行了详细的解析，读者朋友们要仔细研读书籍，同时借助手机扫码观看每个真题配套的视频资源，就能掌握参数化建族的方法。

接下来我们将在熟练掌握参数化建族的基础上学习体量族的创建以及异形玻璃幕墙的创建。

3

CHAPTER

体量族和异形幕墙的创建

Revit 提供了体量工具，用于快速地建立概念模型。在全国 BIM 技能等级考试二级（建筑）中一般不会专门对概念体量的创建进行考察，编者考虑到异形幕墙的创建是需要概念体量创建的基本知识的，故在此专门对概念体量进行讲解。

【相关文件下载】

概念体量的创建过程与族的创建过程十分相似。

幕墙是现代建筑设计中被广泛应用的一种建筑构件，由幕墙网格、竖梃和幕墙嵌板组成。在 Revit 中，幕墙根据复杂程度分为常规幕墙和异形幕墙。常规幕墙是墙体的一种特殊类型，其创建方法和常规墙体相同，并具有常规墙体的各种属性，可以像编辑常规墙体一样编辑常规幕墙。本专项重点讲述创建异形幕墙的“面幕墙系统”。

专项考点数据统计

【体量族和异形幕墙的创建】

在全国 BIM 技能等级考试二级（建筑）中，专项考点——体量族和异形幕墙，尤其是异形幕墙，近年来基本上是必考内容。从第七期～第二十三期的试题来看，几乎每期会考一个异形幕墙创建的题目，占 10 分左右，故掌握异形幕墙的创建是很重要的。专项考点——体量族和异形幕墙数据统计见表 3.1。

表 3.1　专项考点——体量族和异形幕墙数据统计

期数	题目	题目数量	难易程度	分值	备注
第七期	第三题：创建体量建筑模型	1	中等	15 分	唯一一次单独考核体量
第十二期	第一题：绘制幕墙结构	1	中等	10 分	首次开始考异形幕墙
第十五期	第一题：建立幕墙模型	1	中等	10 分	
第十六期	第一题：建立幕墙模型	1	中等	10 分	首次与第三题进行关联
第十九期	第一题：建立幕墙模型	1	困难	12 分	
第二十二期	第一题：创建坡道雨篷模型	1	困难	12 分	本题需要与同期第二题进行关联

通过本专项考点的学习，掌握创建面幕墙系统（异形幕墙）的方法；掌握创建概念体量模型的四种基本方法；掌握幕墙网格、竖梃的创建和编辑方法；掌握幕墙嵌板的选择，以及幕墙嵌板替换为门窗或实体、空嵌板的方法。

第一节　内建模型

【内建模型】

内建模型是自定义族，需要在项目环境中创建。为满足需要，可在项目文件中创建多个内建模型，但是这会降低软件的运行速度。

单击“文件”→“新建”→“项目”按钮；在打开的“新建项目”对话框中选择“样板文件”为“建筑样板”、“新建”为“项目”；单击“确定”按钮，关闭“新建项目”对话框，系统自动打开了创建建筑项目模型的界面。单击“建筑”选项卡“构件”下拉列表“内建模型”按钮；系统自动弹出“族类别和族参数”对话框，在其中选择族的类别，如选择“屋顶”，单击“确定”按钮，弹出“名称”对话框，可以使用其中的默认名称，也可自定义名称，单击“确定”按钮，退出“名称”对话框，进入族编辑器界面，如图 3.1 所示。

图 3.1　族编辑器界面

小贴士 ▶▶▶

在族编辑器“创建”选项卡“形状”面板中提供了各类创建族模型的工具，如拉伸、融合、旋转等，通过调用这些工具，完成创建族模型的操作；族模型创建完成后，单击“在位编辑器”面板“完成模型”按钮“✓”，完成内建模型的创建，退出族编辑器回到项目环境中。

内建模型创建完成后可到项目浏览器中查看，单击展开“族”列表，选择族类别，可在其中查看新建的内建模型，如创建了“屋顶”内建模型后，可到“屋顶”族类别中查看。

小贴士 ▶▶▶

①内建模型不需要像可载入族一样创建复杂的族框架，也不需要创建太多的参数，但还是要添加必要的尺寸和材质参数，以便在项目文件中直接通过族的图元属性参数进行编辑；②虽然可以在项目中创建、复制及放置无限多个内建模型，但是项目中包含多个内建模型，会使得系统的运行速度降低，因此应慎重创建内建模型。

第二节　概念体量

一、概念体量的基本概念

1. 概念体量的相关概念

1）概念设计环境

【概念体量的基本概念】

概念设计环境就是为建筑师提供创建可集成到建筑信息模型（BIM）中的参数化族体量的环境。通过这种环境，可以直接对设计中的点、边和面进行灵活操作，形成可构建的形状，选用 Revit 软件自带的“公制体量”族样板创建概念体量（体量族）的环境即为概念设计环境的一种。

2）体量

体量用于观察、研究和解析建筑形式，Revit 提供了内建体量和体量族两种创建体量的方式。

3）内建体量

内建体量用于表示项目独特的体量形状，随着项目保存于项目之内。

4）体量族

体量族采用“公制体量”族样板在体量族编辑器中创建，独立保存为后缀名为“.rfa”的族文件，在一个项目中放置体量的多个实例或者在多个项目中需要使用同一体量时，通常使用可载入体量族。

5）体量面

体量面是体量实例的表面，可直接添加建筑图元。

6）体量楼层

体量楼层是在定义好的标高处穿过体量的水平面生成的楼层，其提供了该水平面与下一个水平面或体量顶部之间的几何图形信息（尺寸标注等）。

2. 体量的作用

1）体量化

通过内建体量或者体量族实例，来表示建筑物或者建筑物群落，并且可以通过设计选项修改体量的材质和关联形式。

2）纹理化

体量便于处理建筑的表面形式，对于存在重复性图元的建筑外观，可以通过纹理化填充实现快速生成，或者使用嵌套的智能子构件来分割体量表面，从而实现一些复杂的设计。

3）构件化

可以通过“面模型”工具直接将建筑构件添加到体量形状当中，从带有可完全控制图元类别、类型和参数值的体量实例开始，生成楼板、屋顶、幕墙系统和墙。另外，当体量更改时可以完全控制这些图元的再生成。

总之，概念体量是 Revit 中非常重要的功能，了解概念体量的相关知识可以帮助读者灵活运用概念体量。

二、概念体量的创建

Revit 提供了内建体量和体量族两种创建体量的方式，与内建族和可载入族是类似的。

1. 新建内建体量

【概念体量的创建】

单击“体量和场地”选项卡“概念体量”面板“按视图 设置显示体量”下拉列表“显示体量 形状和楼层”按钮，如图 3.2 所示；单击“概念体量”面板“内建体量”按钮，在系统自动弹出的图 3.3 所示的“名称”对话框中输入内建体量的名称，然后单击“确定”按钮，退出“名称”对话框即可自动进入内建体量的建模环境。

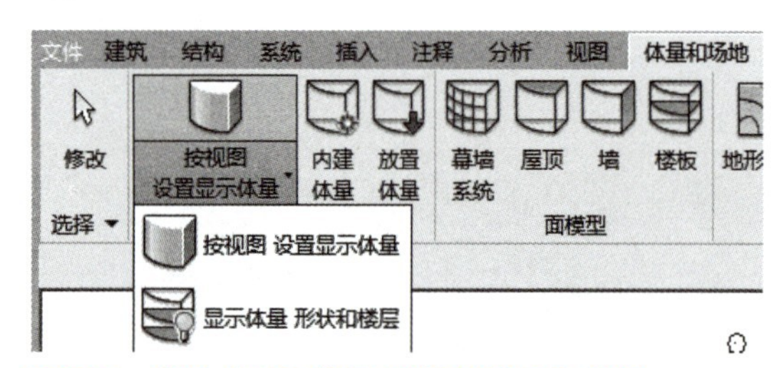

图 3.2 激活“显示体量 形状和楼层”按钮

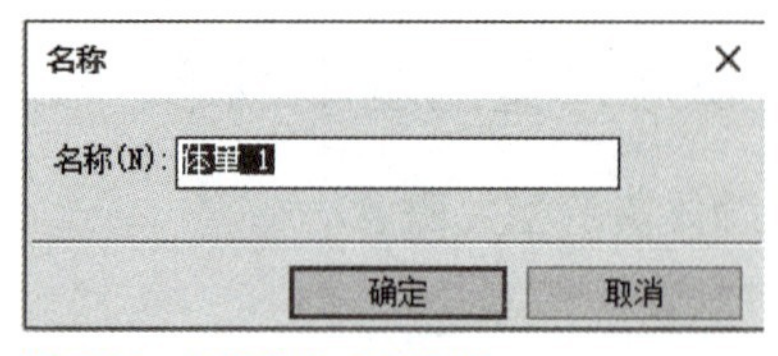

图 3.3 “名称”对话框

特别提示

默认体量为不可见，为了创建体量，可先激活“显示体量 形状和楼层”模式；如果在单击“内建体量”时尚未激活“显示体量 形状和楼层”模式，则 Revit 会自动将“显示体量 形状和楼层”模式激活，并弹出“体量－显示体量已启用”对话框，如图 3.4 所示，直接单击“关闭”按钮即可。

若单击“内建体量”按钮前，激活“显示体量 形状和楼层”按钮，则当单击“内建体量”按钮时，不会弹出“体量－显示体量已启用”对话框。

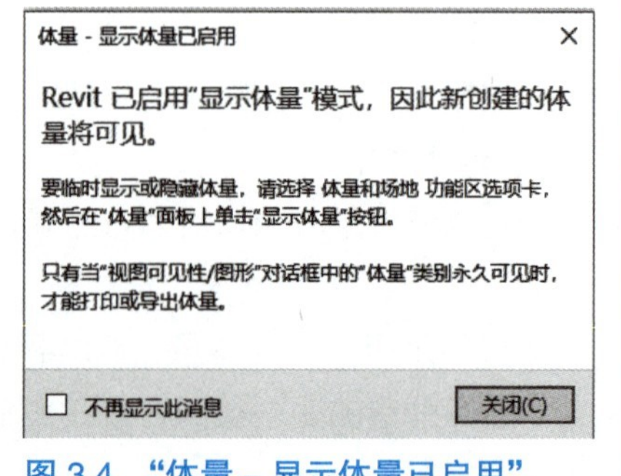

图 3.4 “体量－显示体量已启用”对话框

2. 创建体量族

单击“文件”→“新建”→“概念体量”按钮，在弹出的“新概念体量－选择样板文件”对话框中找到并选择“公制体量”族样板，如图 3.5 所示，单击“打开”按钮，进入概念体量建模环境。

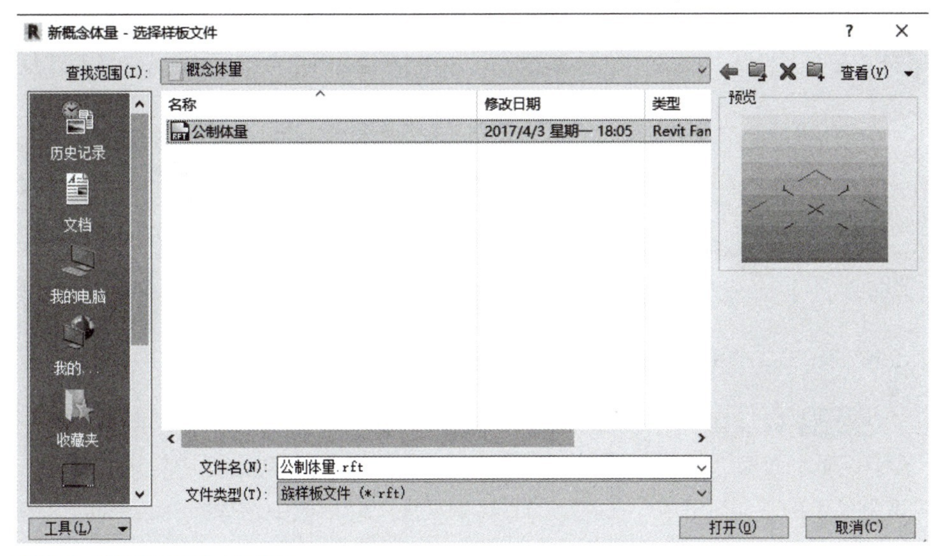

图 3.5 “公制体量”族样板

小贴士 ▶▶▶

概念体量建模环境中的操作界面跟“建筑样板”创建项目的建模操作界面有很多共同之处，这里强调的是在概念体量建模环境中的“绘图区”有三个工作平面，分别是“中心（左／右）”“中心（前／后）”和“标高 1”；当我们要在“绘图区”操作时，需要选择和创建合适的工作平面来创建概念体量模型。

三、初识三维空间

概念体量建模环境，默认为三维视图。当需要创建三维标高定位高程时，选中已有三维标高可以直接按住“Ctrl 键 + 鼠标左键”垂直向上拖动，即可以复制多个三维标高，如图 3.6 所示。

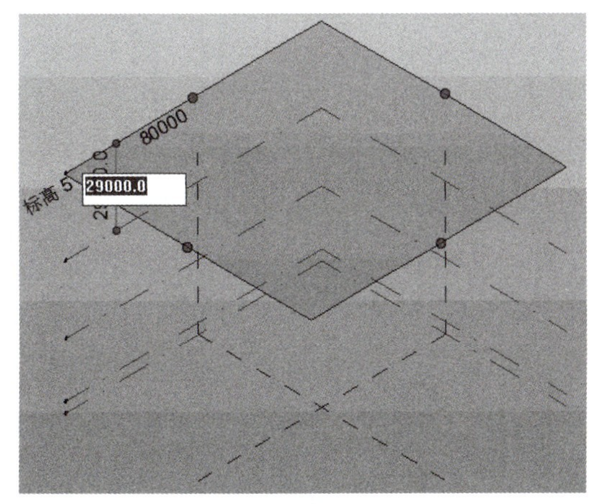

图 3.6 复制多个三维标高

【初识三维空间】

创建形状（实心形状和空心形状）特点：无需指定方式，软件根据操作者的操作内容，自行判断，以可能的方式来生成形状。当多于一个结果时，会提供缩略图。

四、在面上绘制和在工作平面上绘制

在面上绘制即在模型图元的表面绘制几何图形，而在工作平面上绘制，即在我们设置的工作平面上绘制几何图形。下面示范一下基本操作。

STEP 01 使用模型线绘制时，在功能区有两种方式，即“在面上绘制”和“在工作平面上绘制”。激活“模型线”按钮，单击“在面上绘制”按钮，如图 3.7 所示，绘制半径为 1500.0mm 的圆，绘制过程如图 3.8 所示。

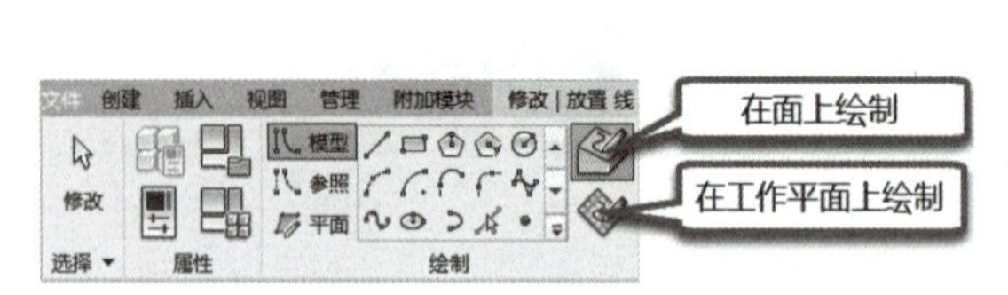

图 3.7 “在面上绘制”和“在工作平面上绘制”按钮

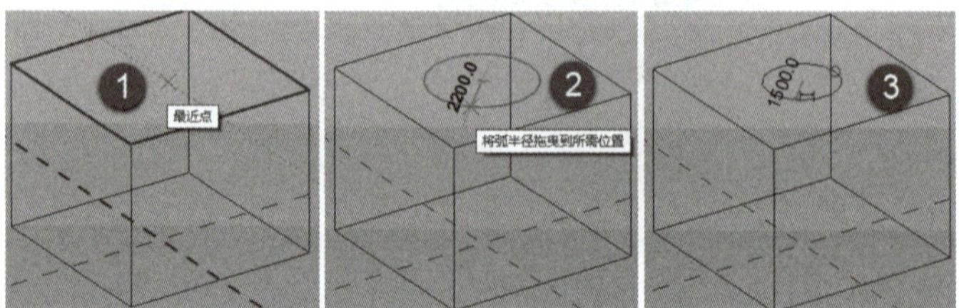
图 3.8 在面上绘制圆的过程

【在面上绘制和在工作平面上绘制】

STEP 02 切换到南立面视图，在绘图区域绘制一个水平参照平面 A；单击“修改”选项卡“工作平面”面板“设置”按钮，在弹出的“工作平面”对话框中勾选“拾取一个平面”选项，拾取刚绘制的参照平面 A，在弹出的“转到视图”对话框中选择“楼层平面：标高 1”，单击“打开视图”按钮，关闭“转到视图”对话框，系统自动切换到“标高 1”楼层平面视图。

STEP 03 激活“模型线”按钮，单击“在工作平面上绘制”按钮，确认选项栏“放置平面”为“参照平面 : A”，如图 3.9 所示，绘制图 3.10 所示的矩形模型线。

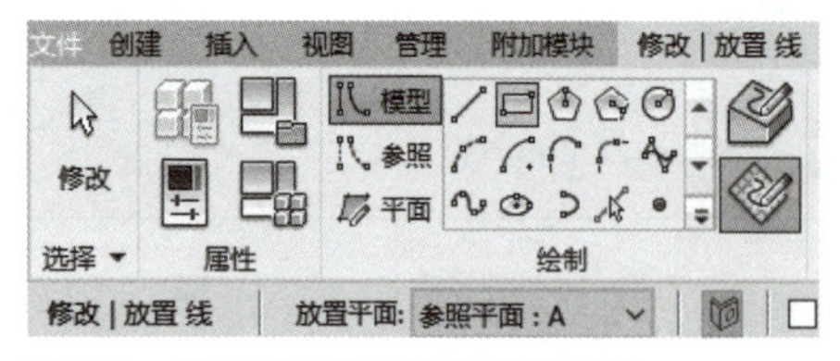
图 3.9 在工作平面上绘制模型线

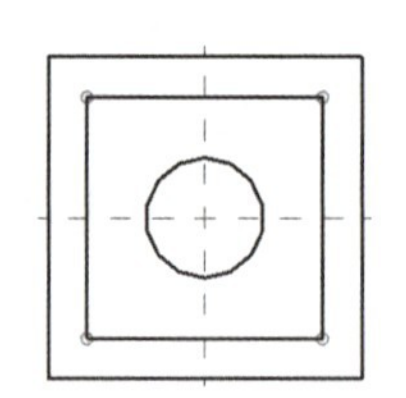
图 3.10 矩形模型线

STEP 04 切换到三维视图；选中图 3.11 中①所示的圆形模型线，单击“形状”面板“创建形状”下拉列表“实心形状”按钮，在出现的图 3.11 中②所示的缩略图“圆柱”和“球”中选择“圆柱”，则创建了一个实心圆柱体，如图 3.11 中③、④所示。

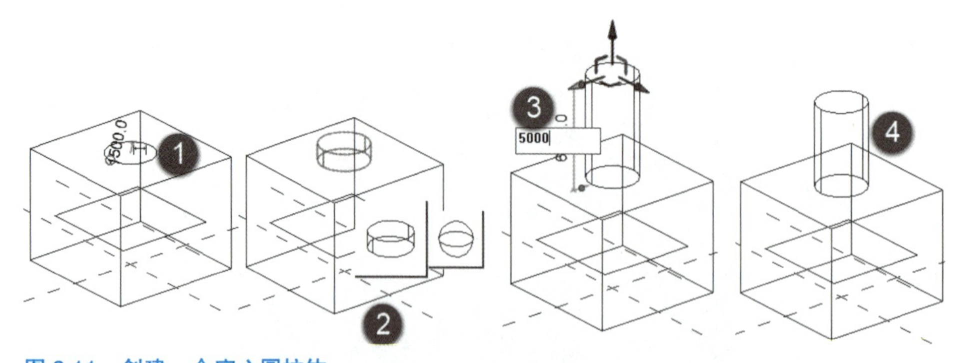

图 3.11 创建一个实心圆柱体

小贴士

根据实际情况，选择合适的工作平面创建模型线或参照线；选择绘制的这些模型线或参照线，单击“形状”面板“创建形状”下拉列表“实心形状”或者“空心形状”按钮，系统即可自动创建三维体量模型。

五、工作平面、模型线、参照线

【工作平面、模型线、参照线】

工作平面、模型线、参照线是创建体量的基本要素。另外，在概念体量建模环境（体量族编辑器）中创建体量时，工作平面、模型线、参照线的应用更加灵活，这也是体量族和构件族创建的最大区别。

1. 工作平面

工作平面是一个用作视图或绘制图元起始位置的虚拟二维表面。工作平面的形式包括模型表面所在面、三维标高、视图中默认的参照平面或绘制的参照平面、参照点上的工作平面。

1）模型表面所在面

模型表面所在面是拾取已有模型图元的表面所在面作为工作平面。在概念体量建模环境的三维视图中，单击“创建”选项卡“工作平面”面板“设置”按钮，再拾取一个已有图元的一个表面来作为工作平面，单击“显示”按钮，则该表面显示为蓝色，如图 3.12 所示。

图 3.12　拾取模型表面所在面作为工作平面

小贴士 ▶▶▶

在概念体量建模环境的三维视图中，单击“创建”选项卡“工作平面”面板“设置”按钮后，直接默认为“拾取一个平面”，如果是在其他平面视图中则会弹出“工作平面”对话框，需要手动选择“拾取一个平面”，或通过“指定新的工作平面”右边的“名称”选项来选择参照平面。

2）三维标高

在概念体量建模环境的三维视图中，提供了三维标高平面，可以在三维视图中直接创建标高，三维标高平面可作为体量创建中的工作平面。

在概念体量建模环境的三维视图中，单击“创建”选项卡“基准”面板“标高”按钮，光标移动到绘图区域现有标高平面上方，光标下方会出现间距显示（临时尺寸标注），在“在位编辑器”中可直接输入间距数值，例如“30000”，即 30m，按 Enter 键即可完成三维标高的创建。

创建完成的标高，其高度可以通过修改标高下面的临时尺寸标注进行修改；同样，三维视图标高可以通过“复制”或“阵列”工具来进行创建。

小贴士 ▶▶▶

单击“创建”选项卡“工作平面”面板“设置”按钮，光标选择标高平面即可将标高平面设置为当前工作平面，单击激活“创建”选项卡“工作平面”面板“显示”按钮，可始终显示当前工作平面。

3）视图中默认的参照平面或绘制的参照平面

在概念体量建模环境的三维视图中，可直接选择与立面平行的“中心（前 / 后）”或“中心（左 / 右）”参照平面作为当前工作平面。

单击“创建”选项卡“工作平面”面板“设置”按钮，光标选择“中心（前/后）”或“中心（左/右）”参照平面即可将该面设置为当前工作平面；单击“创建”选项卡“工作平面”面板“显示”按钮，可显示设置的当前工作平面。

小贴士 ▶▶▶

在楼层平面视图中，通过单击“创建”选项卡“绘制”面板“参照平面”按钮，在绘图区域绘制参照平面，即可设置更多的“参照平面”作为需要的工作平面。

4）参照点上的工作平面

每个参照点都有三个互相垂直的工作平面。单击“创建”选项卡“工作平面”面板“设置”按钮，光标放置在“参照点”位置，单击Tab键可以切换选择“参照点”三个互相垂直的“参照面”作为当前工作平面，如图3.13所示。

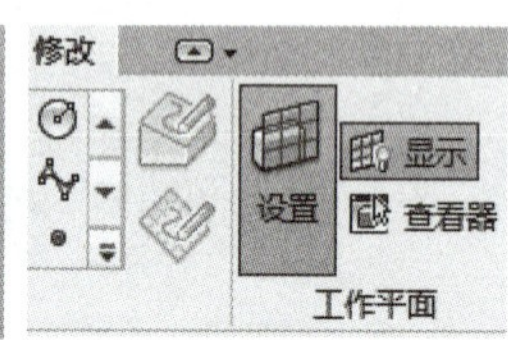

图3.13　参照点上的工作平面

2. 模型线、参照线

1）模型线

激活“创建”选项卡“绘制”面板“模型线”按钮，可以分别单击“绘制”面板“线”和“矩形”按钮，绘制常用的“线”和“矩形”模型线；“内接多边形”“外接多边形”和“圆形”模型线的绘制，需要在绘图区域确定圆心，输入半径；另外“起点－终点－半径弧”“圆角弧”“椭圆”等按钮用于创建不同形式的弧线形状，比较好理解。

小贴士 ▶▶▶

使用模型线工具绘制的闭合或不闭合的线、矩形、多边形、圆、圆弧、样条曲线、椭圆、椭圆弧等都可以被用于创建体块或面。

2）参照线

参照线用来创建新的体量或者作为创建体量的限制条件。参照线不是模型线，其实际上是两个平面垂直相交的相交线。

六、概念体量基本形状的创建

概念体量基本形状包括实心形状和空心形状。两种类型形状的创建方法是完全相同的，只是所表现的形状特征不同。实心形状与空心形状出现交集后可以剪切几何形体。图3.14所示为实心形状与空心形状。

【概念体量基本形状的创建】

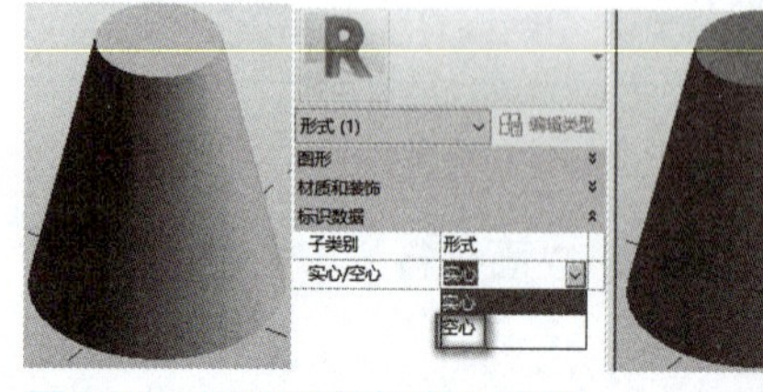

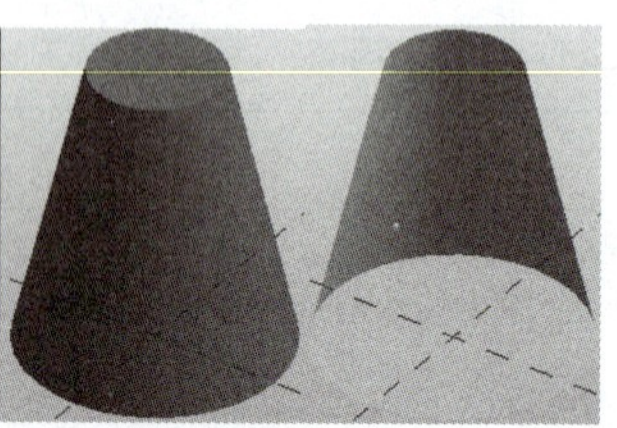

图3.14　实心形状与空心形状

小贴士 ▶▶▶

“创建形状”工具将自动分析所拾取的模型线。通过拾取绘制的模型线可以生成拉伸、旋转、放样（即扫描）、融合、放样融合等多种形态的三维模型。例如，当选择两个位于平行平面的封闭轮廓时，Revit 将以这两个轮廓为端面，以融合的方式创建体量模型。

第三节　创建概念体量模型

一、拉伸

【拉伸】

1）拉伸模型：单一截面轮廓（闭合）

当绘制的截面曲线为单个工作平面上的闭合轮廓时，Revit 将自动识别轮廓并创建拉伸模型。

STEP 01 打开软件 Revit；单击“族”→“新建概念体量模型”按钮，在弹出的“新概念体量 – 选择样板文件”对话框中找到并选择“公制体量”的族样板文件，单击“打开”按钮进入概念体量建模环境。

STEP 02 切换到“标高 1”楼层平面视图且设置“标高 1”楼层平面视图为当前工作平面。

STEP 03 单击“创建”选项卡“绘制”面板“模型线”按钮，进入“修改 | 放置 线”上下文选项卡。

STEP 04 激活“在工作平面上绘制”按钮，确认选项栏“放置平面”为“标高：标高 1”。

STEP 05 在“绘制”面板中选择绘制的方式为“矩形”，绘制边长为 40000mm 的正方形模型线，如图 3.15 中①所示。

STEP 06 切换到三维视图。选中刚刚绘制的正方形模型线，如图 3.15 中②所示，系统切换到“修改 | 线”上下文选项卡。

STEP 07 单击“形状”面板“创建形状”下拉列表“实心形状”按钮，创建实心形状。

STEP 08 修改实心形状高度的临时尺寸数值为“40000”，如图 3.15 中③所示；则创建的实心形状如图 3.15 中④所示。

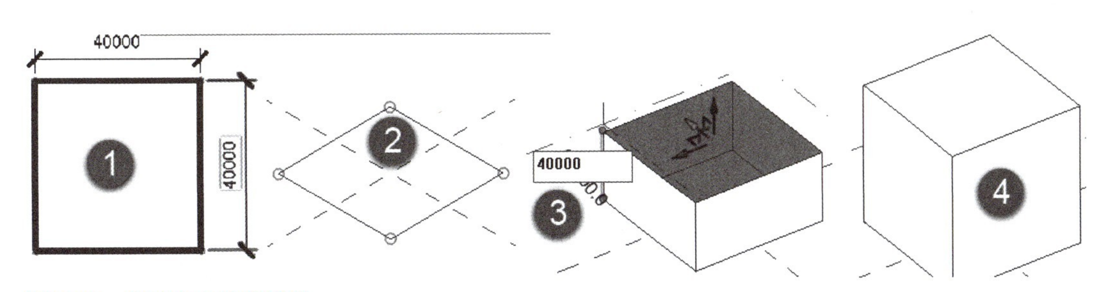

图 3.15　创建实心拉伸模型

2）拉伸曲面：单一截面轮廓（开放）

STEP 01 打开软件 Revit；单击“族”→“新建概念体量模型”按钮，在弹出的“新概念体量 – 选择样板文件”对话框中找到并选择“公制体量”的族样板，单击“打开”按钮进入概念体量建模环境。

STEP 02 设置“标高 1”楼层平面视图为当前工作平面。

STEP 03 单击“创建”选项卡“绘制”面板“模型线”按钮，进入“修改 | 放置 线”上下文选项卡。

STEP 04 激活“在工作平面上绘制”按钮，确认选项栏“放置平面”为“标高：标高 1”。

STEP 05 在“绘制”面板中选择绘制的方式为“圆心－端点弧”，绘制图 3.16 中①所示的开放轮廓。

STEP 06 切换到三维视图；单击刚刚绘制的开放轮廓，如图 3.16 中②所示，进入“修改 | 线”上下文选项卡。

STEP 07 单击“形状”面板“创建形状”下拉列表“实心形状”按钮，Revit 自动识别轮廓并自动创建图 3.16 中③所示的拉伸曲面。

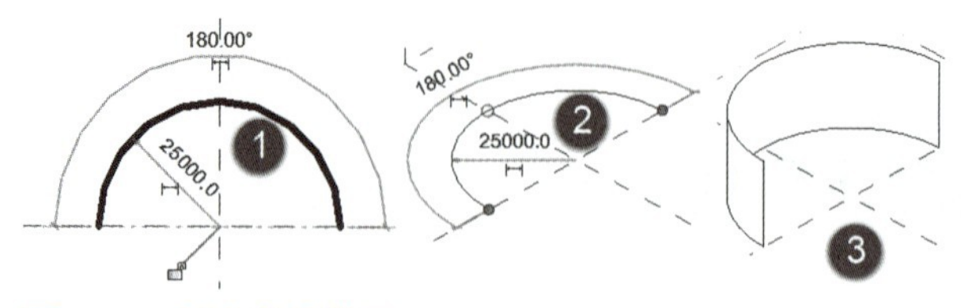

图 3.16　创建拉伸曲面

二、旋转

小贴士

如果在同一工作平面上绘制一条线和一个封闭轮廓，将会创建旋转模型；如果在同一工作平面上绘制一条线和一个开放的轮廓，将会创建旋转曲面。线可以是模型线，也可以是参照线，此线会被 Revit 识别为旋转轴。

【旋转】

STEP 01 打开软件 Revit；单击“族”→“新建概念体量模型”按钮，在弹出的“新概念体量－选择样板文件”对话框中找到并选择“公制体量”的族样板，单击“打开”按钮进入概念体量建模环境。

STEP 02 设置“标高 1”楼层平面视图为当前工作平面，切换到“标高 1”楼层平面视图。

STEP 03 单击“创建”选项卡“绘制”面板“模型线”按钮，进入“修改 | 放置 线”上下文选项卡。

STEP 04 在“绘制”面板中选择绘制的方式为“线”，绘制图 3.17 中①所示的封闭图形和与封闭图形不相交的线。

STEP 05 切换到三维视图。

STEP 06 同时选中绘制的封闭图形和与封闭图形不相交的线，如图 3.17 中②所示，系统自动切换到“修改 | 线”上下文选项卡。

STEP 07 单击“形状”面板“创建形状”下拉列表“实心形状”按钮，创建实心旋转模型，如图 3.17 中③所示。

STEP 08 选中旋转模型，进入“修改 | 形式”上下文选项卡。

STEP 09 单击“模式”面板“编辑轮廓”按钮，显示轮廓和线。

STEP 10 通过 View Cube 工具将视图切换为上视图（三维视图状态），然后重新绘制封闭轮廓为圆形，如图3.18中①所示，单击“模式”面板“完成编辑模式”按钮，完成旋转模型的更改，结果如图3.18中②、③所示。

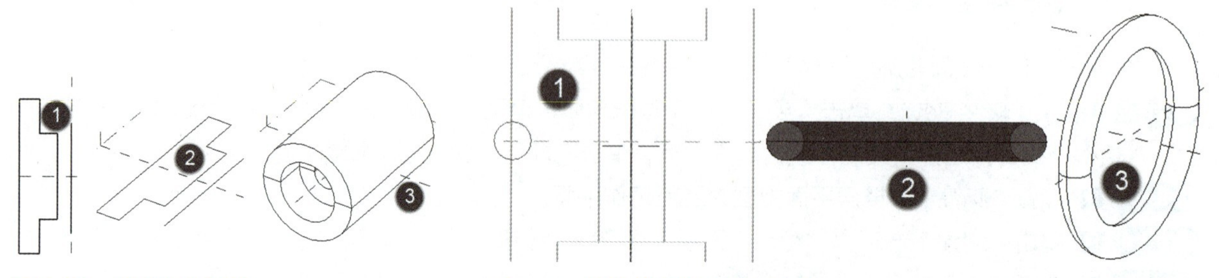

图 3.17　创建旋转模型　　图 3.18　旋转模型的编辑和修改

STEP 11 单击“文件”→“新建”→“概念体量”按钮，在弹出的“新概念体量－选择样板文件”对话框中找到并选择“公制体量”的族样板，单击“打开”按钮进入概念体量建模环境。

STEP 12 切换到“标高 1”楼层平面视图且设置“标高 1”楼层平面视图为当前工作平面。

STEP 13 单击“创建”选项卡“绘制”面板“模型线”按钮，进入“修改 | 放置 线”上下文选项卡。

STEP 14 在“绘制”面板中选择绘制的方式为“线”，绘制开放图形和线，如图 3.19 中①所示。

STEP 15 切换到三维视图；同时选中开放图形和线，如图 3.19 中②所示，进入“修改 | 线”上下文选项卡。

STEP 16 单击“形状”面板“创建形状”下拉列表“实心形状”按钮，在出现的图 3.19 中③所示的缩略图“旋转模型”和“融合模型”中选择“旋转模型”，创建图 3.19 中④所示的旋转模型；同理，若在出现的图 3.20 中③所示的缩略图“旋转模型”和“融合模型”中选择“融合模型”，则创建图 3.20 中④所示的融合模型。

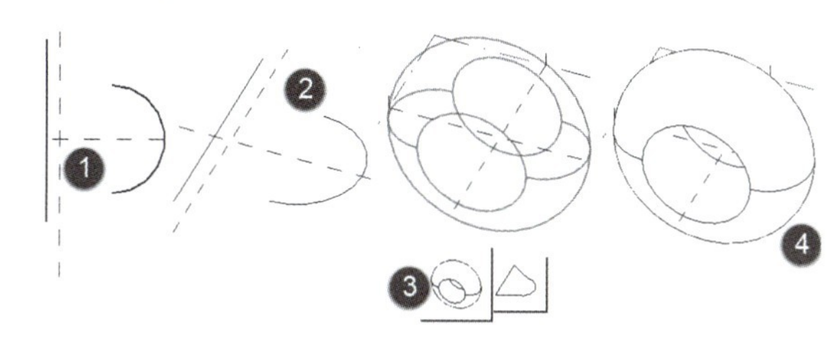

图 3.19 创建的旋转模型

图 3.20 创建的融合模型

三、放样（扫描）

小贴士 ▶▶▶

在概念设计环境中，放样要基于沿某个路径放样的二维轮廓创建。轮廓垂直于定义路径的一条或多条线而绘制。

STEP 01 打开软件 Revit；单击“族”→“新建概念体量模型”按钮，在弹出的“新概念体量－选择样板文件”对话框中找到并选择“公制体量”的族样板，单击“打开”按钮进入概念体量建模环境。

【放样】

STEP 02 切换到“标高 1”楼层平面视图且设置“标高 1”楼层平面视图为当前工作平面。

STEP 03 单击“创建”选项卡“绘制”面板“模型线”按钮，进入“修改 | 放置 线”上下文选项卡。

STEP 04 在“绘制”面板中选择绘制的方式为“通过点的样条曲线”。

STEP 05 激活“在工作平面上绘制”按钮，然后放置一个点，如图 3.21 中①所示。

STEP 06 切换到三维视图；单击“工作平面”面板“设置”按钮，把光标放在刚刚绘制的“点”上，通过 Tab 键的切换，当显示与路径垂直的工作平面时单击，则此与路径垂直的工作平面将被设置为当前工作平面，如图 3.21 中②所示。

STEP 07 单击“工作平面”面板“显示”按钮，显示设置的工作平面，如图 3.21 中③所示。

小贴士 ▶▶▶

实际上，在三维视图状态下，选中点，将显示垂直于路径的工作平面。

STEP 08 在“绘制”面板中选择绘制的方式为“圆形”，激活“在工作平面上绘制”按钮，绘制圆，如图 3.21 中④所示。

STEP 09 按住 Ctrl 键选中封闭轮廓（圆）和路径（样条曲线），单击“形状”面板“创建形状”下拉列表“实心形状”按钮，软件将自动完成放样（扫描）模型，如图 3.21 中⑤所示。

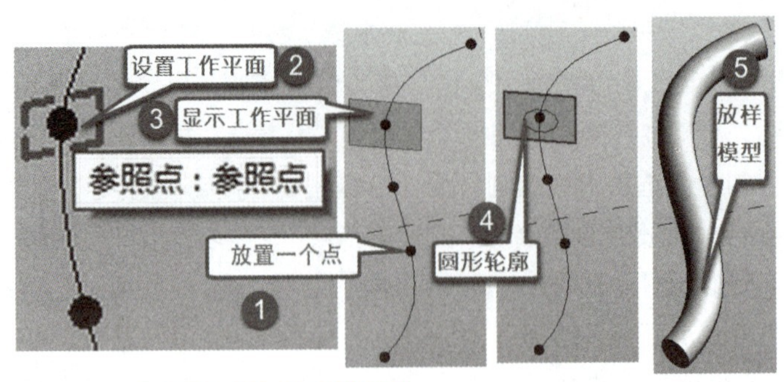

图 3.21　放样（扫描）模型的创建

特别提示

若要编辑路径，先选中放样模型，再单击“编辑轮廓”按钮，重新绘制放样路径即可；若需要编辑截面轮廓，先选中放样模型两个端面之一的封闭轮廓线，再单击“编辑轮廓”按钮，即可编辑轮廓形状和尺寸。

为了得到一个垂直于路径的工作平面，往往是先在路径上放置一个参照点，然后再指定该点的一个面作为绘制轮廓时的工作平面。

四、放样融合

特别提示

在概念设计环境中，放样融合要基于沿某个路径放样的两个或多个二维轮廓而创建。

轮廓垂直于用于定义路径的线。

【放样融合】

STEP 01 打开软件 Revit；单击“族”→“新建概念体量模型”按钮，在弹出的“新概念体量 - 选择样板文件”对话框中找到并选择“公制体量”的族样板，单击“打开”按钮进入概念体量建模环境。

STEP 02 切换到“标高 1”楼层平面视图且设置“标高 1”楼层平面视图为当前工作平面。

STEP 03 单击“创建”选项卡“绘制”面板“模型线”按钮，进入“修改 | 放置 线”上下文选项卡。

STEP 04 使用“创建”选项卡“绘制”面板中的工具，绘制路径。

STEP 05 单击“创建”选项卡下“绘制”面板中的“点图元”按钮，确定“在工作平面上绘制”，然后沿路径放置放样融合轮廓的参照点。

STEP 06 切换到三维视图；选择一个参照点拾取设置工作平面并在其工作平面上绘制一个闭合轮廓，以同样的方式绘制其余参照点的闭合轮廓。

STEP 07 选择刚刚绘制的路径和轮廓，单击“修改 | 线”上下文选项卡“形状”面板“创建形状”下拉列表“实心形状”按钮，则创建了实心模型，创建的放样融合模型如图 3.22 所示。

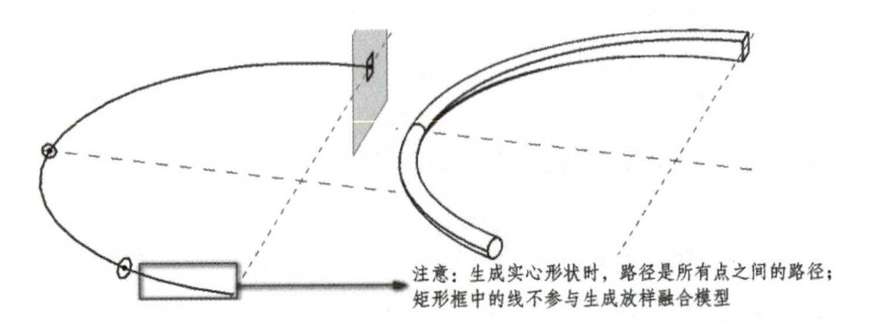

图 3.22　创建放样融合模型

五、实心与空心的剪切

一般情况下，空心模型将自动剪切与之相交的实心模型，也可以手动剪切创建的实心模型，如图 3.23 所示。

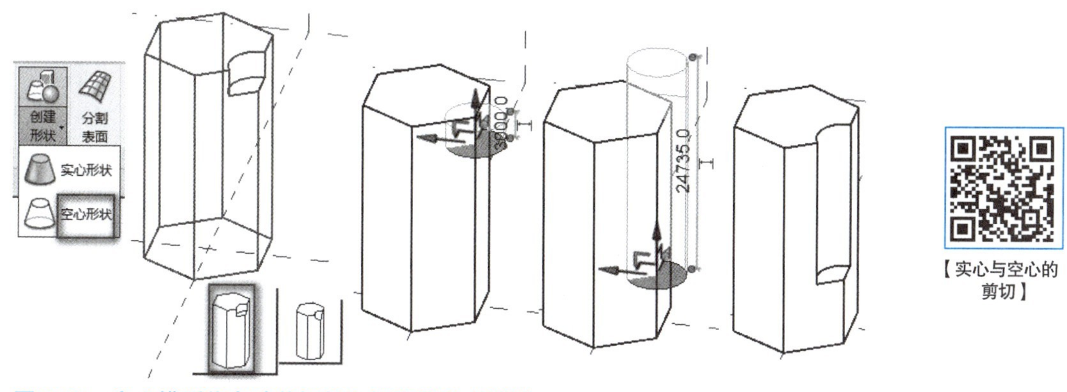

图 3.23　空心模型将自动剪切与之相交的实心模型

STEP 01 打开软件 Revit；单击“族”→“新建概念体量模型”按钮，在弹出的“新概念体量 – 选择样板文件”对话框中找到并选择“公制体量”的族样板，单击“打开”按钮进入概念体量建模环境。

STEP 02 切换到“标高 1”楼层平面视图，且设置“标高 1”楼层平面视图为当前工作平面。

STEP 03 单击“创建”选项卡“绘制”面板“模型线”按钮，进入“修改 | 放置 线”上下文选项卡。

STEP 04 分别使用“创建”选项卡“绘制”面板中的“矩形”和“圆形”工具，绘制几何图形 A 和 B，切换到三维视图，选中几何图形 A，单击“修改 | 线”上下文选项卡“形状”面板“创建形状”下拉列表“实心形状”按钮，创建实心模型。同理，将几何图形 B 创建为空心模型，此时会发现空心模型将自动剪切实心模型，如图 3.24 所示。

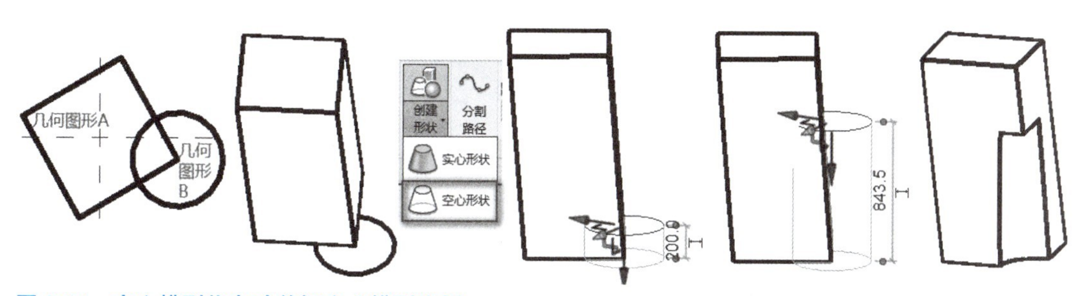

图 3.24　空心模型将自动剪切实心模型实例

第四节　面模型

一、从内建模型实例创建面墙

STEP 01 创建一个公制常规内建模型，命名为“模型 1”。

STEP 02 单击“创建”选项卡“形状”面板“拉伸”按钮，进入“修改 | 创建拉伸”上下文选项卡，选

择“绘制”面板“矩形”按钮，绘制一个边长为6000mm的正方形。

STEP 03 设置左侧“属性”对话框“约束”项下“拉伸起点”为“0.0”，“拉伸终点”为“6000.0”。

STEP 04 单击“模式”面板“完成编辑模式”按钮“√”，则创建了一个长宽高均为6000mm的正方体，完成后单击“在位编辑器”面板“完成模型”按钮“√”，完成内建模型的创建。

STEP 05 单击“体量与场地”选项卡“面模型”面板“墙”按钮，添加两面面墙，如3.25所示。

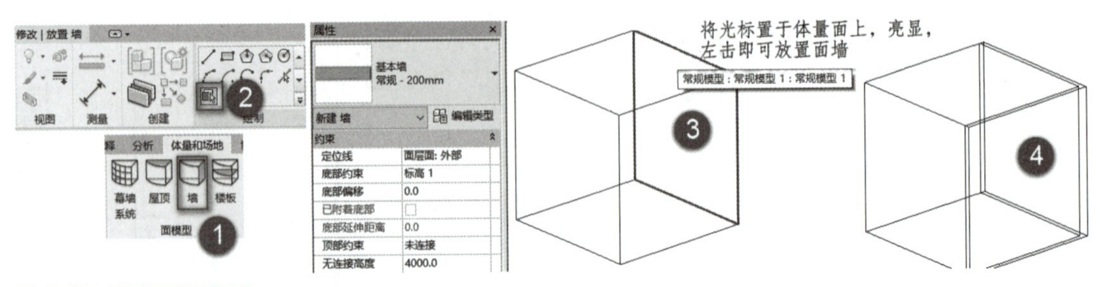

图3.25　添加两面面墙

STEP 06 选中内建模型，单击“在位编辑”按钮，修改其高度为9000mm，如图3.26中②所示。当面墙处于选中状态，单击“修改|墙”上下文选项卡“面模型”面板“面的更新”按钮，面墙高度自动更新为9000mm，如图3.26中③所示。

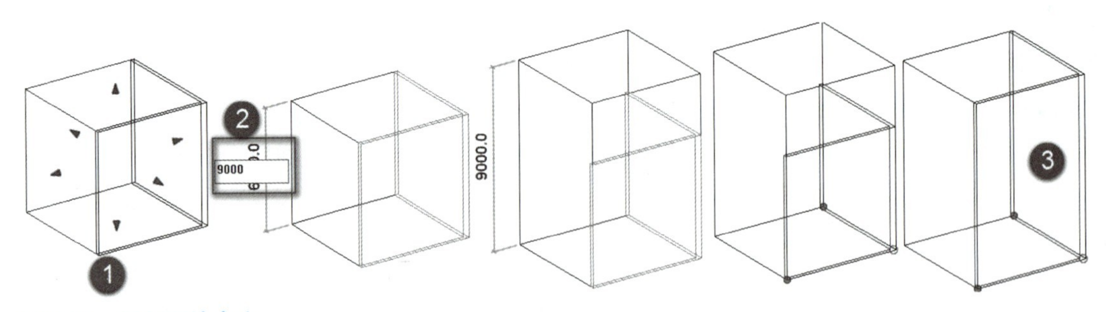

图3.26　更新面墙高度

二、从内建模型实例创建面屋顶

【从内建模型实例创建面屋顶】

STEP 01 在图3.26的基础上，创建面屋顶。

STEP 02 单击“体量与场地”选项卡“面模型”面板“屋顶”按钮，打开“修改|放置面屋顶”上下文选项卡，然后在“类型选择器”下拉列表中选择一种屋顶类型。

STEP 03 单击“修改|放置面屋顶”上下文选项卡“多重选择”面板“选择多个”按钮，移动光标以高亮显示某个面，如图3.27中③所示，单击以选择该面。

特别提示

通过在“属性”对话框中修改屋顶的“已拾取的面的位置”属性，可以修改屋顶的拾取面位置为顶部或底部，如图3.27中①所示。

单击未选择的面可将其添加到选择中，单击已选择的面可将其删除，光标将指示是正在添加面（+）还是正在删除面（–）；要清除选择并重新开始选择，请单击“修改｜放置面屋顶”上下文选项卡“多重选择”面板“清除选择”按钮。

STEP 04 在选中所需的面以后，单击“修改|放置面屋顶”上下文选项卡“多重选择”面板“创建屋顶”按钮，则面屋顶就创建完成了。

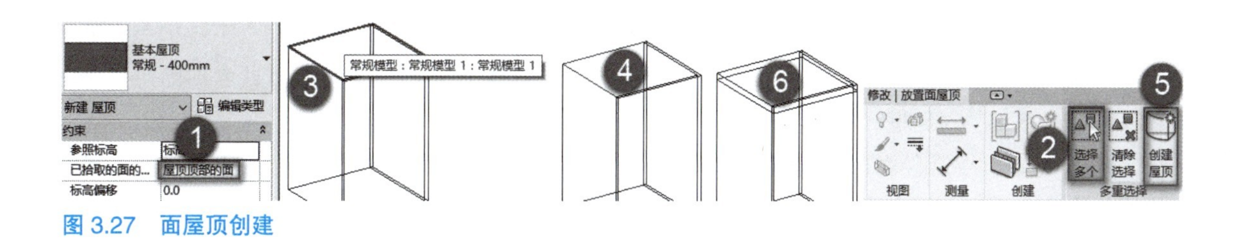

图 3.27 面屋顶创建

小贴士

①面幕墙系统、面屋顶、面墙都可以基于体量模型和常规模型的面创建，但是面楼板只支持基于体量楼层来创建；②面幕墙没有面的局限，但是面墙有限制，所拾取的面必须不平行于标高；③面屋顶的限制是：所拾取的面不完全垂直于标高。

三、创建幕墙系统

小贴士

使用“幕墙系统”工具可以在任何体量面或常规模型面上创建幕墙系统。

【从内建模型实例创建面屋顶、幕墙系统】

STEP 01 打开显示体量的视图，再单击“体量和场地”选项卡“面模型”面板“幕墙系统”按钮，在“类型选择器”下拉列表中，选择带有幕墙网格布局的幕墙系统类型，如图 3.28 中①、②所示。

STEP 02 单击“修改 | 放置面幕墙系统”上下文选项卡“多重选择”面板“选择多个”按钮，移动光标以高亮显示某个面，单击选择该面。

小贴士

若要增加未选中的面，则单击这些面可将其添加到选择中；若要清除选择，则单击“修改 | 放置面幕墙系统”上下文选项卡“多重选择”面板“清除选择”按钮。

STEP 03 在所需的面处于选中状态下，单击“修改 | 放置面幕墙系统”上下文选项卡“多重选择”面板“创建系统”按钮，面幕墙系统就创建完成了，如图 3.28 中⑥所示。

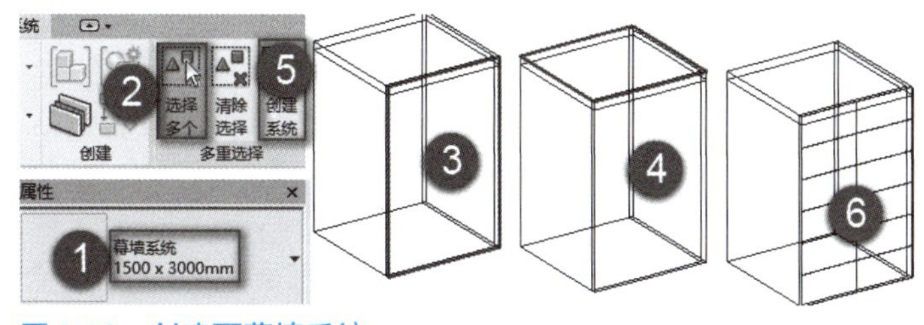

图 3.28 创建面幕墙系统

四、创建体量楼层和面楼板

1. 创建体量楼层

【创建体量楼层和面楼板】

STEP 01 选择“建筑样板”新建一个项目。

STEP 02 切换到“标高 1”楼层平面视图。

STEP 03 单击“体量和场地”选项卡“概念体量”面板“显示体量 形状和楼层”下拉列表“显示体量形状和楼层”按钮，接着单击“内建体量”按钮，在弹出的“名称”对话框中按照默认名称即可，单击“确定”按钮，退出“名称”对话框。

STEP 04 激活“绘制”面板“模型线”按钮，确认“在工作平面上绘制”按钮处于激活状态且选项栏中“放置平面”为“标高：标高 1”。

STEP 05 选择“线”绘制方式，绘制边长为 6000mm 的正方形模型线。

STEP 06 切换到三维视图；选中边长为 6000mm 的正方形模型线，单击“形状”面板“创建形状”下拉列表“实心形状”按钮，创建实心形状。

STEP 07 待模型顶部面处于选中状态时，修改临时尺寸数值为“9000”，则 6000mm × 6000mm × 9000mm 的模型就创建好了。

STEP 08 单击“在位编辑器”面板“完成体量”按钮“√”，则内建模型创建完毕。

STEP 09 切换到南立面视图；创建标高 3 和标高 4，如图 3.29 中①所示。

STEP 10 选中内建模型，单击“修改 | 体量”上下文选项卡“模型”面板“体量楼层”按钮，在弹出的“体量楼层”对话框中框选所有标高，如图 3.29 中③所示，单击“确定”按钮，退出“体量楼层”对话框，则体量楼层创建完毕，如 3.29 中④所示。

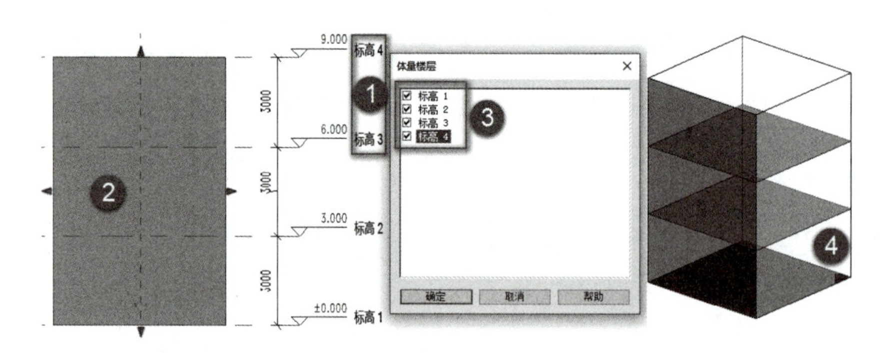

图 3.29 创建体量楼层

小贴士 ▶▶▶

在创建体量楼层和面楼板之前，需要先将标高添加到项目中；体量楼层是基于项目中定义的标高创建的；待标高创建完成之后，在任何类型的项目视图（包括楼层平面、天花板平面、立面、剖面和三维视图）中选择体量，并单击“修改 | 体量”上下文选项卡“模型”面板“体量楼层”按钮，在弹出的“体量楼层”对话框中，选择需要创建体量楼层的各个标高，然后单击“确定”按钮，Revit 将在体量与标高交叉位置自动生成楼层面，即可创建体量楼层。

STEP 11 在创建体量楼层后，可以选择某个体量楼层，以查看其属性，包括面积、周长、外表面积和体积，并指定用途。

小贴士 ▶▶▶

如果你选择的某个标高与体量不相交，则 Revit 不会为该标高创建体量楼层；此外，如果体量的顶面与设定的顶标高重合，则顶面不会生成楼层。

2. 创建面楼板

STEP 01 单击“体量和场地”选项卡“面模型”面板“楼板”按钮。

小贴士 ▶▶▶

要从体量实例创建楼板，也可以使用“建筑”选项卡“构建”面板“楼板”下拉列表“面楼板”工具。

STEP 02 在“类型选择器”下拉列表中，选择一种楼板类型。

STEP 03 单击“修改 | 放置面楼板”上下文选项卡“多重选择”面板“选择多个”按钮，移动光标单击以选择体量楼层，或直接框选多个体量楼层，然后单击“修改 | 放置面楼板”上下文选项卡“多重选择”面板“创建楼板”按钮，即可完成面楼板的创建，如图 3.30 所示。

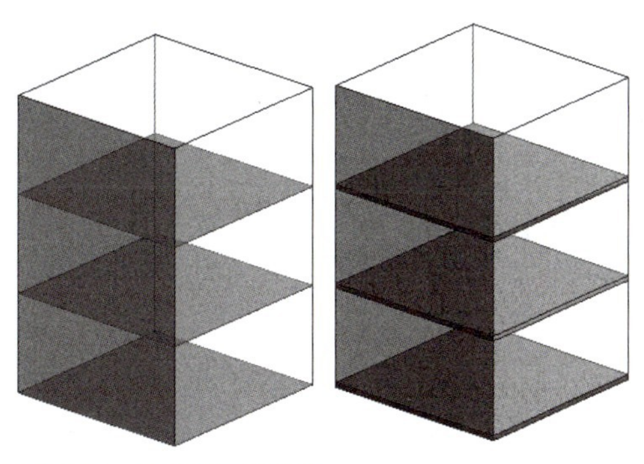

图 3.30 面楼板的创建

小贴士

①要使用“面楼板”工具，需先创建体量楼层；②通过体量面模型生成的构件只是添加在体量表面，体量模型并没有改变，还可以对体量进行更改，并可以完全控制这些图元的再生成；③单击“体量和场地”选项卡“概念体量”面板“按视图 设置显示体量”下拉列表“按视图 设置显示体量”按钮，则体量隐藏，只显示建筑构件，即将概念体量模型转化为建筑设计模型。在项目设计过程中，可以利用体量楼层快速分割建筑模型楼层，通过面模型工具快速生成建筑构件。

第五节 幕墙

幕墙是建筑的外墙围护，不承重，像幕布一样挂上去，故又称为帷幕墙，是现代大型建筑和高层建筑常用的带有装饰效果的轻质墙体，由幕墙网格、竖梃和幕墙嵌板组成，可相对主体结构有一定位移能力或自身有一定变形能力，是不承担主体结构作用的建筑外围护结构或装饰性结构。幕墙嵌板是构成幕墙的基本单元，幕墙由一块或者几块幕墙嵌板组成。幕墙嵌板的大小、数量由划分幕墙的幕墙网格决定。幕墙竖梃即幕墙龙骨，是沿幕墙网格生成的线性构件。当删除幕墙网格时，依赖于该网格的竖梃也将同时被删除。

【幕墙】

一、幕墙类型

在 Revit 中幕墙默认有三种类型，即幕墙、外部玻璃、店面，如图 3.31 所示。

（1）幕墙：一整块玻璃，没有预先划分网格，做弯曲的幕墙时显示直的幕墙，只有添加网格后才会弯曲，创建出的幕墙是一整片玻璃。

（2）外部玻璃：有预先划分网格，网格间距比较大，网格间距可调整。外部玻璃可创建弧形幕墙。

（3）店面：也有预先划分网格，但网格间距比较小，网格间距可以调整。店面可创建弧形幕墙。

二、幕墙组成

幕墙由幕墙竖梃、幕墙嵌板和幕墙网格三个部分组成，如图 3.32 所示。

（1）幕墙竖梃：为幕墙龙骨，是沿幕墙网格生成的线性构件，可编辑其轮廓。

（2）幕墙嵌板：是构成幕墙的基本单元。

（3）幕墙网格：决定幕墙嵌板的大小、数量。

三、绘制幕墙

在 Revit 中幕墙是一种墙，可以像绘制基本墙一样绘制幕墙。单击“建筑”选项卡“构建”面板“墙”下拉列表“墙：建筑”按钮，在墙体“类型选择器”下拉列表中选择幕墙类型，如图 3.33 所示。

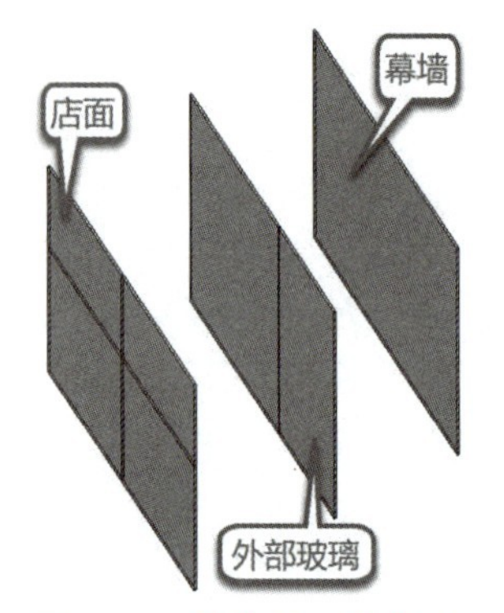

图 3.31　幕墙的三种类型

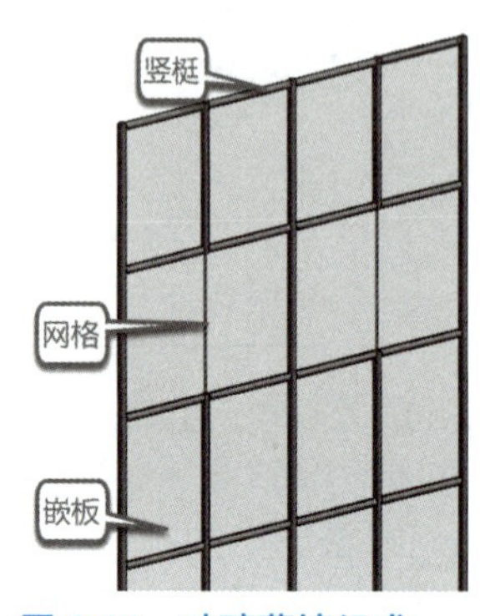

图 3.32　玻璃幕墙组成

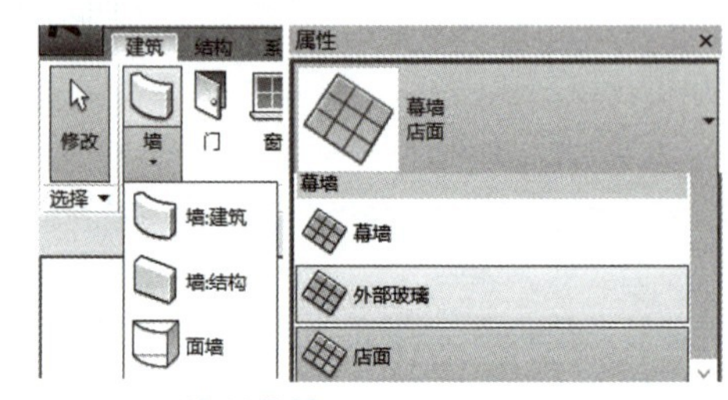

图 3.33　绘制幕墙

四、幕墙的类型参数和实例参数

幕墙的绘制方式和墙体相同，但是幕墙比普通墙多了部分参数的设置。

1. 类型参数

绘制幕墙前，单击“编辑类型”按钮，在弹出的“类型属性”对话中设置幕墙参数，如图 3.34 所示，主要设置“构造”“垂直网格”“水平网格”“垂直竖梃”和“水平竖梃”。其中“复制”和“重命名”的使用方式和其他构件一致，可用于创建新的幕墙类型以及对幕墙进行重命名。

1）“构造”参数

“构造”参数主要用于设置幕墙的嵌入和连接方式。勾选“自动嵌入”复选框，则在普通墙体上绘制的幕墙会自动剪切墙体。“幕墙嵌板”中，单击“无”中的下拉列表，可选择绘制幕墙的默认嵌板，一般幕墙的默认选择为“系统嵌板：玻璃”，如图 3.35 所示。

2）“垂直网格”与“水平网格”参数

“垂直网格”与“水平网格”参数用于分割幕墙表面，用于整体分割或局部细分幕墙嵌板。其“布局”可分为“无”“固定数量”“固定距离”“最大间距”和“最小间距”五种，如图 3.36 所示。

（1）“布局”为“无”：绘制的幕墙没有网格线，可在绘制完幕墙后，在幕墙上添加网格线。

（2）“布局”为“固定数量”：不能编辑幕墙“间距”选项，可直接利用幕墙“属性”对话框的“编号”来设置幕墙网格数量（即需要跟属性联系起来）。

（3）“布局”为“固定距离”“最大间距”“最小间距”：均是通过间距来设置。

绘制幕墙时，多用“固定数量”与“固定距离”两种方式。

3）“垂直竖梃”与“水平竖梃”参数

“垂直竖梃”与“水平竖梃”参数可设置竖梃的样式，设置的竖梃样式会自动在幕墙网格上添加，如果该处没有网格线，则该处不会生成竖梃。

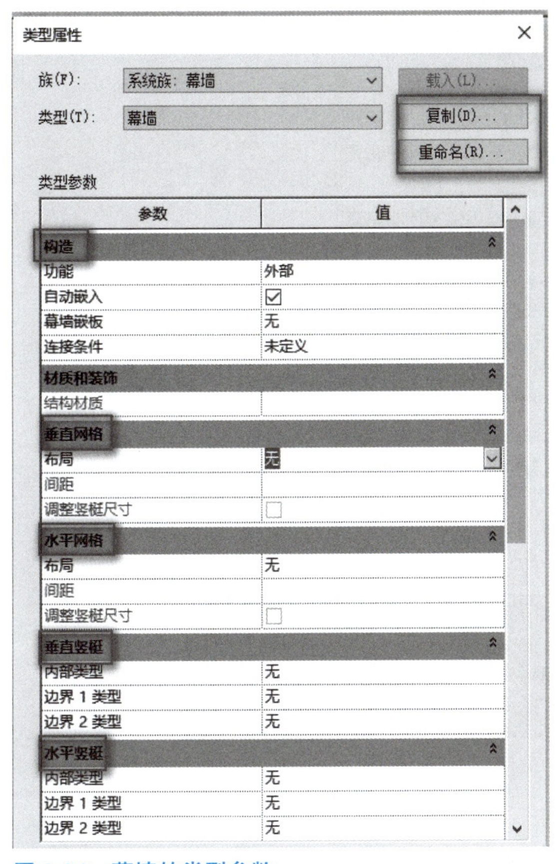

图 3.34 幕墙的类型参数

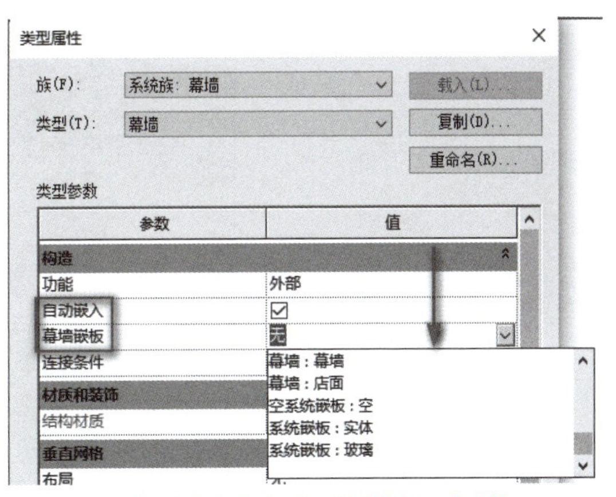

图 3.35 “幕墙嵌板”为“系统嵌板：玻璃”

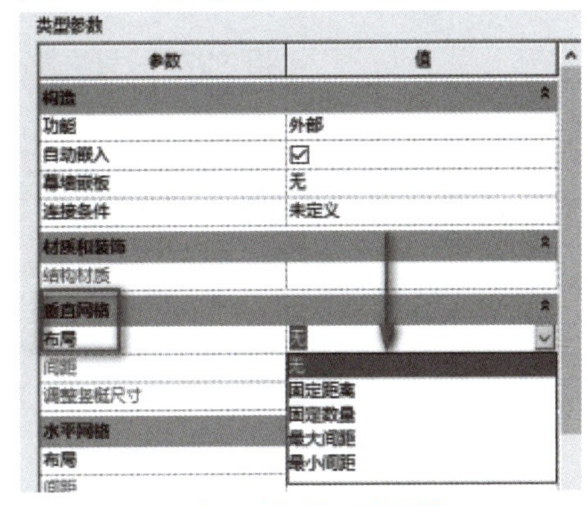

图 3.36 “垂直网格”的“布局”

2. 设置类型参数

（1）将“垂直网格”的“布局”设置为“固定距离”，间距设置为“1500”（为表述简洁，涉及软件中的数字，小数点后末尾的 0 统一不加，后文同），单击“确定”按钮。同时在“属性”对话框将垂直网格对正的方式设置为“起点”，结果如图 3.37 所示。

小贴士

幕墙是从左向右绘制的，左侧为起点，右侧为终点。图 3.37 中的垂直网格是按照固定距离从左向右排列的，所以不足 1500mm 的网格会排列在终点的位置。如果将垂直网格对正的方式设为“中心”，则网格会在中心的部分按 1500mm 排列，不足 1500mm 的部分均分到两侧。同理，如果将垂直网格对正的方式设为“终点”，则 1500mm 的网格会从尾端向起点进行排列，不足 1500mm 的部分排列在起点。

（2）选中幕墙，在“属性”对话框中将垂直网格的角度设置为“30°”，网格会向逆时针方向旋转 30°，如图 3.38 所示。

（3）选中幕墙，在“属性”对话框中将偏移量设为“200”，角度设为“0°”，网格会从起始的位置向右偏移 200mm 后按 1500mm 的距离向右排列，同时最右侧的网格距离变为 800mm，如图 3.39 所示。

（4）选中幕墙，单击“属性”对话框中“编辑类型”按钮，在弹出的“类型属性”对话框中，将垂直网格的布局方式改为“固定数量”，单击“确定”按钮退出“类型属性”对话框。在左侧“属性”对话框中将垂直网格的编号改为“7”，偏移量设为“0”，如图 3.40 所示。

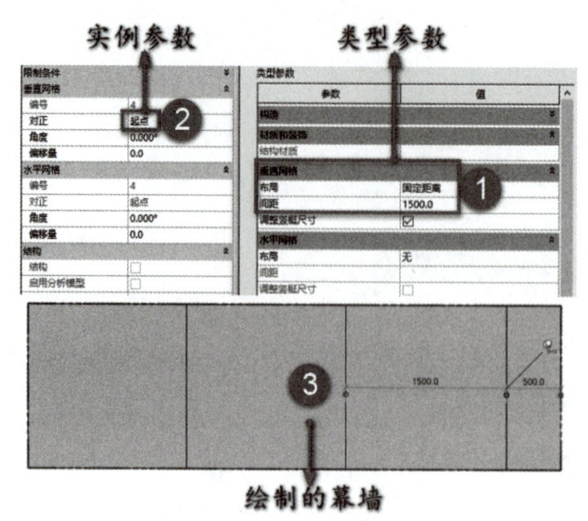

图 3.37　设置垂直网格的布局

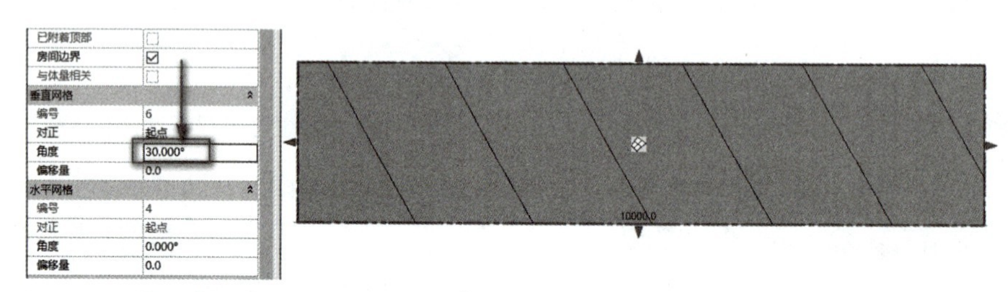

图 3.38　将垂直网格的角度设置为“30°”

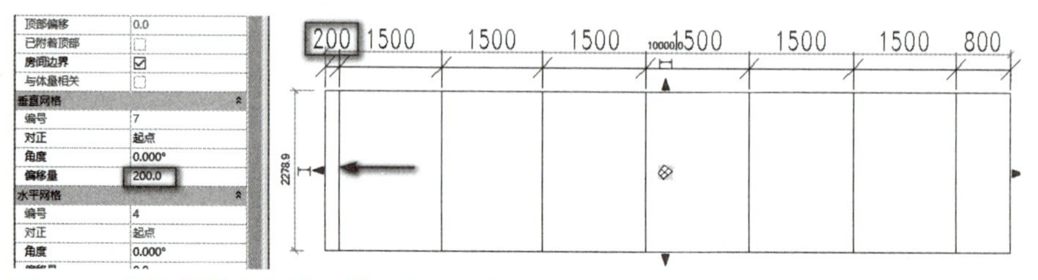

图 3.39　将偏移量设为“200”，角度设为“0°”

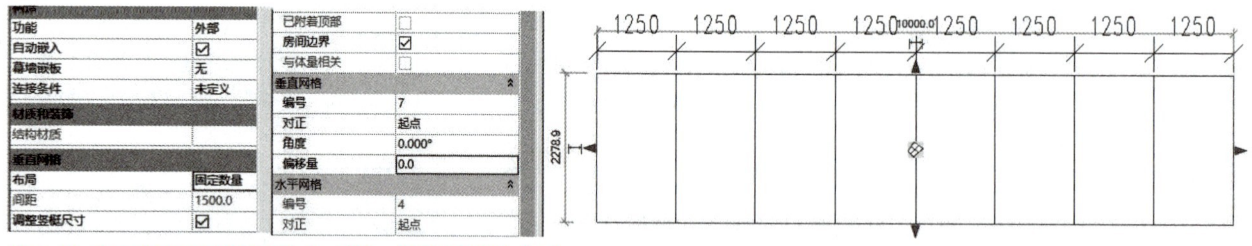

图 3.40　将垂直网格的编号改为“7”，偏移量设为“0”

小贴士 ▶▶▶

垂直网格在进行分割时，其数量指的并不是嵌板数量，而是网格的数量。编号指的是垂直网格内部网格的编号，所以在修改编号时内部网格是随着编号的变化而变化的，幕墙网格最左侧和最右侧的网格不参加计数。当在“类型属性”对话框中将垂直网格布局的方式设置为“最大间距”时，无论幕墙的长度是多少，幕墙网格始终保持所有长度均分，均分的距离执行的标准是尽量接近 1500mm，但是不超过 1500mm，当幕墙的长度越长时，网格的间距划分的越均匀，长度越接近 1500mm。当垂直网格布局的方式为“最小间距”时，幕墙网格按照总长度进行均分，均分以后的距离接近 1500mm，但是不小于 1500mm。

（5）选中幕墙，单击“属性”对话框中“编辑类型”按钮，在弹出的“类型属性”对话框中，将水平网格布局的方式设置为“固定距离”，间距设置为“1500mm”，单击“确定”按钮退出“类型属性”对话框，则幕墙网格从下开始按1500mm向上排布，不足1500mm的网格排布在最上侧，如图3.41所示。

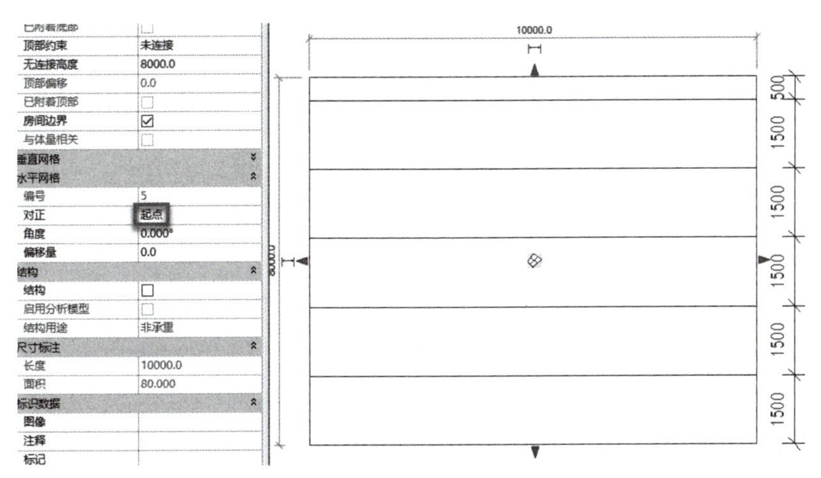

图3.41　水平网格布局的方式设置为“固定距离”，间距设置为“1500mm”

小贴士

“属性”对话框中，水平网格对正的方式为“起点”，墙体从底部开始计算起点。

（6）选中幕墙，可以拖动造型操纵柄改变幕墙的高度，Revit不允许将最上方的造型操纵柄拖到起点以下。在高度变化过程中，因为幕墙网格的距离是固定的，所以只是将不足1500mm的网格放到了最上面。同理，若将水平网格对齐的方式改为“终点”，网格会从上往下进行1500mm均分。水平网格也有“中心”的对齐方式，即按照整个墙高度的中心开始向两侧均分，当然水平网格同样有角度、偏移量的属性。

（7）选中幕墙，打开“类型属性”对话框，将垂直网格的布局设置为“固定距离”，间距设置为“1500mm”，将水平网格布局的方式设置为“固定距离”，间距设置为“1500mm”；将垂直竖梃的内部类型设置为“圆形竖梃：50mm半径”，边界1类型设置为“矩形竖梃50×150mm”，边界2类型设置为“无”；将水平竖梃的内部类型设置为“圆形竖梃：50mm半径”，边界1类型设置为“无”，边界2类型设置为“矩形竖梃50×150mm”；将连接条件设置为“边界和水平网格连续”，则边界和水平网格连续，垂直网格被打断，过程和结果如图3.42和图3.43所示。

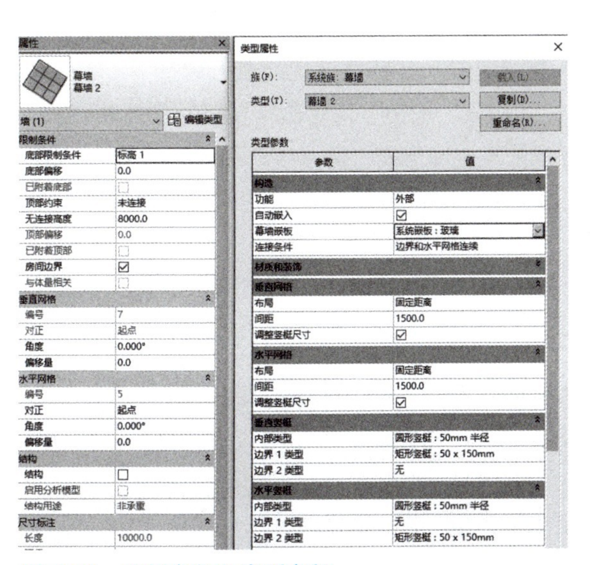

图3.42　实例参数和类型参数

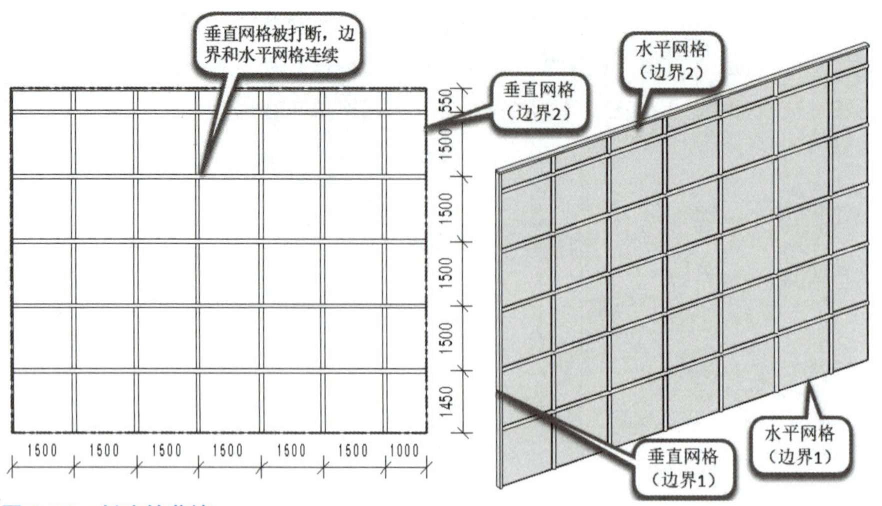

图 3.43 创建的幕墙

3. 实例参数

幕墙的实例参数与普通墙类似，只是多了垂直 / 水平网格样式。编号只有在网格样式设置成“固定数量”时才能被激活，编号值即等于网格数。

五、幕墙网格

1. 划分幕墙网格

小贴士 ▶▶▶

通常按规则自动布置了网格的幕墙，同样需要手动添加网格细分幕墙。对已有的幕墙网格也可以手动添加或删除。Revit 中有专门的幕墙网格功能，用来创建不规则的幕墙网格。

【幕墙网格、竖梃和嵌板创建】

单击“建筑”选项卡“构建”面板“幕墙网格”按钮，进入“修改 | 放置 幕墙网格”上下文选项卡，默认设置为“全部分段”，将光标移至幕墙上，出现垂直或水平虚线，单击即可放置幕墙网格，该功能可以整体分割或局部细分幕墙。

放置幕墙网格有三个选项：全部分段、一段、除拾取外的全部。①全部分段：单击添加整条网格线；②一段：单击添加一段网格线细分嵌板；③除拾取外的全部：单击先添加一条红色的整条网格线，再单击某段删除，其余的嵌板添加网格线。

2. 编辑幕墙网格线及幕墙网格间距调整

选中放置好的网格线（一般需要通过 Tab 键循环切换进行选择），单击“修改 | 幕墙网格”上下文选项卡“幕墙网格”面板上的“添加 / 删除线段”按钮，再单击需要删除的网格线即可删除某段网格线。反之，在某段缺少网格线的位置单击，即可添加某段网格线。可以手动调整幕墙网格间距。选择幕墙网格线（按 Tab 键切换选择），单击开锁标记可修改网格临时尺寸数值。

六、幕墙竖梃

1. 添加幕墙竖梃

幕墙网格创建后即可为幕墙创建个性化的幕墙竖梃。选择“建筑”选项卡，单击“竖梃”按钮，自动跳转到“修改 | 放置 竖梃”上下文选项卡，且默认选择“网格线”，单击需要添加竖梃的网格线，即可创建幕墙竖梃。

和幕墙网格一样，添加竖梃也有三个选项：网格线、单段网格线、全部网格线。①网格线：单击网格线添加整条竖梃；②单段网格线：单击某段网格线添加一段竖梃；③全部网格线：为全部空网格线添加竖梃。

2. 编辑幕墙竖梃

单击任一相交的竖梃，自动跳转到“修改 | 幕墙竖梃”上下文选项卡，“竖梃”面板中出现“结合”和“打断”两个按钮，单击“结合”或者“打断”按钮，即可切换水平竖梃与垂直竖梃间的连接方式。

七、替换幕墙嵌板

在 Revit 中默认的幕墙嵌板为玻璃嵌板，可以将幕墙玻璃嵌板替换成门、窗、墙体、空嵌板等，实现想要的效果。

STEP 01 移动光标到要替换的幕墙嵌板边缘，使用 Tab 键切换预选择的幕墙嵌板（注意看屏幕左下方的状态栏提示），选中幕墙嵌板后自动激活“修改 | 幕墙嵌板”上下文选项卡。

STEP 02 单击“类型选择器”下拉列表右下侧“编辑类型”按钮，弹出“类型属性”对话框，可在“族”下拉列表框中选择合适的类型直接替换现有幕墙窗或门，或单击“载入”按钮从库中载入，用这种方法可以在幕墙上开门或开窗。

STEP 03 当需要载入门、窗嵌板族时，单击“载入”按钮，在软件自带的族库“建筑”→“幕墙”→“门窗嵌板”文件夹中选择所需门、窗嵌板族文件，载入到项目中。

小贴士 ▶▶▶

可以将幕墙玻璃嵌板替换为门或窗，但必须使用带有幕墙字样的门窗族，此类门窗族是使用幕墙嵌板的族样板制作的，与常规门窗族不同。

八、单案例讲述幕墙编辑方法

1. 绘制幕墙

选择“建筑样板”新建一个项目，切换到“标高 1”楼层平面视图，单击“建筑”选项卡“构建”面板“墙”下拉列表“墙：建筑”按钮，进入“修改 | 放置 墙”上下文选项卡，在左侧“类型选择器”下拉列表中选择墙体类型为“幕墙”，绘制完成一面长度为 18900mm，高度为 9800mm 的幕墙，切换到三维视图，如图 3.44 所示。观察创建好的幕墙，仅是一面光滑玻璃，没有网格线和竖梃。下面为该幕墙添加网格线和竖梃，并将幕墙嵌板替换为门。

【单案例讲述幕墙编辑方法】

2. 编辑幕墙网格

STEP 01 单击“建筑”选项卡“构建”面板“幕墙网格”按钮，随后出现“修改 | 放置 幕墙网格”上下文选项卡，其“放置”面板上有“全部分段”“一段”和“除拾取外的全部”等工具按钮，如图 3.45 所示。

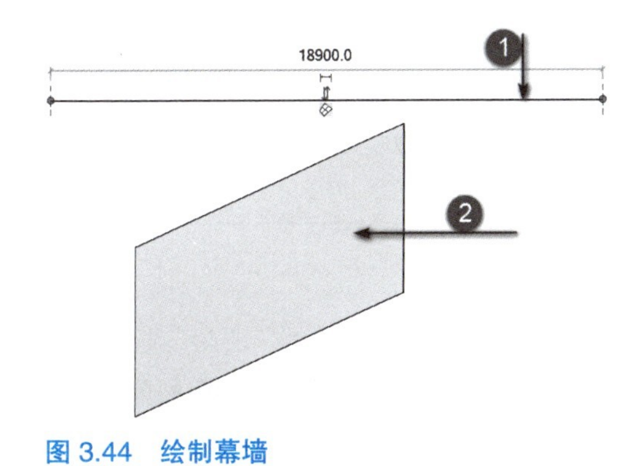

图 3.44 绘制幕墙

图 3.45 “放置”面板工具

STEP 02 先单击或默认选择“修改 | 放置 幕墙网格”上下文选项卡“放置”面板“全部分段”按钮，移动光标到幕墙边界上，会沿整个长度或高度方向出现一条预览虚线，单击定位或修改临时尺寸确定网格线的位置，虚线变实线，如图 3.46 所示。该工具适合于整体分割幕墙。

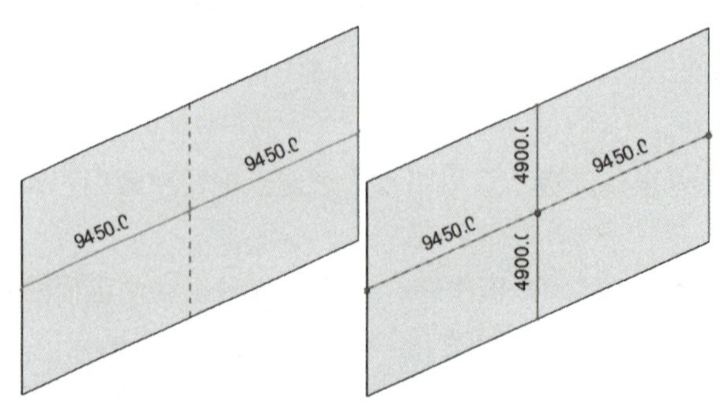

图 3.46　将幕墙分割为四个区域

STEP 03 单击“修改 | 放置 幕墙网格”上下文选项卡“放置”面板“一段”按钮，移动光标到幕墙内某一块嵌板边界上时，会在该嵌板中出现一段预览虚线，单击便可给该嵌板添加一段网格线。继续移动光标自动识别嵌板边界，如图 3.47 所示，添加 2 根网格线，将之前较大的嵌板分割为细小的嵌板。该工具适用于幕墙局部细化。

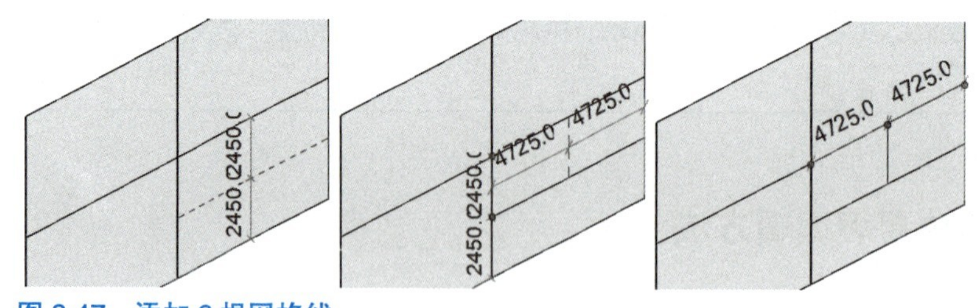

图 3.47　添加 2 根网格线

STEP 04 单击“修改 | 放置 幕墙网格”上下文选项卡“放置”面板“除拾取外的全部”按钮，移动光标到幕墙边界上时，会首先沿幕墙整个长度或高度方向出现一条预览虚线，单击即可先沿幕墙整个长度或高度方向添加一根红色加粗亮显的完整实线网格线。然后移动光标在其中不需要的某一段或几段网格线上分别单击，使该段变成虚线显示，如 3.48 所示，按 Esc 键结束命令，便在剩余的实线网格线段处添加了网格线。该工具适用于整体分割幕墙，并需要局部删减网格线的情况。

小贴士

用上述方法放置幕墙网格时，当光标移动到嵌板的中点或 1/3 分割点附近位置时，系统会自动捕捉到该位置，并在光标位置显示提示，同时在状态栏提示该点位置为中点或 1/3 分割点。当在立面、剖面视图中放置幕墙网格时，系统还可以捕捉视图中的可见标高、网格和参照平面，以便精确创建幕墙网格。网格线可以随时根据需要添加或删除：单击选择已有网格线，出现“修改 | 幕墙网格”上下文选项卡，单击“添加／删除线段”命令，移动光标，在实线网格线上单击，即可删除一段网格线；在虚线（不是整个长度或整个高度的网格线会自动形成补充的虚线）网格线上单击，即可添加一段网格线。

3. 编辑幕墙竖梃

STEP 01 有了网格线即可给幕墙添加竖梃。单击“建筑”选项卡“构建”面板“竖梃”按钮，如图 3.49 所示，随后出现“修改 | 放置 竖梃”上下文选项卡，在“放置”面板上选择“网格线”“单段网格线”或“全部网格线”。

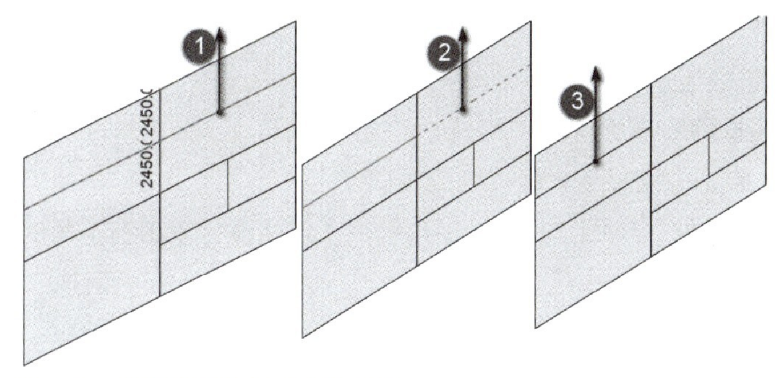

图 3.48　“除拾取外的全部”工具

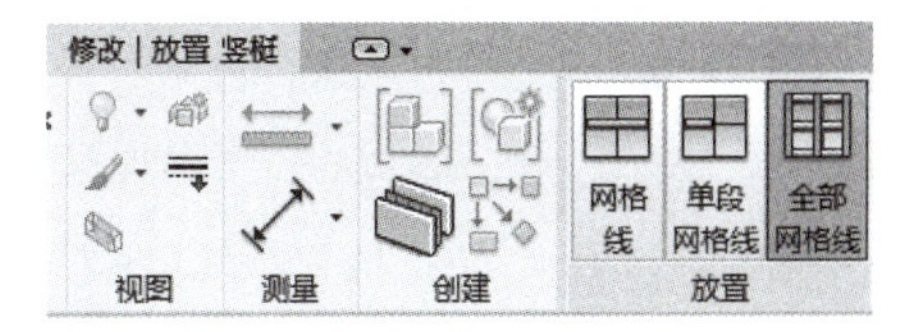

图 3.49　添加幕墙竖梃按钮

小贴士 ▶▶▶

“网格线”是移动光标在幕墙某一段网格线上单击，则该网格线的一整条长度上都会添加竖梃，适用于后期编辑幕墙的局部补充竖梃；“单段网格线”是移动光标在幕墙某一段网格线上单击，仅给该段网格线创建一段竖梃，适用于后期编辑幕墙的局部补充竖梃；“全部网格线”是移动光标在幕墙上没有竖梃的任意一段网格线上，此时所有没有竖梃的网格线全部亮显，单击即可在幕墙所有没有竖梃的网格线上创建竖梃，适用于第一次给幕墙创建竖梃，一次性完成，方便快捷。

STEP 02 放置竖梃之前，从“类型选择器”下拉列表中选择需要的竖梃类型。默认有矩形、圆形、L 形、V 形、四边形和梯形角竖梃。

小贴士 ▶▶▶

可以自定义竖梃轮廓。竖梃在 Revit 里是以轮廓的形式存在的，通过载入新轮廓（轮廓族文件），并在竖梃类型属性中设置“轮廓”参数为新的轮廓，可以改变项目中竖梃形状。

STEP 03 相邻竖梃的左右上下连接关系有整体控制和局部调整两种方法。

① 整体控制：选择整个幕墙，单击“编辑类型”按钮，打开幕墙“类型属性”对话框，可以根据需要设置“构造”项下“连接条件”为“边界和水平网格连续”“边界和垂直网格连续”“水平网格连续”“垂直网格连续”等。

② 局部调整：选择一段竖梃，出现“修改 | 幕墙竖梃”上下文选项卡，单击“结合”按钮，可以将该段竖梃和与其相邻的同方向两段竖梃连接在一起，打断与其垂直方向的竖梃，而单击“打断”按钮，其效果正好与“结合”相反，本来同方向连贯的竖梃，被其垂直方向的竖梃打断，如图 3.50 所示。

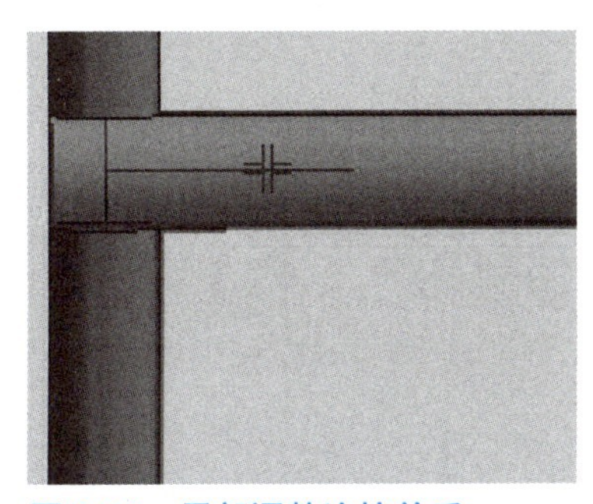

图 3.50　局部调整连接关系

4. 编辑幕墙嵌板

STEP 01 幕墙嵌板默认是玻璃嵌板，可以将幕墙嵌板修改为任意墙类型或实体、空门、窗嵌板类型，从而实现特殊的效果。

STEP 02 移动光标到幕墙嵌板的边缘附近，按 Tab 键切换预选对象，当嵌板亮显且状态栏提示为“幕墙嵌板：系统嵌板：玻璃”字样时单击即可选择该嵌板。

STEP 03 从“类型选择器”下拉列表中选择基本墙类型（如常规 -225mm 砌体），即可将嵌板替换为墙体，如图 3.51 所示，选择“空系统嵌板：空”类型，则将嵌板替换为空洞口。

STEP 04 按上述方法选择嵌板，单击“编辑类型”按钮，打开“类型属性”对话框，单击右上角的“载入”按钮，默认打开“Libraries”族库文件夹，定位到“china”→“建筑”→“幕墙”→“门窗嵌板”文件夹，选择“门嵌板 _ 双开门 3.rfa”文件，单击“打开”按钮，该文件载入到项目文件中，单击“确定”按钮关闭对话框，即可将嵌板替换为门，如图 3.52 所示。

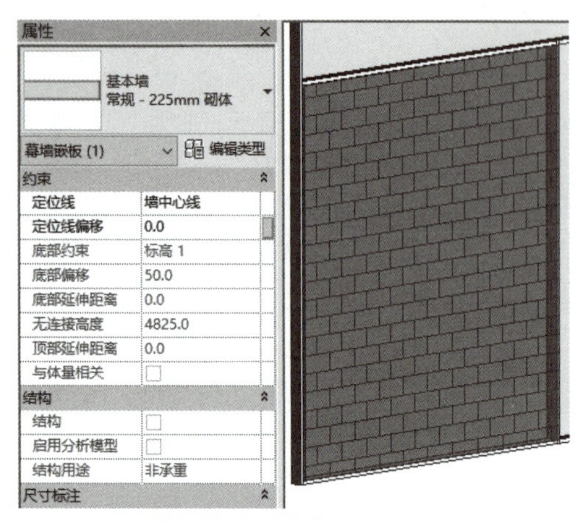

图 3.51　将嵌板替换为墙体

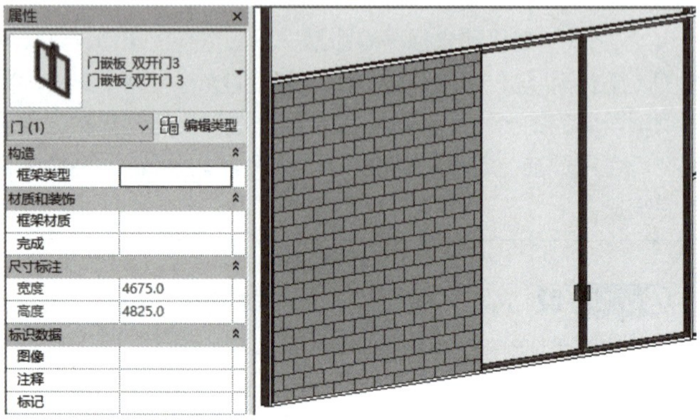

图 3.52　将嵌板替换为门

STEP 05 同理，亦可将嵌板替换为窗，如 3.53 所示。

STEP 06 切换到三维视图，观察上述嵌板替换之后的效果，如图 3.54 所示。

图 3.53　将嵌板替换为窗

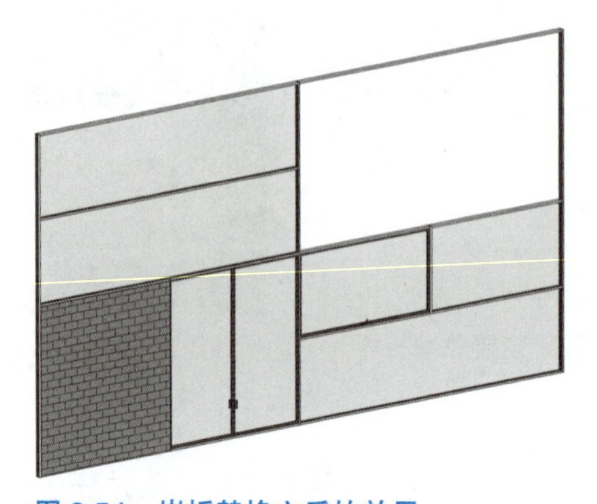

图 3.54　嵌板替换之后的效果

小贴士 ▶▶▶

幕墙门窗大小既不能和常规门窗一样通过高度、宽度参数控制，也不能使用造型操纵柄控制，当调整整个幕墙网格线的位置时，幕墙门窗和嵌板一样将相应地进行更新。

九、异形幕墙

小贴士 ▶▶▶

一些复杂的异形建筑体量的表面，需要布置幕墙，可以通过“面幕墙系统”命令实现。

【异形幕墙】

STEP 01 选择“建筑样板”新建一个项目，切换到“标高 1”楼层平面视图。单击“体量和场地”选项卡“概念体量”面板“内建体量”按钮，出现“名称”对话框，“名称”按照默认即可，单击“确定”按钮退出“名称”对话框，进入概念体量三维建模环境。

STEP 02 单击“绘制”面板上“样条曲线”命令，如图 3.55 中②所示，激活“工作平面”面板“显示”按钮，如图 3.55 中①所示，自由放置几个参照点，便形成一根样条曲线。单击样条曲线，如图 3.55 中③所示，单击“创建形状”下拉列表“实心形状”按钮，如图 3.55 中④所示，随后系统便生成一个拉伸的曲面体量，单击“在位编辑器”面板“完成体量”按钮“√”，如图 3.55 中⑤所示，完成内建体量的创建。切换到三维视图，查看创建的体量效果。

STEP 03 单击“体量和场地”选项卡“面模型”面板“幕墙系统”按钮，系统切换到“修改 | 放置面幕墙系统”上下文选项卡。单击内建体量曲面，单击“创建系统”按钮，系统便在曲面上生成面幕墙系统，如图 3.56 所示。

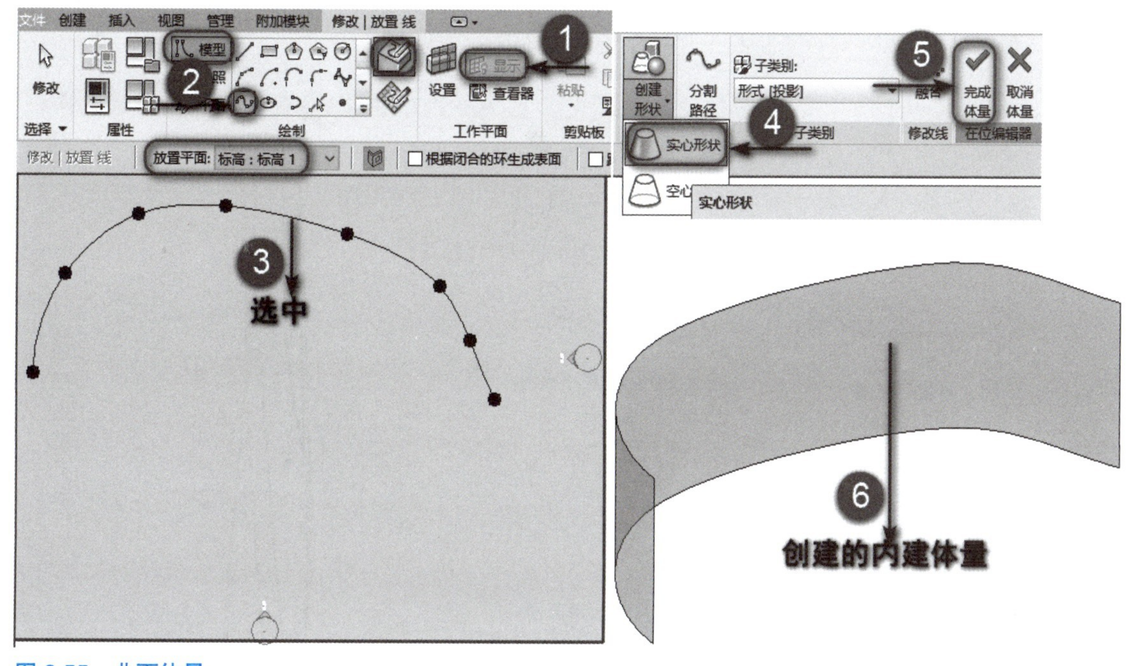

图 3.55 曲面体量

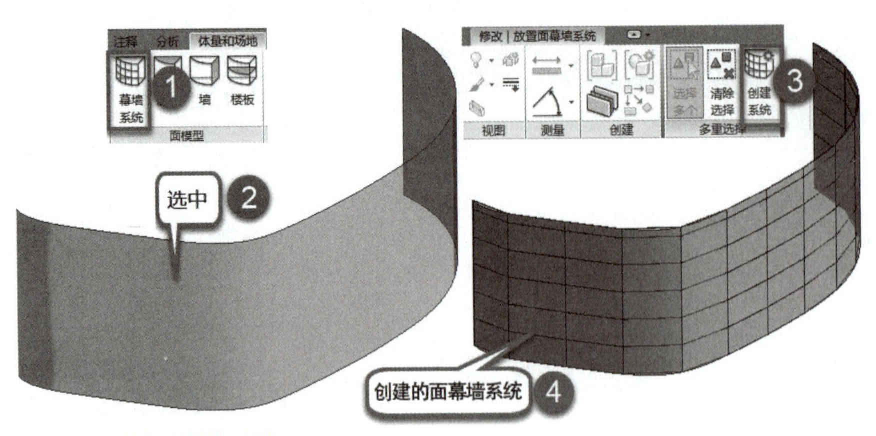

图 3.56　创建面幕墙系统

第六节　经典试题解析和考试试题实战演练

一、经典真题解析

【二级（建筑）第七期第三题】

1.【二级（建筑）第七期第三题】

根据图 3.57 给定的投影尺寸，创建体量建筑模型。建筑共 60 层，层高 4m。楼层平面从低到高均匀旋转和缩小。建筑外立面为幕墙，建筑各楼层平面和屋顶需建立楼板。请将模型文件以“体量建筑模型 .rvt”为文件名保存到考生文件夹中。（15 分）

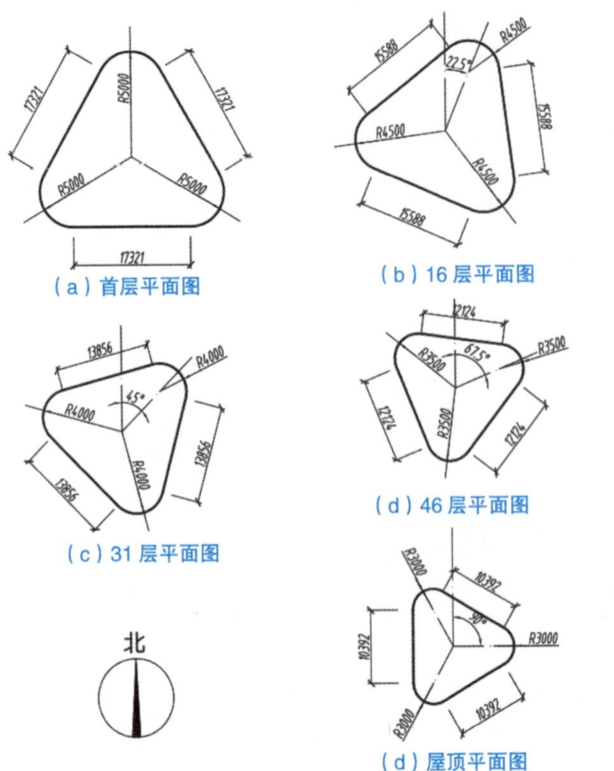

图 3.57　二级（建筑）第七期第三题

STEP 01 打开软件 Revit；单击“项目”→“新建”按钮，在打开的“新建项目”对话框中选择“建筑样板”作为样板文件；勾选“新建”项下“项目”选项，单击“确定”按钮，退出“新建项目”对话框，直接进入创建建筑专业模型的 Revit 工作界面且打开了“标高 1”楼层平面视图。

STEP 02 单击“文件”按钮，在弹出的下拉列表中单击“另存为”→“项目”按钮，在弹出的“另存为”对话框中，单击该对话框右下角“选项”按钮，将弹出的“文件保存选项”对话框中最大备份数由默认的“3”改为“1”，目的是减少电脑中保存的备份文件数量。设置保存路径，输入文件名“体量建筑模型”，文件类型默认为“.rvt”，单击“保存”按钮，即可保存项目文件。

STEP 03 在项目浏览器中展开“立面（建筑立面）”项，双击视图名称“南”进入南立面视图；选中“标高 2”标高线，切换到“修改 | 标高”上下文选项卡。单击“创建”面板“创建类似”按钮，系统自动切换到“修改 | 放置 标高”上下文选项卡。

STEP 04 移动光标到视图中“标高 2”标高线左侧标头上方，当出现绿色标头对齐虚线时，单击捕捉标高起点。从左向右移动光标到“标高 2”标高线右侧标头上方，当出现绿色标头对齐虚线时，再次单击捕捉标高终点，创建“标高 3”。

STEP 05 选中“标高 3”，在蓝色临时尺寸标注值上单击激活文本框，输入新的临时尺寸数值为“4000.0”后按 Enter 键确认，将“标高 3”标高值修改为 8.0m。

STEP 06 选中“标高 3”标高线，进入“修改 | 标高”上下文选项卡。单击“修改”面板“复制”按钮，选项栏勾选“约束”和“多个”复选框，移动光标在“标高 3”线上单击捕捉一点作为复制基点，然后垂直向上移动光标，输入间距值“4000.0”后按 Enter 键确认，则复制新的标高，“标高 4”创建完成了。同理创建“标高 5”（标高值为 16.0m）～“标高 61”（标高值为 240.0m）。

STEP 07 单击“视图”选项卡“创建”面板“平面视图”下拉列表“楼层平面”按钮，打开“新建楼层平面”对话框，从“新建楼层平面”对话框的下面列表中选择“标高 4”～“标高 61”，单击“确定”按钮后，在项目浏览器中创建了新的楼层平面“标高 4”～“标高 61”，并自动打开“标高 61”楼层平面视图作为当前视图。

STEP 08 切换到“标高 1”楼层平面视图，选中四个立面符号，永久隐藏。

STEP 09 单击“体量和场地”选项卡“概念体量”面板“按视图 设置显示体量”下拉列表“显示体量形状和楼层”按钮。单击“概念体量”面板“内建体量”按钮，在弹出的“名称”对话框中输入内建体量族的名称，然后单击“确定”按钮，即可进入内建体量的建模环境。

STEP 10 单击“创建”选项卡“绘制”面板“模型线”按钮，进入“修改 | 放置 线”上下文选项卡。

STEP 11 激活“在工作平面上绘制”按钮，确认选项栏“放置平面”为“标高：标高 1”，绘制模型线 A，如图 3.58 所示。

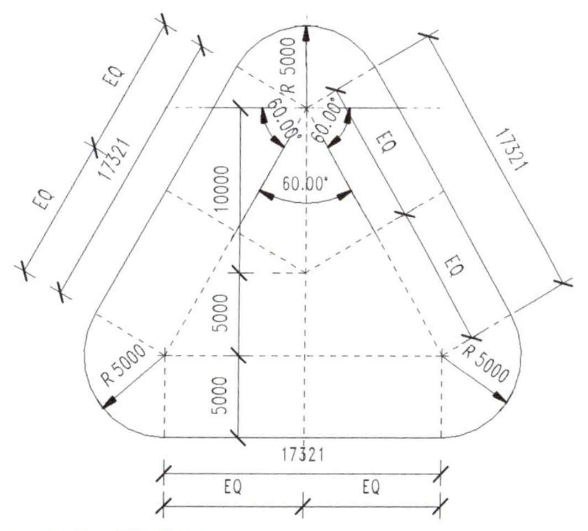

图 3.58 模型线 A

STEP 12 同理，确认选项栏“放置平面”为“标高：标高 16”，绘制模型线 B，如图 3.59 所示；确认选项栏“放置平面”为“标高：标高 31”，绘制模型线 C，如图 3.60 所示；确认选项栏“放置平面”为“标高：标高 46”，绘制模型线 D，如图 3.61 所示；确认选项栏“放置平面”为“标高：标高 61”，绘制模型线 E，如图 3.62 所示。

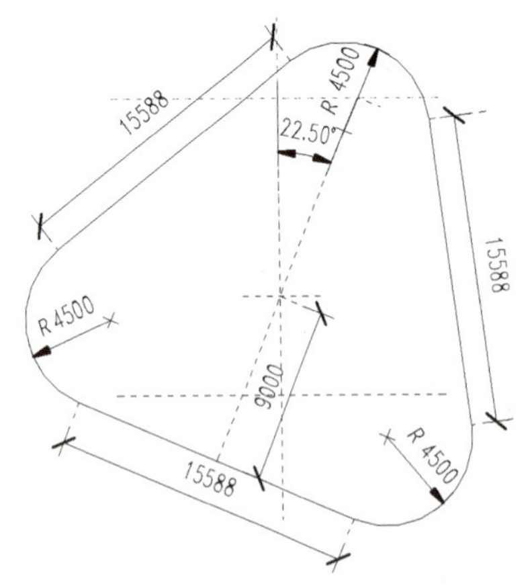

图 3.59 模型线 B

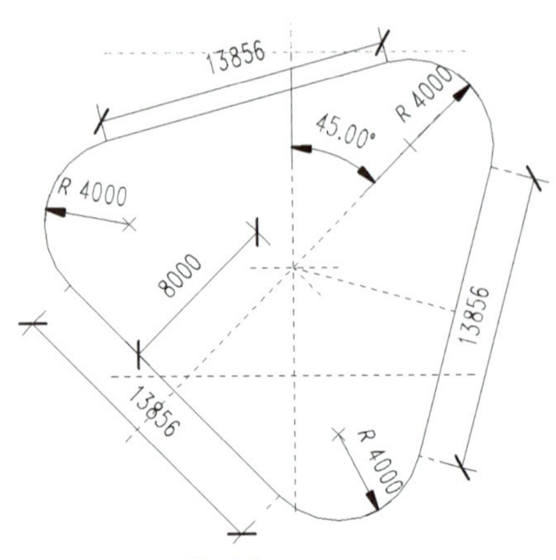

图 3.60 模型线 C

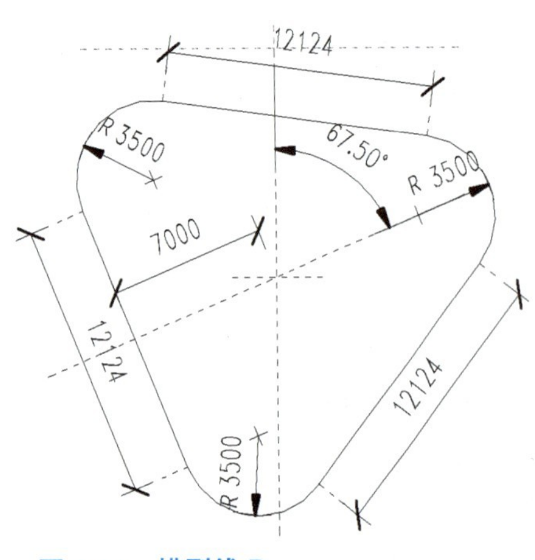

图 3.61 模型线 D

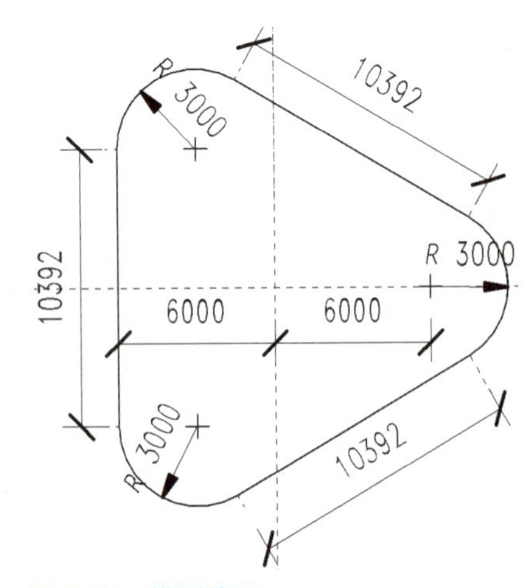

图 3.62 模型线 E

STEP 13 切换到三维视图。同时选中模型线 A ～ E，系统切换到“修改 | 线”上下文选项卡；单击“形状”面板“创建形状”下拉列表“实心形状”按钮，创建实心形状。

STEP 14 单击“在位编辑器”面板“完成体量”按钮，则内建体量模型创建完成了。

STEP 15 选中内建体量模型，单击“修改 | 体量”上下文选项卡“模型”面板“体量楼层”按钮，在弹出的“体量楼层”对话框中框选所有标高，单击“确定”按钮，退出“体量楼层”对话框，则体量楼层创建完毕。

STEP 16 单击“体量和场地”选项卡“面模型”面板“楼板”按钮，在左侧“类型选择器”下拉列表中，选择一种楼板类型。

STEP 17 单击“修改 | 放置面楼板”上下文选项卡“多重选择”面板“选择多个”按钮，移动光标单击以选择体量楼层，或直接框选多个体量楼层，然后单击“修改 | 放置面楼板”上下文选项卡“多重选择”面板“创建楼板”按钮，即可完成面楼板的创建。

STEP 18 单击“体量与场地”选项卡“面模型”面板“屋顶”按钮，打开“修改 | 放置面屋顶”上下文选项卡，然后在“类型选择器”下拉列表中选择一种屋顶类型。

STEP 19 单击“修改 | 放置面屋顶”上下文选项卡“多重选择”面板“选择多个”按钮，移动光标以高亮显示标高 61 所在的体量面，单击以选择该面。

STEP 20 在选中所需的面以后，单击“修改|放置面屋顶”上下文选项卡“多重选择”面板“创建屋顶”按钮，则面屋顶就创建完成了。

STEP 21 单击“体量和场地”选项卡“面模型”面板“幕墙系统”按钮，在“类型选择器”下拉列表中，选择带有幕墙网格布局的幕墙系统类型“幕墙系统 1500×3000mm”。

STEP 22 单击“修改 | 放置面幕墙系统”上下文选项卡“多重选择”面板“选择多个”按钮，移动光标以高亮显示某个面，单击选择该面；同理，选中所有体量面。

STEP 23 在所需的面处于选中状态下，单击“修改 | 放置面幕墙系统”上下文选项卡“多重选择”面板“创建系统”按钮，面幕墙系统就创建完成了；选中内建体量模型，删除；查看创建的体量建筑模型三维显示效果；单击快速访问工具栏“保存”按钮，保存模型文件。

至此，本题建模结束。

2.【二级（建筑）第十二期第一题】

根据图 3.63 给定的尺寸绘制幕墙结构，幕墙网格横、竖最大间距分别为 1000mm、500mm；幕墙材质为玻璃，厚度为 35mm；竖梃为矩形，厚度为 75mm，横、竖边宽度均为 25mm。南侧门洞位置如图 3.63（c）、（d）所示，尺寸为 2×5 块幕墙嵌板。其中南立面示意图为无竖梃的简图。图中标注均以中心线为基准，未说明尺寸不做要求。请将模型以“幕墙 .xxx”为文件名保存到考生文件夹中。(10 分)

【二级(建筑)第十二期第一题】

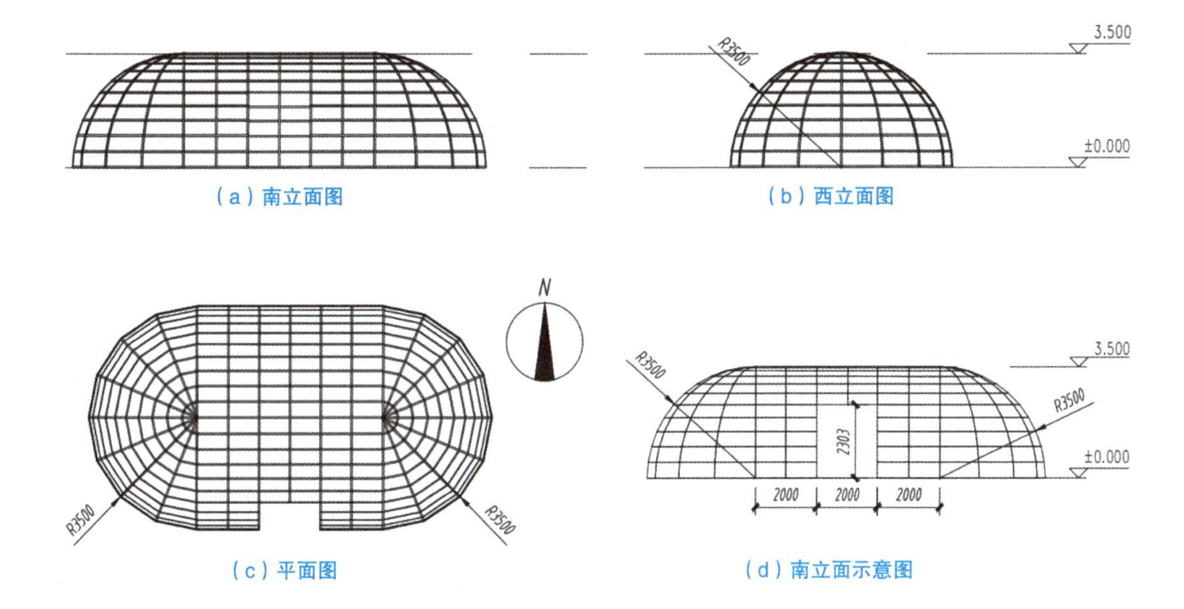

图 3.63　二级(建筑)第十二期第一题

STEP 01 打开软件 Revit；单击“项目”→“新建”按钮，在打开的“新建项目”对话框中选择“建筑样板”作为样板文件；勾选“新建”项下“项目”选项，单击“确定”按钮，退出“新建项目”对话框，直接进入创建建筑专业模型的 Revit 工作界面且打开了“标高 1”楼层平面视图。

STEP 02 单击“文件”按钮，在弹出的下拉列表中单击“另存为”→“项目”按钮，在弹出的“另存为”对话框中，输入文件名“幕墙”，文件类型默认为“.rvt”，单击“保存”按钮，即可保存项目文件。

STEP 03 在项目浏览器中展开“立面（建筑立面）”项，双击视图名称“南”进入南立面视图。选中“标高 2”，在蓝色临时尺寸标注值上单击激活文本框，输入新的临时尺寸数值为“3500.0”后按 Enter 键确认，将“标高 2”标高值修改为 3.5m。切换到“标高 1”楼层平面视图。选中四个立面符号，永久隐藏。

STEP 04 单击“建筑”选项卡“工作平面”面板“参照平面”按钮，切换到“修改 | 放置 参照平面”上下文选项卡，选择“线”按钮，绘制参照平面 1 ～ 6，如图 3.64 所示。

STEP 05 单击左侧“属性”对话框中“类型选择器”下拉列表“楼层平面：参照标高”选项；单击“属性”对话框“范围”项下“视图范围”右侧“编辑”按钮，打开“视图范围”对话框，设置“主要范围”项下“顶部”为“无限制”、“剖切面”偏移值为“10000.0”，单击“确定”按钮关闭“视图范围”对话框。

STEP 06 单击“体量和场地”选项卡“概念体量”面板“按视图 设置显示体量”下拉列表“显示体量形状和楼层”按钮；单击“概念体量”面板“内建体量”按钮，在弹出的“名称”对话框中输入内建体量族的名称，然后单击“确定”按钮，进入内建体量的建模环境。

STEP 07 单击“创建”选项卡“工作平面”面板“设置”按钮，在弹出的“工作平面”对话框中勾选“拾取一个平面”选项，接着单击“确定”按钮退出“工作平面”对话框；拾取参照平面 2，在系统弹出的“转到视图”对话框中选择“立面：西”，单击“打开视图”按钮，关闭“转到视图”对话框，系统自动切换到西立面视图。

STEP 08 激活“创建”选项卡“绘制”面板“模型线”按钮，系统切换到“修改 | 放置 线”上下文选项卡；激活“在工作平面上绘制”按钮；确认选项栏“放置平面”为“参照平面”，绘制模型线 A，如图 3.65 所示。

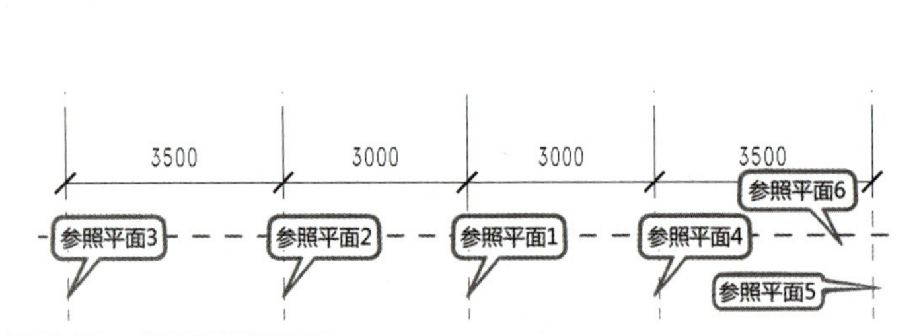

图 3.64 绘制参照平面

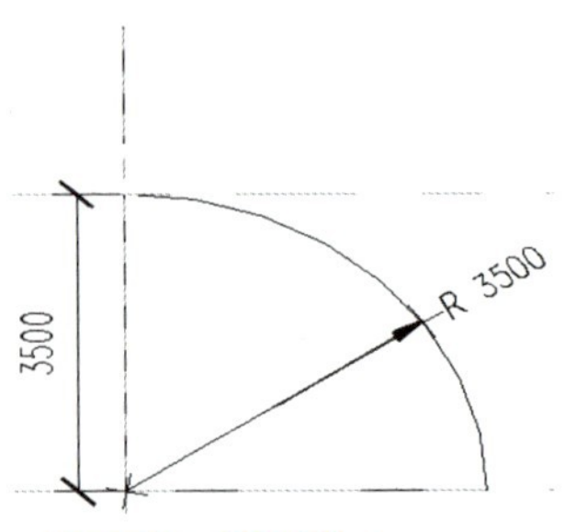

图 3.65 模型线 A

STEP 09 切换到三维视图；选中模型线 A，该线会变成蓝色显示；单击“修改 | 线”上下文选项卡“形状”面板“创建形状”下拉列表“实心形状”按钮，则体量 B 创建完成了；选中体量 B，设置左侧“属性”对话框“约束”项下“起始角度”为“180.00°”、“结束角度”为“360.00°”。同理，创建体量 C。

STEP 10 切换到西立面视图，激活“创建”选项卡“绘制”面板“模型线”按钮，系统切换到“修改 | 放置线”上下文选项卡，激活“在工作平面上绘制”按钮，确认选项栏“放置平面”为“参照平面”，绘制模型线 D，如图 3.66 所示。

STEP 11 切换到三维视图；选中模型线 D，该线会变成蓝色显示；单击“修改 | 线”上下文选项卡“形状”面板“创建形状”下拉列表“实心形状”按钮，则体量 E 创建完成了，如图 3.67 所示。

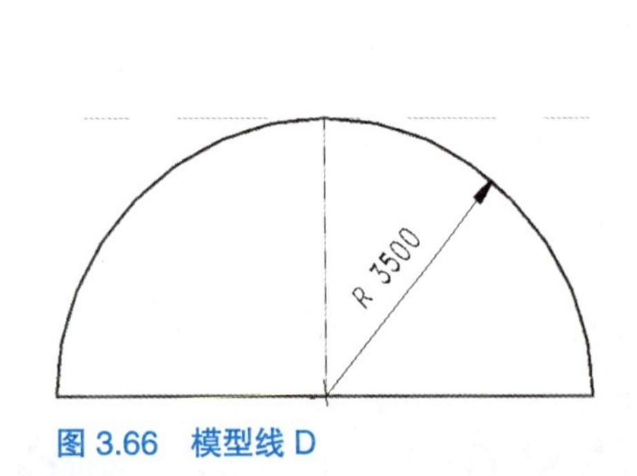

图 3.66 模型线 D

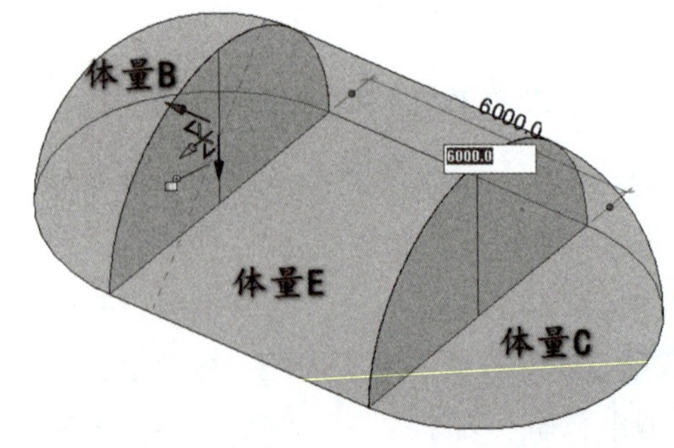

图 3.67 内建体量

STEP 12 单击“在位编辑器”面板“完成体量”按钮“√”，完成内建体量的创建。

STEP 13 单击“建筑”选项卡“构建”面板“幕墙系统”按钮，系统切换到“修改 | 放置面幕墙系统”上下文选项卡；确认左侧“类型选择器”下拉列表中幕墙系统的类型为“幕墙系统 1500×3000mm”，单

击“编辑类型”按钮，在弹出的“类型属性”对话框中单击“复制”按钮，复制创建一个新类型，重命名为“幕墙系统 1000×500mm”；设置“类型属性”对话框“网格 1”项下“布局”为“最大间距”、“间距”为“1000.0”，勾选“调整竖梃尺寸”复选框；设置“类型属性”对话框“网格 2”项下“布局”为“最大间距”、“间距”为“500.0”，勾选“调整竖梃尺寸”复选框，单击“确定”按钮退出“类型属性”对话框。

STEP 14 同理，创建新的幕墙系统类型“幕墙系统 500×1000mm”，设置“类型属性”对话框“网格 1”项下“布局”为“最大间距”、“间距”为“500.0”，勾选“调整竖梃尺寸”复选框；设置“类型属性”对话框“网格 2”项下“布局”为“最大间距”、“间距”为“1000.0”，勾选“调整竖梃尺寸”复选框，单击“确定”按钮退出“类型属性”对话框。

STEP 15 在“类型选择器”下拉列表中，确认幕墙系统的类型为“幕墙系统 1000×500mm”，激活“修改 | 放置面幕墙系统”上下文选项卡“多重选择”面板“选择多个”按钮，移动光标以高亮显示体量 E 表面，单击选择该面。

STEP 16 在体量 E 表面处于选中状态下，单击“修改 | 放置面幕墙系统”上下文选项卡“多重选择”面板“创建系统”按钮，面幕墙系统就创建完成了。

STEP 17 在“类型选择器”下拉列表中，确认幕墙系统的类型为“幕墙系统 500×1000mm”，激活“修改 | 放置面幕墙系统”上下文选项卡“多重选择”面板“选择多个”按钮，移动光标以高亮显示体量 B 表面，单击选择该面。同理，单击选择体量 C 表面。

STEP 18 在体量 B、C 表面处于选中状态下，单击“修改 | 放置面幕墙系统”上下文选项卡“多重选择”面板“创建系统”按钮，面幕墙系统就创建完成了，如图 3.68 所示。

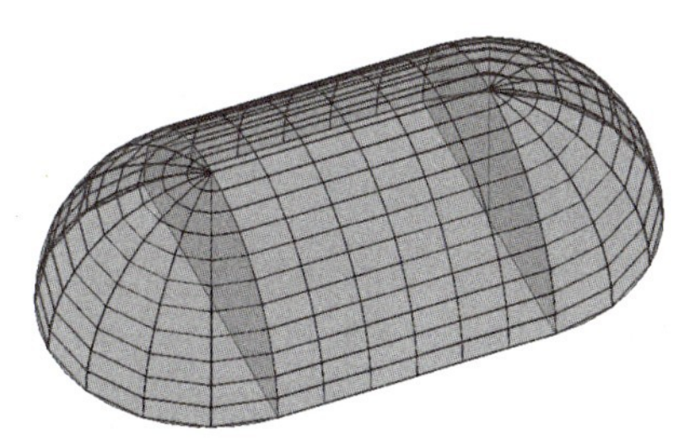

图 3.68 面幕墙系统

STEP 19 选中幕墙嵌板，嵌板会变成蓝色显示。确认左侧“类型选择器”中系统嵌板的类型为“系统嵌板：玻璃”。单击“编辑类型”按钮，在弹出的“类型属性”对话框中，设置“尺寸标注”项下“厚度”为“35”，如图 3.69 所示，单击“确定”按钮退出“类型属性”对话框。

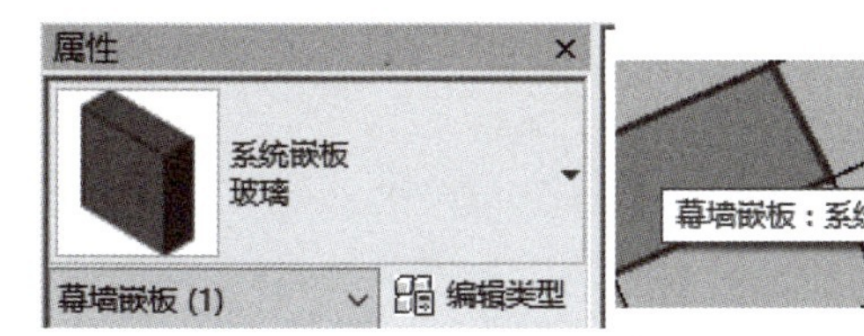

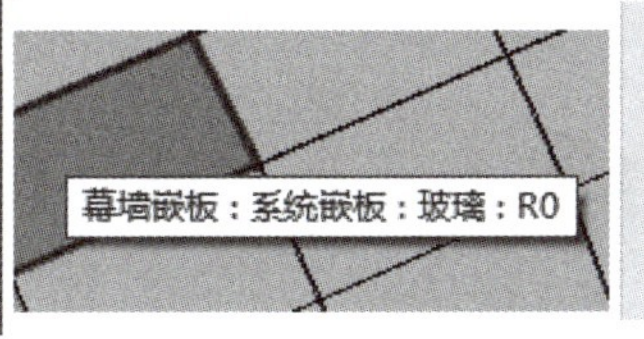

材质和装饰	
完成	
材质	玻璃
尺寸标注	
厚度	35

图 3.69 设置“玻璃”的厚度

STEP 20 单击“建筑”选项卡“构建”面板“竖梃”按钮，切换到“修改 | 放置 竖梃”上下文选项卡，确认类型为“矩形竖梃 50×150mm”。单击“编辑类型”按钮，在弹出的“类型属性”对话框中，复制创建一个新的竖梃类型“矩形竖梃 50×75mm”。设置“构造”项下“厚度”为“75.0”、“尺寸标注”项下“边 2 上的宽度”为“25.0”、“尺寸标注”项下“边 1 上的宽度”为“25.0”，如图 3.70 所示，单击“确定”按钮退出“类型属性”对话框。

STEP 21 按 Esc 键退出“竖梃”命令。

STEP 22 单击“建筑”选项卡“构建”面板“幕墙系统”按钮，系统切换到“修改 | 放置面幕墙系统”上下文选项卡，确认左侧“类型选择器”下拉列表中幕墙系统的类型为“幕墙系统 1000×500mm”。单击“编辑类型”按钮，在弹出的“类型属性”对话框中，将“网格 1 竖梃”中的“内部类型”“边界 1 类型”和“边界 2 类型”均选为“矩形竖梃：50×75mm”；将“网格 2 竖梃”中的“内部类型”“边界 1 类型”和“边界 2 类型”均选为“矩形竖梃：50×75mm”，如图 3.71 所示，单击“确定”按钮，关闭“类型属性”对话框。

角竖梃	☐
厚度	75
材质和装饰	
材质	金属 - 铝 - 白色
尺寸标注	
边 2 上的宽度	25.0
边 1 上的宽度	25.0

图 3.70　竖梃类型参数

网格 1 竖梃	
内部类型	矩形竖梃 : 50 x 75mm
边界 1 类型	矩形竖梃 : 50 x 75mm
边界 2 类型	矩形竖梃 : 50 x 75mm
网格 2 竖梃	
内部类型	矩形竖梃 : 50 x 75mm
边界 1 类型	矩形竖梃 : 50 x 75mm
边界 2 类型	矩形竖梃 : 50 x 75mm

图 3.71　设置“网格 1 和网格 2”竖梃

STEP 23 同理，确认左侧“类型选择器”下拉列表中幕墙系统的类型为“幕墙系统 500×1000mm”，单击“编辑类型”按钮，在弹出的“类型属性”对话框中，将“网格 1 竖梃”中的“内部类型”“边界 1 类型”和“边界2类型”均选为“矩形竖梃：50×75mm”；将“网格2竖梃”中的“内部类型”“边界1类型”和“边界2类型”均选为“矩形竖梃：50×75mm”，如图3.71 所示，单击“确定”按钮，关闭“类型属性”对话框。

STEP 24 切换到三维视图。选中 2×5 块幕墙嵌板，设置左侧“类型选择器”下列表中“类型”为“空系统嵌板：空”。同理，选中 2×5 块幕墙竖梃，删除。过程和结果如图 3.72 所示。

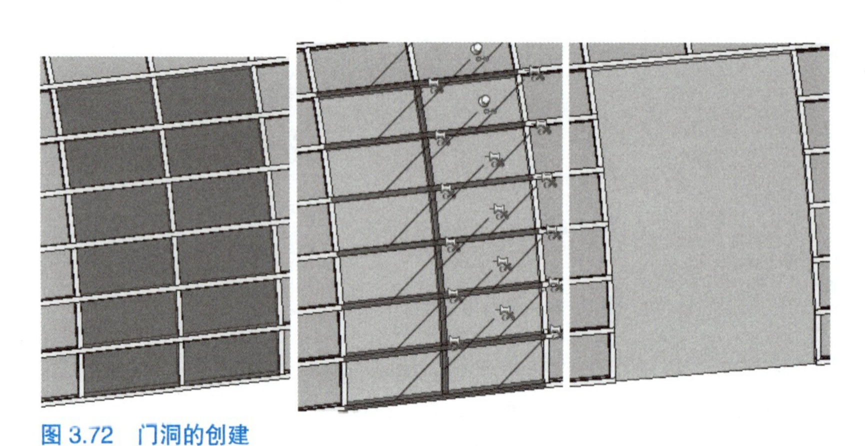

图 3.72　门洞的创建

STEP 25 选中内建体量模型，删除。查看创建幕墙模型三维显示效果，如图 3.73 所示。

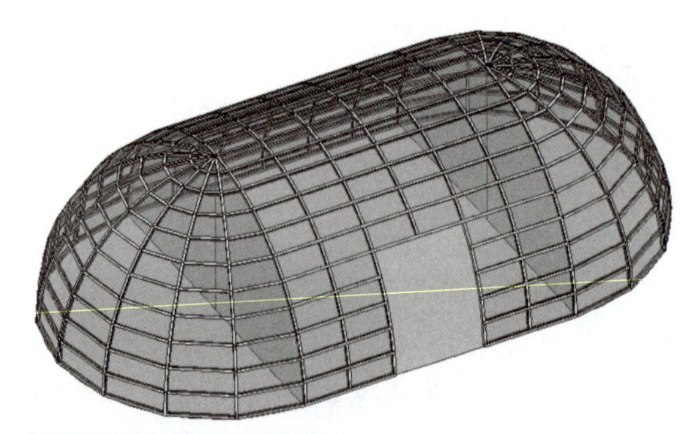

图 3.73　幕墙的三维显示

STEP 26 单击快速访问工具栏“保存”按钮，保存模型文件。

至此，本题建模结束。

3.【二级（建筑）第十五期第一题】

【二级（建筑）第十五期第一题】

根据图 3.74 给定的尺寸建立幕墙模型，幕墙网格长边、短边最大间距分别为 3000mm、1500mm；幕墙材质为玻璃，厚度为 50mm；竖梃为矩形，厚度为 80mm，长边、短边宽度均为 25mm。图中标注均以中心线为基准，未说明尺寸不作要求。请将模型以“幕墙 .xxx”为文件名保存到考生文件夹中。（10 分）

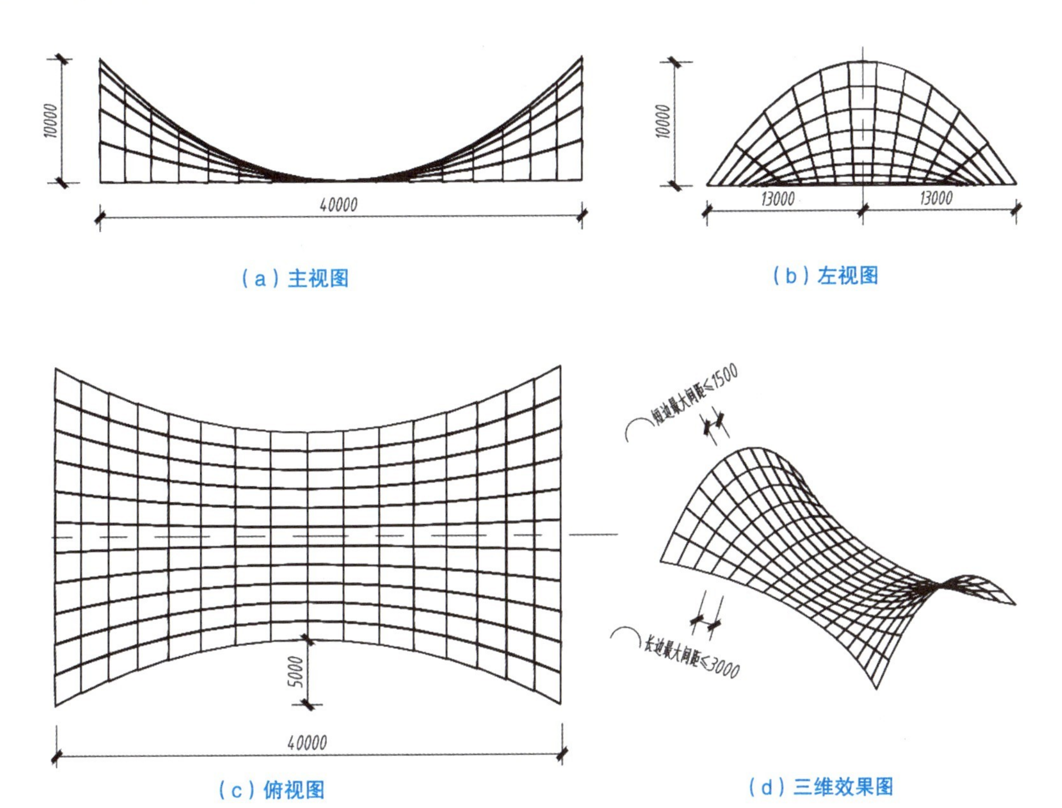

图 3.74 二级（建筑）第十五期第一题

STEP 01 打开软件 Revit。单击“项目”→“新建”按钮，在打开的“新建项目”对话框中选择“建筑样板”作为样板文件。勾选“新建”项下“项目”选项，单击“确定”按钮，退出“新建项目”对话框，直接进入创建建筑专业模型的 Revit 工作界面且打开了“标高 1”楼层平面视图。

STEP 02 单击“文件”按钮，在弹出的“下拉列表中”单击“另存为”→“项目”按钮，在弹出的“另存为”对话框中，输入文件名“幕墙”，文件类型默认为“.rvt”，单击“保存”按钮，即可保存项目文件。

STEP 03 在项目浏览器中展开“立面（建筑立面）”项，双击视图名称“南”进入南立面视图。选中“标高 2”，在蓝色临时尺寸标注值上单击激活文本框，输入新的临时尺寸数值为“10000.0”后按 Enter 键确认，将“标高 2”标高值修改为 10.0m。切换到“标高 1”楼层平面视图，选中四个立面符号，永久隐藏。

STEP 04 单击左侧“属性”对话框中“类型选择器”下拉列表“楼层平面：参照标高”选项。单击“属性”对话框“范围”项下“视图范围”右侧“编辑”按钮，打开“视图范围”对话框，设置“主要范围”项下“顶部”为“无限制”、“剖切面”偏移值为“10000.0”，单击“确定”按钮关闭“视图范围”对话框。

STEP 05 单击“建筑”选项卡“工作平面”面板“参照平面”按钮，切换到“修改 | 放置 参照平面”上下文选项卡，选择“线”绘制方式，绘制参照平面 1 ～ 7，如图 3.75 所示。

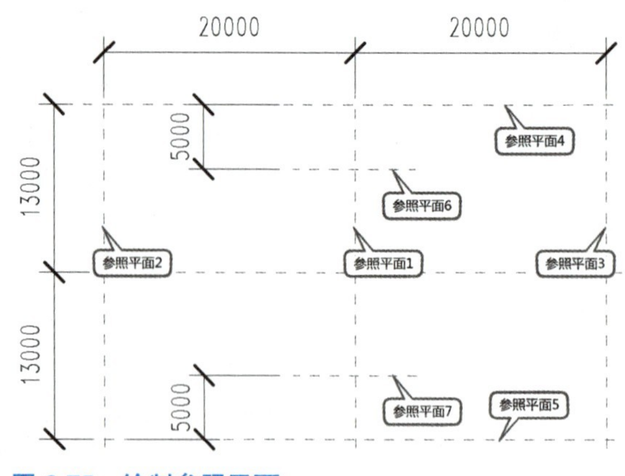

图 3.75　绘制参照平面

STEP 06 单击“体量和场地”选项卡“概念体量”面板“按视图 设置显示体量”下拉列表“显示体量形状和楼层”按钮。单击“概念体量”面板“内建体量”按钮，在弹出的“名称”对话框中输入内建体量族的名称，然后单击“确定”按钮，进入内建体量的建模环境。

STEP 07 激活“创建”选项卡“绘制”面板“模型线”按钮，系统切换到“修改 | 放置 线”上下文选项卡，激活“在工作平面上绘制”按钮，确认选项栏“放置平面”为“标高：标高 1”。单击“绘制”面板“点图元”按钮绘制点图元，再单击“绘制”面板“通过点的样条曲线”按钮，绘制通过点图元的样条曲线 A～C，如图 3.76 所示。

STEP 08 切换到三维视图。选择图 3.76 所示的“点图元 D”，系统自动切换到“修改 | 参照点”上下文选项卡，拖曳竖向造型操纵柄至“标高 2”位置。同理，选择图 3.76 所示的“点图元 E”，系统自动切换到“修改 | 参照点”上下文选项卡，拖曳竖向造型操纵柄至“标高 2”位置。切换到东立面视图，查看点图元的位置，如图 3.77 所示。

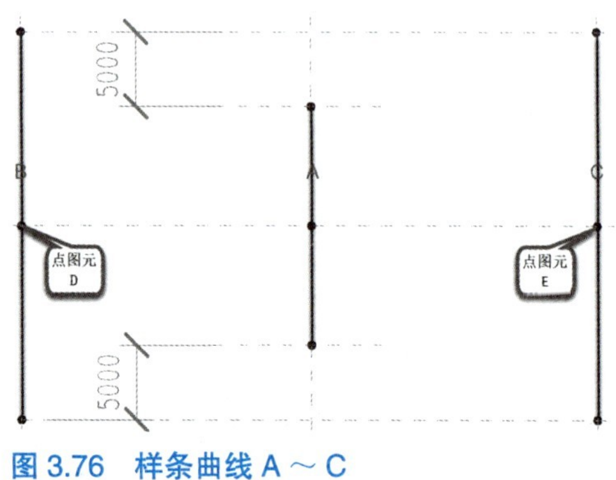

图 3.76　样条曲线 A～C

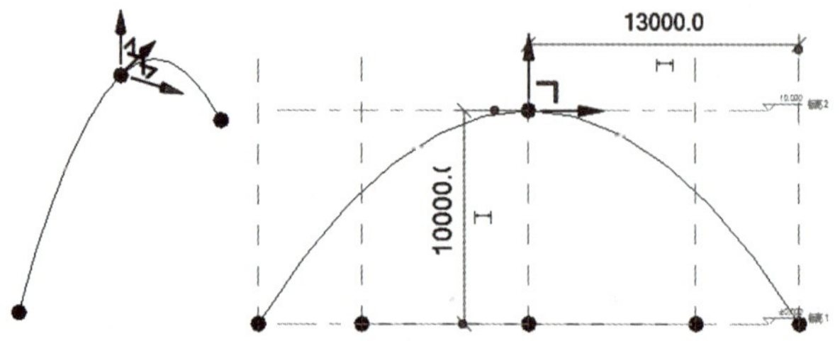

图 3.77　点图元的位置

STEP 09 切换到三维视图。同时选中样条曲线 A～C，如图 3.78 所示。单击“修改 | 线”上下文选项卡“形状”面板“创建形状”下拉列表“实心形状”按钮，则体量创建完成了。

STEP 10 单击“在位编辑器”面板“完成体量”按钮“√”，完成内建体量的创建。

STEP 11 单击“建筑”选项卡“构建”面板“幕墙系统”按钮，系统切换到“修改 | 放置面幕墙系统”上下文选项卡，确认左侧“类型选择器”下拉列表中幕墙系统的类型为“幕墙系统 1500 × 3000mm”。单击“编辑类型”按钮，在弹出的“类型属性”对话框中单击“复制”按钮，复制创建一个新类型，重命名为“幕墙系统 1500 × 3000 幕墙”。设置“类型属性”对话框“网格 1”项下“布局”为“最大间距”、“间距”为“1500.0”，勾选“调整竖梃尺寸”复选框。设置“类型属性”对话框“网格 2”项下“布局”为“最大间距”、“间距”为“3000.0”，勾选“调整竖梃尺寸”复选框。单击“确定”按钮退出“类型属性”对话框。

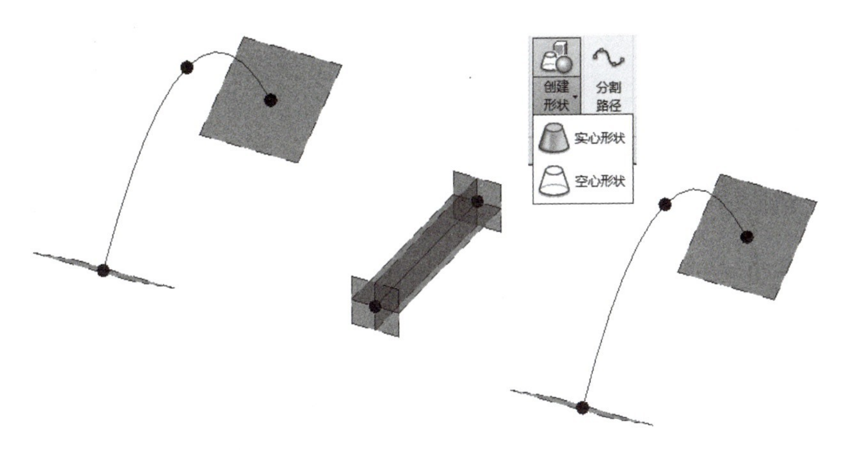

图 3.78　体量的创建

STEP 12 在“类型选择器”下拉列表中，确认幕墙系统的类型为“幕墙系统 1500×3000 幕墙”，激活“修改 | 放置面幕墙系统”上下文选项卡“多重选择”面板“选择多个”按钮，移动光标以高亮显示体量表面，单击选择该面。

STEP 13 在体量表面处于选中状态下，单击“修改 | 放置面幕墙系统”上下文选项卡“多重选择”面板“创建系统”按钮，面幕墙系统就创建完成了。

STEP 14 选中幕墙嵌板，嵌板会变成蓝色显示，确认左侧“类型选择器”中幕墙嵌板的类型为“系统嵌板 玻璃”。单击“编辑类型”按钮，在弹出的“类型属性”对话框中，设置“尺寸标注”项下“厚度”为“50.0”，单击“确定”按钮退出“类型属性”对话框。

STEP 15 单击“建筑”选项卡“构建”面板“竖梃”按钮，切换到“修改 | 放置 竖梃”上下文选项卡，确认类型为“矩形竖梃 50×150mm”。单击“编辑类型”按钮，在弹出的“类型属性”对话框中，复制创建一个新的竖梃类型“竖梃 50×80mm”。设置“构造”项下“厚度”为“80.0”，“尺寸标注”项下“边 2 上的宽度”为“25.0”，“尺寸标注”项下“边 1 上的宽度”为“25.0”，单击“确定”按钮退出“类型属性”对话框。

STEP 16 单击“修改 | 放置 竖梃”上下文选项卡“放置”面板“全部网格线”按钮，移动光标以高亮显示幕墙系统，单击选择该面幕墙系统，则竖梃就创建完成了。

STEP 17 选中内建体量模型，删除。查看创建幕墙模型三维显示效果，如图 3.79 所示。

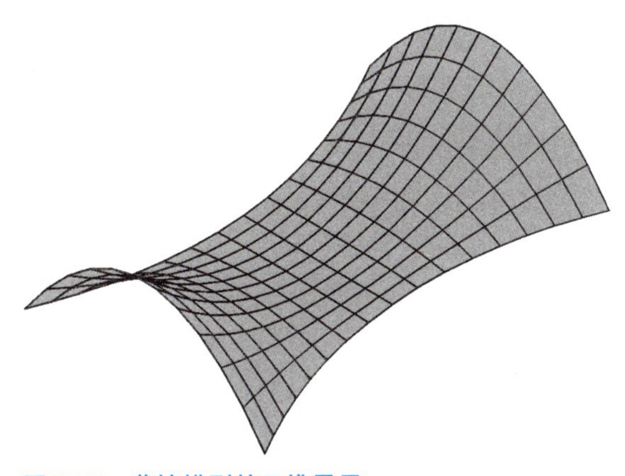

图 3.79　幕墙模型的三维显示

STEP 18 单击快速访问工具栏“保存”按钮，保存模型文件。

至此，本题建模结束。

4.【二级（建筑）第十六期第一题】

【二级（建筑）第十六期第一题】

根据图 3.80 给定的尺寸建立幕墙模型，本幕墙为某建筑标高 5.4 ～ 10.8m（为表述简洁，正文表述中标高保留一位小数点，图纸中依据行业习惯，依然保留三位小数点）的局部区域。幕墙垂直方向外倾 10°，材质为玻璃，厚度为 40mm，P 点为圆心，圆弧区域每 6° 设置竖梃；竖梃为明框（凸出玻璃 100mm），金属材质，厚度为 240mm，宽度为 60mm；横梃为隐框（位于玻璃内侧），金属材质，厚度为 100mm，宽度为 60mm。结构柱等未注明的内容和尺寸不做要求。请将模型以“幕墙 .xxx”为文件名保存到考生文件夹中。(10 分)

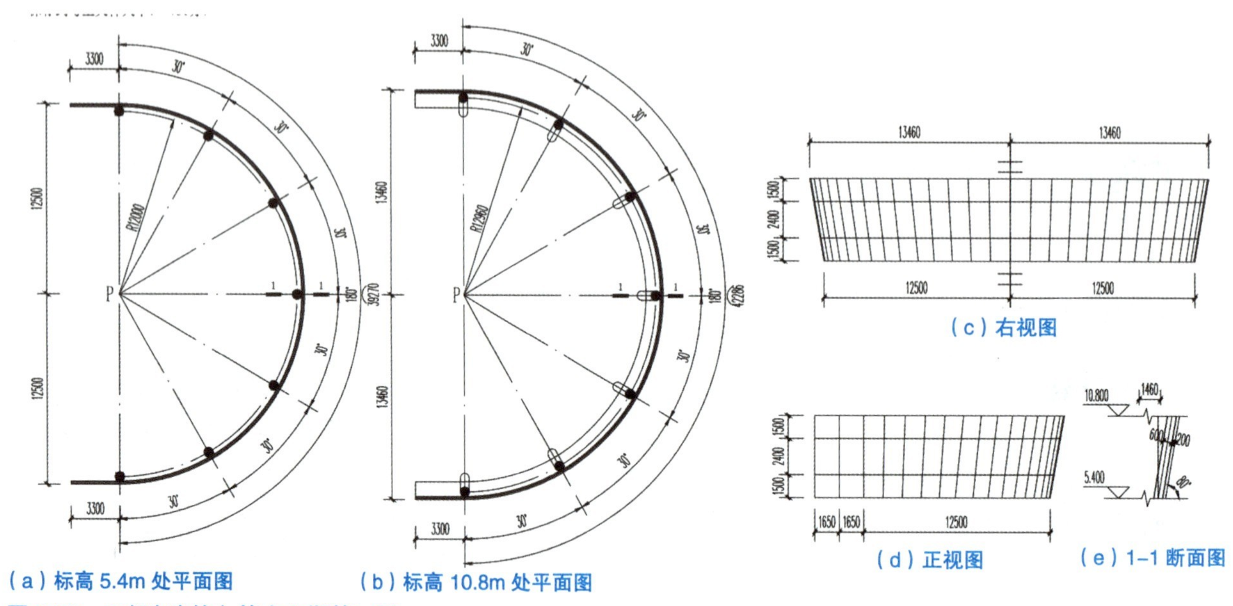

（a）标高 5.4m 处平面图　（b）标高 10.8m 处平面图　（c）右视图　（d）正视图　（e）1–1 断面图

图 3.80　二级（建筑）第十六期第一题

STEP 01 打开软件 Revit，单击“项目”→“新建”按钮，在打开的“新建项目”对话框中选择“建筑样板”作为样板文件，勾选“新建”项下“项目”复选框。单击“确定”按钮，退出“新建项目”对话框，直接进入创建建筑专业模型的 Revit 工作界面，并打开“标高 1”楼层平面视图。

STEP 02 单击“文件”按钮，在弹出的下拉列表中单击“另存为”→“项目”按钮，在弹出的“另存为”对话框中，输入文件名“幕墙”，文件类型默认为“.rvt”，单击“保存”按钮，即可保存项目文件。

STEP 03 在项目浏览器中展开“立面（建筑立面）”项，双击视图名称“南”进入南立面视图。选中“标高 1”，在蓝色临时尺寸标注值上单击激活文本框，输入新的临时尺寸数值“5400.0”后按 Enter 键确认，将“标高 1”标高值修改为 5.4m，设置“标高 1”标头的类型为“标高 上标头”；选中“标高 2”，在蓝色临时尺寸标注值上单击激活文本框，输入新的临时尺寸数值“5400.0”后按 Enter 键确认，将“标高 2”标高值修改为 10.8m。

STEP 04 切换到“标高 1”楼层平面视图，选中四个立面符号，永久隐藏。

STEP 05 单击“建筑”选项卡“工作平面”面板“参照平面”按钮，切换到“修改 | 放置 参照平面”上下文选项卡，选择“线”绘制方式，绘制参照平面 1、2。

STEP 06 单击左侧“属性”对话框中“类型选择器”下拉列表“楼层平面：参照标高”选项；单击“属性”对话框“范围”项下“视图范围”右侧“编辑”按钮，打开“视图范围”对话框，设置“主要范围”项下“顶部”为“无限制”、“剖切面”偏移值为“10000.0”，单击“确定”按钮关闭“视图范围”对话框。

STEP 07 单击“体量和场地”选项卡“概念体量”面板“按视图 设置显示体量”下拉列表“显示体量形状和楼层”按钮。单击“概念体量”面板“内建体量”按钮，在弹出的“名称”对话框中输入内建体量族的名称，然后单击“确定”按钮，进入内建体量的建模环境。

STEP 08 激活“创建”选项卡“绘制”面板“模型线”按钮，系统切换到“修改 | 放置 线”上下文选项卡，激活“在工作平面上绘制”按钮。确认选项栏“放置平面”为“标高：标高 1”，绘制模型线 A，如图 3.81 中①所示；确认选项栏“放置平面”为“标高：标高 2”，绘制模型线 B，如图 3.81 中②所示。

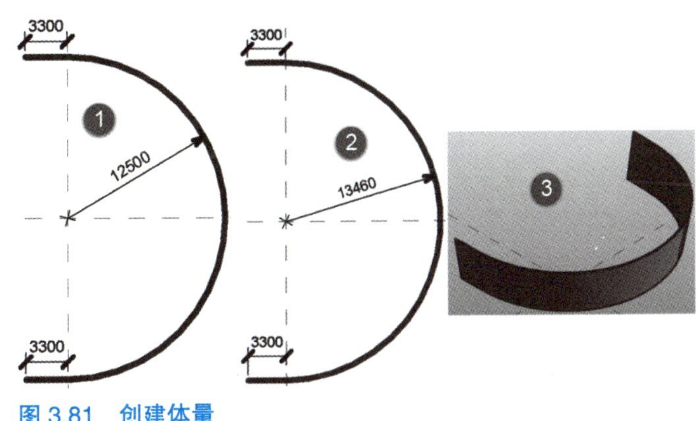

图 3.81 创建体量

STEP 09 切换到三维视图。选中模型线 A、B，模型线会变成蓝色显示。单击“修改 | 线”上下文选项卡“形状”面板“创建形状”下拉列表“实心形状”按钮，系统自动弹出“体量中只包含网格几何图形，而网格几何图形不能用来计算体量楼层、体积或表面积。”警告对话框，不去理会，直接关闭即可，则体量创建完成，如图 3.81 中③所示。

STEP 10 单击“在位编辑器”面板“完成体量”按钮“√”，完成内建体量的创建。

STEP 11 单击“建筑”选项卡“构建”面板“幕墙系统”按钮，系统切换到“修改 | 放置面幕墙系统”上下文选项卡，确认左侧“类型选择器”下拉列表中幕墙系统的类型为“幕墙系统 1500 × 3000mm”。单击“编辑类型”按钮，在弹出的“类型属性”对话框中单击“复制”按钮，复制创建一个新类型，重命名为“幕墙”。设置“类型属性”对话框“网格 1”项下“布局”为“固定数量”，勾选“调整竖梃尺寸”复选框；设置“类型属性”对话框“网格 2”项下“布局”为“无”；设置“构造”项下“幕墙嵌板”为“系统嵌板：玻璃”；设置“网格 1 竖梃”和“网格 2 竖梃”中的“内部类型”“边界 1 类型”和“边界 2 类型”均选为“无”。单击“确定”按钮退出“类型属性”对话框。

STEP 12 激活“修改 | 放置面幕墙系统”上下文选项卡“多重选择”面板“选择多个”按钮，移动光标以高亮显示弧形体量表面，单击选择该面。单击“修改 | 放置面幕墙系统”上下文选项卡“多重选择”面板“创建系统”按钮，弧形体量表面上的面幕墙系统就创建完成了。选中创建的弧形体量表面所在的幕墙，设置左侧“属性”对话框“网格 1”项下“编号”为“29”、“对正”为“中心”。

STEP 13 激活“修改 | 放置面幕墙系统”上下文选项卡“多重选择”面板“选择多个”按钮，移动光标以高亮显示矩形体量表面，同时选中两个矩形体量面。单击“修改 | 放置面幕墙系统”上下文选项卡“多重选择”面板“创建系统”按钮，矩形体量表面上的面幕墙系统就创建完成了。选中创建的矩形体量表面所在的幕墙，设置左侧“属性”对话框“网格 1”项下“编号”为“1”、“对正”为“中心”。

STEP 14 选中矩形体量表面所在的幕墙，单击“编辑类型”按钮，在弹出的“类型属性”对话框中复制创建一个新的幕墙类型“幕墙 – 矩形”，设置“网格 2”项下“布局”为“固定数量”，勾选“调整竖梃尺寸”复选框，单击“确定”按钮退出“类型属性”对话框。

STEP 15 选中创建的矩形体量表面所在的“幕墙 – 矩形”，设置左侧“属性”对话框“网格 2”项下“编号”为“2”、“对正”为“中心”。

STEP 16 切换到三维视图；选中矩形体量表面所在的“幕墙 – 矩形”上的网格 2，通过修改临时尺寸数值的方法调整位置，如图 3.82 所示。

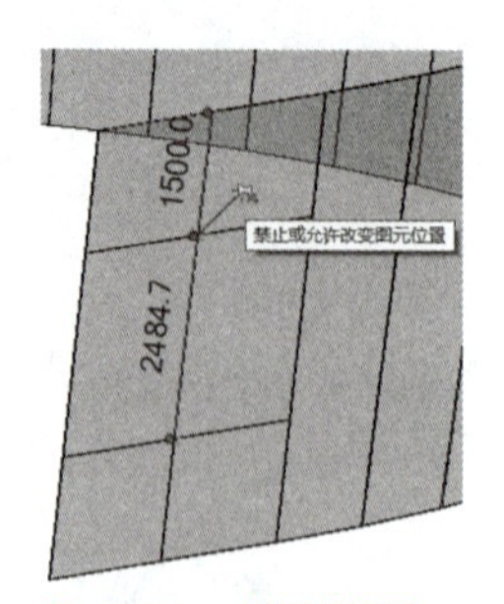

图 3.82　创建体量

STEP 17 单击“建筑”选项卡“构建”面板“幕墙网格”按钮，系统切换到“修改 | 放置 幕墙网格”上下文选项卡，点击“放置”面板中的“全部分段”按钮，移动光标到弧形体量表面上的幕墙边界上，会沿高度方向出现一条预览虚线，单击确定网格线的位置，虚线变实线，则面幕墙系统上的网格线 2 创建完毕。

STEP 18 选中幕墙嵌板，嵌板会变成蓝色显示，确认左侧“类型选择器”中嵌板的类型为“系统嵌板：玻璃”。单击“编辑类型”按钮，在弹出的“类型属性”对话框中，设置“尺寸标注”项下“厚度”为“40.0”，单击“确定”按钮退出“类型属性”对话框。

STEP 19 单击“建筑”选项卡“构建”面板“竖梃”按钮，切换到“修改 | 放置 竖梃”上下文选项卡，确认类型为“矩形竖梃 50×150mm”。单击“编辑类型”按钮，在弹出的“类型属性”对话框中，复制创建一个新的竖梃类型“240×60mm”；设置“构造”项下“厚度”为“240.0”，“尺寸标注”项下“边 2 上的宽度”为“30.0”，“尺寸标注”项下“边 1 上的宽度”为“30.0”；设置“约束”项下“偏移”为“0.0”；设置“材质和装饰”项下“材质”为“金属”。单击“确定”按钮退出“类型属性”对话框。按 Esc 键退出“竖梃”命令。

STEP 20 同理，单击“建筑”选项卡“构建”面板“竖梃”按钮，切换到“修改 | 放置 竖梃”上下文选项卡，确认类型为“矩形竖梃 50×150mm”。单击“编辑类型”按钮，在弹出的“类型属性”对话框中，复制创建一个新的竖梃类型“100×60mm”，设置“构造”项下“厚度”为“100.0”，“尺寸标注”项下“边 2 上的宽度”为“30.0”，“尺寸标注”项下“边 1 上的宽度”为“30.0”；设置“约束”项下“偏移”为“70.0”；设置“材质和装饰”项下“材质”为“金属”。单击“确定”按钮退出“类型属性”对话框。按 Esc 键退出“竖梃”命令。

STEP 21 单击“建筑”选项卡“构建”面板“幕墙系统”按钮，系统切换到“修改 | 放置面幕墙系统”上下文选项卡，确认左侧“类型选择器”下拉列表中幕墙系统的类型为“幕墙”。单击“编辑类型”按钮，在弹出的“类型属性”对话框中，将“网格 1 竖梃”中的“内部类型”选为“矩形竖梃：240×60”；将“网格 1 竖梃”中的“边界 1 类型”和“边界 2 类型”均选为“无”；将“网格 2 竖梃”中的“内部类型”“边界 1 类型”和“边界 2 类型”均选为“矩形竖梃：100×60”，单击“确定”按钮，关闭“类型属性”对话框。按 Esc 键退出“竖梃”命令。

STEP 22 单击“建筑”选项卡“构建”面板“幕墙系统”按钮，系统切换到“修改 | 放置面幕墙系统”上下文选项卡，确认左侧“类型选择器”下拉列表中幕墙系统的类型为“幕墙 – 矩形”。单击“编辑类型”按钮，在弹出的“类型属性”对话框中，将“网格 1 竖梃”中的“内部类型”“边界 1 类型”和“边界 2 类型”均选为“矩形竖梃：240×60”；将“网格 2 竖梃”中的“内部类型”“边界 1 类型”和“边界 2 类型”均选为“矩形竖梃：100×60”，单击“确定”按钮，关闭“类型属性”对话框。按 Esc 键退出“竖梃”命令。

STEP 23 切换到“标高 1”楼层平面视图。单击“建筑”选项卡“构件”下拉列表“内建模型”按钮，系统自动弹出“族类别和族参数”对话框，在其中选择族的类别为“结构柱”，单击“确定”按钮，弹出“名称”对话框，可以使用其中的默认名称，也可自定义名称，单击“确定”按钮，退出“名称”对话框，进入族编辑器界面。

STEP 24 单击“创建”选项卡“形状”面板“融合”按钮，系统切换到“修改 | 创建融合底部边界”上下文选项卡，设置左侧“属性”对话框中“约束”项下“第二端点”为“5400.0”，“第一端点”为“0.0”，设置“工作平面”为“标高：标高 1”；设置左侧“属性”面板“材质和装饰”项下“材质”为“混凝土”。

STEP 25 选择“圆形”绘制方式，绘制半径 300mm 的圆形融合底部边界线，如图 3.83 中①所示。单击“修改 | 创建融合底部边界”上下文选项卡“模式”面板“编辑顶部”按钮，系统切换到“修改 | 创建融合顶部边界”上下文选项卡，选择“圆形”绘制方式，绘制半径 300mm 的圆形融合顶部边界线，如图 3.83 中②所示。单击“模式”面板“完成编辑模式”按钮“√”，完成结构柱的创建。同理，创建另外 6 根结构柱，如图 3.84 中①所示。切换到三维视图，选中内建体量模型，删除。查看创建幕墙模型三维显示效果，如图 3.84 中②所示。

STEP 26 单击快速访问工具栏“保存”按钮，保存模型文件。

至此，本题建模结束。

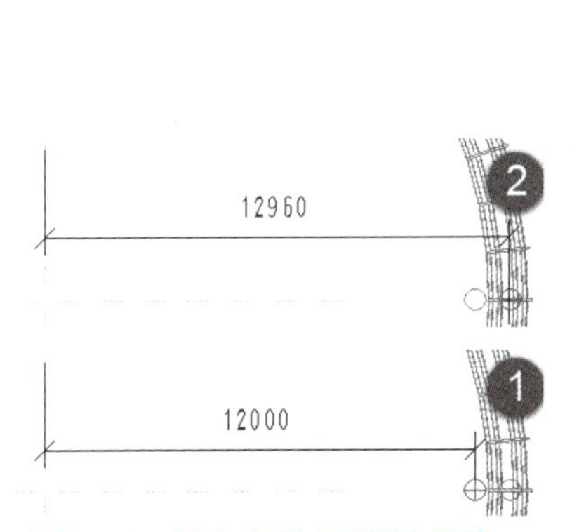

图 3.83 融合底部 / 顶部边界线

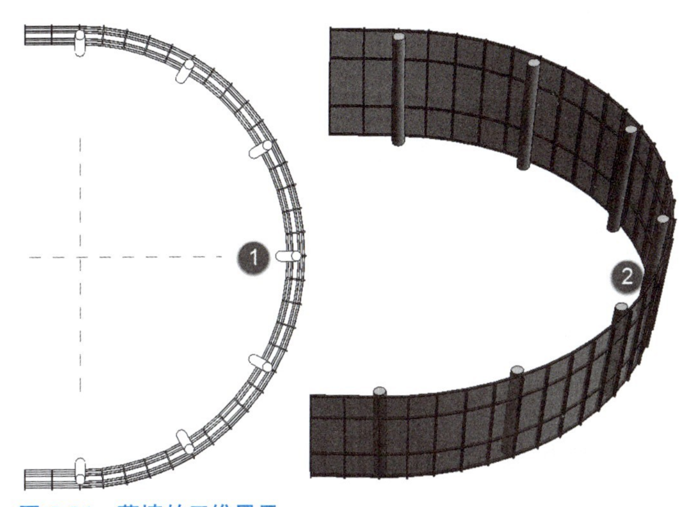

图 3.84 幕墙的三维显示

5.【二级（建筑）第十九期第一题】

【二级（建筑）第十九期第一题】

根据图 3.85 给定的尺寸建立幕墙模型。幕墙由四个半径均为 20000mm 的圆形定位，圆 P_1、P_2 分别与圆 P_3、P_4 相切，圆心 P_1P_2 连线与 P_3P_4 连线垂直相交于 P 点，圆心定位详见图 3.85 中标注；幕墙嵌板为玻璃，厚度自定义；矩形竖梃（明框），网格为 3000mm（固定距离）× 1250mm（最大距离），尺寸为 50mm × 150mm，圆形横梃（隐框），半径为 50mm，网格为 3000mm（固定距离）× 1250mm（固定距离），裙房顶部横竖梃均为圆形（隐框），半径为 50mm，网格与其他立面对齐，所有横竖梃材质均为金属；其余参数不作要求。请将模型以“幕墙 .xxx”为文件名保存到考生文件夹中。（12 分）

STEP 01 打开软件 Revit。单击“项目”→“新建”按钮，在打开的“新建项目”对话框中选择“建筑样板”作为样板文件，勾选“新建”项下“项目”选项，单击“确定”按钮，退出“新建项目”对话框，直接进入创建建筑专业模型的 Revit 工作界面且打开了“标高 1”楼层平面视图。

STEP 02 单击“文件”按钮，在弹出的下拉列表中单击“另存为”→“项目”按钮，在弹出的“另存为”对话框中，输入文件名“幕墙”，文件类型默认为“.rvt”，单击“保存”按钮，即可保存项目文件。

STEP 03 在项目浏览器中展开“立面（建筑立面）”项，双击视图名称“南”进入南立面视图。

STEP 04 选中“标高 2”，在蓝色临时尺寸标注值上单击激活文本框，输入新的临时尺寸数值“10000.0”后按 Enter 键确认，将“标高 2”标高值修改为 10.0m。

STEP 05 移动光标到视图中“标高 2”标高线左侧标头上方，当出现绿色标头对齐虚线时，单击捕捉标高起点；从左向右移动光标到“标高 2”标高线右侧标头上方，当出现绿色标头对齐虚线时，再次单击捕捉标高终点，创建“标高 3”。

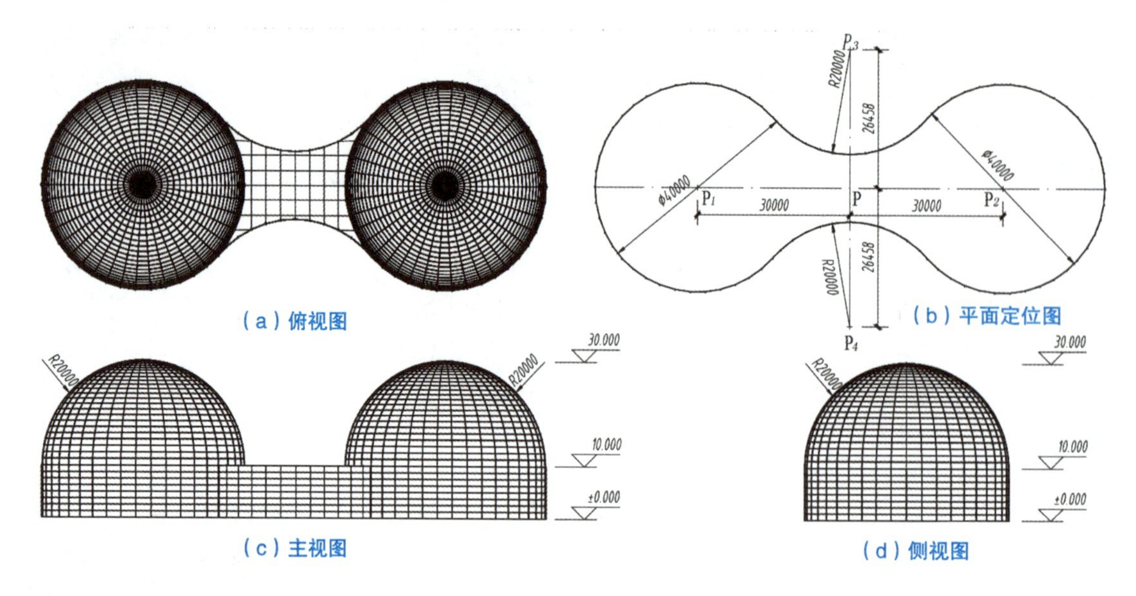

图 3.85　二级（建筑）第十九期第一题

STEP 06 选中“标高 3”，在蓝色临时尺寸标注值上单击激活文本框，输入新的临时尺寸数值“20000.0”后按 Enter 键确认，将“标高 3”标高值修改为 30.0m。

STEP 07 切换到“标高 1”楼层平面视图。选中四个立面符号，永久隐藏。

STEP 08 单击左侧“属性”对话框中“类型选择器”下拉列表“楼层平面：参照标高”选项。单击“属性”对话框“范围”项下“视图范围”右侧“编辑”按钮，打开“视图范围”对话框，设置“主要范围”项下“顶部”为“无限制”、“剖切面”偏移值为“400000.0”，单击“确定”按钮关闭“视图范围”对话框。

STEP 09 单击“体量和场地”选项卡“概念体量”面板“按视图 设置显示体量”下拉列表“显示体量形状和楼层”按钮。单击“概念体量”面板“内建体量”按钮，在弹出的“名称”对话框中输入内建体量族的名称，然后单击“确定”按钮，进入内建体量的建模环境。

STEP 10 单击“参照平面”按钮，切换到“修改 | 放置 参照平面”上下文选项卡，选择“线”绘制方式，绘制参照平面 1、2。单击“创建”选项卡“绘制”面板“模型线”按钮，进入“修改 | 放置 线”上下文选项卡，激活“在工作平面上绘制”按钮，确认选项栏“放置平面”为“标高：标高 1”，绘制模型线 A（分别选中圆弧，单击左侧“属性”对话框“图形”项下“中心标记可见”复选框），添加对齐尺寸标注和半径标注，如图 3.86 所示。

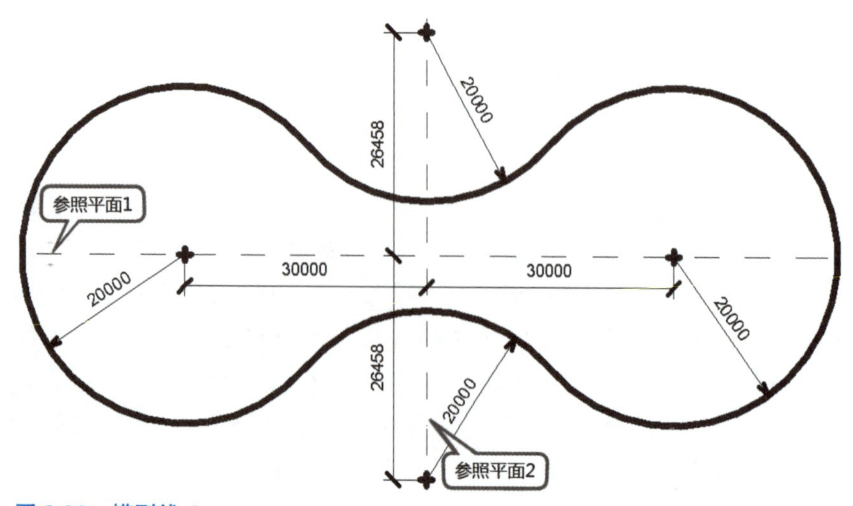

图 3.86　模型线 A

STEP 11 切换到三维视图，选中模型线 A，其会变成蓝色显示。单击“修改 | 线”上下文选项卡“形状”面板“创建形状”下拉列表“实心形状”按钮，则体量 B 创建完成。待体量 B 处于选中状态，修改临时尺寸数值为“10000.00”，如图 3.87 所示。

STEP 12 切换到“标高 1”楼层平面视图。单击“创建”选项卡“工作平面”面板“设置”按钮，在弹出的“工作平面”对话框 中勾选“拾取一个平面”选项，接着单击“确定”按钮退出“工作平面”对话框，拾取参照平面 1，在系统弹出的“转到视图”对话框中选择“立面：南”，单击“打开视图”按钮，关闭“转到视图”对话框，系统自动切换到南立面视图。

STEP 13 激活“创建”选项卡“绘制”面板“模型线”按钮，系统切换到“修改 | 放置 线”上下文选项卡，激活“在工作平面上绘制”按钮，确认选项栏“放置平面”为“参照平面”，绘制模型线 C，如图 3.88 所示。

STEP 14 切换到三维视图。选中模型线 C，模型线 C 会变成蓝色显示。单击“修改 | 线”上下文选项卡“形状”面板“创建形状”下拉列表“实心形状”按钮，如图 3.88 所示。在系统弹出的预显模型中选中半球体，则体量 D 创建完成。选中体量 D，设置左侧“属性”对话框“约束”项下“起始角度”为“0.00°”，“结束角度”为“360.00°”。同理，创建体量 E。

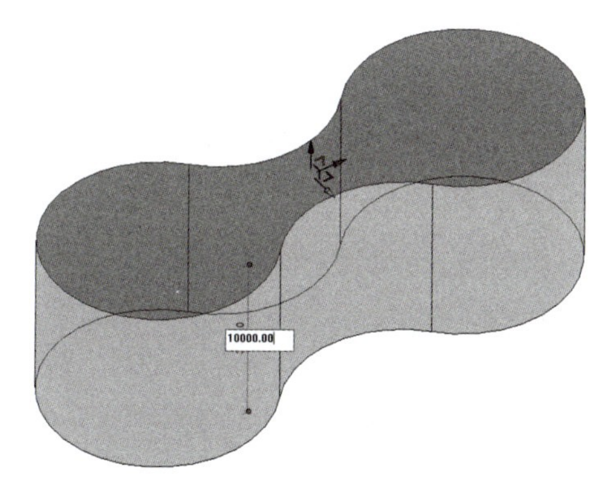

图 3.87　修改临时尺寸数值

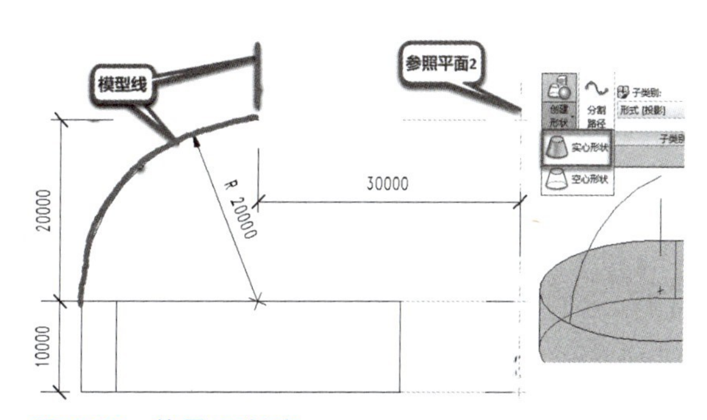

图 3.88　体量 D 创建

STEP 15 单击“在位编辑器”面板“完成体量”按钮“√”，系统自动弹出“体量中只包含网格几何图形，而网格几何图形不能用来计算体量楼层、体积或表面积。”警告对话框，不去理会，直接关闭即可，完成内建体量的创建。

STEP 16 单击“建筑”选项卡“构建”面板“幕墙系统”按钮，系统切换到“修改 | 放置面幕墙系统”上下文选项卡，确认左侧“类型选择器”下拉列表中幕墙系统的类型为“幕墙系统 1500×3000mm”。单击“编辑类型”按钮，在弹出的“类型属性”对话框中单击“复制”按钮，复制创建一个新类型，重命名为“幕墙（裙房）”。设置“类型属性”对话框“网格 1”项下“布局”为“固定距离”、“间距”为“3000.0”；设置“类型属性”对话框“网格 2”项下“布局”为“固定距离”、“间距”为“1250.0”；将“网格 1 竖梃”中的“内部类型”“边界 1 类型”和“边界 2 类型”均选为“无”；将“网格 2 竖梃”中的“内部类型”“边界 1 类型”和“边界 2 类型”均选为“无”；设置“构造”项下“幕墙嵌板”为“系统嵌板：玻璃”，如图 3.89 所示，单击“确定”按钮退出“类型属性”对话框。

STEP 17 激活“修改 | 放置面幕墙系统”上下文选项卡“多重选择”面板“选择多个”按钮，框选体量 B，如图 3.90 所示。

STEP 18 在体量 B 表面处于选中状态下，单击“修改 | 放置面幕墙系统”上下文选项卡“多重选择”面板“创建系统”按钮，面幕墙系统“幕墙（裙房）”就创建完成了。

STEP 19 待面幕墙系统“幕墙（裙房）”处于选中状态，设置左侧“属性”对话框“网格 1”项下“对正”为“中心”，如图 3.91 所示。

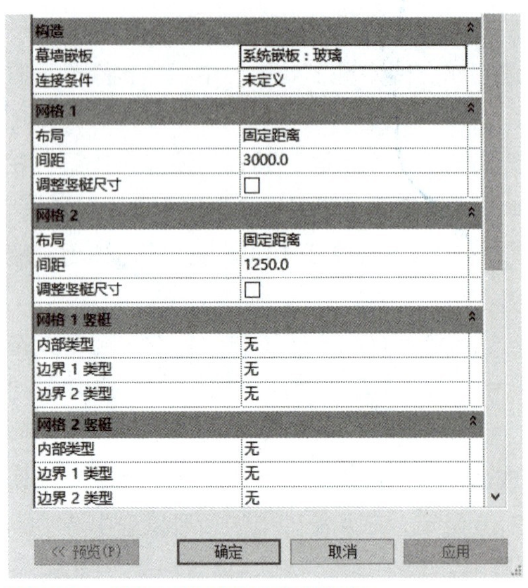

图 3.89 “幕墙（裙房）”类型参数

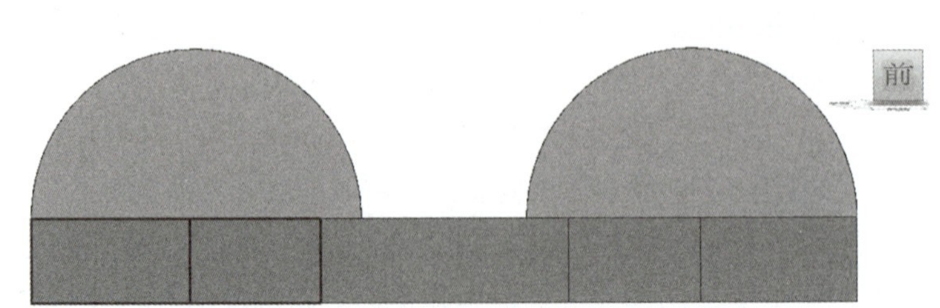

图 3.90 框选体量 B

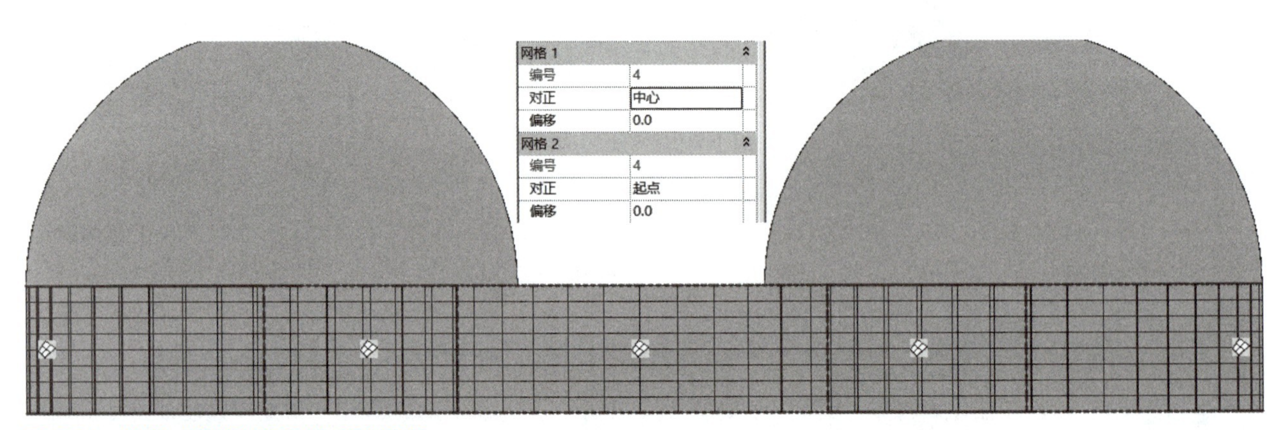

图 3.91 设置“幕墙（裙房）”实例参数

STEP 20 单击“建筑”选项卡“构建”面板“幕墙系统”按钮，系统切换到“修改 | 放置面幕墙系统”上下文选项卡，确认左侧“类型选择器”下拉列表中幕墙系统的类型为“幕墙系统 1500×3000mm”。单击“编辑类型”按钮，在弹出的“类型属性”对话框中单击“复制”按钮，复制创建一个新类型，重命名为“幕墙（球体）”。设置“类型属性”对话框“网格 1”项下“布局”为“固定数量”；设置“类型属性”对话框“网格 2”项下“布局”为“最大间距”、“间距”为“1250.0”；将“网格 1 竖梃”中的“内部类型”“边界 1 类型”和“边界 2 类型”均选为“无”；将“网格 2 竖梃”中的“内部类型”“边界 1 类型”和“边界 2 类型”均选为“无”；设置“构造”项下“幕墙嵌板”为“系统嵌板：玻璃”，单击“确定”按钮退出“类型属性”对话框。

STEP 21 激活“修改 | 放置面幕墙系统”上下文选项卡“多重选择”面板“选择多个”按钮，移动光标以高亮显示体量 D 表面，单击选择该面。同理，选中体量 E 表面。

STEP 22 在体量 D 和体量 E 表面处于选中状态下，单击“修改 | 放置面幕墙系统”上下文选项卡“多重选择”面板“创建系统”按钮，面幕墙系统“幕墙（球体）”就创建完成了，如图 3.92 所示。

STEP 23 选中面幕墙系统“幕墙（球体）”，设置左侧“属性”对话框“网格 1”项下“对正”为“中心”、“编号”为“20”，如图 3.93 所示。

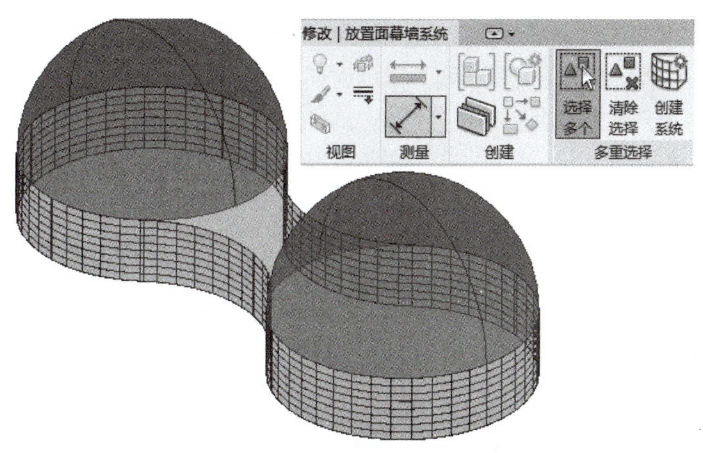

图 3.92　创建面幕墙系统“幕墙（球体）”

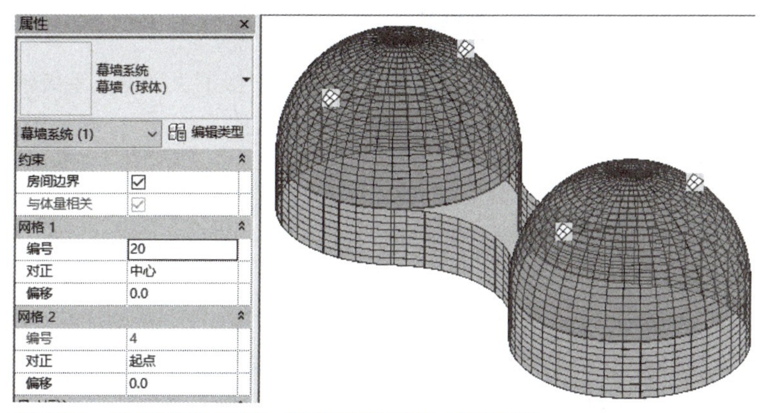

图 3.93　设置面幕墙系统“幕墙（球体）”实例参数

STEP 24 单击“建筑”选项卡“构建”面板“幕墙系统”按钮，系统切换到“修改 | 放置面幕墙系统”上下文选项卡，确认左侧“类型选择器”下拉列表中幕墙系统的类型为“幕墙系统 1500×3000mm”。单击“编辑类型”按钮，在弹出的“类型属性”对话框中单击“复制”按钮，复制创建一个新类型，重命名为“屋顶幕墙”。设置“类型属性”对话框“网格 1”项下“布局”为“固定距离”、“间距”为“2940.0”；设置“类型属性”对话框“网格 2”项下“布局”为“固定距离”、“间距”为“2940.0”；将“网格 1 竖梃”中的“内部类型”“边界 1 类型”和“边界 2 类型”均选为“无”；将“网格 2 竖梃”中的“内部类型”“边界 1 类型”和“边界 2 类型”均选为“无”；设置“构造”项下“幕墙嵌板”为“系统嵌板：玻璃”，单击“确定”按钮退出“类型属性”对话框。

STEP 25 激活“修改 | 放置面幕墙系统”上下文选项卡“多重选择”面板“选择多个”按钮，移动光标以高亮显示体量 C 上表面，单击选择该面，如图 3.94 所示。

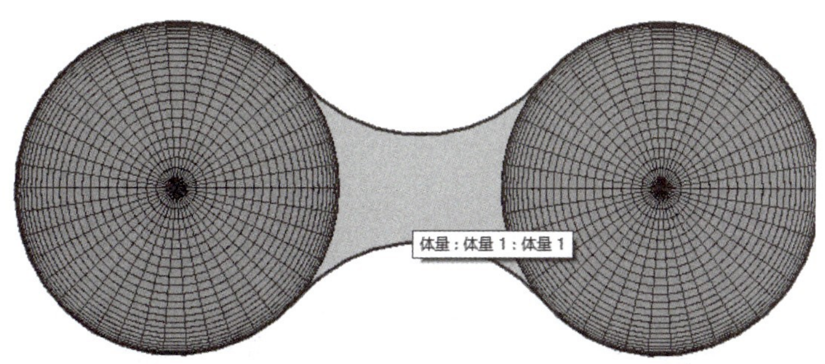

图 3.94　选中体量 C 上表面

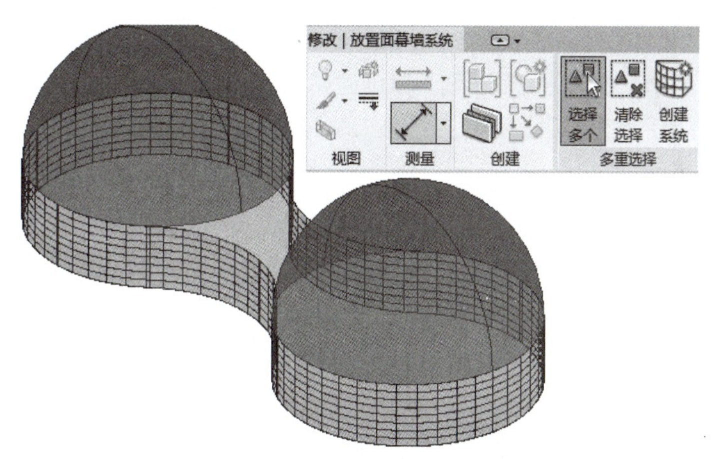

图 3.92　创建面幕墙系统“幕墙（球体）”

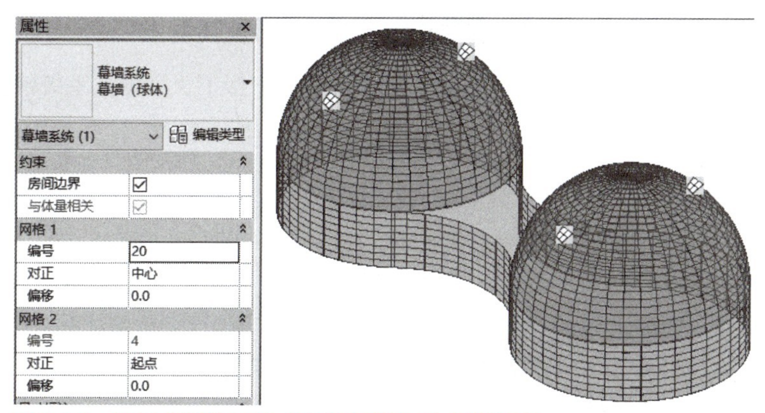

图 3.93　设置面幕墙系统“幕墙（球体）”实例参数

STEP 24 单击“建筑”选项卡“构建”面板“幕墙系统”按钮，系统切换到“修改 | 放置面幕墙系统”上下文选项卡，确认左侧“类型选择器”下拉列表中幕墙系统的类型为“幕墙系统 1500×3000mm”。单击“编辑类型”按钮，在弹出的“类型属性”对话框中单击“复制”按钮，复制创建一个新类型，重命名为“屋顶幕墙”。设置“类型属性”对话框“网格 1”项下“布局”为“固定距离”、“间距”为“2940.0”；设置“类型属性”对话框“网格 2”项下“布局”为“固定距离”、“间距”为“2940.0”；将“网格 1 竖梃”中的“内部类型”“边界 1 类型”和“边界 2 类型”均选为“无”；将“网格 2 竖梃”中的“内部类型”“边界 1 类型”和“边界 2 类型”均选为“无”；设置“构造”项下“幕墙嵌板”为“系统嵌板：玻璃”，单击“确定”按钮退出“类型属性”对话框。

STEP 25 激活“修改 | 放置面幕墙系统”上下文选项卡“多重选择”面板“选择多个”按钮，移动光标以高亮显示体量 C 上表面，单击选择该面，如图 3.94 所示。

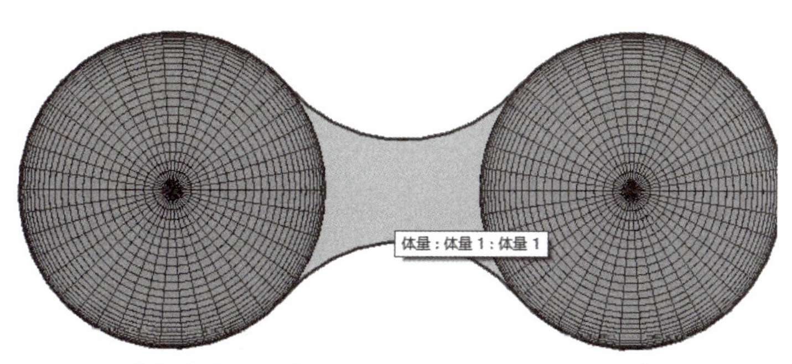

图 3.94　选中体量 C 上表面

STEP 26 在体量 C 上表面处于选中状态下，单击“修改丨放置面幕墙系统”上下文选项卡“多重选择”面板“创建系统”按钮，面幕墙系统“屋顶幕墙”就创建完成了。

STEP 27 选中面幕墙系统“屋顶幕墙”，设置左侧“属性”对话框“网格 1”和“网格 2”项下“对正”均为“中心”，如图 3.95 所示。

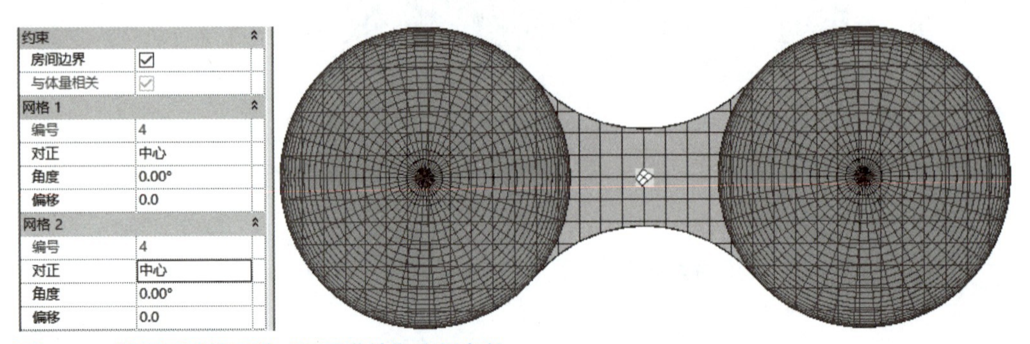

图 3.95　设置面幕墙系统“屋顶幕墙”实例参数

STEP 28 选中幕墙嵌板，确认左侧“类型选择器”中幕墙嵌板的类型为“系统嵌板：玻璃”。单击“编辑类型”按钮，在弹出的“类型属性”对话框中，设置“尺寸标注”项下“厚度”为“50.0”，如图 3.96 所示，单击“确定”按钮退出“类型属性”对话框。

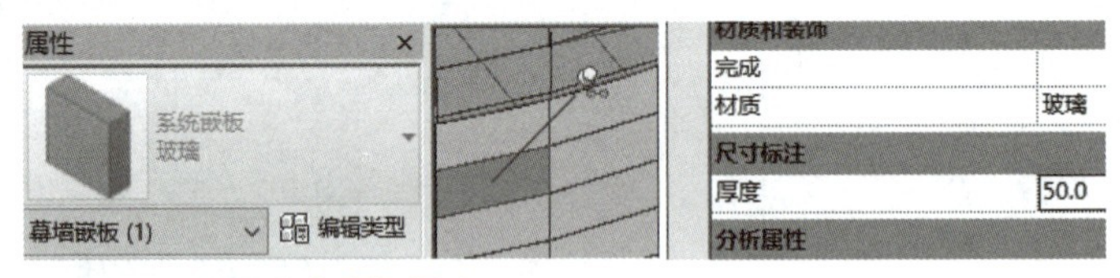

图 3.96　设置“玻璃”厚度

STEP 29 单击“构建”面板“竖梃”按钮，切换到“修改|放置 竖梃”上下文选项卡，确认类型为“圆形竖梃 50mm 半径”。单击“编辑类型”按钮，在弹出的“类型属性”对话框中，复制创建一个新的竖梃类型“圆形竖梃（隐框）”。设置“约束”项下“偏移”为“−50.0”；设置“材质和装饰”项下“材质”为“金属”；设置“其他”项下“半径”为“50.0”，单击“确定”按钮退出“类型属性”对话框。按 Esc 键退出当前命令。

STEP 30 单击“构建”面板“竖梃”按钮，切换到“修改丨放置 竖梃”上下文选项卡，确认类型为“矩形竖梃 50×150mm”。单击“编辑类型”按钮，在弹出的“类型属性”对话框中，复制创建一个新的竖梃类型“矩形竖梃（明框）”。设置“构造”项下“厚度”为“150.0”、“尺寸标注”项下“边 2 上的宽度”为“25.0”、“边 1 上的宽度”为“25.0”；设置“约束”项下“偏移”为“100.0”；设置“材质和装饰”项下“材质”为“金属”，单击“确定”按钮退出“类型属性”对话框。按 Esc 键退出当前命令。

STEP 31 选中面幕墙系统“屋顶幕墙”。单击“编辑类型”按钮，在弹出的“类型属性”对话框中设置“网格 1 竖梃”和“网格 2 竖梃”中的“内部类型”“边界 1 类型”和“边界 2 类型”均为“矩形竖梃（明框）”。单击“应用”按钮，在系统弹出的“警告”对话框中直接单击“确定”按钮关闭该对话框，单击“确定”按钮关闭“类型属性”对话框。

STEP 32 选中面幕墙系统“幕墙（球体）”。单击“编辑类型”按钮，在弹出的“类型属性”对话框中设置“网格 1 竖梃”中的“内部类型”“边界 1 类型”和“边界 2 类型”均为“矩形竖梃（明框）”。设置“网格 2 竖梃”中的“内部类型”“边界 1 类型”和“边界 2 类型”均为“圆形竖梃（隐框）”，单击“确定”按钮关闭“类型属性”对话框。

STEP 33 选中面幕墙系统“幕墙（裙房）”。单击“编辑类型”按钮，在弹出的“类型属性”对话框中设置“网格 1 竖梃”中的“内部类型”“边界 1 类型”和“边界 2 类型”均为“矩形竖梃（明框）”。设置“网

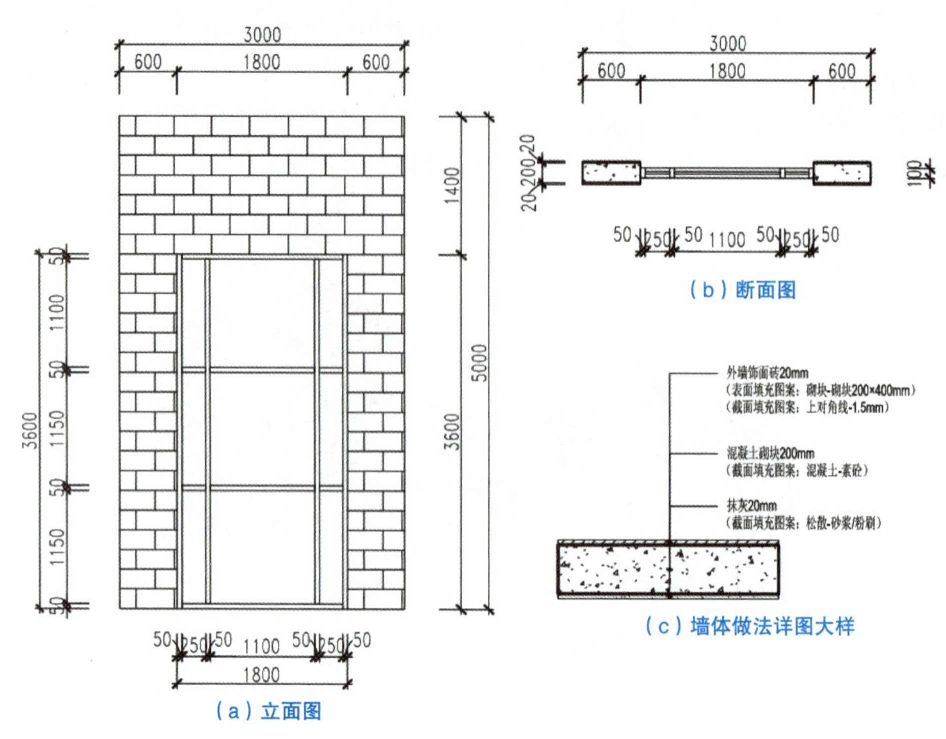

（a）立面图

（b）断面图

（c）墙体做法详图大样

图 3.99　一级第六期第二题

【一级第九期第三题】

3.【一级第九期第三题】

根据图 3.100 给定数值创建体量模型，包括幕墙、楼板和屋顶，其中幕墙网格尺寸为 1500mm × 3000mm，屋顶厚度为 125mm，楼板厚度为 150mm，请将模型以“建筑形体”为文件名保存到考生文件夹中。(20 分)

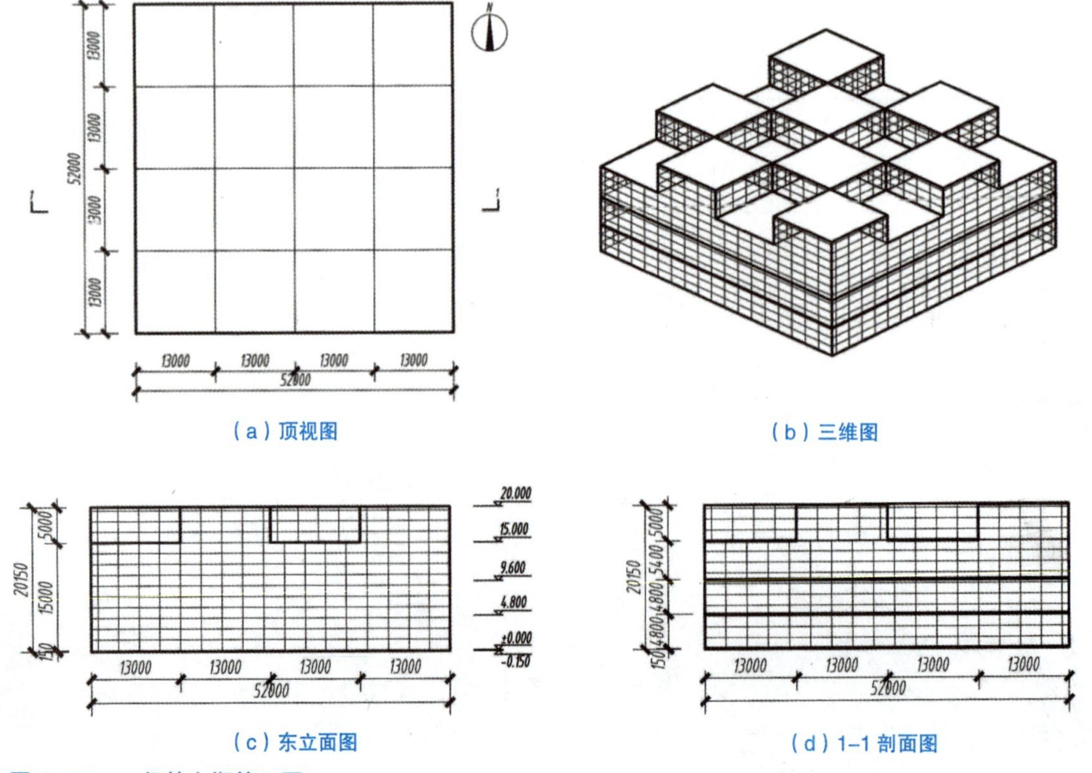

（a）顶视图

（b）三维图

（c）东立面图

（d）1–1 剖面图

图 3.100　一级第九期第三题

专项考点二小结

创建体量的工具主要有拉伸、融合、旋转、放样、放样融合；掌握实心与空心模型的创建方法；熟练掌握创建幕墙、面屋顶、幕墙系统、体量楼层和面楼板的方法；了解幕墙的类型、幕墙的组成以及绘制幕墙的方法；熟悉设置幕墙类型参数和实例参数的方法；熟悉划分网格的方法；掌握添加竖梃的方法；熟悉替换嵌板的方法。

创建异形幕墙的步骤主要是：（1）选择“建筑样板”，新建一个项目文件；（2）创建标高；（3）调整平面视图的视图范围；（4）激活内建体量工具；（5）绘制模型线→创建实心形状；（6）单击“在位编辑器”面板“完成体量”按钮“√”，完成内建体量的创建；（7）复制创建新的幕墙系统类型；（8）复制创建新的竖梃；（9）设置嵌板的类型参数；（10）设置幕墙系统的实例参数。

4 CHAPTER 异形楼梯及栏杆扶手的创建

楼梯是建筑项目中非常重要的一个建筑构件，Revit 的楼梯工具可以自由创建各种常规及异形楼梯。

小贴士 ▶▶▶

Revit 提供了创建楼梯的工具，通过调用该工具，可以创建各种不同类型的楼梯构件，如直梯、螺旋楼梯以及转角楼梯等，定义的参数不同，梯段的创建效果也不同。

【相关文件下载】

楼梯的种类和样式多样，按梯段可分为单跑楼梯、双跑楼梯和多跑楼梯；梯段的平面形状有直线、折线和曲线。

楼梯主要由踢面、踏面、扶手、梯边梁以及休息平台组成。

小贴士 ▶▶▶

异形楼梯及栏杆扶手部分涉及的知识点为：楼梯踏步数的设置；楼梯踏板宽度的设置；楼梯踢面数量的设置；楼梯的创建以及属性编辑；栏杆扶手样式的设置。

专项考点数据统计

【专项考点数据统计】

在全国 BIM 技能等级考试二级（建筑）中，专项考点——异形楼梯及栏杆扶手的创建，尤其是异形楼梯，近年来基本上是必考内容。从第七期～第二十三期的试题来看，考异形楼梯创建题目的概率很大，分值为 10 分左右，因此掌握异形楼梯的创建是很重要的。专项考点——异形楼梯及栏杆扶手数据统计见表 4.1。

表 4.1　专项考点——异形楼梯及栏杆扶手数据统计

期数	题目	题目数量	难易程度	分值	备注
第八期	第二题：创建整体现浇楼梯模型	1	中等	15 分	栏杆扶手的编辑是难点
第九期	第一题：创建楼梯模型	1	中等	15 分	确定楼梯高度、踢面数
第十期	第一题：创建艺术旋转楼梯模型	1	困难	10 分	识图是关键
第十一期	第一题：创建楼梯与扶手	1	中等	10 分	确定梯段尺寸
第十三期	第一题：创建艺术旋转楼梯模型	1	困难	10 分	识图是关键
第十七期	第一题：建立整体浇筑楼梯与扶手模型	1	困难	10 分	识图是关键
第十八期	第一题：建立艺术楼梯模型	1	困难	10 分	识图是关键，且通过族的方式创建楼梯模型较为方便；此题与后续综合建立模型题目进行关联，某种程度上增加了题目的难度
第二十期	第一题：建立楼梯模型	1	困难	10 分	识图是关键；此题与后续综合建立模型题目进行关联，某种程度上增加了题目的难度

通过本专项的学习，读者应了解楼梯基本组成及参数设置；掌握按草图（重点）和构件创建楼梯的方法；掌握直梯、螺旋楼梯的创建和编辑方法；掌握创建和修改栏杆扶手的方法；熟练掌握异形楼梯创建的方法。

小贴士 ▶▶▶

考虑到 Revit 2016 与 Revit 2018 版本在创建楼梯时略有不同，本专题以 Revit 2016 版本讲述为主，特注。

第一节　楼梯的创建

小贴士

在“建筑”选项卡“楼梯坡道”面板中提供了两种创建楼梯的方式，即楼梯（按构件）与楼梯（按草图）。第一种方式［楼梯（按构件）］，通过创建通用梯段、平台和支座构件，将楼梯添加到建筑模型中；第二种方式［楼梯（按草图）］，通过绘制梯段的方式向建筑模型中添加楼梯。

一、楼梯（按构件）

STEP 01 选择“建筑样板”新建一个项目，切换到“标高 1”楼层平面视图；单击“建筑”选项卡“楼梯坡道”面板“楼梯”下拉列表“楼梯（按构件）”按钮，如图 4.1 所示。

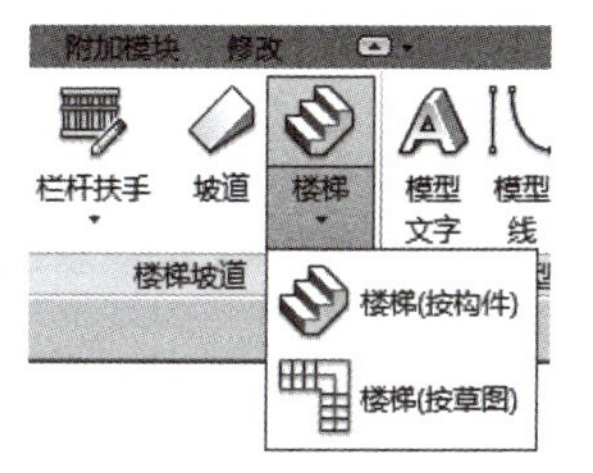

【楼梯（按构件）】

图 4.1 “楼梯（按构件）”按钮

STEP 02 系统自动切换到“修改 | 创建楼梯”上下文选项卡；在“构件”面板中激活“梯段”按钮；单击“直梯”按钮，如图 4.2 所示，选项栏中“定位线”选项列表中提供了多种定位方式，如“梯段：左”“梯段：中心”“梯段：右”等，默认选择为“梯段：中心”；“偏移量”为“0.0”，表示梯段的中心点与绘制起点重合；“实际梯段宽度”参数值表示一个梯段的宽度，默认值为“1000.0”，读者可自定义宽度值；选择“自动平台”选项，在绘制双跑楼梯时将自动创建中间休息平台。

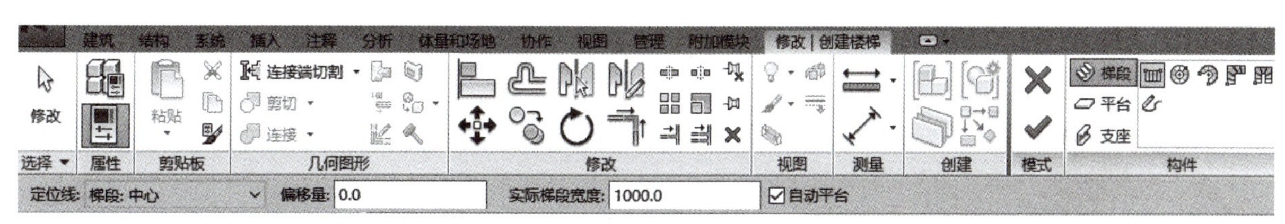

图 4.2 创建楼梯时的选项栏参数

STEP 03 在左侧楼梯“类型选择器”下拉列表中提供了“现场浇注楼梯”“组合楼梯”“预浇注楼梯”（这里使用“浇注”是为了和软件保持一致，实际使用“浇筑”，后文同）供用户选择，默认选择为“现场浇注楼梯 整体浇筑楼梯”；在左侧“属性”对话框“限制条件”项下设置“底部标高”“底部偏移”“顶部标高”及“顶部偏移”后，系统自动计算“尺寸标注”项下“所需踢面数”及“实际踏板深度”参数值，并显示结果，如图 4.3 所示。

STEP 04 在绘图区域中单击指定梯段的起点，垂直向上移动光标，在垂直方向显示梯段的临时尺寸，右上角显示起点与梯段的角度值，在水平方向显示已经创建的踢面数及剩余的踢面数。读者通过预览文字提示，了解梯段的尺寸、踢面数等。

STEP 05 在端点单击完成一个梯段的创建。此时仍处于创建梯段的命令中，创建完成的梯段上显示临时尺寸标注，标志其宽度、长度；向梯段的一侧移动光标，单击，指定另一梯段的起点。

STEP 06 向下移动光标，此时可以预览休息平台及另一梯段的绘制结果；单击，指定梯段的终点，完成双跑楼梯的创建；在各梯段的起始踏步一侧，显示踏步编号。

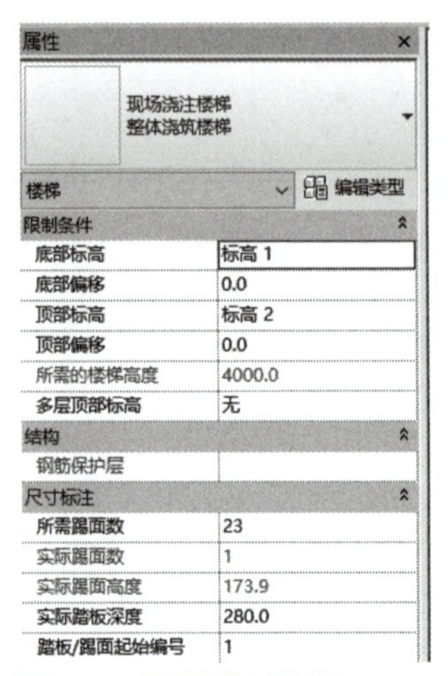

图 4.3 “属性”对话框

小贴士 ▶▶▶

在上述方法中，两个梯段的休息平台是自动创建的，但如果两个梯段是分开绘制的，那么中间休息平台就需要运用“平台”工具来创建。

STEP 07 单击“模式”面板“完成编辑模式”按钮“√”，退出命令，创建完成双跑楼梯；梯段的实线部分表示梯段在当前视图（标高 1）的样式，虚线部分表示另一视图（标高 2）中梯段的投影；切换到标高 2 楼层平面视图，梯段以实线显示；切换到东立面视图，查看创建的双跑楼梯的立面样式。

STEP 08 切换到三维视图，观察创建的双跑楼梯的三维模型；在创建梯段的同时，系统默认生成栏杆扶手。

二、楼梯（按草图）

【楼梯（按草图）】

STEP 01 在“楼梯”下拉列表中选择“楼梯（按草图）”选项，进入“修改 | 创建楼梯草图”上下文选项卡，如图 4.4 所示；在“绘制”面板中激活“梯段”按钮，单击“线”按钮；在“类型选择器”下拉列表中选择梯段的类型；设置左侧“属性”对话框中“限制条件”项下的参数，此时可观察到“所需踢面数”已经自动计算出来，如图 4.5 所示。

图 4.4 “修改 | 创建楼梯草图”上下文选项卡

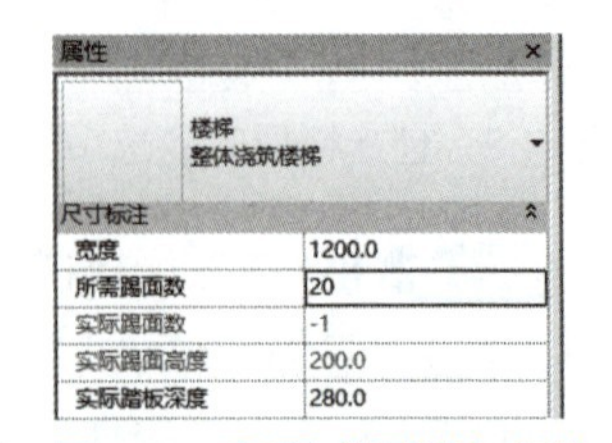

图 4.5 设置“属性”参数

STEP 02 在绘图区域中单击指定梯段的起点，如图 4.6 中①所示；向上移动光标，单击指定梯段的端点，如图 4.6 中②所示。

STEP 03 按下 Esc 键，退出放置梯段的操作，此时仍处于楼梯（按草图）命令；向上移动光标并单击，以指定平台的转折点；此时开始绘制梯段，再次按 Esc 键，退出放置梯段，向右移动光标并单击，指定梯段起点，开始放置梯段的操作，如图 4.7 所示。

STEP 04 向右移动光标并单击，指定梯段的终点，完成另一梯段的放置；按 Esc 键，向右移动光标并单击，指定另一梯段的起点；向右移动光标并单击，指定梯段的终点，完成梯段的放置，如图 4.8 所示；单击“模式”面板“完成编辑模式”按钮“√”，楼梯创建结束；创建梯段的结果，如图 4.9 中①所示；转换至三维视图，观察梯段的三维样式，如图 4.9 中②所示。

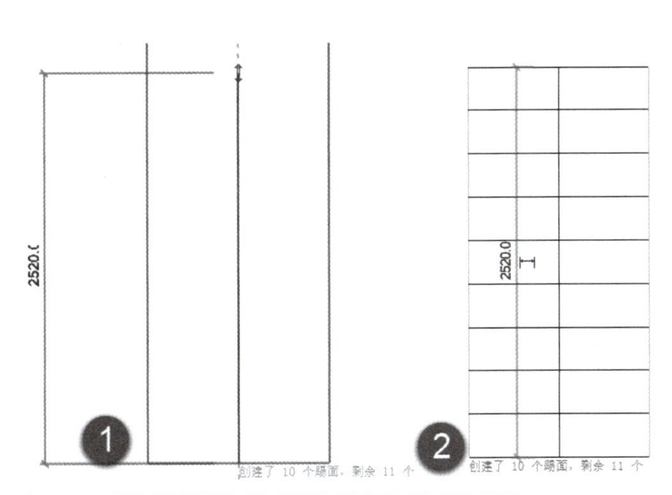

图 4.6　在绘图区域中单击指定梯段的起点和端点

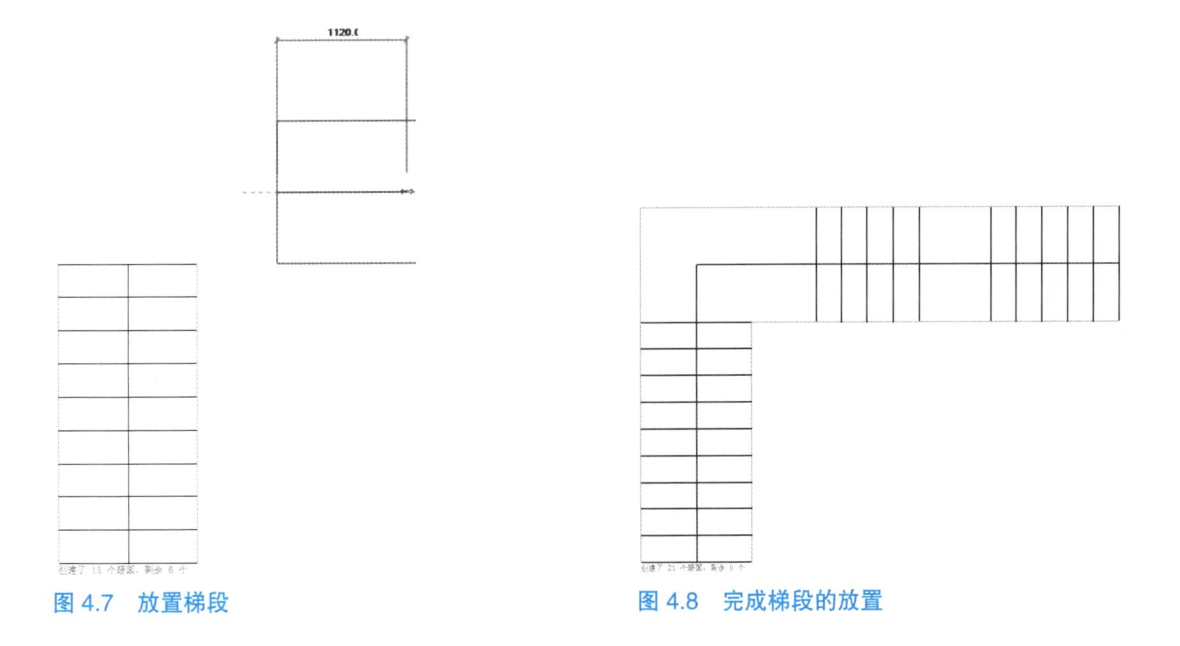

图 4.7　放置梯段

图 4.8　完成梯段的放置

图 4.9　三跑楼梯

STEP 05 选中楼梯，进入“修改 | 楼梯”上下文选项卡；单击“编辑草图”按钮，系统切换到“修改 | 楼梯 > 编辑草图”上下文选项卡，如图 4.10 所示。在该界面可对楼梯草图进行编辑。

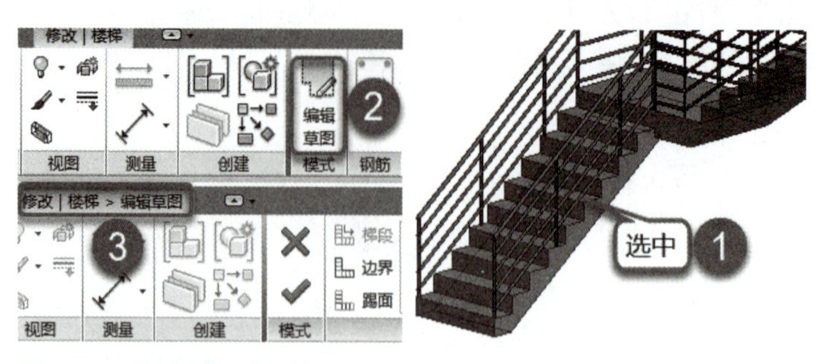

图 4.10 “编辑草图”按钮

三、实例参数和类型参数

1. 实例参数

在“属性”对话框中显示楼梯的实例参数，如“限制条件”“图形”“结构”“尺寸标注”等，如图 4.11 所示。

【实例参数和类型参数】

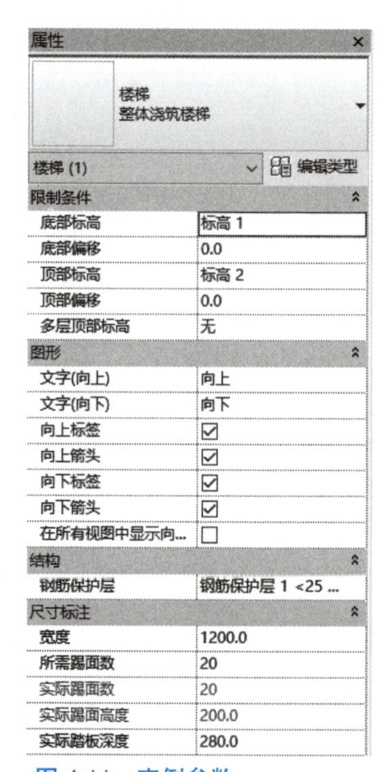

图 4.11 实例参数

特别提示

在“限制条件”选项组中设置楼梯底部、顶部高度参数。

在“图形”选项组中设置标记文字或者向上 / 向下箭头的显示或隐藏。

在“尺寸标注”选项组中设置楼梯的宽度、所需踢面数以及实际踏板深度，通过参数的设定，软件可自动计算出实际的踢面数和踢面高度。其中，“实际踢面数”选项显示当前楼梯的实际踢面数，不可更改。

2. 类型参数

单击“类型选择器”下拉列表右下侧“编辑类型”按钮，弹出“类型属性”对话框，如图 4.12 所示，该对话框主要设置楼梯的踏板、踢面与梯边梁等参数。

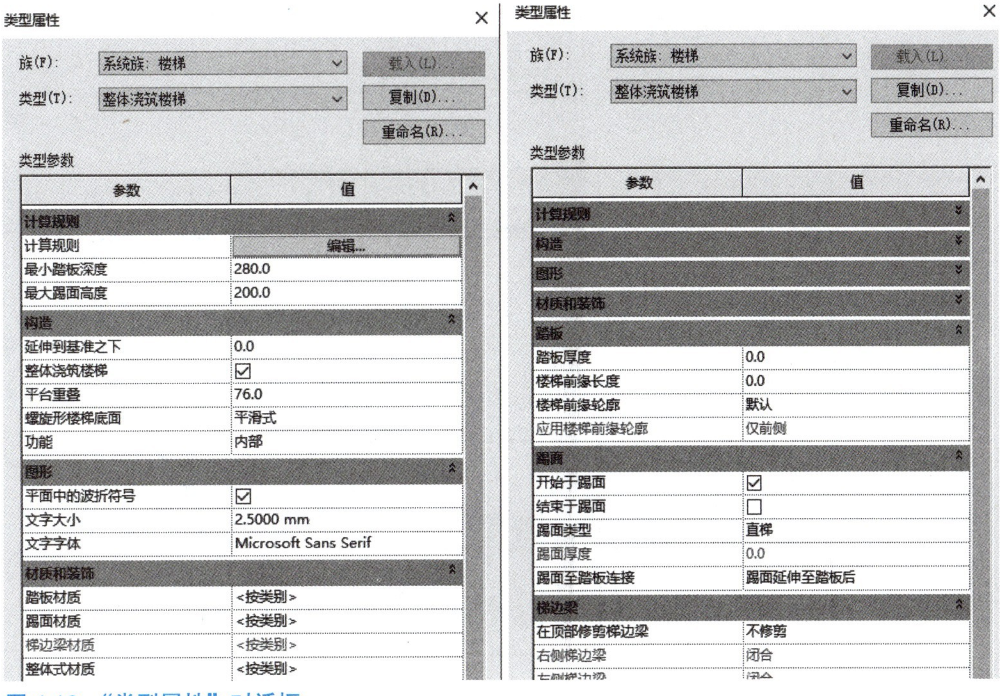

图 4.12 “类型属性”对话框

特别提示

（1）在“计算规则”选项组中单击“编辑”按钮，打开“楼梯计算器”对话框，选择“使用楼梯计算器进行坡度计算”选项，按照建筑图形标准设置计算内部楼梯的经验公式。

（2）在“构造”选项组中设置楼梯的结构参数，如梯边梁延伸到楼梯基准标高之下的高度位置等。

（3）“图形”选项组中的参数用来控制楼梯在平面视图中文字的显示样式，如文字大小、文字字体。

（4）在“材质和装饰”选项组中设置楼梯踏板材质、踢面材质等，单击选项后的矩形按钮，调出“材质浏览器”对话框，在其中修改材质参数。

（5）“踏板”选项组中的参数用来控制踏板在楼梯中的显示样式，如踏板厚度、楼梯前缘长度等。

（6）“踢面”选项组显示踢面的相关参数，如踢面类型、踢面厚度，以及踢面至踏板连接等。

（7）“梯边梁”选项组显示梯边梁的相关参数，当选择非整体式楼梯时，该选项组下的参数选项才高亮显示。

（8）如果“属性”对话框中的指定的实际踏板深度值小于最小踏板深度，将显示一条警告。

（9）如果选中“开始于踢面”，将向楼梯开始部分添加踢面。请注意，如果清除此选项，则可能会出现实际踢面数超出所需踢面数的警告。要解决此问题，请选中“结束于踢面”或修改所需的踢面数量。

（10）如果选中“结束于踢面”，则将向楼梯末端部分添加踢面。如果清除此选项，则会删除末端踢面，勾选后需要设置“踢面厚度”才能在图中看到结束于踢面。

四、通过楼梯（按构件）方式创建直线楼梯

【通过楼梯（按构件）方式创建直线楼梯】

STEP 01 单击“建筑”选项卡，“楼梯坡道”面板“楼梯”下拉列表中“楼梯（按构件）”按钮。

STEP 02 切换至“修改 | 创建楼梯”上下文选项卡，在“构件”面板中选择“梯段”按钮，选择“直梯”绘制方式；设置选项栏“定位线”为“梯段：中心”，“偏移量”为“0.0”，“实际梯段宽度”为“1000.0”，勾选“自动平台”选项。

STEP 03 在“类型选择器”中选择楼梯的类型，如“现场浇注楼梯 整体浇筑楼梯”，单击类型名称

选项，可在下拉列表中更改楼梯类型；单击梯段起点，向右移动光标，显示临时尺寸标注，并提示当前的踢面数；在端点单击，可以完成创建梯段的操作，如图 4.13 所示；单击“模式”面板“完成编辑模式”按钮“√”，完成楼梯的创建。

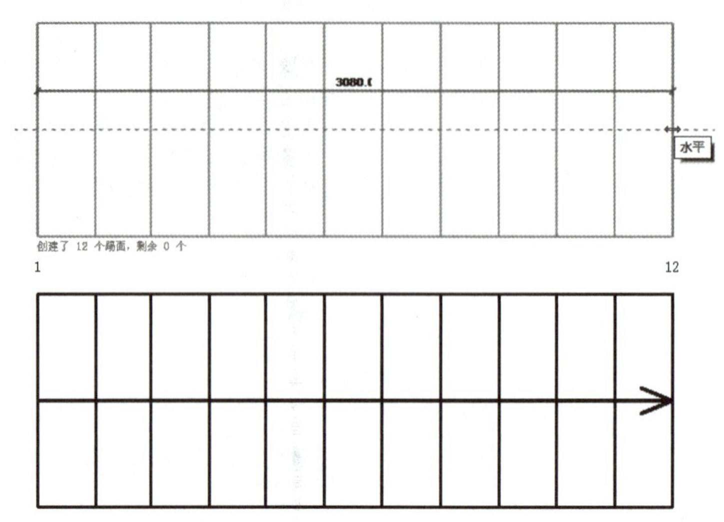

图 4.13　创建梯段

小贴士

在“属性”对话框中的“所需踢面数”选项中设置了踢面数目后，从起点到末端，中间的踢面数与所设数值相对应。

STEP 04 选中梯段，进入“修改|楼梯”上下文选项卡，单击“编辑”面板中的“编辑楼梯”按钮，进入“修改|创建楼梯”上下文选项卡；单击选中梯段，显示造型操纵柄符号以及梯段末端符号，如图 4.14 所示。

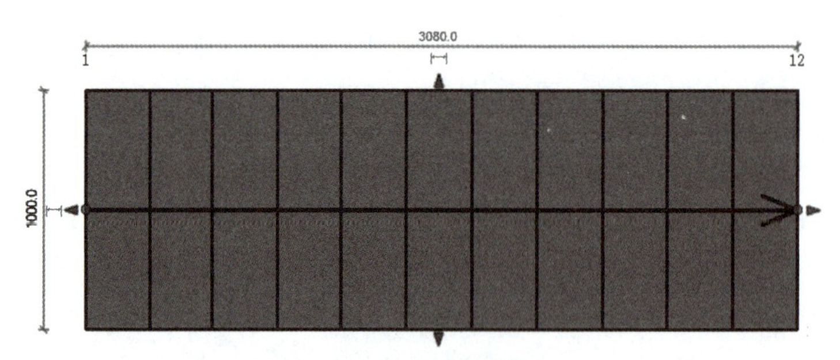

图 4.14　造型操纵柄符号以及梯段末端符号

STEP 05 单击激活梯段边线上侧的造型操纵柄符号，垂直向上拖曳光标，可以调整梯段的宽度。

STEP 06 单击激活梯段方向指示箭头一侧的梯段末端符号，水平向右拖曳光标，可以增加梯段的踢面数；单击指定拖曳端点，临时尺寸标注显示当前梯段的长度，并在梯段的右上角显示踢面数为“12+4”，即在 12 个踢面的基础上增加了 4 个踢面，如图 4.15 所示。

STEP 07 单击“模式”面板“完成编辑模式”按钮“√”，系统在右下角弹出图 4.16 所示的警告对话框，提醒用户梯段踢面数与梯段的高度不匹配，用户需修改踢面数或者修改相对高度值，单击“关闭”按钮关闭警告对话框。

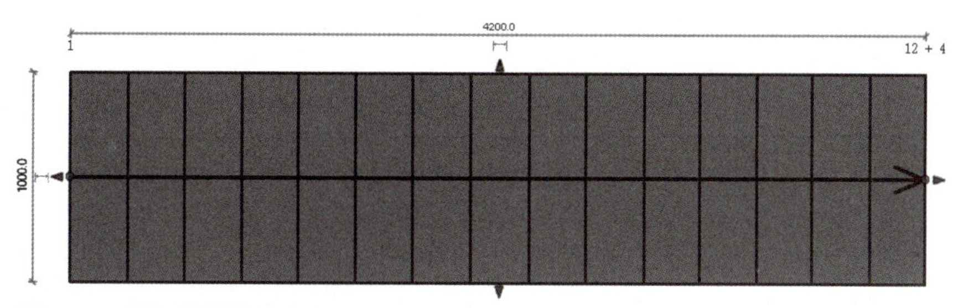

图 4.15　增加梯段的踢面

STEP 08 在“属性”对话框中显示梯段当前的参数，在“所需踢面数”选项中显示在当前标高下所需要的踢面数，如图 4.17 所示；在“实际踢面数”选项中显示当前梯段所有的踢面数，选项为灰色，即该参数在“属性”对话框中不可修改；在“限制条件”选项组下修改标高参数，以符合踢面所需的高度。

警告

楼梯顶端超过或无法达到楼梯的顶部高程。请使用控件在顶端添加/删除踢面，或在“属性”选项板上修改楼梯梯段的“相对顶部高度”参数。

图 4.16　警示对话框

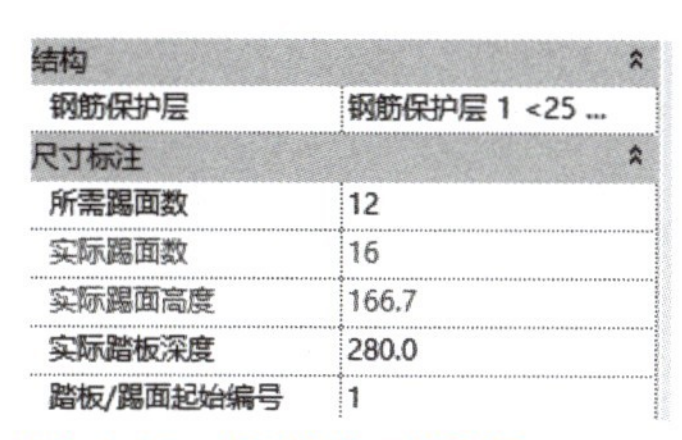

结构	
钢筋保护层	钢筋保护层 1 <25 ...
尺寸标注	
所需踢面数	12
实际踢面数	16
实际踢面高度	166.7
实际踏板深度	280.0
踏板/踢面起始编号	1

图 4.17　“属性”对话框

STEP 09 在“修改 | 创建楼梯”上下文选项卡中，单击“工具”面板上的“翻转”按钮，可以调整楼梯的方向但是却不会更改布局；梯段方向被调整后，箭头指示方向改变，以标明上楼方向，如图 4.18 所示。

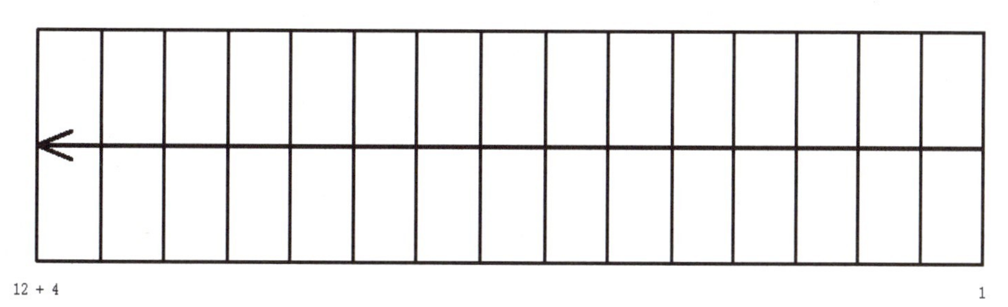

图 4.18　调整楼梯的方向

STEP 10 转换至三维视图，查看梯段的三维显示效果。

五、通过楼梯（按构件）方式创建双跑楼梯

STEP 01 选择“建筑样板”新建一个项目；切换到“标高 1”楼层平面视图；单击“建筑”选项卡“楼梯坡道”面板“楼梯”下拉列表中“楼梯（按构件）”按钮，系统切换至“修改 | 创建楼梯”上下文选项卡；在“构件”面板中选择“梯段”按钮，选择“直梯”绘制方式；设置选项栏“定位线”为“梯段：左”，“偏移量”为“0.0”，“实际梯段宽度”为“1000.0”，勾选“自动平台”选项。

【通过楼梯（按构件）方式创建双跑楼梯】

STEP 02 在“类型选择器”下拉列表中选择楼梯的类型为“现场浇注楼梯 整体浇筑楼梯”，设置“属性”对话框中“限制条件”“尺寸标注”选项组下的参数，如图 4.19 所示；单击梯段起点，向右移动光标；在合适位置单击，指定梯段的端点；向上移动光标，输入休息平台的宽度，如图 4.20 所示。

限制条件	
底部标高	标高 1
底部偏移	0.0
顶部标高	标高 2
顶部偏移	0.0
所需的楼梯高度	4000.0
多层顶部标高	无
结构	
钢筋保护层	
尺寸标注	
所需踢面数	24
实际踢面数	1
实际踢面高度	166.7
实际踏板深度	280.0
踏板/踢面起始编号	1

图 4.19　设置楼梯类型、实例参数

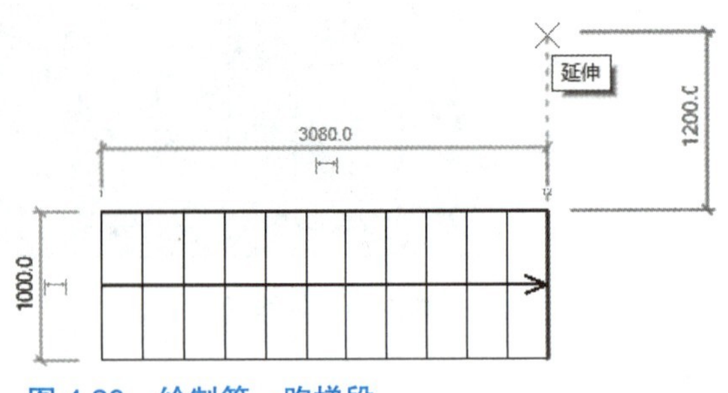

图 4.20　绘制第一跑梯段

STEP 03 按下鼠标左键，确定休息平台的端点，继续向上移动光标绘制剩余的踢面；在实时标注文字指示“创建了 12 个踢面，剩余 0 个”时，单击，结束梯段的绘制，如图 4.21 中①、②所示；单击“模式”面板“完成编辑模式”按钮“√”，完成楼梯的创建，如图 4.21 中③所示。

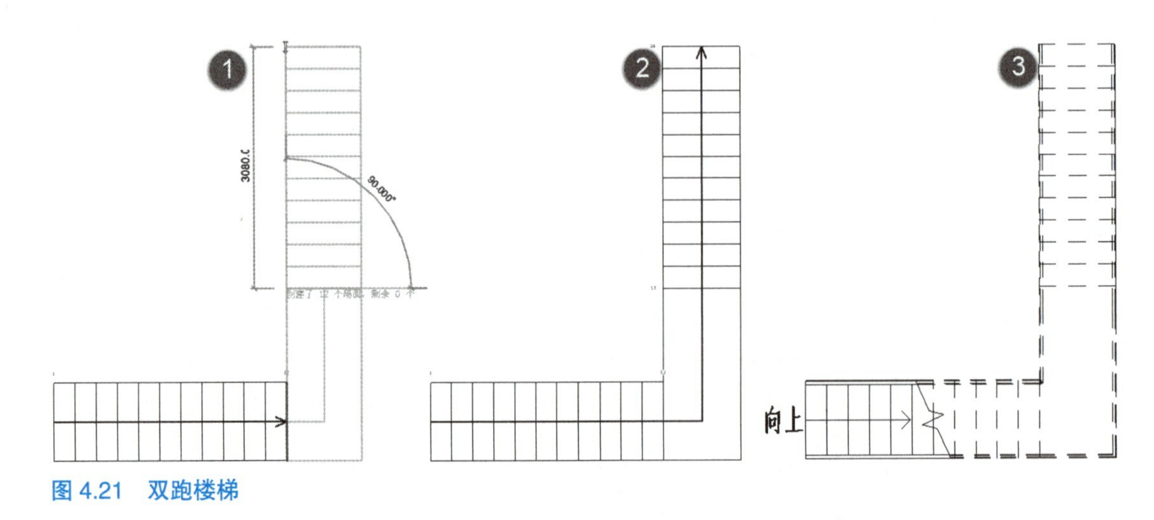

图 4.21　双跑楼梯

STEP 04 转换至三维视图，查看双跑楼梯的创建结果。

六、通过楼梯（按构件）方式创建全踏步螺旋楼梯

小贴士

启用“全踏步螺旋”工具，通过指定起点和半径创建螺旋梯段。所创建的螺旋梯段可大于 360°，包括连接“底部标高”和“顶部标高”所需要的全部台阶。

STEP 01 选择“建筑样板”新建一个项目。

STEP 02 切换到“标高 1”楼层平面视图；绘制相互垂直的参照平面，其交点作为全踏步螺旋楼梯的中心。

【通过楼梯（按构件）方式创建全踏步螺旋楼梯】

STEP 03 在“构件”面板中单击“梯段”按钮，启用“全踏步螺旋”工具。

STEP 04 单击指定梯段的中心，同时显示半径值，如图 4.22 中①所示；输入数值以指定半径值，如图 4.22 中②所示；按 Enter 键，完成全踏步螺旋楼梯梯段的创建，如图 4.22 中③所示；单击“模式”面板上的“完成编辑模式”按钮“√”，完成全踏步螺旋楼梯的创建，全踏步螺旋楼梯的平面样式，如图 4.22 中④所示，图中包含剖切线段、上楼方向箭头以及标注文字。

STEP 05 转换至三维视图，查看全踏步螺旋楼梯的三维样式。

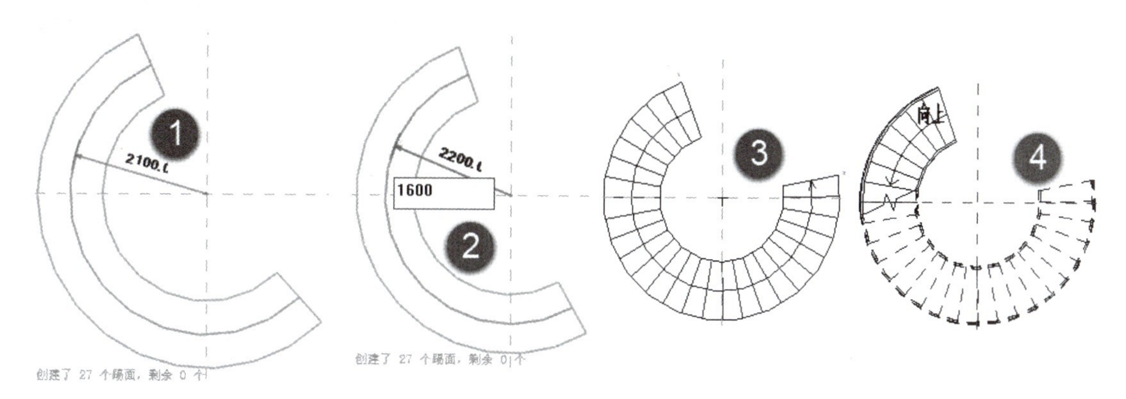

图 4.22 创建全踏步螺旋楼梯

小贴士 ▶▶▶

在创建楼梯之前，应该先确定放置楼梯的基点。通过创建参照平面，来放置楼梯。接着设置梯段的属性，指定梯段的起点、末端，完成梯段的创建。移动光标，实时显示半径大小，也可以输入参数值来定义半径。

七、通过楼梯（按构件）方式创建圆心 - 端点螺旋楼梯

小贴士 ▶▶▶

启用“圆心 – 端点螺旋”工具，通过指定圆心、起点、端点来创建螺旋楼梯。所创建的梯段可小于 360°，选择圆心以及起点后，以顺时针或逆时针的方向移动光标以指示旋转方向，单击指定端点，完成创建楼梯的操作。

【通过楼梯（按构件）方式创建圆心 – 端点螺旋楼梯】

STEP 01 选择“建筑样板”新建一个项目。

STEP 02 切换到“标高 1”楼层平面视图；绘制相互垂直的参照平面，其交点作为圆心 – 端点螺旋楼梯的中心。

STEP 03 单击“建筑”选项卡“楼梯坡道”面板“楼梯”下拉列表“楼梯（按构件）”按钮，系统切换至“修改 | 创建楼梯”上下文选项卡；在“构件”面板中选择“梯段”按钮，启用“圆心 – 端点螺旋”工具，如图 4.23 所示。

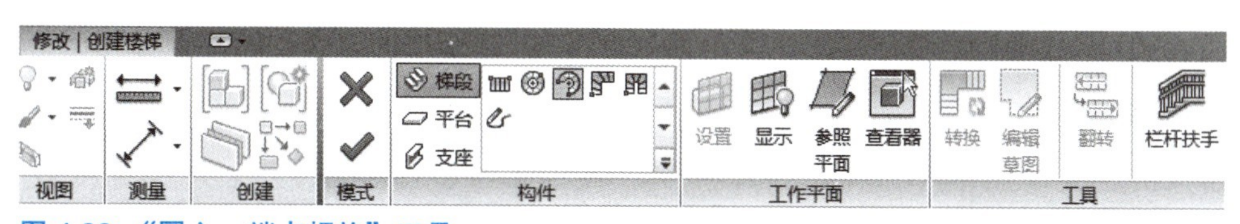

图 4.23 “圆心 – 端点螺旋”工具

STEP 04 单击指定圆心，向上移动光标，指定半径大小，如图 4.24 中①所示。

STEP 05 向左下角移动光标，单击指定端点，再向右移动光标至梯段终点，如图 4.24 中②所示。

STEP 06 按 Enter 键，结束圆心 – 端点螺旋楼梯梯段绘制，如图 4.24 中③所示。

STEP 07 单击“模式”面板上的“完成编辑模式”按钮“√”，完成圆心 – 端点螺旋楼梯的创建，圆心 – 端点螺旋楼梯的平面样式如图 4.24 中④所示。

STEP 08 转换至三维视图，查看圆心 – 端点螺旋楼梯的三维样式。

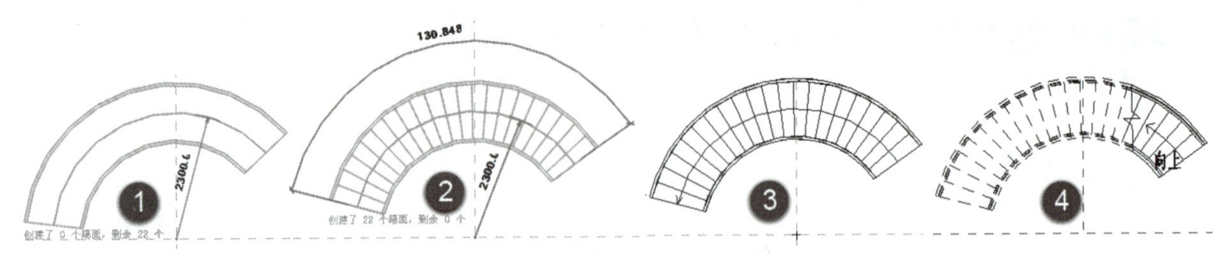

图 4.24　圆心 – 端点螺旋楼梯的创建

小贴士

绘制螺旋楼梯时，圆心到梯段中心点的距离一定要大于或等于楼梯宽度的一半。因为楼梯都是以梯段中心线开始绘制的，梯段宽度的默认值一般为 1000mm，所以螺旋楼梯的绘制半径要大于或等于 500mm。

八、通过楼梯（按构件）方式创建 L 形转角楼梯

小贴士

启用“L 形转角”工具，在视图中指定点来放置 L 形转角楼梯，按空格键可以旋转梯段。创建完毕的梯段包含平行踢面，并自动连接底部和顶部标高。

在“构件”面板中单击“梯段”按钮，启用“L 形转角”工具；在“属性”对话框中设置梯段的底部标高及顶部标高；单击，放置梯段；单击“模式”面板上的“完成编辑模式”按钮“√”，完成 L 形转角楼梯的创建，如图 4.25 所示。转换至三维视图，查看 L 形转角楼梯的三维样式。

【通过楼梯（按构件）方式创建 L 形转角楼梯】

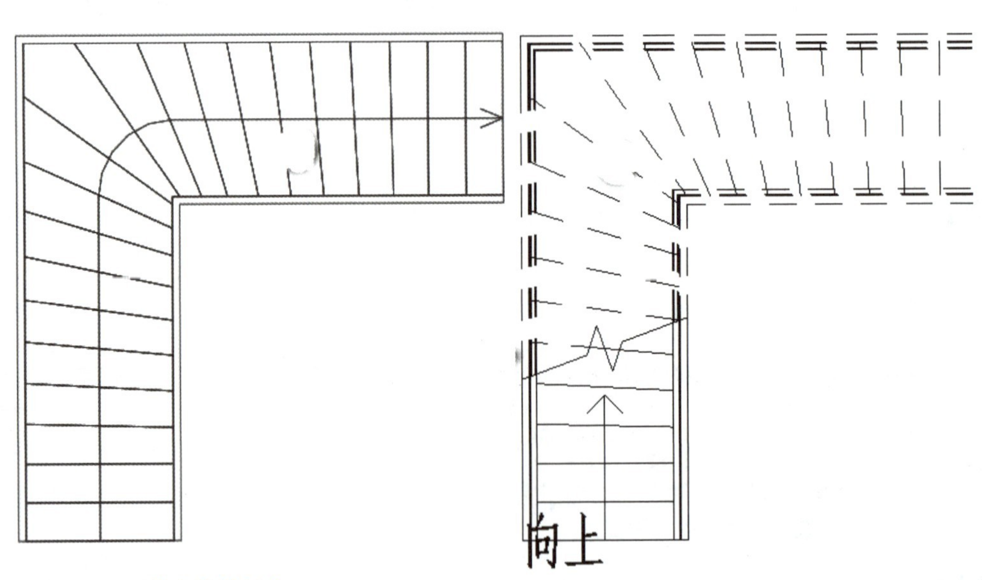

图 4.25　L 形转角楼梯创建

九、通过楼梯（按构件）方式创建 U 形转角楼梯

小贴士 ▶▶▶

创建 U 形转角楼梯的过程与创建 L 形转角楼梯的过程相似。

参数设置完毕后，通过指定放置点来创建梯段，效果如图 4.26 中①所示。在三维视图中观察 U 形转角楼梯的三维效果，如图 4.26 中②所示。通过单击 View Cube 上的角点，转换视图方向，可以全方位观察梯段。

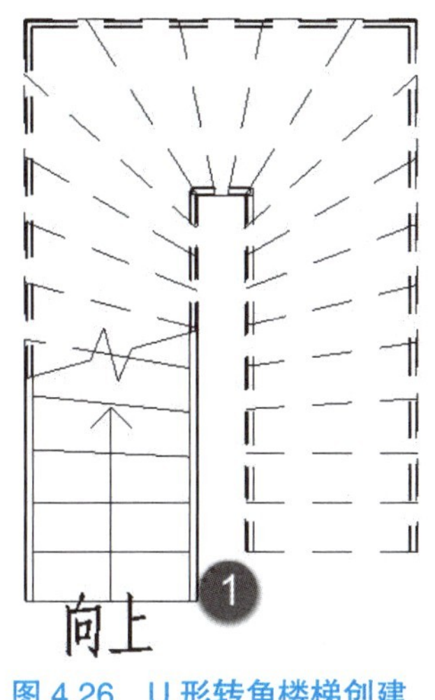

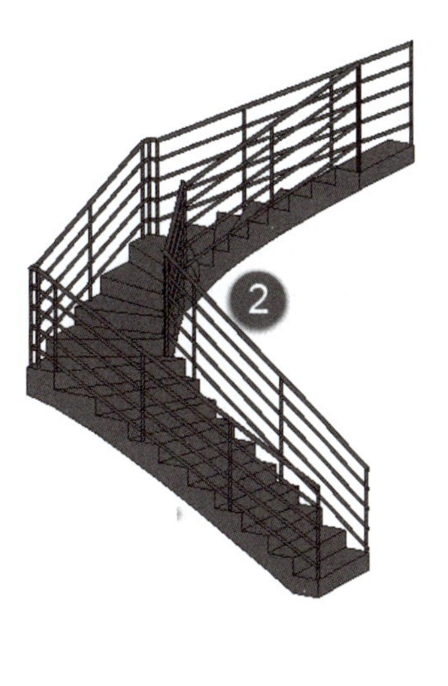

【通过楼梯（按构件）方式创建 U 形转角楼梯】

图 4.26　U 形转角楼梯创建

十、通过楼梯（按草图）方式绘制边界线和踢面线来创建楼梯

小贴士 ▶▶▶

在 Revit 中可以通过创建草图的方式来创建梯段。读者可以在草图模式中，自定义形状轮廓线来创建梯段。在分别指定“底部标高”和“顶部标高”后，系统计算出所需踢面数。

1. 创建直跑楼梯

STEP 01 启用“楼梯（按草图）”工具，通过依次指定楼梯的边界线及踢面线，来生成梯段。

【通过楼梯（按草图）方式绘制边界线和踢面线来创建楼梯】

STEP 02 在“修改 | 创建楼梯草图”上下文选项卡中，单击“梯段”按钮及“线”按钮；在“属性”对话框中设置底部标高与顶部标高，系统显示所需的踢面数；在“类型属性”对话框中选择是否勾选“踢面”项目下的“结束于踢面”复选框，如图 4.27 和图 4.28 所示。

STEP 03 单击指定梯段起点，此时可以预览梯段的轮廓线；向下移动光标，单击指定端点；在端点单击，完成梯段创建；单击“模式”面板“完成编辑模式”按钮“√”，完成楼梯的创建，如图 4.29 所示；切换到三维视图，查看创建的楼梯三维效果，如图 4.30 所示。

小贴士 ▶▶▶

在梯段平面视图中，虚线部分表示被剖切的部分，在当前视图中不可见，箭头指示方向为上楼方向；在楼梯“类型属性”对话框中若勾选“结束于踢面”，则最后一个踢面有楼层楼板或者楼层结构梁，即最后一个踏面的标高为“属性”对话框“限制条件”选项组中的顶部标高减去踢面高度的值；若不勾选“结束于踢面”，则最后一个踏面的标高为“属性”对话框“限制条件”选项组中的顶部标高。

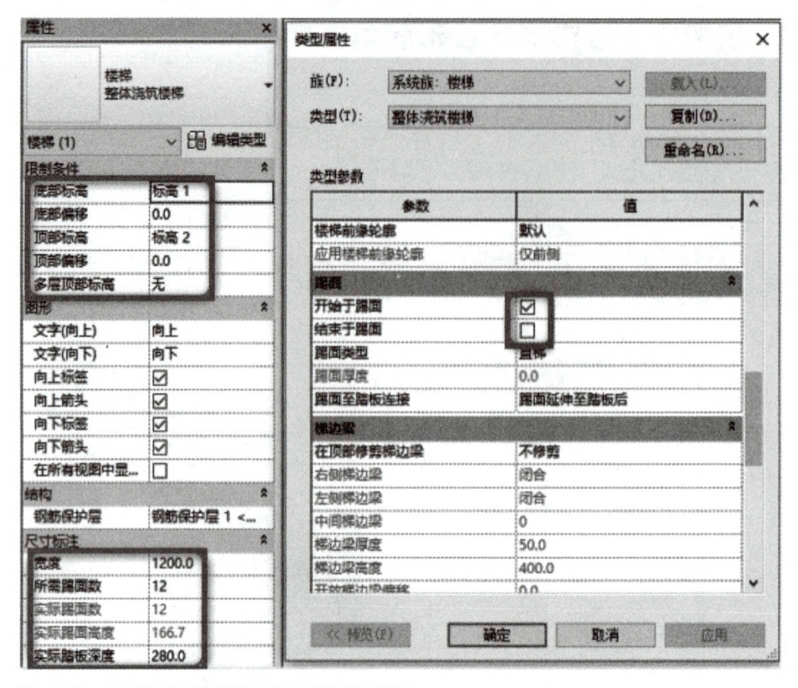

图 4.27　不勾选“结束于踢面”复选框

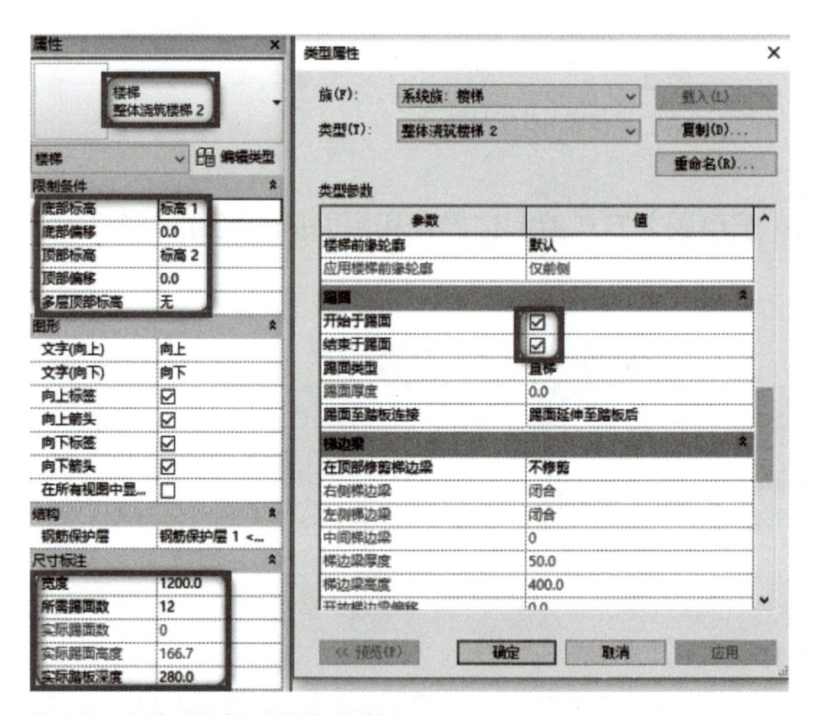

图 4.28　勾选“结束于踢面”复选框

2. 创建弧形楼梯

STEP 01 切换到“标高 1”楼层平面视图；启用“楼梯（按草图）”工具，在“修改 | 创建楼梯草图”上下文选项卡中，单击“绘制”面板中“边界”按钮，并选择“起点－终点－半径弧”绘制方式，如图 4.31 所示，其他选项保持默认值。

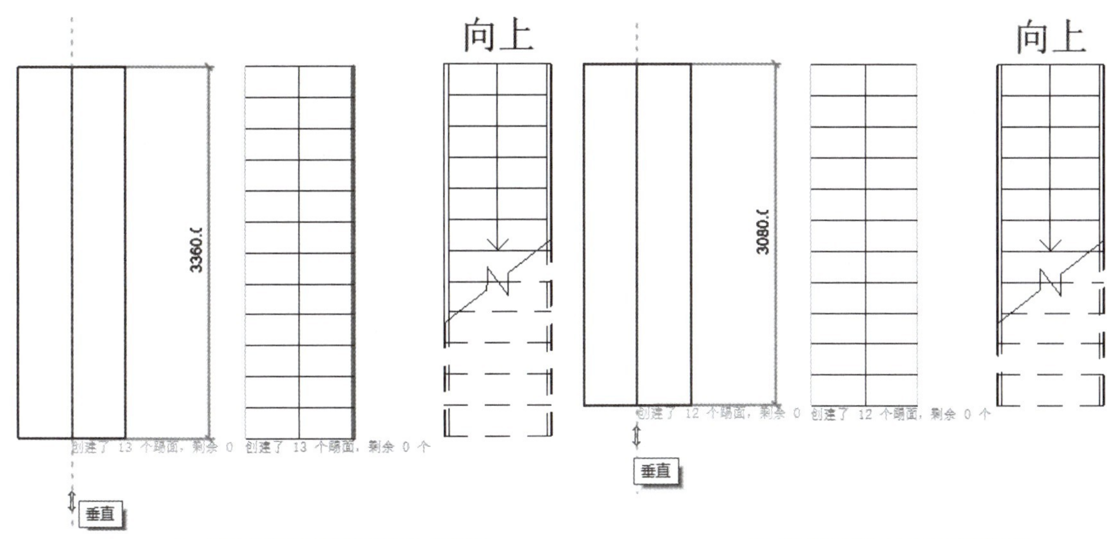

（a）不勾选“结束于踢面”复选框　　（b）勾选“结束于踢面”复选框

图 4.29　直跑楼梯的创建

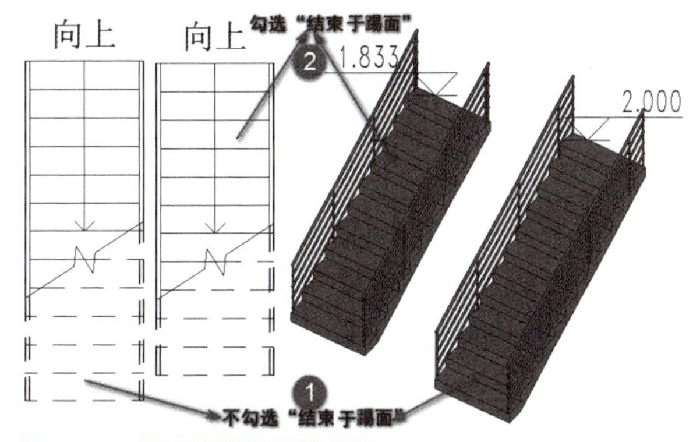

图 4.30　创建的楼梯三维效果

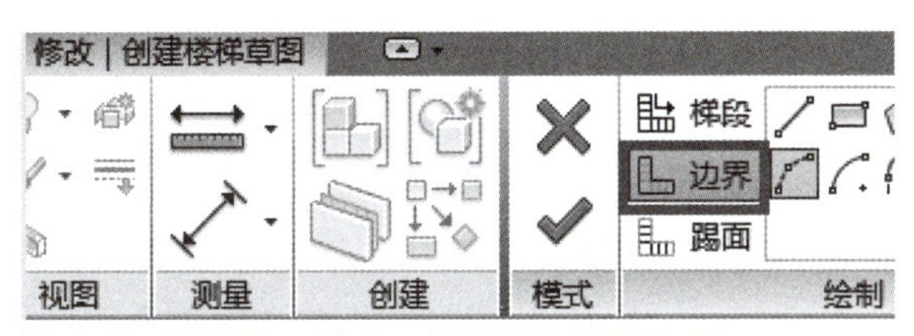

图 4.31　“起点 – 终点 – 半径弧”绘制方式

STEP 02 在绘图区域中单击指定起点，向左下角移动光标，指定终点，向右上移动光标，单击指定中间点；保持当前的绘制方式“起点 – 终点 – 半径弧”不变，继续指定起点、终点以及中间点绘制圆弧；绘制弧形梯段边界线，如图 4.32 所示。

小贴士

先绘制边界线，定义梯段的形状，再绘制踢面线。有些梯段边界线的绘制不能一步到位，有可能需要执行两三步。读者可以自由选用“绘制”面板中提供的工具来绘制边界线。

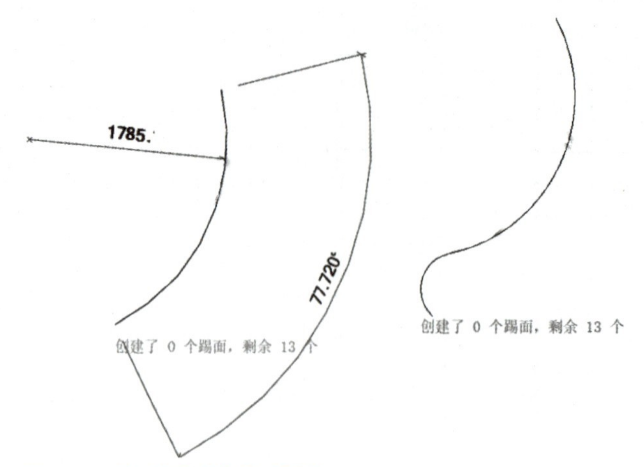

图 4.32　绘制弧形梯段边界线

STEP 03 按一次 Esc 键，暂时退出绘制边界线的操作。选择绘制完毕的边界线，在“修改”面板中单击“镜像 – 绘制轴”按钮，镜像复制选中的边界线。在边界线的一侧单击指定镜像轴的起点，向下移动光标，单击指定镜像轴的终点。向右镜像复制边界线的效果如图 4.33 所示。假如两侧边界线的间距不合适，可以选择其中一侧边界线，执行“移动”命令，调整边界线的位置。

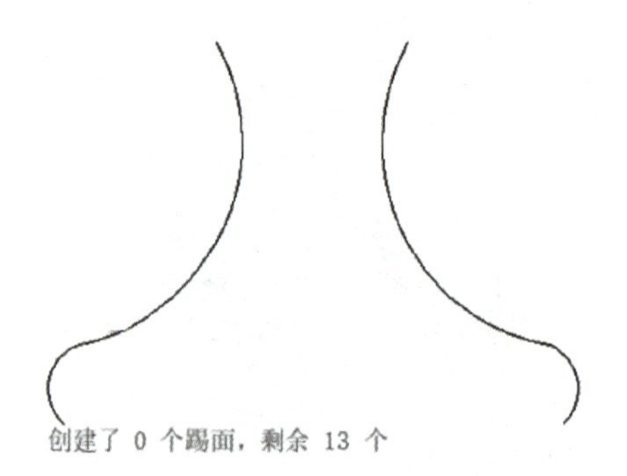

图 4.33　使用镜像复制创建另外一侧的弧形梯段边界线

小贴士

执行镜像复制操作后，左右两侧的边界线与镜像轴的间距相等。

STEP 04 在“绘制”面板中单击“踢面”按钮，选择“线”绘制方式。在边界线内单击起点与终点，绘制踢面线，如图 4.34 所示。为了方便区别不同类型的线段，Revit 将边界线显示为绿色，踢面线显示为黑色。

小贴士

踏步和平台处的边界线需要分段绘制，否则软件将把平台也当成长踏步来处理。

STEP 05 单击“完成编辑模式”按钮“√”，返回到“修改 | 创建楼梯”上下文选项卡，再次单击“完成编辑模式”按钮“√”，退出创建梯段的命令。通过自定义形状来创建梯段的平面效果如图 4.35 中①所示；切换至三维视图，观察梯段的三维效果，如图 4.35 中②所示。在创建的三维效果中发现栏杆扶手的样式自动适应梯段的边界线形状。

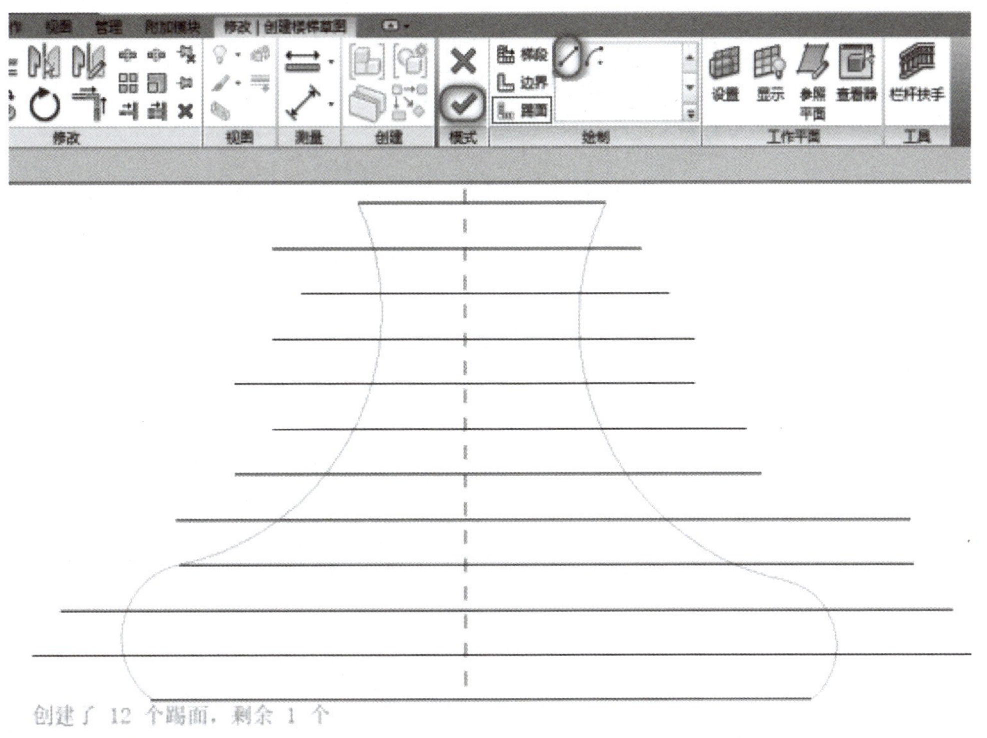

图 4.34　绘制踢面线

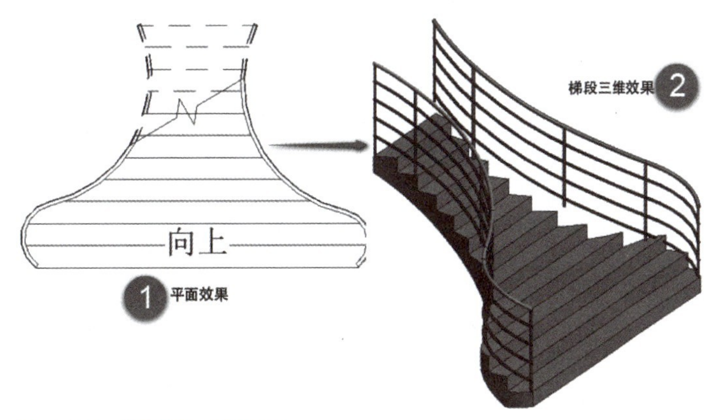

图 4.35　梯段的三维效果

特别提示

边界线和踢面线可以是直线也可以是弧线，但要保证内、外两条边界线分别连续，且首尾与踢面线闭合。创建平台时，要注意把边界线在梯段与平台相交处打断。而且在草图方式中边界线不能重合，所以要创建有重叠的多跑楼梯，只能采用“按构件”方式。

若绘制相对比较规则的异形楼梯，如弧形踏步边界、弧形休息平台楼梯等，可先用“梯段”命令绘制常规梯段。

STEP 06 选中楼梯，单击“修改 | 楼梯”上下文选项卡“编辑楼梯”按钮，如图 4.36 所示；选择已经绘制好的梯段，如图 4.37 所示；单击“修改 | 创建楼梯”上下文选项卡“转换”按钮，直接单击“关闭”按钮关闭系统弹出的“楼梯 – 转换为自定义”警示对话框（图 4.38）；接着单击“修改 | 创建楼梯”上下文选项卡“编辑草图”按钮，然后删除原来的边界线或踢面线，再用图 4.39 所示的“边界”和“踢面”工具绘制即可。

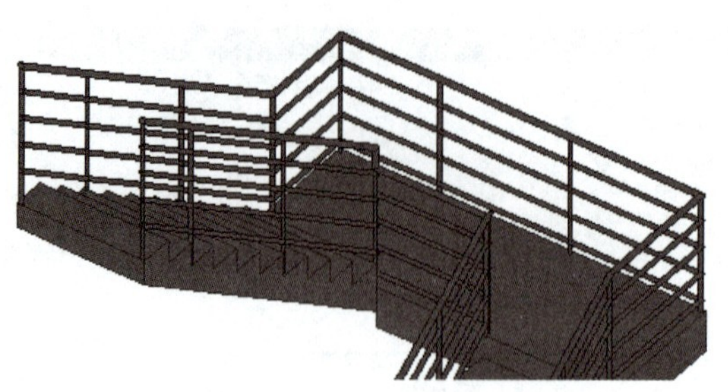

图 4.36　选中楼梯

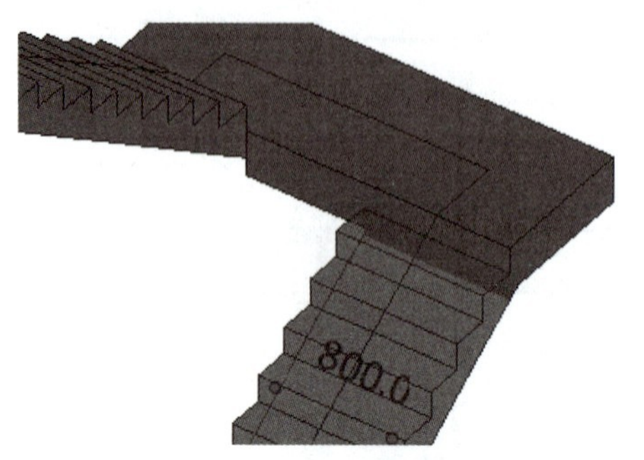

图 4.37　选择已经绘制好的梯段

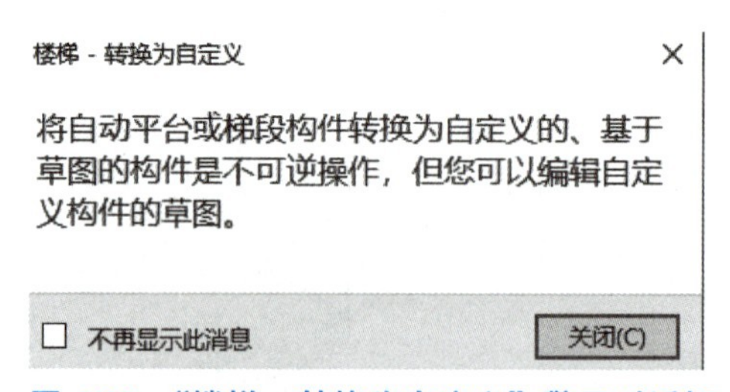

图 4.38　“楼梯 – 转换为自定义”警示对话框

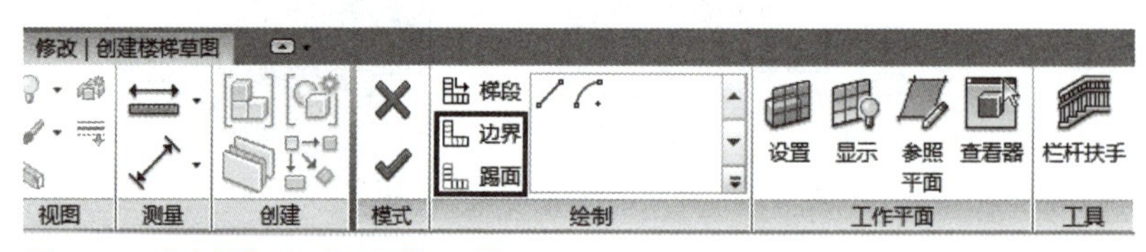

图 4.39　“边界”和“踢面”工具

十一、楼梯平面显示控制

【楼梯平面显示控制】

STEP 01 当首层楼梯绘制完毕，平面显示将如图 4.40 中①所示。按照相关规范要求，通常要设置它的平面显示。

STEP 02 在“属性”对话框中单击“可见性 / 图形替换”之后的“编辑”按钮，弹出“楼层平面：标高 1 的可见性 / 图形替换”对话框，选择“模型类别”选项卡。

STEP 03 从列表中单击“栏杆扶手”前的“+”号展开，取消勾选所有带有“高于”字样的选项。

STEP 04 从列表中单击“楼梯”前的“+”号展开，取消勾选所有带有“高于”字样的选项。

STEP 05 单击“确定”按钮，退出“楼层平面：标高 1 的可见性 / 图形替换”对话框，结果如图 4.40 中②所示。

根据设计需要可以自由调整视图的投影条件，以满足平面显示要求。在“属性”对话框中单击“范围”项下的“视图范围”后的“编辑”按钮，弹出“视图范围”对话框。调整“主要范围”的“剖切面”项下的偏移量，如图 4.41 所示，修改楼梯平面显示。

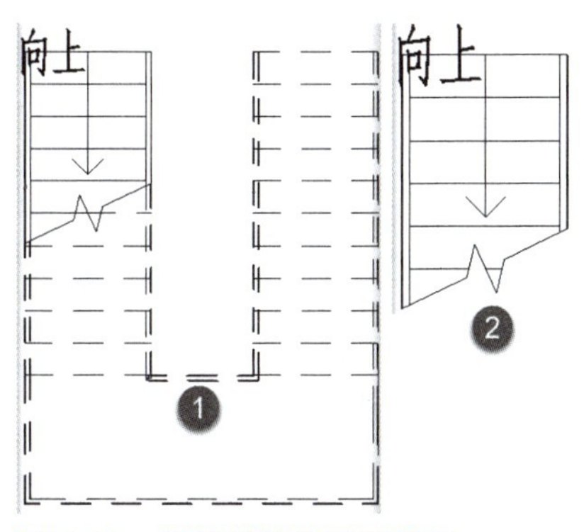

图 4.40　设置楼梯的平面显示

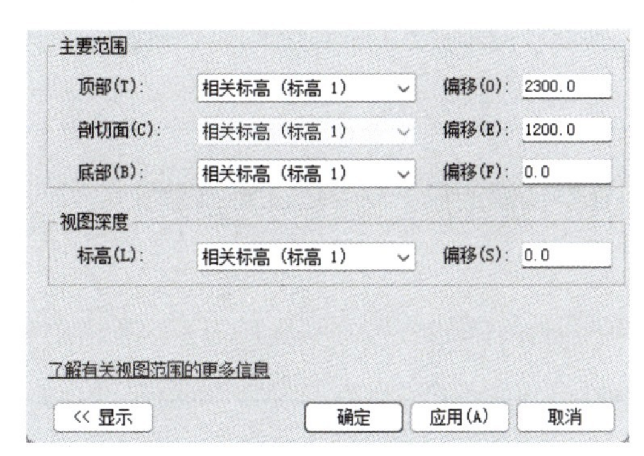

图 4.41　调整“剖切面”项下的偏移量

第二节　栏杆扶手的创建

Revit 提供了专门的栏杆扶手命令，用于绘制栏杆扶手。栏杆扶手由“栏杆”和“扶手”两部分组成，可以分别指定族的类型，从而组成不同类型的栏杆扶手。

Revit 有两种创建栏杆扶手的方式，一种是绘制栏杆扶手的路径，沿路径创建栏杆扶手；另一种是将栏杆扶手放置在楼梯或者坡道上，即直接在主体上创建栏杆扶手。根据不同的情况选择不同的创建方式，可以提高作图效率。

【栏杆扶手的创建】

一、绘制路径创建栏杆扶手

小贴士

启用“绘制路径”工具，通过指定栏杆扶手的走向来创建模型。读者在平面视图中绘制路径，系统按照路径以指定的间距分布栏杆。

STEP 01 切换到“标高 1”楼层平面视图；单击“建筑”选项卡“楼梯坡道”面板“栏杆扶手”下拉列表的“绘制路径”按钮，通过绘制路径来创建栏杆扶手。

STEP 02 系统自动切换到“修改|创建栏杆扶手路径”上下文选项卡，在“绘制”面板中单击“线”按钮，以创建直线路径。勾选“选项”面板中的“预览”选项，可以预览栏杆的样式；勾选选项栏“链”复选框。

小贴士

选项栏“偏移”选项是指输入线与栏杆扶手路径的距离。一般情况下，栏杆扶手沿着主体的边界线来布置，所以在绘制路径时，可以根据主体边界线的样式来选择绘制方式。勾选了“链”复选框，可以继续绘制下一段路径。

STEP 03 在“类型选择器”下拉列表中提供了多种栏杆扶手类型，选定类型；设置左侧“属性”对话框“限制条件”项下“底部标高”“底部偏移”值；在绘图区域中单击，指定栏杆的起点，再次单击指定终点，绘制完成栏杆扶手路径；单击“模式”面板“完成编辑模式”按钮“√”，完成栏杆扶手的创建。选择刚刚创建的栏杆扶手，在栏杆扶手上会显示翻转按钮，单击调整栏杆扶手的方向。

小贴士

栏杆扶手的路径可以是一个闭合的环，也可以是一个开放的环。需要注意的是，虽然路径允许是一个开放的环，但是各段路径必须连续。

STEP 04 转换至三维视图，观察创建的栏杆扶手的三维模型。

二、拾取主体创建扶手

小贴士

启用“放置在主体上”工具，通过拾取楼梯或者坡道，可以将栏杆扶手置于其上。在放置栏杆扶手时，还可选择是将栏杆扶手放置在楼梯踏板上还是梯边梁上。

STEP 01 切换到三维视图；单击“建筑”选项卡“楼梯坡道”面板“栏杆扶手”下拉列表的“放置在主体上”按钮。

STEP 02 系统自动切换到“修改|创建主体上的栏杆扶手位置”上下文选项卡；在“类型选择器”下拉列表中选择栏杆扶手的类型；单击“位置”面板“踏板”按钮，指定放置栏杆扶手的位置；拾取坡道或者梯段作为放置栏杆扶手的主体。

STEP 03 系统默认在主体的两侧创建栏杆扶手。

小贴士

通常情况下，坡道靠墙壁的一侧不需要设置栏杆扶手。

STEP 04 切换到“标高 1”楼层平面视图；选中栏杆扶手，切换到“修改|栏杆扶手”上下文选项卡，单击“模式”面板中的“编辑路径”按钮，进入“修改|栏杆扶手 > 绘制路径”上下文选项卡。

STEP 05 选择“修改|栏杆扶手 > 绘制路径”上下文选项卡“绘制”面板中的“线”按钮绘制路径；单击“模式”面板“完成编辑模式”按钮“√”，完成栏杆扶手的路径编辑。

STEP 06 切换到三维视图，观察创建的栏杆扶手的三维模型。

【编辑栏杆扶手】

三、编辑栏杆扶手

STEP 01 选中栏杆扶手，进入“修改|栏杆扶手”上下文选项卡；单击“修改|栏杆扶手”

上下文选项卡“模式”面板“编辑路径”按钮，进入“修改 | 栏杆扶手 > 绘制路径”上下文选项卡，在其中修改栏杆扶手的路径。

STEP 02 单击“修改 | 栏杆扶手”上下文选项卡“工具”面板“拾取新主体”按钮，指定楼板、坡道或者楼梯为主体来创建栏杆扶手。

STEP 03 若要删除应用到栏杆扶手的所有实例修改或类型修改，可以单击“修改 | 栏杆扶手”上下文选项卡“工具”面板“重设栏杆扶手”按钮。

STEP 04 在“属性”对话框中，修改“踏板 / 梯边梁偏移”选项中的参数值，可以调整栏杆扶手与主体的距离。

小贴士

在“属性”对话框中设置“踏板 / 梯边梁偏移”选项中的参数值，若参数值设置为正值，栏杆扶手向内偏移，若设置为负值，则栏杆扶手向外偏移。

STEP 05 单击“类型选择器”下拉列表，在下拉列表中选择其他样式的栏杆扶手，可更改选中的栏杆扶手的样式。

STEP 06 单击“编辑类型”按钮，弹出“类型属性”对话框。

小贴士

在“类型属性”对话框中编辑修改类型参数，会影响与选中栏杆扶手类型相同的所有扶手。为了不影响其他栏杆扶手，在“类型属性”对话框中单击“复制”按钮，复制指定栏杆扶手类型的副本，如此所做的修改不会影响同类型的其他栏杆扶手。

① 修改扶栏结构。

单击“类型属性”对话框中的“扶栏结构（非连续）”选项后的“编辑”按钮，弹出“编辑扶手（非连续）”对话框，在其中显示了扶栏的名称、高度、偏移、轮廓及材质，如图 4.42 所示。单击“插入”按钮，创建扶栏新样式。修改选项参数，可以控制扶栏的显示样式。选择扶栏类型，单击“向上”按钮，可以调整其在列表中的位置。单击“确定”按钮返回“类型属性”对话框，接着继续单击“确定”按钮关闭“类型属性”对话框，完成参数的设置。

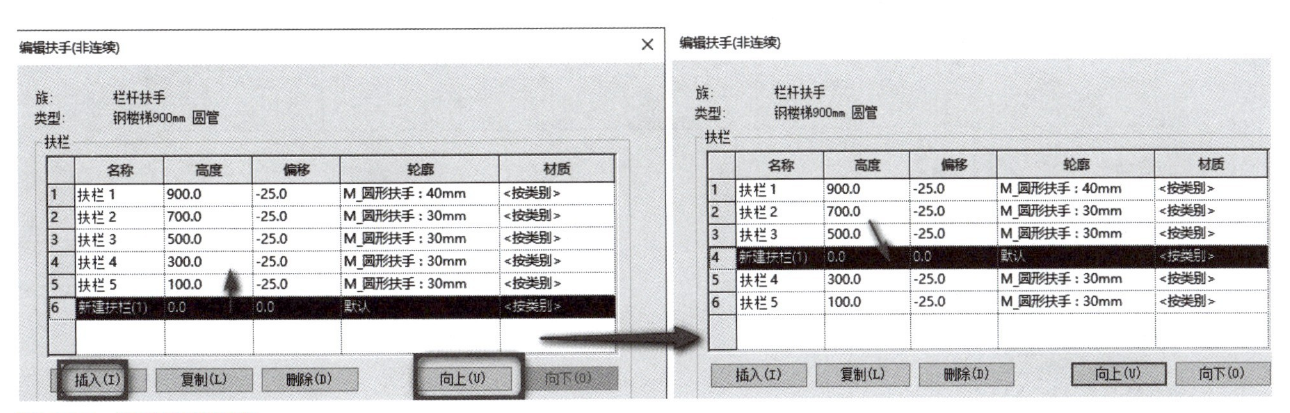

图 4.42 修改扶栏结构

小贴士

插入的新扶栏高度不能超过定义的栏杆扶手高度。扶栏的“偏移”是指扶栏轮廓偏移中心线的距离。

② 替换栏杆样式。

单击“类型属性”对话框中“栏杆位置”选项后的“编辑”按钮，弹出“编辑栏杆位置”对话框；在对话框中显示了所选栏杆的样式参数，如图 4.43 所示。选择“楼梯上每个踏板都使用栏杆”选项，在“每踏板的栏杆数”选项中设置栏杆数目。单击“栏杆族”选项，在列表中显示了多种类型的栏杆样式，单击选择其中一种，可以将该样式赋予所选的栏杆。通过单击“确定”按钮，依次关闭“编辑栏杆位置”对话框与“类型属性”对话框，完成替换栏杆样式的操作。

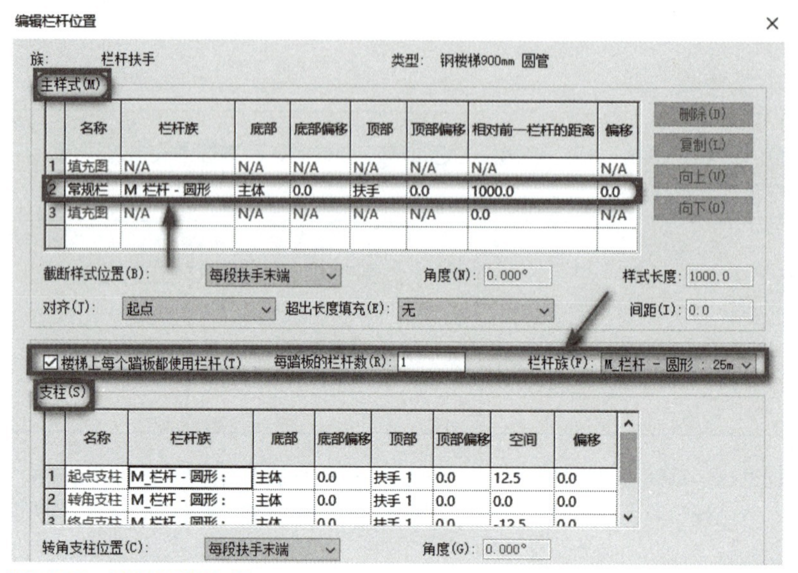

图 4.43　替换栏杆样式

STEP 07 修改栏杆扶手连接。

① 选择栏杆扶手，进入“修改 | 栏杆扶手”上下文选项卡，在“模式”面板中单击“编辑路径”按钮，进入“修改 | 栏杆扶手 > 绘制路径”上下文选项卡，单击“工具”面板上的“编辑连接”按钮，如图 4.44 所示。

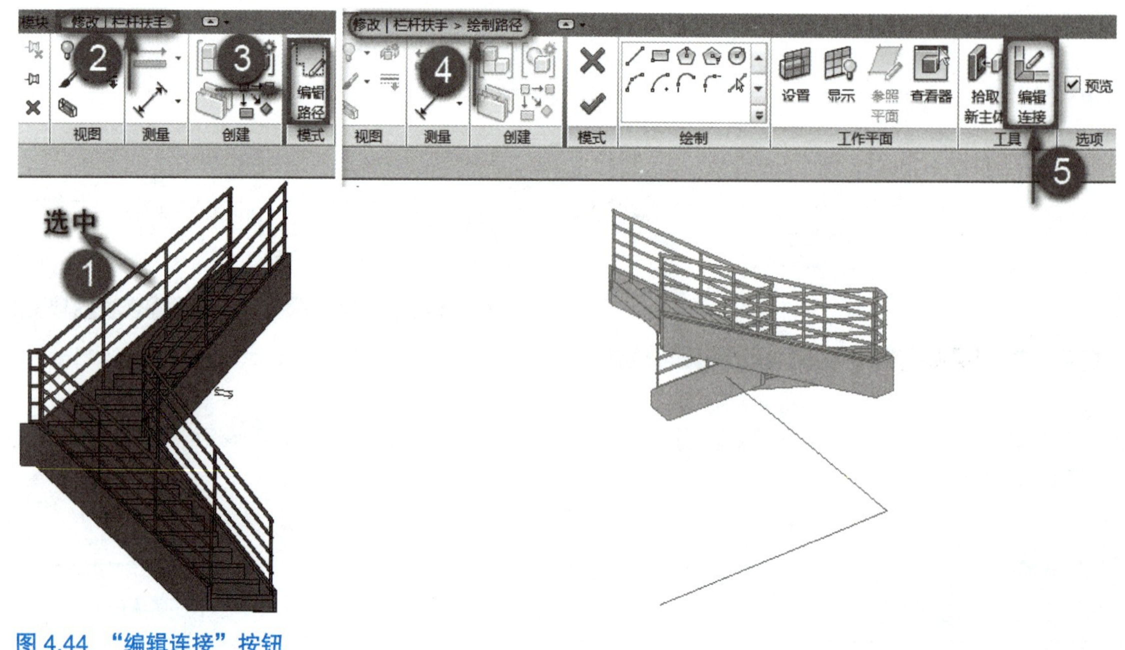

图 4.44　“编辑连接”按钮

② 将光标置于栏杆扶手轮廓线的连接处，光标显示为方框，如图 4.45 中①所示；单击，进入编辑模式，光标显示为交叉的短斜线，如图 4.45 中②所示；单击选项栏中“扶栏连接”下拉列表，在列表中显示了各种连接样式，如图 4.45 中③所示，单击选择其中的一种，如“延伸扶手使其相交”选项，可以按照所设置的类型来修改栏杆扶手的连接样式，如图 4.46 所示；单击“模式”面板上的“完成编辑模式”按钮“√”，退出编辑模式。

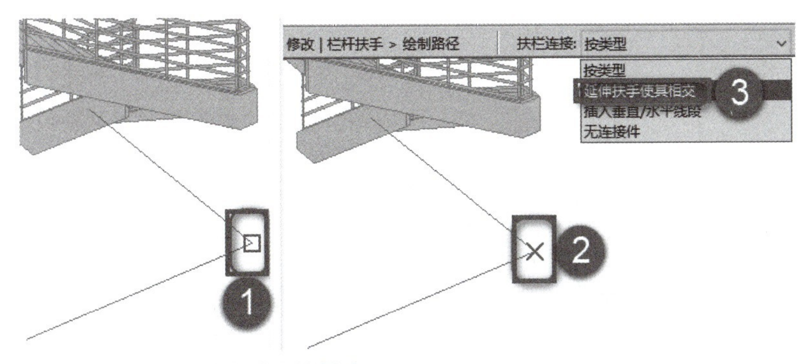

图 4.45　选项栏中的各种连接样式

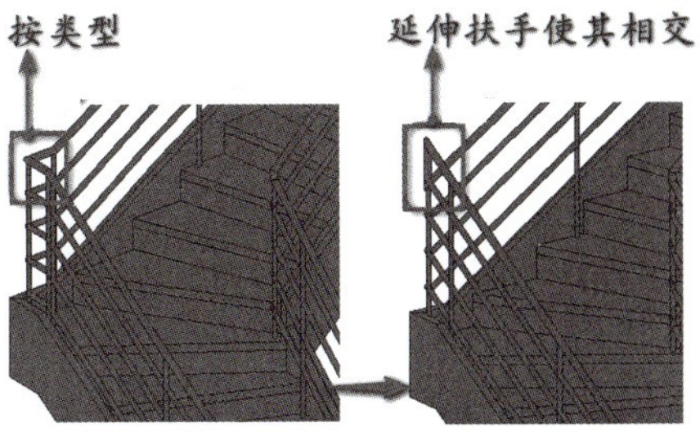

按类型　　延伸扶手使其相交

图 4.46　修改栏杆扶手连接（前后对比）

STEP 08 修改栏杆扶手的高度和坡度。

① 切换到三维视图。

② 选择栏杆扶手，进入“修改 | 栏杆扶手”上下文选项卡，在“模式”面板中单击“编辑路径”按钮，进入“修改 | 栏杆扶手 > 绘制路径”上下文选项卡。

③ 单击选择栏杆轮廓线（即栏杆扶手路径线），如图 4.47 中①所示；在“修改 | 栏杆扶手 > 绘制路径”上下文选项卡对应的选项栏中设置“坡度”及“高度校正”参数，如图 4.47 中②和③所示；单击“坡度”选项，在选项列表中显示了三种坡度样式；选择“按主体”选项，设置栏杆扶手的坡度与主体（如坡道或者楼梯）一致；选择“水平”选项，即使主体为倾斜状，栏杆扶手仍然为水平扶手；选择“带坡度”选项，设置栏杆扶手为倾斜扶手，并且栏杆扶手与相邻栏杆扶手之间是连续连接的样式。在“高度校正”选项中，默认为“按类型”，若选择“自定义”选项，则后面选项被激活，在此输入高度值，可以控制栏杆的高度。

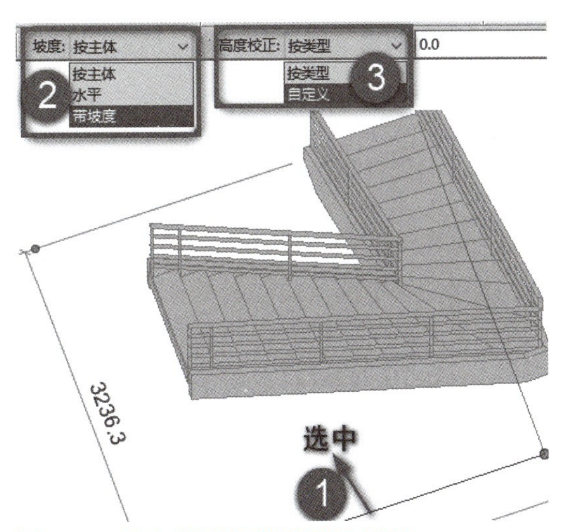

图 4.47　修改栏杆扶手的高度和坡度

四、补充说明

（1）使用“绘制路径”方式绘制的路径必须是一条单一且连续的草图，如果要将栏杆扶手分为几个部分，须创建两个或多个单独的栏杆扶手。但是楼梯平台与梯段连接处的栏杆是要断开的（栏杆扶手的平段和斜段要分开绘制），如图 4.48 所示。

【补充说明】

（2）在楼梯上放置栏杆扶手的方法为：选中绘制完的栏杆扶手，单击“修改 | 栏杆扶手”上下文选项卡“工具”面板“拾取新主体”按钮，将光标移动到对应楼梯上，当楼梯高亮，单击楼梯，此时可发现栏杆扶手已经落到楼梯上了，如图 4.49 所示。楼道、坡道均可以采用该方法放置栏杆扶手。

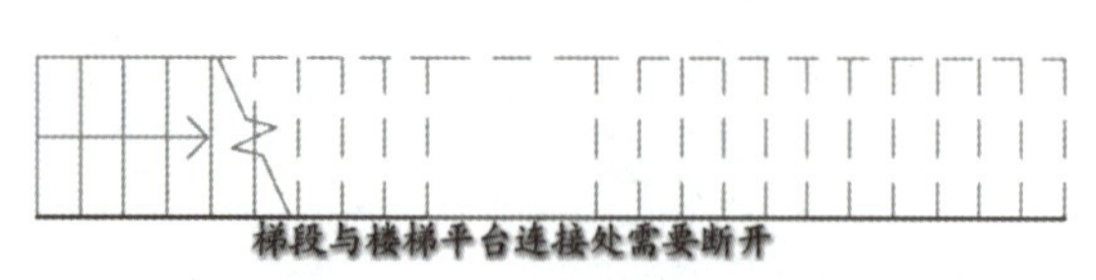

图 4.48　栏杆扶手的平段和斜段要分开绘制

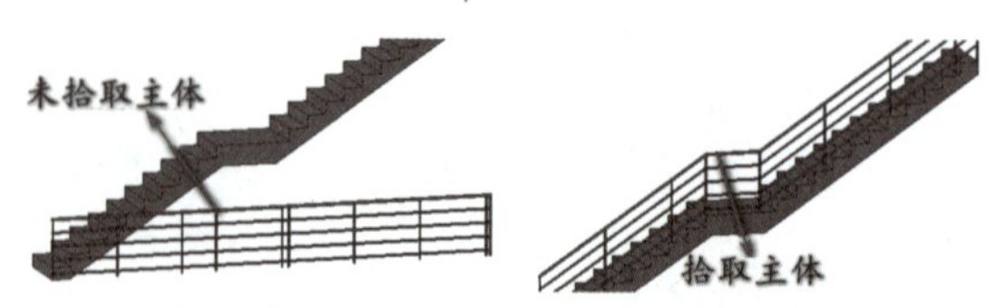

图 4.49　在楼梯上放置栏杆扶手

（3）顶层楼梯栏杆扶手（护栏）的绘制与连接。

① 若要绘制图 4.50 所示楼梯平台上的栏杆扶手，需先切换到“标高 2”楼层平面视图。

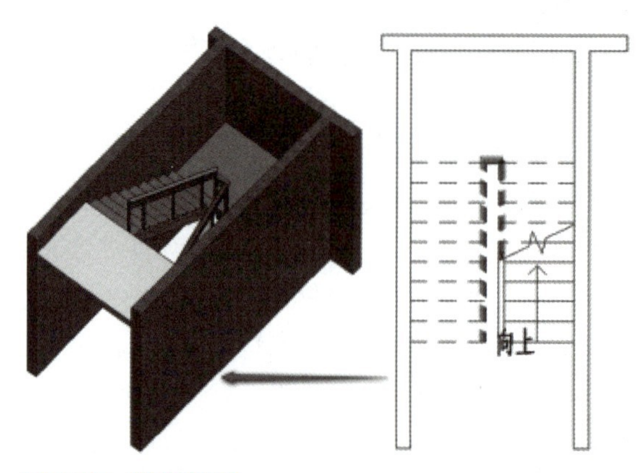

图 4.50　绘制楼梯

② 通过 Tab 键切换选中楼梯内侧栏杆扶手，单击“模式”面板中的“编辑路径”按钮，进入栏杆扶手草图绘制模式。单击“绘制”面板的“线”工具，分段绘制栏杆扶手路径线，如图 4.51 所示。

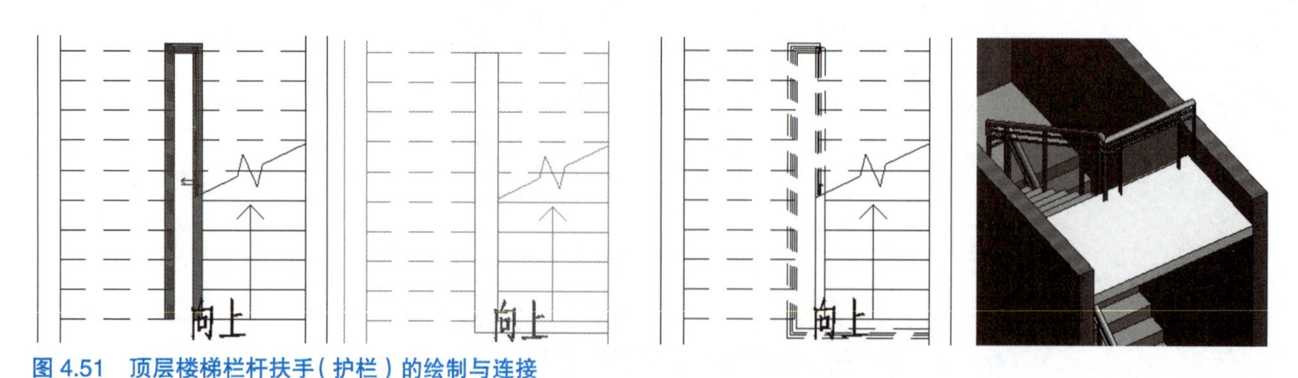

图 4.51　顶层楼梯栏杆扶手（护栏）的绘制与连接

小贴士 ▶▶▶

注意：路径线一定要单独绘制成段，不能使用“修剪”命令延长原路径线。

第三节　经典试题解析和考试试题实战演练

一、经典真题解析

【二级（建筑）第八期第二题】

1.【二级（建筑）第八期第二题】

根据图 4.52 所示的图纸创建整体现浇楼梯模型，底标高为 ±0.000m，顶标高为 3.000m。（15 分）

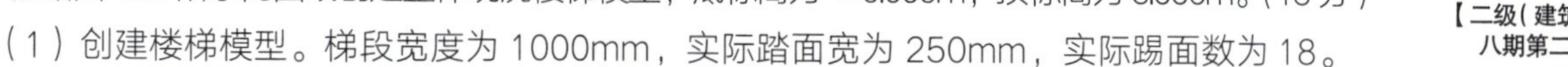

（1）创建楼梯模型。梯段宽度为 1000mm，实际踏面宽为 250mm，实际踢面数为 18。

（2）在楼梯上创建栏杆模型，栏杆高 1100mm。顶部扶手为圆形，直径 40mm。底部扶手高 150mm，扶手截面为 50mm×50mm 矩形。扶手材质设置为金属不锈钢抛光，连接方式为斜接。栏杆截面为 25mm×25mm 矩形，材质设置为天蓝色塑钢，栏杆间距为 275mm。每个踏板都设有栏杆。未做要求参数可以自行设定。将模型文件以“楼梯建模 .xxx”为文件名保存到考生文件夹中。

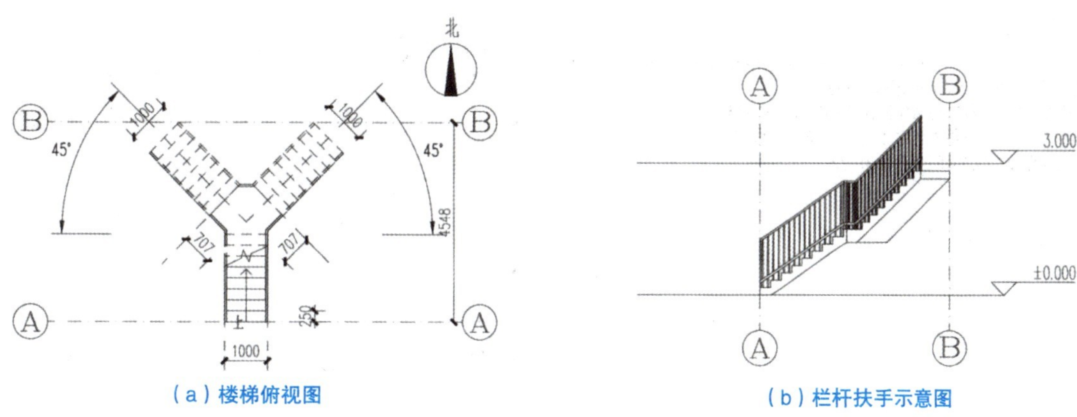

（a）楼梯俯视图

（b）栏杆扶手示意图

图 4.52　二级（建筑）第八期第二题

本题建模过程如下。

STEP 01 打开软件 Revit；单击“项目”→“新建”按钮，在打开的“新建项目”对话框中选择“建筑样板”作为样板文件；勾选“新建”项下“项目”选项，单击“确定”按钮，退出“新建项目”对话框，直接进入创建建筑专业模型的 Revit 工作界面且打开了“标高 1”楼层平面视图。

STEP 02 单击“文件”按钮，在弹出的下拉列表中单击“另存为”→“项目”按钮，在弹出的“另存为”对话框中，输入文件名“楼梯建模”，文件类型默认为“.rvt”，单击“保存”按钮，即可保存项目文件。

STEP 03 在项目浏览器中展开“立面（建筑立面）”项，双击视图名称“南”进入南立面视图。选中“标高 2”，在蓝色临时尺寸标注值上单击激活文本框，输入新的临时尺寸数值“3000.0”后按 Enter 键确认，将“标高 2”标高值修改为 3.0m。

STEP 04 切换到“标高 1”楼层平面视图；选中四个立面符号，永久隐藏。

STEP 05 单击“建筑”选项卡“基准”面板“轴网”按钮，系统切换到“修改 | 放置 轴网”上下文选项卡；确认左侧“类型选择器”中轴网的类型为“轴网 6.5mm 编号”；单击“编辑类型”按钮，在弹出的“类型属性”对话框中设置“轴线中段”为“连续”，勾选“平面视图轴号端点 1（默认）”和“平面视图轴号端点 2（默认）”参数，设置“非平面视图符号（默认）”为“两者”，设置“轴线末端颜色”为“红色”，如图 4.53 所示；单击“确定”按钮，退出“类型属性”对话框；单击“绘制”面板中默认的“线”按钮，开始创建轴网。

STEP 06 移动光标至四个“小眼睛”围成的矩形范围偏左下角的适当位置；单击一点使其作为轴线的起点，而后水平向右移动光标至适当位置，单击一点使其作为轴线的终点，按两次 Esc 键，完成第一条水平轴线的创建；第1条轴线编号是“①”，立即双击轴线编号数字，将其修改为“Ⓐ”，则Ⓐ轴就创建完成了。

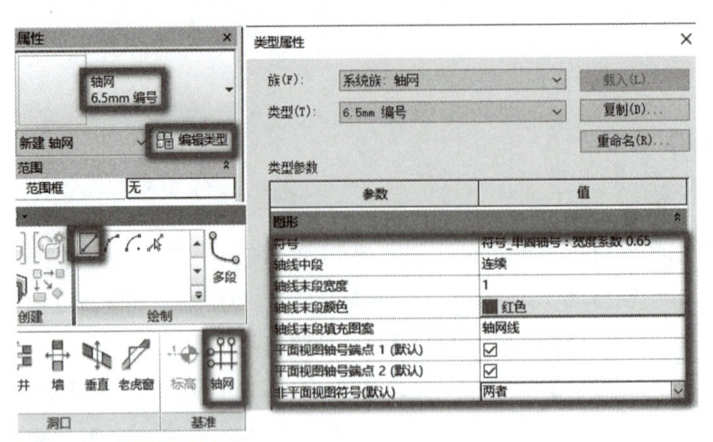

图 4.53　轴网类型参数

STEP 07 先单击选择Ⓐ轴，再单击“修改”面板上的“复制”按钮，同时选项栏勾选“约束”和“多个”复选框；移动光标在Ⓐ轴上单击捕捉一点作为复制基点，然后垂直向上移动光标，移动的距离尽可能大一些（注意越大越好），输入间距值“4548.0”后按 Enter 键确认后，通过“复制”工具创建了Ⓑ轴。

STEP 08 切换到“标高 1”楼层平面视图；单击“注释”选项卡“详图”面板“详图线”按钮，详图切换到“修改 | 放置 详图线”上下文选项卡；选择“线”绘制方式绘制详图线，如图 4.54 所示。

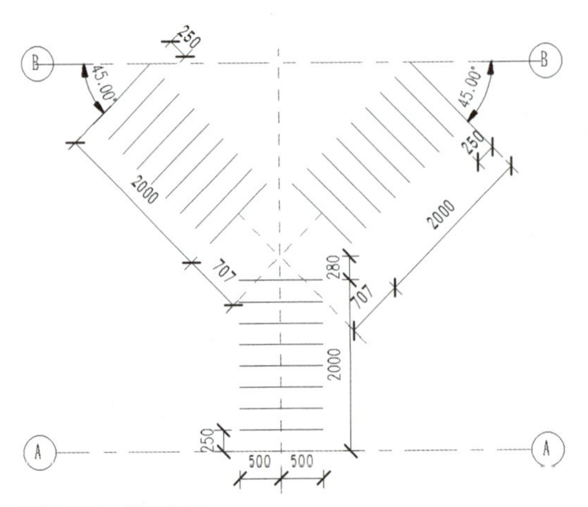

图 4.54　详图线

STEP 09 切换到“标高 1”楼层平面视图，单击“建筑”选项卡“楼梯坡道”面板“楼梯”下拉列表“楼梯（按构件）”按钮；系统自动切换到“修改 | 创建楼梯”上下文选项卡；在“构件”面板中激活“梯段”按钮；单击“直梯”按钮；设置选项栏中“定位线”为“梯段：中心”，“偏移量”为“0.0”，“实际梯段宽度”为“1000.0”，勾选“自动平台”复选框，如图 4.55 所示。

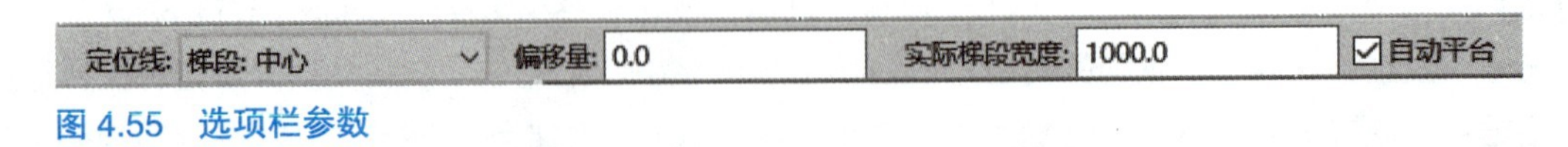

图 4.55　选项栏参数

STEP 10 在“类型选择器”下拉列表中选择“现场浇注楼梯 整体浇筑楼梯”；设置左侧“属性”对话框“限制条件”选项组中“底部标高”为“标高 1”，“底部偏移”为“0.0”，“顶部标高”为“标高 2”及“顶部偏移”为“0.0”；设置“尺寸标注”项下“所需踢面数”为“18”，“实际踏板深度”为“250.0”，如图 4.56 所示。

STEP 11 单击“类型选择器”下拉列表右下侧“编辑类型”按钮，弹出“类型属性”对话框；设置“计算规则”项下“最小踏板深度”为“250.0”，“最大踢面高度”为“180.0”，“最小梯段宽度”为“1000.0”；单击“构造”项下“梯段类型”右侧“150mm 结构深度”处空白，接着单击显示出来的灰色矩形框按钮，在系统自动弹出“类型属性”对话框中设置“构造”项下“下侧表面”为“平滑式”，“结构深度”为“150.0”；设置“材质和装饰”项下“整体式材质”为“混凝土”，如图 4.57 所示；单击“确定”按钮关闭“类型属性”对话框回到第一个“类型属性”对话框界面。

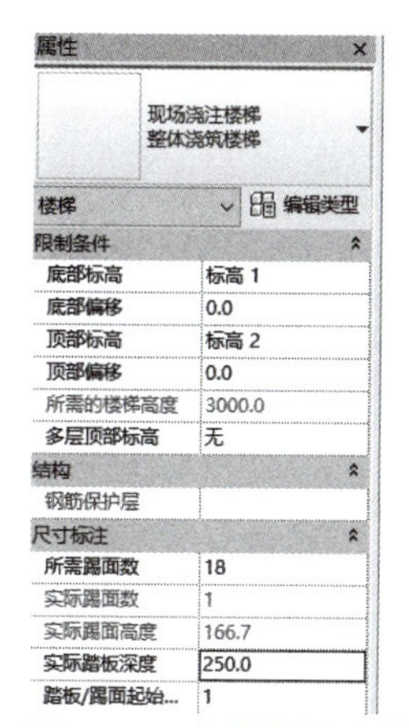

图 4.56 实例参数设置

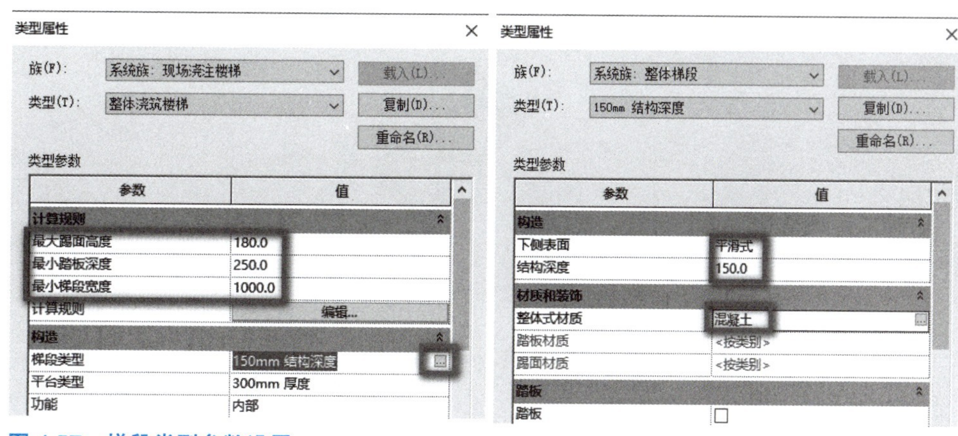

图 4.57 梯段类型参数设置

STEP 12 单击“构造”项下“平台类型”右侧“300mm 厚度”处空白，接着单击显示出来的灰色矩形框按钮，在系统自动弹出“类型属性”对话框中复制创建一个新的平台类型“200mm 厚度”；设置“构造”项下“整体厚度”为“200.0”；设置“材质和装饰”项下“整体式材质”为“混凝土”，如图 4.58 所示；单击“确定”按钮关闭“类型属性”对话框回到第一个“类型属性”对话框界面；再次单击“确定”按钮关闭“类型属性”对话框，则“现场浇注楼梯 整体浇筑楼梯”的实例参数和属性参数就设置好了。

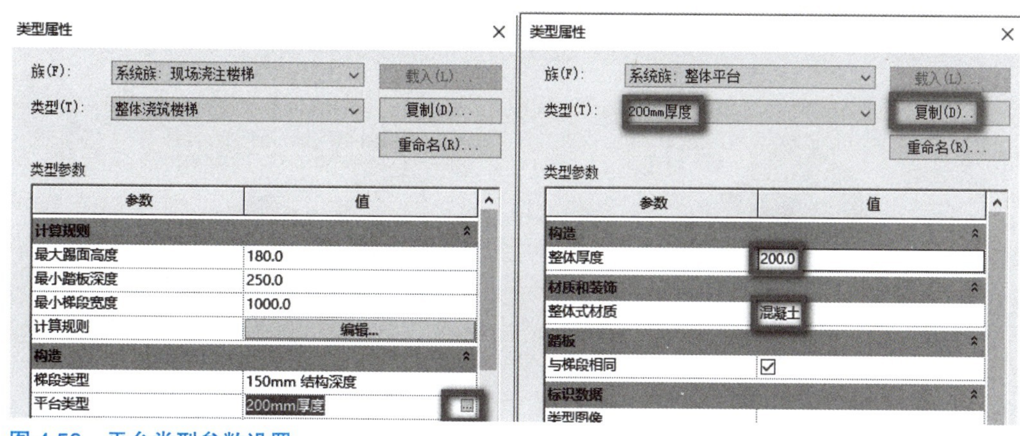

图 4.58 平台类型参数设置

STEP 13 单击“修改 | 创建楼梯”上下文选项卡“构件”面板“梯段”按钮；激活“直梯”按钮；单击“工具”面板“栏杆扶手”按钮，如图 4.59 所示；在弹出的“栏杆扶手”对话框中，设置“栏杆类型”为“1100mm”，“位置”为“踏板”，如图 4.60 所示。

STEP 14 单击梯段起点，垂直向上移动光标，在合适位置单击，指定梯段的端点；向右上方移动光标，按下鼠标左键，继续向右上移动光标绘制剩余的踢面；当实时标注文字提示“创建了 18 个踢面，剩余 0 个”时，单击，结束梯段的绘制；选中第二跑梯段，单击“修改”面板“镜像 - 绘制轴”按钮，选中参照平面 1 作为镜像轴，则左上侧的梯段创建完成了，如图 4.61 所示。

图 4.59　栏杆扶手工具

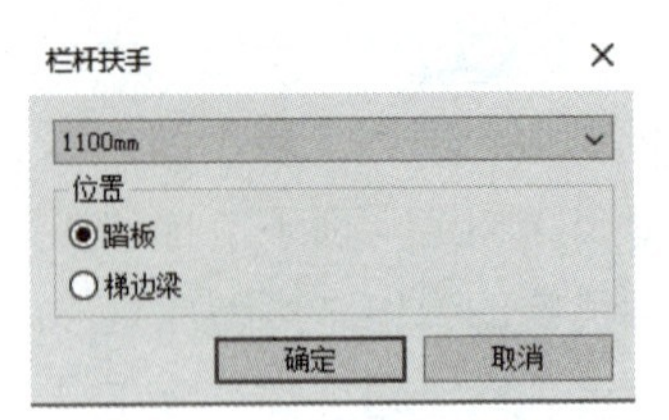

图 4.60　栏杆扶手类型和位置

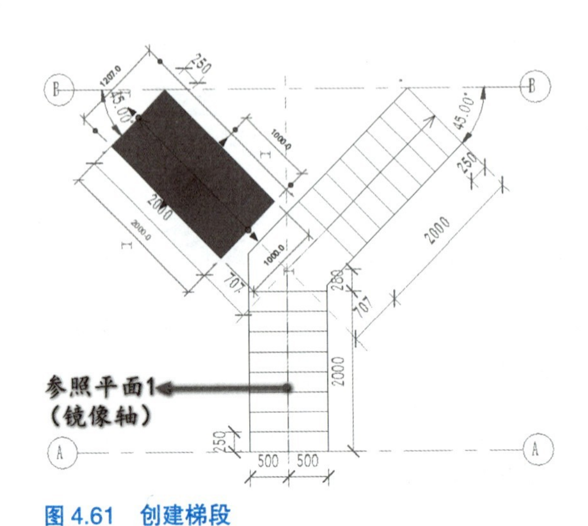

图 4.61　创建梯段

STEP 15 选中休息平台，如图 4.62 所示；单击“修改 | 创建楼梯”上下文选项卡“工具”面板“转换”按钮；在系统弹出的“楼梯 – 转换为自定义”警示对话框中直接单击“关闭”按钮即可，如图 4.63 所示；单击“修改 | 创建楼梯”上下文选项卡“工具”面板“编辑草图”按钮；选择“修改 | 创建楼梯 > 绘制平台”上下文选项卡“绘制”面板“线”按钮，绘制平台边界线，如图 4.64 所示；单击“修改 | 创建楼梯 > 绘制平台”上下文选项卡“模式”面板“完成编辑模式”按钮“√”，则平台创建好了；单击“修改 | 创建楼梯”上下文选项卡“模式”面板“完成编辑模式”按钮“√”，则楼梯创建好了，如图 4.65 所示。

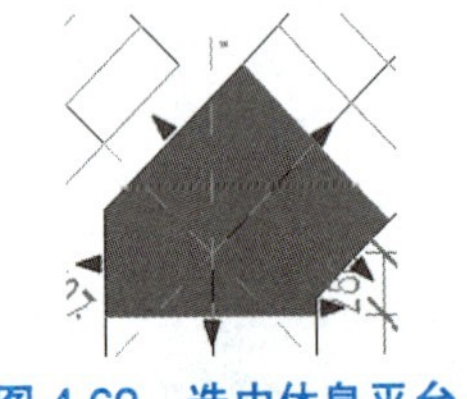
图 4.62　选中休息平台

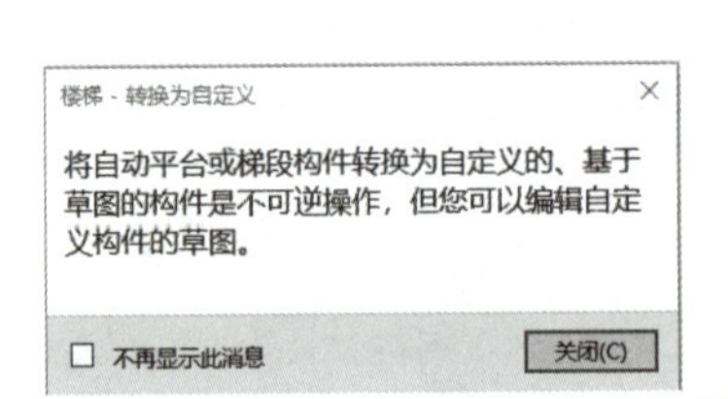

图 4.63　“楼梯 – 转换为自定义”警示对话框

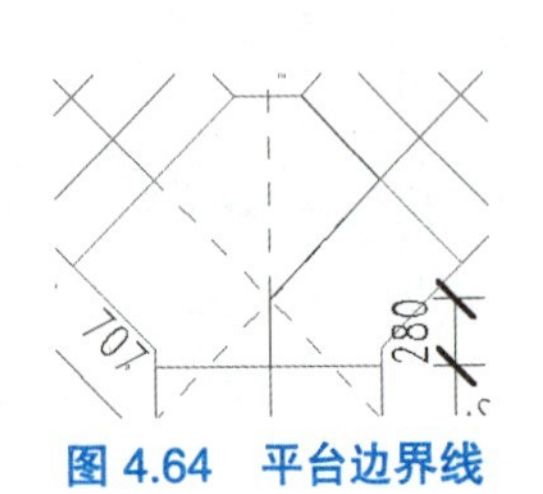
图 4.64　平台边界线

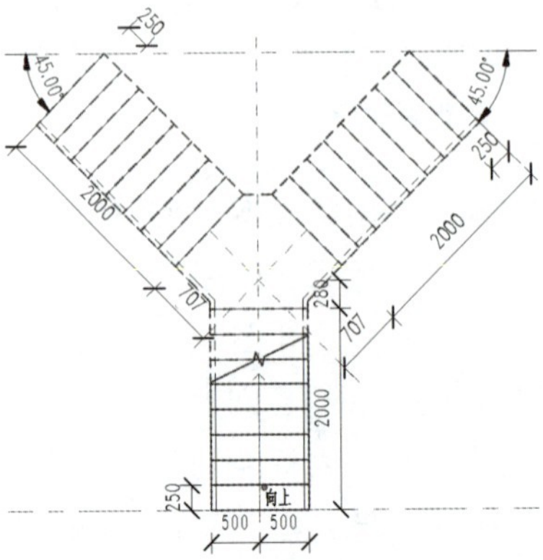

图 4.65　创建好的楼梯

STEP 16 切换到三维视图，选中栏杆扶手，单击左侧“类型选择器”下拉列表右下侧“编辑类型”按钮，在弹出的“类型属性”对话框中设置“顶部扶栏”项下“类型”为“圆形 -40mm”；设置“构造”项下“斜接”为“添加垂直 / 水平线段”，“扶栏连接”为“修剪”，“切线连接”为“延伸扶手使其相交”，如图 4.66 所示；单击“确定”按钮关闭“类型属性”对话框。

STEP 17 选中顶部扶栏，如图 4.67 所示；单击左侧“类型选择器”下拉列表右下侧“编辑类型”按钮，在弹出的“类型属性”对话框设置“材质和装饰”项下“材质”为“金属不锈钢抛光”；设置“构造”项下“默认连接”为“斜接”，如图 4.68 所示；单击“确定”按钮关闭“类型属性”对话框。

构造	
栏杆扶手高度	1100.0
扶栏结构(非连续)	编辑...
栏杆位置	编辑...
栏杆偏移	0.0
使用平台高度调整	否
平台高度调整	0.0
斜接	添加垂直/水平线段
切线连接	延伸扶手使其相交
扶栏连接	修剪
顶部扶栏	
高度	1100.0
类型	圆形 - 40mm

图 4.66 栏杆扶手类型参数设置

图 4.67 选中顶部扶栏

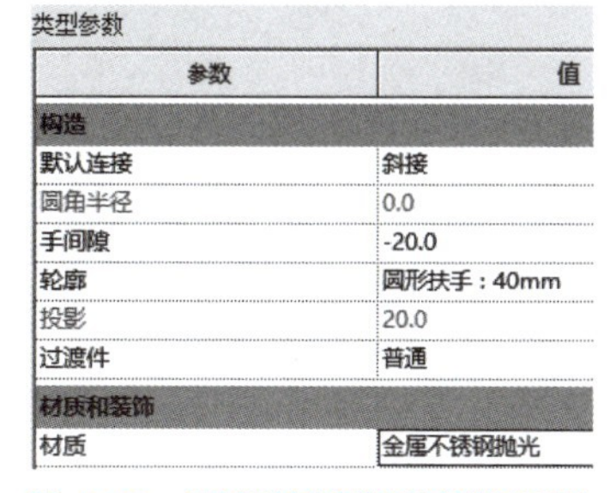
类型参数

参数	值
构造	
默认连接	斜接
圆角半径	0.0
手间隙	-20.0
轮廓	圆形扶手：40mm
投影	20.0
过渡件	普通
材质和装饰	
材质	金属不锈钢抛光

图 4.68 顶部扶栏类型参数设置

STEP 18 选中栏杆扶手，单击左侧“类型选择器”下拉列表右下侧“编辑类型”按钮，在弹出的“类型属性”对话框中单击“构造”项下“扶栏结构（非连续）”项后的“编辑”按钮，弹出“编辑扶手（非连续）”对话框；单击“插入”按钮，创建扶手新样式，设置“名称”为“底部扶栏”，“高度”为“150.0”，“偏移”为“0.0”，“轮廓”为“矩形扶手：50 × 50mm”和“材质”为“金属不锈钢抛光”，如图 4.69 所示；单击“确定”按钮关闭“类型属性”对话框，完成参数的设置。

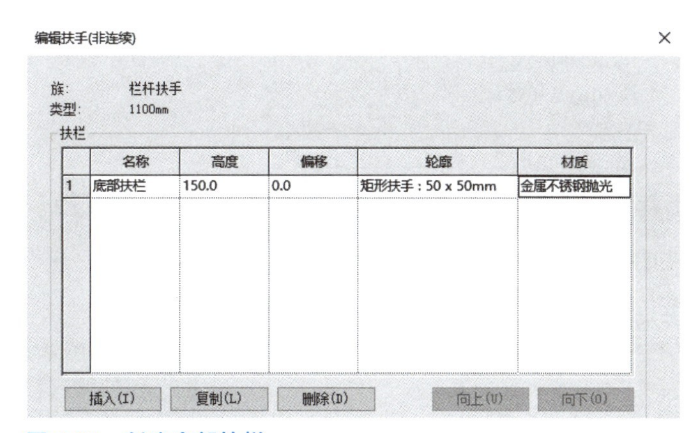
编辑扶手(非连续)
族: 栏杆扶手
类型: 1100mm
扶栏

	名称	高度	偏移	轮廓	材质
1	底部扶栏	150.0	0.0	矩形扶手：50 x 50mm	金属不锈钢抛光

插入(I) 复制(L) 删除(D) 向上(U) 向下(O)

图 4.69 创建底部扶栏

STEP 19 选中栏杆扶手，单击左侧“类型选择器”下拉列表右下侧“编辑类型”按钮，弹出“类型属性”对话框；单击“类型属性”对话框中“栏杆位置”选项后的“编辑”按钮，弹出“编辑栏杆位置”对话框；设置“主样式”下“2”的“名称”为“常规栏杆”，“栏杆族”为“栏杆 – 正方形：25mm”，“相对前一栏杆的距离”为“275.0”；设置“截断样式位置”为“从不”；勾选“楼梯上每个踏板都使用栏杆”复选框；设置“每踏板的栏杆数”为“2”，“栏杆族”为“栏杆 – 正方形：25mm”，单击“应用”按钮，如图 4.70 所示；单击“确定”按钮关闭“类型属性”对话框，完成参数的设置。

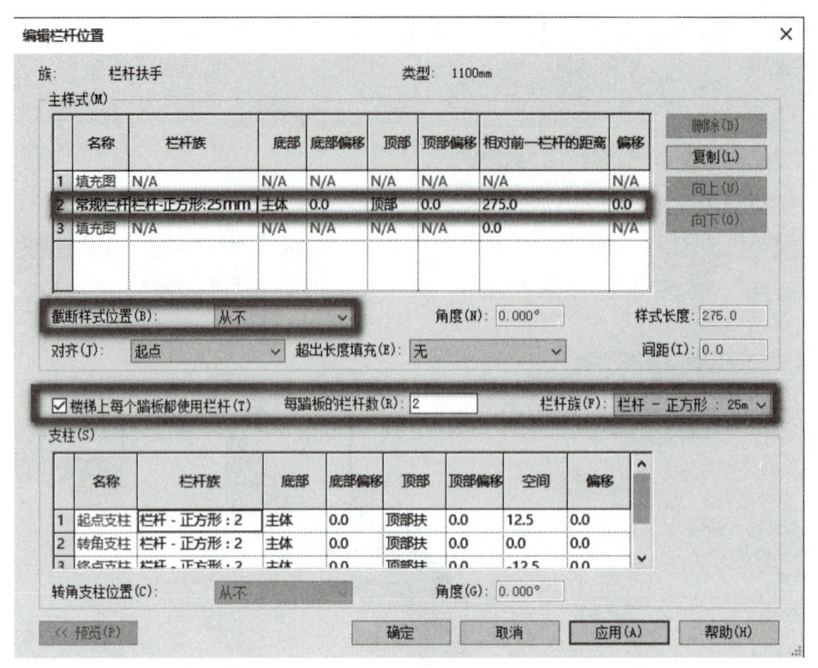

图 4.70　编辑栏杆位置

STEP 20 选中一侧栏杆扶手，如图 4.71 所示；单击左侧“类型选择器”右下侧“编辑类型”按钮，在弹出的“类型属性”对话框中复制创建一种新的栏杆扶手类型“1100mm 栏杆扶手【调整】”，设置“构造”项下“使用平台高度调整”为“是”，“平台高度调整”值为“166.7”，如图 4.72 所示；单击“应用”按钮，弹出图 4.73 所示的警示对话框，直接单击“确定”按钮关闭即可；单击“确定”按钮关闭“类型属性”对话框。

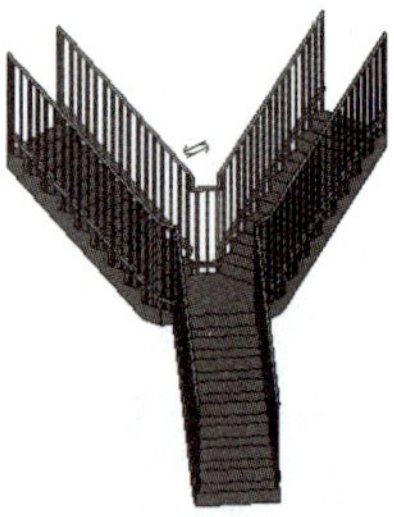

图 4.71　选中一侧栏杆扶手

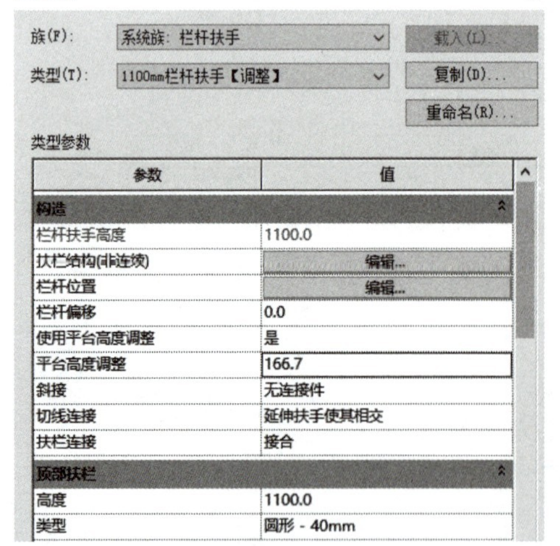

图 4.72　设置“使用平台高度调整”

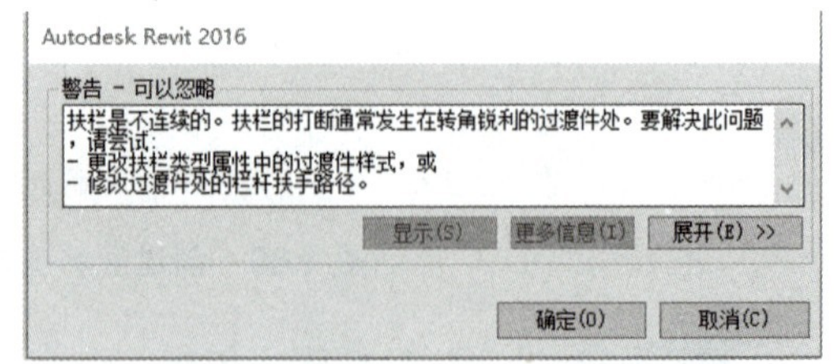

图 4.73　警示对话框

STEP 21 双击右侧“项目浏览器”下“族”→“栏杆扶手”→“栏杆 - 正方形”项下“25mm”选项，如图 4.74 所示；在弹出的“类型属性”对话框中设置“材质和装饰”项下“栏杆材质”为“天蓝色塑钢”，如图 4.75 所示；单击“确定”按钮关闭“类型属性”对话框。

STEP 22 查看创建的楼梯模型三维显示效果，如图 4.76 所示。

STEP 23 单击快速访问工具栏“保存”按钮，保存模型文件。至此，本题建模结束。

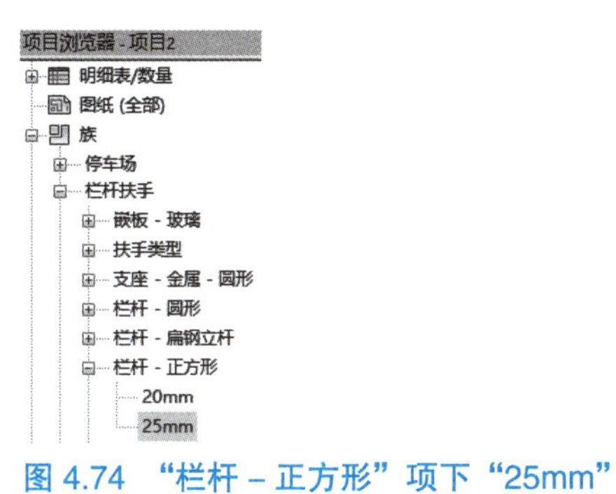

图 4.74 “栏杆 – 正方形”项下“25mm”

类型属性

族(F): 栏杆 - 正方形　载入(L)...

类型(T): 25mm　复制(D)...

重命名(R)...

类型参数

参数	值
构造	
支柱	☐
材质和装饰	
栏杆材质	天蓝色塑钢
尺寸标注	
宽度	25.0

图 4.75 设置材质

图 4.76 楼梯三维模型

2.【二级（建筑）第九期第一题】

根据图 4.77 所示的图纸创建楼梯模型，其中楼梯边缘弧形半径为 23750mm，梯段厚度和平台厚度均为 120mm，踏板厚度为 50mm。楼梯扶手高 900mm，扶手截面为 50mm × 50mm 矩形，栏杆柱间距自定。请将模型以“楼梯 .xxx”为文件名保存到考生文件夹中。(15 分)

【二级(建筑)第九期第一题】

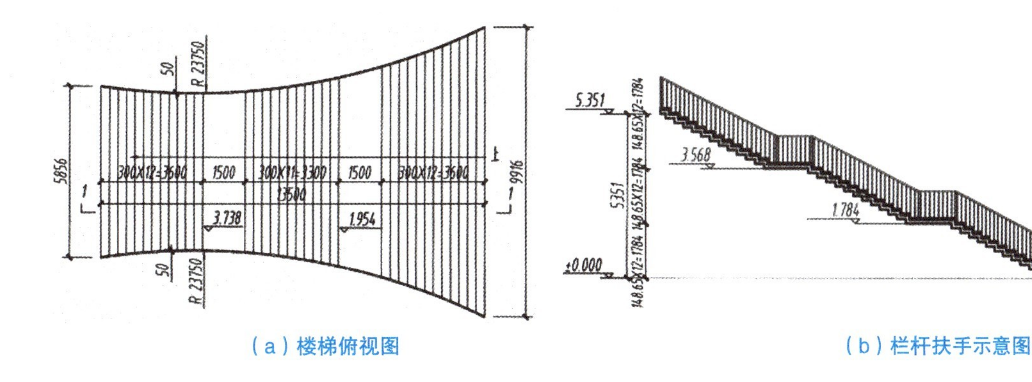

(a) 楼梯俯视图　　(b) 栏杆扶手示意图

图 4.77 二级(建筑)第九期第一题

STEP 01 打开软件 Revit；单击“项目”→“新建”按钮，在打开的“新建项目”对话框中选择“建筑样板”作为样板文件；勾选“新建”项下“项目”选项，单击“确定”按钮，退出“新建项目”对话框，直接进入创建建筑专业模型的 Revit 工作界面且打开了“标高 1”楼层平面视图。

STEP 02 单击“文件”按钮，在弹出的下拉列表中单击“另存为”→“项目”按钮，在弹出的“另存为”对话框中，输入文件名“楼梯”，文件类型默认为“.rvt”，单击“保存”按钮，即可保存项目文件。

STEP 03 在项目浏览器中展开“立面（建筑立面）”项，双击视图名称“南”进入南立面视图。选中

“标高 2”，在蓝色临时尺寸标注值上单击激活文本框，输入新的临时尺寸数值“5521.0”后按 Enter 键确认，将“标高 2”标高值修改为 5.521m。

STEP 04 切换到“标高 1”楼层平面视图；选中四个立面符号，永久隐藏。

STEP 05 单击“注释”选项卡“详图”面板“详图线”按钮，详图切换到“修改 | 放置 详图线”上下文选项卡；绘制详图线，如图 4.78 所示。

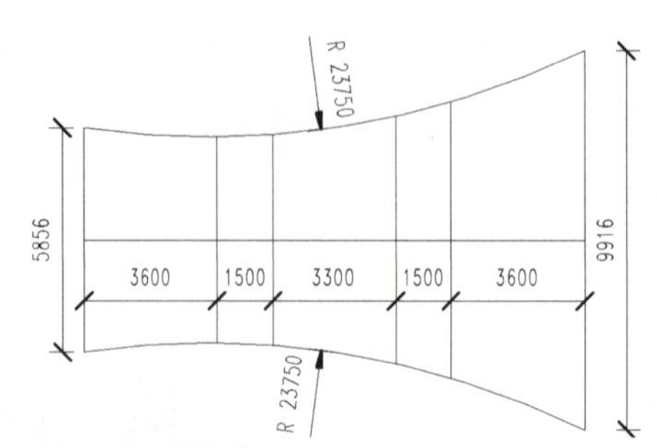

图 4.78　详图线

STEP 06 切换到“标高 1”楼层平面视图，单击“建筑”选项卡“楼梯坡道”面板“楼梯”下拉列表“楼梯（按构件）”按钮；系统自动切换到“修改 | 创建楼梯”上下文选项卡；单击“构件”面板“创建草图”按钮，如图 4.79（a）所示，系统切换到“修改 | 创建楼梯 > 绘制梯段”上下文选项卡［图 4.79（b）］；激活“边界”按钮，绘制边界线（黄色）；激活“踢面”按钮，绘制踢面线（黑色线）；激活“楼梯路径”按钮，绘制楼梯路径线（蓝色），如图 4.80 所示；单击“修改 | 创建楼梯 > 绘制梯段”上下文选项卡“模式”面板“完成编辑模式”按钮“√”，退回到“修改 | 创建楼梯”上下文选项卡；单击“工具”面板“栏杆扶手”按钮；在弹出的“栏杆扶手”对话框中，设置“栏杆类型”为“900mm”，“位置”为“踏板”；再次单击“模式”面板“完成编辑模式”按钮“√”，则楼梯创建好了。

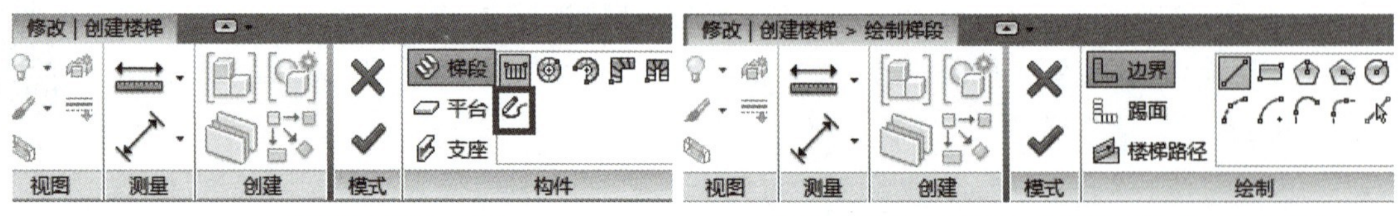

（a）“创建草图”按钮　　（b）“修改 | 创建楼梯 > 绘制梯段”上下文选项卡

图 4.79　“创建草图”按钮和“修改 | 创建楼梯 > 绘制梯段”上下文选项卡

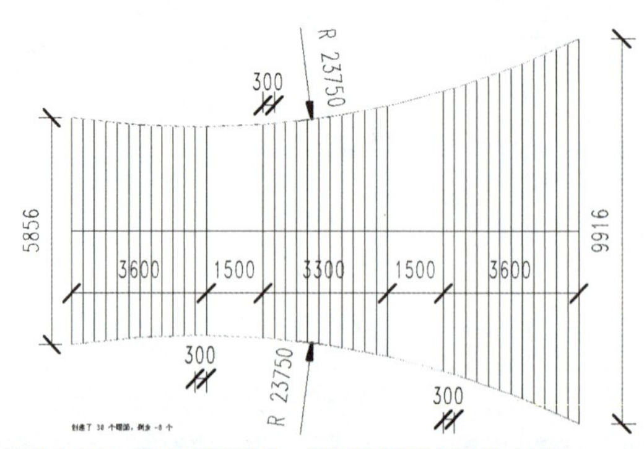

图 4.80　绘制边界线、踢面线和楼梯路径线

STEP 07 选中楼梯，系统切换到“修改 | 楼梯”上下文选项卡；单击“编辑”面板“编辑楼梯”按钮，系统切换到“修改 | 创建楼梯”上下文选项卡；单击“工具”面板“翻转”按钮，翻转楼梯方向，如图 4.81 所示；单击“模式”面板“完成编辑模式”按钮“√”，则完成楼梯的方向设置。

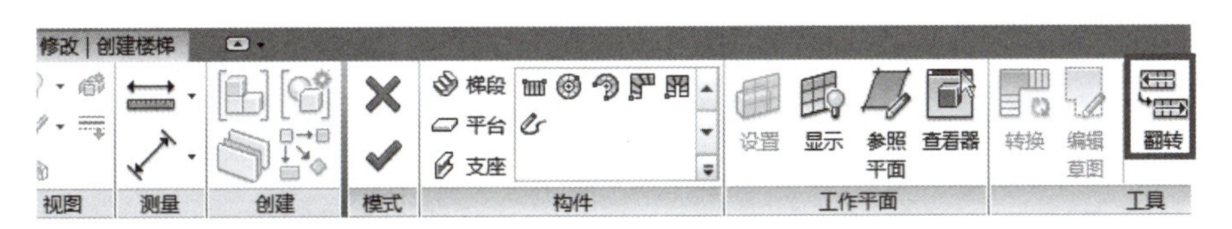

图 4.81 “翻转”按钮

STEP 08 切换到三维视图；选中楼梯，设置楼梯的类型为“现场浇注楼梯 整体浇筑楼梯”，系统在右下角弹出图 4.82 所示警示对话框，不去理会，直接关闭即可。

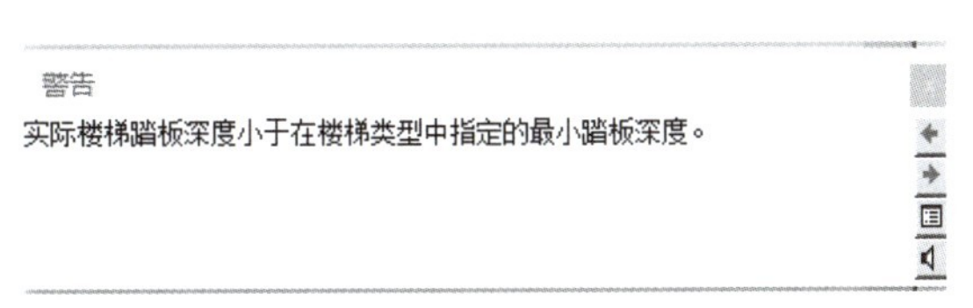

图 4.82 警示对话框

STEP 09 设置左侧“属性”对话框“限制条件”选项组中“底部标高”为“标高 1”，“底部偏移”为“0.0”，“顶部标高”为“标高 2”及“顶部偏移”为“0.0”；设置“尺寸标注”项下“所需踢面数”为“37”，“实际踏板深度”为“300.0”，如图 4.83 所示。

STEP 10 单击“类型选择器”下拉列表右下侧“编辑类型”按钮，弹出“类型属性”对话框；设置“计算规则”项下“最小踏板深度”为“300.0”，“最大踢面高度”为“180.0”，“最小梯段宽度”为“1000.0”；单击“构造”项下“梯段类型”右侧“150mm 结构深度”处空白，接着单击显示出来的灰色矩形框按钮，在系统自动弹出“类型属性”对话框中复制创建一个名为“120mm 结构深度”的新类型；设置“构造”项下“下侧表面”为“阶梯式”，“结构深度”为“120.0”；设置“材质和装饰”项下“整体式材质”为“混凝土”，“踏板材质”为“大理石”；勾选“踏板”项下“踏板”复选框、设置“踏板厚度”为“50.0”，如图 4.84 所示；单击“确定”按钮关闭“类型属性”对话框回到“类型属性”对话框界面。

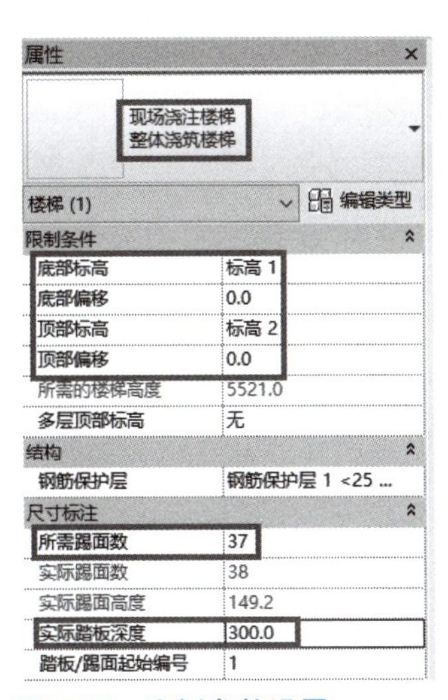

图 4.83 实例参数设置

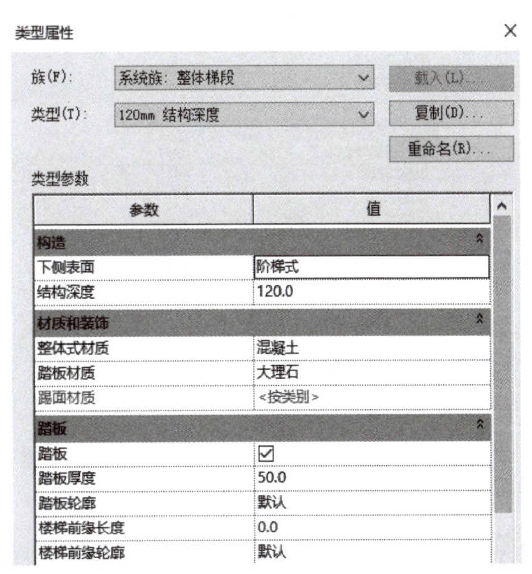

图 4.84 梯段类型参数设置

STEP 11 单击“构造”项下“平台类型”右侧“300mm 厚度”处空白，接着单击显示出来的灰色矩形框按钮，在系统自动弹出“类型属性”对话框中复制创建一个新的平台类型“120mm 厚度”；设置“构造”项下“整体厚度”为“120.0”；设置“材质和装饰”项下“整体式材质”为“混凝土”；勾选“踏板”项下“与梯段相同”复选框，如图 4.85 所示；单击“确定”按钮关闭“类型属性”对话框回到第一个“类型属性”对话框界面；再次单击“确定”按钮关闭“类型属性”对话框，则“现场浇注楼梯 整体浇筑楼梯”的类型参数设置好了。

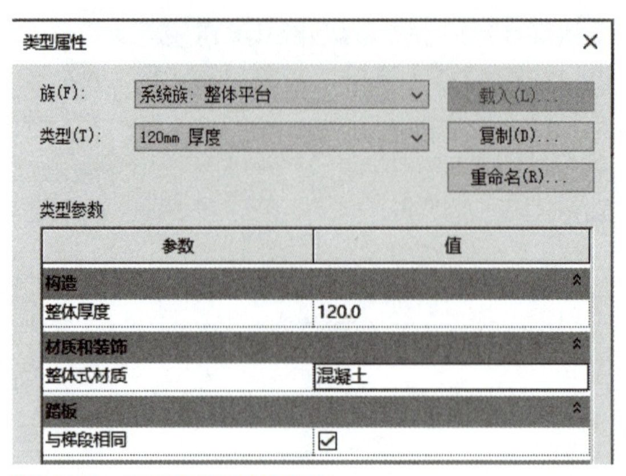

图 4.85　平台类型参数设置

STEP 12 在楼梯处于选中的状态下；单击“修改|楼梯”上下文选项卡“编辑”面板“编辑楼梯”按钮，系统切换到“修改|创建楼梯”上下文选项卡；选中“梯段”，设置左侧“属性”对话框“构造”项下“延伸到踢面底部之下”值为“–21.4”，不勾选“构造”项下“以踢面结束”复选框，如图 4.86 所示。单击“模式”面板“完成编辑模式”按钮“√”。

STEP 13 再次选中楼梯，设置左侧“属性”对话框“限制条件”选项组中“底部标高”为“标高 1”，“底部偏移”为“21.4”，“顶部标高”为“标高 2”及“顶部偏移”为“0.0”；设置“尺寸标注”项下“所需踢面数”为“37”，“实际踏板深度”为“300.0”（“尺寸标注”项下“实际踢面数”为“37”，“实际踢面高度”为“148.6”均灰显，与题目要求一致），如图 4.87 所示。

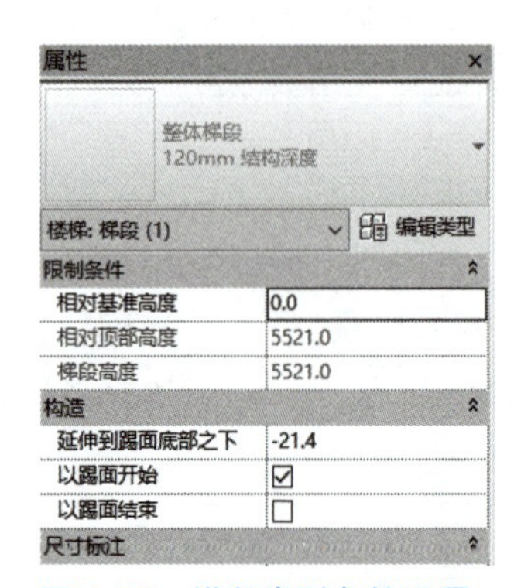

图 4.86　梯段类型参数设置

楼梯 (1)	编辑类型
限制条件	
底部标高	标高 1
底部偏移	21.4
顶部标高	标高 2
顶部偏移	0.0
所需的楼梯高度	5499.6
多层顶部标高	无
结构	
钢筋保护层	钢筋保护层 1 <25 ...
尺寸标注	
所需踢面数	37
实际踢面数	37
实际踢面高度	148.6
实际踏板深度	300.0
踏板/踢面起始编号	1

图 4.87　楼梯实例参数设置

STEP 14 选中栏杆扶手，单击左侧“类型选择器”下拉列表右下侧“编辑类型”按钮，在弹出的“类型属性”对话框中设置“顶部扶栏”项下“高度”为“900.0”，“类型”为“矩形 –50 × 50mm”；单击“确定”按钮关闭“类型属性”对话框。

STEP 15 选中顶部扶栏，单击左侧“类型选择器”下拉列表右下侧“编辑类型”按钮，在弹出的“类型属性”对话框中设置“材质和装饰”项下“材质”为“金属不锈钢抛光”；设置“构造”项下“默认连接”为“斜接”；单击“确定”按钮关闭“类型属性”对话框。

STEP 16 切换到“标高 1”楼层平面视图；双击栏杆扶手，系统切换到“修改 | 绘制路径”上下文选项卡；绘制五段相连的路径草图线，如图 4.88 所示。单击“模式”面板“完成编辑模式”按钮“√”，则栏杆扶手编辑好了；同理，编辑另外一侧的栏杆扶手。

STEP 17 切换到三维视图，查看创建的楼梯模型三维显示效果，如图 4.89 所示。

STEP 18 单击快速访问工具栏“保存”按钮，保存模型文件。

至此，本题建模结束。

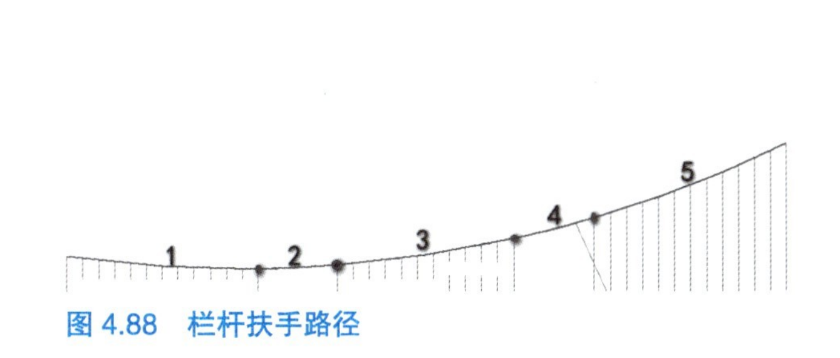

图 4.88　栏杆扶手路径

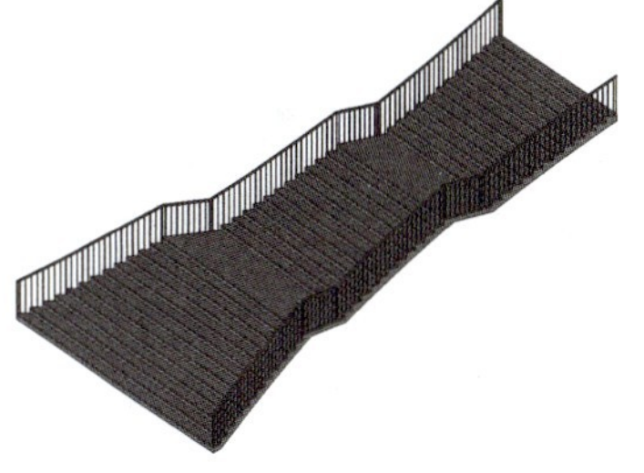

图 4.89　楼梯三维模型

3.【二级（建筑）第十期第一题】

【二级（建筑）第十期第一题】

根据图 4.90 所示的图纸绘制艺术旋转楼梯模型，圆心位置自定，梯段与平台厚度均为 300mm，踏板厚度 50mm；梯段宽度 2000mm，中心深度 250mm，楼梯踏面数（含楼梯平台）为 40。楼梯扶手高度为 1100mm，扶手截面为 50mm × 50mm 矩形。请将模型文件以“艺术旋转楼梯模型 .xxx”为文件名保存到考生文件夹中。（10 分）

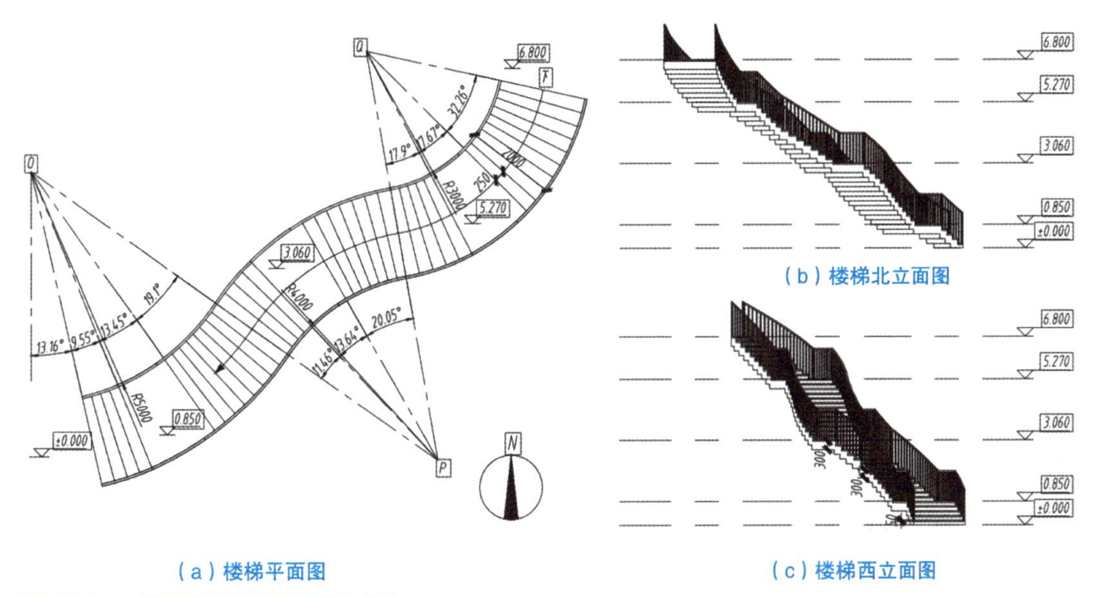

（a）楼梯平面图

（b）楼梯北立面图

（c）楼梯西立面图

图 4.90　二级（建筑）第十期第一题

【方法一：楼梯（按构件）】

STEP 01 打开软件 Revit；单击“项目”→“新建”按钮，在打开的“新建项目”对话框中选择“建筑样板”作为样板文件；勾选“新建”项下“项目”选项，单击“确定”按钮，退出“新建项目”对话框，直接进入创建建筑专业模型的 Revit 工作界面且打开了“标高 1”楼层平面视图。

STEP 02 单击“文件”按钮，在弹出的下拉列表中单击“另存为”→“项目”按钮，在弹出的“另存为”对话框中，输入文件名“艺术旋转楼梯模型”，文件类型默认为“.rvt”，单击“保存”按钮，即可保存项目文件。

STEP 03 在项目浏览器中展开“立面（建筑立面）”项，双击视图名称“南”进入南立面视图。选中“标高 2”，在蓝色临时尺寸标注值上单击激活文本框，输入新的临时尺寸数值“6800.0”后按 Enter 键确认，将“标高 2”标高值修改为 6.800m。

STEP 04 切换到“标高 1”楼层平面视图；选中四个立面符号，永久隐藏。

STEP 05 单击“注释”选项卡“详图”面板“详图线”按钮，详图切换到“修改 | 放置 详图线”上下文选项卡；绘制详图线，如图 4.91 所示。

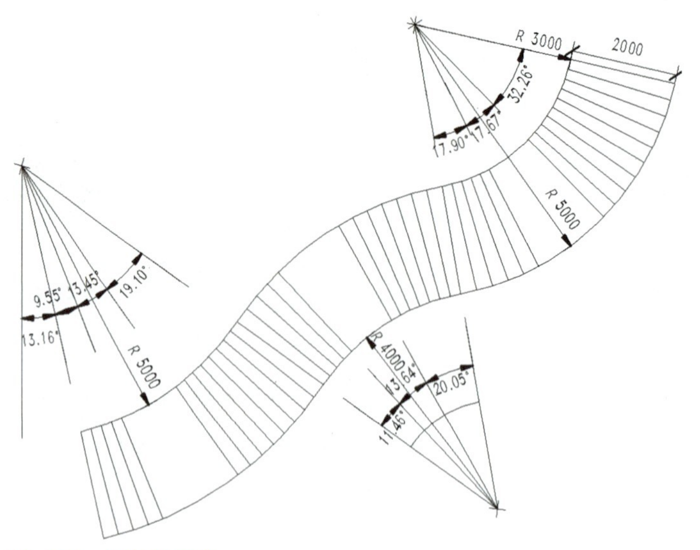

图 4.91　绘制详图线

STEP 06 切换到“标高 1”楼层平面视图，单击“建筑”选项卡“楼梯坡道”面板“楼梯”下拉列表“楼梯（按构件）”按钮；系统自动切换到“修改 | 创建楼梯”上下文选项卡；设置选项栏中“定位线”为“梯段：中心”；“偏移量”为“0.0”；“实际梯段宽度”为“2000.0”；勾选“自动平台”复选框。

STEP 07 设置楼梯的类型为“现场浇注楼梯 整体浇筑楼梯”；设置左侧“属性”对话框“限制条件”选项组中“底部标高”为“标高 1”，“底部偏移”为“0.0”，“顶部标高”为“标高 2”及“顶部偏移”为“0.0”；设置“尺寸标注”项下“所需踢面数”为“40”，“实际踏板深度”为“250.0”。

STEP 08 单击“类型选择器”下拉列表右下侧“编辑类型”按钮，弹出“类型属性”对话框；设置“计算规则”项下“最小踏板深度”为“250.0”，“最大踢面高度”为“170.0”，“最小梯段宽度”为“2000.0”；单击“构造”项下“梯段类型”右侧“150mm 结构深度”处空白，接着单击显示出来的灰色矩形框按钮，在系统自动弹出的“类型属性”对话框中复制创建一个名为“300mm 结构深度”的新类型；设置“构造”项下“下侧表面”为“平滑式”，“结构深度”为“300.0”；设置“材质和装饰”项下“整体式材质”为“混凝土”，“踏板材质”为“大理石”；勾选“踏板”项下“踏板”复选框，设置“踏板厚度”为“50.0”；单击“确定”按钮关闭“类型属性”对话框回到第一个“类型属性”对话框界面。

STEP 09 单击“构造”项下“平台类型”右侧“300mm 厚度”处空白，接着单击显示出来的灰色矩形框按钮，在系统自动弹出“类型属性”对话框中设置“构造”项下“整体厚度”为“300.0”；设置“材质和装饰”项下“整体式材质”为“混凝土”；勾选“踏板”项下“与梯段相同”复选框；单击“确定”按钮关闭“类型属性”对话框回到第一个“类型属性”对话框界面；再次单击“确定”按钮关闭“类型属性”对话框，则“现场浇注楼梯 整体浇筑楼梯”的类型参数就设置好了。

STEP 10 单击“修改 | 创建楼梯”上下文选项卡“工具”面板“栏杆扶手”按钮；在弹出的“栏杆扶手”对话框中，设置“栏杆类型”为“1100mm”，“位置”为“踏板”；单击“修改 | 创建楼梯”上下文选项卡“构件”面板“创建草图”按钮，系统切换到“修改 | 创建楼梯 > 绘制梯段”上下文选项卡；激活“边界”按钮，绘制边界线（绿色）；激活“踢面”按钮，绘制踢面线（黑色线），如图 4.92 所示；单击“修改 | 创建楼梯 > 绘制梯段”上下文选项卡“模式”面板“完成编辑模式”按钮“√”，完成边界线和踢面线的绘制，系统自动切换到了“修改 | 创建楼梯”上下文选项卡；再次单击“修改 | 创建楼梯”上下文选项卡“模式”面板“完成编辑模式”按钮“√”，则楼梯就创建好了。

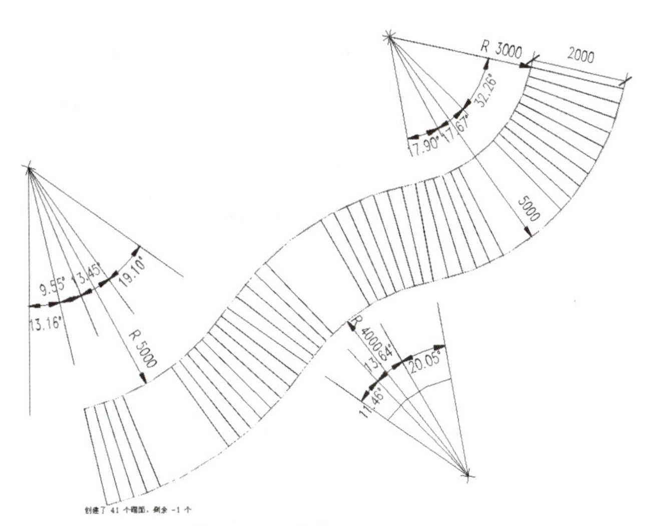

图 4.92　绘制边界线和踢面线

STEP 11 切换到三维视图；选中楼梯；单击“类型选择器”下拉列表右下侧“编辑类型”按钮，弹出“类型属性”对话框；单击“构造”项下“梯段类型”右侧“300mm 结构深度”处空白，接着单击显示出来的灰色矩形框按钮，在系统自动弹出“类型属性”对话框中设置“构造”项下“下侧表面”为“阶梯式”，“结构深度”为“290.0”（说明：编者首先尝试设置“下侧表面”为“阶梯式”、“结构深度”为“300.0”，系统提示无法创建楼梯；随后设置为“下侧表面”为“平滑式”、“结构深度”为“300.0”，可以创建楼梯了；接着再次设置“下侧表面”为“阶梯式”、“结构深度”为“300.0”，系统重新显示不能创建楼梯，最后设置“下侧表面”为“阶梯式”、“结构深度”为“290.0”，又可以正常创建楼梯了；只要结构深度大于 290mm，系统均显示不能创建楼梯的提示对话框）。

STEP 12 选中栏杆扶手，单击左侧“类型选择器”下拉列表右下侧“编辑类型”按钮，在弹出的“类型属性”对话框中设置“顶部扶栏”项下“高度”为“1100.0”，“类型”为“矩形 -50×50mm”；单击“类型属性”对话框中“栏杆位置”选项后的“编辑”按钮，弹出“编辑栏杆位置”对话框；设置“主样式”下“2”的“名称”为“常规栏杆”，“栏杆族”为“栏杆 - 正方形：25mm”，“相对前一栏杆的距离”为“275.0”；设置“截断样式位置”为“从不”；勾选“楼梯上每个踏板都使用栏杆”复选框；设置“每踏板的栏杆数”为“2”；“栏杆族”为“栏杆 - 正方形：25mm”；设置“支柱”项下“起点支柱”“转角支柱”“终点支柱”的“栏杆族”均为“无”；单击“确定”按钮关闭“类型属性”对话框，完成参数的设置。再次单击“确定”按钮关闭第一个“类型属性”对话框。

STEP 13 选中顶部扶栏，单击左侧“类型选择器”下拉列表右下侧“编辑类型”按钮，在弹出的“类型属性”对话框中设置“材质和装饰”项下“材质”为“金属不锈钢抛光”；设置“构造”项下“默认连接”为“斜接”；单击“确定”按钮关闭“类型属性”对话框。

STEP 14 双击右侧“项目浏览器”下“族”→“栏杆扶手”→“栏杆”-“正方形”项下“25mm”选项；在弹出的“类型属性”对话框中设置“材质和装饰”项下“栏杆材质”为“天蓝色塑钢”；单击“确定”按钮关闭“类型属性”对话框。

STEP 15 删除两侧栏杆扶手；单击“建筑”选项卡“楼梯坡道”面板“栏杆扶手”下拉列表“放置在主体上”按钮，系统切换到“修改 | 创建主体上的栏杆扶手位置”上下文选项卡；激活“位置”面板“踏板”按钮；确认栏杆扶手的类型为“栏杆扶手 1100mm”，拾取楼梯，则楼梯两侧的栏杆扶手创建完成了。

STEP 16 切换到“标高 1”楼层平面视图；双击栏杆扶手，系统切换到“修改 | 绘制路径”上下文选项卡；单击“修改”面板“拆分图元”按钮，在三处平台位置起始端进行拆分，拆分为九段前后连续相连的路径草图线；单击“模式”面板“完成编辑模式”按钮“√”，则栏杆扶手编辑好了；同理，编辑另外一侧的栏杆扶手。

STEP 17 切换到三维视图，查看创建的楼梯模型三维显示效果，如图 4.93 所示。

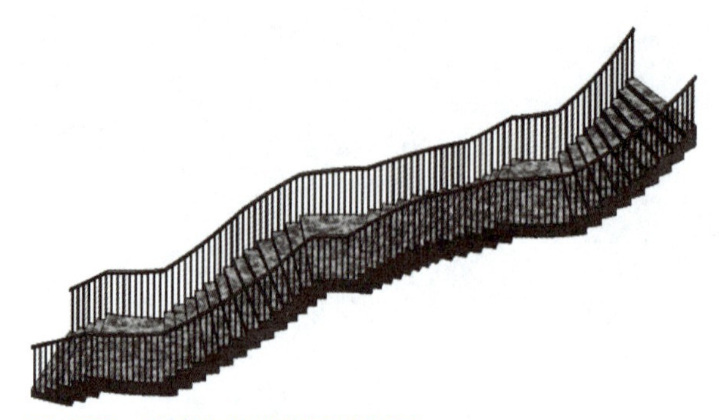

图 4.93　艺术旋转楼梯三维模型

STEP 18　单击快速访问工具栏“保存”按钮，保存模型文件。

至此，本题建模结束。

【方法二：楼梯（按草图）】

STEP 01　打开软件 Revit；单击“项目”→“新建”按钮，在打开的“新建项目”对话框中选择“建筑样板”作为样板文件；勾选“新建”项下“项目”选项，单击“确定”按钮，退出“新建项目”对话框，直接进入创建建筑专业模型的 Revit 工作界面且打开了“标高 1”楼层平面视图。

STEP 02　单击“文件”按钮，在弹出的下拉列表中单击“另存为”→“项目”按钮，在弹出的“另存为”对话框中，输入文件名“艺术旋转楼梯模型”，文件类型默认为“.rvt”，单击“保存”按钮，即可保存项目文件。

STEP 03　在项目浏览器中展开“立面（建筑立面）”项，双击视图名称“南”进入南立面视图。选中“标高 2”，在蓝色临时尺寸标注值上单击激活文本框，输入新的临时尺寸数值“6800.0”后按 Enter 键确认，将“标高 2”标高值修改为 6.800m。

STEP 04　切换到“标高 1”楼层平面视图；选中四个立面符号，永久隐藏。

STEP 05　单击“注释”选项卡“详图”面板“详图线”按钮，详图切换到“修改 | 放置 详图线”上下文选项卡；绘制详图线，如图 4.90 所示。

STEP 06　切换到“标高 1”楼层平面视图，单击“建筑”选项卡“楼梯坡道”面板“楼梯”下拉列表“楼梯（按草图）”按钮；系统自动切换到“修改 | 创建楼梯草图”上下文选项卡，如图 4.94 所示；设置选项栏中“定位线”为“梯段：中心”，“偏移量”为“0.0”；“实际梯段宽度”为“2000.0”；勾选“自动平台”复选框。

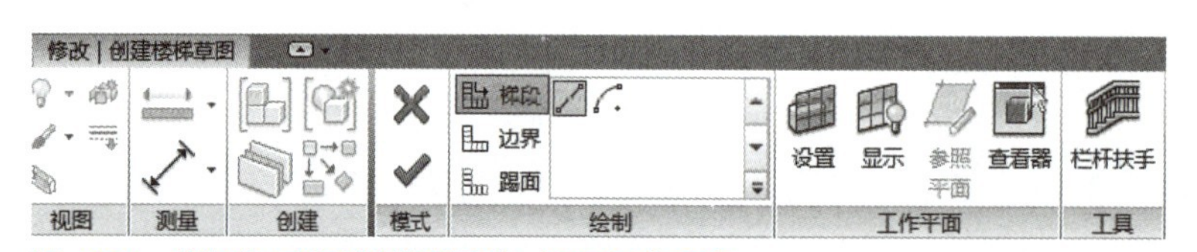

图 4.94　“修改 | 创建楼梯草图”上下文选项卡

STEP 07　设置楼梯的类型为“整体浇筑楼梯”；单击“类型选择器”下拉列表右下侧“编辑类型”按钮，在弹出的“类型属性”对话框中复制创建一个新的楼梯类型“整体浇筑楼梯 - 按草图”；设置“计算规则”项下“最小踏板深度”为“250.0”，“最大踢面高度”为“170.0”；设置“构造”项下“延伸到基准之下”为“0.0”，“螺旋形楼梯底面”为“阶梯式”；设置“材质和装饰”项下“踏板材质”为“大理石”，“踢面材质”为“大理石”，“整体式材质”为“混凝土”；设置“踏板”项下“踏板厚度”为“50.0”；不勾选“踢面”项下“结束于踢面”复选框；设置“梯边梁”项下“楼梯踏步梁高度”为“300.0”，“平台斜梁高度”为“300.0”，如图 4.95 所示。

STEP 08　设置左侧“属性”对话框“限制条件”选项组中“底部标高”为“标高 1”，“底部偏移”为“0.0”，“顶部标高”为“标高 2”及“顶部偏移”为“0.0”；设置“尺寸标注”项下“所需踢面数”为“40”，“实际踏板深度”为“250.0”。

STEP 09 单击“修改 | 创建楼梯草图”上下文选项卡“工具”面板“栏杆扶手”按钮；在弹出的“栏杆扶手”对话框中，设置“栏杆类型”为“1100mm”，“位置”为“踏板”；单击“修改 | 创建楼梯草图”上下文选项卡“构件”面板“创建草图”按钮，系统切换到“修改 | 创建楼梯草图 > 绘制梯段”上下文选项卡；激活“边界”按钮，绘制边界线（绿色）；激活“踢面”按钮，绘制踢面线（黑色线），如图 4.92 所示；单击“修改 | 创建楼梯草图 > 绘制梯段”上下文选项卡“模式”面板“完成编辑模式”按钮“√”，则楼梯创建好了。

STEP 10 选中栏杆扶手，单击左侧“类型选择器”下拉列表右下侧“编辑类型”按钮，在弹出的“类型属性”对话框中设置“顶部扶栏”项下“高度”为“1100.0”，“类型”为“矩形 −50×50mm”；单击“类型属性”对话框中“栏杆位置”选项后的“编辑”按钮，弹出“编辑栏杆位置”对话框；设置“主样式”下“2”的“名称”为“常规栏杆”，“栏杆族”为“栏杆 − 正方形：25mm”，“相对前一栏杆的距离”为“275.0”；设置“截断样式位置”为“从不”；勾选“楼梯上每个踏板都使用栏杆”复选框；设置“每踏板的栏杆数”为“2”；“栏杆族”为“栏杆 − 正方形：25mm”；设置“支柱”项下“起点支柱”“转角支柱”“终点支柱”的“栏杆族”均为“无”；单击“确定”按钮关闭“类型属性”对话框，完成参数的设置。再次单击“确定”按钮关闭第一个“类型属性”对话框。

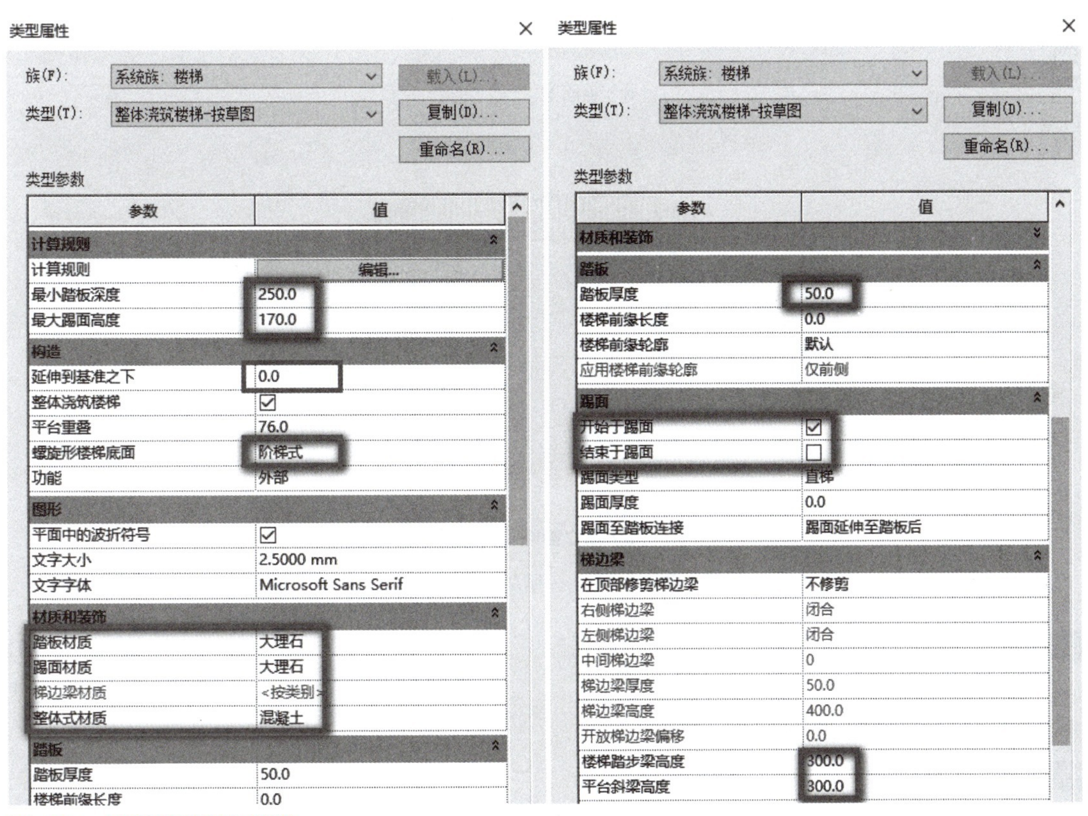

图 4.95　楼梯类型参数设置

STEP 11 选中顶部扶栏，单击左侧“类型选择器”下拉列表右下侧“编辑类型”按钮，在弹出的“类型属性”对话框中设置“材质和装饰”项下“材质”为“金属不锈钢抛光”；设置“构造”项下“默认连接”为“斜接”；单击“确定”按钮关闭“类型属性”对话框。

STEP 12 双击右侧“项目浏览器”下“族”→“栏杆扶手”→“栏杆 − 正方形”项下“25mm”选项；在弹出的“类型属性”对话框中设置“材质和装饰”项下“栏杆材质”为“天蓝色塑钢”；单击“确定”按钮关闭“类型属性”对话框。

STEP 13 切换到“标高 1”楼层平面视图；双击栏杆扶手，系统切换到“修改 | 绘制路径”上下文选项

卡；单击“修改”面板“拆分图元”按钮，在三处平台位置起始端进行拆分，拆分为九段前后连续相连的路径草图线；单击“模式”面板“完成编辑模式”按钮“√”，则栏杆扶手编辑好了；同理，编辑另外一侧的栏杆扶手。

STEP 14 切换到三维视图，查看创建的楼梯模型三维显示效果，如图 4.93 所示。

STEP 15 单击快速访问工具栏“保存”按钮，保存模型文件。

至此，本题建模结束。

4.【二级（建筑）第十一期第一题】

根据图 4.96 给定数值创建楼梯与扶手，楼梯宽度为 1200mm，实际踏板深度为 250mm，实际踢面高度为 150mm，踏板厚度为 50mm，踢面厚度为 12.5mm，栏杆高度为 900mm，顶部扶手类型为矩形 50mm × 50mm，未标明尺寸不作要求，请将模型以“楼梯扶手 .xxx”为文件名保存到考生文件夹中。(10 分)

【二级（建筑）第十一期第一题】

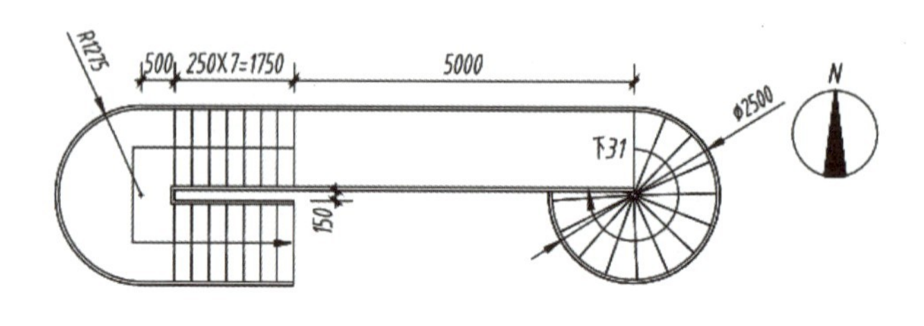

（a）平面图

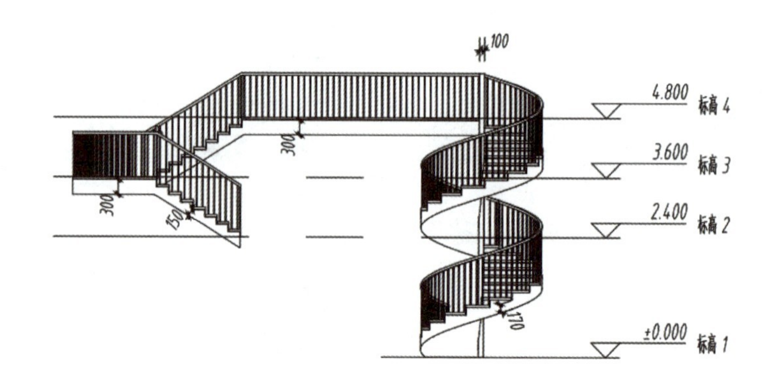

（b）南立面图

图 4.96　二级（建筑）第十一期第一题

STEP 01 打开软件 Revit；单击“项目”→“新建”按钮，在打开的“新建项目”对话框中选择“建筑样板”作为样板文件；勾选“新建”项下“项目”选项，单击“确定”按钮，退出“新建项目”对话框，直接进入创建建筑专业模型的 Revit 工作界面且打开了“标高 1”楼层平面视图。

STEP 02 单击“文件”按钮，在弹出的下拉列表中单击“另存为”→“项目”按钮，在弹出的“另存为”对话框中，输入文件名“楼梯扶手”，文件类型默认为“.rvt”，单击“保存”按钮，即可保存项目文件。

STEP 03 在项目浏览器中展开“立面（建筑立面）”项，双击视图名称“南”进入南立面视图。

STEP 04 选中“标高 2”，在蓝色临时尺寸标注值上单击激活文本框，输入新的临时尺寸数值“2400.0”后按 Enter 键确认，将“标高 2”标高值修改为 2.400m。

STEP 05 移动光标到视图中“标高 2”标高线左侧标头上方，当出现绿色标头对齐虚线时，单击捕捉标高起点；从左向右移动光标到“标高 2”标高线右侧标头上方，当出现绿色标头对齐虚线时，再次单击捕捉标高终点，创建“标高 3”。

STEP 06 选中“标高 3”，在蓝色临时尺寸标注值上单击激活文本框，输入新的临时尺寸数值“1200.0”后按 Enter 键确认，将“标高 3”标高值修改为 3.6m。

STEP 07 移动光标到视图中“标高 3”标高线左侧标头上方，当出现绿色标头对齐虚线时，单击捕捉标高起点；从左向右移动光标到“标高 3”标高线右侧标头上方，当出现绿色标头对齐虚线时，再次单击捕捉标高终点，创建“标高 4”。

STEP 08 选中“标高 4”，在蓝色临时尺寸标注值上单击激活文本框，输入新的临时尺寸数值为“1200.0”后按 Enter 键确认，将“标高 4”标高值修改为 4.8m。

STEP 09 切换到“标高 1”楼层平面视图；选中四个立面符号，永久隐藏。

STEP 10 单击“注释”选项卡“详图”面板“详图线”按钮，详图切换到“修改 | 放置 详图线”上下文选项卡；绘制详图线，如图 4.97 所示。

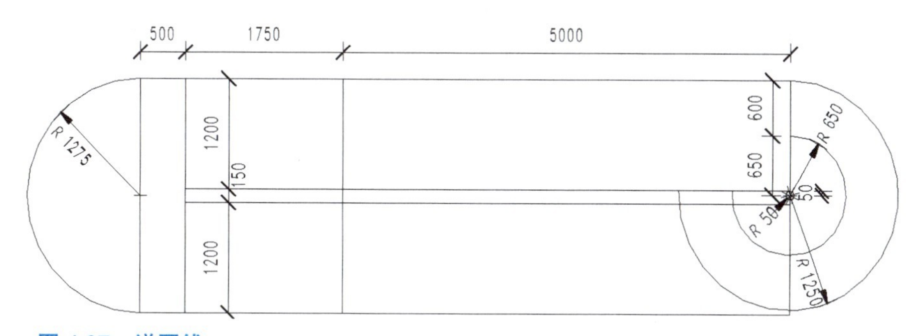

图 4.97 详图线

STEP 11 切换到“标高 1”楼层平面视图，单击“建筑”选项卡“楼梯坡道”面板“楼梯”下拉列表“楼梯（按构件）”按钮；系统自动切换到“修改 | 创建楼梯”上下文选项卡；设置选项栏中“定位线”为“梯段：左”；“偏移量”为“0.0”；“实际梯段宽度”为“1200.0”；勾选“自动平台”复选框。

STEP 12 在“类型选择器”下拉列表中选择“现场浇注楼梯 整体浇筑楼梯”；设置左侧“属性”对话框“限制条件”选项组中“底部标高”为“标高 2”，“底部偏移”为“0.0”，“顶部标高”为“标高 4”及“顶部偏移”为“0.0”；设置“尺寸标注”项下“所需踢面数”为“16”，“实际踏板深度”为“250.0”。

STEP 13 单击左侧“类型选择器”下拉列表右下侧“编辑类型”按钮，弹出“类型属性”对话框；设置“计算规则”项下“最小踏板深度”为“250.0”，“最大踢面高度”为“150.0”，“最小梯段宽度”为“1200.0”；单击“构造”项下“梯段类型”右侧“150mm 结构深度”处空白，接着单击显示出来的灰色矩形框按钮，在系统自动弹出“类型属性”对话框中设置“构造”项下“下侧表面”为“平滑式”，“结构深度”为“150.0”；设置“材质和装饰”项下“整体式材质”为“混凝土”，“踏板材质”和“踢面材质”均为“大理石”；勾选“踏板”项下“踏板”复选框，设置“踏板”厚度为“50.0”；勾选“踢面”项下“踢面”复选框，设置“踢面”厚度为“12.5”，如图 4.98 所示；单击“确定”按钮关闭“类型属性”对话框回到第一个“类型属性”对话框界面。

STEP 14 单击“构造”项下“平台类型”右侧“300mm 厚度”处空白，接着单击显示出来的灰色矩形框按钮，在系统自动弹出“类型属性”对话框中设置“构造”项下“整体厚度”为“300.0”；设置“材质和装饰”项下“整体式材质”为“混凝土”；勾选“踏板”项下“与梯段相同”复选框；单击“确定”按钮关闭“类型属性”对话框回到第一个“类型属性”对话框界面；再次单击“确定”按钮关闭“类型属性”对话框，则“现场浇注楼梯 整体浇筑楼梯”的实例参数和类型参数就设置好了。

STEP 15 单击“修改 | 创建楼梯”上下文选项卡“构件”面板“梯段”按钮；激活“直梯”按钮；单击“工具”面板“栏杆扶手”按钮，在弹出的“栏杆扶手”对话框中，设置“栏杆类型”为“900mm”、“位置”为“踏板”。

STEP 16 单击梯段起点 A，水平往左移动光标，在 B 点单击，指定梯段的端点；向垂直上方移动光标，移动到 C 点单击，继续水平往右移动光标绘制剩余的踢面；当实时标注文字指示“创建了 16 个踢面，剩余 0 个”时，在 D 点单击，结束梯段的绘制；则梯段创建完成了，如图 4.99 所示。

类型参数

参数	值
构造	
下侧表面	平滑式
结构深度	150.0
材质和装饰	
整体式材质	混凝土
踏板材质	大理石
踢面材质	大理石
踏板	
踏板	☑
踏板厚度	50.0
踏板轮廓	默认
楼梯前缘长度	0.0
楼梯前缘轮廓	默认
应用楼梯前缘轮廓	仅前侧
踢面	
踢面	☑
斜梯	☐
踢面厚度	12.5
踢面轮廓	默认
踢面到踏板的连接	踢面延伸至踏板后

图 4.98　梯段类型参数设置

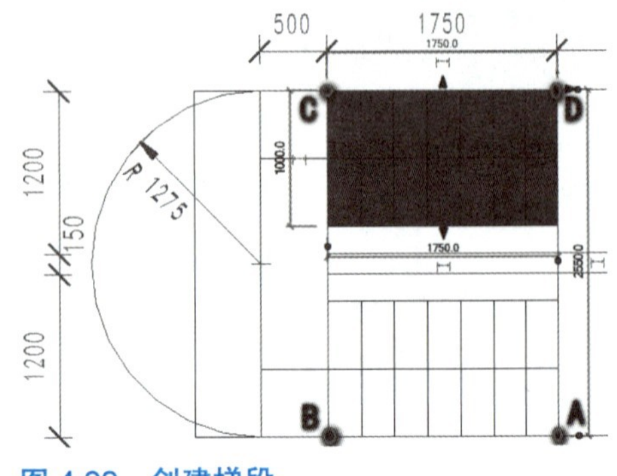

图 4.99　创建梯段

STEP 17 选中休息平台，如图 4.100 所示；单击“修改 | 创建楼梯”上下文选项卡“工具”面板“转换”按钮；系统弹出“楼梯 – 转换为自定义”警示对话框，直接单击“关闭”按钮即可；单击“修改 | 创建楼梯”上下文选项卡“工具”面板“编辑草图”按钮，系统切换到“修改 | 创建楼梯 > 绘制平台”上下文选项卡；激活“绘制”面板“边界”按钮，选择“修改 | 创建楼梯 > 绘制平台”上下文选项卡“绘制”面板“起点 – 终点 – 半径弧”和“线”按钮，绘制休息平台边界线，如图 4.101 所示；确认左侧“属性”对话框“限制条件”项下“相对高度”为“1200.0”，如图 4.102 所示；单击“修改 | 创建楼梯 > 绘制平台”上下文选项卡“模式”面板“完成编辑模式”按钮“√”，则“标高 3”位置休息平台创建好了；激活“修改 | 创建楼梯”上下文选项卡“平台”按钮，单击“创建草图”按钮，如图 4.103 所示；系统切换到“修改 | 创建楼梯 > 绘制平台”上下文选项卡；激活“绘制”面板“边界”按钮，选择“修改 | 创建楼梯 > 绘制平台”上下文选项卡“矩形”按钮，绘制平台边界线，如图 4.104 所示；确认左侧“属性”对话框“限制条件”项下“相对高度”为“2400.0”；单击“修改 | 创建楼梯 > 绘制平台”上下文选项卡“模式”面板“完成编辑模式”按钮“√”，则“标高 4”位置休息平台创建好了；单击“修改 | 创建楼梯”上下文选项卡“模式”面板“完成编辑模式”按钮“√”，则楼梯创建好了，如图 4.105 所示。

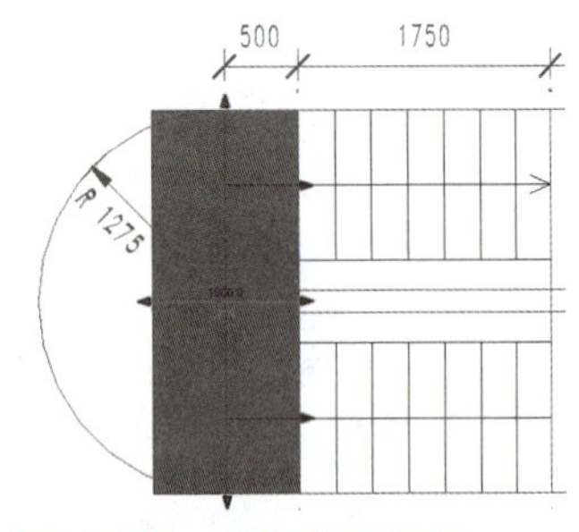

图 4.100　选中休息平台

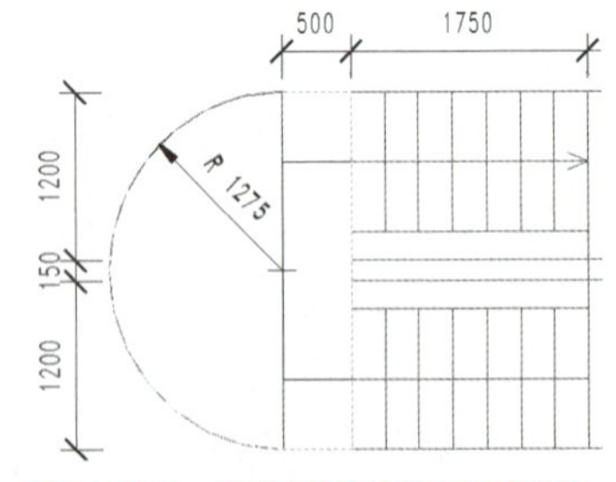

图 4.101　绘制休息平台边界线

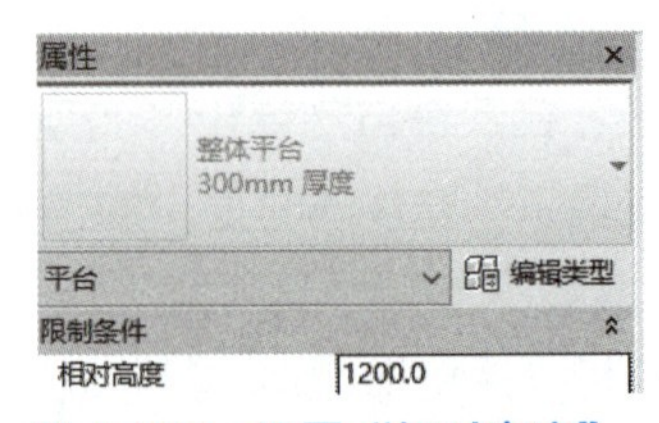

图 4.102　设置“相对高度”

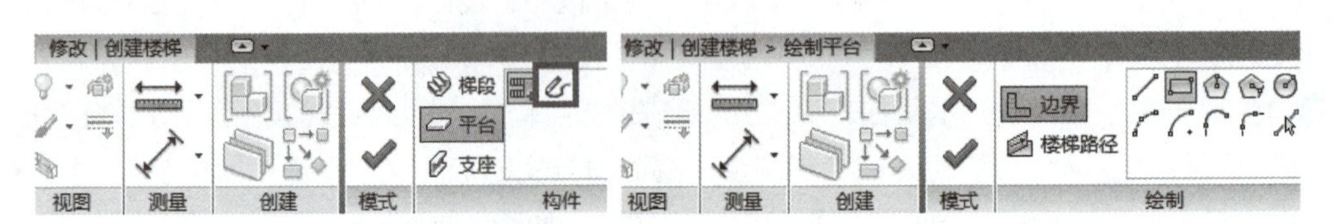

图 4.103　“创建草图”按钮

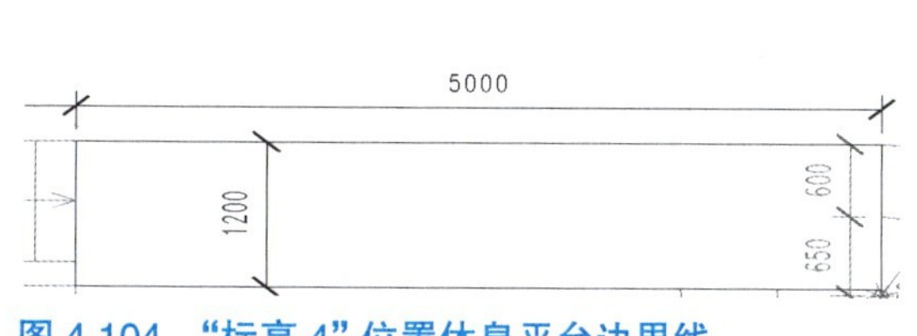

图 4.104 “标高 4”位置休息平台边界线

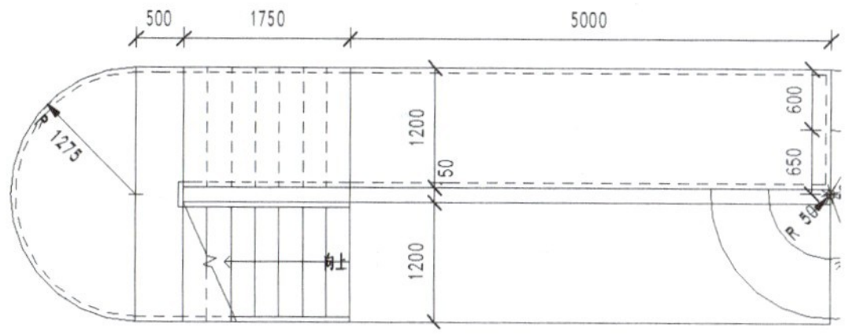

图 4.105 双跑楼梯

STEP 18 选中栏杆扶手，双击，系统切换到“修改 | 绘制路径”上下文选项卡；编辑外侧栏杆扶手路径草图线，如图 4.106 所示；单击“模式”面板“完成编辑模式”按钮“√”，则外侧栏杆扶手编辑好了。

STEP 19 单击“建筑”选项卡“楼梯坡道”面板“栏杆扶手”下拉列表“放置在主体上”按钮，系统切换到“修改 | 创建主体上的栏杆扶手位置”上下文选项卡；激活“位置”面板“踏板”按钮；确认栏杆扶手的类型为“栏杆扶手 900mm”，拾取楼梯，则楼梯两侧的栏杆扶手创建完成了。

STEP 20 使栏杆扶手处于选中状态，双击，系统切换到“修改 | 绘制路径”上下文选项卡；编辑内侧栏杆扶手路径草图线，如图 4.107 所示；单击“模式”面板“完成编辑模式”按钮“√”，则内侧栏杆扶手编辑好了。

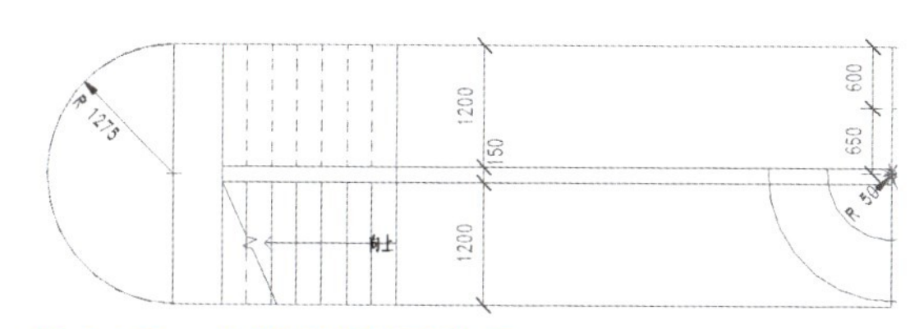

图 4.106 外侧栏杆扶手路径

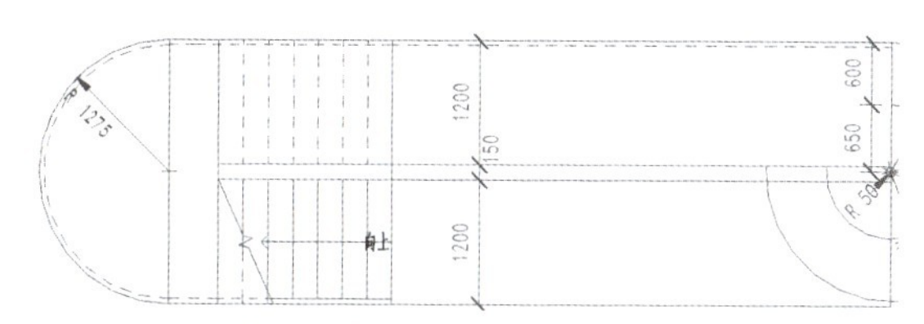

图 4.107 内侧栏杆扶手路径

STEP 21 切换到三维视图；选中栏杆扶手，单击左侧“类型选择器”下拉列表右下侧“编辑类型”按钮，在弹出的“类型属性”对话框中设置“顶部扶栏”项下“高度”为“900.0”，“类型”为“矩形-50×50mm”；单击“类型属性”对话框中“栏杆位置”选项后的“编辑”按钮，弹出“编辑栏杆位置”对话框；设置“主样式”下“2”的“名称”为“常规栏杆”，“栏杆族”为“栏杆 - 正方形：20mm”，“相对前一栏杆的距离”为“275.0”；设置“截断样式位置”为“从不”；勾选“楼梯上每个踏板都使用栏杆”复选框；设置“每踏板的栏杆数”为“2”；“栏杆族”为“栏杆 - 正方形：20mm”；设置“支柱”项下“起点支柱”“转角支柱”“终点支柱”的“栏杆族”均为“无”；单击“确定”按钮关闭“类型属性”对话框，完成参数的设置。单击“确定”按钮关闭“类型属性”对话框。

STEP 22 选中顶部扶栏，单击左侧“类型选择器”下拉列表右下侧“编辑类型”按钮，在弹出的“类型属性”对话框中设置“材质和装饰”项下“材质”为“金属不锈钢抛光”；设置“构造”项下“默认连接”为“斜接”，“过渡件”为“普通”；单击“确定”按钮关闭“类型属性”对话框（系统右下角弹出的警示对话框，不用理会，直接关闭即可）。

STEP 23 双击右侧“项目浏览器”下“族”→“栏杆扶手”→“栏杆 - 正方形”项下“20mm”选项；在弹出的“类型属性”对话框中设置“材质和装饰”项下“栏杆材质”为“天蓝色塑钢”；单击“确定”按钮关闭“类型属性”对话框。

STEP 24 创建的双跑楼梯，三维显示效果，如图 4.108 所示。

STEP 25 切换到“标高 1”楼层平面视图；单击“建筑”选项卡“构建”面板“构件”下拉列表“内建模型”按钮，在弹出的“族类别和族参数”对话框中设置“族类别”为“常规模型”，单击“确定”按钮关闭“族类别和族参数”对话框；在弹出的“名称”对话框中“名称”按照默认即可，单击“确定”按钮关闭“名称”对话框，系统自动切换到了创建族模型的编辑器界面。

STEP 26 单击“创建”选项卡“形状”面板“拉伸”按钮，系统自动切换到“修改 | 创建拉伸”上下文选项卡；绘制以 E 点为圆心，半径 50mm 的圆形草图线，如图 4.109 所示。

图 4.108　双跑楼梯三维模型

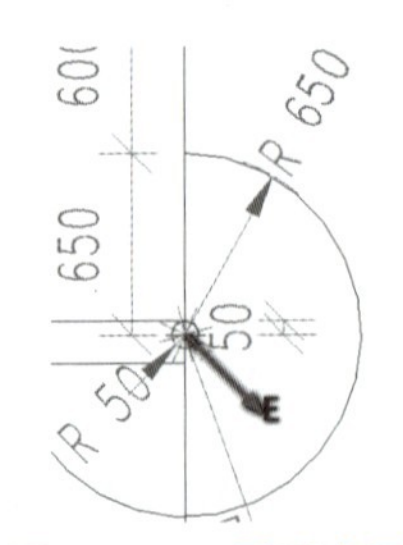

图 4.109　圆形草图线

STEP 27 设置左侧“属性”对话框“材质和装饰”项下“材质”为“混凝土”；设置“限制条件”项下“拉伸终点”为“5700.0”，“拉伸起点”为“0.0”，设置“工作平面”为“标高：标高 1”；单击“修改 | 创建拉伸”上下文选项卡“模式”面板“完成编辑模式”按钮“√”，则拉伸模型创建完成；接着单击“在位编辑器”面板“完成模型”按钮“√”，则内建模型创建完成。

STEP 28 单击“建筑”选项卡“楼梯坡道”面板“楼梯”下拉列表“楼梯（按构件）”按钮；系统自动切换到“修改 | 创建楼梯”上下文选项卡；设置选项栏中“定位线”为“梯段：中心”，“偏移量”为“0.0”，“实际梯段宽度”为“1200.0”；勾选“自动平台”复选框。

STEP 29 设置楼梯的类型为“现场浇注楼梯 整体浇筑楼梯”；设置左侧“属性”对话框“限制条件”选项组中“底部标高”为“标高 1”，“底部偏移”为“0.0”，“顶部标高”为“标高 4”及“顶部偏移”为“0.0”；设置“尺寸标注”项下“所需踢面数”为“32”，“实际踏板深度”为“250.0”。

STEP 30 单击左侧“类型选择器”下拉列表右下侧“编辑类型”按钮，在弹出的“类型属性”对话框中复制创建一个新的楼梯类型“旋转楼梯”；设置“计算规则”项下“最小踏板深度”为“250.0”，“最大踢面高度”为“150.0”，“最小梯段宽度”为“1200.0”；单击“构造”项下“梯段类型”右侧“150mm 结构深度”处空白，接着单击显示出来的灰色矩形框按钮，在系统自动弹出“类型属性”对话框中设置“构造”项下“下侧表面”为“平滑式”，“结构深度”为“170.0”；设置“材质和装饰”项下“整体式材质”为“混凝土”，“踏板材质”和“踢面材质”均为“大理石”；勾选“踏板”项下“踏板”复选框、设置“踏板”厚度为“50.0”；勾选“踢面”项下“踢面”复选框，设置“踢面”厚度为“12.5”；单击“确定”按钮关闭“类型属性”对话框回到第一个“类型属性”对话框界面。

STEP 31 单击“构造”项下“平台类型”右侧“300mm 厚度”处空白，接着单击显示出来的灰色矩形框按钮，在系统自动弹出“类型属性”对话框中设置“构造”项下“整体厚度”为“300.0”；设置“材质和装饰”项下“整体式材质”为“混凝土”；勾选“踏板”项下“与梯段相同”复选框；单击“确定”按钮关闭“类型属性”对话框回到第一个“类型属性”对话框界面；再次单击“确定”按钮关闭“类型属性”对话框，则“旋转楼梯”的实例参数和类型参数设置好了。

STEP 32 单击“修改 | 创建楼梯”上下文选项卡“构件”面板“梯段”按钮；激活“全踏步螺旋”按钮，如图 4.110 所示；单击“工具”面板“栏杆扶手”按钮，在弹出的“栏杆扶手”对话框中，设置“栏杆类型”为“900mm”，“位置”为“踏板”。

STEP 33 选择 E 作为全踏步螺旋楼梯的中心；同时显示半径值，输入数值“650”以指定半径值，按 Enter 键，完成全踏步螺旋楼梯梯段的创建，如图 4.111 所示；单击“模式”面板上的“完成编辑模式”按钮“√”，单击图 4.112 所示警示对话框的“删除类型”按钮，则完成全踏步螺旋楼梯的创建，全踏步螺旋楼梯的平面样式包含剖切线段、上楼方向箭头以及标注文字。

STEP 34 使全踏步螺旋楼梯处于选中状态，切换到“标高 4”楼层平面视图；单击“修改”面板“旋转”按钮，移动光标至旋转中心标记位置，按住鼠标左键不放将其拖曳至新的位置 E，松开鼠标左键可设置旋转中心的位置，即设置 E 点作为旋转中心，不勾选选项栏中的“复制”复选框，以直线 F 作为旋转起始边，逆时针旋转，以垂直直线 G 作为旋转终点边，则创建的全踏步螺旋楼梯梯段位置就调整好了，如图 4.113 所示。

图 4.110 “全踏步螺旋”按钮

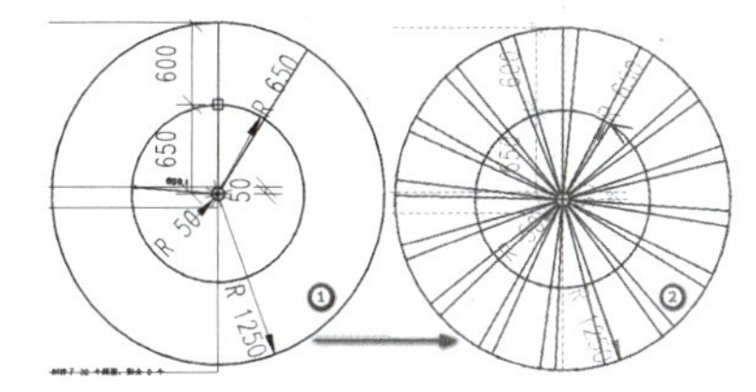

图 4.111 创建全踏步螺旋楼梯梯段

Autodesk Revit 2016
错误 - 不能忽略 14 错误, 2 警告
无法生成类型“栏杆 - 正方形 : 20mm”。
第1个(共16个) 显示(S) 更多信息(I) 展开(E) >>
解决第一个错误:
删除类型 确定(O) 取消(C)

图 4.112 警示对话框的“删除类型”按钮

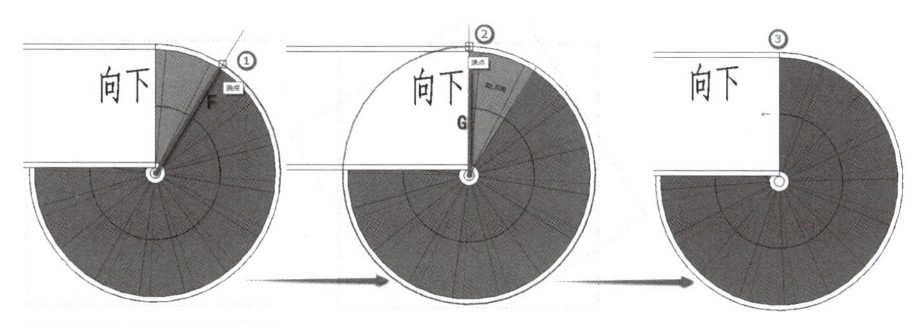

图 4.113 调整楼梯位置

STEP 35 转换至三维视图，选中全踏步螺旋楼梯内侧栏杆扶手删除，如图 4.114 所示；双击创建的全踏步螺旋楼梯，系统切换到“修改 | 创建楼梯”上下文选项卡；选中全踏步螺旋楼梯梯段，不勾选左侧“属性”对话框“构造”项下“以踢面结束”复选框，如图 4.115 所示；单击“模式”面板“完成编辑模式”按钮“√”，则全踏步螺旋楼梯创建好了。

STEP 36 全踏步螺旋楼梯的三维样式，如图 4.116 所示。

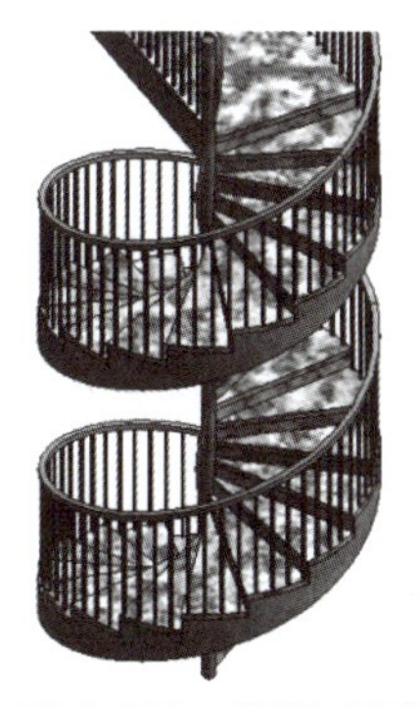

图 4.114 删除内侧栏杆扶手

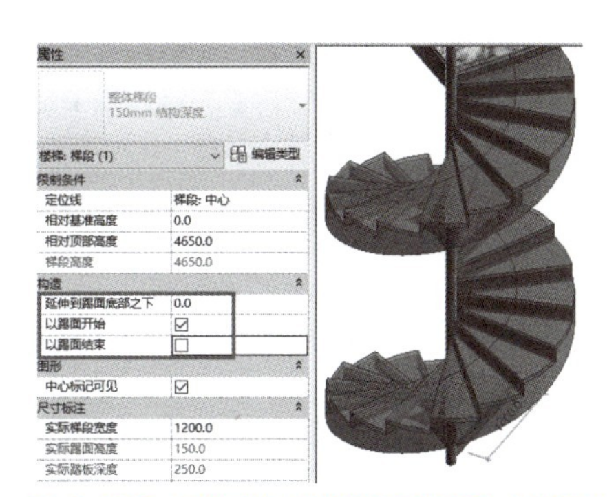

图 4.115 不勾选“以踢面结束”复选框

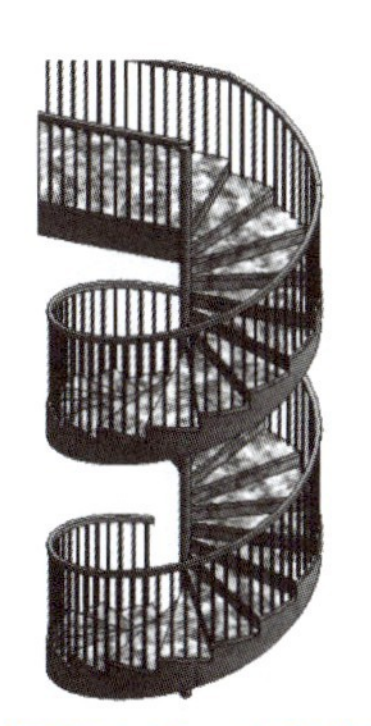

图 4.116 全踏步螺旋楼梯三维样式

STEP 37 单击快速访问工具栏“保存”按钮，保存模型文件。

至此，本题建模结束。

5.【二级（建筑）第十三期第一题】

如图 4.117 所示，请根据给定的投影图及尺寸，绘制艺术旋转楼梯模型，其中，梯段与平台厚度均为 150mm，踢面高度均为 100mm，踏板厚度为 50mm，梯段宽度如图 4.117（a）所示。楼梯扶手和平台栏杆高度 900mm，扶手截面为 50mm × 50mm 矩形。未作标注和说明的尺寸自行定义。请将模型文件以“艺术楼梯模型 .xxx”为文件名保存到考生文件夹中。（10 分）

【二级（建筑）第十三期第一题】

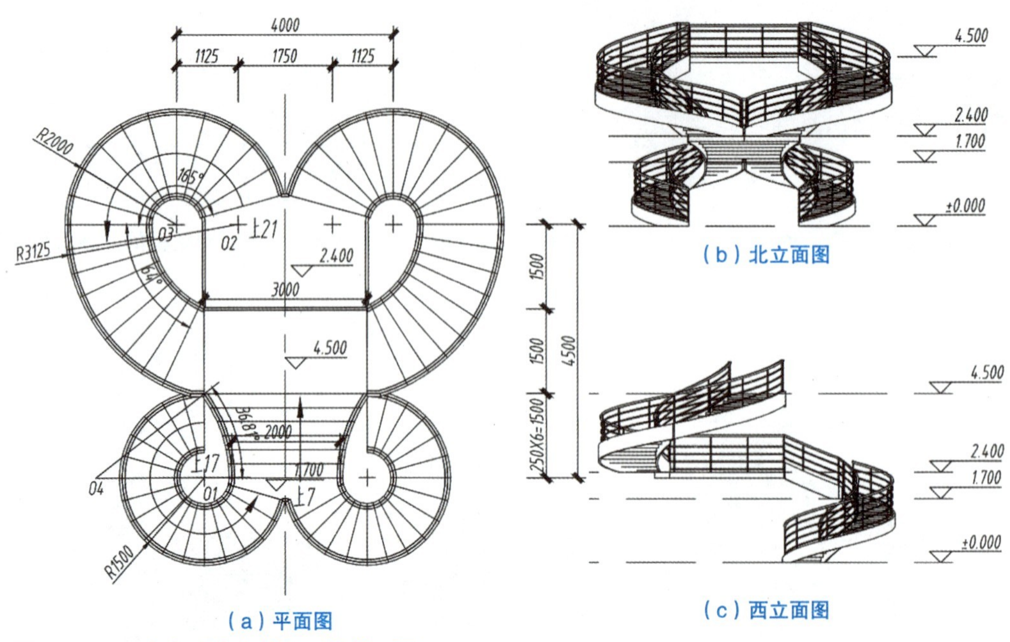

（a）平面图　（b）北立面图　（c）西立面图

图 4.117　二级（建筑）第十三期第一题

STEP 01 打开软件 Revit；单击“项目”→“新建”按钮，在打开的“新建项目”对话框中选择“建筑样板”作为样板文件；勾选“新建”项下“项目”选项，单击“确定”按钮，退出“新建项目”对话框，直接进入创建建筑专业模型的 Revit 工作界面且打开了“标高 1”楼层平面视图。

STEP 02 单击“文件”按钮，在弹出的下拉列表中单击“另存为”→“项目”按钮，在弹出的“另存为”对话框中，输入文件名“艺术楼梯模型”，文件类型默认为“.rvt”，单击“保存”按钮，即可保存项目文件。

STEP 03 在项目浏览器中展开“立面（建筑立面）”项，双击视图名称“南”进入南立面视图。

STEP 04 选中“标高 2”，在蓝色临时尺寸标注值上单击激活文本框，输入新的临时尺寸数值“1700.0”后按 Enter 键确认，将“标高 2”标高值修改为 1.7m。

STEP 05 移动光标到视图中“标高 2”标高线左侧标头上方，当出现绿色标头对齐虚线时，单击捕捉标高起点；从左向右移动光标到“标高 2”标高线右侧标头上方，当出现绿色标头对齐虚线时，再次单击捕捉标高终点，创建“标高 3”。

STEP 06 选中“标高 3”，在蓝色临时尺寸标注值上单击激活文本框，输入新的临时尺寸数值“700.0”后按 Enter 键确认，将“标高 3”标高值修改为 2.4m。

STEP 07 移动光标到视图中“标高 3”标高线左侧标头上方，当出现绿色标头对齐虚线时，单击捕捉标高起点；从左向右移动光标到“标高 3”标高线右侧标头上方，当出现绿色标头对齐虚线时，再次单击捕捉标高终点，创建“标高 4”。

STEP 08 选中“标高 4”，在蓝色临时尺寸标注值上单击激活文本框，输入新的临时尺寸数值“2100.0”后按 Enter 键确认，将“标高 4”标高值修改为 4.5m。

STEP 09 切换到“标高 1”楼层平面视图；选中四个立面符号，永久隐藏。

STEP 10 单击“建筑 ”选项卡“模型”面板“模型线”按钮，详图切换到“修改 | 放置 线”上下文选项卡；绘制模型线，如图 4.118 所示。

STEP 11 单击“建筑”选项卡“楼梯坡道”面板“楼梯”下拉列表“楼梯（按构件）”按钮；系统自动切换到“修改 | 创建楼梯”上下文选项卡；设置选项栏中“定位线”为“梯段：右”；“偏移量”为“0.0”；“实际梯段宽度”为“1000.0”；不勾选“自动平台”复选框。

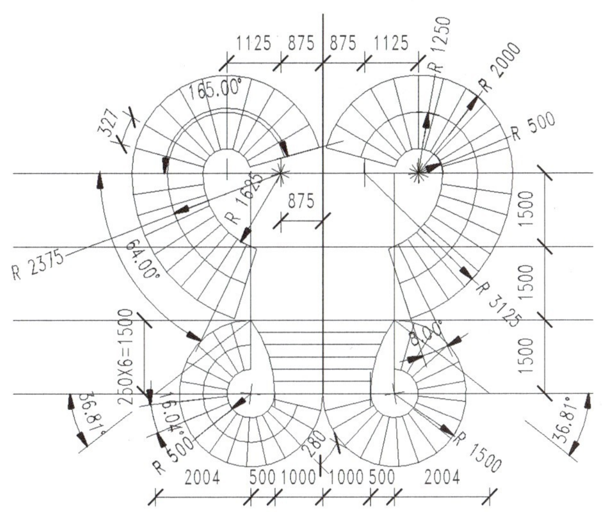

图 4.118　模型线

STEP 12 在“类型选择器”下拉列表中选择“现场浇注楼梯 整体浇筑楼梯”；设置左侧“属性”对话框“限制条件”选项组中“底部标高”为“标高 1”，“底部偏移”为“0.0”，“顶部标高”为“标高 2”及“顶部偏移”为“0.0”；设置“尺寸标注”项下“所需踢面数”为“17”，“实际踏板深度”为“280.0”。

STEP 13 单击左侧“类型选择器”下拉列表右下侧“编辑类型”按钮，弹出“类型属性”对话框，复制创建一个新的楼梯类型“现场浇注楼梯 整体浇筑楼梯 01”；设置“计算规则”项下“最小踏板深度”为“280.0”，“最大踢面高度”为“100.0”，“最小梯段宽度”为“1000.0”；单击“构造”项下“梯段类型”右侧“150mm 结构深度”处空白，接着单击显示出来的灰色矩形框按钮，在系统自动弹出“类型属性”对话框中设置“构造”项下“下侧表面”为“阶梯式”，“结构深度”为“150.0”；设置“材质和装饰”项下“整体式材质”为“混凝土”，“踏板材质”为“大理石”；勾选“踏板”项下“踏板”复选框，设置“踏板”厚度为“50.0”；单击“确定”按钮关闭“类型属性”对话框回到第一个“类型属性”对话框界面。

STEP 14 单击“构造”项下“平台类型”右侧“300mm 厚度”处空白，接着单击显示出来的灰色矩形框按钮，在系统自动弹出“类型属性”对话框中复制创建一个新的平台类型“150mm 厚度”，设置“构造”项下“整体厚度”为“150.0”；设置“材质和装饰”项下“整体式材质”为“混凝土”；勾选“踏板”项下“与梯段相同”复选框；单击“确定”按钮关闭“类型属性”对话框回到第一个“类型属性”对话框界面。

STEP 15 设置“支撑”项下“右侧支撑”和“左侧支撑”均为“梯边梁（闭合）”；单击“支撑”项下“右侧支撑类型”右侧“梯边梁 -50mm 宽度”处空白，接着单击显示出来的灰色矩形框按钮，在系统自动弹出“类型属性”对话框中复制创建一个新的右侧支撑类型“梯边梁 -25mm 宽度”，设置“材质和装饰”项下“材质”为“混凝土”；设置“尺寸标注”项下“宽度”为“25”；单击“确定”按钮关闭“类型属性”对话框回到第一个“类型属性”对话框界面，“右侧支撑类型”设置为“梯边梁 -25mm 宽度”，如图 4.119 所示。

STEP 16 单击“修改 | 创建楼梯”上下文选项卡“构件”面板“梯段”按钮；在“构件”面板中选择“梯段”按钮，启用“圆心 - 端点螺旋”工具；单击“工具”面板“栏杆扶手”按钮，在弹出的“栏杆扶手”对话框中，设置“栏杆类型”为“900mm 圆管”，“位置”为“踏板”。

STEP 17 单击指定圆心，向上移动光标，指定半径大小；向右下角移动光标，单击指定端点；按 Enter 键，结束圆心 - 端点螺旋楼梯梯段绘制，如图 4.120 所示。

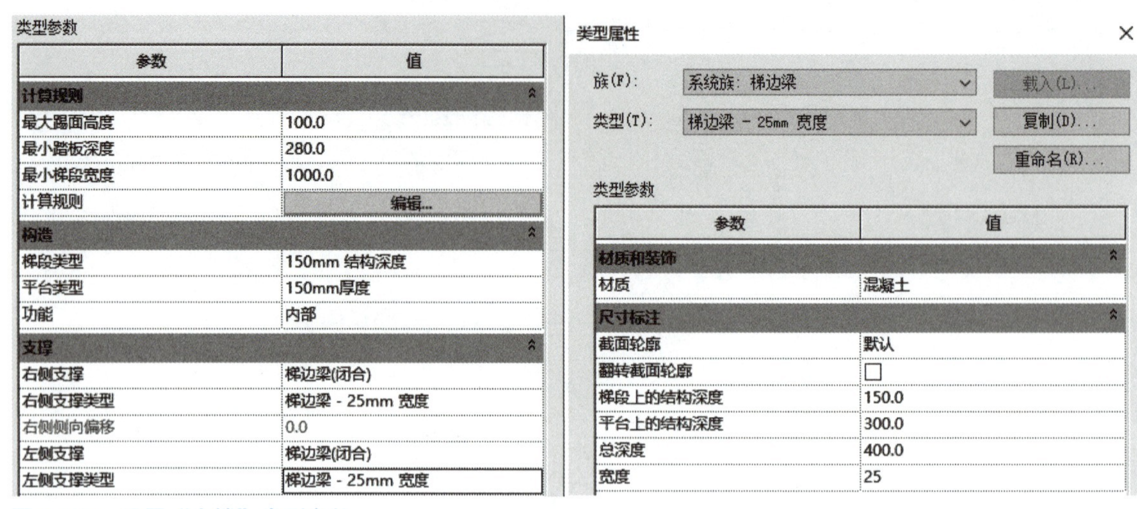

图 4.119　设置“支撑”类型参数

STEP 18 单击“模式”面板上的“完成编辑模式”按钮“√”，完成圆心－端点螺旋楼梯的创建；同理，创建右侧的圆心－端点螺旋楼梯。切换到三维视图，选中栏杆扶手，设置左侧“属性”对话框“限制条件”项下“踏板/梯边梁偏移”为“0.0”，如图 4.121 所示。

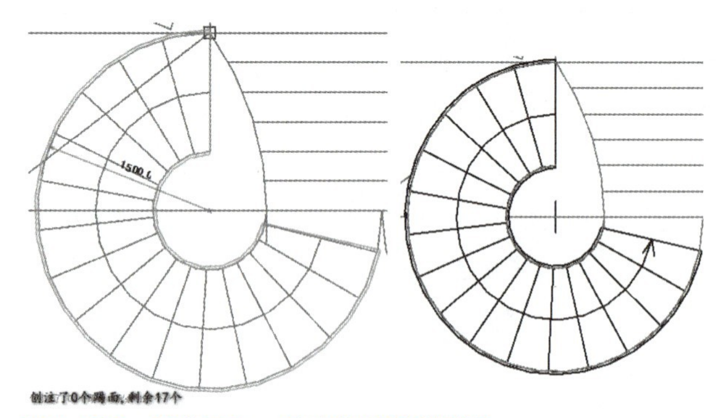

图 4.120　创建圆心－端点螺旋楼梯梯段

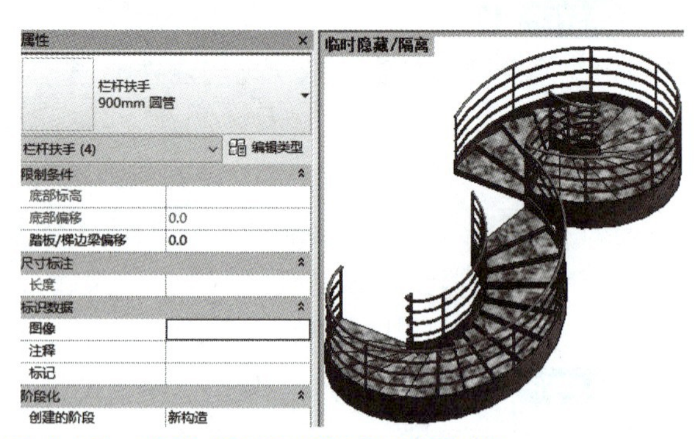

图 4.121　设置“踏板/梯边梁偏移”值

STEP 19 使栏杆扶手处于选中状态；单击左侧“类型选择器”下拉列表右下侧“编辑类型”按钮，在弹出的“类型属性”对话框中设置“顶部扶栏”项下“高度”为“900.0”，“类型”为“矩形−50×50mm”。

STEP 20 单击“类型属性”对话框中“栏杆位置”选项后的“编辑”按钮，弹出“编辑栏杆位置”对话框；设置“主样式”下“2”的“名称”为“常规栏杆”，“栏杆族”为“栏杆－圆形：25mm”，“相对前一栏杆的距离”为“1000.0”；设置“截断样式位置”为“从不”；不勾选“楼梯上每个踏板都使用栏杆”复选框；设置“支柱”项下“起点支柱”“转角支柱”“终点支柱”的“栏杆族”均为“栏杆－圆形：25mm”，如图 4.122 所示；单击“确定”按钮关闭“类型属性”对话框，完成参数的设置。

STEP 21 单击“构造”项下“扶拦结构（非连续）”选项后的“编辑”按钮，弹出“编辑扶手（非连续）”对话框；设置“扶拦 1～扶拦 4”的“材质”均为“不锈钢”，设置“高度”“偏移”“轮廓”，如图 4.123 所示。

STEP 22 选中“顶部扶栏”，单击左侧“类型选择器”下拉列表右下侧“编辑类型”按钮，在弹出的“类型属性”对话框中设置“材质和装饰”项下“材质”为“不锈钢”；设置“构造”项下“默认连接”为“斜接”，“过渡件”为“普通”；单击“确定”按钮关闭“类型属性”对话框。

STEP 23 双击右侧“项目浏览器”下“族”→“栏杆扶手”→“栏杆－圆形”项下“25mm”选项；在弹出的“类型属性”对话框中设置“材质和装饰”项下“栏杆材质”为“天蓝色塑钢”；单击“确定”按钮关闭“类型属性”对话框。

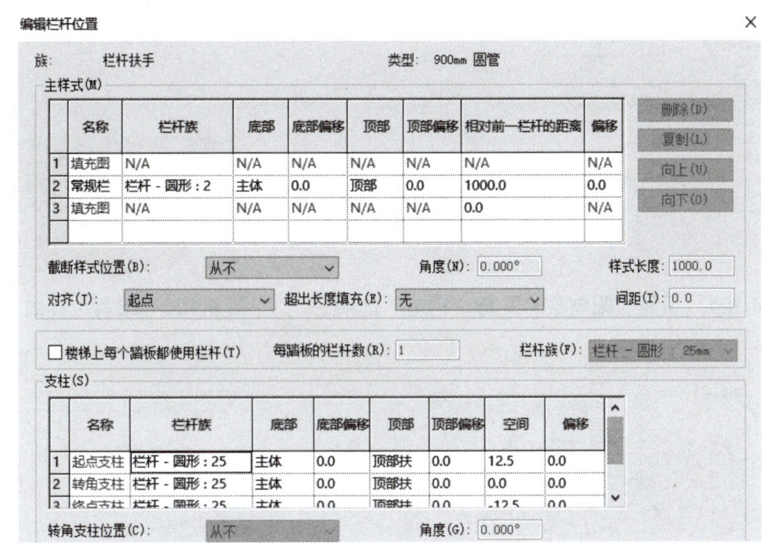

图 4.122 “编辑栏杆位置”对话框

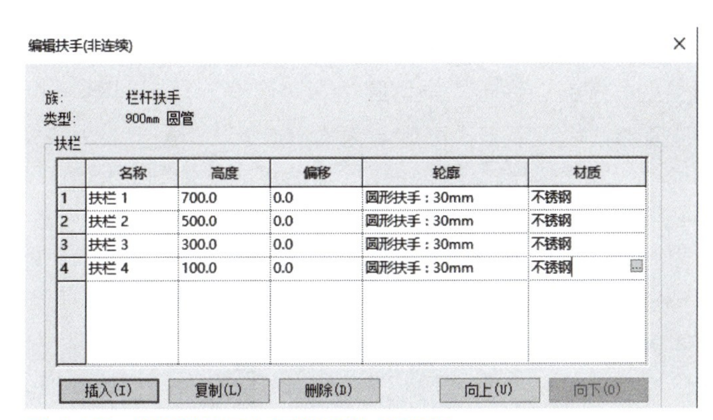

图 4.123 “编辑扶手（非连续）”对话框

STEP 24 切换到“标高 2”楼层平面视图，单击“建筑”选项卡“楼梯坡道”面板“楼梯”下拉列表“楼梯（按构件）”按钮；系统自动切换到“修改 | 创建楼梯”上下文选项卡；设置选项栏中“定位线”为“梯段：中心”，“偏移量”为“0.0”，“实际梯段宽度”为“1000.0”，不勾选“自动平台”复选框。

STEP 25 设置楼梯的类型为“现场浇注楼梯 整体浇筑楼梯 01”；设置左侧“属性”对话框“限制条件”选项组中“底部标高”为“标高 2”，“底部偏移”为“-100.0”，“顶部标高”为“标高 3”及“顶部偏移”为“0.0”；设置“尺寸标注”项下“所需踢面数”为“8”，“实际踏板深度”为“250.0”。

STEP 26 单击“修改|创建楼梯”上下文选项卡“工具”面板“栏杆扶手”按钮；在弹出的“栏杆扶手”对话框中，设置“栏杆类型”为“900mm 圆管”，“位置”为“踏板”；单击“修改 | 创建楼梯”上下文选项卡“构件”面板“创建草图”按钮，系统切换到“修改 | 创建楼梯 > 绘制梯段”上下文选项卡；设置左侧“属性”对话框“限制条件”项下“相对基准高度”为“0.0”；设置“构造”项下“延伸到踢面底部之下”为“0.0”，勾选“以踢面开始”和“以踢面结束”复选框，如图 4.124 所示。

STEP 27 激活“边界”按钮，绘制边界线（绿色）；激活“踢面”按钮，绘制踢面线（黑色线）；激活“楼梯路径”按钮，绘制楼梯路径线，如图 4.125 所示；单击“修改 | 创建楼梯 > 绘制梯段”上下文选项卡“模式”面板“完成编辑模式”按钮“√”，则创建好了梯段，如图 4.126 所示；单击“修改 | 创建楼梯”上下文选项卡“模式”面板“完成编辑模式”按钮“√”，则楼梯 1 创建好了，如图 4.127 所示（注意：若发现楼梯的方向跟题目要求的相反，则选中楼梯，单击“修改 | 楼梯”上下文选项卡“编辑”面板“编辑楼梯”按钮；接着单击“修改 | 创建楼梯”上下文选项卡“工具”面板“翻转”按钮，则楼梯的方向就会进行调整）。

限制条件	
相对基准高度	0.0
相对顶部高度	0.0
梯段高度	0.0
构造	
延伸到踢面底部之下	0.0
以踢面开始	☑
以踢面结束	☑
尺寸标注	
实际梯段宽度	
实际踢面高度	100.0
实际踏板深度	
实际踢面数	0
实际踏板数	-1

图 4.124　设置“限制条件”与“构造”选项

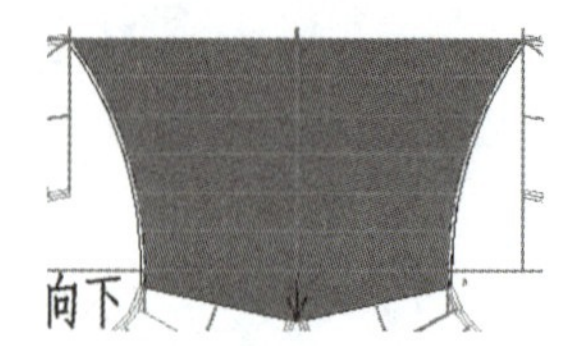

图 4.125　绘制边界线、踢面线和路径线

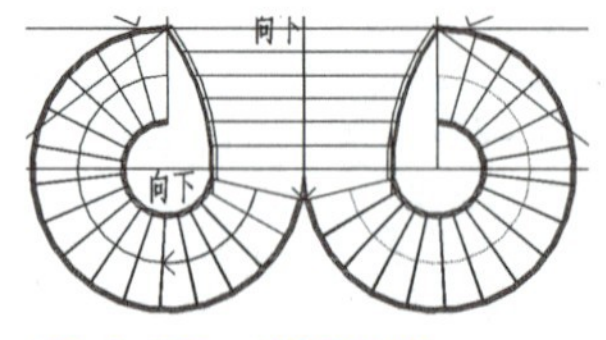

图 4.126　创建梯段

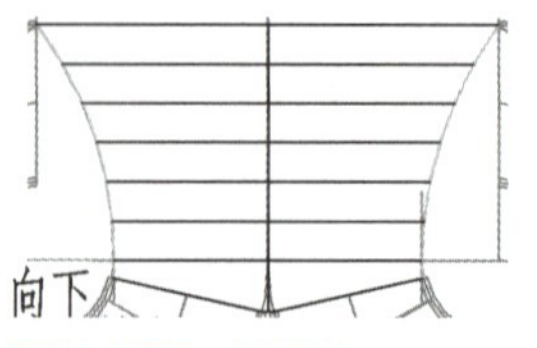

图 4.127　楼梯 1

STEP 28 切换到三维视图，选中楼梯 1 两侧栏杆扶手；设置“属性”对话框“限制条件”项下“踏板 / 梯边梁偏移”为“0.0”，如图 4.128 所示；选中圆心 – 端点螺旋楼梯内侧栏杆扶手，单击左侧“类型选择器”下拉列表右下侧“编辑类型”按钮，弹出“类型属性”对话框，复制创建一个新的栏杆扶手类型“栏杆扶手 965mm 圆管”，设置“顶部扶栏”项下“高度”为“965.0”，“类型”为“矩形−50×50mm”，如图 4.129 所示；单击“构造”项下“扶拦结构（非连续）”选项后的“编辑”按钮，弹出“编辑扶手（非连续）”对话框；设置扶拦 1 ～扶拦 4 的“高度”分别为“765.0”“565.0”“365.0”和“165.0”，如图 4.130 所示。

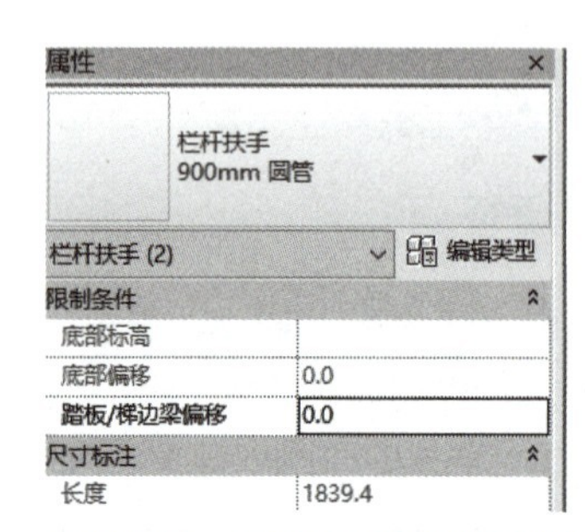

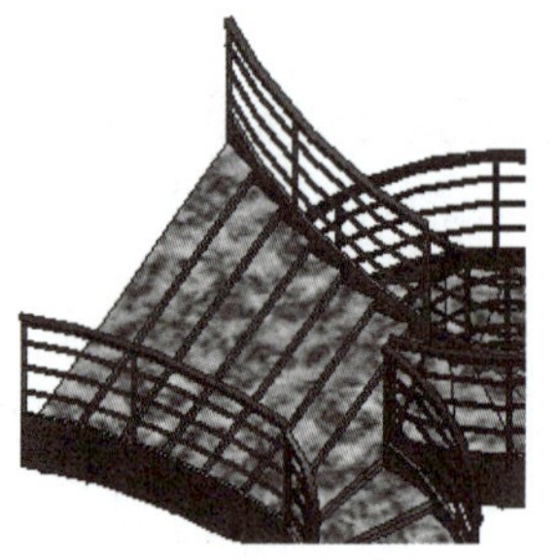

图 4.128　设置“踏板 / 梯边梁偏移”值

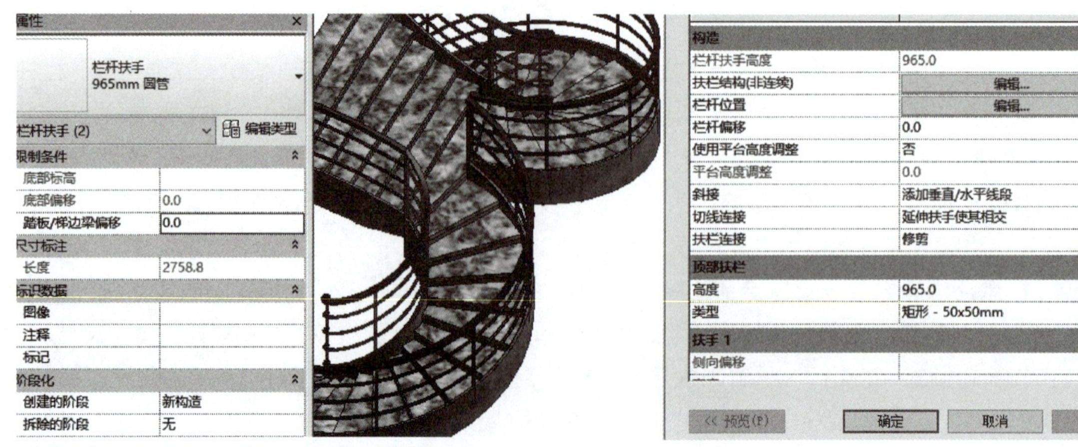

图 4.129　创建“栏杆扶手 965mm 圆管”

STEP 29 切换到“标高 3”楼层平面视图；单击“建筑”选项卡“构建”面板“楼板”下拉列表“楼板：建筑”按钮，系统切换到“修改 | 创建楼层边界”上下文选项卡；设置左侧“属性”对话框“限制条件”项下“标高”为“标高 3”,“自标高的高度偏移”为“0.0”。

STEP 30 确认楼板的类型为“楼板 常规-150mm”，单击左侧“类型选择器”下拉列表右下侧“编辑类型”按钮，弹出“类型属性”对话框；单击“构造”项下“结构”右侧“编辑”按钮，在弹出的“编辑部件”对话框中设置“结构 [1]”的“材质”为“混凝土”。

STEP 31 激活“绘制”面板“边界线”按钮，绘制边界线，如图 4.131 所示；单击“模式”面板“完成编辑模式”按钮“√”，完成标高 3 位置楼板的创建。

编辑扶手(非连续)

族: 栏杆扶手
类型: 965mm 圆管

扶栏

	名称	高度	偏移	轮廓	材质
1	扶栏 1	765.0	0.0	圆形扶手 : 30mm	不锈钢
2	扶栏 2	565.0	0.0	圆形扶手 : 30mm	不锈钢
3	扶栏 3	365.0	0.0	圆形扶手 : 30mm	不锈钢
4	扶栏 4	165.0	0.0	圆形扶手 : 30mm	不锈钢

插入(I) 复制(L) 删除(D) 向上(U) 向下(O)

图 4.130 设置扶栏 1～扶栏 4 的“高度”

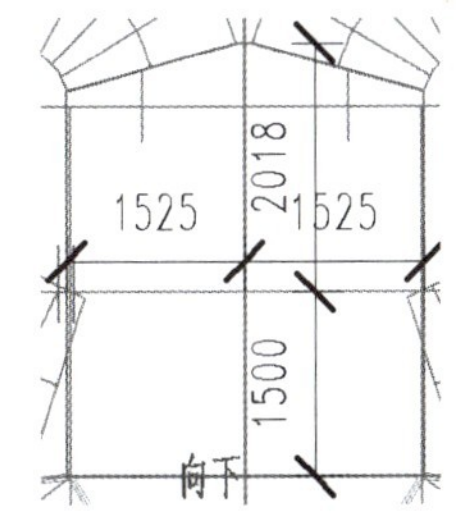

图 4.131 楼板边界线

STEP 32 切换到“标高 3”楼层平面视图，单击“建筑”选项卡“楼梯坡道”面板“楼梯”下拉列表“楼梯（按构件）”按钮；系统自动切换到“修改 | 创建楼梯”上下文选项卡；设置选项栏中“定位线”为“梯段：中心”,“偏移量”为“0.0”,“实际梯段宽度”为“1500.0”；不勾选“自动平台”复选框。

STEP 33 设置楼梯的类型为“现场浇注楼梯 整体浇筑楼梯 01”；设置左侧“属性”对话框“限制条件”选项组中“底部标高”为“标高 3”,“底部偏移”为“0.0”,“顶部标高”为“标高 4”及“顶部偏移”为“0.0”；设置“尺寸标注”项下“所需踢面数”为“21”,“实际踏板深度”为“327.0”。

STEP 34 单击“修改 | 创建楼梯”上下文选项卡“工具”面板“栏杆扶手”按钮；在弹出的“栏杆扶手”对话框中，设置“栏杆类型”为“900mm 圆管”,“位置”为“踏板”；单击“修改 | 创建楼梯”上下文选项卡“构件”面板“创建草图”按钮，系统切换到“修改 | 创建楼梯 > 绘制梯段”上下文选项卡；设置左侧“属性”对话框“限制条件”项下“相对基准高度”为“0.0”；设置“构造”项下“延伸到踢面底部之下”为“0.0”，勾选“以踢面开始”和“以踢面结束”复选框。

STEP 35 激活“边界”按钮，绘制边界线（绿色）；激活“踢面”按钮，绘制踢面线（黑色线）；激活“楼梯路径”按钮，绘制楼梯路径线，如图 4.132 所示；单击“修改 | 创建楼梯 > 绘制梯段”上下文选项卡“模式”面板“完成编辑模式”按钮“√”，则创建好了梯段；单击“修改 | 创建楼梯”上下文选项卡“模式”面板“完成编辑模式”按钮“√”，则左侧楼梯 2 创建好了；同理创建右侧楼梯 2。

STEP 36 切换到三维视图，选中楼梯 2 两侧栏杆扶手；设置“属性”对话框“限制条件”项下“踏板 / 梯边梁偏移”为“0.0”。

STEP 37 切换到“标高 4”楼层平面视图；单击“建筑”选项卡“构建”面板“楼板”下拉列表“楼板：建筑”按钮，系统切换到“修改 | 创建楼层边界”上下文选项卡；设置左侧“属性”对话框“限制条件”项下“标高”为“标高 4”,“自标高的高度偏移”为“0.0”。

STEP 38 确认楼板的类型为“楼板 常规-150mm”；激活“绘制”面板“边界线”按钮，绘制边界线，如图 4.133 所示；单击“模式”面板“完成编辑模式”按钮“√”，完成“标高 4”位置楼板的创建。

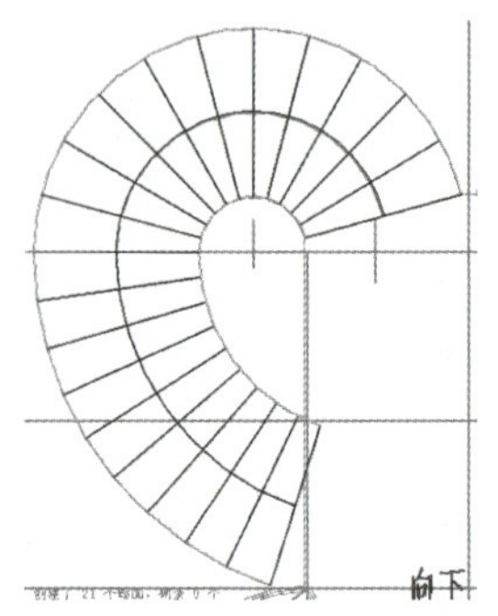

图 4.132　左侧楼梯 2 梯段的边界线、踢面线和路径线

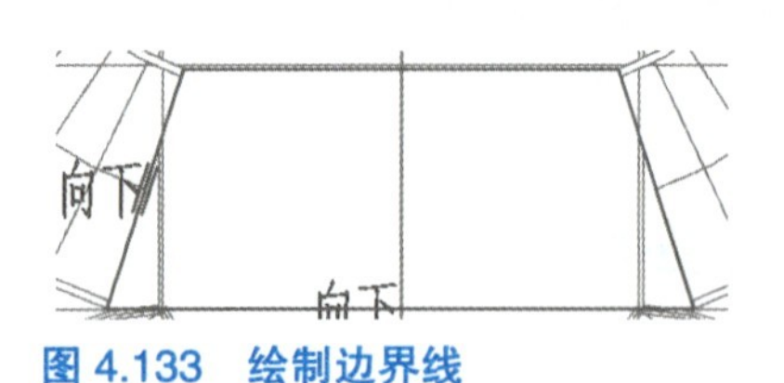

图 4.133　绘制边界线

STEP 39 切换到三维视图；单击“修改”选项卡“几何图形”面板“填色”按钮，如图 4.134 中①所示；在弹出的“材质浏览器 - 大理石”对话框中选中项目材质“大理石”，如图 4.134 中②所示；激活右下侧“按面选择”按钮；选择“标高 3”“标高 4”位置楼板上表面，如图 4.134 中③所示；接着单击“完成”按钮，如图 4.134 中④所示，则“标高 3”“标高 4”位置楼板上表面进行了填色，材质图案变成了“大理石”的图案，如图 4.134 中⑤所示。

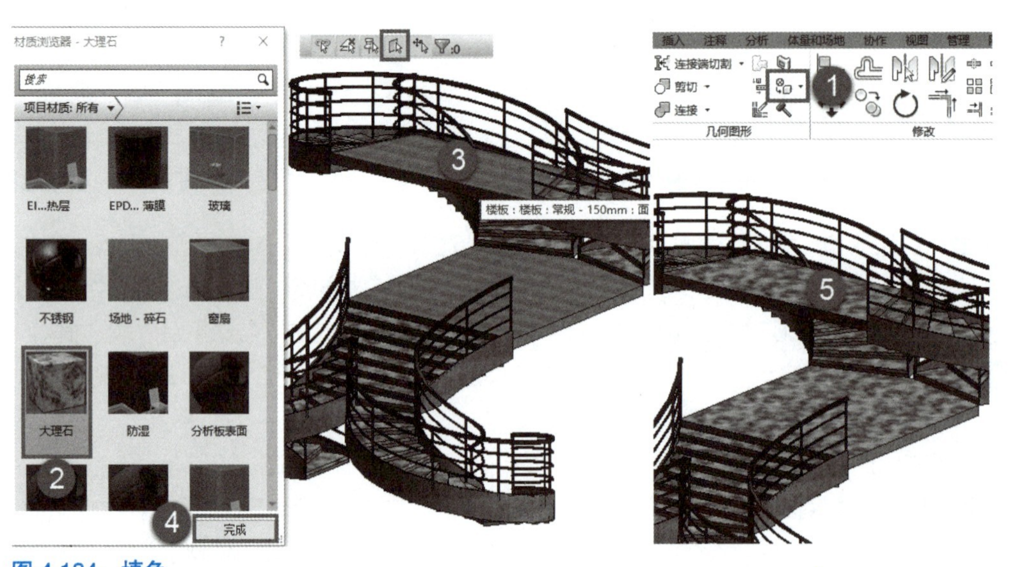

图 4.134　填色

STEP 40 切换到“标高 3”楼层平面视图；双击左侧楼梯 2 内侧栏杆扶手；系统切换到“修改 | 绘制路径”上下文选项卡，绘制路径，如图 4.135 中①所示；单击“模式”面板“完成编辑模式”按钮“√”，则栏杆扶手编辑好了，如图 4.135 中②所示；同理，编辑右侧的楼梯 2 内侧栏杆扶手。

STEP 41 单击“建筑”选项卡“楼梯坡道”面板“栏杆扶手”下拉列表“绘制路径”按钮。系统切换到“修改 | 创建栏杆扶手路径”上下文选项卡；勾选“选项”面板“预览”复选框；确认栏杆扶手的类型为“栏杆扶手 900mm 圆管”；设置左侧“属性”对话框“限制条件”项下“底部标高”为“标高 3”，“底部偏移”为“0.0”，“踏板 / 梯边梁偏移”为“0.0”；绘制路径，如图 4.136 中①所示；单击“模式”面板“完成编辑模式”按钮“√”，则栏杆扶手创建好了，如图 4.136 中②所示。同理，创建右侧的栏杆扶手。切换到三维视图，查看“标高 3”位置楼板两侧的栏杆扶手，如图 4.137 所示。

STEP 42 切换到“标高 4”楼层平面视图；双击楼梯 2 外侧栏杆扶手；系统切换到“修改 | 绘制路径”上下文选项卡，绘制路径，单击“模式”面板“完成编辑模式”按钮“√”，则外侧栏杆扶手编辑好了，如图 4.138 所示；同理，双击楼梯 2 内侧栏杆扶手，系统切换到“修改 | 绘制路径”上下文选项卡，绘制路径，

单击“模式”面板“完成编辑模式”按钮“√”，则内侧栏杆扶手就编辑好了，如图 4.139 所示；切换到三维视图，查看“标高 4”位置楼板两侧的栏杆扶手，如图 4.140 所示。

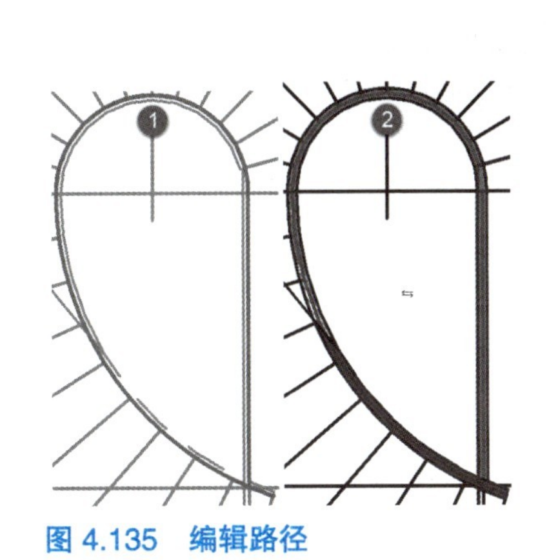

图 4.135　编辑路径

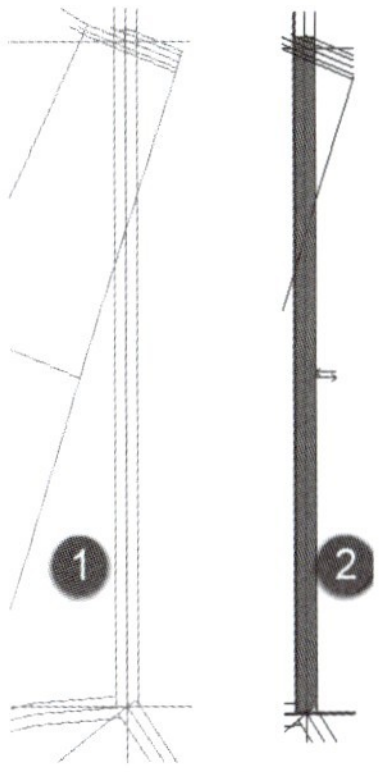

图 4.136　绘制路径图

图 4.137　“标高 3”位置楼板两侧栏杆扶手

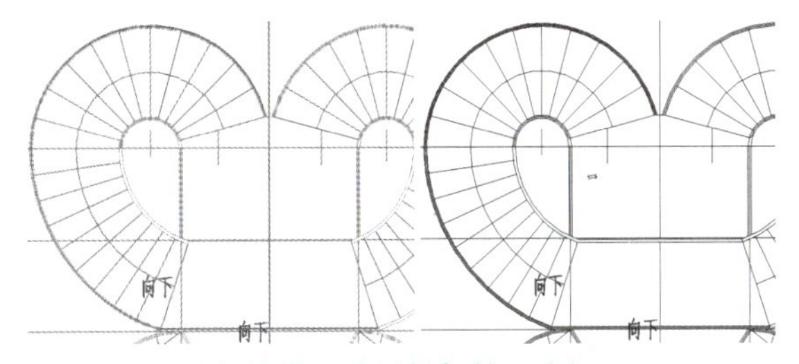

图 4.138　编辑楼梯 2 外侧栏杆扶手路径

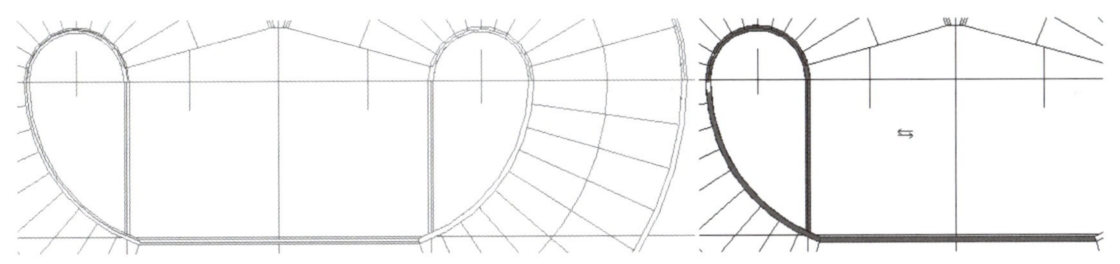

图 4.139　编辑楼梯 2 内侧栏杆扶手路径

图 4.140　“标高 4”位置楼板两侧栏杆扶手

STEP 43 切换到三维视图，查看创建的楼梯模型三维显示效果，如图 4.141 所示。

STEP 44 单击快速访问工具栏“保存”按钮，保存模型文件。

至此，本题建模结束。

图 4.141　艺术楼梯模型

6.【二级（建筑）第十七期第一题】

根据图 4.142 给定尺寸建立整体浇筑楼梯与扶手模型，梯段及平台材质为钢筋混凝土，梯段宽度为 2000mm，结构深度为 150mm，标高 2.7m 处及 4.5m 处平台厚度为 300mm，标高 0.9m 处平台厚度为 900mm，踢面高度为 150mm，直跑梯段踏板深度为 300mm，弧形梯段踏板（中心线）深度为 393mm，踏板、踢面的面层厚度均为 25mm，材质为石材；扶手及栏杆材质为不锈钢，扶手高度为 900mm，扶手截面为直径 50mm 的圆形，栏杆样式及间距自定。请将模型以“景观楼梯 .xxx”为文件名保存到考生文件夹中。（10 分）

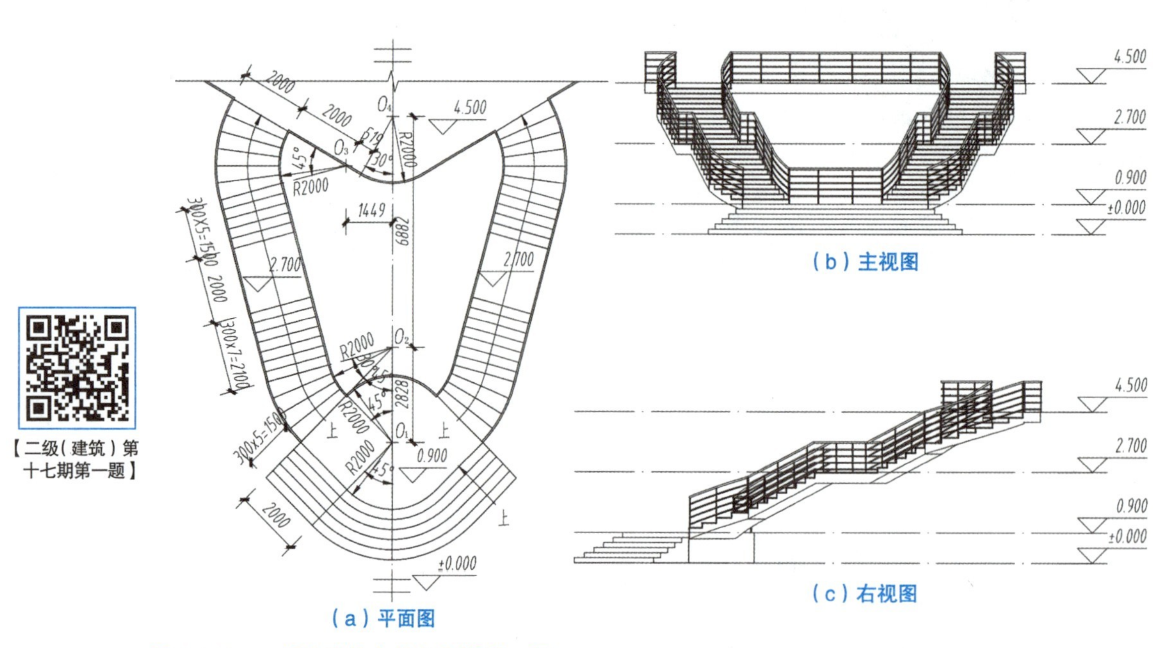

（a）平面图

（b）主视图

（c）右视图

图 4.142　二级（建筑）第十七期第一题

STEP 01 打开软件 Revit；单击“项目”→“新建”按钮，在打开的“新建项目”对话框中选择“建筑样板”作为样板文件；勾选“新建”项下“项目”选项，单击“确定”按钮，退出“新建项目”对话框，直接进入创建建筑专业模型的 Revit 工作界面且打开了“标高 1”楼层平面视图。

STEP 02 单击快速访问工具栏“保存”按钮，在弹出的“另存为”对话框中以“景观楼梯”为文件名将模型保存到考生文件夹中。

STEP 03 在项目浏览器中展开“立面（建筑立面）”项，双击视图名称“南”进入南立面视图。

STEP 04 选中“标高 2”，在蓝色临时尺寸标注值上单击激活文本框，输入新的临时尺寸数值“900.0”后按 Enter 键确认，将“标高 2”标高值修改为 0.9m。

STEP 05 移动光标到视图中“标高 2”标高线左侧标头上方，当出现绿色标头对齐虚线时，单击捕捉标高起点；从左向右移动光标到“标高 2”标高线右侧标头上方，当出现绿色标头对齐虚线时，再次单击捕捉标高终点，创建“标高 3”。

STEP 06 选中“标高 3”，在蓝色临时尺寸标注值上单击激活文本框，输入新的临时尺寸数值“1800.0”后按 Enter 键确认，将“标高 3”标高值修改为 2.7m。

STEP 07 移动光标到视图中“标高 3”标高线左侧标头上方，当出现绿色标头对齐虚线时，单击捕捉标高起点；从左向右移动光标到“标高 3”标高线右侧标头上方，当出现绿色标头对齐虚线时，再次单击捕捉标高终点，创建“标高 4”。

STEP 08 选中“标高 4”，在蓝色临时尺寸标注值上单击激活文本框，输入新的临时尺寸数值“1800.0”后按 Enter 键确认，将“标高 4”标高值修改为 4.5m。

STEP 09 切换到“标高 1”楼层平面视图；选中四个立面符号，永久隐藏。

STEP 10 单击“建筑”选项卡“模型”面板“模型线”按钮，系统切换到“修改 | 放置 线”上下文选项卡，绘制模型线，如图 4.143 所示。

STEP 11 单击“建筑”选项卡“构建”面板“楼板”下拉列表“楼板：建筑”按钮，系统切换到“修改 | 创建楼层边界”上下文选项卡；设置左侧“属性”对话框“限制条件”项下“标高”为“标高 2”，“自标高的高度偏移”为“0.0”。

STEP 12 确认楼板的类型为“楼板 常规-150mm”，单击左侧“类型选择器”下拉列表右下侧“编辑类型”按钮，弹出“类型属性”对话框；复制创建一个新的楼板类型“900 厚楼板”，单击“构造”项下“结构”右侧“编辑”按钮，在弹出的“编辑部件”对话框中设置“结构 [1]”的“材质”为“钢筋混凝土”，“厚度”为“900.0”。

STEP 13 确认楼板的类型为“楼板 900 厚楼板”；激活“绘制”面板“边界线”按钮，绘制楼层边界线，如图 4.144 所示；单击“模式”面板“完成编辑模式”按钮“√”，完成“标高 2”位置楼板（平台）的创建。

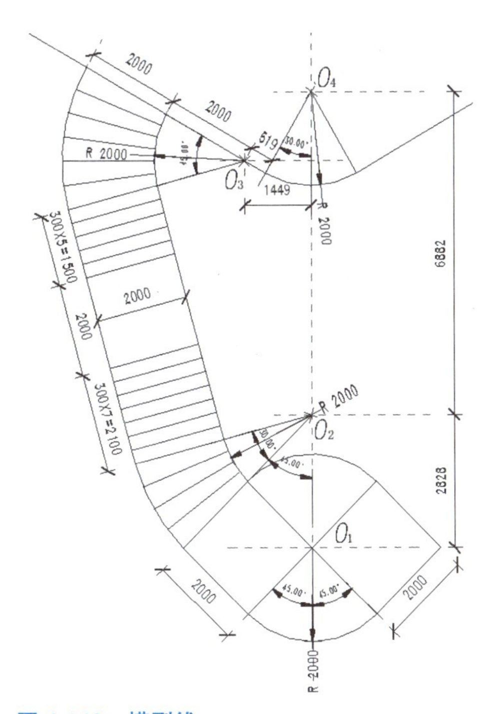

图 4.143 模型线

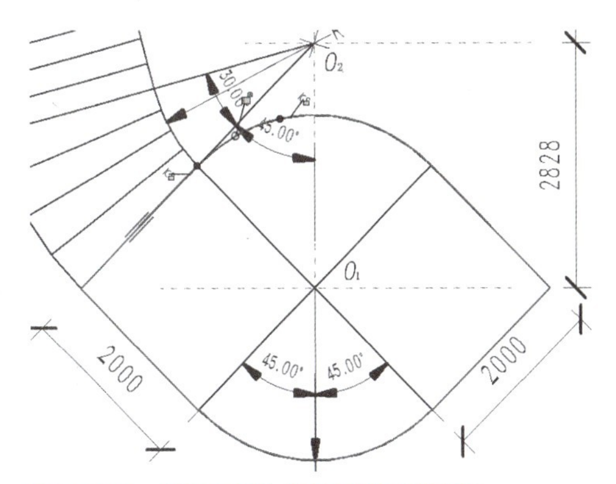

图 4.144 “标高 2”位置楼板边界线

STEP 14 单击“文件”→“新建”→“族”按钮，在弹出的“新族 - 选择样板文件”对话框中选中“公制轮廓”族样板文件，接着单击“打开”按钮退出“新族 - 选择样板文件”对话框，系统自动切换到族编辑器建模界面的参照标高楼层平面视图。

STEP 15 单击“创建”选项卡“详图”面板“线”按钮，绘制轮廓线，如图 4.145 所示。

STEP 16 单击“创建”选项卡“族编辑器”面板“载入到项目”按钮，将绘制的轮廓载入到“景观楼梯”项目文件中，且系统自动打开了“景观楼梯”项目文件。

STEP 17 切换到三维视图；单击“建筑”选项卡“构建”面板“楼板”下拉列表“楼板：楼板边”按钮，系统自动切换到“修改 | 放置楼板边缘”上下文选项卡；确认楼板边的类型为“楼板边缘”；单击“编辑类型”按钮，在弹出的“类型属性”对话框中设置“构造”项下“轮廓”为“族 1：族 1”；设置“材质和装饰”项下“材质”为“钢筋混凝土”。

STEP 18 设置左侧“属性”对话框“限制条件”项下“垂直轮廓偏移”和“水平轮廓偏移”值均为“0.0”；将光标置于楼板上边缘，单击，拾取楼板上边缘，则楼板边缘就创建好了，如图 4.146 所示。

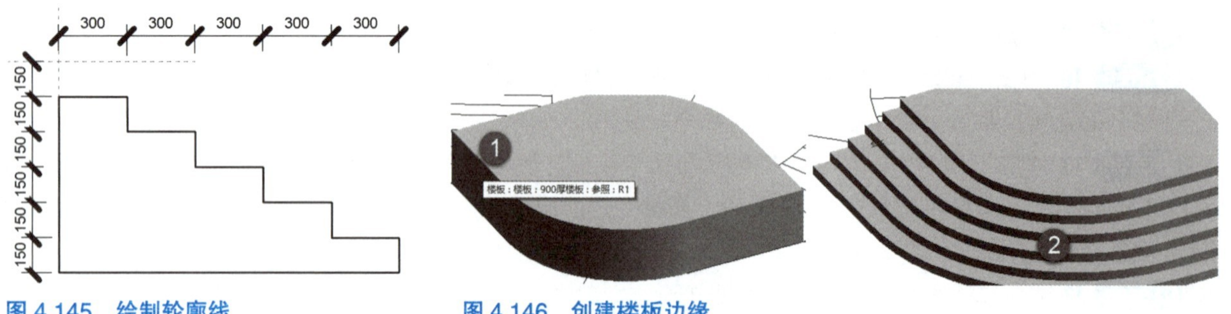

图 4.145　绘制轮廓线　　图 4.146　创建楼板边缘

STEP 19 切换到“标高 2”楼层平面视图；单击“建筑”选项卡“楼梯坡道”面板“楼梯”下拉列表“楼梯（按构件）”按钮；系统自动切换到“修改 | 创建楼梯”上下文选项卡；设置选项栏中“定位线”为“梯段：中心”，“偏移量”为“0.0”，实际梯段宽度”为“2000.0”，勾选“自动平台”复选框。

STEP 20 设置楼梯的类型为“现场浇注楼梯 整体浇筑楼梯”；设置左侧“属性”对话框“限制条件”选项组中“底部标高”为“标高 2”，“底部偏移”为“0.0”，“顶部标高”为“标高 4”及“顶部偏移”为“0.0”；设置“尺寸标注”项下“所需踢面数”为“24”，“实际踏板深度”为“300.0”。

STEP 21 单击“修改 | 创建楼梯”上下文选项卡“工具”面板“栏杆扶手”按钮；在弹出的“栏杆扶手”对话框中，设置“栏杆类型”为“900mm 圆管”，“位置”为“踏板”。

STEP 22 单击左侧“类型选择器”下拉列表右下侧“编辑类型”按钮，弹出“类型属性”对话框，设置“计算规则”项下“最小踏板深度”为“300.0”，“最大踢面高度”为“150.0”，“最小梯段宽度”为“2000.0”；单击“构造”项下“梯段类型”右侧“150mm 结构深度”处空白，接着单击显示出来的灰色矩形框按钮，在系统自动弹出“类型属性”对话框中设置“构造”项下“下侧表面”为“阶梯式”，“结构深度”为“150.0”；设置“材质和装饰”项下“整体式材质”为“钢筋混凝土”，“踏板材质”和“踢面材质”均为“大理石”；勾选“踏板”项下“踏板”复选框，设置“踏板”厚度为“50.0”；勾选“踢面”项下“踢面”复选框，设置“踢面”厚度为“25.0”。单击“确定”按钮关闭“类型属性”对话框回到第一个“类型属性”对话框界面。

STEP 23 单击“构造”项下“平台类型”右侧“300mm 厚度”处空白，接着单击显示出来的灰色矩形框按钮，在系统自动弹出“类型属性”对话框中设置“构造”项下“整体厚度”为“300.0”；设置“材质和装饰”项下“整体式材质”为“钢筋混凝土”；勾选“踏板”项下“与梯段相同”复选框；单击“确定”按钮关闭“类型属性”对话框回到第一个“类型属性”对话框界面。

STEP 24 设置“支撑”项下“右侧支撑”和“左侧支撑”均为“梯边梁（闭合）”；单击“支撑”项下“右侧支撑类型”右侧“梯边梁 -50mm 宽度”处空白，接着单击显示出来的灰色矩形框按钮，在系统自动弹出“类型属性”对话框中复制创建一个新的右侧支撑类型“梯边梁-25mm 宽度”，设置“尺寸标注”项下“宽度”为“25”；设置“材质和装饰”项下“材质”为“钢筋混凝土”；单击“确定”按钮关闭“类型属性”对话框回到第一个“类型属性”对话框界面；设置“左侧支撑类型”为“梯边梁 -25mm 宽度”。单击“确定”按钮关闭“类型属性”对话框。

STEP 25 单击“修改 | 创建楼梯”上下文选项卡“构件”面板“创建草图”按钮，系统切换到“修

改 | 创建楼梯 > 绘制梯段”上下文选项卡；设置左侧“属性”对话框“限制条件”项下“相对基准高度”为“0.0”；设置“构造”项下“延伸到踢面底部之下”为“0.0”，勾选“以踢面开始”复选框和不勾选“以踢面结束”复选框。

STEP 26 激活“边界”按钮，绘制边界线（绿色）；激活“踢面”按钮，绘制踢面线（黑色线）；激活“楼梯路径”按钮，绘制楼梯路径，如图 4.147 中①所示；单击“修改 | 创建楼梯 > 绘制梯段”上下文选项卡“模式”面板“完成编辑模式”按钮“√”，则创建好了梯段，如图 4.147 中②所示；单击“修改 | 创建楼梯”上下文选项卡“模式”面板“完成编辑模式”按钮“√”，则楼梯创建好了，如图 4.147 中③所示；同理，创建右侧的楼梯，如图 4.147 中④所示。

注意 ▶▶▶

若发现楼梯的方向跟题目要求的相反，则选中楼梯，单击“修改 | 楼梯”上下文选项卡“编辑”面板“编辑楼梯”按钮；接着单击“修改 | 创建楼梯”上下文选项卡“工具”面板“翻转”按钮，则楼梯的方向就会进行调整。

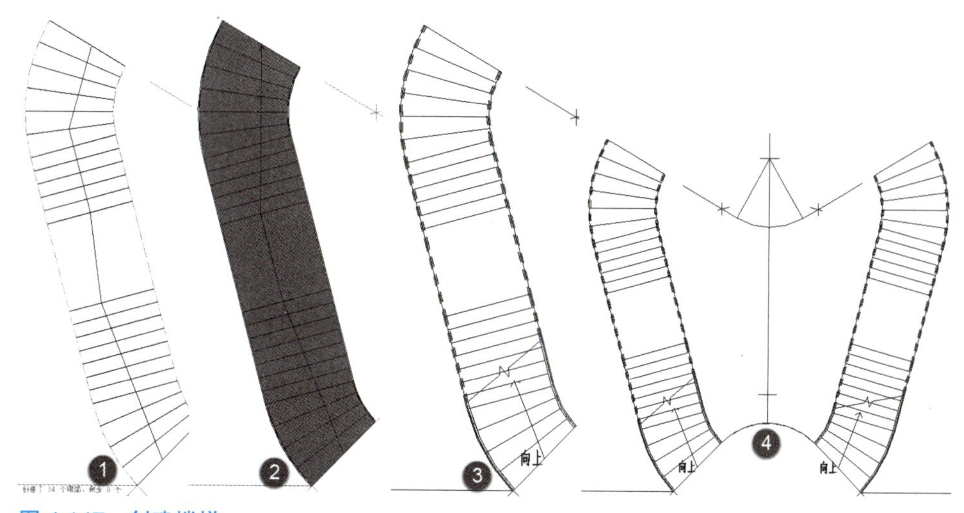

图 4.147　创建楼梯

STEP 27 选中楼梯两侧所有栏杆扶手；设置“属性”对话框“限制条件”项下“踏板 / 梯边梁偏移”为“0.0”。

STEP 28 切换到标高 4 楼层平面视图；单击“建筑”选项卡“构建”面板“楼板”下拉列表“楼板：建筑”按钮，系统切换到“修改 | 创建楼层边界”上下文选项卡；设置左侧“属性”对话框“限制条件”项下“标高”为“标高 4”，“自标高的高度偏移”为“0.0”。

STEP 29 确认楼板的类型为“楼板 900 厚楼板”，单击左侧“类型选择器”下拉列表右下侧“编辑类型”按钮，弹出“类型属性”对话框；复制创建一个新的楼板类型“300 厚楼板”，单击“构造”项下“结构”右侧“编辑”按钮，在弹出的“编辑部件”对话框中设置“结构 [1]”的“材质”为“钢筋混凝土”，“厚度”为“300.0”。

STEP 30 确认楼板的类型为“楼板 300 厚楼板”；激活“绘制”面板“边界线”按钮，绘制楼层边界线，如图 4.148 中①所示；单击“模式”面板“完成编辑模式”按钮“√”，完成“标高 4”位置楼板（平台）的创建，如图 4.148 中②所示。

STEP 31 切换到三维视图，选中所有的模型线，单击“视图”面板“隐藏图元”按钮，则在三维视图中隐藏了所有的模型线；同理隐藏所有的模型文字。

STEP 32 单击“项目浏览器”→“族”→“轮廓”→“圆形扶手”，右击“40mm”，在面板中选择“类型属性”按钮，在弹出的“类型属性”对话框中复制创建一个新的轮廓类型“50mm”，设置“类型属性”对话框中“尺寸标注”项下“直径”为“50.0”；单击“确定”按钮关闭“类型属性”对话框，如图 4.149 所示。

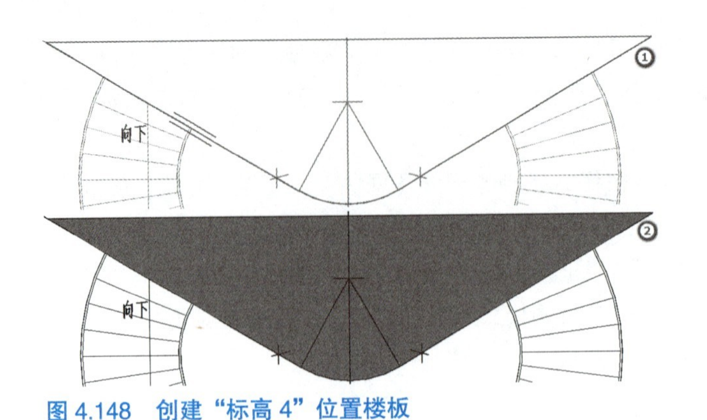

图 4.148　创建“标高 4”位置楼板

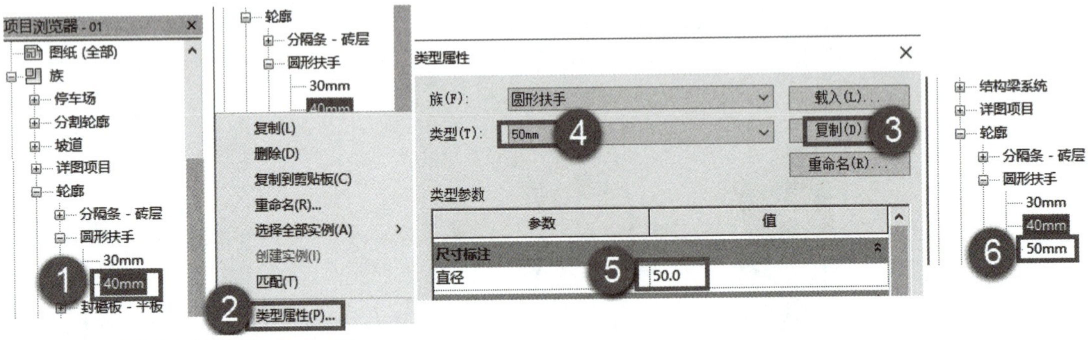

图 4.149　创建轮廓类型“50mm”

STEP 33 选中顶部扶栏，单击“禁止或允许改变图元位置”图标，如图 4.150 所示；单击左侧“类型选择器”下拉列表右下侧“编辑类型”按钮，在弹出的“类型属性”对话框中复制创建一个新的类型“圆形 –50mm”；设置“材质和装饰”项下“材质”为“不锈钢”；设置“构造”项下“默认连接”为“斜接”，“过渡件”为“普通”和“轮廓”为“圆形扶手：50mm”，如图 4.151 所示；单击“确定”按钮关闭“类型属性”对话框。

STEP 34 使栏杆扶手处于选中状态；单击左侧“类型选择器”下拉列表右下侧“编辑类型”按钮，在弹出的“类型属性”对话框中设置“顶部扶栏”项下“高度”为“900.0”，“类型”为“圆形–50mm”。

图 4.150　选中顶部扶栏

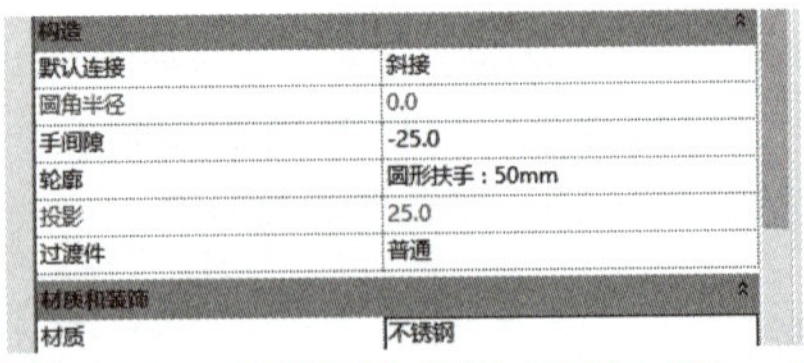

构造	
默认连接	斜接
圆角半径	0.0
手间隙	-25.0
轮廓	圆形扶手 : 50mm
投影	25.0
过渡件	普通
材质和装饰	
材质	不锈钢

图 4.151　创建新的类型“圆形–50mm”

STEP 35 单击“类型属性”对话框中“栏杆位置”选项后的“编辑”按钮，弹出“编辑栏杆位置”对话框；设置“主样式”下“2”的“名称”为“常规栏杆”，“栏杆族”为“栏杆 – 圆形：25mm”，“相对前一栏杆的距离”为“1000.0”；设置“截断样式位置”为“从不”；设置“对齐”方式为“展开样式以匹配”；不勾选“楼梯上每个踏板都使用栏杆”复选框；设置“支柱”项下“起点支柱”“转角支柱”“终点支柱”的“栏杆族”均为“栏杆 – 圆形：25mm”，如图 4.152 所示；单击“确定”按钮关闭“编辑栏杆位置”对话框，完成参数的设置。

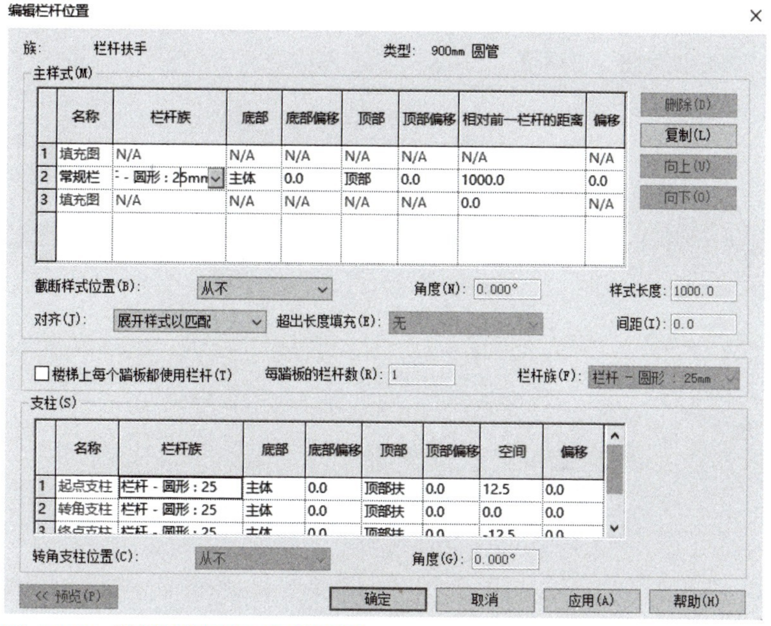

图 4.152 “编辑栏杆位置”对话框

STEP 36 单击“构造”项下“扶拦结构（非连续）”选项后的“编辑”按钮，弹出“编辑扶手（非连续）”对话框；设置扶拦 1 ～扶拦 4 的“材质”均为“不锈钢”，“轮廓”均为“圆形扶手：30mm”，如图 4.153 所示。

编辑扶手(非连续)

族: 栏杆扶手
类型: 900mm 圆管
扶栏

	名称	高度	偏移	轮廓	材质
1	扶栏 1	700.0	0.0	圆形扶手 : 30mm	不锈钢
2	扶栏 2	500.0	0.0	圆形扶手 : 30mm	不锈钢
3	扶栏 3	300.0	0.0	圆形扶手 : 30mm	不锈钢
4	扶栏 4	100.0	0.0	圆形扶手 : 30mm	不锈钢

图 4.153 设置扶拦 1 ～扶拦 4 参数

STEP 37 双击右侧项目浏览器下“族”→“栏杆扶手”→“栏杆 - 圆形”项下“25mm”选项；在弹出的“类型属性”对话框中设置“材质和装饰”项下“材质”为“不锈钢”；单击“确定”按钮关闭“类型属性”对话框。

STEP 38 切换到“标高 4”楼层平面视图；双击楼梯内侧栏杆扶手；系统切换到“修改 | 绘制路径”上下文选项卡，绘制路径，如图 4.154 中①所示；单击“模式”面板“完成编辑模式”按钮“√”，则栏杆扶手编辑好了；同理，双击楼梯外侧栏杆扶手；系统切换到“修改 | 绘制路径”上下文选项卡，绘制路径，如图 4.154 中②所示；单击“模式”面板“完成编辑模式”按钮“√”，则栏杆扶手就编辑好了；切换到三维视图，查看“标高 4”楼板位置栏杆扶手三维显示，如图 4.155 所示。

STEP 39 切换到“标高 2”楼层平面视图；单击“建筑”选项卡“楼梯坡道”面板“栏杆扶手”下拉列表“绘制路径”按钮，系统自动切换到“修改 | 创建栏杆扶手路径”上下文选项卡，确认栏杆扶手的类型为“栏杆扶手 900mm 圆管”，单击“编辑类型”按钮，在弹出的“类型属性”对话框中，复制创建一个新的栏杆扶手类型“1050mm 圆管”；设置“类型属性”对话框“顶部扶栏”项下“高度”为“1050.0”，“类型”为“圆形 -50mm”；单击“类型属性”对话框“构造”项下“扶栏结构（非连续）”右侧“编辑”按钮，在弹出的“编辑扶手（非连续）”对话框中设置扶栏 1 ～扶栏 4 的“高度”分别为“850.0”

“650.0”“450.0”“250.0”，“材质”均为“不锈钢”，如图 4.156 所示；单击“确定”按钮退出“编辑扶手（非连续）”对话框回到“类型属性”对话框。

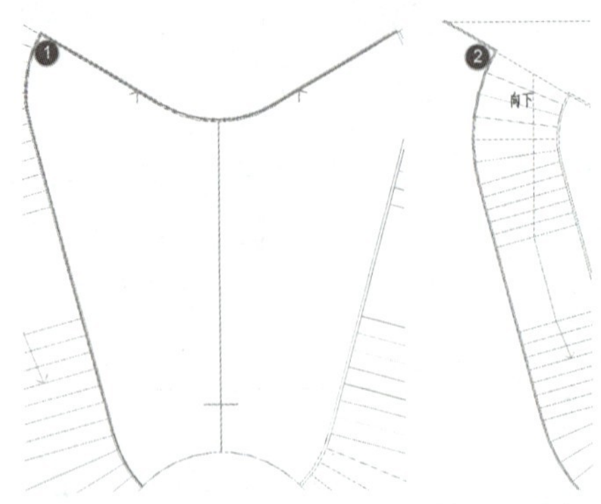

图 4.154 编辑楼梯内外侧栏杆扶手路径

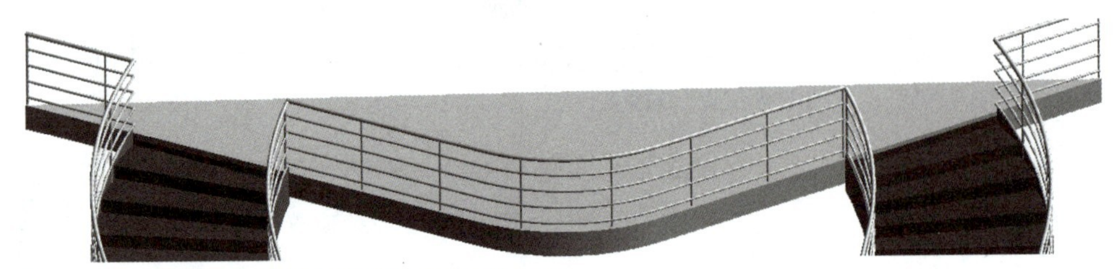

图 4.155 “标高 4”楼板位置栏杆扶手三维显示

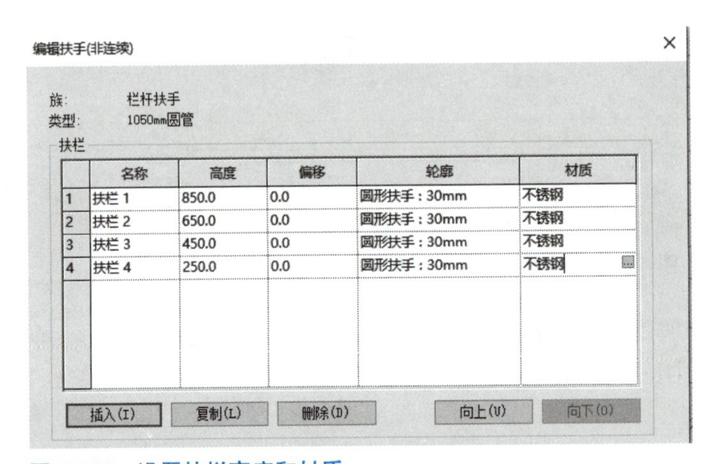

图 4.156 设置扶拦高度和材质

STEP 40 单击“类型属性”对话框中“栏杆位置”选项后的“编辑”按钮，弹出“编辑栏杆位置”对话框；设置“主样式”下“2”的“名称”为“常规栏杆”，“栏杆族”为“栏杆 - 圆形：25mm”，“相对前一栏杆的距离”为“1000.0”；设置“截断样式位置”为“从不”；设置“对齐”方式为“展开样式以匹配”；不勾选“楼梯上每个踏板都使用栏杆”复选框；设置“支柱”项下“起点支柱”“转角支柱”“终点支柱”的“栏杆族”均为“栏杆 - 圆形：25mm”；单击“确定”按钮关闭当前“类型属性”对话框；再次单击“确定”按钮关闭前一个“类型属性”对话框，完成栏杆扶手类型“1050mm 圆管”类型参数的设置。

STEP 41 确认栏杆扶手的类型为“1050mm 圆管”；设置左侧“属性”对话框“限制条件”项下“底部标高”为“标高 2”，“底部偏移”为“0.0”和“从路径偏移”为“0.0”；绘制路径，如图 4.157 中①所示；单击“模式”面板“完成编辑模式”按钮“√”，则栏杆扶手就编辑好了，如图 4.157 中②所示；切换到三维视图，查看“标高 2”楼板位置栏杆扶手三维显示，如图 4.157 中③所示。

STEP 42 切换到三维视图，查看创建的景观楼梯模型三维显示效果，如图 4.158 所示。

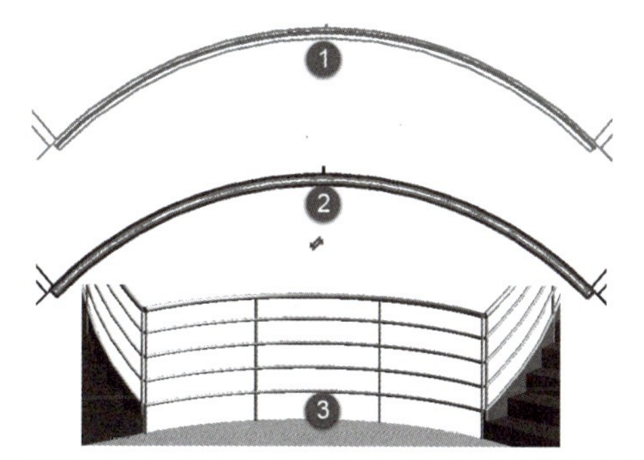

图 4.157 创建“标高 2”楼板位置栏杆扶手

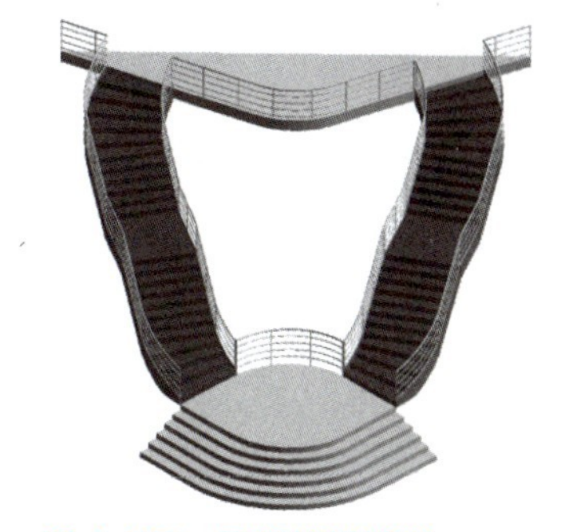

图 4.158 景观楼梯模型

STEP 43 单击快速访问工具栏“保存”按钮，保存模型文件。

至此，本题建模结束。

二、真题实战演练

1.【二级（建筑）第二十期第一题】

根据图 4.159 给定尺寸建立楼梯模型。楼梯及栏板材质均为钢筋混凝土，梯段宽度为 900mm，踏步宽度为 300mm，踏步高度为 200mm，踏步面层材质为瓷砖；栏板宽度为 100mm，栏板高度为 800mm，栏板上设黑色铁艺扶手，扶手截面为直径 50mm 的圆形，距踏面 1000mm 高。请将模型以“楼梯 + 考生姓名 .xxx”为文件名保存到考生文件夹中。（12 分）

【二级（建筑）第二十期第一题】

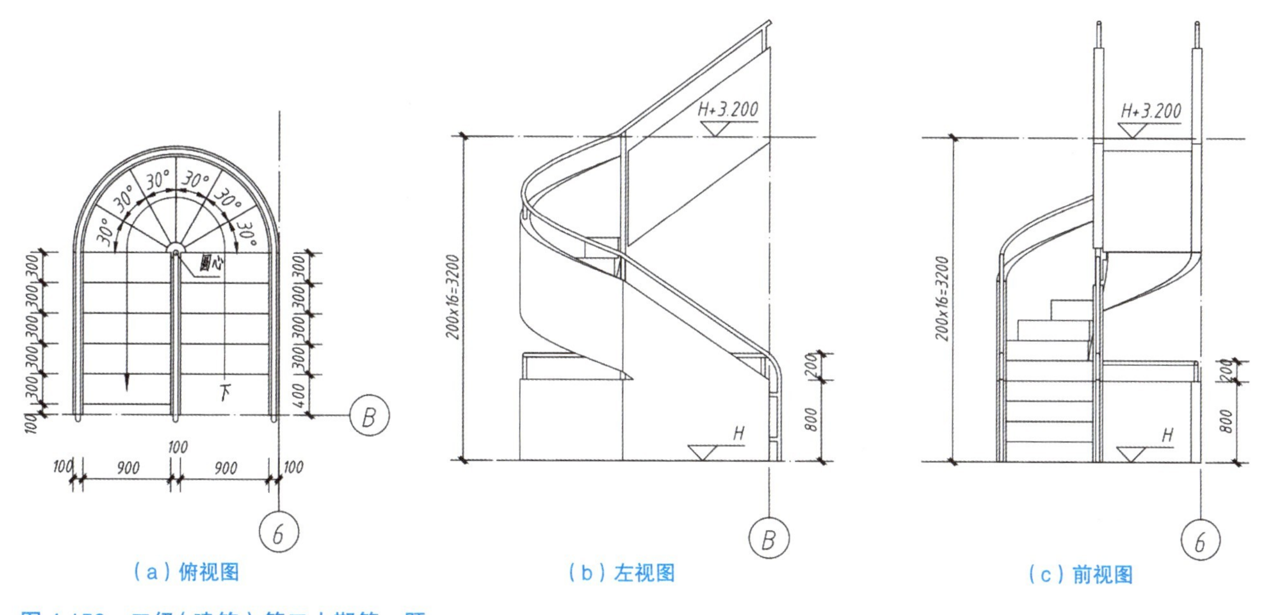

（a）俯视图　（b）左视图　（c）前视图

图 4.159 二级（建筑）第二十期第一题

2.【一级第一期第二题】

按照图 4.160 给出的弧形楼梯平面图和立面图，创建楼梯模型，其中楼梯宽度为 1200mm，所需踢面数为 21，实际踏板深度为 260mm，扶手高度为 1100mm，楼梯高度参考给定标高，其他建模所需尺寸可参考平、立面图自定。结果以“弧形楼梯 .rvt”为文件名保存在考生文件夹中。（10 分）

【一级第一期第二题】

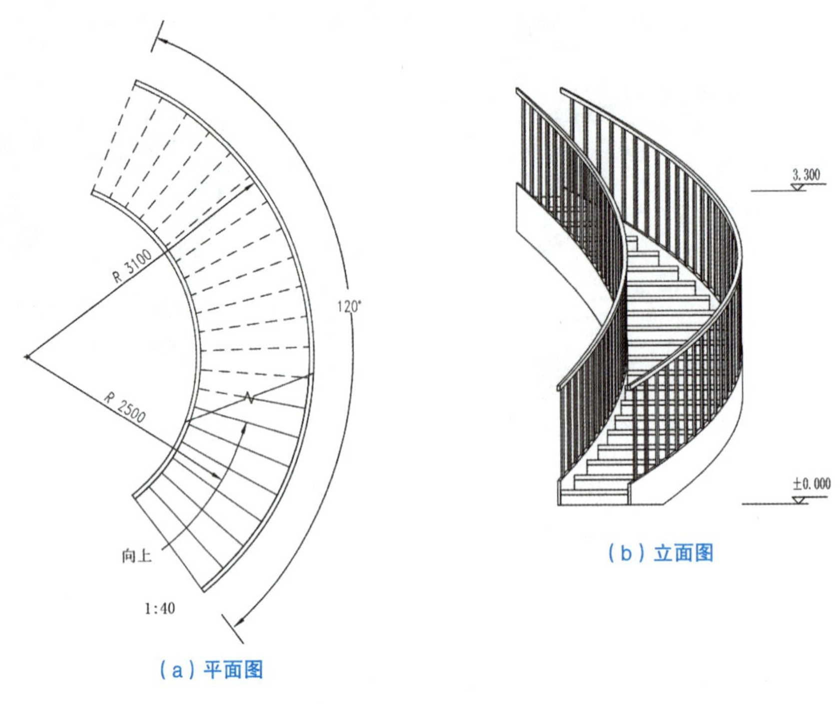

（a）平面图
（b）立面图

图 4.160　一级第一期第二题

【一级第二期第二题】

3.【一级第二期第二题】

按照图 4.161 给出的楼梯平面图、剖面图，创建楼梯模型，并参照题中平面图所示位置建立楼梯剖面模型，栏杆高度为 1100mm，栏杆样式不限。结果以“楼梯”为文件名保存在考生文件夹中。其他建模所需尺寸可参考给定的平面图、剖面图自定。（10 分）

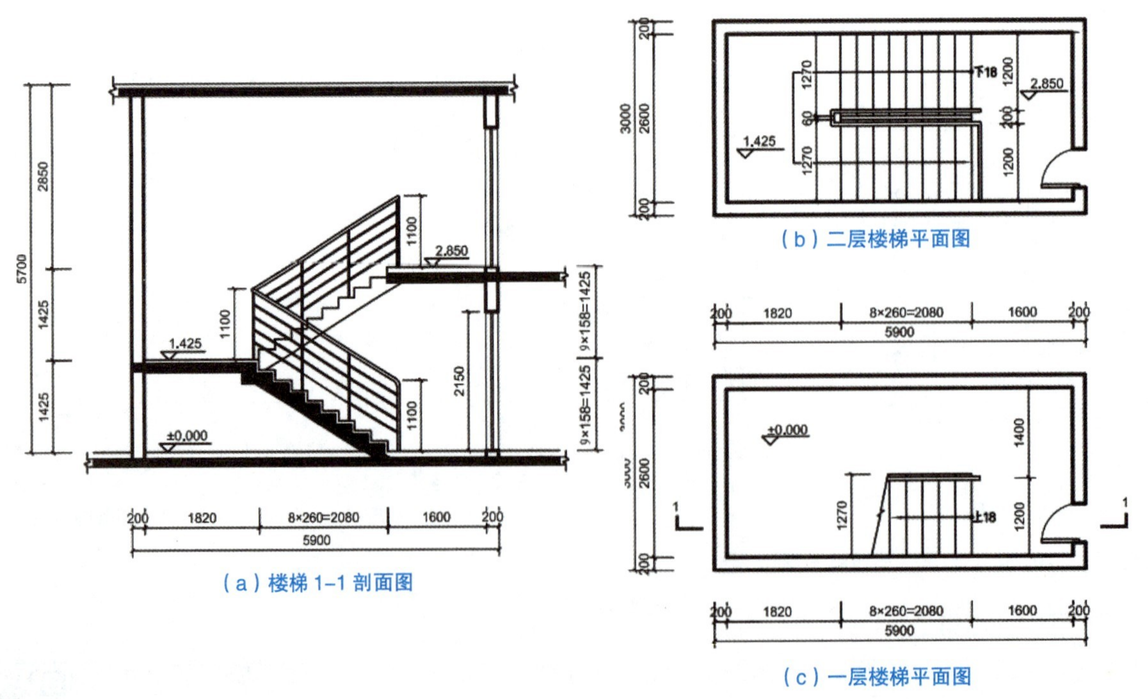

（a）楼梯 1–1 剖面图
（b）二层楼梯平面图
（c）一层楼梯平面图

图 4.161　一级第二期第二题

专项考点四小结

创建楼梯主要有两种方法：楼梯（按构件）和楼梯（按草图）。创建栏杆扶手也主要有两种方法：绘制路径和拾取主体。

创建楼梯之前必须确定楼梯的类型以及设置好实例参数和类型参数；通过楼梯（按构件）方式可以创建直线梯段、双跑楼梯、全踏步螺旋楼梯、圆心－端点螺旋楼梯、L形转角楼梯和U形转角楼梯；楼梯（按草图）通过绘制边界线、踢面和楼梯路径来创建楼梯。

创建栏杆扶手之前必须确定栏杆扶手的类型以及设置好实例参数和类型参数。

创建异形楼梯以及栏杆扶手的步骤主要是：（1）选择“建筑样板”新建一个项目文件；（2）创建标高；（3）调整平面视图的视图范围；（4）绘制详图线或者模型线；（5）设置楼梯的类型；（6）设置楼梯的“限制条件”“踢面数”和“实际踏板深度”等实例参数；（7）设置楼梯的“计算规则”项下“最小踏板深度”“最大踢面高度”“最小梯段宽度”等参数；（8）设置“梯段类型”参数：梯段下表面形式、结构深度、整体式材质、是否有踏板和踢面以及设置踏板和踢面的厚度、材质；（9）设置“平台类型”参数：整体厚度、材质；（10）设置“右侧支撑”和“左侧支撑”类型参数；（11）绘制梯段；（12）绘制平台边界线；（13）设置栏杆的材质；（14）设置顶部扶手的材质和类型；（15）设置栏杆位置相关参数；（16）设置扶栏相关参数。

接着我们将在熟练掌握参数化构件集、异形幕墙（体量模型）和异形楼梯及栏杆扶手创建的基础上，通过精选一个经典案例完整地讲述综合建筑模型创建的方法。

5 CHAPTER 建筑模型创建

在全国BIM技能等级考试二级（建筑）试题中，第三题（创建室内建筑设计模型，分值25分左右）和第四题（创建别墅或者酒店等建筑模型，分值47分左右）均由实际项目演化而来。

在全国BIM技能等级考试二级（建筑）试题中，第三题和第四题考试内容相对比较固定，其中第三题（创建室内建筑设计模型）考试要求和考试内容如下：（1）选择软件自带的“建筑样板”新建一个项目文件；（2）创建标高和轴网；（3）创建墙体、柱和楼板；（4）门窗放置；（5）布置各类家具（设置家具材质）；（6）创建房间（标注房间名称和使用面积）；（7）设计卫生间且布置卫生洁具（按照题目要求设置卫生洁具材质）；（8）保存模型文件。

另外，创建综合建筑模型题目，即第四题（创建别墅或者酒店等建筑模型）考试要求和考试内容如下：（1）选择软件自带的“建筑样板”新建一个项目文件；（2）创建标高、轴网且添加尺寸标注；（3）创建墙体、柱、底板、楼板、屋顶和洞口；（4）门窗放置；（5）创建室内楼梯；（6）创建室内外栏杆扶手；（7）创建坡道、台阶、散水、装饰壁柱、室外雨篷、女儿墙、屋顶造型和线脚等模型；（8）幕墙的创建和编辑；（9）根据题目提供的总平面图创建场地；（10）布置建筑单体以及室外景观（园区道路、景观水池、停车场、树木和草地等）；（11）创建门窗明细表；（12）创建指定的剖面视图；（13）创建图纸且将题目指定的平面视图、立面视图、剖面视图和明细表等放置到图纸中；（14）设置光照与阴影；（15）渲染且将结果图片保存到指定文件夹中；（16）设置室外漫游；（17）按照题目要求保存模型文件。

在全国BIM技能等级考试二级（建筑）试题中，最后两道题目，尤其是第四题图纸数量多且复杂，在考场上审题以及快速看懂图纸非常关键，这就需要平时训练时掌握以下解题技巧和考试规律：（1）考试题量很大，考察很全面，通常最后一道大题决定考试成败，考生必须在考场上冷静思考，把握好时间；（2）考试时不一定按照题目顺序去做题，应该准确把握考试做题时间，把容易拿到的分拿到，不要太拘泥于建模细节，抓大放小；（3）考试时按照题目要求去建立模型，建模时需要耐心和细心。

专项考点数据统计

在全国BIM技能等级考试二级（建筑）试题中，建筑模型（室内建筑设计模型及综合建筑模型）创建是必考内容，具体内容参见“绪论”→“表0.2　二级（建筑）考试试题题型”，在此不再赘述。

本专题贯彻项目化教学理念，以建筑模型创建为主线索，精选第十七期二级（建筑）第三题“办公楼室内设计”和第四题“别墅模型”创建作为经典案例，尽可能避免单纯讲述一个个独立的软件指令，而是以完成建筑模型任务为目标，组织相关指令的学习。

通过本专项考点的学习，熟练掌握标高、轴网、墙体、门窗、楼板、屋顶、楼梯、柱、栏杆扶手、室内外构件、洞口、场地、明细表、图纸创建以及渲染、漫游等知识点。

第一节　案例一建模步骤精讲

【相关文件下载】

一、案例概况（创建室内建筑设计模型）

小贴士 ▶▶▶

本案例来自全国BIM技能等级考试二级（建筑）第十七期试题第三题“办公楼室内设计”。

特别说明

本案例步骤精讲相对简单，标高、轴网、墙体等类似知识点详见第二节 案例二建模步骤精讲。

根据图 5.1 创建室内建筑模型，图中给出的家具不应遗漏，不要求与图纸中的类型尺寸完全一致，未标明的尺寸与样式不作要求。具体要求如下。（24 分）

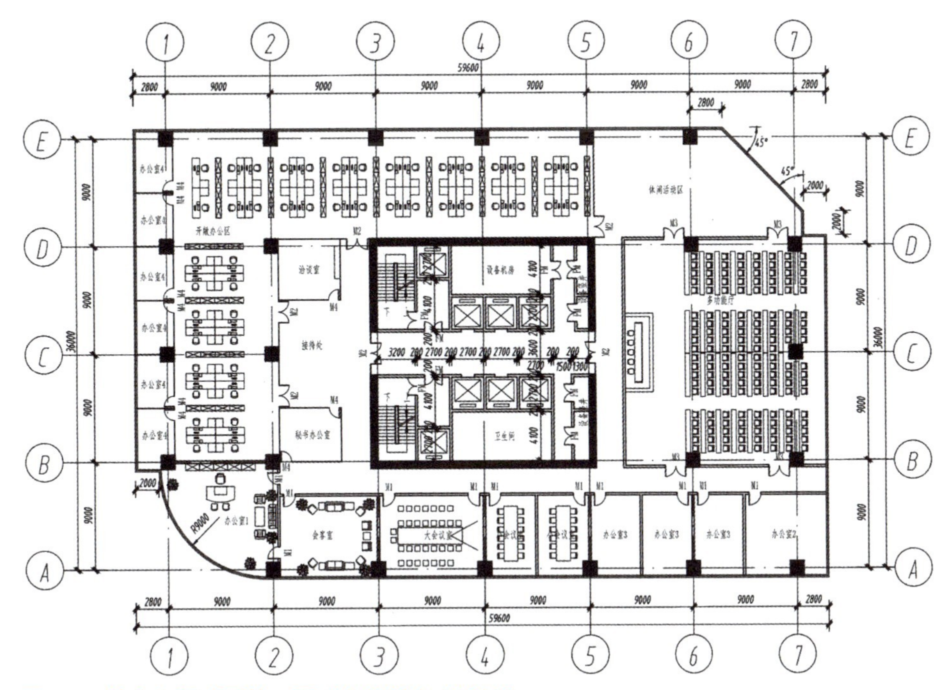

图 5.1 第十七期试题第三题“办公楼室内设计”

（1）本建筑为某高层办公楼，本层层高 4.5m，需创建墙体（含剪力墙）、柱子、楼板、内门、楼梯及电梯井道，不设置顶板、吊顶。主要建筑构件材质及尺寸见表 5.1，内门尺寸见表 5.2。（8 分）

表 5.1 主要建筑构件材质及尺寸

构件名称	尺寸及定位	材质
剪力墙	600mm 厚，偏轴线一侧	钢筋混凝土
柱子	1200mm × 1200mm，轴线居中	钢筋混凝土
楼板	150mm 厚	钢筋混凝土
内墙	200mm 厚，轴线居中或与柱外皮齐平	加气混凝土砌块
玻璃幕墙	预留构造厚度，外边线距柱外皮 200mm	玻璃
隔断墙	15mm 厚，与剪力墙或柱外皮齐平	玻璃

表 5.2 内门尺寸

编号	尺寸及定位	材质
M1	1000mm 宽，2100mm 高，垛宽 300mm	木质
M2	1800mm 宽，2100mm 高，居中	玻璃
M3	1800mm 宽，2100mm 高，贴柱皮	木质
M4	900mm 宽，2100mm 高，垛宽 100mm	玻璃
FM	1500mm 宽，2100mm 高，居中	钢质防火门

（2）设计创建玻璃幕墙：尺寸详见平面标注，立面分格等参数自行合理设置。（4分）

（3）为各个区域布置家具：分为开敞办公区、多功能厅、办公室及会客室、会议室等区域。为家具设置相应的材质：所有办公桌、会议桌、柜子均为木质，沙发为皮质，椅子垫子为布艺。（6分）

（4）设计布置卫生间：在图中给定区域自行设置卫生间墙体及门或洞口，合理划分男女卫生间空间；蹲位采用隔间方式，男卫生间蹲便器4个、小便器4个；女卫生间蹲便器4个；洗手区相对独立，洗手盆各2个；洗手台材质为石材，卫生洁具材质为陶瓷。卫生洁具布置最小尺寸，如图5.2所示。（6分）

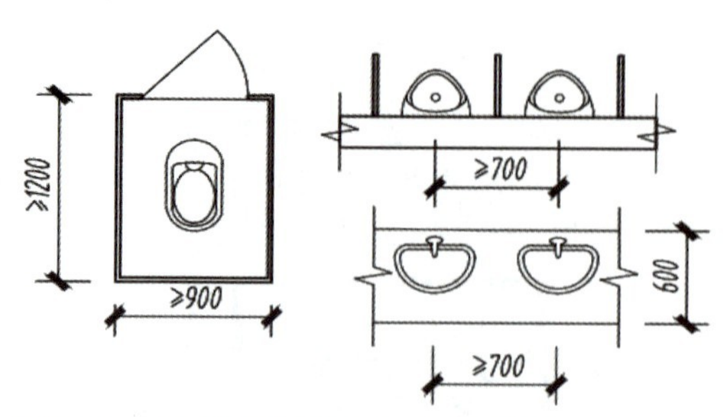

图5.2　卫生洁具布置最小尺寸示意图

（5）将模型文件以“办公楼室内设计＋考生姓名.xxx”为文件名保存到考生文件夹中。

二、建模步骤

STEP 01 打开软件Revit；单击“项目”菜单下的“新建”按钮，然后在新建项目对话框中选择“建筑样板”，新建一个项目文件，系统自动进入建立建筑项目模型的环境当中，且自动切换到了“标高1”楼层平面视图。

STEP 02 单击快速访问工具栏“保存”按钮，在弹出的“另存为”对话框中以“办公楼室内设计张三”（假定考生姓名为“张三”）为文件名保存到考生文件夹中。

STEP 03 切换到南立面视图，修改“标高2”高程为4.500m。

STEP 04 切换到“标高1”楼层平面视图；单击“建筑”选项卡“基准”面板“轴网”按钮，在左侧“类型选择器”下拉列表选择“轴网6.5mm编号”，单击“编辑类型”按钮，弹出“类型属性”对话框，设置“轴线中段”为“连续”，勾选“平面视图轴号端点1（默认）”和“平面视图轴号端点2（默认）”参数，设置“非平面视图符号（默认）”为“底”。

STEP 05 移动光标至四个立面符号围成的矩形范围偏左下角的适当位置；单击作为轴线的起点，而后垂直向上移动光标至适当位置，单击作为轴线的终点，按2次Esc键，完成第一条垂直轴线，即①轴就创建完成了。

STEP 06 先单击选择①轴，再单击“修改”面板上的“复制”按钮，同时勾选选项栏“约束”和“多个”复选框；移动光标在①轴上单击捕捉一点作为复制基点，然后水平向右移动光标，移动的距离尽可能大一些（注意越大越好），输入间距值“9000”后按Enter键确认，则通过“复制”工具创建了②轴；保持光标位于②轴右侧，分别输入“9000”“9000”“9000”“9000”“9000”后按Enter键确认，便一次性通过“复制”工具创建了6根新的垂直轴线；此时在①轴编号的基础上，轴线编号自动递进为②～⑦。

STEP 07 选中⑦轴，系统自动切换到“修改|轴网”上下文选项卡；单击“创建”面板“创建类似”按钮，系统自动切换到“修改|放置 轴网”上下文选项卡；单击“绘制”面板“线”按钮，移动光标到“标高1”楼层平面视图中①轴标头左下方位置，单击捕捉一点作为轴线起点，然后从左向右水平移动光标到⑦轴右侧一段距离后，再次单击捕捉轴线终点创建第一条水平轴线。

STEP 08 选中刚刚创建的水平轴线，修改轴线编号为“Ⓐ”，则创建完成了Ⓐ轴；移动光标在Ⓐ轴上单击捕捉一点作为复制基点，然后垂直向上移动光标，分别输入“9000”“9000”“9000”“9000”后按Enter键确认，完成Ⓑ～Ⓔ轴的创建。

STEP 09 单击“建筑”选项卡“模型”面板“模型线”按钮，系统切换到“修改 | 放置 线”上下文选项卡，绘制模型线；单击“注释”选项卡“尺寸标注”面板上的“对齐”按钮，从左到右单击垂直轴线，最后在⑦轴右侧空白之处单击，便可连续标注出开间方向的尺寸；重复单击“尺寸标注”面板上的“对齐”按钮，标注进深方向的尺寸；“标高 1”楼层平面视图默认有四个立面符号（俗称“小眼睛”），且默认为正东、正西、正南、正北，创建轴网应确保位于四个立面符号观察范围之内；选中四个立面符号，单击“修改 | 选择多个”上下文选项卡“视图”面板“隐藏图元”按钮，永久隐藏四个立面符号；将“视图比例”设置为“1：200”；创建的轴网、模型线和标注的对齐尺寸标注，如图 5.3 所示。

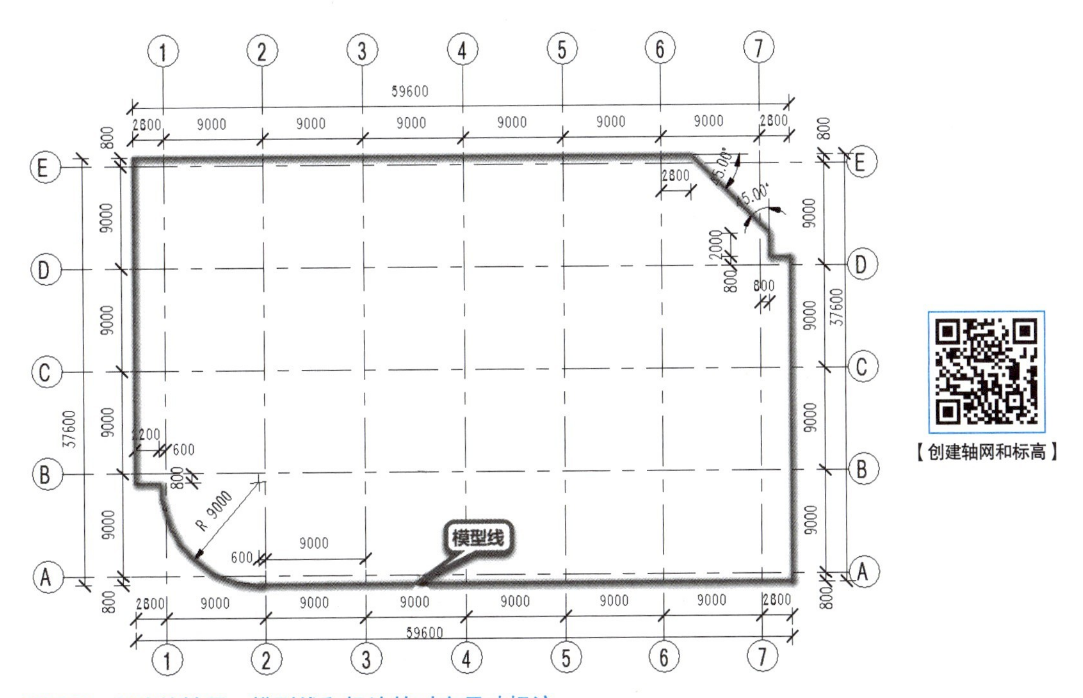

图 5.3 创建的轴网、模型线和标注的对齐尺寸标注

STEP 10 单击“项目浏览器”→“族”→“幕墙竖梃”→“矩形竖梃”→“50×150mm”，在弹出的面板中单击选择“类型属性”按钮，在弹出的“类型属性”对话框中复制创建一个新的竖梃类型“50×200mm”，设置“类型属性”对话框中“构造”项下“厚度”为“200.0”，如图 5.4 所示，单击“确定”按钮退出“类型属性”对话框。

STEP 11 单击“建筑”选项卡“构建”面板“墙”下拉列表“墙：建筑”按钮，进入“修改 | 放置 墙”上下文选项卡；在左侧“类型选择器”下拉列表中选择墙体的类型为“幕墙”；设置左侧“属性”对话框中“约束”项下“底部约束”为“标高 1”，“底部偏移”为“0.0”，“顶部约束”为“未连接”，“无连接高度”为“4500.0”；单击“编辑类型”按钮，打开“类型属性”对话框，单击“复制”按钮，输入新的名称“玻璃幕墙”。

STEP 12 设置“玻璃幕墙”类型属性有关参数：勾选“构造”项下“自动嵌入”复选框；设置“构造”项下“幕墙嵌板”为“系统嵌板：玻璃”；设置“垂直网格”和“水平网格”的“布局”为“最小间距”，且将“间距”设置为“1500.0”；勾选“调整竖梃尺寸”参数；将“垂直竖梃”中的“内部类型”“边界 1 类型”和“边界 2 类型”均选为“矩形竖梃 50×200mm”；将“水平竖梃”中的“内部类型”“边界 1 类型”和“边界 2 类型”均选为“矩形竖梃 50×200mm”；单击“确定”按钮，关闭“类型属性”对话框。

STEP 13 分别单击“修改 | 放置 墙”上下文选项卡“绘制”面板“线”和“起点－终点－半径弧”按钮绘制幕墙，如图 5.5 中①所示（玻璃幕墙外边线与柱外皮距离为 200mm）。

【创建幕墙】

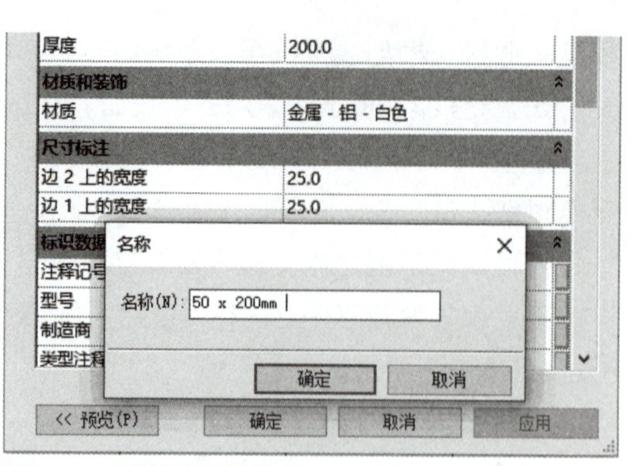

图 5.4　新的竖梃类型“50×200mm”

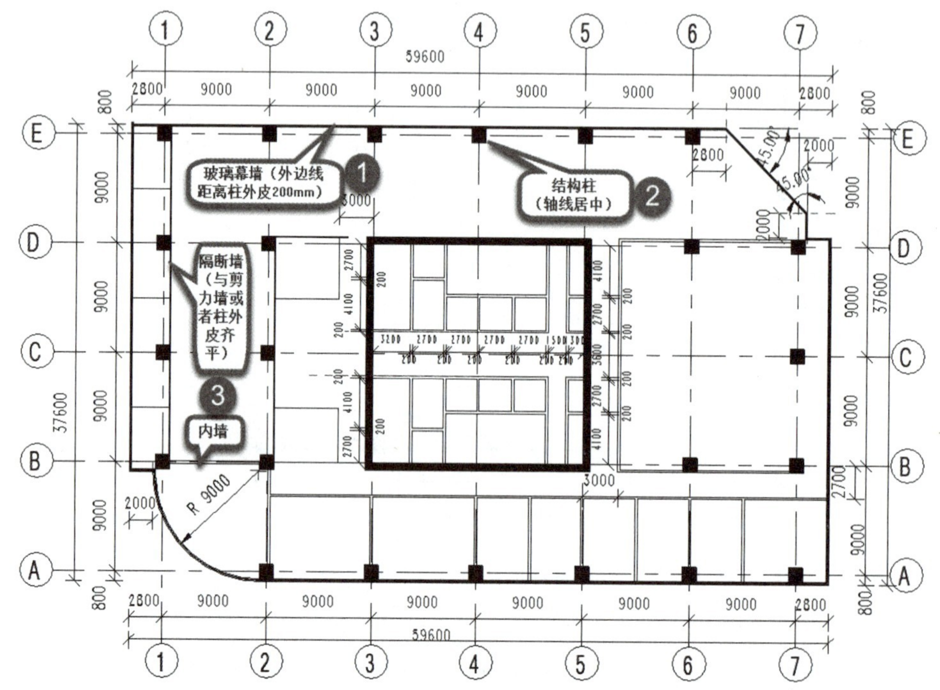

图 5.5　创建的结构柱、墙体

STEP 14 单击“结构”选项卡“结构”面板“柱”按钮，系统进入“修改 | 放置 结构柱”上下文选项卡；在左侧“类型选择器”下拉列表中选择结构柱的类型，系统默认的只有“UC- 普通柱 - 柱”，需要载入其他结构柱类型。

【创建结构柱】

STEP 15 单击“模式”面板中的“载入族”按钮，打开“载入族”对话框，选择“China”→“结构”→“柱”→“混凝土”文件夹中的“混凝土 - 矩形 - 柱”，单击“打开”按钮，加载“混凝土 - 矩形 - 柱”到项目中。

STEP 16 单击左侧“类型选择器”下拉列表右下侧“编辑类型”按钮，弹出“类型属性”对话框，单击“类型属性”对话框中的“复制”按钮，打开“名称”对话框，输入名称为“柱子”，单击“确定”按钮退出“名称”对话框，返回到“类型属性”对话框中，更改“b”和“h”的值，均为“600.0”，单击“确定”按钮退出“类型属性”对话框；在“属性”对话框中单击“结构材质”靠后空白位置，会出现“隐藏材质”按钮，单击“隐藏材质”按钮，弹出“材质浏览器”对话框，设置“结构材质”为“钢筋混凝土”；不勾选“属性”对话框“结构”项下的“启用分析模型”复选框。

STEP 17 单击“修改 | 放置 结构柱”上下文选项卡“放置”面板“垂直柱”按钮，将选项栏“深度”改为“高度”，“未连接”改为“标高 2”，则创建柱的高度为“标高 1”到“标高 2”；将光标置于轴线交点上，

临时尺寸标注显示结构柱与相邻轴线的间距，单击，可在轴线交点处创建结构柱。创建的结构柱，如图 5.5 中②所示。

STEP 18 单击左侧“属性”对话框“图形”选项下的“可见性 / 图形替换”右侧“编辑”按钮，在弹出的“楼层平面：标高 1 的可见性 / 图形替换”对话框中单击“模型类别”选项卡，选中“结构柱”，接着单击右侧的“截面填充图案”按钮，弹出“填充样式图形”对话框，设置“填充图案”为“实体填充”，“颜色”为“黑色”，则结构柱截面填充了黑色实体。

STEP 19 单击“建筑”选项卡“构建”面板“墙”下拉列表“墙：建筑”按钮，进入“修改 | 放置 墙”上下文选项卡；在左侧“类型选择器”下拉列表中确认墙体的类型为“基本墙 常规 -200mm”；设置左侧“属性”对话框中“约束”项下墙体的“定位线”为“墙中心线”，“底部约束”为“标高 1”，“顶部约束”为“直到标高：标高 2”。

STEP 20 单击左侧“类型选择器”下拉列表右下侧“编辑类型”按钮，在弹出的“类型属性”对话框中，单击“复制”(相当于另存为)按钮，在弹出的“名称”对话框中，“名称”后输入“内墙”，单击“确定”按钮，退出“名称”对话框，完成新建墙体类型的命名。

【创建隔断墙】

STEP 21 单击“类型属性”对话框的“结构”栏中的右侧“编辑”按钮，弹出“编辑部件”对话框，选择“结构 [1]”，单击右侧“材质”列值“<按类别>”后面的“小省略号”图标，打开“材质浏览器”对话框，搜索并选择“加气混凝土砌块”，单击“确定”按钮退出“材质浏览器”对话框；将“结构 [1]”的“厚度”值设为“200.0”，连续单击“确定”按钮关闭各个对话框，新建一个墙体类型。同理，创建剪力墙（材质为钢筋混凝土，厚度为 600mm）和隔断墙（材质为玻璃，厚度为 15mm）。

【创建剪力墙】

STEP 22 在左侧“类型选择器”下拉列表中选择墙体的类型为“内墙”；单击“绘制”面板“线”按钮，将选项栏“链”勾选，保证墙体连续绘制。

【创建内墙】

STEP 23 移动光标并单击捕捉Ⓑ轴和②轴交点为绘制墙体起点，沿顺时针方向单击捕捉Ⓑ轴和①轴交点，按 Esc 键，结束一段内墙墙体的绘制，如图 5.5 中③所示。同理，绘制其余位置的内墙、隔断墙和剪力墙，绘制完毕的墙体如图 5.5 所示。

STEP 24 单击“建筑”选项卡“构建”面板“楼板”下拉列表“楼板：建筑”按钮，系统自动切换到“修改 | 创建楼层边界”上下文选项卡；在“类型选择器”下拉列表中选择楼板的类型为“楼板 常规 -150mm”；单击左侧“类型选择器”下拉列表右下侧“编辑类型”按钮，弹出“类型属性”对话框，在“类型属性”对话框中单击“复制”按钮，弹出“名称”对话框，输入名称“楼板”，单击“确定”按钮退出“名称”对话框回到“类型属性”对话框；单击“构造”选项组下“结构”右侧的“编辑”按钮，打开“编辑部件”对话框，将“结构 [1]”的“厚度”改为“150.0”；设置“结构 [1]”材质为“钢筋混凝土”，连续单击“确定”按钮关闭各个对话框，新建一个楼板类型。

STEP 25 在左侧“属性”对话框中设置“约束”选项下“标高”为“标高 1”，“自标高的高度偏移”为“0.0”；分别单击“绘制”面板“线”按钮和“起点 - 终点 - 半径弧”按钮，绘制楼层边界线，如图 5.6 所示，单击“模式”面板“完成编辑模式”按钮“√”，便完成楼板创建。

STEP 26 单击“建筑”选项卡“构建”面板中的“门”按钮（或快捷键 DR），系统自动切换到“修改 | 放置门”上下文选项卡；激活“标记”面板“在放置时进行标记”按钮以便对门进行自动标记，如果要引入标记引线，选项栏勾选“引线”并指定长度。

STEP 27 在“类型选择器”下拉列表中选择门类型，系统默认的只有“单扇 - 与墙齐”类型，故单击“模式”面板中的“载入族”按钮，打开“载入族”对话框，选择“China”→“建筑”→“门”→“普通门”→“平开门→“单扇”文件夹中的“单嵌板玻璃门 1”，单击“打开”按钮，载入单嵌板玻璃门 1。

STEP 28 单击“编辑类型”按钮，弹出“类型属性”对话框，单击“复制”按钮，在弹出的“名称”对话框中输入“M4”，单击“确定”按钮退出“名称”对话框回到“类型属性”对话框，设置“宽度”为

“900.0”，“高度”为“2100.0”；设置“标识数据”项下“类型标记”为“M4”，单击“确定”按钮退出“类型属性”对话框，则“M4”的类型参数就设置完成了。同理，创建M1、M2、M3和FM。

STEP 29 确认门的类型为“M4”；将光标移动到①轴隔断墙上，此时会出现门与周围墙体距离的蓝色相对尺寸（可以通过相对尺寸大致捕捉门的位置；在楼层平面视图中放置门之前，按空格键可以控制门的左右开启方向，也可单击控制符号，翻转门的上下、左右的方向）；在墙上合适位置单击以放置门；默认情况下，临时尺寸标注指示从门边缘到最近垂直墙的墙表面的距离；调整临时尺寸标注蓝色的控制点，拖动蓝色控制点到E轴，修改临时尺寸值为“=9000/2-100-15/2-900”（3492.5），如图5.7所示，则放置的M4确定了精确的位置（单击放置门后，Revit将自动剪切洞口并放置门）。同理，放置其余位置的M4、M1、M2、M3和FM，结果如图5.8中①所示。

【放置M1~M4】

【放置FM、洞口和电梯】

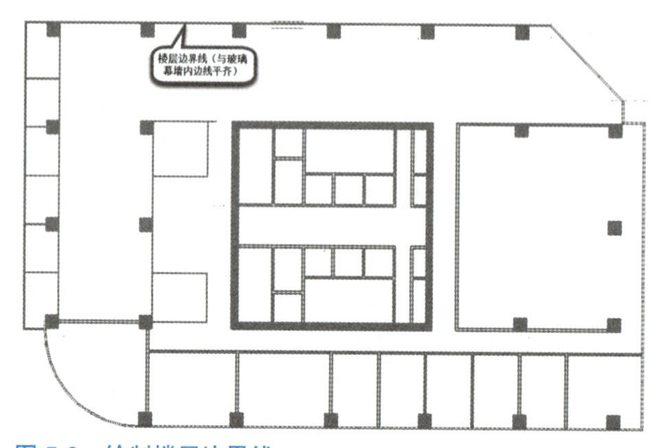

图5.6　绘制楼层边界线

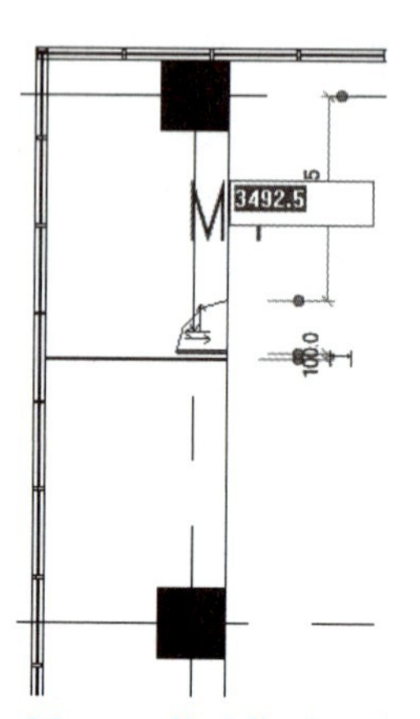

图5.7　修改临时尺寸值

STEP 30 按题目提供的平面图要求创建房间，并标注房间名称。单击“建筑”选项卡“房间和面积”面板“房间”按钮，进入“修改|放置 房间”上下文选项卡，同时单击“在放置时进行标记”按钮，在左侧“类型选择器”下拉列表选择房间类型为“标记－房间－无面积－方案－黑体-4-5mm-0-8”，然后将光标移动到平面视图中，在需要的房间内单击以进行房间标记。按Esc键退出放置房间命令之后，在平面视图中双击房间的名称文字，进入房间名称编辑状态，输入新的房间名称，如图5.8中②所示，在文字范围以外单击以完成编辑。创建的房间如图5.9所示。

STEP 31 布置“标高1”楼层平面视图中的各类家具。单击“插入”选项卡“从库中载入”面板“载入族”按钮，将各类家具（办公桌、会议桌、柜子、椅子、沙发）载入到项目中；单击“建筑”选项卡“构建”面板“构件”下拉列表“放置构件”按钮，在左侧“类型选择器”下拉列表选择家具类型放置到“标高1”楼层平面视图中去，结果如图5.9所示。

STEP 32 选中放置的椅子，系统切换到“修改|家具”上下文选项卡，单击左侧“类型选择器”下拉列表右下侧“编辑类型”按钮，在弹出的“类型属性”对话框中设置“材质和装饰”项下“垫子”为“布艺”；同理，设置沙发的材质为皮质，所有办公桌、会议桌、柜子的材质均为木质。

STEP 33 单击“插入”选项卡“从库中载入”面板“载入族”按钮，选择“China”→“建筑”→“专用设备”→“电梯”文件夹中的“高速电梯”，单击“打开”按钮，将“高速电梯”载入到项目中；单击“建筑”选项卡“构建”面板“构件”下拉列表“放置构件”按钮，选择左侧“类型选择器”下拉列表中“高速电梯P10”，放置到“标高1”楼层平面视图中去，如图5.10所示。

STEP 34 设计布置卫生间。绘制卫生间内墙，如图5.11中①所示；在M1基础上复制创建一个新的门类型M5（宽700mm，高2100mm，材质为木质），放置M5（垛宽100mm），如图5.11中②所示。

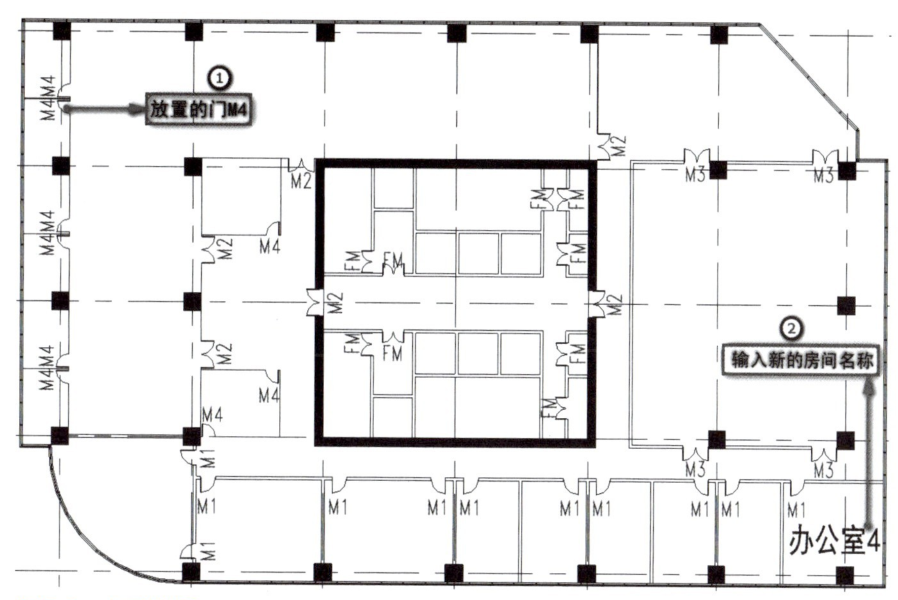

图 5.8　布置的门

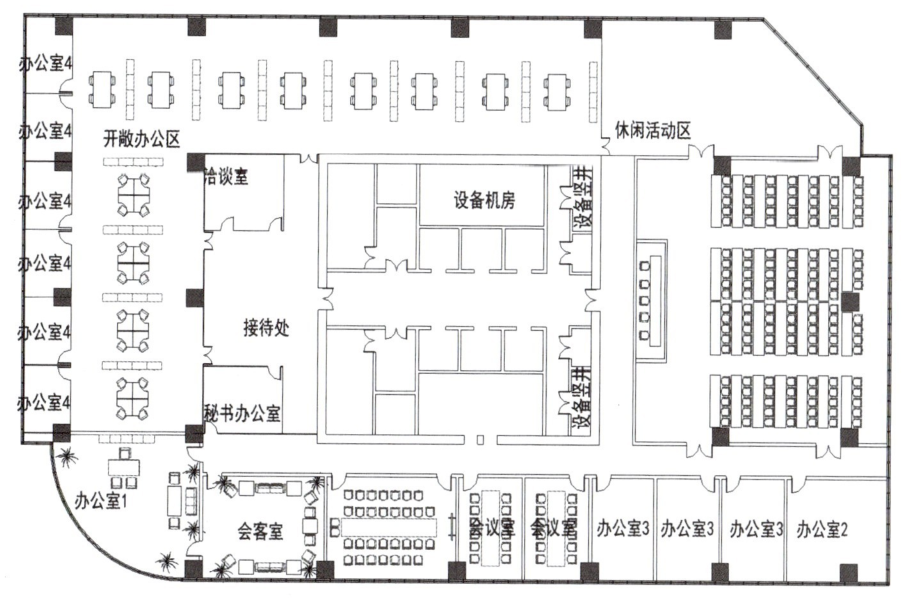

图 5.9　创建的房间和布置的家具

【创建房间和放置家具】

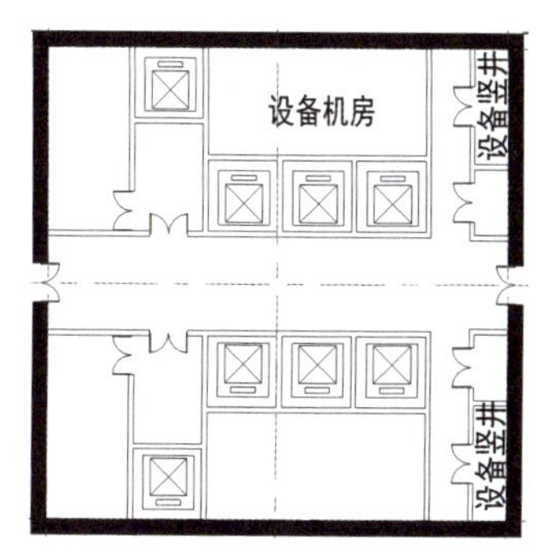

图 5.10　布置电梯（电梯井道）

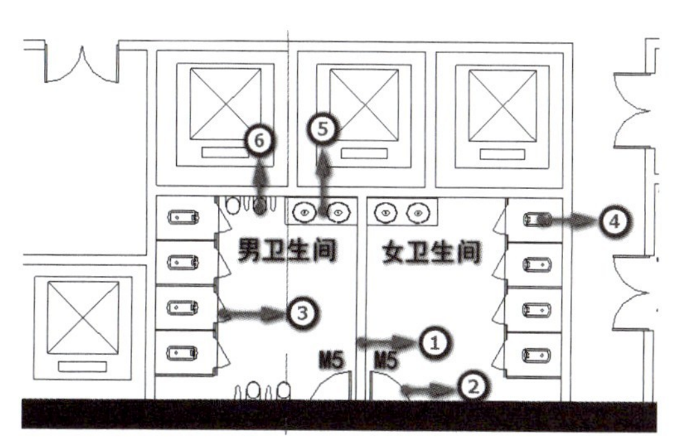

图 5.11　卫生间布置

STEP 35 单击“插入”选项卡“从库中载入”面板“载入族”按钮，载入“China”→“建筑”→“专用设备”→“卫浴附件”→“盥洗室隔断”文件夹中的“厕所隔断 1 3D”和“盥洗室隔断 3 3D”；载入“China”→“建筑”→“卫生器具”→“3D”→“常规卫浴”→“蹲便器”文件夹中的“蹲便器 1”；载入“China”→“建筑”→“卫生器具”→“3D”→“常规卫浴”→“洗脸盆”文件夹中的“桌上式台盆 _ 多个”；载入“China”→“建筑”→“卫生器具”→“3D”→“常规卫浴”→“小便斗”文件夹中的“多个挂墙式小便器”。

【卫生间】

STEP 36 单击“建筑”选项卡“构件”下拉列表“放置构件”按钮，在左侧“类型选择器”下拉列表中选择“桌上式台盆 _ 多个”；单击“桌上式台盆 _ 多个”，配合键盘空格键调整台盆的放置方向，接着在“标高 1”楼层平面视图中移动光标到图中需要的位置，单击进行放置；同理，放置“厕所隔断 1 3D”“蹲便器 1”“多个挂墙式小便器”和“盥洗室隔断 3 3D”，放置的结果如图 5.11 中③～⑥所示。

【设计楼梯】

STEP 37 选中“桌上式台盆 _ 多个”，系统切换到“修改 | 卫浴装置”上下文选项卡，单击左侧“类型选择器”下拉列表右下侧“编辑类型”按钮，在弹出的“类型属性”对话框中设置“材质和装饰”项下“操作面材质”为“石材”；同理，设置其余卫生洁具材质为“陶瓷”，至此卫生间布置完成。

STEP 38 切换到“标高 1”楼层平面视图；单击“建筑”选项卡“楼梯坡道”面板“楼梯”下拉列表“楼梯（按构件）”按钮，系统切换到“修改 | 创建楼梯”上下文选项卡，激活“构件”面板“梯段”按钮，单击“直梯”按钮；选项栏中设置“定位线”为“梯段：左”，“偏移量”为“0.0”，“实际梯段宽度”为“1500.0”，勾选“自动平台”；在“类型选择器”下拉列表中选择楼梯的类型为“现场浇注楼梯 整体浇筑楼梯”，设置楼梯的“底部标高”为“标高 1”，“顶部标高”为“标高 2”，“底部偏移”和“顶部偏移”均为“0.0”；设置“所需踢面数”为“24”，“实际踏板深度”为“260.0”；单击“工具”面板“栏杆扶手”按钮，在弹出的“栏杆扶手”对话框中设置“位置”为“踏板”，栏杆扶手类型为“900mm”。

STEP 39 在绘图区域空白处，单击一点 A 作为第一跑起点，垂直向下移动光标（光标移动方向为梯段踏步升高的方向），直到显示“创建了 12 个踢面，剩余 12 个”时，单击捕捉该点 B 作为第一跑终点，创建第一跑草图，按 Esc 键暂时退出绘制梯段命令。

STEP 40 移动光标至点 C，单击点 C 作为第二跑起点，向上垂直移动光标到矩形预览框之外，单击创建剩余的踏步；最后单击“模式”面板“完成编辑模式”按钮“√”，退出“修改 | 创建楼梯”上下文选项卡，便完成楼梯的创建，如图 5.12 所示。同理，创建另外一个楼梯。

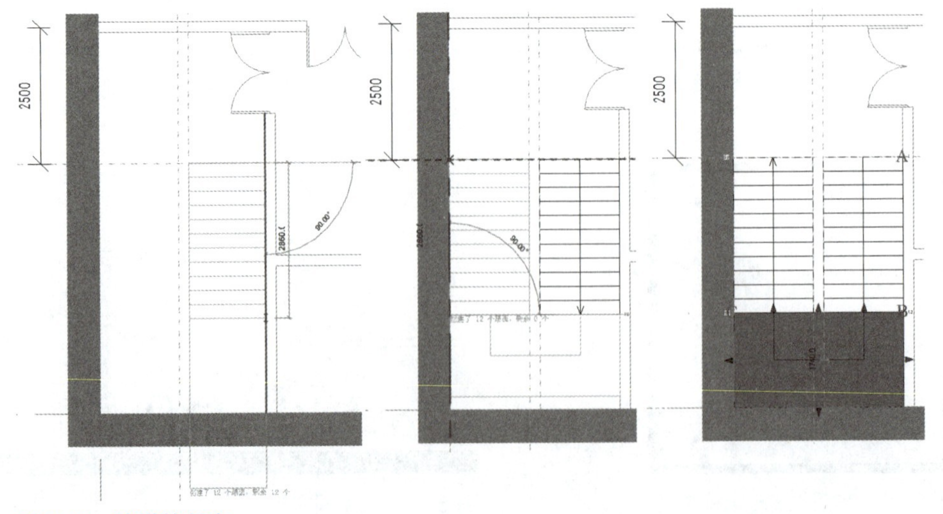

图 5.12　楼梯的创建

STEP 41 单击快速访问工具栏“保存”按钮，在弹出的“另存为”对话框中将模型以“办公楼室内设计张三”为文件名保存到考生文件夹中。

至此，案例一建模结束。

第二节 案例二建模步骤精讲

【相关文件下载】

一、案例概况

小贴士

本案例来自全国 BIM 技能等级考试二级（建筑）第十七期试题第四题“别墅”。

根据给定的图纸（图 5.13 ~ 5.21），创建别墅模型。其中没有标明尺寸及材质的可以自行设定，没有明确要求创建的内容可以不创建。具体要求如下。（48 分）

1. 创建别墅模型（37 分）

（1）根据给定的平面图、立面图，创建轴网、标高，并添加尺寸标注。

（2）创建外墙、楼板、地面、屋顶、洞口、阳台栏杆扶手等模型，结构梁柱、内墙、楼梯及楼梯栏杆扶手不做要求，主要构件的尺寸及材质详见表 5.3，外装饰材料详见各立面图。

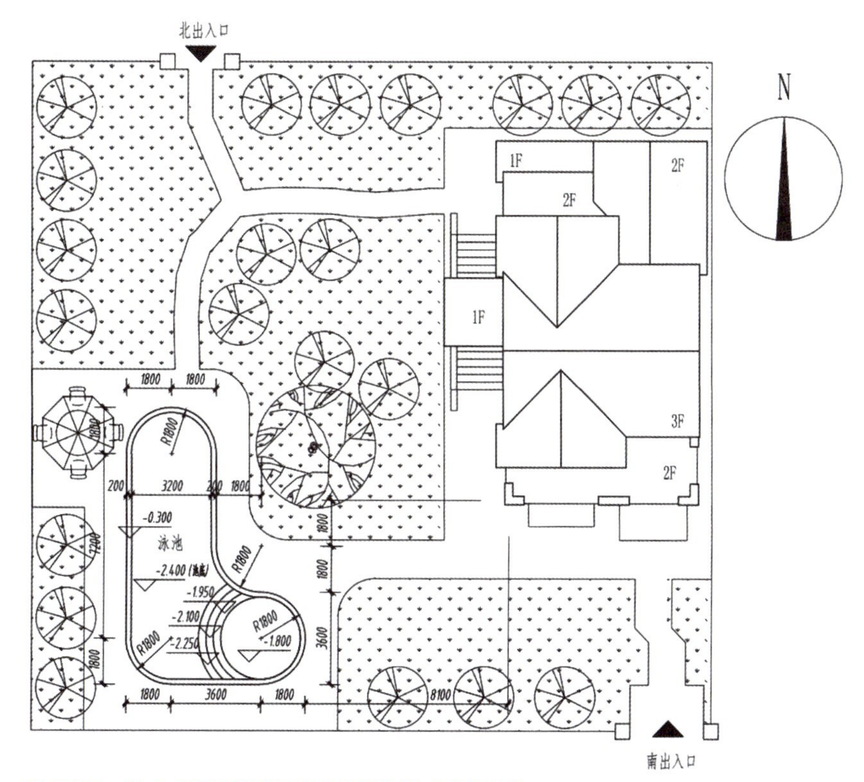

图 5.13 第十七期试题第四题“别墅”总平面图

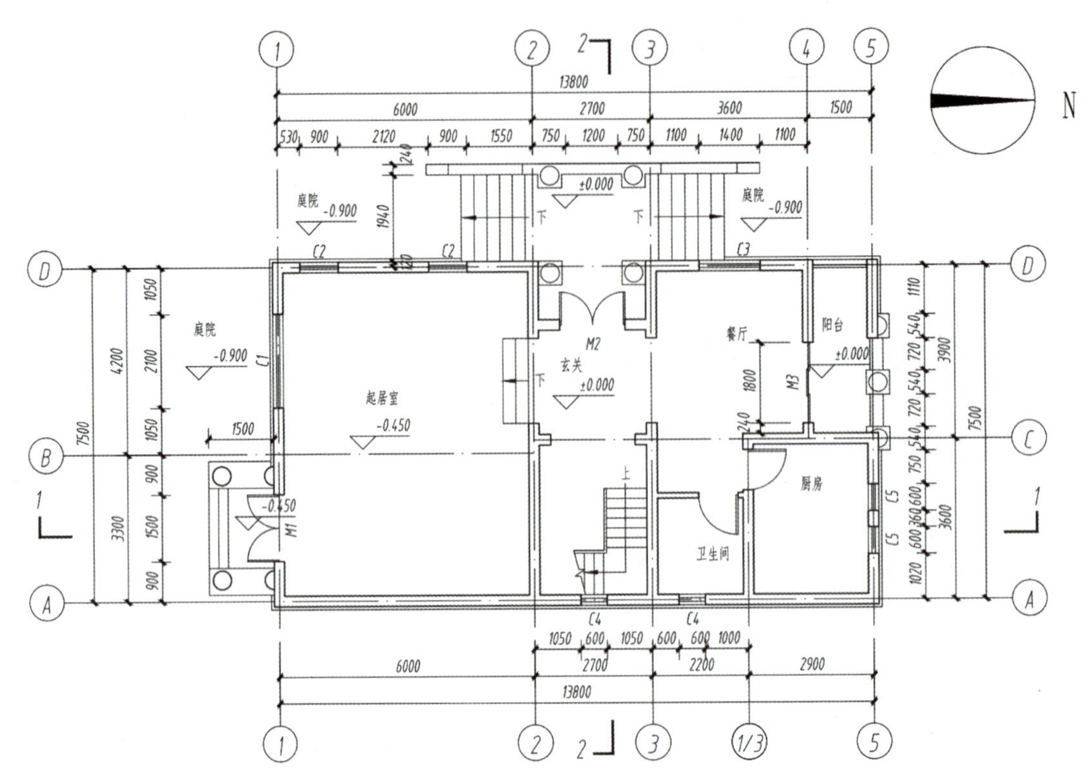

图 5.14　第十七期试题第四题“别墅”首层平面图

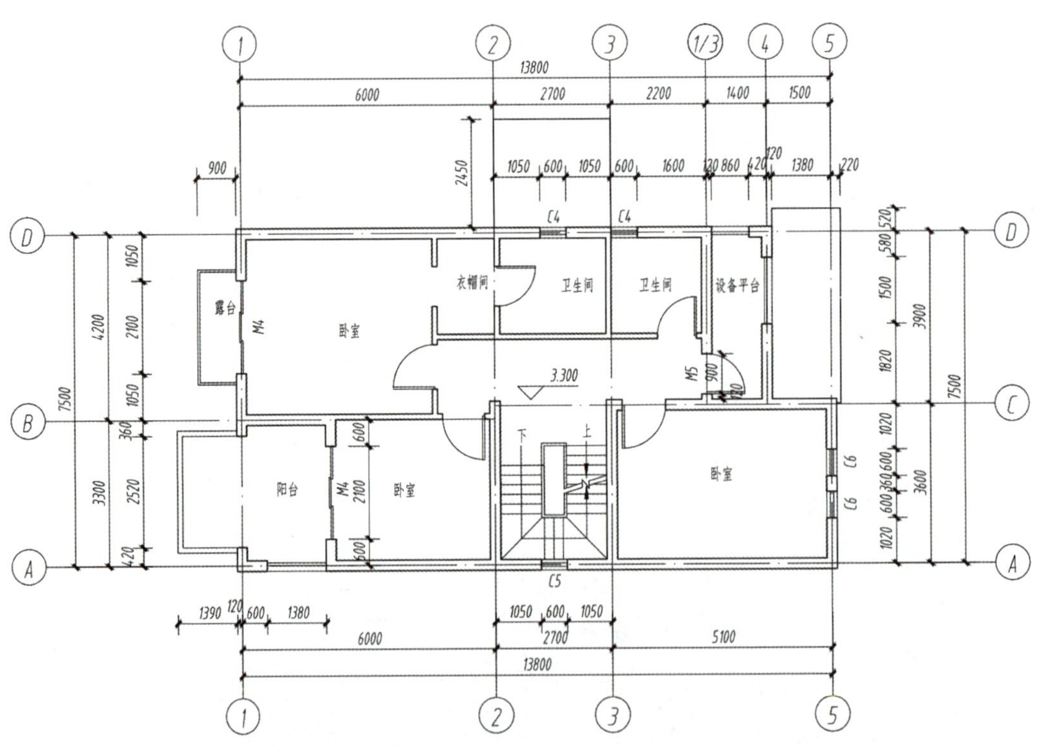

图 5.15　第十七期试题第四题“别墅”二层平面图

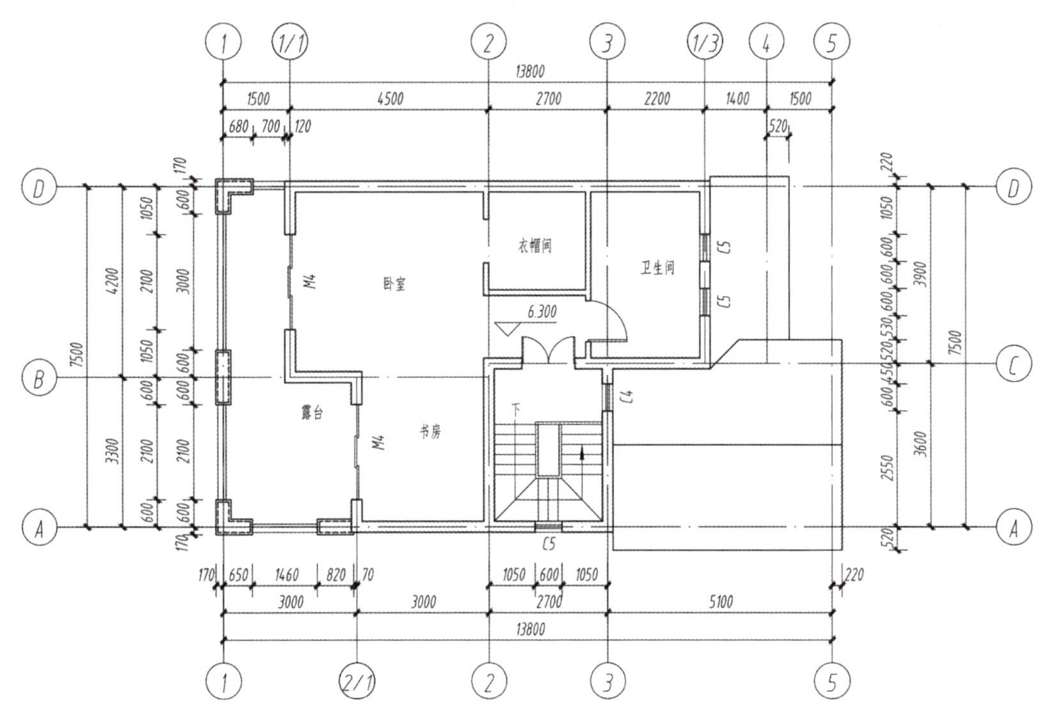

图 5.16　第十七期试题第四题“别墅”三层平面图

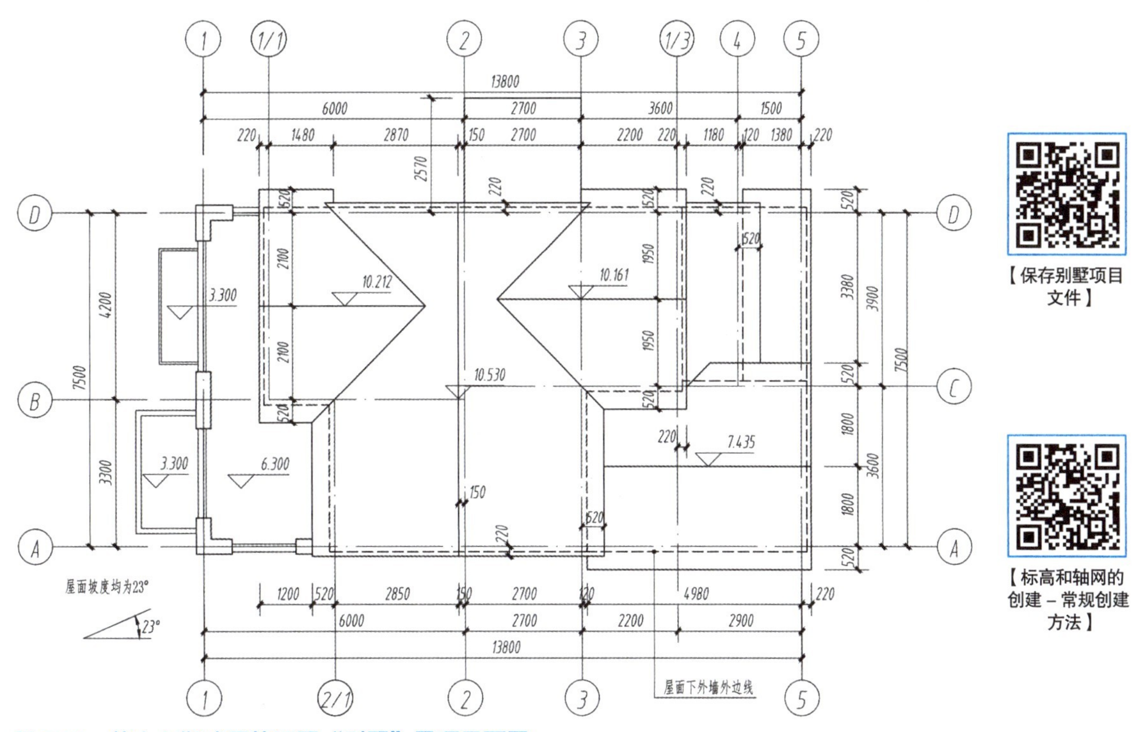

图 5.17　第十七期试题第四题“别墅”屋顶平面图

【保存别墅项目文件】

【标高和轴网的创建－常规创建方法】

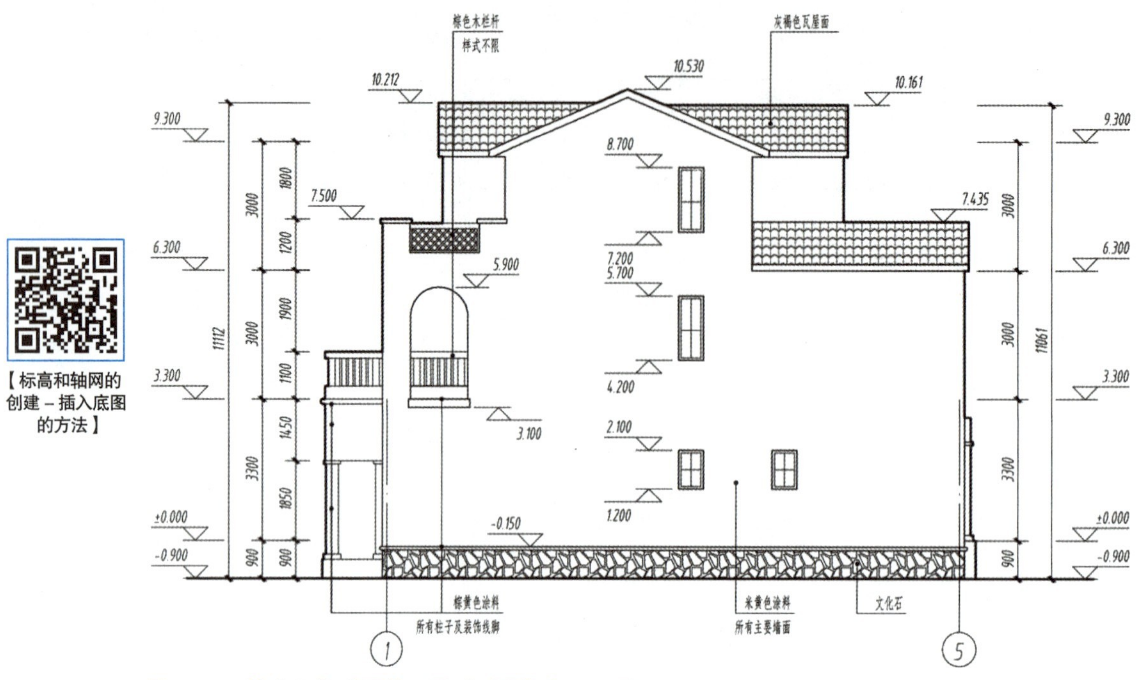

【标高和轴网的创建－插入底图的方法】

图 5.18　第十七期试题第四题“别墅”东立面图

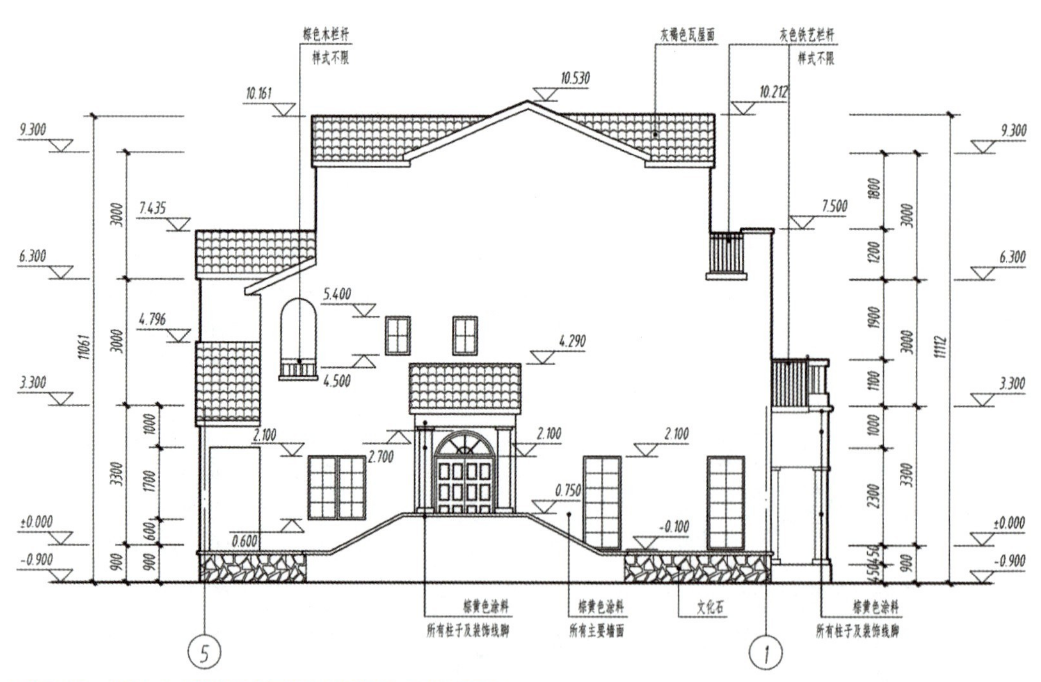

图 5.19　第十七期试题第四题“别墅”西立面图

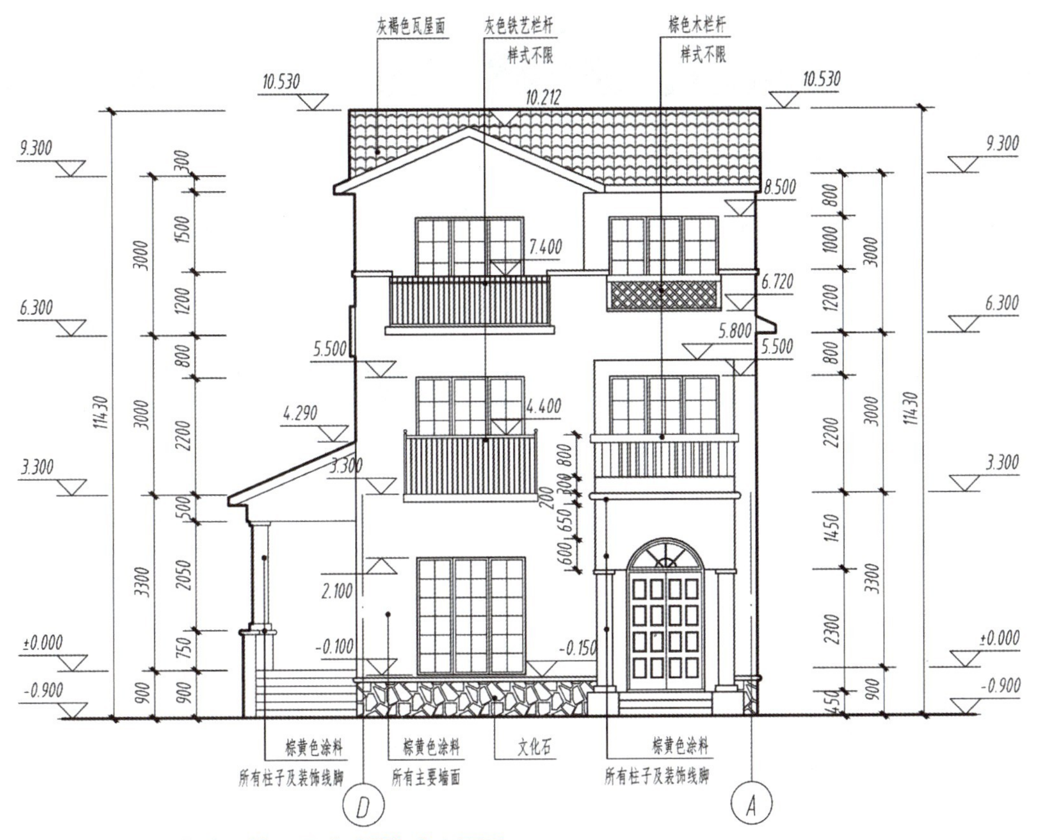

图 5.20 第十七期试题第四题“别墅”南立面图

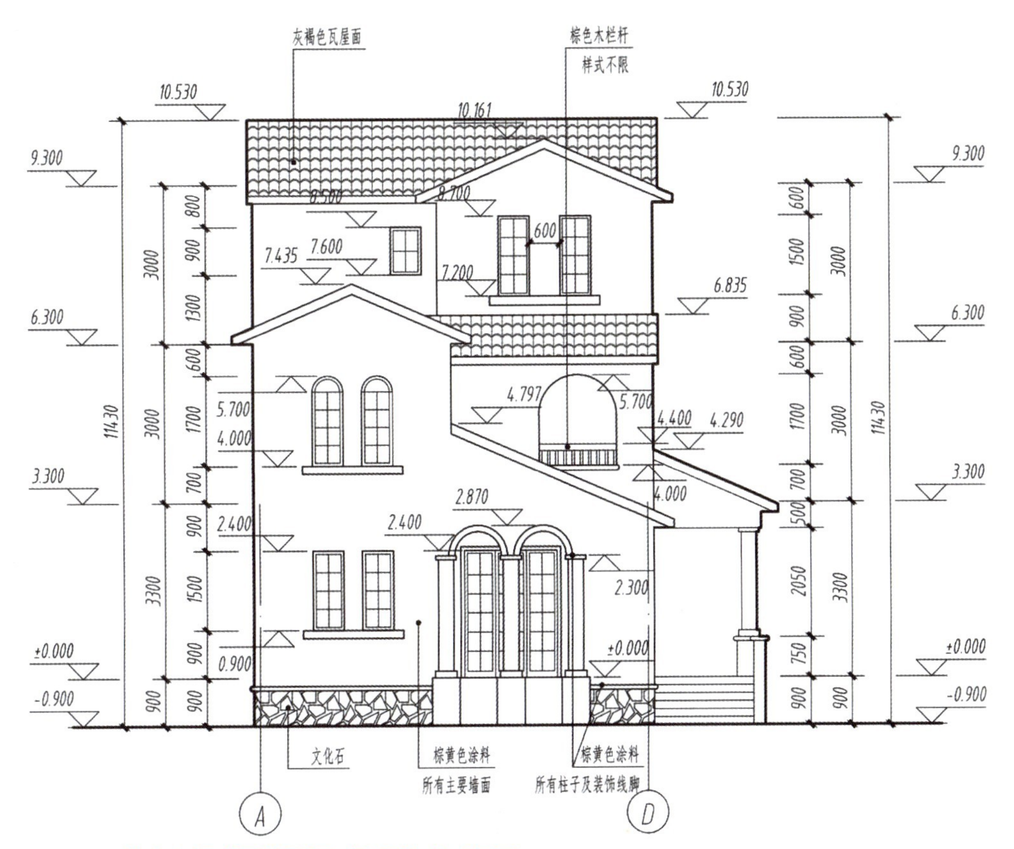

图 5.21 第十七期试题第四题“别墅”北立面图

表 5.3　主要构件的尺寸及材质

构件名称	尺寸及定位	材质
楼板	结构 120mm 厚，建筑构造及面层不考虑	钢筋混凝土
外墙	240mm 厚，轴线居中	轻集料混凝土砌块

（3）按照图纸给定位置创建外门及外窗（内门不做要求）；门窗样式可自行设计，门窗尺寸及材质详见表 5.4。

表 5.4　门窗尺寸及材质　　单位：mm

编号	宽 × 高	材质及其他备注
M1	1500 × 2300	装饰铜门
M2	1500 × 2100	装饰铜门
M3	1800 × 2400	铝合金玻璃推拉门
M4	2100 × 2200	铝合金玻璃推拉门
M5	900 × 2100	铝合金玻璃推拉门
C1	2100 × 2200	铝合金玻璃窗
C2	900 × 2200	铝合金玻璃窗
C3	14000 × 1500	铝合金玻璃窗
C4	600 × 900	铝合金玻璃窗
C5	600 × 1500	铝合金玻璃窗
C6	600 × 1700	铝合金玻璃窗

（4）按照图中位置创建建筑装饰壁柱及线脚，细节尺寸不做具体要求。

（5）按照图中位置创建阳台铁艺及木艺栏杆，样式及细节尺寸自行设计，不做具体要求。

（6）根据总平面图创建泳池，并设置材质，泳池面层材质为石材，水面标高为 −0.45m。

（7）根据总平面图布置室外景观，要求包含景观步道、乔木、灌木等植物。

（8）将建模结果以“别墅 + 考生姓名 .xxx”为文件名保存到考生文件夹中。

2. 创建明细表及图纸（6 分）

（1）创建外门窗明细表，包括宽度、高度、窗底部距本层地面距离及门窗个数统计。

（2）根据图中给定的剖面位置，创建 1-1 剖面图及 2-2 剖面图。

（3）创建 A0 图纸，并放置所有平面图、立面图、剖面图。

3. 光照、渲染及漫游（5 分）

（1）设置光照及阴影，光照来自西南方向。

（2）从西南方向对模型进行渲染，结果以“别墅渲染 + 考生姓名 .xxx”为文件名保存到考生文件夹中。

（3）设置室外漫游，要求展示出建筑主要立面效果，并经过泳池，角度自定义，时间不超过 15s。对导出视频进行设置，每秒 20 帧，视频不必导出。

二、建模步骤

1. 标高和轴网的创建

STEP 01 打开软件 Revit；单击 Revit 的应用界面“项目”→“新建”按钮，将弹出“新建项目”对话框；在“新建项目”对话框中选中“样板文件”下拉列表“建筑样板”；勾选“新建”项下“项目”选项；单击“确定”按钮关闭“新建项目”对话框，系统自动进入建立建筑项目模型的环境当中，且自动切换到了“标高 1”楼层平面视图。

STEP 02 “标高 1”楼层平面视图窗口中将出现四个立面标高符号（俗称“小眼睛”），且默认四个“小眼睛”为正东、正西、正南、正北方向，创建轴网应确保位于四个“小眼睛”观察范围之内；也可以框选四个“小眼睛”，根据别墅项目平面视图的尺寸大小，在正交方向分别移动四个“小眼睛”至合适的位置。我们将在这个窗口中创建所需要的别墅项目 Revit 模型。

STEP 03 单击“管理”选项卡“设置”面板“项目信息”按钮，弹出“项目信息”对话框；在“项目信息”对话框中输入项目信息，比如当前项目的名称、编号、地址、发布日期等信息，这些信息可以被后续图纸视图调用［中国图学学会的二级（建筑）试题不要求设置项目信息，但是其一级试题和“1+X”建筑信息模型（BIM）职业技能等级考试初级试题会要求设置项目信息］。

STEP 04 单击“管理”选项卡“设置”面板“项目单位”按钮，弹出“项目单位”对话框；单击“长度”选项组中的“格式”列按钮，将长度单位设置为“毫米（mm）”；单击“面积”选项组中“格式”列按钮，将面积单位设置为“平方米（m^2）”；单击“体积”选项组中“格式”列按钮，将体积单位设置为“立方米（m^3）”。如果默认单位与上述一致，则直接单击“确认”按钮，关闭“项目单位”对话框即可。

STEP 05 单击选项卡“文件”按钮，在下拉列表中单击“另存为”→“项目”按钮，在弹出的“另存为”对话框中，单击该对话框右下角“选项”按钮，将弹出的“文件保存选项”对话框中的“最大备份数”由默认的“20”改为“1”，目的是减少电脑中保存的备份文件数量。设置保存路径，输入文件名“别墅张三”，文件类型默认为“.rvt”，单击“保存”按钮，即可保存别墅项目文件，如图 5.22 所示。

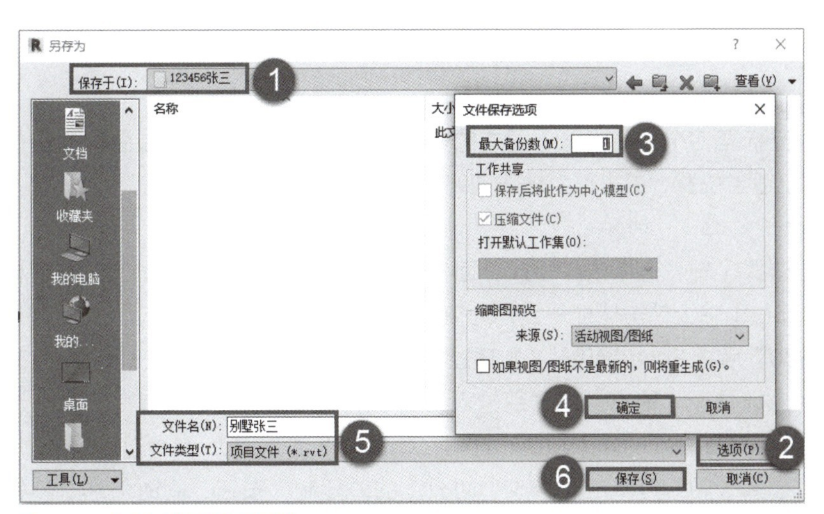

图 5.22　保存别墅项目文件

STEP 06 在项目浏览器中展开“视图（全部）”→“立面（建筑立面）”项，双击视图名称“南”，系统切换到南立面视图。

STEP 07 单击选择“标高 2”标高线，这时在“标高 2”标高线与“标高 1”标高线之间会显示一条蓝色临时尺寸标注，同时标高标头名称及标高值也都变成蓝色显示（蓝色显示的文字、标注等单击即可在原位编辑修改）。

STEP 08 在蓝色临时尺寸标注值上单击激活文本框，输入新的临时尺寸数值“3300.0”后按 Enter 键确认，将“标高 2”标高值修改为 3.300m。

STEP 09 选中“标高 2”标高线，切换到“修改 | 标高”上下文选项卡；单击“创建”面板“创建类似”按钮，系统自动切换到“修改 | 放置 标高”上下文选项卡。

STEP 10 移动光标到视图中“标高 2”标高线左侧标头上方，会有蓝色虚线与已有标高对齐并且有临时标注显示距离，此时通过上下移动光标确定新建标高与“标高 2”的距离并单击确定，或者直接输入距离 3000mm，单击捕捉标高起点；从左向右移动光标到“标高 2”标高线右侧标头上方，当出现蓝色标头对齐虚线时，再次单击捕捉标高终点，创建“标高 3”。同理，创建“标高 4”（标高值为 9.300m）和“标高 5”（标高值为 -0.900m）。

STEP 11 选中“标高 4”标高线，单击左侧“类型选择器”下拉列表右下侧“编辑类型”按钮，在弹出的“类型属性”对话框中设置“线型图案”为“中心线”，“颜色”为“黑色”，“符号”为“上标高标头”；勾选“端点 1 处的默认符号”复选框和“端点 2 处的默认符号”复选框，单击“确定”按钮退出“类型属性”对话框。同理，设置“正负零标高”标高线的类型参数（设置“线型图案”为“中心线”，“颜色”为“黑色”，“符号”为“标高标头 _ 正负零”；勾选“端点 1 处的默认符号”复选框和“端点 2 处的默认符号”复选框）。

STEP 12 双击“标高 5”的名称，将“标高 5”改为“-0.900”，按 Enter 键，在系统弹出的“是否希望重命名相应视图？”对话框中，选择“是”按钮，则将项目浏览器楼层平面项下的“标高 5”重命名为“-0.900”；同理将“标高 1”的名称修改为“0.000”，“标高 2”的名称修改为“3.300”，“标高 3”的名称修改为“6.300”，“标高 4”的名称修改为“9.300”。

STEP 13 在项目浏览器中双击“楼层平面”项下的“0.000”，打开“0.000”楼层平面视图。

STEP 14 单击“建筑”选项卡“基准”面板“轴网”按钮，系统切换到“修改|放置 轴网”上下文选项卡。

STEP 15 确认左侧“类型选择器”中轴网的类型为“轴网 6.5mm 编号”，单击“编辑类型”按钮，在弹出的“类型属性”对话框中设置“图形”项下“轴线末段颜色”为“红色”，“轴线末段填充图案”为“轴网线”，勾选“平面视图轴号端点 1（默认）”和“平面视图轴号端点 2（默认）”复选框；设置“非平面视图符号（默认）”为“底”；单击“确定”按钮退出“类型属性”对话框，则设置好了“轴网 6.5mm 编号”的类型参数。

STEP 16 单击“绘制”面板中默认的“线”按钮，开始创建轴网。

STEP 17 移动光标至四个“小眼睛”围成的矩形范围偏左下角的适当位置。单击作为轴线的起点，而后垂直向上移动光标至适当位置，单击作为轴线的终点，按 2 次 Esc 键，完成第一条垂直轴线创建，即①轴就创建完成了。

STEP 18 单击选择①轴，再单击“修改”面板上的“复制”按钮，同时勾选选项栏中“约束”和“多个”复选框。移动光标在①轴上单击捕捉一点作为复制基点，然后水平向右移动光标，移动的距离尽可能大一些，输入间距值“6000”后按 Enter 键确认，则通过“复制”工具创建了②轴。

STEP 19 保持光标位于②轴右侧，分别输入“2700”“3600”和“1500”后按 Enter 键确认，便一次性通过“复制”工具创建了 3 根新的垂直轴线；此时在②轴编号的基础上，轴线编号自动递进为③～⑤。

STEP 20 单击选择③轴，再单击“修改”面板上的“复制”按钮，同时勾选选项栏中“约束”和“多个”复选框。移动光标在③轴上单击捕捉一点作为复制基点，然后水平向右移动光标，输入间距值“2200”后按 Enter 键确认，则通过“复制”工具创建了⑥轴；双击轴线编号数字“6”，将⑥轴轴线编号修改为附加轴线编号“1/3”，则⒀轴就创建完成了。同理，创建⑾轴和⑿轴。创建的垂直轴线结果如图 5.23 所示。

特别提示 ▶▶▶

Revit 会自动为每个轴线编号；若要修改轴线编号，请双击编号，输入新值，然后按 Enter 键即可；可以使用字母作为轴线的编号，若将第一个轴线编号修改为字母，则所有后续的轴线编号将进行相应的更新；此外，与标高名称类似，轴线编号也具有自动叠加功能，且在删除某轴线后编号虽不显示，但系统中依然存在该编号，因此需要对新建的轴线编号进行修改，确保后续轴线编号的正确。

为了校对轴网尺寸是否正确，单击“注释”选项卡“尺寸标注”面板上的“对齐”按钮，从左到右单击垂直轴线，最后在⑤轴右侧空白之处单击，便可连续标注出开间方向的尺寸；重复单击“尺寸标注”面板上的“对齐”按钮，标注进深方向的尺寸。

STEP 21 选中⑤轴，切换到“修改 | 轴网”上下文选项卡；单击“创建”面板“创建类似”按钮，系统自动切换到“修改 | 放置 轴网”上下文选项卡。单击“绘制”面板“线”按钮，移动光标到“0.000”楼层平面视图中①轴标头左下方位置，单击捕捉一点作为轴线起点，然后从左向右水平移动光标到⑤轴右侧一段距离后，再次单击捕捉轴线终点创建第一条水平轴线。选中刚创建的水平轴线，修改该⑭轴轴线编号为Ⓐ，则创建完成了Ⓐ轴。

STEP 22 移动光标在Ⓐ轴上单击捕捉一点作为复制基点，然后垂直向上移动光标，分别输入“3300”“300”和“3900”后按 Enter 键确认，完成Ⓑ～Ⓓ轴的创建；创建的水平轴线如图 5.24 所示。

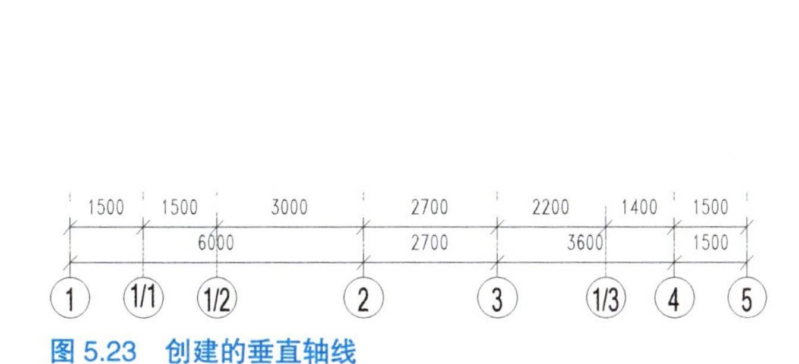

图 5.23 创建的垂直轴线

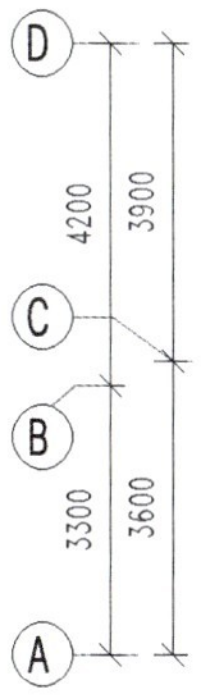

图 5.24 创建的水平轴线

小贴士

为了解决Ⓑ轴和Ⓒ轴标头干涉问题，需选择Ⓑ轴，单击轴线两侧标头位置的“添加弯头”符号，偏移Ⓑ轴标头；同理偏移Ⓒ轴标头。

STEP 23 根据图 5.14 首层平面图，调整轴线标头，保证轴线相交，以及出头长度适中，同时保证整个轴网都位于四个“小眼睛”的观察范围之内，调整完的“0.000”楼层平面视图中的轴网，如图 5.25 所示（框选一个完整的立面标高符号，右键单击，选中“选择全部实例”→“在视图中可见”选项，则选中了所有的四个立面标高符号；接着单击“修改 | 选择多个”上下文选项卡“视图”面板“隐藏”下拉列表“隐藏图元”按钮，则隐藏了该视图中的四个立面标高符号。同理隐藏其余楼层平面视图中的立面标高符号）。同理，根据图 5.15 二层平面图、图 5.16 三层平面图和图 5.17 屋顶平面图，调整轴线标头，保证轴线相交，以及出头长度适中，同时保证整个轴网都必须位于四个“小眼睛”的观察范围之内。

STEP 24 在项目浏览器中双击“立面（建筑立面）”项下的“北”，进入北立面视图，调整轴网标头位置、添加弯头，确保标高线和轴网线相交，以及左右出头长度适中，如图 5.26 所示。

STEP 25 框选所有标高线和轴网线（所有对象变成蓝色）；单击“修改 | 选择多个”上下文选项卡“基准”面板“影响范围”按钮，在弹出的“影响基准范围”对话框中勾选“立面：南”，单击“确定”按钮退出“影响基准范围”对话框，则将北立面视图所有效果传递到南立面视图。重复上述方法，调整东立面视图的标高和轴网，然后通过“影响范围”命令，将效果传递到西立面视图。

小贴士

创建完轴网后，需要在楼层平面视图和立面视图中手动调整轴线标头位置，修改轴线标头干涉等，以满足出图需求。

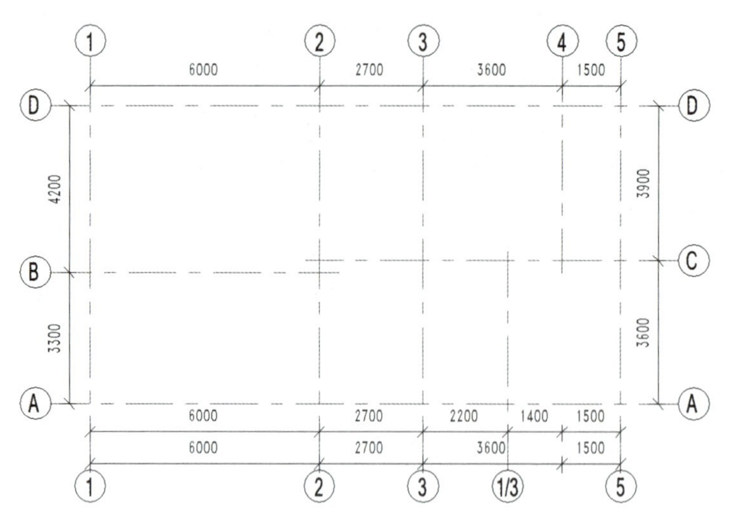

图 5.25 “0.000”楼层平面视图中的轴网

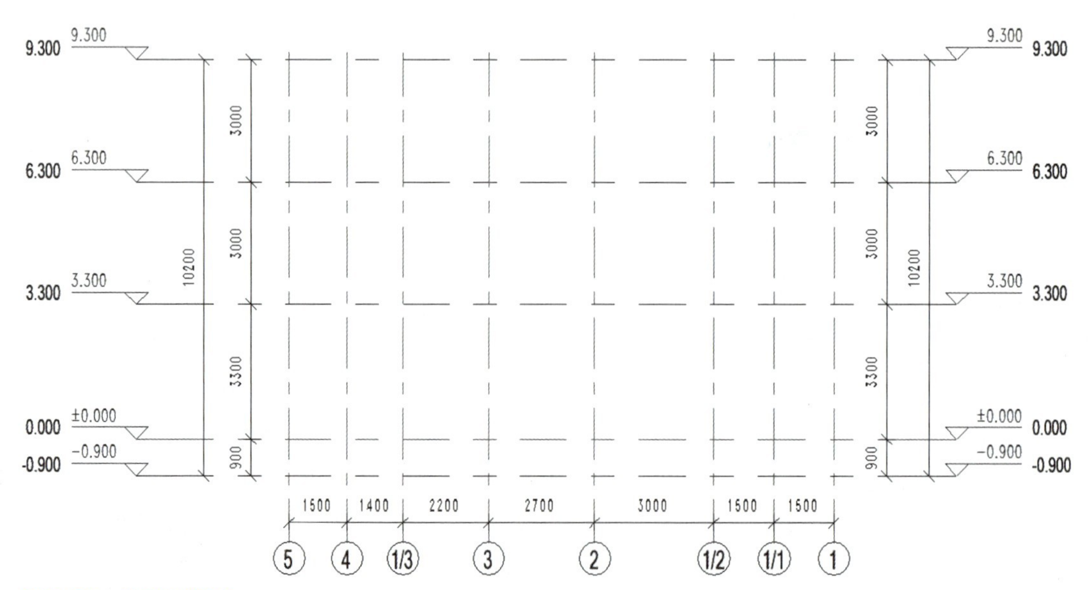

图 5.26 北立面视图

2. 墙体的创建

【首层墙体的创建】

STEP 01 在项目浏览器中，双击“楼层平面”项下的“-0.900”，打开“-0.900”楼层平面视图。

STEP 02 单击“建筑”选项卡“构建”面板“墙”下拉列表“墙：建筑”按钮，进入“修改 | 放置 墙”上下文选项卡；在左侧“类型选择器”下拉列表中确认墙体的类型为“基本墙 常规 -200mm”；设置左侧“属性”对话框中“约束”项下墙体的“定位线”为“墙中心线”，“底部约束”为“-0.900”，“底部偏移”为“0.0”，“顶部约束”为“直到标高：0.000”和“顶部偏移”为“150.0”；单击左侧“类型选择器”下拉列表右下侧“编辑类型”按钮，在弹出的“类型属性”对话框中，单击“复制”（相当于另存为）按钮，在弹出的“名称”对话框中，于“名称”后输入“外墙 240”，单击“确定”按钮，退出“名称”对话框，完成新建墙体类型的命名。

【二层墙体的创建】

STEP 03 单击“类型属性”对话框底部的“预览”按钮，将预览视图中的“视图”项改变为“剖面：修改类型属性”，我们可以预览墙体在剖面视图中的显示样式；单击“类型属性”对话框的“结构”栏右侧“编辑”按钮，弹出“编辑部件”对话框（注意在这个对话框中，墙体构造层是有外部边和内部边的区别，并且分为了上下两个“核心边界”以及“结构 [1]”三层；“核心边界”表示了材质之间的分隔界面，主要作用是作为墙体的定位线参考，所以它虽然没有厚度，但却是很重要的定位元素，在设置墙体构造时一定要注意核心边界的位置是否符合项目中的墙定位要求）。

STEP 04 在弹出的“编辑部件”对话框中可设置墙的构造，插入并调整墙的构造层后，再分别调整构造层的功能、材质和厚度。选择“结构 [1]”，单击右侧“材质”列值“<按类别>”后面的“小省略号”图标，打开“材质浏览器”对话框，搜索并选择“轻集料混凝土砌块”；单击“确定”按钮退出“材质浏览器”对话框；设置“结构 [1]”的“厚度”值为“240.0”；连续单击“确定”按钮关闭各个对话框，完成一个新建墙体类型。同理，创建新建墙体类型“内墙 120”（设置“结构 [1]”的“厚度”值为“120.0”，“材质”为“轻集料混凝土砌块”）。

STEP 05 单击“绘制”面板“线”按钮，将选项栏“链”勾选，保证墙体连续绘制。在左侧“类型选择器”中确认墙体的类型为“外墙 240”；移动光标并单击捕捉Ⓐ轴和①轴交点为绘制墙体起点，沿顺时针方向依次单击捕捉①轴和Ⓓ轴交点、②轴和Ⓓ轴交点、②轴和Ⓐ轴交点、Ⓐ轴和①轴交点，绘制①轴、②轴交Ⓐ轴～Ⓓ轴，连续按 Esc 键 2 次，结束“外墙 240”墙体的绘制。“-0.900”楼层平面视图墙体如图 5.27 所示。

【三层墙体的创建】

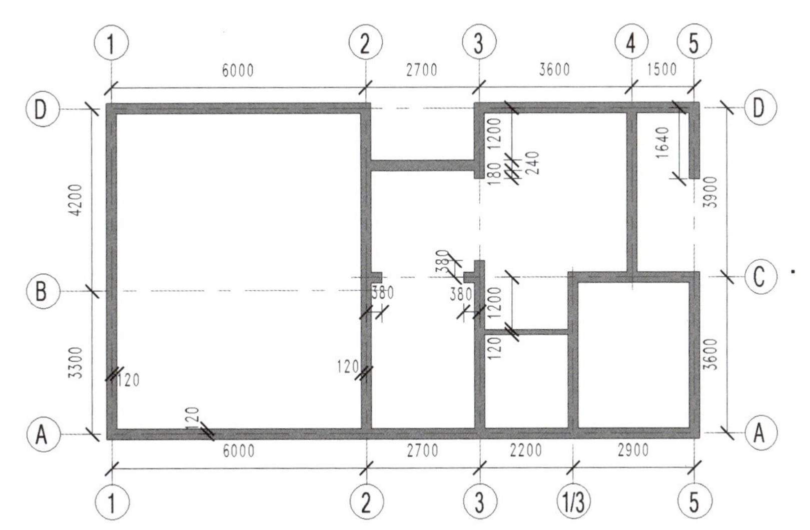

图 5.27 “-0.900”楼层平面视图墙体（墙体居中布置）

特别提示 ▶▶▶

注意：按 1 次 Esc 键是退出一段墙的绘制，可以接着绘制下一段墙；按 2 次 Esc 键才是退出墙体绘制命令；为了保证墙体内外的正确性，外墙的绘制顺序为顺时针。墙体的定位方式（如墙体居中布置）用于在绘图区域中定位墙体，也就是说墙体的哪一个平面作为绘制墙体的基准线。

“底部约束”用于对墙底部位置进行设置；如果墙体并没有从某楼层标高开始设置，而是下沉或是浮起了一定距离，则可以通过“底部偏移”来进行操作，正为上浮，负为下沉；“顶部约束”与“底部约束”相似，只是多了一个“未连接”选项，这样能够绘制出与标高没关联的高度。选择“未连接”选项之后，就能同时激活“无连接高度”；若底部和顶部都作了限制，那么“无连接高度”则是灰显，不能设置。

STEP 06 同理，创建“0.000”楼层平面视图墙体，如图 5.28 所示；“3.300”楼层平面视图墙体，如图 5.29 所示；“6.300”楼层平面视图墙体，如图 5.30 所示。

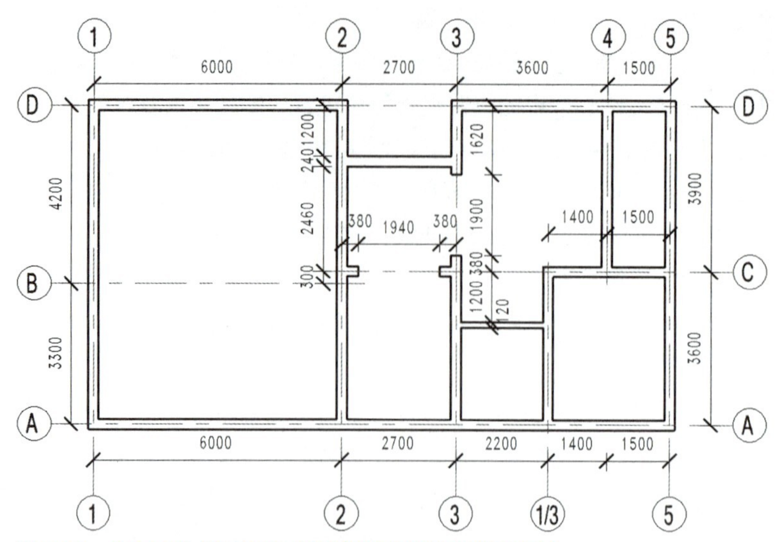

图 5.28 “0.000”楼层平面视图墙体（墙体居中布置）

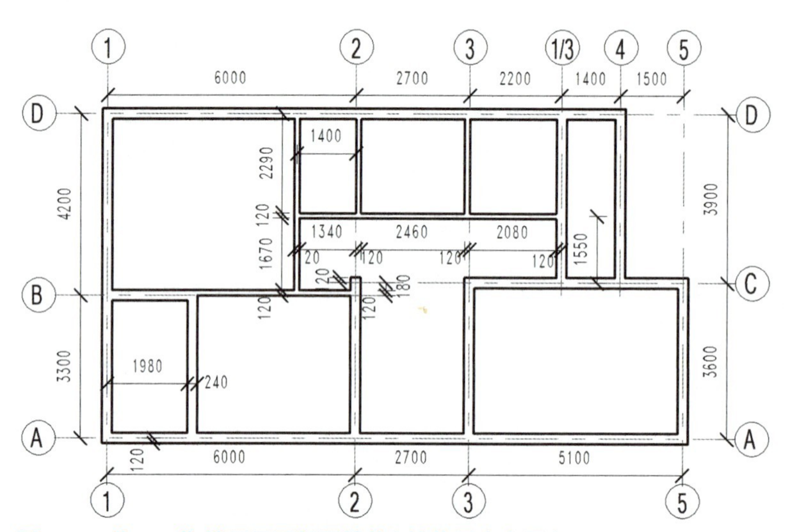

图 5.29 “3.300”楼层平面视图墙体（墙体居中布置）

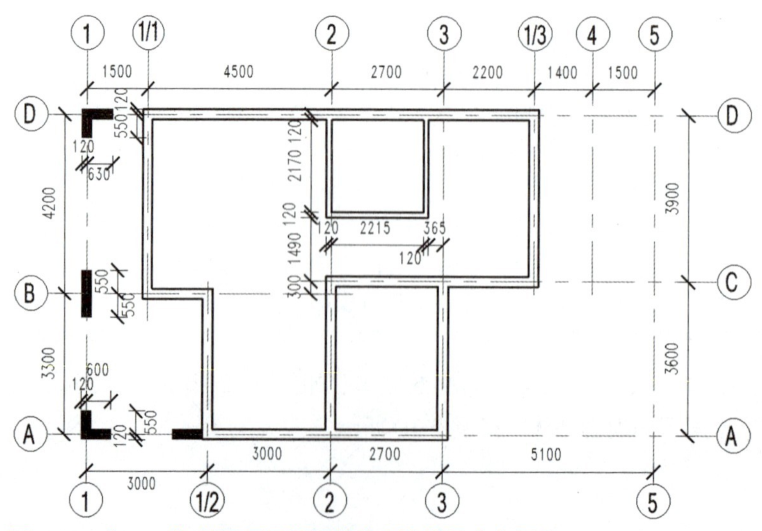

图 5.30 “6.300”楼层平面视图墙体（墙体居中布置）

特别提示

注意：通过“插入图像”工具插入题目提供的底图，可大大提高墙体创建、门窗布置、楼板创建及屋顶创建等的效率，具体操作详见同步配套视频讲解。

将光标放在一段外墙上，蓝色预选显示后按 Tab 键，所有外墙将蓝色预选显示，单击，外墙将全部选中，构件蓝色亮显，系统自动切换到“修改 | 墙”上下文选项卡，这是一种选择首尾相连墙体的快速方法，请读者注意领会。

选中创建的标准层墙体后，单击“剪贴板”面板“复制到剪贴板”按钮，将所有选中的外墙复制到剪贴板中备用；单击“剪贴板”面板“粘贴”下拉列表“与选定的标高对齐”按钮，打开“选择标高”对话框；在“选择标高”对话框中选择需要创建墙体的相应楼层平面视图所在的标高，单击“确定”按钮退出“选择标高”对话框，则选中的墙体都被复制到该楼层平面视图中去了，这是快速创建墙体的一种方法，请读者注意领会。

小贴士

注意：绘制完毕楼层平面视图相应的墙体后，单击快速访问工具栏“关闭隐藏窗口”按钮，关闭除该楼层平面视图之外的打开的所有视图；单击快速访问工具栏“ ”按钮，切换到三维视图状态，通过 View Cube 变换观察方向，查看创建的墙体的三维模型效果。

3. 楼板的创建

【楼板的创建】

STEP 01 切换到“0.000”楼层平面视图；单击“建筑”选项卡“构建”面板“楼板”下拉列表“楼板：建筑”按钮，系统切换到“修改 | 创建楼层边界”上下文选项卡；在“类型选择器”下拉列表中选择楼板的类型为“楼板 常规 -150mm”；单击左侧“属性”对话框“编辑类型”按钮，在弹出的“类型属性”对话框中，复制创建新的楼板类型“楼板 120”(厚度为 120mm，材质为钢筋混凝土)；设置左侧“属性”对话框“约束”选项下“标高”为“0.000”，“自标高的高度偏移”为“0.0”；激活“绘制”面板“边界线”按钮，选择“线”的绘制方式绘制紫色楼层边界线，如图 5.31 中①所示。

STEP 02 单击“模式”面板“完成编辑模式”按钮“√”，系统弹出“是否希望将高达此楼层标高的墙附着到此楼层的底部？”提示对话框，单击“否”关闭提示对话框，自此便完成标高“0.000”楼板创建。同理，创建标高“-0.450”楼板 (楼板的类型为“楼板 120”；左侧“属性”对话框“约束”选项下“标高”为“0.000”，“自标高的高度偏移”为“-450.0”；绘制紫色楼层边界线，如图 5.31 中②所示)。

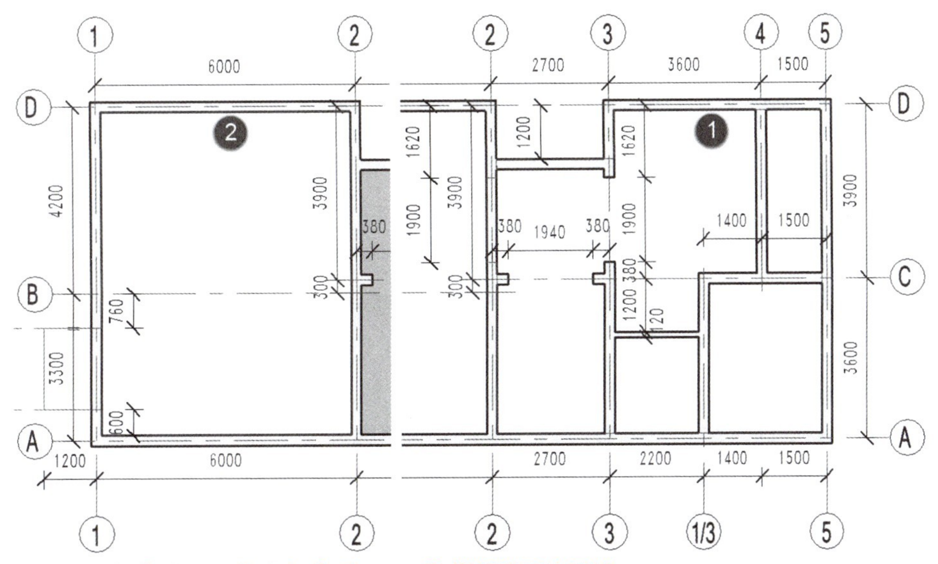

图 5.31 标高“0.000”和标高“-0.450”楼板楼层边界线

STEP 03 切换到三维视图，对②轴台阶宽度范围内的墙体约束条件进行设置，如图 5.32 所示。

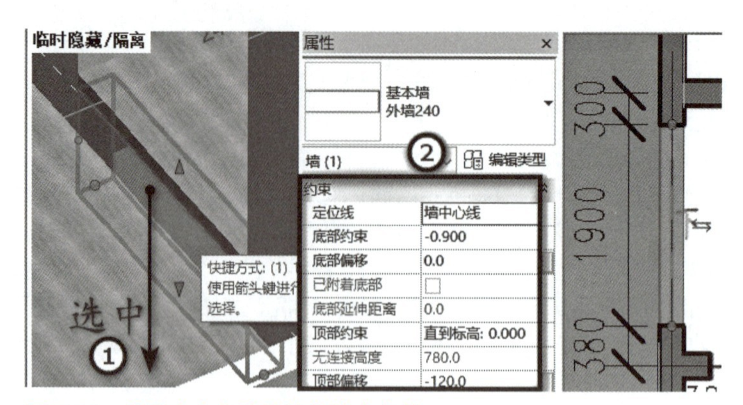

图 5.32　设置室内台阶处墙体约束条件

STEP 04 单击“建筑”选项卡“构建”面板“构件”下拉列表“内建模型”按钮，在弹出的“族类别和族参数”对话框中设置“族类别”为“楼板”，单击“确定”按钮关闭“族类别和族参数”对话框，接着在弹出的“名称”对话框中设置“名称”为“室内台阶”，单击“确定”按钮关闭“名称”对话框。

STEP 05 单击“创建”选项卡“形状”面板“放样”按钮，系统切换到“修改 | 放样”上下文选项卡；单击“放样”面板“拾取路径”按钮，系统切换到“修改 | 放样 > 拾取路径”上下文选项卡，激活“拾取”面板“拾取三维边”按钮，将光标置于楼板上边缘蓝色预显时，如图 5.33 中①所示，单击则拾取好了放样路径，如图 5.33 中②所示；单击“模式”面板“完成编辑模式”按钮“√”，完成放样路径的拾取；单击“放样”面板“编辑轮廓”按钮，选择“线”方式绘制放样轮廓，如图 5.33 中③所示；单击“模式”面板“完成编辑模式”按钮“√”，完成放样轮廓的绘制；设置左侧“属性”对话框“材质和装饰”项下“材质”为“钢筋混凝土”；再次单击“模式”面板“完成编辑模式”按钮“√”，完成放样模型的创建；单击“在位编辑器”面板“完成模型”按钮“√”，完成内建模型“室内台阶”的创建，如图 5.33 中④所示。

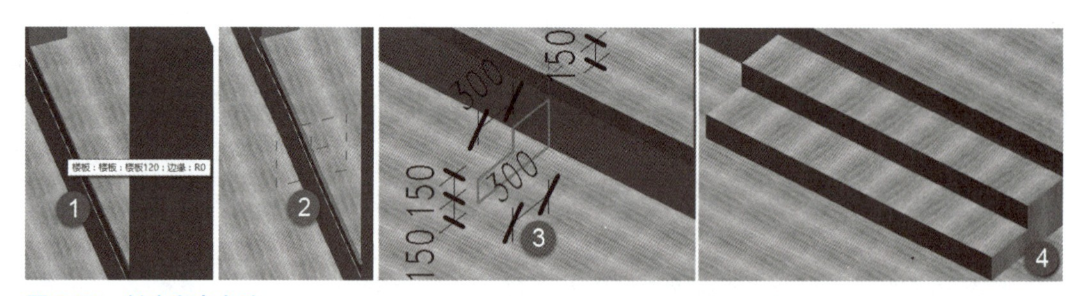

图 5.33　创建室内台阶

STEP 06 切换到“3.300”楼层平面视图；单击“建筑”选项卡“构建”面板“楼板”下拉列表“楼板：建筑”按钮，系统切换到“修改 | 创建楼层边界”上下文选项卡；在“类型选择器”下拉列表中选择楼板的类型为“楼板 120”；设置左侧“属性”对话框“约束”选项下“标高”为“3.300”，“自标高的高度偏移”为“0.0”；激活“绘制”面板“边界线”按钮，选择“线”的绘制方式绘制紫色楼层边界线，如图 5.34 所示；单击“模式”面板“完成编辑模式”按钮“√”，系统弹出“是否希望将高达此楼层标高的墙附着到此楼层的底部？”提示对话框，单击“否”关闭提示对话框，自此便完成标高“3.300”楼板创建。

STEP 07 切换到三维视图；单击“修改”选项卡“几何图形”面板“连接”下拉列表“连接几何图形”按钮；勾选选项栏“多重连接”复选框；激活右下侧“按面选择图元”按钮；首先选中标高“3.300”楼板，接着同时选中首层所有墙体，则首层墙体跟标高“3.300”楼板连接成为一个整体。

STEP 08 切换到“6.300”楼层平面视图；单击“建筑”选项卡“构建”面板“楼板”下拉列表“楼板：

建筑”按钮，系统切换到“修改 | 创建楼层边界”上下文选项卡；在“类型选择器”下拉列表中选择楼板的类型为“楼板 120”；设置左侧“属性”对话框“约束”选项下“标高”为“6.300”，“自标高的高度偏移”为“0.0”；激活“绘制”面板“边界线”按钮，选择“线”的绘制方式绘制紫色楼层边界线，如图 5.35 所示；单击“模式”面板“完成编辑模式”按钮“√”，系统弹出“是否希望将高达此楼层标高的墙附着到此楼层的底部？”提示对话框，单击“否”关闭提示对话框，自此便完成标高“6.300”楼板创建。

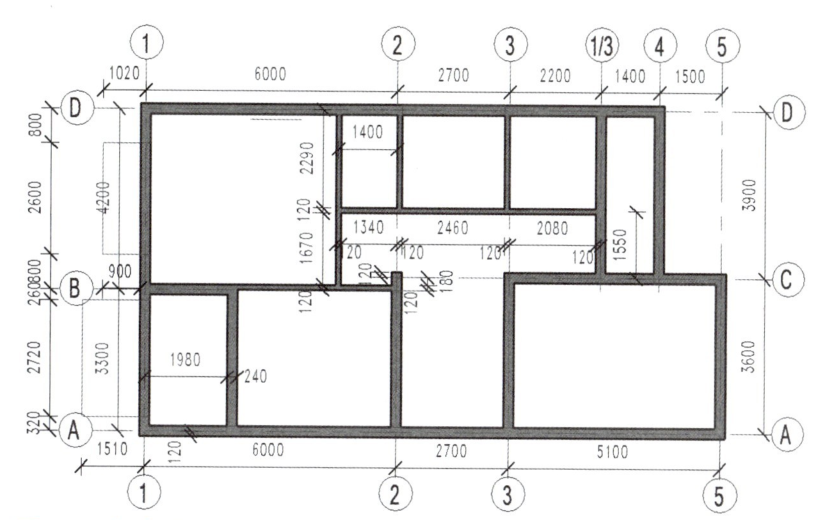

图 5.34　标高“3.300”楼板楼层边界线

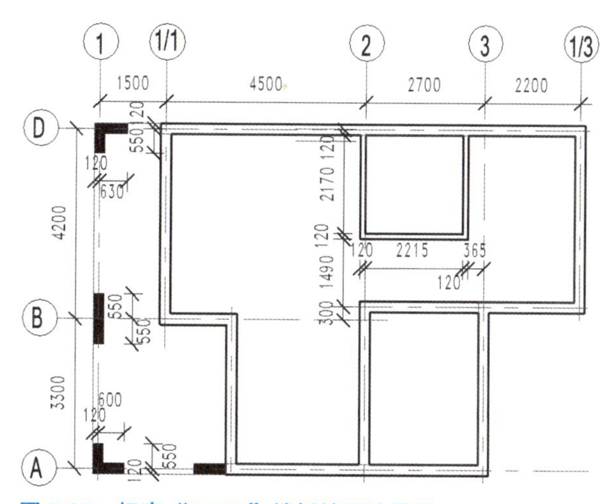

图 5.35　标高“6.300”楼板楼层边界线

STEP 09 切换到三维视图；单击“修改”选项卡“几何图形”面板“连接”下拉列表“连接几何图形”按钮；勾选选项栏“多重连接”复选框；激活右下侧“按面选择图元”按钮；首先选中标高“6.300”楼板，接着同时选中二层所有墙体，则二层墙体跟标高“6.300”楼板连接成为一个整体。

4. 屋顶的创建

STEP 01 在项目浏览器中展开“视图（全部）”→“立面（建筑立面）”项，选中视图名称“南”，先右键，再单击“重命名”按钮，在弹出的“重命名视图”对话框中将“名称”设置为“东立面视图”，单击“确定”按钮关闭“重命名视图”对话框，则将“南”重命名为“东立面视图”；同理，将“北”重命名为“西立面视图”；将“西”重命名为“南立面视图”；将“东”重命名为“北立面视图”；重命名结果如图 5.36 所示。

STEP 02 切换到“3.300”楼层平面视图。

STEP 03 单击“建筑”选项卡“构建”面板“屋顶”下拉列表“迹线屋顶”按钮，系统自动切换到“修改 | 创建屋顶迹线”上下文选项卡。

STEP 04 确认屋顶的类型为“基本屋顶 常规 -125mm”，单击“编辑类型”按钮，在弹出的“类型属性”对话框中复制创建一个新的屋顶类型“屋顶 160mm”（设置“结构 [1]”的“厚度”值为“160.0”，“材质”为“灰褐色瓦”）；确认左侧“属性”对话框“约束”项下“底部标高”为“3.300”、“自标高的底部偏移”为“-502.1”。

STEP 05 激活“修改 | 创建屋顶迹线”上下文选项卡“绘制”面板“边界线”按钮，选择“线”绘制方式，绘制屋顶迹线，设置平行于Ⓓ轴的迹线的坡度为“23.00°”，如图 5.37 所示；同时选中其余三条边，不勾选选项栏“定义坡度”复选框；单击“模式”面板“完成编辑模式”按钮“√”，则完成了迹线屋顶 1 的创建。同理，创建迹线屋顶 2（屋顶类型为“屋顶 160mm”；“属性”对话框“约束”项下“底部标高”为“3.300”、“自标高的底部偏移”为“-223.8”；绘制屋顶迹线，平行于Ⓓ轴的迹线的坡度为“23.00°”，如图 5.38 所示）。

小贴士 ▶▶▶

注意：此时屋顶被截断涂黑，这是因为 Revit 的楼层平面视图默认在标高往上 1200mm 处剖切生成平面投影。在“3.300”楼层平面视图的左侧“属性”对话框中，下拉找到“视图范围”，单击右侧“编辑”按钮，弹出“视图范围”对话框，设置“主要范围”项下“顶部”为“相关标高（3.300）”、“偏移”为“2300.0”；设置“剖切面”的“偏移”为“1600.0”，单击“确定”按钮关闭“视图范围”对话框，便完成“3.300”楼层平面视图视图范围设置，“3.300”楼层平面视图便显示完整的屋顶。

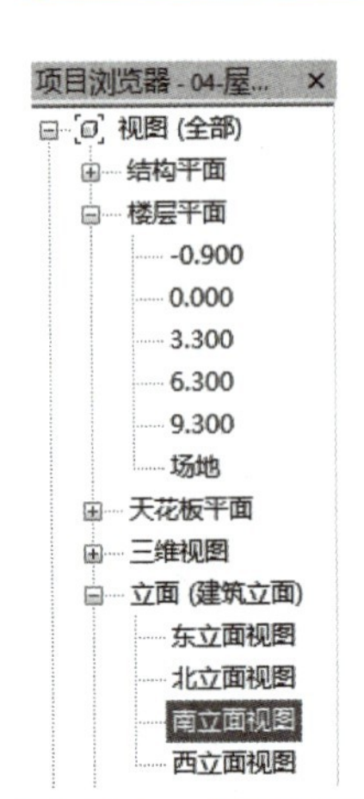

图 5.36 立面（建筑立面）重命名结果

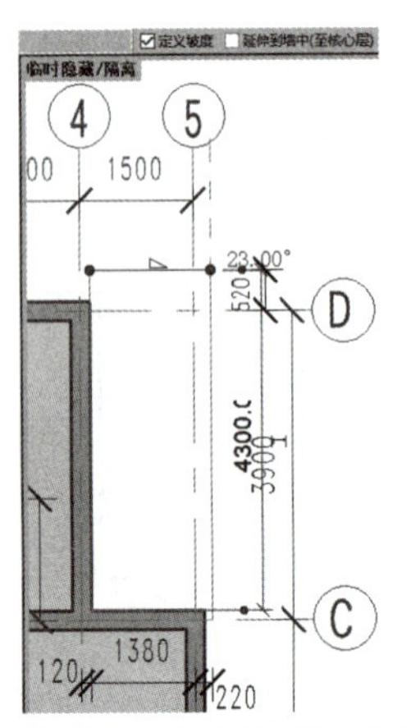

图 5.37 屋顶 1 的屋顶迹线

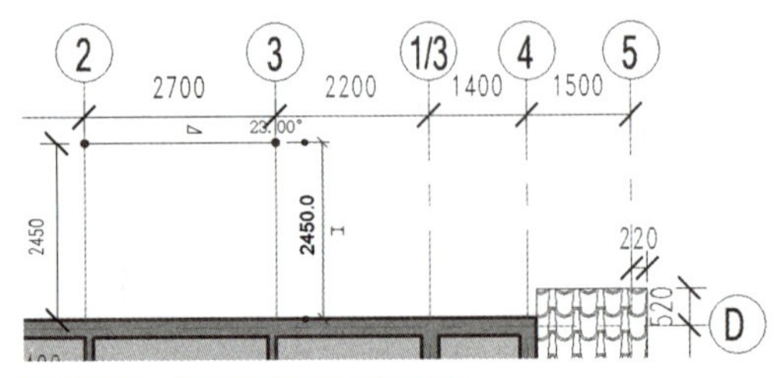

图 5.38 屋顶 2 的屋顶迹线

STEP 06 切换到“6.300”楼层平面视图；同理，创建迹线屋顶 3（屋顶类型为“屋顶 160mm”；“属性”对话框“约束”项下“底部标高”为“6.300”、“自标高的底部偏移”为“-23.6”；绘制屋顶迹线，平行于Ⓐ轴的迹线的坡度为“23.00°”，如图 5.39 所示）。

STEP 07 单击“建筑”选项卡“洞口”面板“垂直”按钮，根据左下侧状态栏“选择楼板、屋顶、天花板或檐底板以创建垂直洞口。”提示，选中创建的迹线屋顶 3，系统切换到“修改 | 创建洞口边界”上下文选项卡；选择“矩形”绘制方式绘制洞口边界，如图 5.40 所示；单击“模式”面板“完成编辑模式”按钮“√”，则完成了对迹线屋顶 3 的开洞处理。在“6.300”楼层平面视图的左侧“属性”对话框中，下拉找到“视图范围”，单击右侧“编辑”按钮，弹出“视图范围”对话框，设置“主要范围”项下“顶部”为“相关标高（6.300）”、“偏移”为“2300.0”；设置“剖切面”的“偏移”为“1600.0”，单击“确定”按钮关闭“视图范围”对话框，便完成“6.300”楼层平面视图视图范围设置。

STEP 08 创建迹线屋顶 4（屋顶类型为“屋顶 160mm”；“属性”对话框“约束”项下“底部标高”为“6.300”、“自标高的底部偏移”为“-402.9”；绘制屋顶迹线，平行于⑤轴的迹线的坡度为“23.00°”，如图 5.41 所示）。

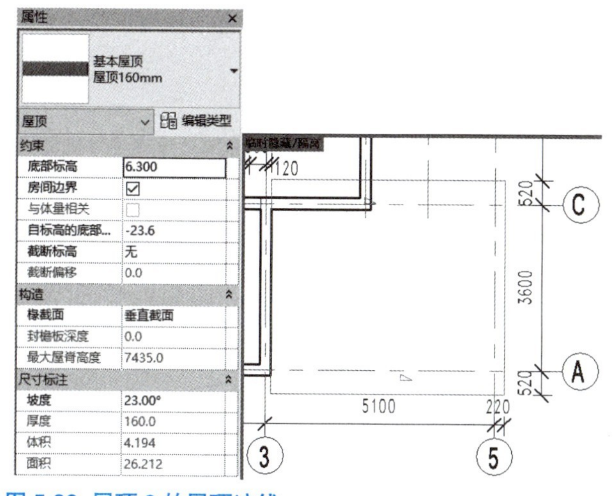

图 5.39 屋顶 3 的屋顶迹线

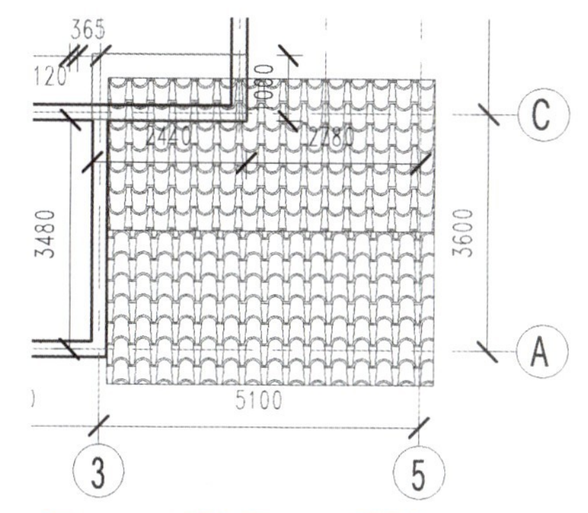

图 5.40 垂直洞口 1 边界线

STEP 09 切换到三维视图；单击“修改”选项卡“几何图形”面板“连接”下拉列表“连接几何图形”按钮；勾选选项栏“多重连接”复选框；激活右下侧“按面选择图元”按钮；首先选中迹线屋顶 3，接着选中迹线屋顶 4，则迹线屋顶 3 和迹线屋顶 4 连接成为一个整体了，但个别地方无法很好的连接。

STEP 10 为了美观及屋面防水，单击“修改”选项卡“几何图形”面板“连接 / 取消连接屋顶”(可以将屋顶连接到其他屋顶或墙，或者可以反转前面的连接）按钮；根据左下侧状态栏“选择屋顶端点处要连接或取消连接的一条边。”提示，拾取需要连接的一条边，如图 5.42 中①所示，接着选中迹线屋顶 3，则迹线屋顶 4 和迹线屋顶 3 很好地连接成了一个整体，如图 5.42 中②所示。

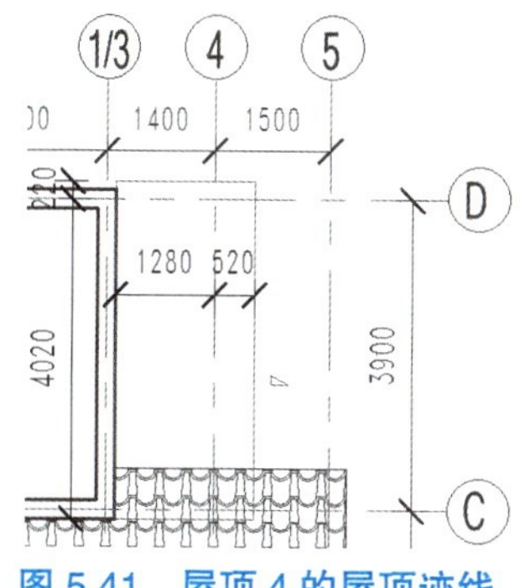

图 5.41 屋顶 4 的屋顶迹线

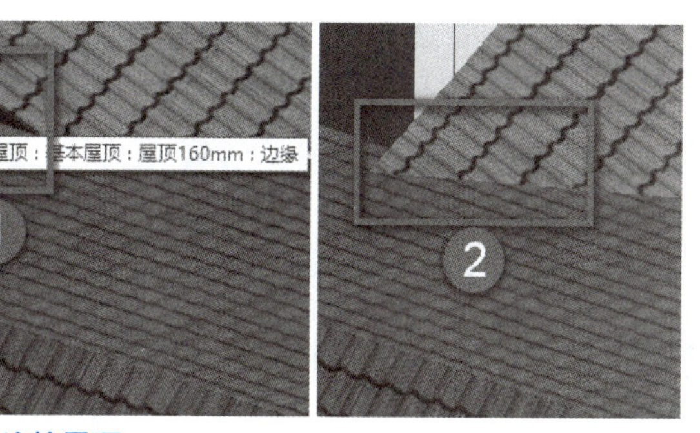

图 5.42 连接屋顶

STEP 11 切换到“9.300”楼层平面视图；在“9.300”楼层平面视图的左侧“属性”对话框中，下拉找到“视图范围”，单击右侧“编辑”按钮，弹出“视图范围”对话框，设置“主要范围”项下“顶部”为“相关标高（9.300）”、“偏移”为“3000.0”；设置“剖切面”的“偏移”为“1600.0”，单击“确定”按钮关闭“视图范围”对话框，便完成“9.300”楼层平面视图视图范围设置。

STEP 12 创建迹线屋顶 5（屋顶类型为“屋顶 160mm”；“属性”对话框“约束”项下“底部标高”为“9.300”、“自标高的底部偏移”为“-374.3”；绘制屋顶迹线，平行于②轴的迹线的坡度为“23.00°”，如图 5.43 中①所示；创建的迹线屋顶，如图 5.43 中②所示）。

STEP 13 创建迹线屋顶 6（屋顶类型为“屋顶 160mm”；“属性”对话框“约束”项下“底部标高”为“9.300”、“自标高的底部偏移”为“-373.9”；绘制屋顶迹线，平行于Ⓓ轴的迹线的坡度为“23.00°”，如图 5.44 中①所示）；创建迹线屋顶 7（屋顶类型为“屋顶 160mm”；“属性”对话框“约束”项下“底部标高”为“9.300”、“自标高的底部偏移”为“-361.3”；绘制屋顶迹线，平行于Ⓓ轴的迹线的坡度为“23.00°”，如图 5.44 中②所示）。

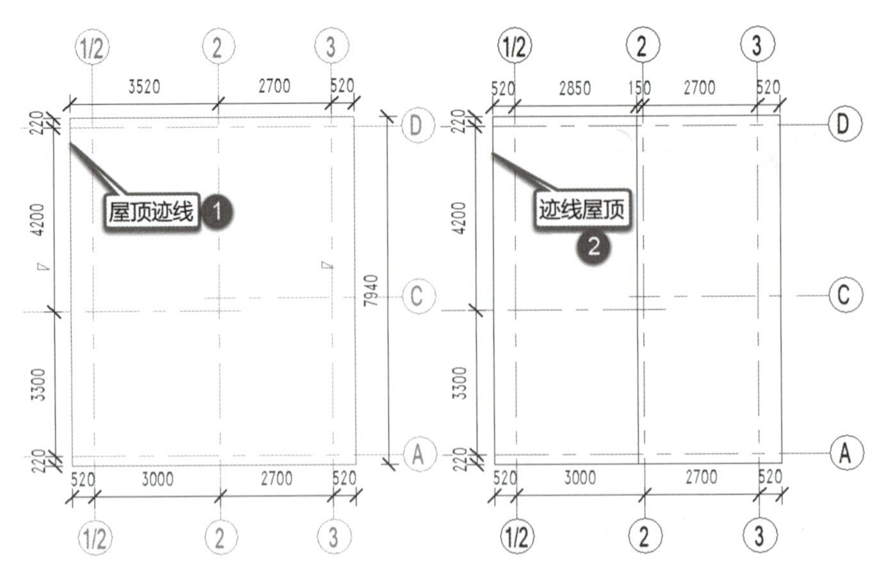

图 5.43　迹线屋顶 5

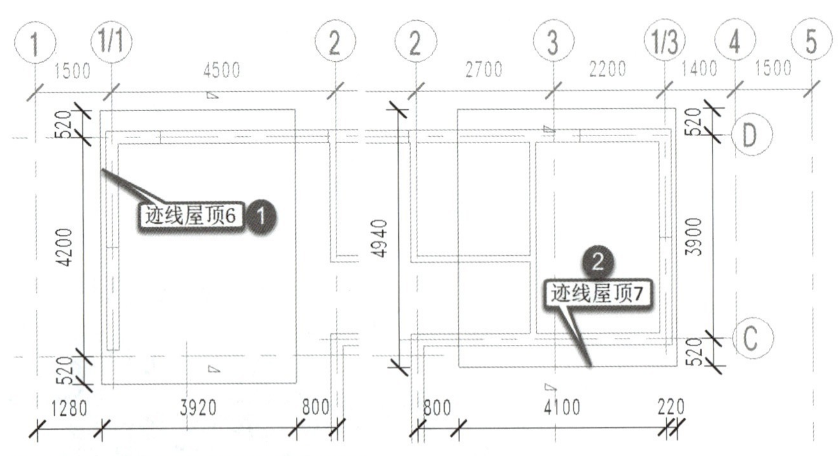

图 5.44　迹线屋顶 6 和迹线屋顶 7

STEP 14 切换到三维视图；单击“修改”选项卡“几何图形”面板“连接 / 取消连接屋顶”按钮，拾取需要连接的一条边，如图 5.45 中①所示，接着选中迹线屋顶 5，则迹线屋顶 6 和迹线屋顶 5 连接成为一个整体；同理，单击“修改”选项卡“几何图形”面板“连接 / 取消连接屋顶”按钮，拾取需要连接的一条边，如图 5.45 中②所示，接着选中迹线屋顶 5，则迹线屋顶 7 和迹线屋顶 5 连接成为一个整体；连接后的结果，如图 5.46 所示。

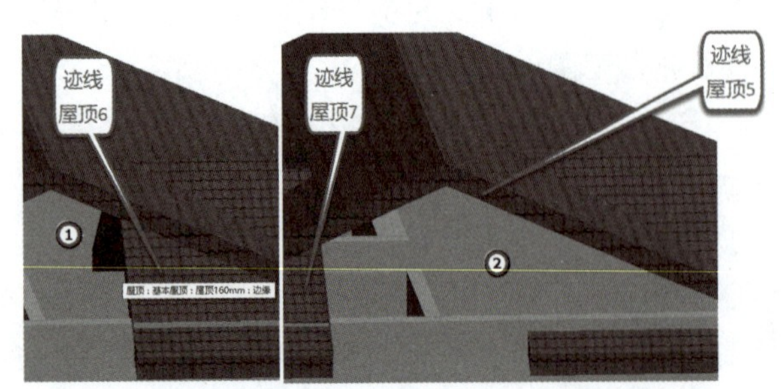

图 5.45　拾取连接屋顶的连接边

图 5.46　屋顶连接效果

5. 门窗放置及洞口创建

小贴士

在楼层平面、立面或三维视图中，可将门窗放置到任意类型的墙上，包括弧形墙、内建墙和基于面的墙（例如斜墙），同时自动在墙上剪切洞口并放置门窗构件。

【门的放置】

【窗的放置】

STEP 01 切换到“0.000”楼层平面视图；单击“建筑”选项卡“构建”面板“门”按钮，切换到“修改 | 放置 门”上下文选项卡，单击“标记”面板“在放置时进行标记”按钮，以便对门进行自动标记；确认门的类型为“单扇 - 与墙齐 750×2000mm”，接着单击“编辑类型”按钮，在弹出的“类型属性”对话框中单击“载入”按钮，载入“China”→“建筑”→“门”→“普通门”→“平开门”→“双扇”路径下的“双面嵌板木门 4”到项目中；接着单击“类型属性”对话框中的“复制”按钮，在弹出的“名称”对话框中设置名称为“M1”，单击“确定”按钮关闭“名称”对话框；设置“材质和装饰”项下的“装饰材质”“框架材质”“把手材质”均为“铜”，“门嵌板材质”为“木材 - 樱桃木”；设置“尺寸标注”项下“宽度”为“1500.0”、“高度”为“2300.0”；设置“标识数据”下“类型标记”为“M1”，则装饰铜门“M1”这个新的门类型就创建好了。

STEP 02 同理，创建“M2”（族类型为“双面嵌板木门 4”；材质同 M1；“宽度”为“1200.0”、“高度”为“2100.0”；“类型标记”为“M2”），“M3”（族类型为“双扇推拉门 3”；“宽度”为“1800.0”、“高度”为“2400.0”；“材质和装饰”项下的“玻璃”选项为“玻璃”、“框架材质”为“铝合金”、“门嵌板框架材质”为“铝合金”；“类型标记”为“M3”），“M4”（族类型为“双扇推拉门 3”；“宽度”为“2100.0”、“高度”为“2200.0”；材质同 M3；“类型标记”为“M4”），“M5”（族类型为“单嵌板木门 1”；“宽度”为“900.0”、“高度”为“2100.0”；“材质和装饰”项下的“贴面材质”“把手材质”“框架材质”均为“铝合金”、“门嵌板材质”为“樱桃木”；“类型标记”为“M5”），“M6”（族类型为“双面嵌板木门 1”；“宽度”为“1100.0”、“高度”为“2100.0”；“材质和装饰”项下的“贴面材质”“把手材质”“框架材质”均为“铝合金”、“门嵌板材质”为“樱桃木”；“类型标记”为“M6”），“M7”（族类型为“单嵌板木门 1”；“宽度”为“1000.0”、“高度”为“2100.0”；“材质和装饰”项下的“贴面材质”“把手材质”“框架材质”均为“铝合金”、“门嵌板材质”为“樱桃木”；“类型标记”为“M7”）和“MD0921”（族类型为“门洞”；“宽度”为“900.0”、“高度”为“2100.0”；“类型标记”为“MD0921”）。

STEP 03 确认门的类型为“M1”；确认“标记”面板“在放置时进行标记”按钮被激活；设置选项栏“放置方向”为“垂直”、不勾选“引线”复选框；设置左侧“属性”对话框“约束”项下“底高度”为“-450.0”；将光标移动到①轴“基本墙 外墙 240”的墙上，此时会出现门与周围墙体距离的蓝色相对尺寸，如图 5.47 中①所示（可以通过相对尺寸大致捕捉门的位置；在“0.000”楼层平面视图中放置门之前，按空格键可以控制门的左右开启方向，也可单击控制符号，翻转门的上下、左右方向）；在墙上合适位置单击以放置门“M1”；默认情况下，临时尺寸标注指示从门边缘到最近垂直墙的墙表面的距离；调整临时尺寸标注蓝色的控制点，拖动蓝色控制点到Ⓐ轴（“基本墙 外墙 240”墙的中心线上），修改临时尺寸值为“900”，如图 5.47 中②所示。修改后的门“M1”位置，如图 5.47 中③所示。

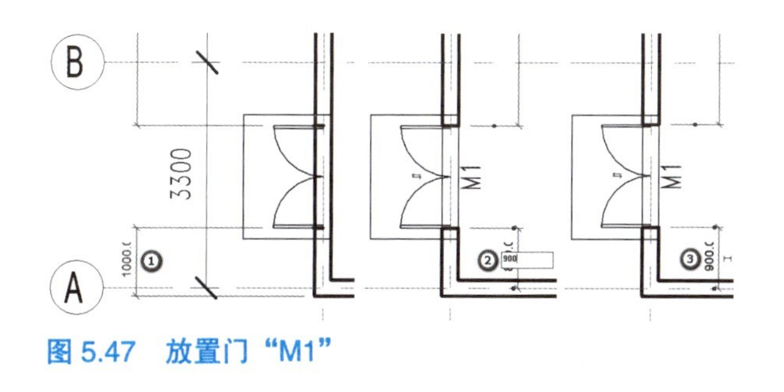

图 5.47 放置门“M1”

STEP 04 同理，在“类型选择器”下拉列表中分别选择“M2”“M3”“M5”门类型，按图5.48所示的位置、尺寸、开启方向放置到首层墙体上（如未特别说明，左侧“属性”对话框“约束”项下“底高度”均为“0.0”）。

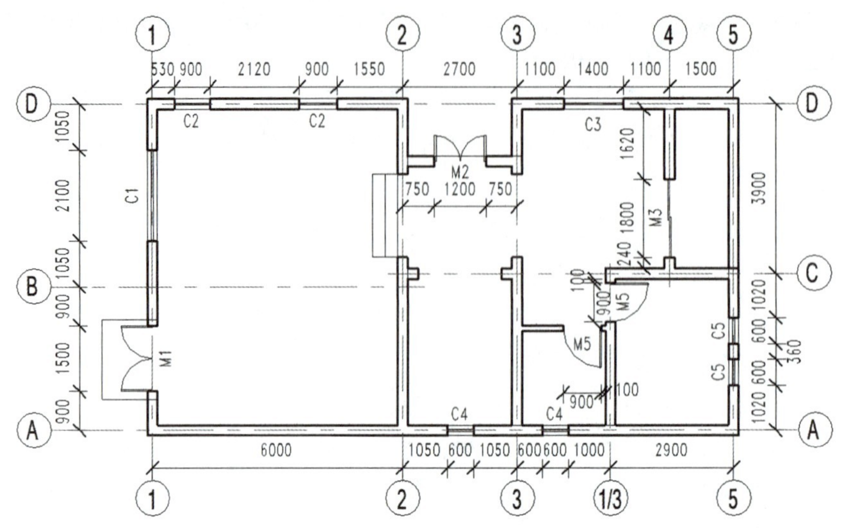

图5.48　首层门窗放置

注意 ▶▶▶

选中门标记，单击“修改|门标记”上下文选项卡“模式”面板“编辑族”按钮；系统自动切换到“族编辑器”界面；勾选左侧“属性”对话框“其他”项下“随构件旋转”复选框；单击“创建”面板“族编辑器”面板“载入到项目”按钮，在弹出的“族已存在”提示对话框中直接单击“覆盖现有版本及其参数值”选项，则对门标记进行了编辑。

STEP 05 单击“建筑”选项卡“构建”面板“窗”按钮，切换到“修改|放置 窗”上下文选项卡，单击“标记”面板“在放置时进行标记”按钮，以便对窗进行自动标记。

STEP 06 与创建新的门类型一样，复制创建“C1”（族类型为“推拉窗7-带贴面”；“宽度”为“2100.0”、“高度”为“2200.0”；“材质和装饰”项下的“玻璃”为“玻璃”、“贴面材质”“框架材质”和“窗扇框材质”均为“铝合金”；“类型标记”为“C1”），“C2”（族类型为“推拉窗7-带贴面”；“宽度”为“900.0”、“高度”为“2200.0”；“材质和装饰”项下的“玻璃”为“玻璃”、“贴面材质”“框架材质”和“窗扇框材质”均为“铝合金”；“类型标记”为“C2”），“C3”（族类型为“推拉窗2-带贴面”；“宽度”为“1400.0”、“高度”为“1500.0”；“材质和装饰”项下的“玻璃”为“玻璃”、“贴面材质”“框架材质”和“窗扇框材质”均为“铝合金”；“类型标记”为“C3”），“C4”（族类型为“推拉窗2-带贴面”；“宽度”为“600.0”、“高度”为“900.0”、“上部窗扇高度”为“450.0”；“材质和装饰”项下的“玻璃”为“玻璃”、“框架材质”为“铝合金”；“类型标记”为“C4”），“C5”（族类型为“推拉窗7-带贴面”；“宽度”为“600.0”、“高度”为“1500.0”；“材质和装饰”项下的“玻璃”为“玻璃”、“贴面材质”“框架材质”和“窗扇框材质”均为“铝合金”；“类型标记”为“C5”），“C6”（族类型为“木格平开窗2”；“宽度”为“600.0”、“高度”为“1700.0”；“材质和装饰”项下的“玻璃”为“玻璃”、“框架材质”为“铝合金”；“类型标记”为“C6”）。

STEP 07 在“类型选择器”下拉列表中选择“C1”“C2”“C3”“C4”和“C5”类型，按图5.48所示位置，在墙上单击将窗放置在合适位置。

STEP 08 首层窗窗台底高度不全一致，故在插入窗后需要手动调整窗台底高度。几个窗台的底高度值为：“C1”（-100mm）、“C2”（-100mm）、“C3”（600mm）、“C4”（1200mm）和“C5”（900mm）。“C4”窗台底高度调整方法如下：选择任意一个“C4”，随便右击，在弹出的快捷菜单中单击“选择全部实例”→“在视图中可见”选项，则“0.000”楼层平面视图中所有“C4”被选中，然后在左侧“属性”对话框中修改“底高度”值为“1200mm”，在该视图中所有“C4”的底高度都改为1200mm，其他窗的窗台底高度调整方法同上。

注意

选中窗标记，单击“修改|窗标记”上下文选项卡“模式”面板“编辑族”按钮；系统自动切换到“族编辑器”界面；勾选左侧“属性”对话框“其他”项下“随构件旋转”复选框；单击“创建”面板“族编辑器”面板“载入到项目”按钮，在弹出的“族已存在”提示对话框中直接单击“覆盖现有版本及其参数值”选项，则对窗标记进行了编辑。

STEP 09 切换到“3.300”楼层平面视图，按照图5.49所示位置，放置“M4”“M5”“M7”，以及“C4”（窗台底高度为1200mm）、“C5”（窗台底高度为900mm）、“C6”（窗台底高度为700mm）。

STEP 10 切换到“6.300”楼层平面视图，按照图5.50所示位置，放置“M4”“M5”“M6”，以及“C4”（窗台底高度为1300mm）、“C5”（窗台底高度为900mm）。

STEP 11 切换到“0.000”楼层平面视图，选中Ⓓ轴交④～⑤轴墙体，单击“修改|墙”上下文选项卡“模式”面板“编辑轮廓”按钮，在系统弹出的“转到视图”对话框中选中“立面：西立面视图”选项，接着单击“打开视图”按钮，系统自动切换到“西立面视图”，编辑墙体轮廓，结果如图5.51（a）所示，单击“模式”面板“完成编辑模式”按钮“√”，完成Ⓓ轴交④～⑤轴墙体轮廓的编辑（相当于对墙体进行开洞处理）。同理，编辑①轴上首层墙体轮廓线，如图5.51（b）所示；编辑Ⓓ轴东侧②～③轴的首层墙体轮廓线，如图5.51（c）所示。

STEP 12 切换到“0.000”楼层平面视图，双击“0.000”标高处楼板，编辑④～⑤轴交Ⓓ轴区域楼板边界，如图5.52所示，单击“修改|编辑边界”上下文选项卡“模式”面板“完成编辑模式”按钮“√”，完成标高“0.000”楼板边界的编辑。

STEP 13 切换到三维视图，观察到④～⑤轴交Ⓓ轴区域楼板下面有空隙，这是因为楼板厚度为120mm，而其下墙体顶部标高是-0.150m，读者可通过内建模型来添加一块楼板补充此空白，具体操作方法详见“室内台阶”的创建操作方法，在此不再赘述。

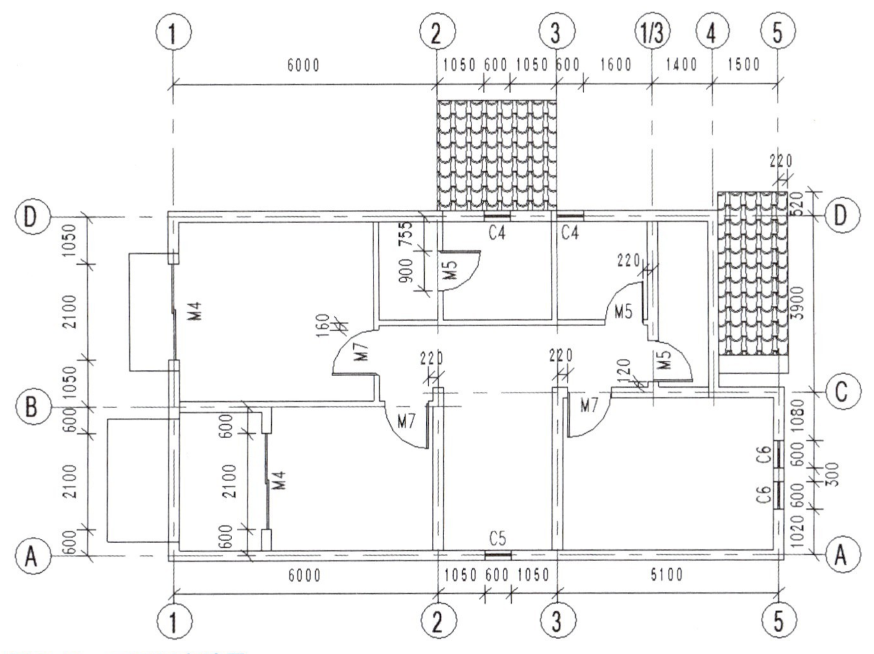

图5.49 二层门窗放置

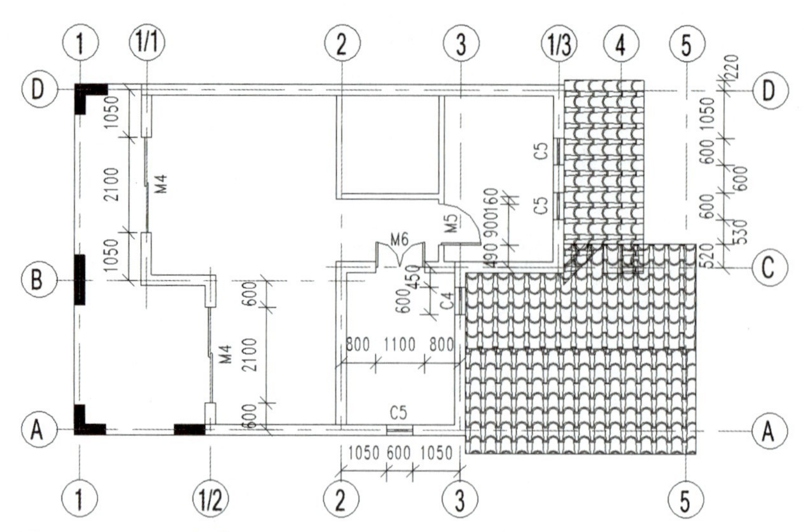

图 5.50　三层门窗放置

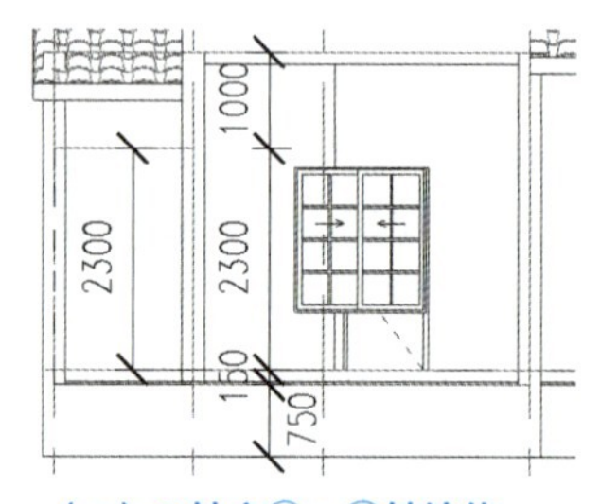

（a）Ⓓ轴交④～⑤轴墙体

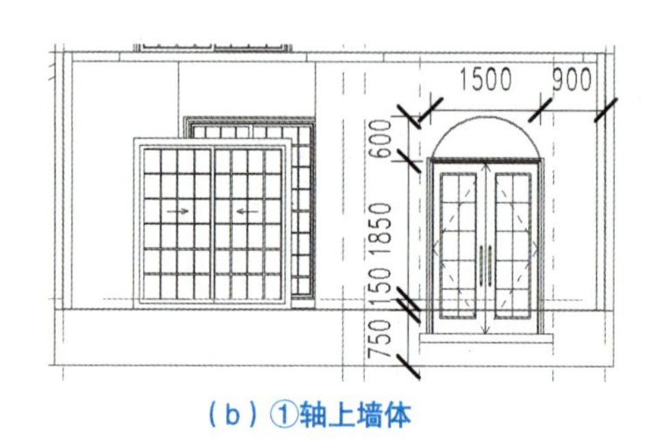

（b）①轴上墙体

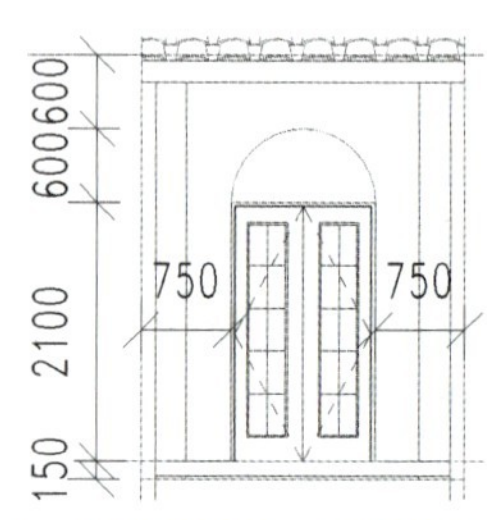

（c）Ⓓ轴交②～③轴墙体

图 5.51　首层墙体轮廓线

STEP 14 切换到“3.300”楼层平面视图；编辑①轴交Ⓐ～Ⓑ轴二层墙体轮廓线，如图 5.53 所示；编辑Ⓐ轴交①～②轴二层墙体轮廓线，如图 5.54（a）所示；编辑Ⓓ轴交1/3～④轴二层墙体轮廓线，如图 5.54（b）所示；编辑④轴交Ⓒ～Ⓓ轴二层墙体轮廓线，如图 5.54（c）所示。

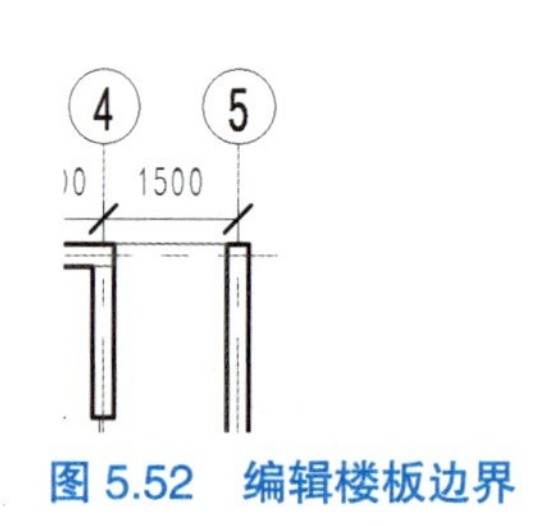

图 5.52　编辑楼板边界

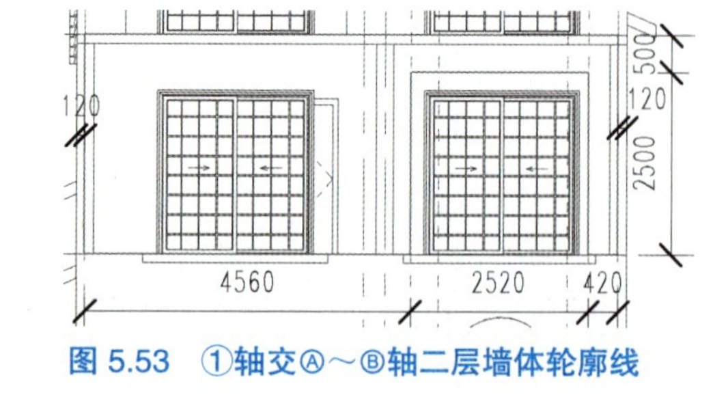

图 5.53　①轴交Ⓐ～Ⓑ轴二层墙体轮廓线

（a）Ⓐ 轴交①～②轴

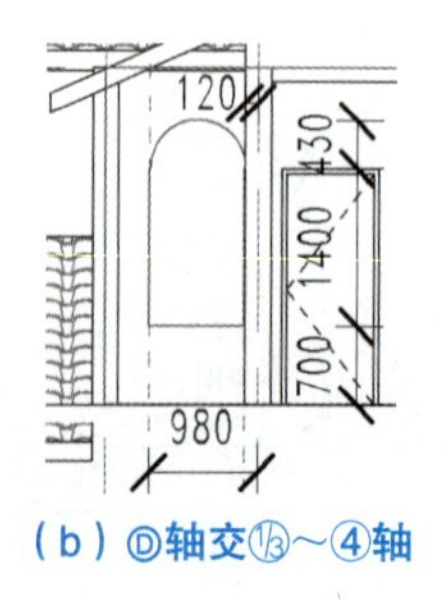

（b）Ⓓ轴交1/3～④轴

（c）④轴交Ⓒ～Ⓓ轴

图 5.54　二层墙体轮廓线

STEP 15 切换到“3.300”楼层平面视图；单击“建筑”选项卡“构建”面板“门”按钮，切换到“修改 | 放置 门”上下文选项卡，单击“标记”面板“在放置时进行标记”按钮；确认门的类型为“MD0921”，将其放置到二层②轴南侧东西向 120mm 厚衣帽间墙体上；二层放置的门窗、开设的洞口，如图 5.55 所示。切换到“6.300”楼层平面视图；同理，放置三层②轴上 120mm 厚衣帽间墙体上的洞口“MD0921”。

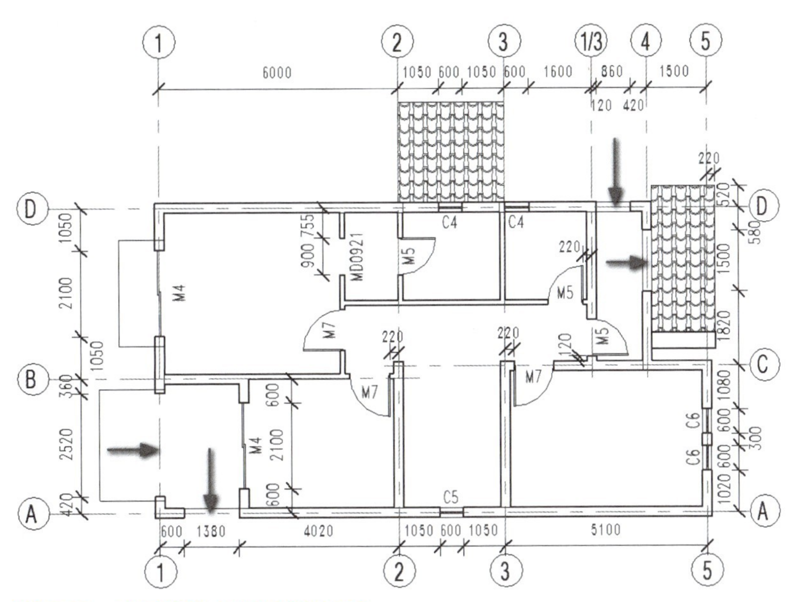

图 5.55　二层墙体上的门窗及洞口

（注：洞口轮廓线参考图 5.53 及图 5.54）

【墙体开洞】

6. 墙体附着于迹线屋顶

STEP 01 切换到三维视图；在三维视图西北方向，按住 Ctrl 键连续单击选择迹线屋顶 1 下面的两面墙，然后在“修改 | 墙”上下文选项卡“修改墙”面板上单击“附着顶部 / 底部”按钮，选项栏“附着墙”选择“顶部”，而后单击选择迹线屋顶 1 为附着的目标，如图 5.56 所示，这样在墙体和迹线屋顶 1 之间就创建了关联关系。

图 5.56　墙体附着于迹线屋顶 1

【墙体附着于迹线屋顶】

STEP 02 在三维视图东北方向，按住 Ctrl 键连续单击选择迹线屋顶 3 下面的三面墙，然后在“修改 | 墙”上下文选项卡“修改墙”面板上单击“附着顶部 / 底部”按钮，选项栏“附着墙”选择“顶部”，而后单击选择迹线屋顶 3 为附着的目标，如图 5.57 所示，这样在墙体和迹线屋顶 3 之间就创建了关联关系。

图 5.57　墙体附着于迹线屋顶 3

STEP 03 在三维视图西北方向，按住 Ctrl 键连续单击选择迹线屋顶 4 下面的两面墙，然后在“修改 | 墙”上下文选项卡“修改墙”面板上单击“附着顶部 / 底部”按钮，选项栏“附着墙”选择“顶部”，而后单击选择迹线屋顶 4 为附着的目标，如图 5.58 所示，这样在墙体和迹线屋顶 4 之间就创建了关联关系。

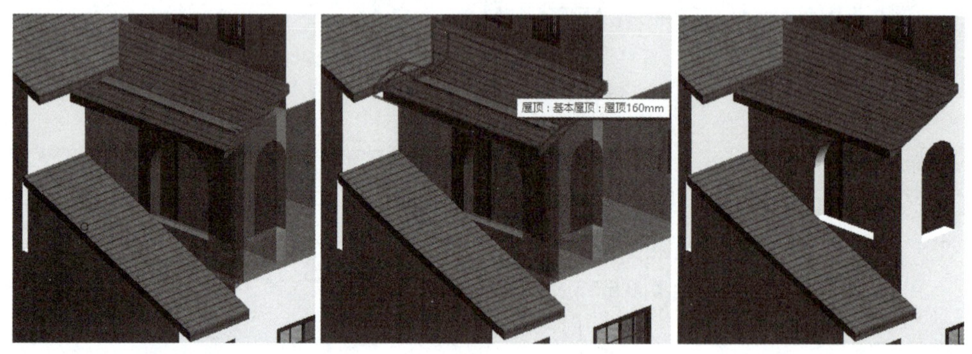

图 5.58　墙体附着于迹线屋顶 4

STEP 04 同理，将迹线屋顶 5 下面的墙体附着到迹线屋顶 5 上去；将迹线屋顶 6 下面的墙体附着到迹线屋顶 6 上去；将迹线屋顶 7 下面的墙体附着到迹线屋顶 7 上去，这样的话，屋顶下面的墙体跟其上面的迹线屋顶就创建了关联关系。

STEP 05 切换到“9.300”楼层平面视图；单击“建筑”选项卡“洞口”面板“竖井”按钮，系统切换到“修改 | 创建竖井洞口草图”上下文选项卡；激活“绘制”面板“边界线”按钮，绘制封闭的紫色线框，如图 5.59 所示；在左侧“属性”对话框中设置“底部约束”为“9.300”，“底部偏移”为“−1000.0”，“顶部约束”为“9.300”，“顶部偏移”为“1000.0”；单击“模式”面板“完成编辑模式”按钮“√”，完成竖井洞口创建任务，则同时对迹线屋顶 6 和迹线屋顶 7 进行了开洞处理。

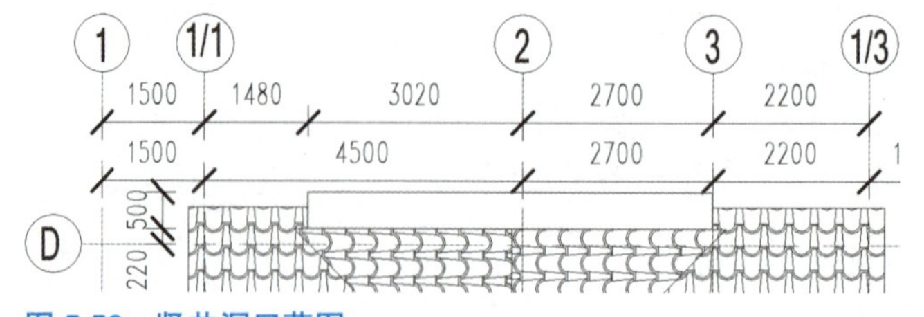

图 5.59　竖井洞口草图

【用内建模型方式创建首层洞口上的弧形窗户】

7. 用内建模型方式创建首层洞口上的弧形窗户

STEP 01 切换到“0.000”楼层平面视图；单击“建筑”选项卡“构建”面板“构件”下拉列表“内建模型”选项，系统弹出“族类别和族参数”对话框，在其中选择族的类别为“常规模型”，单击“确定”按钮，弹出“名称”对话框，使用其中的默认名称，单击“确定”按钮，退出“名称”对话框，进入族编辑器界面。

STEP 02 单击“创建”选项卡“工作平面”面板“设置”按钮，在弹出的“工作平面”对话框中勾选“指定新的工作平面”→“轴网：1”复选框；单击“确定”按钮关闭“工作平面”对话框，在系统弹出的“转到视图”对话框中选中“立面：南立面视图”选项，接着单击“打开视图”按钮，系统自动切换到“南立面视图”。

STEP 03 单击“创建”选项卡“形状”面板“拉伸”按钮，系统切换到“修改 | 创建拉伸”上下文选项卡，绘制拉伸草图线，如图 5.60（a）所示；设置左侧“属性”对话框“约束”项下“拉伸起点”为“-120.0”，“拉伸终点”为“120.0”；设置“材质和装饰”项下“材质”为“木材 - 樱桃木”；单击“模式”面板“完成编辑模式”按钮“√”，完成弧形窗户 A 的窗框的创建；同理，创建弧形窗户 A 的玻璃［设置左侧“属性”对话框“约束”项下“拉伸起点”为“-3.0”，“拉伸终点”为“3.0”；设置“材质和装饰”项下“材质”为“玻璃”；拉伸草图线如图 5.60（b）所示］。单击“在位编辑器”面板“完成模型”按钮“√”，完成内建模型“弧形窗户 A”的创建。同理，创建弧形窗户 B。

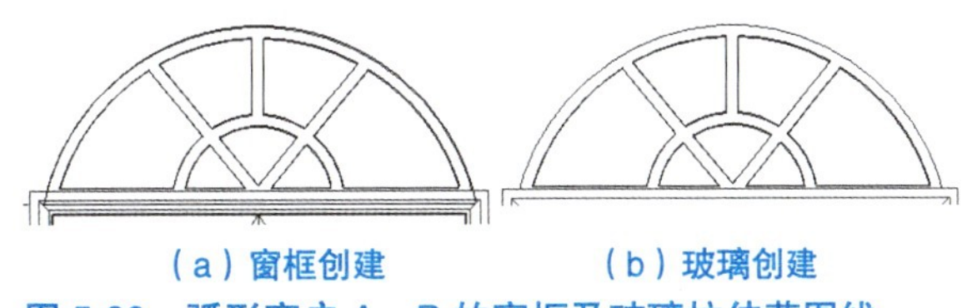

（a）窗框创建　　（b）玻璃创建

图 5.60　弧形窗户 A、B 的窗框及玻璃拉伸草图线

8. 栏杆扶手及窗台板创建

STEP 01 在项目浏览器中，双击“楼层平面”项下的“3.300”，打开“3.300”楼层平面视图。单击“建筑”选项卡“构建”面板“墙”下拉列表“墙：建筑”按钮，进入“修改 | 放置 墙”上下文选项卡；在左侧“类型选择器”下拉列表中确认墙体的类型为“外墙 240”；设置左侧“属性”对话框中“约束”项下墙体的“定位线”为“墙中心线”，“底部约束”为“3.300”，“底部偏移”为“0.0”，“顶部约束”为“直到标高：3.300”和“顶部偏移”为“300.0”；单击“绘制”面板“线”按钮，绘制两道墙体，如图 5.61 所示。

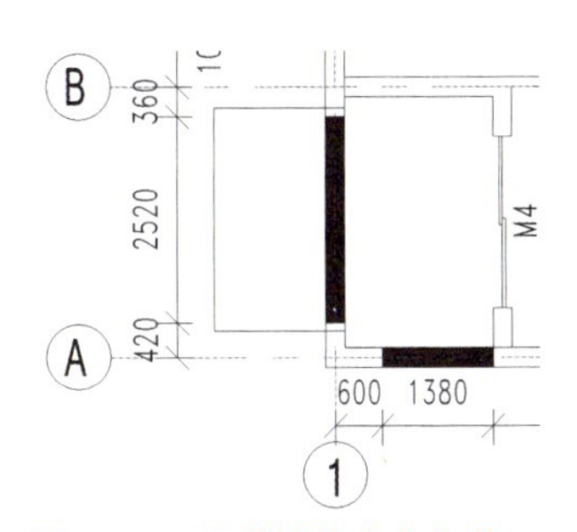

图 5.61　两道墙体（高度为 300mm）

（注：涂黑部分为两道墙体）

STEP 02 单击“建筑”选项卡“楼梯坡道”面板“栏杆扶手”下拉列表“绘制路径”按钮，系统切换到“修改 | 创建栏杆扶手路径”上下文选项卡，勾选“选项”面板“预览”复选框；激活“绘制”面板“线”按钮；确认“类型选择器”下拉列表中栏杆扶手的类型为“栏杆扶手 1100mm”（双击“项目浏览器”→“族”→“栏杆扶手”→“栏杆 - 正方形”→“25mm”，在弹出的“类型属性”对话框中设置“材质和装饰”项下“栏杆材质”为“铁”；双击“项目浏览器”→“族”→“栏杆扶手”→“顶部扶栏类型”→“矩形 -50 × 50mm”，在弹出的“类型属性”对话框中设置“材质和装饰”项下“材质”为“铁”）；设置“底部标高”为“3.300”，“底部偏移”为“0.0”，“从路径偏移”为“0.0”，绘制栏杆扶手路径，如图 5.62 中①所示；单击“模式”面板“完成编辑模式”按钮“√”，完成栏杆扶手 1 的创建工作。

【栏杆扶手的创建】

STEP 03 单击“建筑”选项卡“楼梯坡道”面板“栏杆扶手”下拉列表“绘制路径”按钮，系统切换到“修改|创建栏杆扶手路径”上下文选项卡，勾选“选项”面板“预览”复选框；激活“绘制”面板“线”按钮；确认“类型选择器”下拉列表中栏杆扶手的类型为“栏杆扶手 1100mm”，单击“编辑类型”按钮，在弹出的“类型属性”对话框中复制创建一个新的栏杆扶手类型“棕色木栏杆”（设置“顶部扶栏”高度为“800.0”；“顶部扶栏”类型为“100×100mm”；在“编辑栏杆位置”对话框中设置“主样式”以及“支柱”的栏杆族为“栏杆－正方形：30mm”；其中“100×100mm”顶部扶栏的材质为“木材－樱桃木”，“轮廓”为“矩形扶手：100×100mm”；“栏杆－正方形：30mm”的材质为“木材－樱桃木”、“宽度”为“30.0”；“矩形扶手：100×100mm”轮廓族的“高度”“宽度”均为“100.0”）；设置“底部标高”为“3.300”，“底部偏移”为“300.0”，“从路径偏移”为“0.0”，绘制栏杆扶手路径，如图5.62中②所示；单击“模式”面板“完成编辑模式”按钮“√”，完成栏杆扶手2的创建工作；同理，创建栏杆扶手3（栏杆扶手3的路径如图5.62中③所示；栏杆扶手类型为“棕色木栏杆”；设置“底部标高”为“3.300”，“底部偏移”为“300.0”，“从路径偏移”为“0.0”）。

STEP 04 同理，创建栏杆扶手4（栏杆扶手类型为“棕色木栏杆－400”；“顶部扶栏”类型为“100×100mm”；在“编辑栏杆位置”对话框中设置“主样式”以及“支柱”的栏杆族为“栏杆－正方形：30mm”；“棕色木栏杆－400”的“顶部扶栏”高度为“400.0”；设置“底部标高”为“3.300”，“底部偏移”为“700.0”，“从路径偏移”为“0.0”）和栏杆扶手5（栏杆扶手类型为“棕色木栏杆－400”；设置“底部标高”为“3.300”，“底部偏移”为“700.0”，“从路径偏移”为“0.0”）；切换到三维视图，在西北方向查看创建的栏杆扶手4和栏杆扶手5的三维显示效果，如图5.63所示。

STEP 05 在项目浏览器中，双击“楼层平面”项下的“6.300”，打开“6.300”楼层平面视图。

STEP 06 单击“建筑”选项卡“构建”面板“墙”下拉列表“墙：建筑”按钮，进入“修改|放置 墙”上下文选项卡；在左侧“类型选择器”下拉列表中确认墙体的类型为“外墙 240”；设置左侧“属性”对话框中“约束”项下墙体的“定位线”为“墙中心线”，“底部约束”为“6.300”，“底部偏移”为“0.0”，“顶部约束”为“直到标高：6.300”和“顶部偏移”为“420.0”；单击“绘制”面板“线”按钮，绘制两道墙体，如图5.64所示。

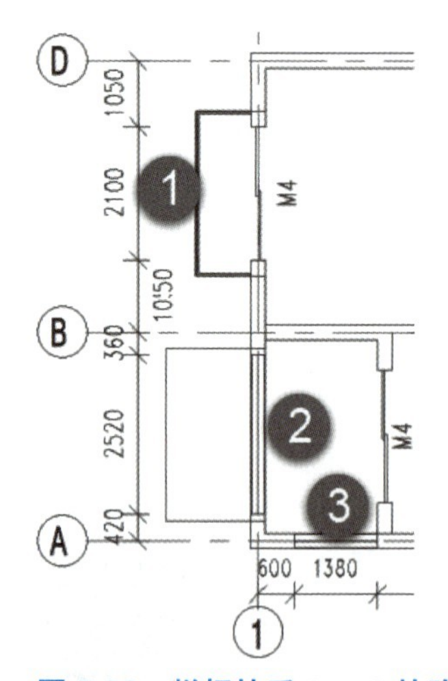

图5.62　栏杆扶手1～3的路径线

图5.63　栏杆扶手4、5

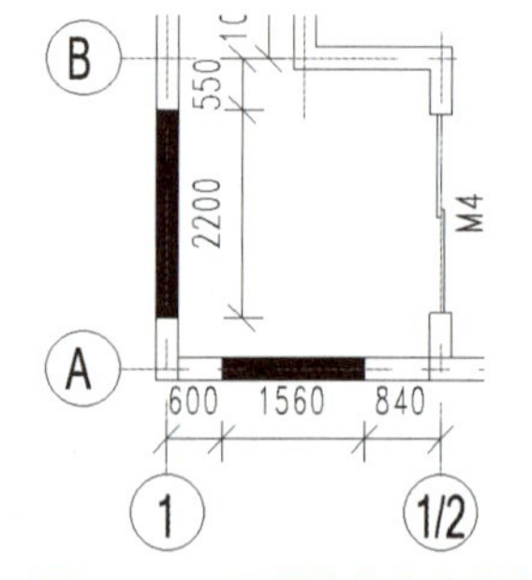

图5.64　两道墙体（涂黑部分为墙体）

STEP 07 单击“建筑”选项卡“楼梯坡道”面板“栏杆扶手”下拉列表“绘制路径”按钮，系统切换到“修改|创建栏杆扶手路径”上下文选项卡，勾选“选项”面板“预览”复选框；激活“绘制”面板“线”按钮；确认“类型选择器”下拉列表中栏杆扶手的类型为“灰色铁艺栏杆－950mm”；设置“顶部扶栏”高度为“950.0”；设置“底部标高”为“6.300”，“底部偏移”为“150.0”，“从路径偏移”为“0.0”，绘制栏杆扶手路径；单击“模式”面板“完成编辑模式”按钮“√”，完成栏杆扶手6的创建工作；同理，创建栏杆扶手7（栏杆扶手类型为“灰色铁艺栏杆－950mm”；设置“底部标高”为“6.300”，“底部偏移”为“150.0”，“从

路径偏移”为“0.0”)，栏杆扶手 8（栏杆扶手类型为“棕色木栏杆 -680”；设置“底部标高”为“6.300”，“底部偏移”为“420.0”，“从路径偏移”为“0.0”；其中“棕色木栏杆 -680”的类型参数如下：“顶部扶栏”高度为“680.0”；“顶部扶栏”类型为“100×100mm”；在“编辑栏杆位置”对话框中设置“主样式”以及“支柱”的栏杆族为“栏杆 - 正方形：30mm”）和栏杆扶手 9（栏杆扶手类型为“棕色木栏杆 -680”；设置“底部标高”为“6.300”，“底部偏移”为“420.0”，“从路径偏移”为“0.0”）。

STEP 08 切换到三维视图；在三维视图西南轴测图状态，查看创建的栏杆扶手三维显示效果，如图 5.65 所示。

STEP 09 读者可通过内建模型创建突出墙面的造型（题目仅仅在东西南北立面视图进行了示意，但是并没有提供具体的数据），具体操作方法详见“室内台阶”的创建操作方法，在此不再赘述。创建的突出墙面的造型，如图 5.66 所示。

图 5.65 栏杆扶手 1～9

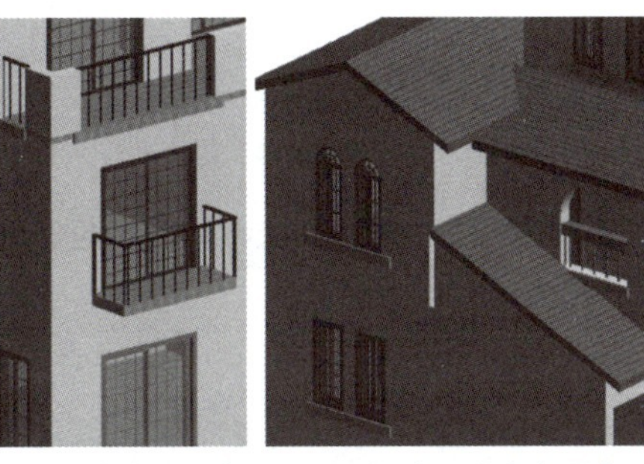

（a）西南方向观察（b）西北方向观察（c）东南方向观察

图 5.66 突出墙面的造型

STEP 10 切换到“6.300”楼层平面视图；单击“建筑”选项卡“构建”面板“构件”下拉列表“内建模型”选项，系统弹出“族类别和族参数”对话框，在其中选择族的类别，选择“常规模型”，单击“确定”按钮，弹出“名称”对话框，使用其中的默认名称，单击“确定”按钮关闭“名称”对话框，进入族编辑器界面。

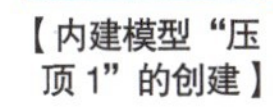

【内建模型“压顶 1”的创建】

STEP 11 单击“创建”选项卡“形状”面板“拉伸”按钮，系统切换到“修改 | 创建拉伸”上下文选项卡，绘制拉伸草图线，如图 5.67 所示；设置左侧“属性”对话框“约束”项下“拉伸起点”为“1100.0”，“拉伸终点”为“1200.0”；“工作平面”为“标高：6.300”；设置“材质和装饰”项下“材质”为“轻集料混凝土砌块”；单击“模式”面板“完成编辑模式”按钮“√”，完成拉伸模型的创建；单击“在位编辑器”面板“完成模型”按钮“√”，完成内建模型“压顶 1”的创建。

9.“-0.900”楼层平面视图外墙墙体表面填色及装饰条创建

【“-0.900”楼层平面视图外墙墙体表面填色及装饰条创建】

STEP 01 切换到三维视图；单击“修改”选项卡“几何图形”面板“填色”按钮，切换到“修改 | 填色”上下文选项卡；在弹出的“材质浏览器”对话框中选择要应用的“文化石”材质（预先单击“管理”选项卡“设置”面板“材质”按钮，在弹出的“材质浏览器”对话框中新建），如图 5.68 中①所示；分别移动光标到“-0.900”楼层平面视图外墙墙体表面上，当其高亮显示时单击，如图 5.68 中②所示；接着单击“材质浏览器”对话框中“完成”按钮，如图 5.68 中③所示，即可给外墙墙体表面应用“文化石”材质；完成后的结果，如图 5.68 中④所示。同理，根据题目要求为其余构件表面进行填色。

STEP 02 单击“建筑”选项卡“构建”面板“构件”下拉列表“内建模型”按钮，在弹出的“族类别和族参数”对话框中设置“族类别”为“墙”，单击“确定”按钮关闭“族类别和族参数”对话框，接着在弹出的“名称”对话框中设置“名称”为“装饰条”，单击“确定”按钮关闭“名称”对话框。

STEP 03 单击“创建”选项卡“形状”面板“放样”按钮，系统切换到“修改 | 放样”上下文选项卡；

单击“放样”面板“拾取路径”按钮，系统切换到“修改 | 放样 > 拾取路径”上下文选项卡。

STEP 04 激活“拾取”面板“拾取三维边”按钮，将光标置于“-0.900”楼层平面视图外墙墙体上边缘蓝色预显时单击，则拾取好了放样路径，如图 5.69 中①所示；单击“模式”面板“完成编辑模式”按钮“√”，完成放样路径的拾取。

STEP 05 单击“放样”面板“编辑轮廓”按钮，绘制放样轮廓（半径为 70mm），如图 5.69 中②所示；单击“模式”面板“完成编辑模式”按钮“√”，完成放样轮廓的绘制；设置左侧“属性”对话框“材质和装饰”项下“材质”为“棕黄色涂料”；再次单击“模式”面板“完成编辑模式”按钮“√”，完成放样模型的创建；单击“在位编辑器”面板“完成模型”按钮“√”，完成内建模型装饰条的创建，如图 5.69 中③所示。

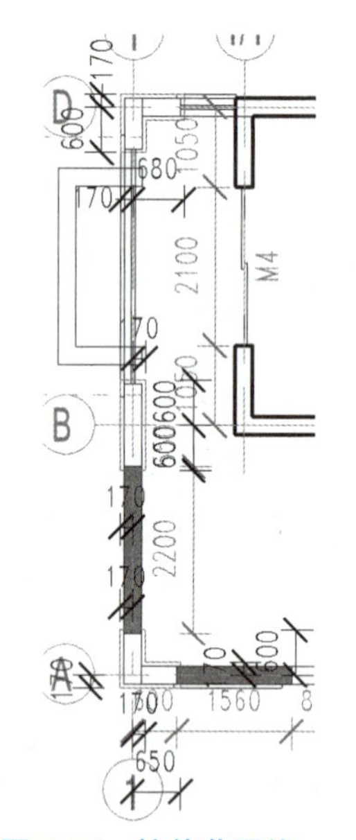
图 5.67　拉伸草图线

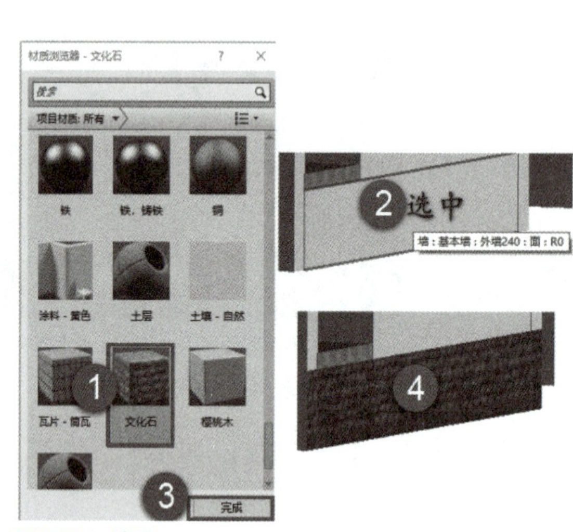

图 5.68　填色

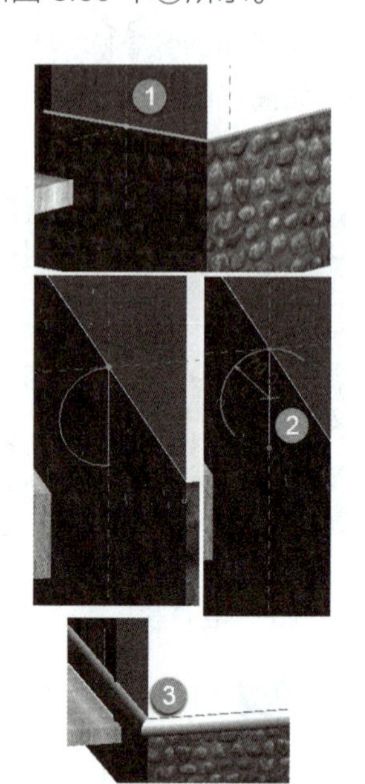
图 5.69　创建装饰条

10. 室内楼梯的创建

STEP 01 首先需要定位梯段的起点、终点以及休息平台的位置，所以先绘制参照平面。

STEP 02 切换到“0.000”楼层平面视图；单击“建筑”选项卡“工作平面”面板“参照平面”按钮，在②～③轴、Ⓐ～Ⓑ轴围成的楼梯间范围内绘制五个垂直和六个水平的参照平面，并用对齐尺寸标注精确定位参照平面与墙边线的距离，如图 5.70 所示。

【室内楼梯的创建】

STEP 03 单击“建筑”选项卡“楼梯坡道”面板“楼梯”按钮，系统切换到“修改 | 创建楼梯”上下文选项卡，激活“构件”面板“梯段”按钮，单击“直梯”按钮；设置选项栏中“定位线”为“梯段：右”；“偏移量”为“0.0”；“实际梯段宽度”为“940.0”；勾选“自动平台”复选框。

STEP 04 设置楼梯的“底部标高”为“0.000”，“顶部标高”为“3.300”，“底部偏移”和“顶部偏移”均为“0.0”；设置“所需踢面数”为“17”，“实际踏板深度”为“220.0”；单击“工具”面板“栏杆扶手”按钮，在弹出的“栏杆扶手”对话框中设置“位置”为“梯边梁”，栏杆扶手类型为“900mm 圆管”；在“类型选择器”下拉列表中选择楼梯的类型为“现场浇注楼梯 整体浇筑楼梯”；单击“编辑类型”按钮，在弹出的“类型属性”对话框中设置“计算规则”项下“最大踢面高度”为“200.0”，“最小踏板深度”为“220.0”和“最小梯段宽度”为“940.0”。

STEP 05 单击“类型属性”对话框“构造”项下“梯段类型”右侧“150mm 结构深度”处空白，接着单击显示出来的灰色矩形框按钮，在系统自动弹出“类型属性”对话框中设置“构造”项下“下侧表面”为“平滑式”，“结构深度”为“150.0”；设置“材质和装饰”项下“整体式材质”为“钢筋混凝土”；单击“确定”按钮关闭“类型属性”对话框回到第一个“类型属性”对话框界面。

STEP 06 单击“类型属性”对话框“构造”项下“平台类型”右侧“300mm 厚度”处空白，接着单击显示出来的灰色矩形框按钮，在系统自动弹出“类型属性”对话框中复制创建一个新的平台类型“200mm 厚度”；设置“构造”项下“整体厚度”为“200.0”；设置“材质和装饰”项下“整体式材质”为“钢筋混凝土”；勾选“踏板”项下“与梯段相同”复选框；单击“确定”按钮关闭“类型属性”对话框回到第一个“类型属性”对话框界面。

STEP 07 设置“类型属性”对话框“支撑”项下“右侧支撑”为“梯边梁（闭合）”；单击“支撑”项下“右侧支撑类型”右侧“梯边梁 -50mm 宽度”处空白，接着单击显示出来的灰色矩形框按钮，在系统自动弹出“类型属性”对话框中复制创建一个新的右侧支撑类型“梯边梁 -70mm 宽度”，设置“尺寸标注”项下“宽度”为“70.0”；设置“材质和装饰”项下“材质”为“钢筋混凝土”；单击“确定”按钮关闭“类型属性”对话框回到第一个“类型属性”对话框界面。再次单击“确定”按钮关闭“类型属性”对话框，则“现场浇注楼梯 整体浇筑楼梯”的实例参数和类型参数就设置好了。

STEP 08 移动光标至参照平面交点位置，两条参照平面亮显，同时系统提示“交点”时，单击捕捉该交点 A 作为第一跑起跑位置；向下垂直移动光标至参照平面交点位置 B，同时在起跑点下方出现灰色显示的“创建了 8 个踢面，剩余 9 个”提示字样和蓝色的临时尺寸，表示从起点到光标所在尺寸位置创建了 8 个踢面，还剩余 9 个。单击捕捉该交点 B 作为第一跑终点，自动绘制第一跑踢面和边界草图；移动光标到参照平面交点位置 C，单击捕捉该交点作为第二跑起点位置；水平往左移动光标到 D 点单击作为第二跑终点位置，自动绘制第二跑踢面和边界草图；接着移动光标到参照平面交点位置 E，单击捕捉该交点作为第三跑起点位置；垂直向上移动光标到矩形预览图形之外单击捕捉一点，系统会自动创建休息平台和第三跑梯段草图；创建的梯段，如图 5.70 所示。单击“模式”面板“完成编辑模式”按钮“√”，完成首层楼梯的创建。

STEP 09 切换到三维视图，“属性过滤器”显示“三维视图”，在其“属性”对话框中下拉找到“剖面框”选项，勾选此选项，绘图窗口的三维视图出现一个完全透明的六面长方体，即为剖面框。

STEP 10 单击剖面框，六个表面分别出现双向控制箭头，可以从六个方向调整蓝色箭头控制范围；可以单击任意一个箭头拖曳，将剖面框的表面向项目内部或外部移动，从而显露或隐藏项目内部三维结构；便可观察到首层楼梯的三维效果，如图 5.71 所示。

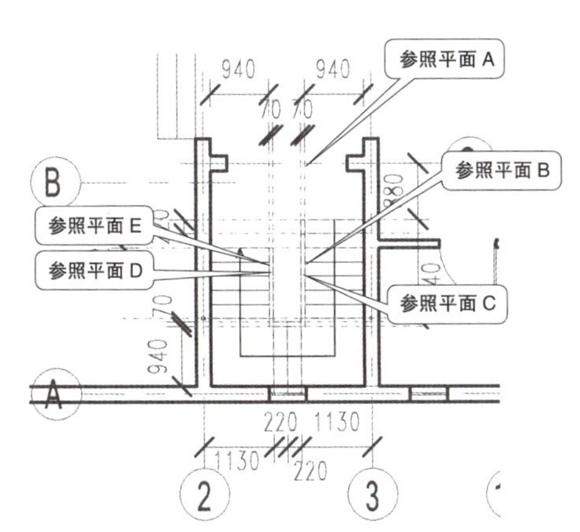

图 5.70 绘制三跑梯段

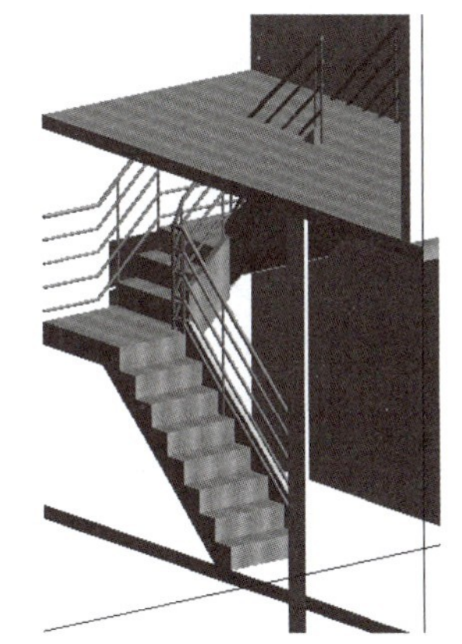
图 5.71 室内楼梯的三维效果

STEP 11 在三维剖面框显露室内楼梯状态下，转动鼠标滚轮，将视图拉近，单击选中靠墙一侧栏杆扶手，按 Delete 键进行删除。

STEP 12 同理，创建二层楼梯（设置选项栏中“定位线”为“梯段：右”；“偏移量”为“0.0”；“实际梯段宽度”为“940.0”；勾选“自动平台”复选框；设置楼梯的“底部标高”为“3.300”，“顶部标高”为“6.300”，“底部偏移”和“顶部偏移”均为“0.0”；设置“所需踢面数”为“15”，“实际踏板深度”为

“220.0”；单击“工具”面板“栏杆扶手”按钮，在弹出的“栏杆扶手”对话框中设置“位置”为“梯边梁”，栏杆扶手类型为“900mm 圆管”；楼梯的类型为“现场浇注楼梯 整体浇筑楼梯”）。

STEP 13 选中首层屋顶楼板（标高“3.300”处楼板）双击，系统自动切换到“修改|编辑边界”上下文选项卡；切换到“3.300”楼层平面视图，编辑边界线，楼梯所在区域附近边界线编辑前后对照情况，如图 5.72 所示。单击“模式”面板“完成编辑模式”按钮“√”，完成标高“3.300”处楼板的编辑。同理，对楼梯所在区域附近的标高“6.300”处楼板边界线进行编辑，在此不再赘述。

STEP 14 切换到“6.300”楼层平面视图；选中二层楼梯梯段右侧梯边梁上的栏杆扶手双击，系统自动切换到“修改|绘制路径”上下文选项卡，选择“线”绘制方式绘制两段直线，如图 5.73 所示；单击“模式”面板“完成编辑模式”按钮“√”，完成栏杆扶手的编辑，栏杆扶手即创建完毕。

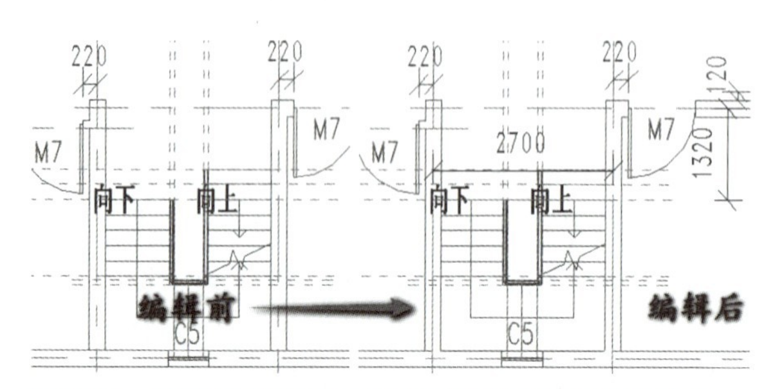

图 5.72 楼梯所在区域附近边界线编辑前后对照情况

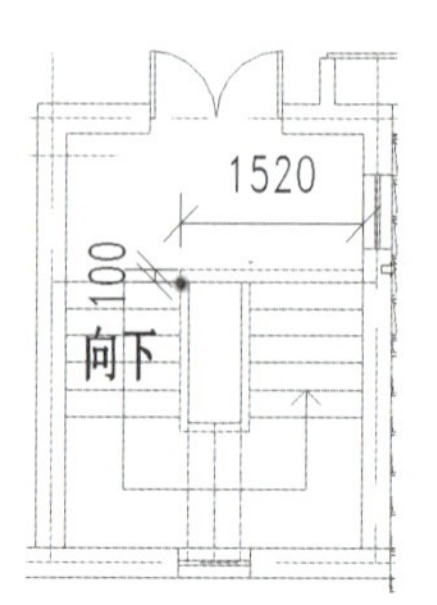

图 5.73 栏杆扶手路径（图中圆点处断开）

11. 西侧挡墙、平台板、台阶、结构柱的创建

STEP 01 切换到“0.000”楼层平面视图；单击“建筑”选项卡“构建”面板“墙”下拉列表“墙：建筑”按钮，进入“修改|放置 墙”上下文选项卡；在左侧“类型选择器”下拉列表中确认墙体的类型为“外墙 240”；设置左侧“属性”对话框中“约束”项下墙体的“定位线”为“墙中心线”，“底部约束”为“−0.900”，“底部偏移”为“0.0”，“顶部约束”为“直到标高：0.000”和“顶部偏移”为“750.0”；单击“绘制”面板“线”按钮，绘一段墙体，绘制的挡墙，如图 5.74 中①所示。

【西侧挡墙、平台板、台阶、结构柱的创建】

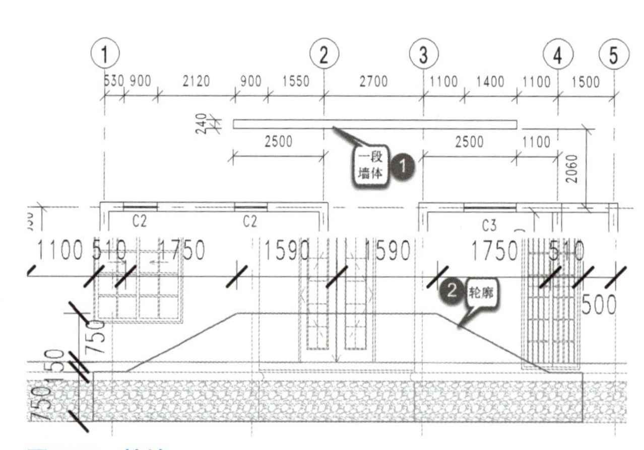

图 5.74 挡墙

STEP 02 选中刚刚绘制的墙体，单击“修改|墙”上下文选项卡“模式”面板“编辑轮廓”按钮，在系统弹出的“转到视图”对话框中选中“立面：西立面视图”选项，接着单击“打开视图”按钮，系统自动切换到“西立面视图”，编辑墙体轮廓，结果如图 5.74 中②所示，单击“模式”面板“完成编辑模式”按钮“√”，完成挡墙墙体轮廓的编辑。

STEP 03 切换到“0.000”楼层平面视图；单击“建筑”选项卡“构建”面板“构件”下拉列表“内建模型”选项，系统弹出“族类别和族参数”对话框，在其中选择族的类别，选择“常规模型”，单击“确定”按钮，弹出“名称”对话框，使用其中的默认名称，单击“确定”按钮，退出“名称”对话框，进入族编辑器界面。

STEP 04 单击“创建”选项卡“形状”面板“拉伸”按钮，系统切换到“修改 | 创建拉伸”上下文选项卡，绘制拉伸草图线，如图 5.75 所示；设置左侧“属性”对话框“约束”项下“拉伸起点”为“−900.0”，“拉伸终点”为“0.0”和“工作平面”为“标高：0.000”；设置“材质和装饰”项下“材质”为“钢筋混凝土”；单击“模式”面板“完成编辑模式”按钮“√”，完成拉伸模型创建；接着单击“在位编辑器”面板“完成模型”按钮“√”，完成内建模型“平台板”的创建。

小贴士

“平台板”也可以通过“楼板”工具来创建，请读者自行练习，在此不再赘述。

STEP 05 单击“建筑”选项卡“构建”面板“构件”下拉列表“内建模型”选项，系统弹出“族类别和族参数”对话框，在其中选择族的类别，选择“常规模型”，单击“确定”按钮，弹出“名称”对话框，使用其中的默认名称，单击“确定”按钮，退出“名称”对话框，进入族编辑器界面。

STEP 06 单击“创建”选项卡“工作平面”面板“设置”按钮，在弹出的“工作平面”对话框中选择“指定新的工作平面”→“轴网：D”；单击“确定”按钮关闭“工作平面”对话框，在系统弹出的“转到视图”对话框中选中“立面：西立面视图”选项，接着单击“打开视图”按钮，系统自动切换到“西立面视图”。

STEP 07 单击“创建”选项卡“形状”面板“拉伸”按钮，系统切换到“修改 | 创建拉伸”上下文选项卡，绘制拉伸草图线，如图 5.76 所示；设置左侧“属性”对话框“约束”项下“拉伸起点”为“120.0”，“拉伸终点”为“2060.0”；设置“材质和装饰”项下“材质”为“钢筋混凝土”；单击“模式”面板“完成编辑模式”按钮“√”，完成拉伸模型的创建；单击“在位编辑器”面板“完成模型”按钮“√”，完成内建模型“台阶”的创建。

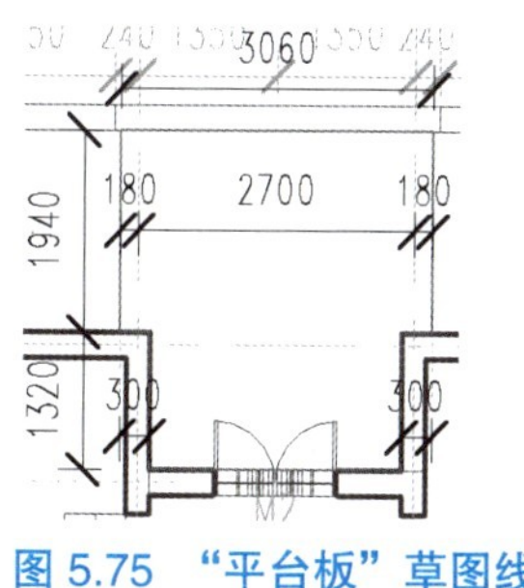

图 5.75 “平台板”草图线

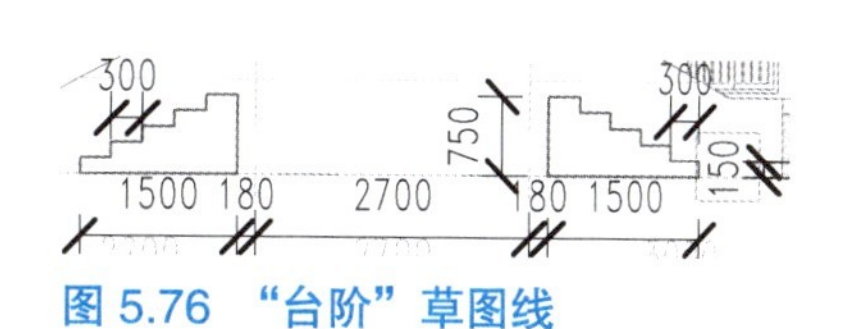

图 5.76 “台阶”草图线

STEP 08 切换到“0.000”楼层平面视图；单击“建筑”选项卡“构建”面板“构件”下拉列表“内建模型”选项，系统弹出“族类别和族参数”对话框，在其中选择族的类别，选择“常规模型”，单击“确定”按钮，弹出“名称”对话框，使用其中的默认名称，单击“确定”按钮，退出“名称”对话框，进入族编辑器界面。

STEP 09 单击“创建”选项卡“形状”面板“拉伸”按钮，系统切换到“修改 | 创建拉伸”上下文选项卡，绘制拉伸草图线，如图 5.77（a）所示；设置左侧“属性”对话框“约束”项下“拉伸起点”为“0.0”，“拉伸终点”为“750.0”和“工作平面”为“标高：0.000”；设置“材质和装饰”项下“材质”为“钢筋混凝土”；单击“模式”面板“完成编辑模式”按钮“√”，完成结构柱底座拉伸模型创建；同理，单击“创建”选项卡“形状”面板“拉伸”按钮，系统切换到“修改 | 创建拉伸”上下文选项卡，绘制拉伸草图线，如图 5.77（b）所示；设置左侧“属性”对话框“约束”项下“拉伸起点”为“750.0”，“拉伸终点”为“950.0”和“工作平面”为“标高：0.000”；设置“材质和装饰”项下“材质”为“钢筋混凝土”；单击“模式”面板“完成编辑模式”按钮“√”，完成结构柱 1 拉伸模型创建；同理，创建结构柱 2 拉伸模型（圆形草图线半径为 150mm，圆心与结构柱 1 的一致；设置左侧“属性”对话框“约束”项下“拉伸起点”为“950.0”，“拉伸终点”为“2700.0”和“工作平面”为“标高：0.000”；设置“材质和装饰”项下“材质”为“钢筋混凝土”）和结构柱 3 拉伸模型（草图线与结构柱 1 的圆形草图线一致；设置左侧“属性”对话框“约束”项下“拉

伸起点”为“2700.0”,“拉伸终点”为“2800.0”和“工作平面”为“标高：0.000”；设置“材质和装饰”项下“材质”为“钢筋混凝土”）。

STEP 10 单击“创建”选项卡“工作平面”面板“设置”按钮，在弹出的“工作平面”对话框中选择“指定新的工作平面”→“轴网：2”；单击“确定”按钮关闭“工作平面”对话框，在系统弹出的“转到视图”对话框中选中“立面：南立面视图”选项，接着单击“打开视图”按钮，系统自动切换到“南立面视图”。

STEP 11 单击“创建”选项卡“形状”面板“拉伸”按钮，系统切换到“修改 | 创建拉伸”上下文选项卡，绘制拉伸草图线，如图 5.77（c）所示；设置左侧“属性”对话框“约束”项下“拉伸起点”为“-120.0”,“拉伸终点”为“-2580.0”和“工作平面”为“轴网：2”；设置“材质和装饰”项下“材质”为“钢筋混凝土”；单击“模式”面板“完成编辑模式”按钮“√”，完成迹线屋顶 2 下框架拉伸模型创建。

STEP 12 根据题目要求，创建挡墙及底座顶部装饰线脚，具体方法参见“-0.900”楼层平面视图外墙墙体装饰线脚创建，在此不再赘述。

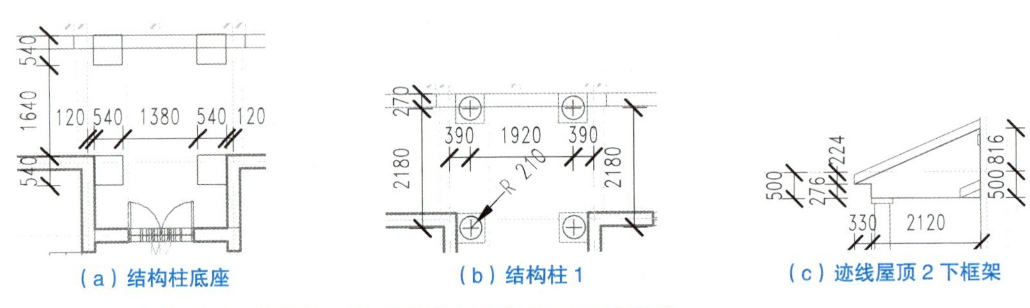

（a）结构柱底座　（b）结构柱 1　（c）迹线屋顶 2 下框架

图 5.77　结构柱底座、结构柱 1 及迹线屋顶 2 下框架拉伸草图线

12. 北侧底座、结构柱及弧形造型的创建

STEP 01 切换到“0.000”楼层平面视图；单击“建筑”选项卡“构建”面板“构件”下拉列表“内建模型”选项，系统弹出“族类别和族参数”对话框，在其中选择族的类别，选择“常规模型”，单击“确定”按钮，弹出“名称”对话框，使用其中的默认名称，单击“确定”按钮，退出“名称”对话框，进入族编辑器界面。

STEP 02 单击“创建”选项卡“形状”面板“拉伸”按钮，系统切换到“修改 | 创建拉伸”上下文选项卡，绘制拉伸草图线，如图 5.78 中①所示；设置左侧“属性”对话框“约束”项下“拉伸起点”为“-900.0”,“拉伸终点”为“0.0”和“工作平面”为“标高：0.000”；设置“材质和装饰”项下“材质”为“钢筋混凝土”；单击“模式”面板“完成编辑模式”按钮“√”，完成拉伸模型创建；接着单击“在位编辑器”面板“完成模型”按钮“√”，完成内建模型“北侧底座”的创建。同理，创建内建模型“北侧挡墙”（拉伸草图线如图 5.78 中②所示；设置左侧“属性”对话框“约束”项下“拉伸起点”为“-900.0”,“拉伸终点”为“0.0”和“工作平面”为“标高：0.000”；设置“材质和装饰”项下“材质”为“钢筋混凝土”）。

【北侧底座、结构柱及弧形造型的创建】

STEP 03 同理，创建结构柱 4 拉伸模型（拉伸草图线如图 5.79 中①所示；圆形草图线半径为 200mm；设置左侧“属性”对话框“约束”项下“拉伸起点”为“0.0”,“拉伸终点”为“200.0”和“工作平面”为“标高：0.000”；设置“材质和装饰”项下“材质”为“钢筋混凝土”），结构柱 5 拉伸模型（拉伸草图线如图 5.79 中②所示；圆形草图线半径为 150mm；设置左侧“属性”对话框“约束”项下“拉伸起点”为“200.0”,“拉伸终点”为“2200.0”和“工作平面”为“标高：0.000”；设置“材质和装饰”项下“材质”为“钢筋混凝土”）和结构柱 6 拉伸模型（圆形草图线与结构柱 4 的圆形草图线一致；设置左侧“属性”对话框“约束”项下“拉伸起点”为“2200.0”,“拉伸终点”为“2300.0”和“工作平面”为“标高：0.000”；设置“材质和装饰”项下“材质”为“钢筋混凝土”；圆心距离⑤轴的水平距离为 120mm）。

STEP 04 切换到“0.000”楼层平面视图；单击“创建”选项卡“工作平面”面板“设置”按钮，在弹出的“工作平面”对话框中选择“指定新的工作平面”→“轴网：5”；单击“确定”按钮关闭“工作平面”对话框，在系统弹出的“转到视图”对话框中选中“立面：北立面视图”选项，接着单击“打开视图”按钮，系统自动切换到“北立面视图”。单击“创建”选项卡“形状”面板“拉伸”按钮，系统切换到“修改 | 创建拉伸”上下文选项卡，绘制拉伸草图线，如图 5.80 所示；设置左侧“属性”对话框“约束”项下“拉伸起点”为“-120.0”，“拉伸终点”为“240.0”；设置“材质和装饰”项下“材质”为“钢筋混凝土”；单击“模式”面板“完成编辑模式”按钮“√”，完成弧形造型的创建，单击“在位编辑器”面板“完成模型”按钮“√”，完成内建模型“弧形造型”的创建。

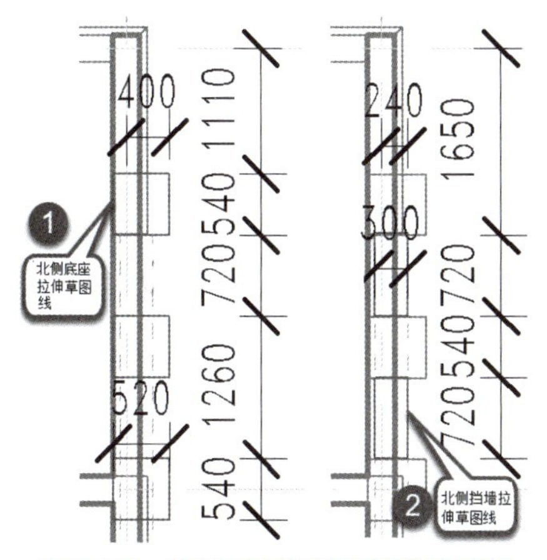

图 5.78　北侧底座和挡墙拉伸草图线

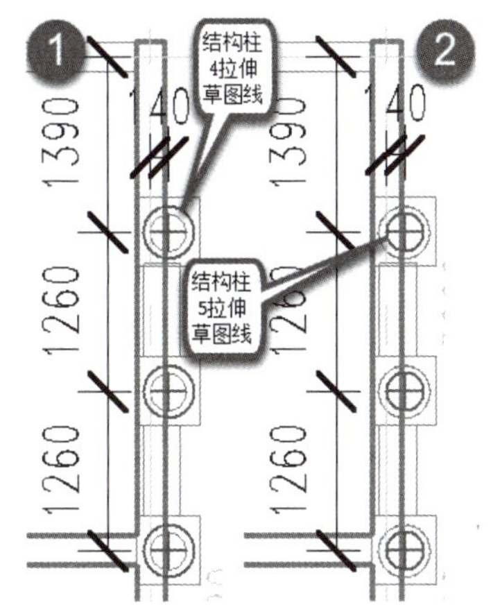

图 5.79　结构柱 4、5 的拉伸草图线

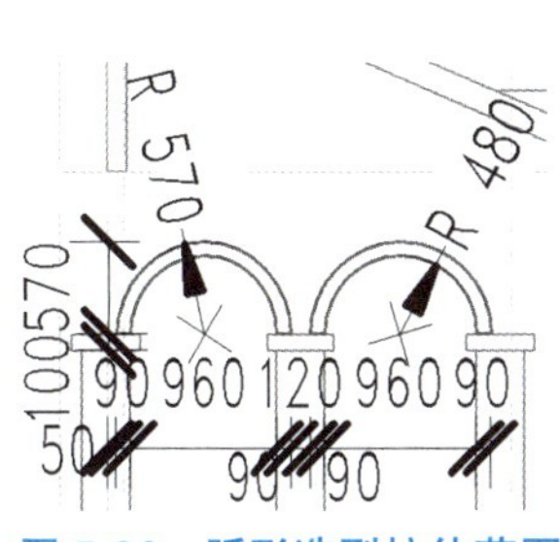

图 5.80　弧形造型拉伸草图线

STEP 05 切换到“0.000”楼层平面视图，选中首层⑤轴交©～ⓓ轴墙体，单击“修改 | 墙”上下文选项卡“模式”面板“编辑轮廓”按钮，在系统弹出的“转到视图”对话框中选中“立面：北立面视图”选项，接着单击“打开视图”按钮，系统自动切换到“北立面视图”，编辑墙体轮廓，结果如图 5.81 所示，单击“模式”面板“完成编辑模式”按钮“√”，完成首层⑤轴交©～ⓓ轴墙体轮廓的编辑（相当于对墙体开洞处理）。

13. 南侧底座、结构柱及造型的创建

【南侧底座、结构柱及造型的创建】

STEP 01 切换到“0.000”楼层平面视图；单击“建筑”选项卡“构建”面板“构件”下拉列表“内建模型”选项，系统弹出“族类别和族参数”对话框，在其中选择族的类别，选择“常规模型”，单击“确定”按钮，弹出“名称”对话框，使用其中的默认名称，单击“确定”按钮，退出“名称”对话框，进入族编辑器界面。

STEP 02 单击“创建”选项卡“形状”面板“拉伸”按钮，系统切换到“修改 | 创建拉伸”上下文选项卡，绘制拉伸草图线，如图 5.82（a）所示；设置左侧“属性”对话框“约束”项下“拉伸起点”为“-900.0”，“拉伸终点”为“-450.0”和“工作平面”为“标高：0.000”；设置“材质和装饰”项下“材质”为“钢筋混凝土”；单击“模式”面板“完成编辑模式”按钮“√”，完成南侧底座拉伸模型创建。

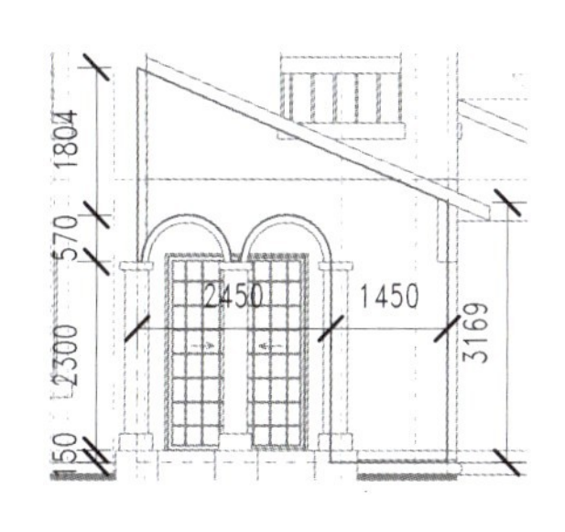

图 5.81　首层⑤轴墙体轮廓线

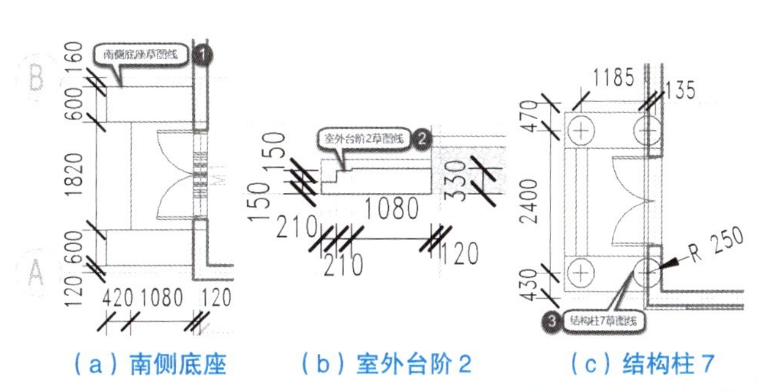

（a）南侧底座　（b）室外台阶 2　（c）结构柱 7

图 5.82　南侧底座、室外台阶 2 及结构柱 7 拉伸草图线

STEP 03 单击“创建”选项卡“工作平面”面板“设置”按钮，在弹出的“工作平面”对话框中选择“指定新的工作平面”→“轴网：A”；单击“确定”按钮关闭“工作平面”对话框，在系统弹出的“转到视图”对话框中选中“立面：东立面视图”选项，接着单击“打开视图”按钮，系统自动切换到“东立面视图”。单击“创建”选项卡“形状”面板“拉伸”按钮，系统切换到“修改|创建拉伸”上下文选项卡，绘制拉伸草图线，如图5.82（b）所示；设置左侧“属性”对话框“约束”项下“拉伸起点”为“720.0”，“拉伸终点”为“2540.0”；设置“材质和装饰”项下“材质”为“钢筋混凝土”；单击“模式”面板“完成编辑模式”按钮“√”，完成室外台阶2的创建。

STEP 04 切换到“-0.900”楼层平面视图；单击“创建”选项卡“形状”面板“拉伸”按钮，系统切换到“修改|创建拉伸”上下文选项卡，绘制拉伸草图线，如图5.82（c）所示；设置左侧“属性”对话框“约束”项下“拉伸起点”为“450.0”，“拉伸终点”为“650.0”和“工作平面”为“标高：-0.900”；设置“材质和装饰”项下“材质”为“钢筋混凝土”；单击“模式”面板“完成编辑模式”按钮“√”，完成结构柱7拉伸模型创建；同理，创建结构柱8拉伸模型（圆形草图线半径为200mm，圆心与结构柱1的一致；设置左侧“属性”对话框“约束”项下“拉伸起点”为“650.0”，“拉伸终点”为“2650.0”和“工作平面”为“标高：-0.900”；设置“材质和装饰”项下“材质”为“钢筋混凝土”）和结构柱9拉伸模型（圆形草图线与结构柱7的一致；设置左侧“属性”对话框“约束”项下“拉伸起点”为“2650.0”，“拉伸终点”为“2750.0”和“工作平面”为“标高：-0.900”；设置“材质和装饰”项下“材质”为“钢筋混凝土”）。

STEP 05 单击“创建”选项卡“工作平面”面板“设置”按钮，在弹出的“工作平面”对话框中选择“指定新的工作平面”→“轴网：1”；单击“确定”按钮关闭“工作平面”对话框，在系统弹出的“转到视图”对话框中选中“立面：南立面视图”选项，接着单击“打开视图”按钮，系统自动切换到“南立面视图”。单击“创建”选项卡“形状”面板“拉伸”按钮，系统切换到“修改|创建拉伸”上下文选项卡，绘制拉伸草图线，如图5.83（a）所示；设置左侧“属性”对话框“约束”项下“拉伸起点”为“120.0”，“拉伸终点”为“1500.0”；设置“材质和装饰”项下“材质”为“钢筋混凝土”；单击“模式”面板“完成编辑模式”按钮“√”，完成南侧造型的创建。

STEP 06 单击“在位编辑器”面板“完成编辑模式”按钮“√”，完成内建模型“南侧底座、结构柱及造型”的创建。

STEP 07 切换到三维视图，对南侧造型顶部周边添加装饰线脚；对标高“-0.150”处装饰线脚编辑处理；删除二层①轴阳台位置300mm高度的一段墙体及其上布置的栏杆扶手，如图5.83（b）所示。

STEP 08 在项目浏览器中，双击“楼层平面”项下的“3.300”，打开“3.300”楼层平面视图。单击“建筑”选项卡“构建”面板“墙”下拉列表“墙：建筑”按钮，进入“修改|放置 墙”上下文选项卡；在左侧“类型选择器”下拉列表中确认墙体的类型为“外墙100”（墙体厚度为100mm）；设置左侧“属性”对话框中“约束”项下墙体的“定位线”为“面层面：外部”，“底部约束”为“3.300”，“底部偏移”为“0.0”，“顶部约束”为“直到标高：3.300”和“顶部偏移”为“300.0”；单击“绘制”面板“线”按钮，绘制三段墙体（为了醒目，本书使用“注释”选项卡“详图”面板“区域”下拉列表“填充区域”工具对其进行了涂黑处理），如图5.83（c）所示。

STEP 09 单击“建筑”选项卡“楼梯坡道”面板“栏杆扶手”下拉列表“绘制路径”按钮，系统切换到“修改|创建栏杆扶手路径”上下文选项卡，勾选“选项”面板“预览”复选框；激活“绘制”面板“线”按钮；确认“类型选择器”下拉列表中栏杆扶手的类型为“棕色木栏杆”，设置“底部标高”为“3.300”，“底部偏移”为“300.0”，“从路径偏移”为“25mm”，绘制栏杆扶手路径，如图5.83（d）所示；单击“模式”面板“完成编辑模式”按钮“√”，完成二层阳台外栏杆扶手的创建工作。

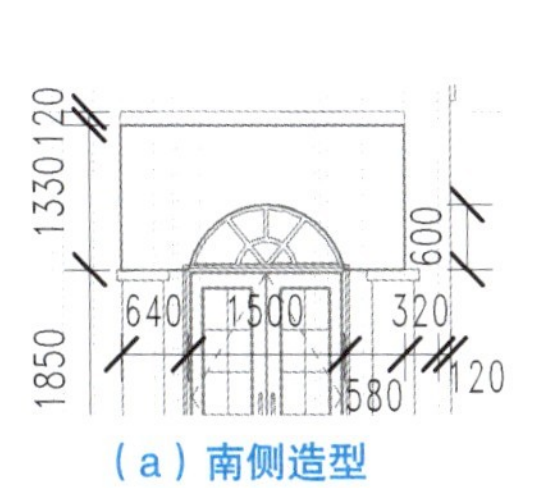

（a）南侧造型

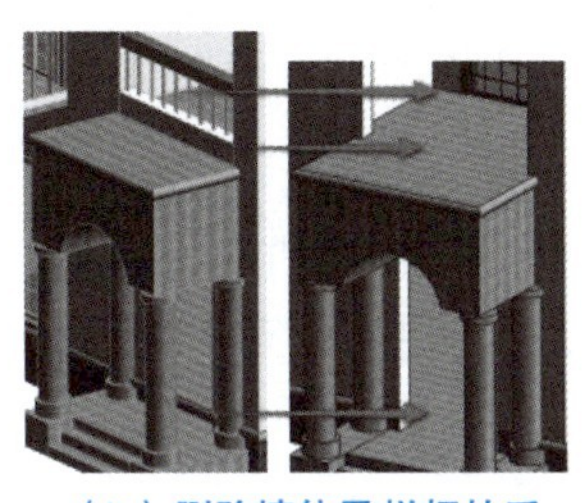
（b）删除墙体及栏杆扶手

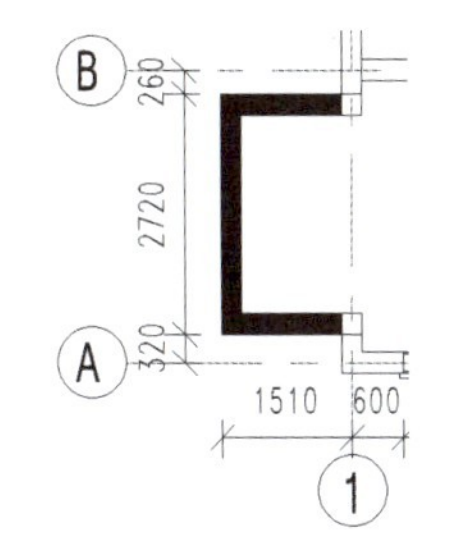

（c）二层阳台外墙体创建

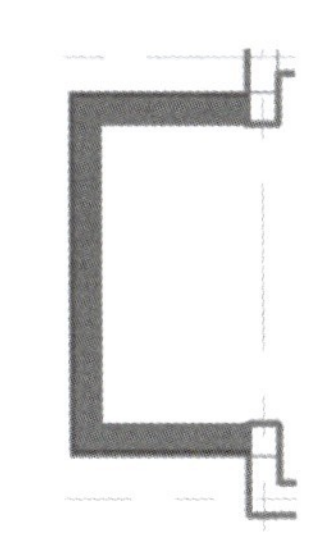
（d）二层阳台外栏杆扶手创建

图 5.83　南侧造型拉伸草图线及二层阳台外墙体及栏杆扶手设置

至此，创建完成了标高、轴网、内外墙体、楼板、地面、屋顶、洞口、室内楼梯、门窗、栏杆扶手及室外装饰壁柱和装饰条等，可切换到三维视图，查看创建的三维项目显示效果（为了凸显美观和真实效果，单击“视图控制栏”→“视觉样式”→“真实”选项；同时单击“视图控制栏”→“视觉样式”→“图形显示选项”，在打开的“图形显示选项”对话框中不勾选“模型显示”下拉中的“显示边缘”复选框；设置“图形显示选项”对话框中“照明”下拉中的“环境光”值为“30”，“背景”为“天空”，“地面颜色”为“RGB 000-255-064”）。

注意 ▶▶▶

由于案例原始图纸中某些尺寸未进行标注，建模方法多样，故图 5.64 ～图 5.83 中的尺寸标注仅仅为近似表达且文字表达内容可能会与同步二维码视频讲解不完全一致。

14. 创建泳池及布置室外景观

STEP 01 切换到“场地”平面视图；单击“视图”选项卡“图形”面板“可见性 / 图形”按钮，打开“楼层平面：场地的可见性 / 图形替换”对话框，可以设置“模型类别”“注释类别”“导入的类别”等在当前视图的可见性；关闭“注释类别”中的“参照平面”“立面”及“轴网”的可见性；单击“确定”按钮关闭“楼层平面：场地的可见性 / 图形替换”对话框，这样便把立面、参照平面和轴网等平面视图出图不需要的图形隐藏了。

STEP 02 单击“建筑”选项卡“构建”面板“构件”下拉列表“内建模型”选项，系统弹出“族类别和族参数”对话框，在其中选择族的类别，选择“常规模型”，单击“确定”按钮，弹出“名称”对话框，使用其中的默认名称，单击“确定”按钮，退出“名称”对话框，进入族编辑器界面。

STEP 03 单击“创建”选项卡“形状”面板“拉伸”按钮，系统切换到“修改 | 创建拉伸”上下文选项卡，绘制拉伸草图线，如图 5.84（a）所示；设置左侧“属性”对话框“约束”项下“拉伸起点”为“-2600.0”，“拉伸终点”为“-300.0”和“工作平面”为“标高：0.000”；设置“材质和装饰”项下“材质”为“石材”；单击“模式”面板“完成编辑模式”按钮“√”，完成拉伸模型泳池壁创建；同理，绘制拉伸草图线，如图 5.84（b）所示；设置左侧“属性”对话框“约束”项下“拉伸起点”为“-2600.0”，“拉伸终点”为“-2400.0”和“工作平面”为“标高：0.000”；设置“材质和装饰”项下“材质”为“石材”；单击“模式”面板“完成编辑模式”按钮“√”，完成拉伸模型泳池底板创建；同理，创建底板 A [拉伸草图线如图 5.85（a）所示；设置左侧“属性”对话框“约束”项下“拉伸起点”为“-2400.0”，“拉伸终点”为“-1800.0”和“工作平面”为“标高：0.000”；设置“材质和装饰”项下“材质”为“石材”]，底板 B [拉伸草图线如图 5.85（b）所示；设置左侧“属性”对话框“约束”项下“拉伸起点”为“-2400.0”，“拉伸终点”为“-1950.0”和“工作平面”为“标高：0.000”；设置“材质和装饰”项下“材质”为“石材”]，底板 C [拉伸草图线如图 5.85（c）所示；设置左侧“属性”对话框“约束”项下“拉伸起点”为“-2400.0”，“拉伸终点”为“-2100.0”和“工作平面”为“标高：0.000”；设置“材质和装饰”项下“材质”为“石

材"] 和底板 D [拉伸草图线如图 5.85（d）所示；设置左侧"属性"对话框"约束"项下"拉伸起点"为"-2400.0"，"拉伸终点"为"-2250.0"和"工作平面"为"标高：0.000"；设置"材质和装饰"项下"材质"为"石材"]。

STEP 04 同理，创建水面 [拉伸草图线如图 5.84（b）所示；设置左侧"属性"对话框"约束"项下"拉伸起点"为"-2400.0"，"拉伸终点"为"-450.0"和"工作平面"为"标高：0.000"；设置"材质和装饰"项下"材质"为"水"]。

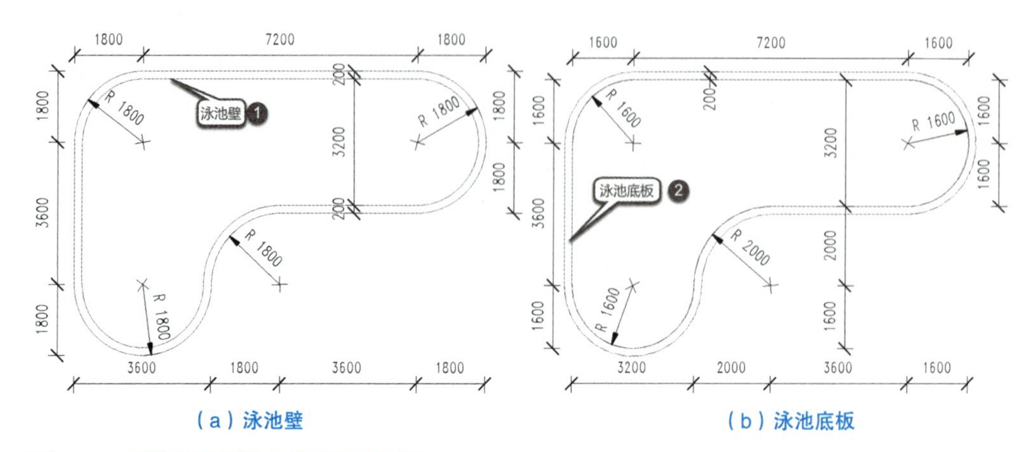

（a）泳池壁　（b）泳池底板

图 5.84　泳池壁及泳池底板拉伸草图线

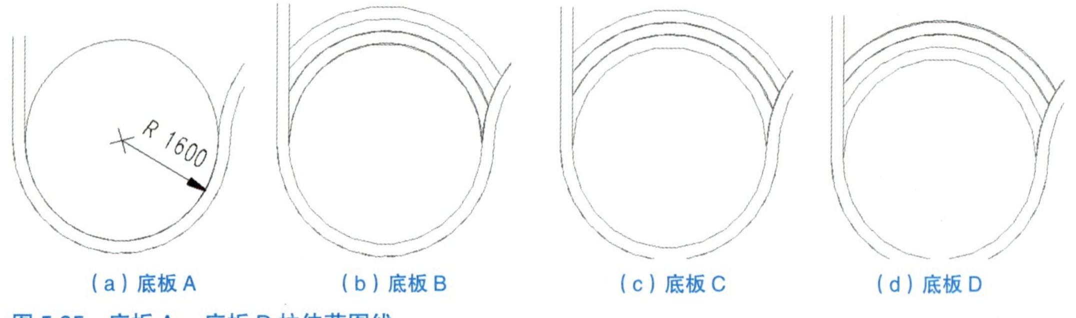

（a）底板 A　（b）底板 B　（c）底板 C　（d）底板 D

图 5.85　底板 A～底板 D 拉伸草图线

STEP 05 单击"在位编辑器"面板"完成模型"按钮"√"，完成内建模型"泳池"的创建。

STEP 06 同理，创建内建模型"景观步道"（设置左侧"属性"对话框"约束"项下"拉伸起点"为"-1000.0"，"拉伸终点"为"-900.0"和"工作平面"为"标高：0.000"；设置"材质和装饰"项下"材质"为"卵石"）。

STEP 07 同理，创建内建模型"保安亭""围墙"及"大门"（题目没做要求，考虑到三维模型显示效果，读者可自行设计，在此不再赘述）。

STEP 08 同理，创建内建模型"草地"（设置左侧"属性"对话框"约束"项下"拉伸起点"为"-1000.0"，"拉伸终点"为"-900.0"和"工作平面"为"标高：0.000"；设置"材质和装饰"项下"材质"为"草"）。

STEP 09 切换到"场地"平面视图；单击"建筑"选项卡"构件"下拉列表"放置构件"按钮，在"属性"对话框"类型选择器"下拉列表中选择"RPC 树 - 落叶树 日本樱桃树 -4.5 米"，设置左侧"属性"对话框"约束"项下"标高"为"-0.900"，"偏移"为"0.0"，按照总平面图要求放置；同理，放置"RPC 树 - 落叶树 红枫 -9 米"。

STEP 10 单击“插入”选项卡“从库中载入”面板“载入族”按钮，将“建筑”→“场地”→“附属设施”→“景观小品”文件夹中的“方形遮阳伞”和“建筑”→“家具”→“3D”→“桌椅”→“椅子”文件夹中的“扶手椅 8”载入到项目中。

STEP 11 单击“建筑”选项卡“构建”面板“构件”下拉列表“放置构件”按钮，在左侧“类型选择器”下拉列表选择“方形遮阳伞”，设置左侧“属性”对话框“约束”项下“标高”为“-0.900”，“偏移”为“0.0”，按照总平面图要求进行放置；同理，放置“扶手椅 8”(配合空格键调整“扶手椅 8”的放置方向)。

本案例没有通过创建场地的方式创建草地和景观步道，请读者注意。

15. 平面视图和立面视图处理

【总平面图创建】

STEP 01 切换到“0.000”楼层平面视图；在项目浏览器上选择“0.000”楼层平面视图，右击，在菜单中选择“复制视图”→“带细节复制”，将新生成的“0.000 副本 1”选中后，右击，重命名为“首层平面图”。

STEP 02 选择插入的底图，永久隐藏；单击“视图”选项卡“图形”面板“可见性 / 图形”按钮，打开“楼层平面：首层平面图的可见性 / 图形替换”对话框，可以设置“模型类别”“注释类别”“导入的类别”等在当前视图的可见性；关闭“模型类别”中的“光栅图像”“地形”“场地”“植物”及“环境”的可见性，关闭“注释类别”中的“参照平面”“立面”的可见性；单击“确定”按钮关闭“楼层平面：首层平面图的可见性 / 图形替换”对话框，这样便把光栅图像、地形、场地、环境、植物、立面、参照平面等平面视图出图不需要的图形给予隐藏。

STEP 03 永久隐藏总平面图中创建的泳池、草地、景观步道、保安亭、门、围墙等构件。

STEP 04 轴网标头调整：默认轴线端点都是“3D”模式，所有平面视图的标头位置都是同步联动的，只有将每根轴线端点由“3D”模式改为“2D”模式，才可以做到仅仅调整当前视图轴网标头位置。调整时可逐一操作，只是步骤比较麻烦。

特别提示 ▶▶▶

勾选左侧“属性”对话框中“范围”选项下的“裁剪视图”和“裁剪区域可见”选项，图形中将显示裁剪边界。选择裁剪边界，使用鼠标拖曳中间的蓝色双三角符号，将边界范围缩小，使所有轴网标头位于裁剪区域之外。这时逐一选中轴线，可以观察到所有轴线端点由“3D”模式改为“2D”模式。

选择其中的一条轴线，使用鼠标拖曳标头下的蓝色实心圆点，即可统一调端点与之对齐的轴网标头位置，调整完所有轴网标头的位置之后，在左侧“属性”对话框中取消选择“裁剪区域可见”参数，隐藏裁剪边界即可。

选中轴线后，取消端点处“☑”内的勾选后，会取消该端点的轴网标头。

如果需要单独调整某条轴线的端点，则选中该轴线，单击其需要调整端点处的“锁”标记使其保持解锁状态，然后可以单独拖曳解锁后的端点到需要的位置。

STEP 05 单击“注释”选项卡“尺寸标注”面板“对齐”按钮，系统切换到“修改 | 放置尺寸标注”上下文选项卡；确认类型为“线性尺寸标注样式 对角线 -3mm 固定尺寸”，按照图 5.86 所示来标注尺寸。

STEP 06 单击“注释”选项卡“尺寸标注”面板“高程点”按钮，系统切换到了“修改|放置尺寸标注”上下文选项卡，对标高进行标注；单击“注释”选项卡“文字”面板“文字”按钮，选择类型“文字 标注说明 3.5mm”；在“格式”面板中设置文字排布、引线添加及字形修改(其中对添加引线的设置必须在进入文字输入状态之前进行)；在视图中单击进入文字输入状态，可进行文字注释了。

STEP 07 单击“注释”选项卡“标记”面板“按类别标记”按钮，可对墙体、柱和门窗等进行标记。

STEP 08 单击“注释”选项卡“符号”面板“符号”按钮，选择类型“符号 _ 指北针 填充”，将光标放到右上角空白位置单击可放置符号，按空格键旋转将要放置符号的方向(每按一次空格键旋转 90°)。

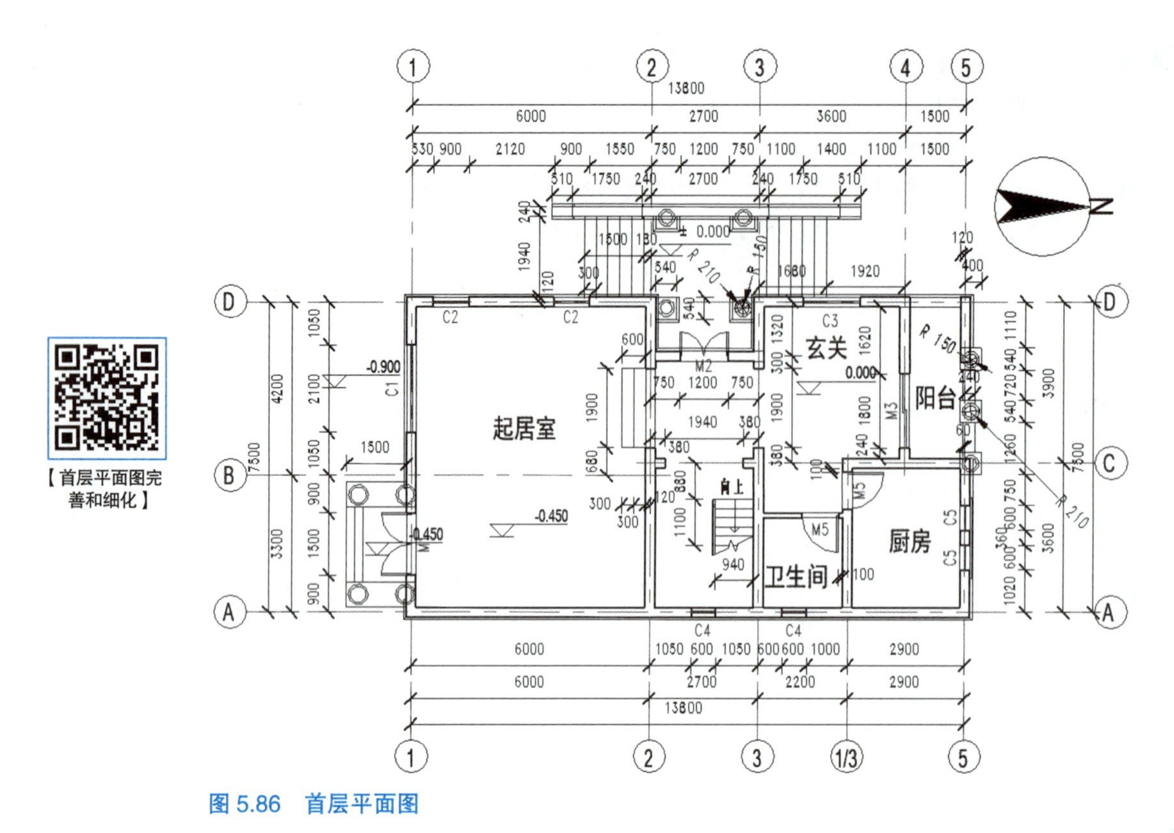

图 5.86　首层平面图

【首层平面图完善和细化】

STEP 09 完善的首层平面图，如图 5.86 所示；同理，对二层平面图、三层平面图和屋顶平面图进行完善，如图 5.87 ～图 5.89 所示。

特别提示 ▶▶▶

本案例图纸上某些构件仅仅示意，并没有提供具体的尺寸，本着严谨认真的原则，编者把底图插入对应视图中按照比例缩放后，进行对齐尺寸标注，具体的尺寸详见完善和细化的各平面视图和各立面视图。

全国 BIM 技能等级考试二级（建筑）没有要求对平面视图及立面视图进行完善和细化，但是作为备考人员，认真进行平面视图和立面视图的完善和细化还是很重要的，一来可以检验自己创建的模型是否跟图纸完全一致，二来培养严谨、细致的职业素质和修养。

平面视图和立面视图的完善，是非常花费时间的，大家要有耐心和毅力。书中不再通过文字对其详尽讲解，读者需独立摸索，完善这方面内容。

特别提示 ▶▶▶

Revit 创建三维模型之后，项目浏览器能够直接查看的各楼层平面视图与国家建筑施工图出图规范对比，还存在很多细节差异，其中很多图元不需要显示，同时缺少工程图样最重要的尺寸标注信息，故必须进行平面视图出图的深化处理。

考虑到平面视图和立面视图的完善涉及很多细节，为此编者录制了配套视频，读者可通过手机扫描二维码观看。

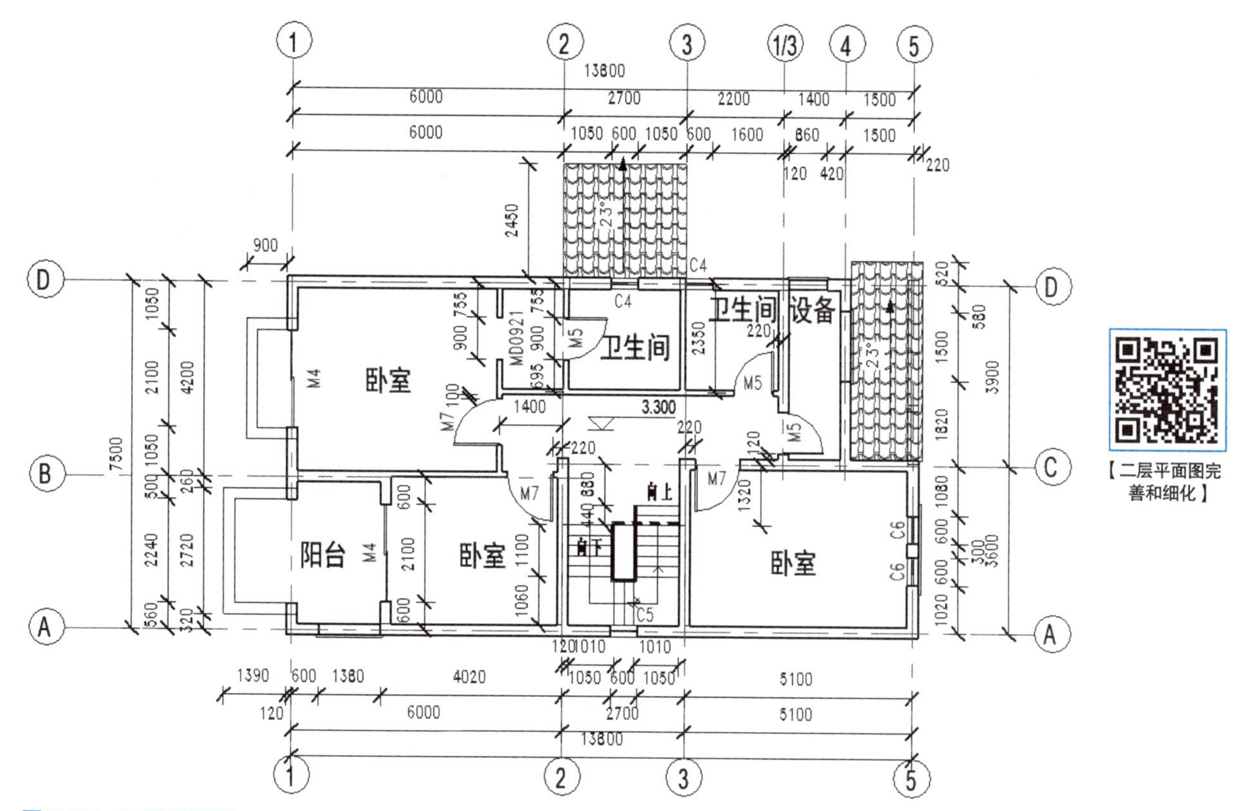

图 5.87 二层平面图

【二层平面图完善和细化】

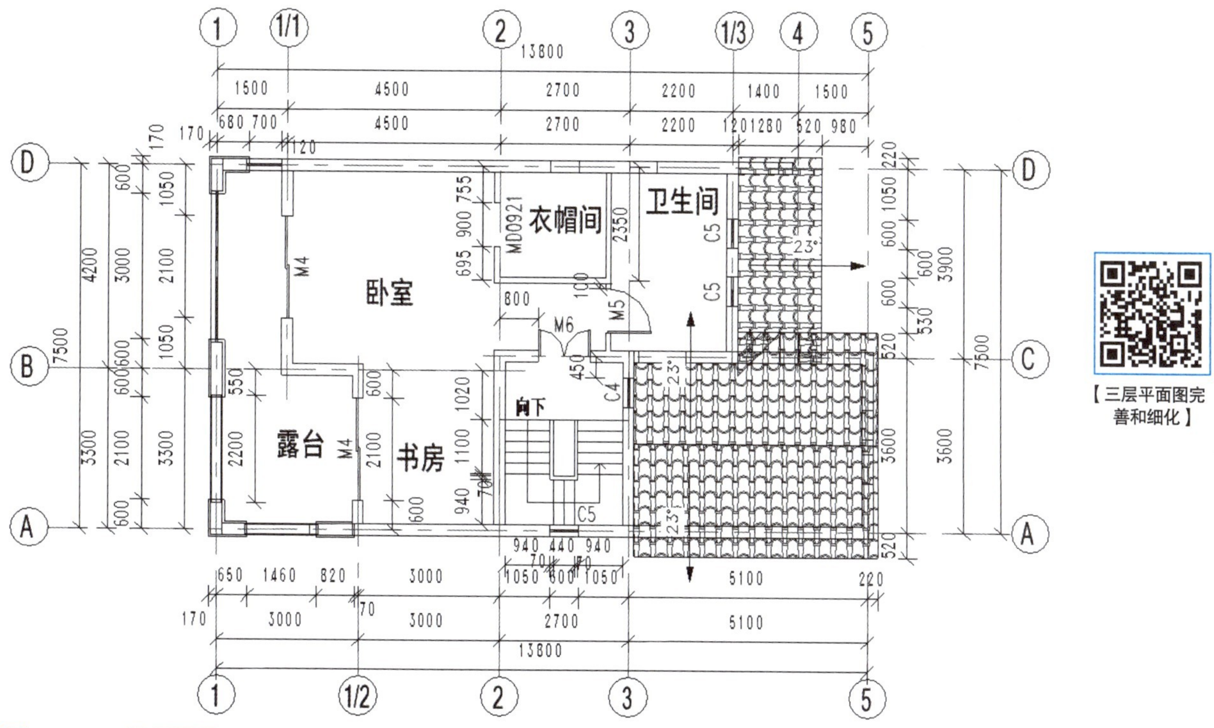

图 5.88 三层平面图

【三层平面图完善和细化】

小贴士 ▶▶▶

视图完善和细化过程中，经常用到视图可见性工具，其具体操作为：在视图中选择构件，右击，在弹出的快捷菜单中单击“在视图中隐藏”→“图元”。这属于永久性隐藏，但其不能被保存在视图样板中应用到其他视图。

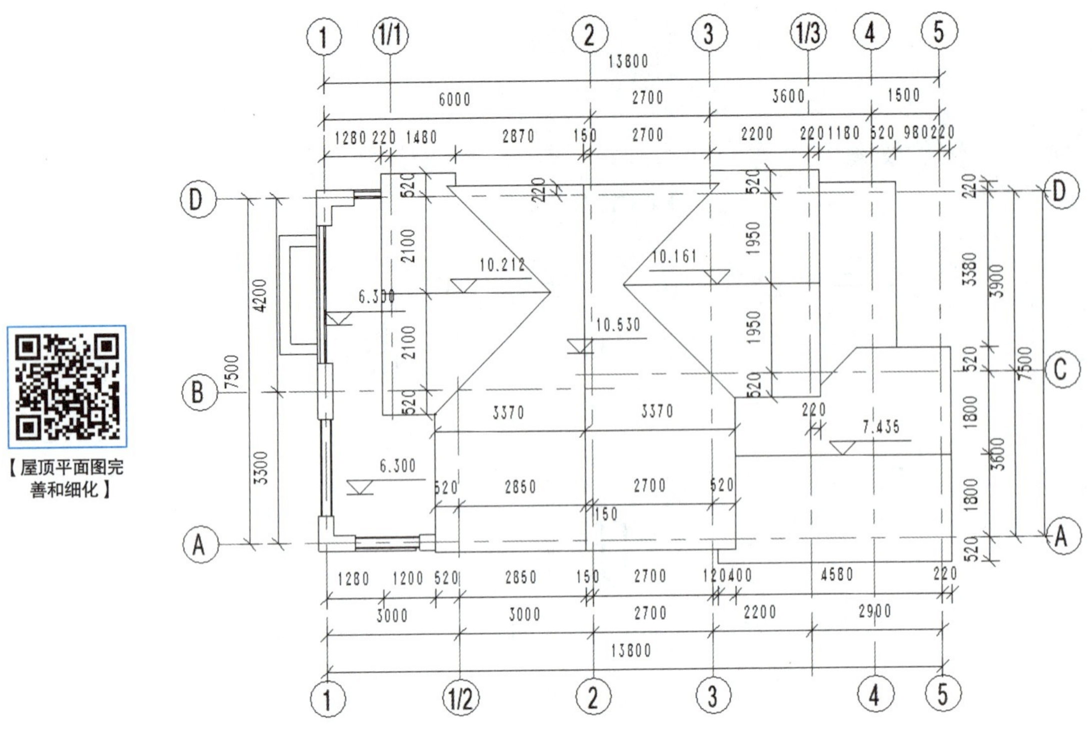

【屋顶平面图完善和细化】

图 5.89　屋顶平面图

STEP 10 和平面图一样，Revit 可以根据四个立面标高符号自动生成四个正立面图，并可以通过绘制剖面线来自动创建剖面图。由于 Revit 自动生成的立、剖面图不能完全满足出图要求，故需要手动调整轴网和标高的标头位置、隐藏不需要显示的构件、创建标注与注释等，并将其快速应用到其他立、剖面图中，以提高设计效率。

STEP 11 最终完善的立面图，如图 5.90 ～图 5.93 所示。

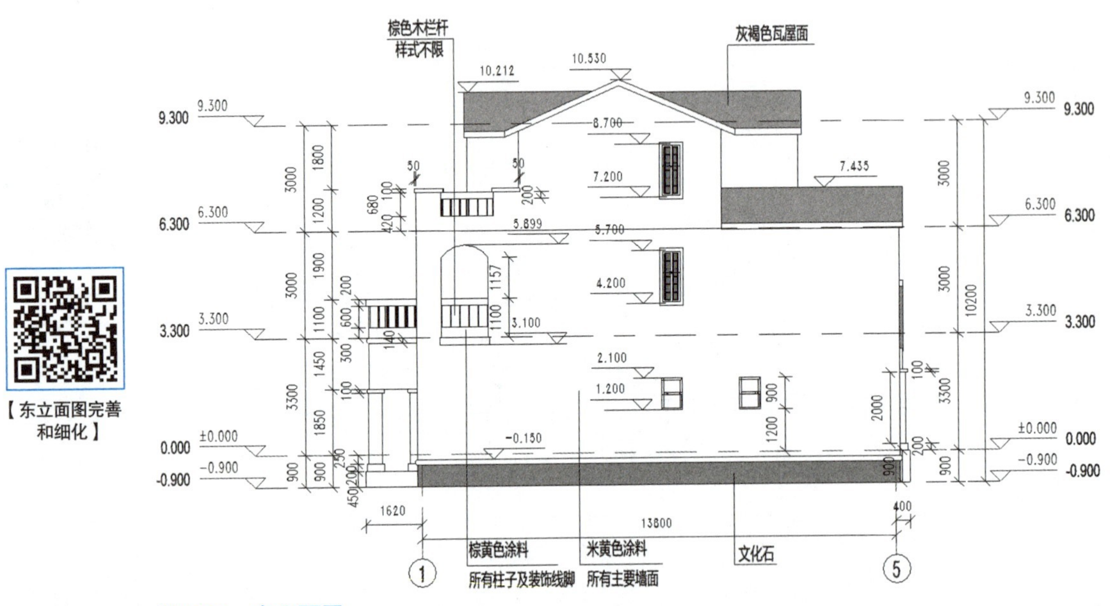

【东立面图完善和细化】

图 5.90　东立面图

特别提示 ▶▶▶

灵活运用左侧“属性”对话框“范围”选项下“裁剪视图”和“裁剪区域可见”复选框，可以大大提高视图完善和细化的速度，请读者切实领会其使用方法和技巧。

"裁剪视图"和"裁剪区域可见"两个工具均是控制视图范围裁剪框的；其中"裁剪视图"用来控制视图范围裁剪框是否起作用，不勾选为不起作用；"裁剪区域可见"是控制视图范围裁剪框是否显示的，不勾选为不显示；两个工具互不影响，在勾选"裁剪视图"复选框状态下，不管视图范围裁剪框是否显示都起作用，都将隐藏视图范围裁剪框以外的构件。

至此，完成了楼层平面图和立面图的细化和处理，基本满足了出图的要求。

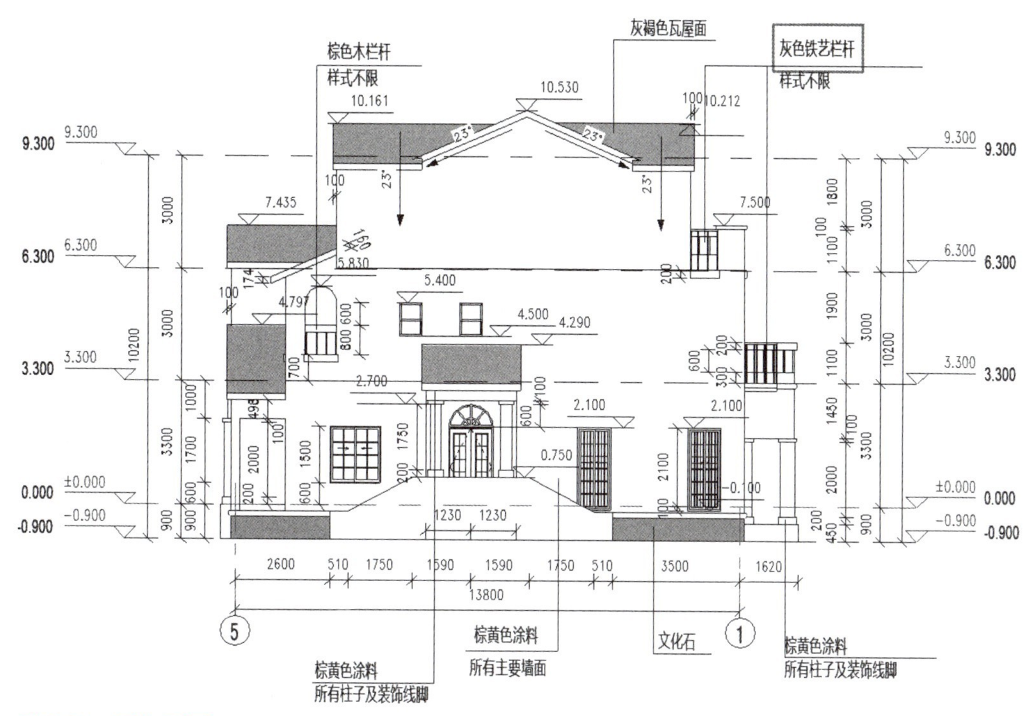

【西立面图完善和细化】

图 5.91　西立面图

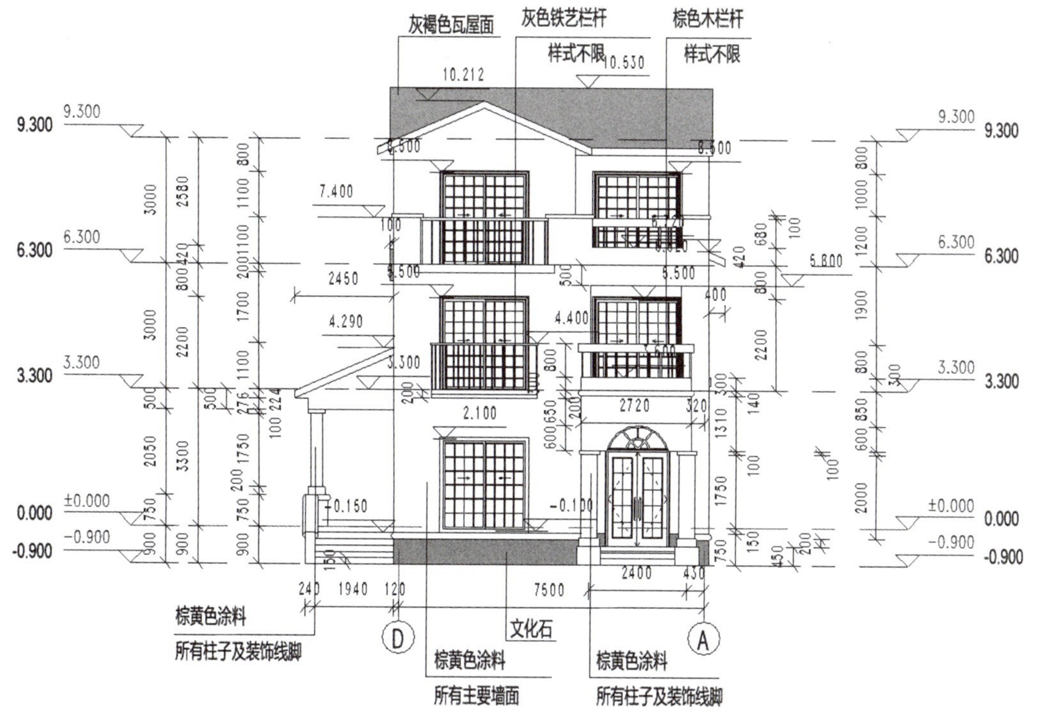

【南立面图完善和细化】

图 5.92　南立面图

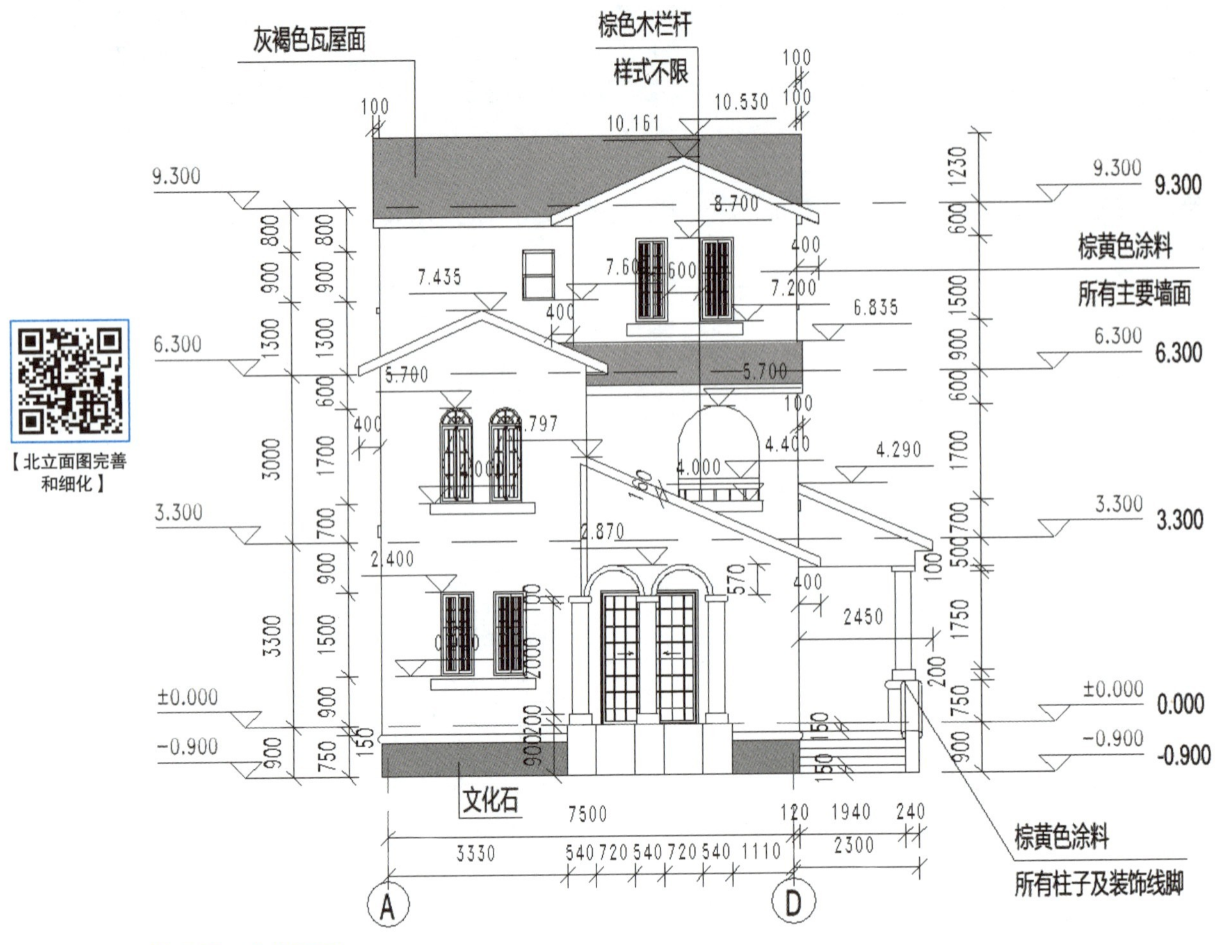

图 5.93　北立面图

16. 门窗明细表的创建

小贴士 ▶▶▶

明细表是通过表格的方式来展现模型图元的参数信息，对于项目的任何修改，明细表都将自动更新。下面为创建的别墅项目新建门窗明细表（简称门窗表）。在 Revit 中，门窗表将按照门和窗分别创建明细表，两者创建的内容和步骤一致，在此我们以创建窗明细表为例来进行详细说明。

【门窗明细表的创建】

STEP 01 单击“视图”选项卡“创建”面板“明细表”下拉列表“明细表 / 数量”按钮，在弹出的“新建明细表”对话框中，在“类别”列表中选择“窗”，在“名称”下面文本框中输入自定义的窗明细表或直接使用默认名称，保持默认选择“建筑构件明细表”，设置“阶段”为“新构造”。

STEP 02 单击“确定”按钮，退出“新建明细表”对话框，进入“明细表属性”对话框；切换到“字段”选项卡，在左侧“可用的字段”列表按住 Ctrl 键选择“类型标记”“底高度”“宽度”“高度”“合计”字段，单击中间的“添加参数”按钮将字段添加到右侧“明细表字段（按顺序排列）”列表中［单击“删除”按钮可将右侧“明细表字段（按顺序排列）”列表字段移动到左侧列表中］。单击“上移参数”“下移参数”按钮，将所选字段调整好排列顺序。

STEP 03 单击“排序 / 成组”选项卡，从“排序方式”后的下拉列表中选择“类型标记”，勾选“升序”；从“否则按”后的下拉列表中选择“底高度”，勾选“升序”；勾选“总计”，选择“合计和总数”，软件自动计算总数；不勾选“逐项列举每个实例”，所有窗户按照“类型标记”和“底高度”两个条件排列，同时按照“类型标记”和“底高度”进行总数统计。

STEP 04 单击“格式”选项卡，逐个选中左边的字段名称，可以在右边“标题”下对其重新命名，此步骤可设置标题文字是水平排布还是垂直排布，设置标题文字在表格中的对齐方式；“合计”字段要勾选“计算总数”。

STEP 05 在“外观”选项卡中，设置“网格线”（表格内部）和“轮廓”（表格外轮廓），线条样式为细线或宽线等；勾选“数据前的空行”，则在表格标题和正文间加一空白行间隔。

STEP 06 单击“确定”按钮关闭“明细表属性”对话框后，得到如图 5.94（a）所示的窗明细表；同理创建门明细表，如图 5.94（b）所示；此时项目浏览器中就多了门和窗明细表。

<窗明细表>

A	B	C	D	E
类型标记	宽度	高度	窗底部距本层地	窗个数统计
C1	2100	2200	-100	1
C2	900	2200	-100	2
C3	1400	1500	600	1
C4	600	900	1200	4
C4	600	900	1300	1
C5	600	1500	900	6
C6	600	1700	700	2
17				17

（a）窗明细表

<门明细表>

A	B	C	D
类型标记	宽度	高度	门个数统计
M1	1500	2300	1
M2	1200	2100	1
M3	1800	2400	1
M4	2100	2200	4
M5	900	2100	6
M6	1100	2100	1
M7	1000	2100	3
MD0921	900	2100	2
MD0926	2060	2100	1
MD0927	3000	2100	1
21			

（b）门明细表

图 5.94 门窗表

至此，完成门窗表的创建。

17. 创建剖面图及剖面图处理

STEP 01 切换到首层平面图；单击“视图”选项卡“创建”面板“剖面”按钮，在“类型选择器”下拉列表中选择“剖面 建筑剖面”类型；光标变成笔的图标，移动光标至Ⓐ轴和Ⓑ轴之间，在建筑左方单击确定剖面线左端点，光标向右移动超过⑤轴后单击确定剖面线右端点，绘制剖面线，如图 5.95 所示，系统自动形成剖切范围框。

STEP 02 此时项目浏览器中增加“剖面（建筑剖面）”项，展开可看到刚刚创建的“剖面 1”；在项目浏览器“剖面（建筑剖面）”→“剖面 1”上右击，在弹出的快捷菜单中单击“重命名”，在弹出的“重命名视图”对话框中输入新的名称“1-1 剖面图”，确定后即可将剖面视图重命名为“1-1 剖面图”。

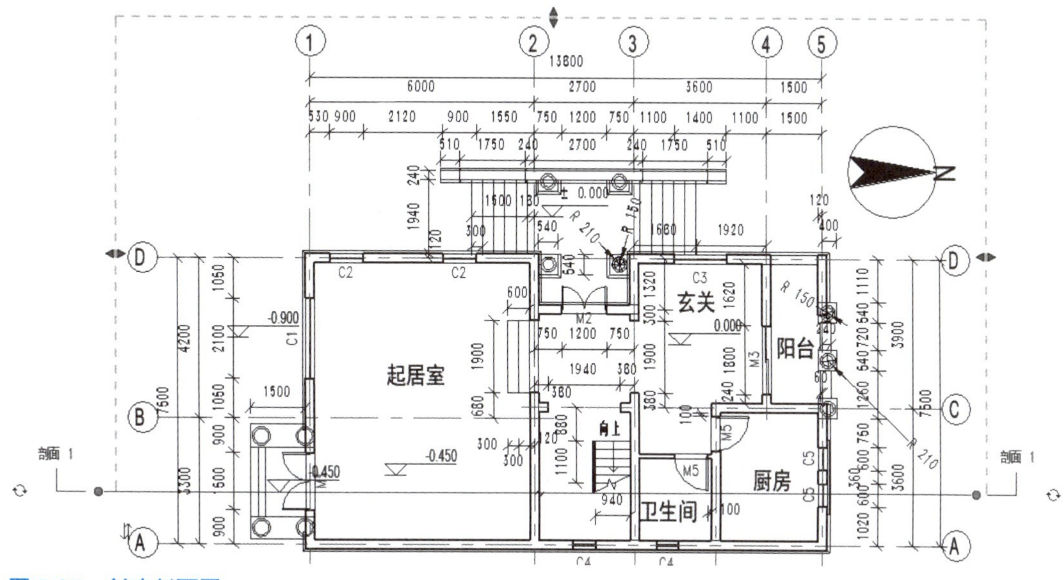

图 5.95 创建剖面图

STEP 03 双击项目浏览器中“剖面（建筑剖面）”项下“1-1 剖面图”，打开“1-1 剖面图”视图。

STEP 04 当前“1-1 剖面图”视图依然显示裁剪框和多个出图需要隐藏的图元。单击选中裁剪框四周的拖曳控制点移动到适当位置，调整视图至适当的显示范围，然后在左侧“属性”对话框中取消“裁剪框可见”复选框的勾选，便不再显示裁剪框。

STEP 05 单击左侧“属性”对话框“图形”选项下的“可见性/图形替换”右侧“编辑”按钮，在弹出的对话框中取消“参照平面、立面、剖面、剖面框”勾选，便可隐藏不需要显示的图元。

STEP 06 按出图要求，屋顶的截面在剖面图中需要黑色实体填充显示。选中屋顶，单击绘图区域左侧“编辑类型”按钮，打开“类型属性”对话框。单击参数“粗略比例填充样式”后的空格，再单击后面出现的矩形浏览图标，打开“填充样式”对话框。在“填充样式”对话框中选择“实体填充”样式，单击“确定”按钮两次关闭所有对话框。

小贴士 ▶▶▶

“粗略比例填充样式”工具只在视图的“详细程度”为“粗略”时有效。

STEP 07 同样选中楼板，单击绘图区域左侧“编辑类型”按钮，打开“类型属性”对话框。单击参数“粗略比例填充样式”后的空格，再单击后面出现的矩形浏览图标，打开“填充样式”对话框。在“填充样式”对话框中选择“实体填充”样式，单击“确定”按钮两次关闭所有对话框完成设置。则楼板截面填充了黑色实体。

STEP 08 一般情况下剖切到的屋顶、楼板、墙体、楼梯等截面均需要黑色实体显示，在这里介绍一个统一设置截面显示的方法：切换到“1-1 剖面图”视图，单击左侧“属性”对话框“图形”选项下的“可见性/图形替换”右侧“编辑”按钮，在弹出的“剖面：1-1 剖面图的可见性/图形替换”对话框中单击“模型类别”选项卡，同时选中屋顶、楼板、墙体、楼梯，接着单击右侧的“截面填充图案”按钮，弹出“填充样式图形”对话框，设置“填充图案”为“实体填充”、“颜色”为“黑色”；则屋顶、楼板、墙体和剖到的楼梯部分截面填充了黑色实体。

STEP 09 通过“对齐尺寸标注”“高程点”“文字”等工具，对1-1剖面图进行尺寸标注、标高标注；选择任意一根轴线，按住轴网上端蓝色控制点，向下拖曳，缩短剖面轴网到合适位置松开鼠标。

STEP 10 完成的1-1剖面图如图5.96所示。同理，创建2-2剖面图，如图5.97所示。

小贴士 ▶▶▶

有时仅需要剖面图的一部分，这时就需要绘制剖断线：单击“注释”选项卡“符号”面板“符号”按钮；确认左侧“类型选择器”中“类型”为“符号剖断线”，单击放置剖断线。

【1-1 剖面图的创建】

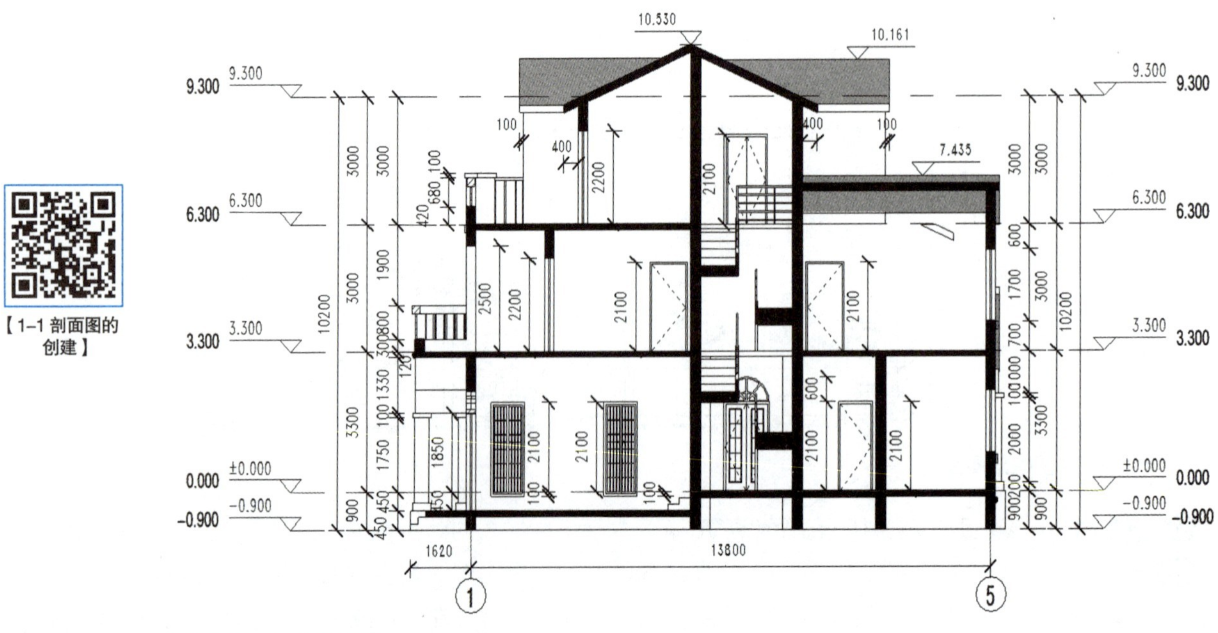

图 5.96　1-1 剖面图

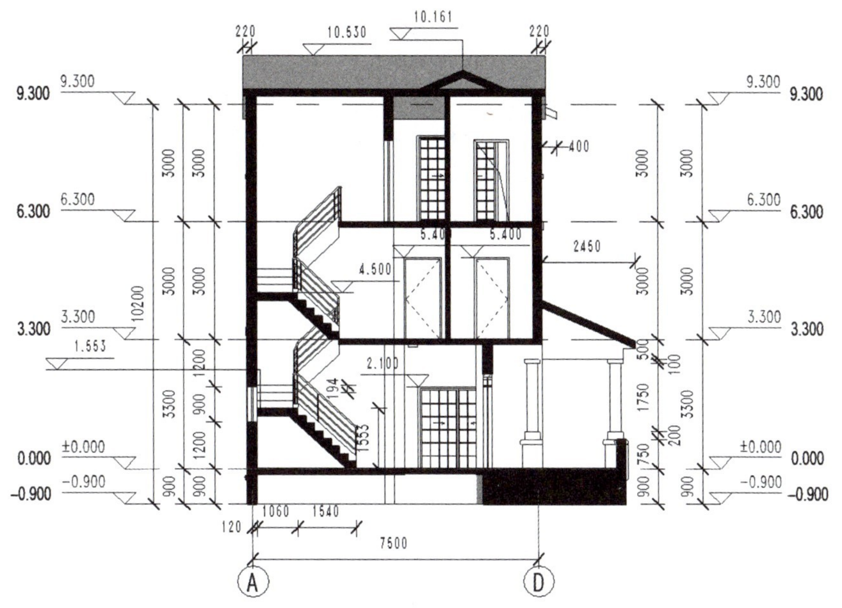

图 5.97　2-2 剖面图

【2-2 剖面图的创建】

18. 创建图纸

在打印出图之前，需要先创建施工图图纸。Revit 在“视图”选项卡中提供专门的图纸工具，来生成项目的施工图纸。每个图纸视图都可以放置多个图形视口和明细表视图。

【创建图纸】

STEP 01 单击“视图”选项卡“图纸组合”面板“图纸”按钮，弹出“新建图纸”对话框，单击选择“A0 公制”图纸，接着单击“确定”按钮退出“新建图纸”对话框，系统会自动切换至“J0-14- 未命名”视图；创建图纸后，在项目浏览器中“图纸”项下自动增加了图纸“J0-14- 未命名”。

STEP 02 创建了图纸后，即可在图纸中添加建筑的一个或多个视图，包括楼层平面、场地平面、天花板平面、立面、三维视图、剖面、详图视图、绘图视图、渲染视图及明细表视图等。将视图添加到图纸后还需要对图纸位置、名称等信息进行设置。

STEP 03 单击“视图”选项卡“图纸组合”面板“视图”按钮，弹出“视图”对话框；在弹出的“视图”对话框中选择“楼层平面：首层平面图”，然后单击“在图纸中添加视图”按钮，关闭“视图”对话框。此时光标周围出现矩形视口以代表视图边界，移动光标到图纸中心位置单击，在图纸上放置“首层平面图”楼层平面视图（另一种在图纸上放置“首层平面图”方法：在项目浏览器中展开“楼层平面”视图列表，选择“首层平面图”视图，按住鼠标左键不放，并移动光标到图纸中松开鼠标，在图纸中心位置单击放置“首层平面图”视图）；同理，放置“二层平面图”楼层平面视图、“三层平面图”楼层平面视图、“屋顶平面图”楼层平面视图及“东立面图”“西立面图”“南立面图”“北立面图”“1-1 剖面图”“2-2 剖面图”；放置好所有平面图、立面图和剖面图的图纸，如图 5.98 所示。

特别提示

创建完图纸后，图纸标题栏上的“工程名称”和“项目名称”等公共项目信息都为空。Revit 只需设置一次这些项目信息，后面新创建的图纸将自动提取，无须逐一设置。

向图纸布置视图后，要设置视图标题名称、调整标题位置及图纸名称。使用鼠标滚轮，放大图纸上的视口标题，发现视图标题默认位置在视图左下角。单击视图标题，按住鼠标左键不放，拖曳视图标题至视图中间正下方后放开鼠标。

如需修改视口比例，请在图纸中单击选择“首层平面图”视口并右击，在快捷菜单中选择“激活视图”，此时图纸标题栏灰显，单击绘图区域左下角视图控制栏第一项“1 ：100”，弹出比例列表，可选择列表中的任意比例值，也可单击第一项“自定义”选项，在弹出的“自定义比例”对话框中将“100”设置为新值后单击“确定”按钮。然后在视图中右击，在快捷菜单中单击“取消激活视图”选项返回图纸布局状态。

19. 光照、渲染及漫游

特别提示

现有的别墅项目三维模型，除可以自动生成前述各种平面、立面、剖面等施工图设计内容外，还可以完成建筑表现的设计内容，例如进行阴影与日光研究分析，创建项目的室外漫游动画，以静帧图像和动画视频方式全方位展示项目设计，等等。

本案例创建的平面图不是上北下南，读者需特别注意；编者已经根据案例实际方位对系统自动生成的立面图进行了重命名。

【光照、渲染及漫游】

STEP 01 单击快速访问工具栏"🏠"按钮，切换到三维视图状态，通过 View Cube 变换观察方向至西南方向，如图 5.99 所示。

STEP 02 单击视图控制栏"日光设置"按钮，在弹出列表中选择"日光设置"选项，弹出"日光设置"对话框。

STEP 03 在"日光设置"对话框中，设置"日光研究"的方式为"静止"，修改"日期"为 2023 年 06 月 21 日；设置"时间"为 16：30，不勾选"地平面的标高"选项。

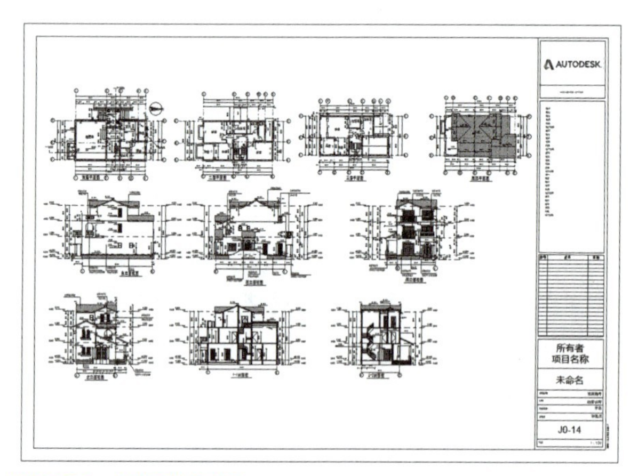

图 5.98 创建的图纸

图 5.99 三维模型

小贴士

"地平面的标高"是指阴影投射面，勾选后 Revit 会在二维和三维着色视图中的指定标高上投射阴影。不勾选"地平面的标高"时，Revit 会在地形表面（如果存在地形表面）上投射阴影。

STEP 04 单击"保存设置"按钮，在弹出的"名称"对话框中，输入当前日光设置名称为"西南方向"，单击"确定"按钮将当前配置保存至预设列表中。再次单击"确定"按钮退出"日光设置"对话框。

STEP 05 单击视图控制栏中的"打开阴影"按钮，将在当前视图中显示当前太阳时刻别墅项目产生的阴影。

STEP 06 单击视图控制栏中的"日光设置"按钮，在列表中选择"打开日光路径"选项，Revit 将在当前视图中显示指北针以及当天太阳的运行轨迹。

STEP 07 如图 5.100 所示，在显示日光路径状态下，可以通过拖动太阳图标动态修改太阳位置，还可以通过单击当前时刻值，将太阳位置修改至指定时刻。当太阳的位置修改时，视图中的阴影也将随之变化。

特别提示

选择日光路径，可以在左侧"属性"对话框中修改日光路径及罗盘的大小。

单击视图控制栏中的"日光设置"按钮，在列表中选择"关闭日光路径"选项，可关闭日光路径的显示。

STEP 08 渲染之前，一般先创建相机透视图，生成渲染场景。Revit 提供了相机工具，用于创建任意的静态相机视图。

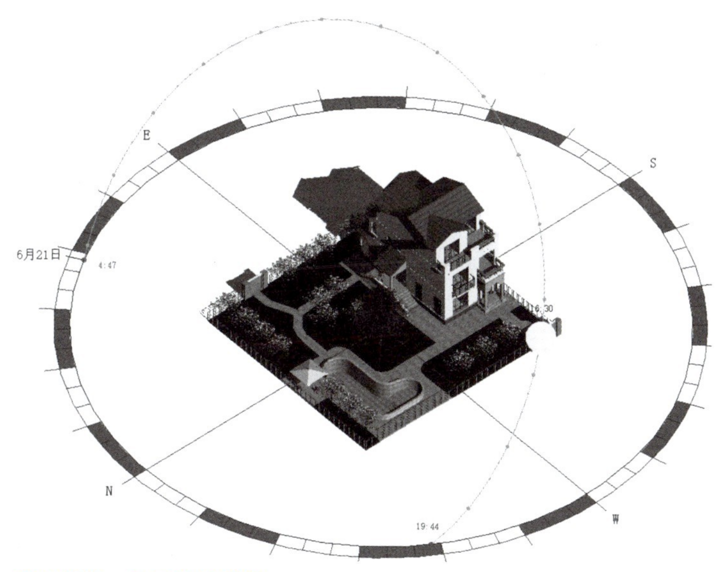

图 5.100 显示日光路径

STEP 09 在项目浏览器中展开“楼层平面”项，双击视图名称“首层平面图”进入“首层平面图”楼层平面视图。

STEP 10 单击“视图”选项卡“创建”面板“三维视图”下拉列表中的“相机”按钮，进入相机创建模式。

STEP 11 移动光标至绘图区域“首层平面图”视图中，相机图标移到“首层平面图”视图Ⓓ轴上方①左上侧单击作为相机位置，镜头朝向东南侧，光标向上移动，超过建筑最上端，单击放置相机视点，如图 5.101 所示。Revit 将在该位置生成三维相机视图，并自动切换至该视图。

STEP 12 项目浏览器三维视图目录下自动生成三维视图 1，重命名为“西南向相机透视图”且打开此相机视图。在视图控制栏设置视觉样式为“着色”。

STEP 13 选择相机视图的视口，视口各边中点出现四个控制点，单击上边控制点并按住向上拖曳，直至超过屋顶，松开鼠标。单击拖曳左右两边控制点，向外拖曳，超过建筑后放开鼠标，视口被放大，如图 5.102 所示，至此就创建了一个西南向相机透视图。

STEP 14 单击“视图”选项卡“演示视图”面板“渲染”按钮，或单击视图控制栏中“渲染”图标，打开“渲染”对话框；在“渲染”对话框中设置“质量设置”为“中”，“输出设置”为“屏幕”，“照明方案”为“室外：日光和人造光”，“日光设置”为“西南方向”，“背景”为“天空：多云”。

STEP 15 单击对话框左上角“渲染”按钮开始渲染，弹出渲染进度条，最终得到渲染图像。

STEP 16 单击对话框下端的“导出”按钮，弹出“保存图像”对话框，输入名称“别墅渲染张三”，单击“确定”按钮关闭“保存图像”对话框。

STEP 17 切换到“场地”楼层平面视图。

STEP 18 单击“视图”选项卡“创建”面板“三维视图”下拉列表中的“漫游”按钮，进入“修改 | 漫游”上下文选项卡，勾选选项栏中的“透视图”，即生成透视图漫游，否则就生成正交漫游；设置选项栏中的“偏移”为“1750.0”，此值相当于一个成年男子的平均身高，如果将此值调高，可以做出俯瞰的效果；通过调整“自”后面的标高楼层，可以实现相机“上楼”和“下楼”的效果。

STEP 19 从“场地”视图右下角（东南角）开始放置第一个相机视点，然后逆时针环绕建筑外围放置，相机视点与建筑外墙面距离目测大致相同，不要忽近忽远，相邻相机视点之间的距离目测也要大致相同，主要拐角点要放置相机视点，放置过程可以先不考虑镜头取景方向，这样便于保证规划路线的平滑，最后一个相机视点回到起点附近，便完成建筑外景漫游路线的规划，如图 5.103 所示。

STEP 20 鼠标每单击一个点，即创建一个关键帧，沿别墅项目外围逐个单击放置关键帧，路径围绕别墅一周后，单击“漫游”选项卡“完成漫游”按钮或按 Esc 键完成漫游路径的绘制。

STEP 21 单击“修改 | 漫游”上下文选项卡“完成漫游”按钮，系统自动切换到“修改 | 相机”上下文选项卡；单击“编辑漫游”按钮，出现“编辑漫游”上下文选项卡，此时漫游规划路线上出现多个红色点，即刚刚放置的相机视点，也是漫游关键帧所在，最后一个关键帧显示取景镜头的控制三角形，单击中间控制柄末端的紫色控制点，即可旋转取景镜头朝向建筑物，拖拽三角形底边控制点，即可调整镜头取景的深度。

STEP 22 单击“编辑漫游”上下文选项卡“上一关键帧”或“上一帧”指令，顺时针依次编辑每一个关键帧或普通帧的取景镜头使其朝向建筑物，直到回到第一个相机视点，默认有 300 个普通帧，通过选项栏以及“属性”对话框中的漫游帧可以对视频进行调整，通过“总帧数”和“帧 / 秒”调整总时长及视频流畅性，进而获得较高质量的漫游，如图 5.104 所示。

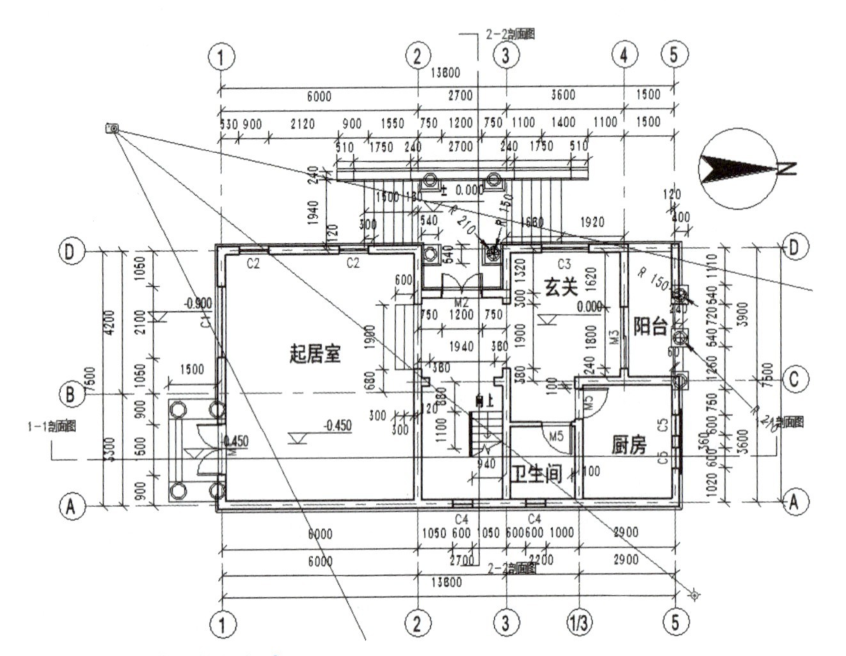

图 5.101　放置相机视点

图 5.102　西南向相机透视图

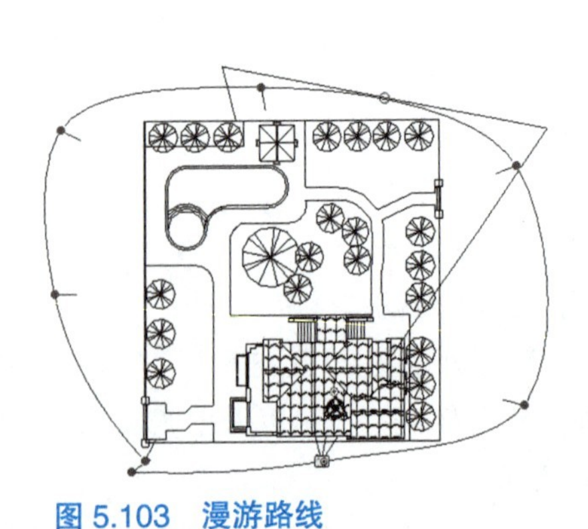

图 5.103　漫游路线

漫游帧

总帧数(T): 300　　总时间: 20

☑匀速(U)　　帧/秒(F): 15

关键帧	帧	加速器	速度(每秒)	已用时间(秒)
1	1.0	1.0	5810 mm	0.1
2	44.5	1.0	5810 mm	3.0
3	87.5	1.0	5810 mm	5.8
4	129.4	1.0	5810 mm	8.6
5	184.0	1.0	5810 mm	12.3
6	224.9	1.0	5810 mm	15.0
7	256.4	1.0	5810 mm	17.1

☐指示器(D)

帧增量(I): 5

确定　取消　应用(A)　帮助(H)

图 5.104　通过漫游帧调整视频

STEP 23 完成关键帧编辑之后，“编辑漫游”上下文选项卡的“播放”按钮由灰显变成亮显，单击“播放”按钮，可以看到平面视图中相机在规划路线行走，每一个取景镜头都朝向建筑物。

STEP 24 单击“编辑漫游”上下文选项卡的“打开漫游”指令，系统返回“修改|相机”上下文选项卡，绘图窗口出现第一个相机视点的立面取景框，此时取景框往往看不到建筑立面全貌，转动鼠标滚轮，调整取景框大小，分别单击取景框四周控制点，拖曳调整取景范围，确保看到建筑物立面全貌，视图控制栏“视觉样式”调整为“着色”。

STEP 25 再次单击“编辑漫游”按钮，然后单击“播放”按钮，便可观察立面效果的漫游视频；在项目浏览器漫游目录之下选中“漫游 1”，右击，将其重命名为“别墅外景漫游”。后续若需要重新播放漫游，在项目浏览器中打开漫游，单击漫游取景框，单击“编辑漫游”上下文选项卡中“播放”按钮即可。

至此，完成本案例建筑模型的创建工作，保存项目文件。

第三节　真题实战演练

一、室内建筑设计模型创建

（1）【二级（建筑）第七期第四题】根据给定平面图建立室内设计模型，家具不应遗漏，但不要求严格与图示内容类型尺寸一致。

（2）【二级（建筑）第八期第三题】根据给定的图纸创建室内设计模型，层高 4.000m，地面楼板厚 150mm，不设置天花板、屋顶楼板及屋面。家具不应遗漏，但不要求与图示内容的类型尺寸一致，其他没有注明的要求可以自行设定。

（3）【二级（建筑）第九期第三题】根据给定的图纸创建室内建筑设计模型。家具不应遗漏，但不要求与图纸内容的类型尺寸一致，其他没有注明要求的可以自行设定。

注意

二级（建筑）第十期没有室内建筑设计模型创建题目。

（4）【二级（建筑）第十一期第三题】根据给定的图纸创建室内建筑设计模型，家具不应遗漏，但不要求与图纸内容的类型尺寸一致，其他没有注明要求的可以自行设定。

（5）【二级（建筑）第十二期第三题】根据给定的图纸创建室内建筑设计模型，家具不应遗漏，但不要求与图纸内容的类型尺寸一致，其他没有注明要求的可以自行设定。

（6）【二级（建筑）第十三期第三题】根据给定的投影图及尺寸创建室内建筑设计模型，家具不应遗漏，但不要求与图纸内容的类型尺寸一致，其他没有注明要求的可以自行设定。

（7）【二级（建筑）第十四期第三题】根据给定的投影图及尺寸创建室内建筑设计模型，家具不应遗漏，但不要求与图纸内容的类型尺寸一致，其他没有注明要求的可以自行设定。

（8）【二级（建筑）第十五期第三题】根据给定的投影图及尺寸创建室内建筑设计模型，家具不应遗漏，但不要求与图纸内容的类型尺寸一致，其他没有注明要求的可以自行设定。

（9）【二级（建筑）第十六期第三题】根据给定的平面图及尺寸创建室内建筑模型，家具不应遗漏，不要求与图纸中的类型尺寸一致，其他未注明的要求可以自行设定。

注意

第十六期第三题首次出现关联题目，本题要求将第一题的幕墙放置在正确位置（注意Ⓑ轴柱子与幕墙倾斜角度相同），读者须特别注意变化以及命题思路。

（10）【二级（建筑）第十七期第三题】详见本专题第一节 案例一建模步骤精讲。

（11）【二级（建筑）第十八期第三题】根据给定的平面图及尺寸创建室内建筑模型。

注意

第十八期第三题要求将本期第一题艺术楼梯放置于文创售卖区对应位置。

（12）【二级（建筑）第十九期第四题】在本期第三题标准层模型基础上创建室内模型。

注意

第十九期第四题要求在本期第三题标准层模型基础上创建室内模型，同时要求将本期第二题多功能桌椅放置于餐厅相应位置，参数 L=600mm，A=B=350mm。

（13）【二级（建筑）第二十期第三题】根据给定的平面图及尺寸创建建筑室内模型。

二、建筑项目模型创建

（1）【二级（建筑）第七期第五题】根据给出的平面图、立面图建立别墅模型，具体要求如下：（1）建立别墅模型；（2）建立明细表及图纸；（3）渲染与漫游；（4）请将模型文件以“别墅.xxx”为文件名保存到考生文件夹中。

（2）【二级（建筑）第八期第四题】根据给定的图纸，创建行政楼模型。其中图中没有标明的尺寸及材质可以自行设定，没有要求创建的可以不创建。（1）创建行政楼模型；（2）创建明细表及图纸；（3）渲染及漫游。

（3）【二级（建筑）第九期第四题】根据给定的图纸，创建别墅模型。其中没有标明的尺寸及材质可以自行设定，没有要求创建的可以不创建。（1）创建别墅模型；（2）创建明细表及图纸；（3）渲染及漫游。

（4）【二级（建筑）第十期第四题】根据给定的图纸，创建别墅模型。其中没有标明的尺寸及材质可以自行设定，没有要求创建的可以不创建。

（5）【二级（建筑）第十一期第四题】根据给定的图纸，创建别墅模型。其中没有标明的尺寸及材质可以自行设定，没有要求创建的可以不创建。

（6）【二级（建筑）第十二期第四题】请根据给定的图纸，创建酒店模型。其中没有标明的尺寸及材质可以自行设定，没有要求创建的可以不创建。

（7）【二级（建筑）第十三期第四题】请根据给定的图纸，创建别墅模型。其中没有标明的尺寸及材质可以自行设定，没有要求创建的可以不创建。

（8）【二级（建筑）第十四期第四题】请根据给定的图纸，创建别墅模型。其中没有标明的尺寸及材质可以自行设定，没有要求创建的可以不创建。

（9）【二级（建筑）第十五期第四题】请根据给定的图纸，创建别墅模型。其中没有标明的尺寸及材质可以自行设定，没有要求创建的可以不创建。

（10）【二级（建筑）第十六期第四题】请根据给定的图纸，创建别墅模型。其中没有标明的尺寸及材质可以自行设定，没有明确要求创建的内容可以不创建。

注意 ▶▶▶

第十六期第四题为关联题目，本题要求将本期第二题的阳台放置在三层相应位置，参数 1=2600，参数 2=1100，其余阳台栏杆以第二题宝瓶为栏杆构件建模。读者须特别注意变化以及命题思路。

（11）【二级（建筑）第十七期第四题】详见本专题第二节 案例二建模步骤精讲。

（12）【二级（建筑）第十八期第四题】请根据给定的图纸，创建别墅模型。其中没有标明的尺寸及材质可以自行设定。

注意 ▶▶▶

第十八期第四题要求将本期第二题的转角窗按门窗表中注明的尺寸输入对应的参数（$L1$= 长边窗宽，$L2$= 短边窗宽，$L3$=900mm，H= 窗高），并放置在各层相应位置。

（13）【二级（建筑）第十九期第三题】请根据给定的图纸，创建住宅模型。其中没有标明的尺寸及材质可以自行设定。

（14）【二级（建筑）第二十期第四题】请根据给定的图纸，创建别墅模型。其中没有标明的尺寸及材质可以自行设定。

注意 ▶▶▶

第二十期第四题要求将本期第一题的楼梯放置在首层、二层相应位置。

专项考点五小结

本专题通过精选两个案例精讲了室内建筑设计模型和建筑项目模型创建的方法。通过本专题的学习，读者可以掌握整个建筑模型创建的流程以及建模技巧。

创建模型贵在熟能生巧，故读者在完全掌握本书精选的两个案例模型创建学习的基础上要注意加强真题训练并且善于总结。

本书通过设计五个专项考点，循序渐进地带领大家学习 Revit 基本操作、参数化构件集模型的创建、概念体量族及异形幕墙的创建、异形楼梯及栏杆扶手的创建、综合建筑项目模型的创建。

参考文献

陈文香，2018.Revit 2018 中文版建筑设计实战教程 [M]. 北京 : 清华大学出版社 .

郭进保，2016. 中文版 Revit 2016 建筑模型设计 [M]. 北京 : 清华大学出版社 .

孙仲健，2022.BIM 技术应用 : Revit 建模基础 [M].2 版 . 北京 : 清华大学出版社 .

田婧，2018. 中文版 Revit 2015 基础与案例教程 [M]. 北京 : 清华大学出版社 .

王言磊，张祎男，陈炜，2016.BIM 结构 : Autodesk Revit Structure 在土木工程中的应用 [M]. 北京 : 化学工业出版社 .

王婷，2015. 全国 BIM 技能培训教程 : Revit 初级 [M]. 北京 : 中国电力出版社 .

王鑫，刘鑫，2023. 结构工程 BIM 技术应用 [M].2 版 . 北京 : 中国建筑工业出版社 .

叶雯，2016. 建筑信息模型 [M]. 北京 : 高等教育出版社 .

曾浩，马德超，王彪，2024.BIM 建模与应用教程 [M]. 2 版 . 北京 : 北京大学出版社 .

张岩，张建新，2017.BIM 概论 : Revit 2014 中文版结构教程 [M]. 北京 : 清华大学出版社 .

中国建设教育协会，2017. 结构工程 BIM 应用 [M]. 北京 : 中国建筑工业出版社 .

筑龙学社，2019. 全国 BIM 技能等级考试教材（二级）建筑设计专业 [M]. 北京 : 中国建筑工业出版社 .